高等数学

第二版

下册

● 主编 孙建国 亓 健
费祥历 闫统江

高等教育出版社·北京

内容简介

本书共12章，分上、下两册出版。上册是第1—6章，包括函数与极限、一元函数的导数与微分、微分中值定理与导数的应用、不定积分、定积分及其应用和微分方程初步。下册是第7—12章，包括空间解析几何与向量代数、多元函数微分学、数量值函数的积分学、向量值函数的积分学、无穷级数和微分方程(续)。上册部分的微分方程初步是利用一元函数微积分方法求解的微分方程，方便与大学物理等课程衔接。下册部分的微分方程(续)是利用多元函数微分法、无穷级数理论求解的微分方程。空间解析几何在下册可以和多元函数微积分理论形成一个整体。

本书可作为高等学校理工类专业高等数学课程的教材，可供学生进行自主学习，也可供其他专业及学习高等数学的读者阅读。

图书在版编目(CIP)数据

高等数学.下册/孙建国等主编. --2版. --北京：高等教育出版社，2021.12

ISBN 978-7-04-057480-7

Ⅰ.①高… Ⅱ.①孙… Ⅲ.①高等数学-高等学校-教材 Ⅳ.①O13

中国版本图书馆CIP数据核字(2021)第258431号

Gaodeng Shuxue

策划编辑 于丽娜　　责任编辑 安　琪　　封面设计 张雨微　　版式设计 杜微言
插图绘制 黄云燕　　责任校对 吕红颖　　责任印制 存　怡

出版发行	高等教育出版社	网　　址	http://www.hep.edu.cn
社　　址	北京市西城区德外大街4号		http://www.hep.com.cn
邮政编码	100120	网上订购	http://www.hepmall.com.cn
印　　刷	北京市艺辉印刷有限公司		http://www.hepmall.com
开　　本	787mm×1092mm　1/16		http://www.hepmall.cn
印　　张	24.25	版　　次	2015年9月第1版
字　　数	560千字		2021年12月第2版
购书热线	010-58581118	印　　次	2021年12月第1次印刷
咨询电话	400-810-0598	定　　价	46.80元

物 料 号　57480-00

高等数学
第二版 下册

主 编

孙建国

亓 健

费祥历

闫统江

1 计算机访问http://abook.hep.com.cn/1249784，或手机扫描二维码、下载并安装Abook应用。

2 注册并登录，进入“我的课程”。

3 输入封底数字课程账号（20位密码，刮开涂层可见），或通过Abook应用扫描封底数字课程账号二维码，完成课程绑定。

4 单击“进入课程”按钮，开始本数字课程的学习。

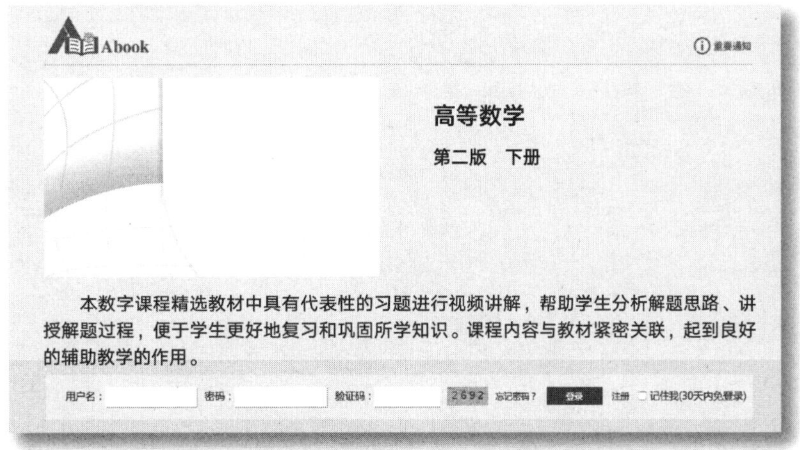

课程绑定后一年为数字课程使用有效期。受硬件限制，部分内容无法在手机端显示，请按提示通过计算机访问学习。

如有使用问题，请发邮件至abook@hep.com.cn。

http://abook.hep.com.cn/1249784

目　录

第 7 章　空间解析几何与向量代数

引述　客观世界的物质是在空间不断运动的.研究物质在空间的运动形式,就要应用空间解析几何的知识.解析几何学的产生是数学史上一个划时代的成就.它通过点和坐标的对应,把数学研究的两个基本对象"形"和"数"统一起来,使得人们既可以用代数方法研究解决几何问题,也可用几何方法解决代数问题.在中学阶段我们学习了平面解析几何,空间解析几何是平面解析几何的直接推广,它把空间图形与三元方程相对应来研究空间几何图形的问题,这对于以后学习多元函数微积分是必不可少的.

本章首先建立空间直角坐标系,引进在工程技术上有广泛应用的向量,以向量代数为有力工具,讨论空间的几何图形,主要是空间的平面、直线和常见的曲面及曲线等.空间直角坐标系、向量的线性运算和数量积运算在中学都已学过,本章将进行系统地复习,并引进向量的另一种乘积运算——向量积.

7.1　空间直角坐标系

7.1 预习检测

7.1.1　空间点的直角坐标

研究空间的几何问题,首先要解决怎样用数来确定空间中一点的位置的问题.

我们已经知道,数轴是规定了原点、方向和长度单位的直线,它把直线上的点和实数一一对应起来,直线上的任意一点的位置,可以用一个数来确定;而确定平面上一点的位置,需要两个有序数,在平面上选取两条互相垂直的数轴 Ox,Oy,建立直角坐标系 Oxy,这时平面上任何一点的位置,都可以用有序数对(x,y)来确定.现在把这种思想加以推广,用三个有序数来确定空间一点的位置.为此,通过建立三维空间的直角坐标系,来建立空间图形和数之间的联系.

在空间以定点 O 为公共原点,作三条互相垂直的数轴 Ox,Oy 和 Oz,且一般有相同的长度单位,这样就建立了一个空间直角坐标系 $O-xyz$,其中 Ox,Oy 和 Oz 分别称为 x **轴**(**横轴**)、y **轴**(**纵轴**)和 z **轴**(**竖轴**),统称为**坐标轴**;它们的公共原点称为**坐标原点**.习惯上,如图 7-1 所示,把 x 轴和 y 轴取在水平面上,x 轴正向朝着前方,y 轴正向由左到右,z 轴取在铅垂线上,其正向由下而上.这种坐标系称为**右手系**.因为它的坐标轴的方向符合**右手法则**.所谓右手法则,指的是:伸平右手,使拇指与其他四指垂直,当四指从 x 轴的正向转动$\frac{\pi}{2}$的角度指到 y 轴的正向时,拇指的指向应是 z 轴的正向.本书采用的坐标系都是右手系,如图 7-2 所示.

坐标系中每两条坐标轴可以确定一个平面,称为**坐标平面**.如 x 轴和 y 轴确定 xOy 平面,y 轴和 z 轴确定 yOz 平面,x 轴和 z 轴确定 xOz 平面.

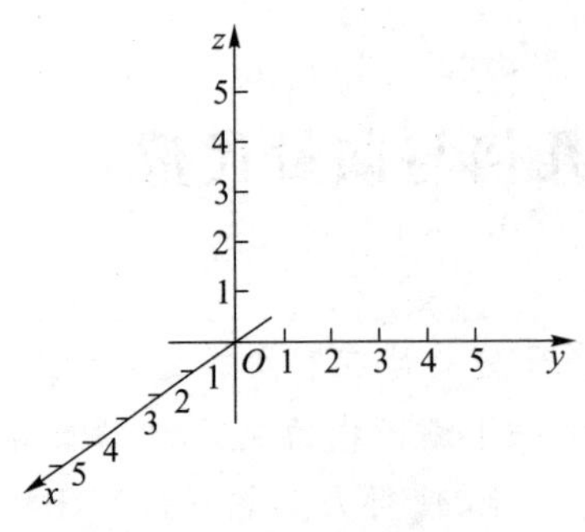

图 7-1

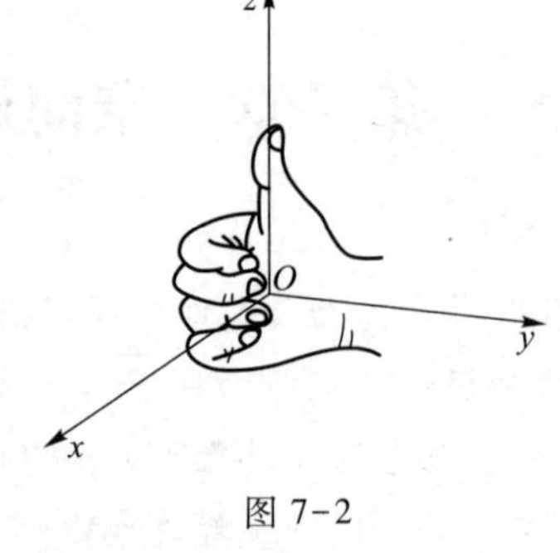

图 7-2

三个坐标面把整个空间分隔成八个部分，每个部分称为一个**卦限**. xOy 坐标面的上方和下方各有四个卦限. 我们把 xOy 平面内第 1,2,3,4 象限上方的对应四个卦限依次称为第 Ⅰ,Ⅱ,Ⅲ,Ⅳ 卦限，下方的对应四个卦限则依次称为第 Ⅴ,Ⅵ,Ⅶ,Ⅷ 卦限，如图 7-3 所示. 例如含有 x 负半轴, y 正半轴, z 负半轴的卦限是第Ⅵ卦限.

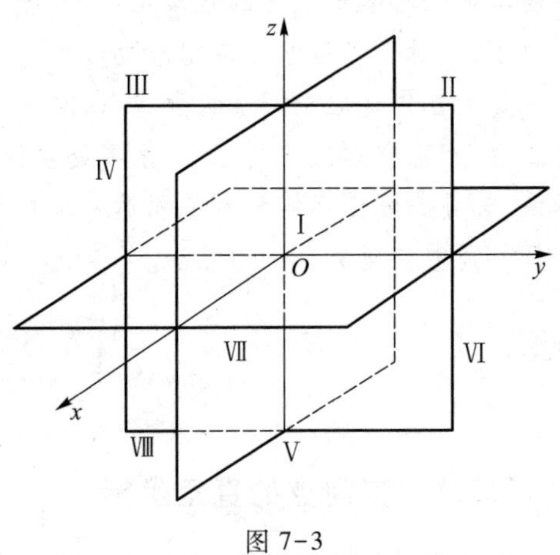

图 7-3

在上面建立的坐标系中，坐标轴、坐标面都是两两垂直的，所以称它为**空间直角坐标系**.

有了空间直角坐标系之后，就可以建立空间的点和有序数组之间的对应关系. 设 M 为空间的一个定点，过点 M 分别作垂直于 x 轴、y 轴和 z 轴的三个平面，它们与三个坐标轴分别相交于 A,B 和 C 三个点. 设 A,B,C 三点在三个坐标轴上的坐标依次为 x,y,z，这样，空间一点 M 就唯一地确定了一个有序数组 (x,y,z). 反过来，任意给定一个有序数组 (x,y,z)，我们可以在 x 轴、y 轴和 z 轴上分别取坐标为 x,y,z 的三个点 A,B,C，然后分别过点 A,B,C 各作垂直于 x 轴、y 轴和 z 轴的平面，这三个平面唯一的交点 M，就是有序数组 (x,y,z) 所确定的唯一的一点. 如图 7-4 所示.

这样，以空间直角坐标系为桥梁，我们就在空间点集与三个实数的有序数组集合之间建立了一一对应的关系. 有序数组中的 x,y,z 称为点 M 的**坐标**，其中 x,y,z 依次称为点 M 的**横坐标**、**纵坐标**、**竖坐标**. 坐标为 x,y,z 的点 M 通常记为 $M(x,y,z)$.

坐标轴或坐标平面上的点的坐标各具有一定的特征. 例如原点 O 的坐标为 $(0,0,0)$；x 轴, y 轴和 z 轴上点的坐标分别为 $(x,0,0)$, $(0,y,0)$ 和 $(0,0,z)$；坐标平面 xOy, yOz 和 xOz 内点的坐标分别为 $(x,y,0)$, $(0,y,z)$ 和 $(x,0,z)$.

各个卦限内点的坐标的符号，也有一定的规律. 例如第Ⅷ卦限内的点，横坐标取正号，纵坐标取负号，竖坐标取负号. 其他请读者自己列出. 点 (x,y,z) 关于 xOy 平面的对称点的坐标是 $(x,y,-z)$，关于 x 轴的对称点的坐标为 $(x,-y,-z)$，关于原点的对称点的坐标为 $(-x,-y,-z)$，其余情况可以类推.

设点 $P(a,b,c)$ 是空间一点，从点 P 向 xOy 平面作垂线，设垂足为 Q，则易知点 Q 的坐标为 $(a,b,0)$. 点 Q 称为点 P 在 xOy 平面内的**投影**. 如图 7-5 所示，同理可知点 P 在 yOz 平面和 xOz 平面内的投影分别是 $R(0,b,c)$ 和 $N(a,0,c)$.

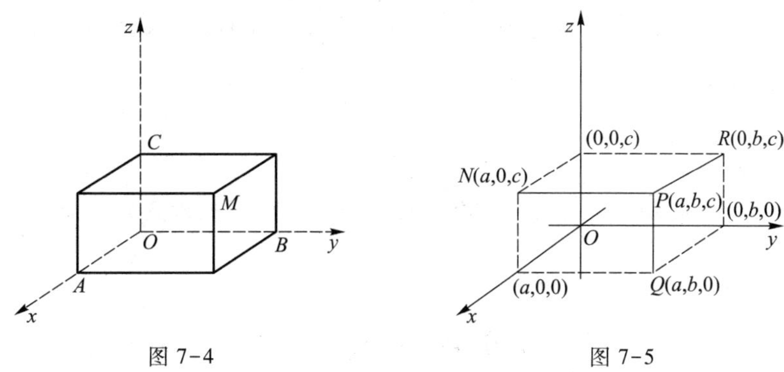

图 7-4　　图 7-5

例 1　在空间直角坐标系中，已知定点 $P(4,-3,-2)$，分别求出它关于 xOy 平面、x 轴和坐标原点的对称点的坐标，并求出它在 xOz 平面投影的坐标.

解　点 $P(4,-3,-2)$ 关于 xOy 平面的对称点为 $(4,-3,2)$；

点 $P(4,-3,-2)$ 关于 x 轴的对称点为 $(4,3,2)$；

点 $P(4,-3,-2)$ 关于坐标原点的对称点为 $(-4,3,2)$；

点 $P(4,-3,-2)$ 在 xOz 平面的投影为 $(4,0,-2)$.

7.1.2　两点间的距离

设点 $M_1(x_1,y_1,z_1)$ 和点 $M_2(x_2,y_2,z_2)$ 为空间两个定点，可以用两点的坐标来表示它们之间的距离 d.

如图 7-6 所示，过点 M_1,M_2 分别作垂直于三条坐标轴的平面，这六个平面所围成的长方体以 M_1M_2 为对角线. 根据勾股定理，有

$$\begin{aligned} d^2 &= |M_1M_2|^2 = |M_1N|^2 + |NM_2|^2 \\ &= |M_1P|^2 + |M_1Q|^2 + |M_1R|^2. \end{aligned}$$

根据数轴上两点间的距离公式可知

$$|M_1P| = |P_1P_2| = |x_2-x_1|,$$

$$|M_1Q| = |Q_1Q_2| = |y_2-y_1|,$$

$$|M_1R| = |R_1R_2| = |z_2-z_1|,$$

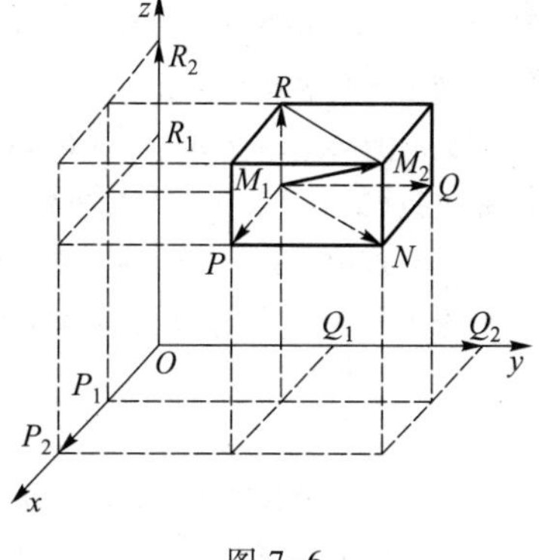

图 7-6

所以

$$d = |M_1M_2| = \sqrt{(x_2-x_1)^2+(y_2-y_1)^2+(z_2-z_1)^2}. \tag{7-1}$$

这就是**空间两点间的距离公式**. 特别地，点 $M(x,y,z)$ 与坐标原点 $O(0,0,0)$ 的距离为

$$d = \sqrt{x^2+y^2+z^2}. \tag{7-2}$$

例 2 在 z 轴上求一点 M,使 M 到点 $A(1,0,2)$ 和点 $B(1,-3,1)$ 的距离相等.

解 因为所求点 M 在 z 轴上,可设点 M 的坐标为 $(0,0,z)$,根据题意,有 $|MA|=|MB|$,即

$$\sqrt{(0-1)^2+(0-0)^2+(z-2)^2}=\sqrt{(0-1)^2+(0+3)^2+(z-1)^2}.$$

两边去根号,解得

$$z=-3,$$

所求点为 $M(0,0,-3)$.

例 3 求证以三点 $A(4,-2,9)$,$B(10,-4,6)$,$C(2,1,3)$ 为顶点的空间三角形是等腰直角三角形.

解 因为

$$|AB|=\sqrt{(10-4)^2+(-4+2)^2+(6-9)^2}=7,$$
$$|AC|=\sqrt{(2-4)^2+(1+2)^2+(3-9)^2}=7,$$
$$|BC|=\sqrt{(2-10)^2+(1+4)^2+(3-6)^2}=7\sqrt{2}.$$

所以

$$|AB|^2+|AC|^2=|BC|^2.$$

故三角形 ABC 是等腰直角三角形.

习题 7.1

A

1. 在空间直角坐标系中,指出下列各点所在的卦限:

$A(1,-2,3)$;$B(2,3,-4)$;$C(2,-3,-4)$;$D(-2,-3,1)$;$E(-2,3,1)$.

2. 指出下列各点的位置的特殊性:

$A(5,0,0)$;$B(0,-3,0)$;$C(0,0,4)$;$D(1,2,0)$;$E(1,0,2)$;$F(0,2,1)$.

3. 求点 (a,b,c) 关于 (1) 各坐标面;(2) 各坐标轴;(3) 坐标原点的对称点的坐标 $(abc\neq 0)$.

4. 写出点 $P(-3,5,2)$ 在各坐标面投影的坐标.

5. 求以点 $A(2,1,0)$,$B(3,3,4)$,$C(5,4,3)$ 为顶点的空间三角形的周长.

B

1. 判断以下列各点为顶点的三角形 ABC 是不是等腰三角形、直角三角形:

(1) $A(5,5,1)$,$B(3,3,2)$,$C(1,4,4)$; (2) $A(-2,6,1)$,$B(5,4,-3)$,$C(2,-6,4)$;

(3) $A(3,-4,1)$,$B(5,-3,0)$,$C(6,-7,4)$.

2. 判断点 P,Q,R 是否三点共线:

(1) $P(1,2,3)$,$Q(0,3,7)$,$R(3,5,11)$; (2) $P(0,1,2)$,$Q(1,3,1)$,$R(3,7,-1)$.

3. 求点 $M(a,b,c)$ 到各坐标轴的距离.

4. 在 z 轴上求一点,使其与点 $A(-4,1,7)$ 和 $B(3,5,-2)$ 等距离.

5. 在 yOz 平面上求一点,使它到 $A(3,1,2)$,$B(4,-2,-2)$ 和 $C(0,5,1)$ 的距离相等.

7.2 向量及其线性运算

7.2 预习检测

7.2.1 向量的概念

从质量、长度、密度等只有大小的量,抽象出了数量(或者标量)的概念,从速度、位移、力等既有大小又有方向的量,抽象出的量称为向量(或者矢量).在中学我们学习了平面向量和空间向量的概念,给出了向量的坐标表示,并定义了向量的加法、减法和数乘向量的线性运算和两个向量的数量积运算.

以 A 为起点,B 为终点的向量可以用有向线段表示为$\overrightarrow{AB}$,或者用加粗的单个字母,比如 $\boldsymbol{a}$ 表示(图 7-7).

线段 AB 的长度刻画了向量的大小,称为向量$\overrightarrow{AB}$的**模**,记为 $|\overrightarrow{AB}|$ 或者 $|\boldsymbol{a}|$.如果两个向量 $\boldsymbol{a},\boldsymbol{b}$ 的模相等,方向也相同,就称 $\boldsymbol{a},\boldsymbol{b}$ 为**相等向量**,记为 $\boldsymbol{a}=\boldsymbol{b}$.从而向量完全由模和方向确定,与向量的起点的位置无关,因此称为自由向量.所有相等的向量都可以用同一条有向线段表示.模为 1 的向量称为**单位向量**,模为 0 的向量称为**零向量**,记为 $\boldsymbol{0}$,零向量的方向可以看成任意的.

B 为起点,A 为终点的向量$\overrightarrow{BA}$与向量$\overrightarrow{AB}$大小相等,方向相反,称$\overrightarrow{BA}$为$\overrightarrow{AB}$的**反向向量**或者**负向量**,记为$\overrightarrow{BA}=-\overrightarrow{AB}$(图 7-8).

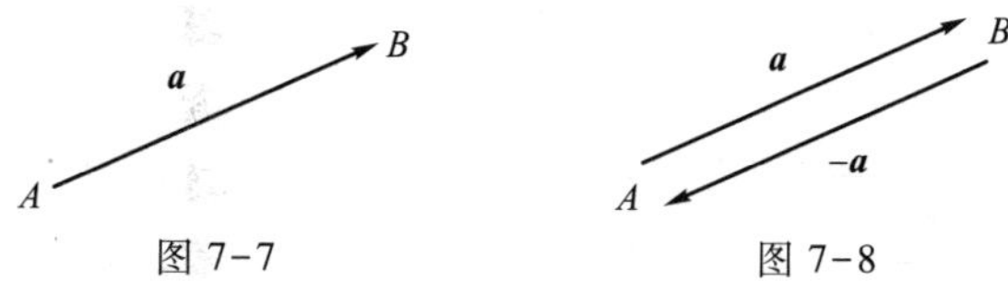

图 7-7　　图 7-8

两个方向相同或者相反的向量是互相平行的,可以平移到同一条直线上,因此称为共线向量.三个或者三个以上的一组向量如果都与某个平面平行,就可以平移到同一个平面上,称为共面向量.

7.2.2 向量的加法

在物理学中,我们通过实验知道,物体的两个相继位移$\overrightarrow{AB}$,$\overrightarrow{BC}$,等效于一个位移$\overrightarrow{AC}$(图 7-9).在力学实验中,两个力 $\boldsymbol{F}_1,\boldsymbol{F}_2$ 的作用等效于一个力 $\boldsymbol{F}$ 的作用(图 7-10),从这些实际问题中我们抽象出两个向量的加法的概念.

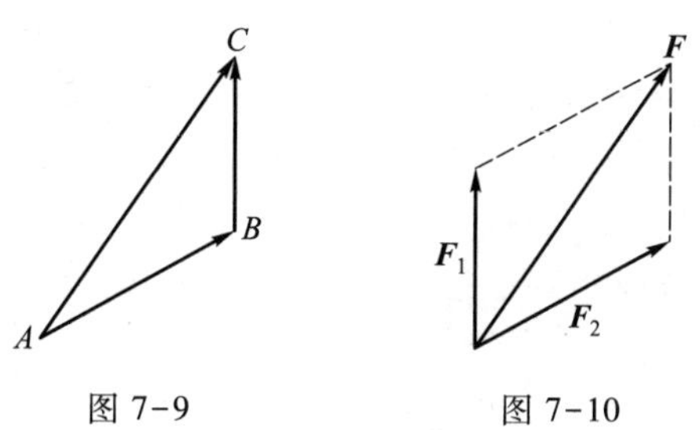

图 7-9　　图 7-10

设 $\boldsymbol{a},\boldsymbol{b}$ 为两个向量,将 $\boldsymbol{b}$ 的起点平移到 $\boldsymbol{a}$ 的终点后,把从 $\boldsymbol{a}$ 的起点到 $\boldsymbol{b}$ 的终点的向量 $\boldsymbol{c}$ 定义为向量 $\boldsymbol{a},\boldsymbol{b}$ 的**和**,记为 $\boldsymbol{c}=\boldsymbol{a}+\boldsymbol{b}$.根据力的合成法则和几何原理,向量 $\boldsymbol{c}$ 也可以看成与 $\boldsymbol{a},\boldsymbol{b}$ 起点相同,以 $\boldsymbol{a},\boldsymbol{b}$ 为邻边的平行四边形的对角线向量(图 7-11).这两种加法方法分别称为向量加法的**三角形法则与平行四边形法则**.

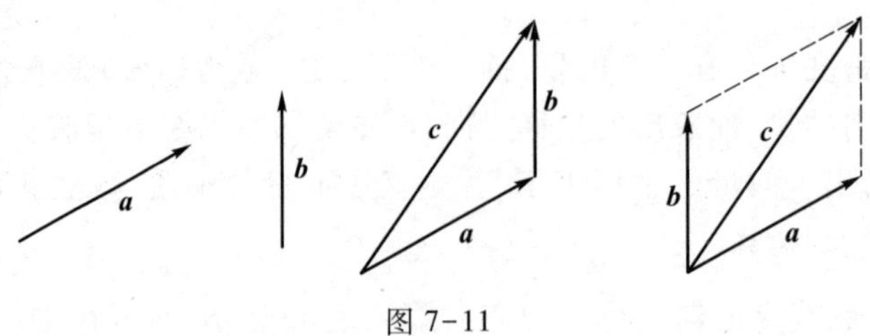

图 7-11

把向量 $\boldsymbol{a},-\boldsymbol{b}$ 的和定义为向量 $\boldsymbol{a},\boldsymbol{b}$ 的**差**,记为 $\boldsymbol{c}=\boldsymbol{a}-\boldsymbol{b}$,即 $\boldsymbol{c}=\boldsymbol{a}+(-\boldsymbol{b})$.向量 $\boldsymbol{a},\boldsymbol{b}$ 的差恰好是求向量 $\boldsymbol{a},\boldsymbol{b}$ 的和的平行四边形中,从 $\boldsymbol{b}$ 的终点到 $\boldsymbol{a}$ 的终点的另一条对角线向量(图 7-12).

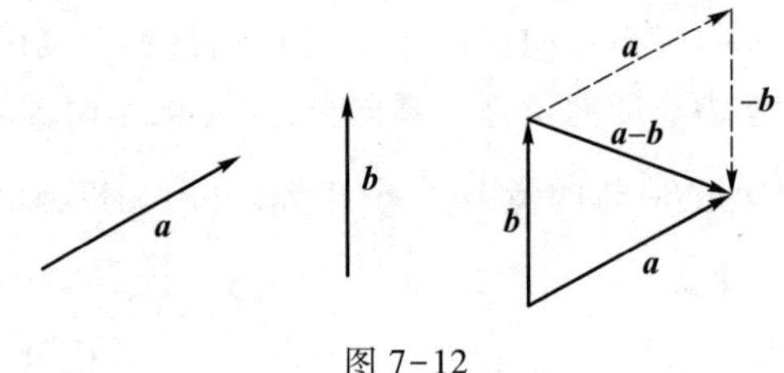

图 7-12

读者容易证明,向量的加法和减法满足下列性质:

(1) $\boldsymbol{a}+\boldsymbol{0}=\boldsymbol{a}$;

(2) $\boldsymbol{a}+\boldsymbol{b}=\boldsymbol{b}+\boldsymbol{a}$;

(3) $(\boldsymbol{a}+\boldsymbol{b})+\boldsymbol{c}=\boldsymbol{a}+(\boldsymbol{b}+\boldsymbol{c})$;

(4) $\boldsymbol{a}-\boldsymbol{a}=\boldsymbol{0}$;

(5) $|\boldsymbol{a}\pm\boldsymbol{b}|\leqslant|\boldsymbol{a}|+|\boldsymbol{b}|$,

其中性质(5)称为三角形不等式,可以直接从三角形性质定理得出.

7.2.3 向量的数乘

在力学实验中,如果大小相同,方向相同的 3 个力 $\boldsymbol{F}$ 作用在同一点上,则效果相当于一个力,其方向与力 $\boldsymbol{F}$ 相同,大小为 $3|\boldsymbol{F}|$,记其为 $3\boldsymbol{F}$,可以看成数量 3 与向量 $\boldsymbol{F}$ 的一种乘法运算.

一般地,设 λ 是一个实数,$\boldsymbol{a}$ 是一个向量,规定 λ 与 $\boldsymbol{a}$ 的数乘是一个向量,记为 $\lambda\boldsymbol{a}$.规定 $\lambda\boldsymbol{a}$ 的模为 $|\lambda||\boldsymbol{a}|$,即 $|\lambda\boldsymbol{a}|=|\lambda||\boldsymbol{a}|$.当 $\lambda>0$ 时,$\lambda\boldsymbol{a}$ 与 $\boldsymbol{a}$ 方向相同;当 $\lambda<0$ 时,$\lambda\boldsymbol{a}$ 与 $\boldsymbol{a}$ 方向相反;当 $\lambda=0$ 时,$0\boldsymbol{a}=\boldsymbol{0}$ 为零向量.

可以证明,向量的数乘满足下列性质:

(1) $(\lambda\mu)\boldsymbol{a}=\lambda(\mu\boldsymbol{a})=\mu(\lambda\boldsymbol{a})$;

(2) $\lambda(\boldsymbol{a}+\boldsymbol{b})=\lambda\boldsymbol{a}+\lambda\boldsymbol{b}$;

(3) $(\lambda+\mu)\boldsymbol{a}=\lambda\boldsymbol{a}+\mu\boldsymbol{a}$;

(4) $1\boldsymbol{a}=\boldsymbol{a},(-1)\boldsymbol{a}=-\boldsymbol{a}$.

向量的加法运算及数乘运算统称为向量的**线性运算**.

例 1 已知$\triangle ABC$中,$\overrightarrow{BC}=\boldsymbol{a},\overrightarrow{CA}=\boldsymbol{b},\overrightarrow{AB}=\boldsymbol{c}$,三边中点依次为 D,E,F.求出$\overrightarrow{AD}+\overrightarrow{BE}+\overrightarrow{CF}$,并证明三向量$\overrightarrow{AD},\overrightarrow{BE},\overrightarrow{CF}$恰好构成一个三角形.

解 根据向量的加法法则可得

三个不共线的非零向量 $\boldsymbol{a},\boldsymbol{b},\boldsymbol{c}$ 构成三角形$\Leftrightarrow\boldsymbol{a}+\boldsymbol{b}+\boldsymbol{c}=\boldsymbol{0}$.

如图 7-13 所示,因为

$$\overrightarrow{AD}=\boldsymbol{c}+\frac{1}{2}\boldsymbol{a},\overrightarrow{BE}=\boldsymbol{a}+\frac{1}{2}\boldsymbol{b},\overrightarrow{CF}=\boldsymbol{b}+\frac{1}{2}\boldsymbol{c},$$

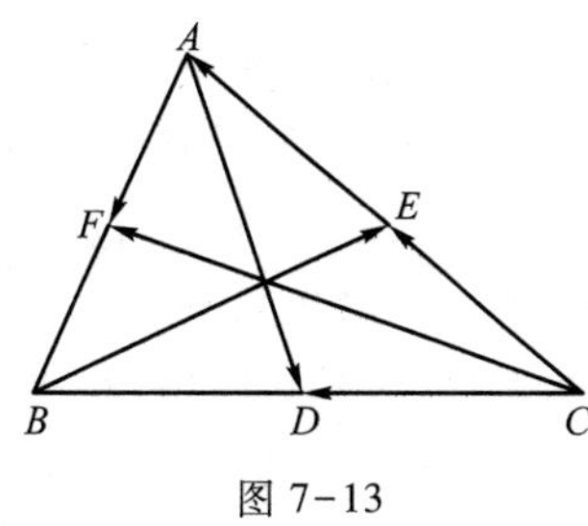

图 7-13

所以

$$\overrightarrow{AD}+\overrightarrow{BE}+\overrightarrow{CF}=\left(\boldsymbol{c}+\frac{1}{2}\boldsymbol{a}\right)+\left(\boldsymbol{a}+\frac{1}{2}\boldsymbol{b}\right)+\left(\boldsymbol{b}+\frac{1}{2}\boldsymbol{c}\right)$$
$$=\frac{3}{2}(\boldsymbol{a}+\boldsymbol{b}+\boldsymbol{c}).$$

由于 $\boldsymbol{a}+\boldsymbol{b}+\boldsymbol{c}=\boldsymbol{0}$,故

$$\overrightarrow{AD}+\overrightarrow{BE}+\overrightarrow{CF}=\boldsymbol{0}.$$

因此$\overrightarrow{AD},\overrightarrow{BE},\overrightarrow{CF}$恰好构成一个三角形.

设有向量 $\boldsymbol{a}(\boldsymbol{a}\neq\boldsymbol{0}),\boldsymbol{b}$,如果存在实数 λ,使得 $\boldsymbol{b}=\lambda\boldsymbol{a}$,则根据向量的数乘定义可知,$\boldsymbol{a},\boldsymbol{b}$ 平行($\boldsymbol{a}/\!/\boldsymbol{b}$),即共线.反过来,如果向量 $\boldsymbol{a}\neq\boldsymbol{0}$ 和 $\boldsymbol{b}$ 平行,即共线,则 $\boldsymbol{a},\boldsymbol{b}$ 同向,或者反向.当 $\boldsymbol{a},\boldsymbol{b}$ 同向时,取 $\lambda=\dfrac{|\boldsymbol{b}|}{|\boldsymbol{a}|}$,有 $|\boldsymbol{b}|=|\lambda\boldsymbol{a}|$,即向量 $\lambda\boldsymbol{a}$ 与向量 $\boldsymbol{b}$ 模相等,方向相同,因此 $\boldsymbol{b}=\lambda\boldsymbol{a}$.当 $\boldsymbol{a},\boldsymbol{b}$ 反向时,取 $\lambda=-\dfrac{|\boldsymbol{b}|}{|\boldsymbol{a}|}$,有 $|\lambda\boldsymbol{a}|=|\boldsymbol{b}|$,即向量 $\lambda\boldsymbol{a}$ 与向量 $\boldsymbol{b}$ 模相等,方向相同,因此 $\boldsymbol{b}=\lambda\boldsymbol{a}$ 仍然成立.即得

定理 向量 $\boldsymbol{a}(\boldsymbol{a}\neq\boldsymbol{0}),\boldsymbol{b}$ 平行的充分必要条件是:存在唯一的实数 λ,使得

$$\boldsymbol{b}=\lambda\boldsymbol{a}.$$

关于唯一性,如果 $\boldsymbol{b}=\lambda\boldsymbol{a}=\mu\boldsymbol{a}$,则 $(\lambda-\mu)\boldsymbol{a}=\boldsymbol{0}$,从而 $|\lambda-\mu||\boldsymbol{a}|=0$,因为 $|\boldsymbol{a}|\neq0$,必有 $\lambda=\mu$.

设 $\boldsymbol{a}$ 是任意一个非零向量,则向量 $\boldsymbol{e}_a=\dfrac{\boldsymbol{a}}{|\boldsymbol{a}|}$是与 $\boldsymbol{a}$ 方向相同的单位向量,且有 $\boldsymbol{a}=|\boldsymbol{a}|\boldsymbol{e}_a$.

特别地,x 轴上以原点为起点,坐标为 1 的点 P 为终点的向量$\overrightarrow{OP}$是一个与坐标轴方向相同的单位向量,记为 $\boldsymbol{i}$,称为 x 轴的单位向量.因此,对于 x 轴上任意一个点 M,向量$\overrightarrow{OM}$与 $\boldsymbol{i}$ 共线,故存在唯一的实数 x,使得$\overrightarrow{OM}=x\boldsymbol{i}$.可见,数轴 Ox 上的点 M 与实数 x 相互唯一确定,这个 x 就是点 M 在数轴 Ox 上的坐标(x 也称为有向线段$\overrightarrow{OM}$的值).

7.2.4 向量的坐标表示

根据向量的加法运算,求两个向量的和与差时,如果使用几何作图的方法,会有许多不便之处.下面我们将借助空间直角坐标系,用数组来表示向量,称为向量的坐标表示,它把向量的线性运算转化为数的运算.

设 $\boldsymbol{a}$ 是任意一个空间向量,把 $\boldsymbol{a}$ 的起点平移到空间直角坐标系的坐标原点 O,假设 $\boldsymbol{a}$ 的终点的直角坐标为 $M(x,y,z)$,则 $\boldsymbol{a}=\overrightarrow{OM}$.用 $\boldsymbol{i},\boldsymbol{j},\boldsymbol{k}$ 分别表示 x 轴、y 轴、z 轴的单位向量,如图 7-14 所示.$x\boldsymbol{i},y\boldsymbol{j},z\boldsymbol{k}$ 分别称为向量 $\boldsymbol{a}$ 在 x,y,z 轴上的分向量,三元有序数组(x,y,z)称为向量 $\boldsymbol{a}$ 的坐标,记为 $\boldsymbol{a}=(x,y,z)$.由于向量和其坐标表示相互唯一确定,给出向量 $\boldsymbol{a}$ 和给出其坐标是等价的.注意从上下文区别是向量的坐标,还是点的坐标,它们是不同的概念.

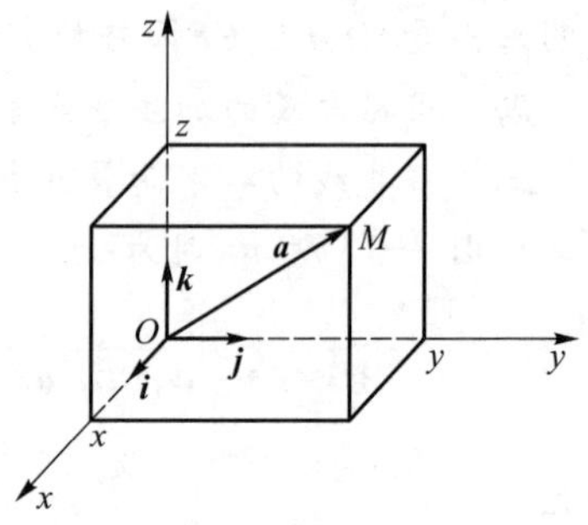

图 7-14

设 $\boldsymbol{a}=\overrightarrow{M_1M_2}$是起点为 $M_1(x_1,y_1,z_1)$、终点为 $M_2(x_2,y_2,z_2)$的任一向量,则

$$\begin{aligned}\boldsymbol{a}&=\overrightarrow{M_1M_2}=\overrightarrow{OM_2}-\overrightarrow{OM_1}=(x_2\boldsymbol{i}+y_2\boldsymbol{j}+z_2\boldsymbol{k})-(x_1\boldsymbol{i}+y_1\boldsymbol{j}+z_1\boldsymbol{k})\\&=(x_2-x_1)\boldsymbol{i}+(y_2-y_1)\boldsymbol{j}+(z_2-z_1)\boldsymbol{k}=a_x\boldsymbol{i}+a_y\boldsymbol{j}+a_z\boldsymbol{k}\\&=(x_2-x_1,y_2-y_1,z_2-z_1)=(a_x,a_y,a_z),\end{aligned}$$

即

$$\boldsymbol{a}=(a_x,a_y,a_z)=(x_2-x_1,y_2-y_1,z_2-z_1).$$

特别地,$\boldsymbol{i}=(1,0,0),\boldsymbol{j}=(0,1,0),\boldsymbol{k}=(0,0,1)$.

有了向量的坐标表示,设 $\boldsymbol{a}=(a_x,a_y,a_z)$,则易知

$$|\boldsymbol{a}|=\sqrt{a_x^2+a_y^2+a_z^2}.$$

设 $\boldsymbol{a}=(a_x,a_y,a_z),\boldsymbol{b}=(b_x,b_y,b_z)$,则由向量的线性运算性质可得

$$\begin{aligned}\boldsymbol{a}+\boldsymbol{b}&=(a_x\boldsymbol{i}+a_y\boldsymbol{j}+a_z\boldsymbol{k})+(b_x\boldsymbol{i}+b_y\boldsymbol{j}+b_z\boldsymbol{k})\\&=(a_x+b_x)\boldsymbol{i}+(a_y+b_y)\boldsymbol{j}+(a_z+b_z)\boldsymbol{k}\\&=(a_x+b_x,a_y+b_y,a_z+b_z).\end{aligned}$$

同理可得

$$\boldsymbol{a}-\boldsymbol{b}=(a_x-b_x,a_y-b_y,a_z-b_z),$$

$$\lambda\boldsymbol{a}=(\lambda a_x,\lambda a_y,\lambda a_z).$$

利用向量的坐标表示,向量的线性运算就归结为数的运算.两个非零向量$\boldsymbol{a}=(a_x,a_y,a_z),\boldsymbol{b}=(b_x,b_y,b_z)$平行的充要条件为存在实数 λ,使得 $\boldsymbol{b}=\lambda\boldsymbol{a}$,从而

$$\boldsymbol{a}/\!/\boldsymbol{b} \Leftrightarrow \frac{a_x}{b_x}=\frac{a_y}{b_y}=\frac{a_z}{b_z}.\text{①} \tag{7-3}$$

例 2 已知空间两点 $A(3,1,2)$ 和 $B(2,-1,4)$,求向量$\overrightarrow{AB}$的坐标与它的模.

解 根据公式(7-1),(7-2)得

$$\overrightarrow{AB}=(2-3,-1-1,4-2)=(-1,-2,2).$$

$$|\overrightarrow{AB}|=\sqrt{(-1)^2+(-2)^2+2^2}=3.$$

例 3 已知 $\boldsymbol{a}=(4,-1,3)$,$\boldsymbol{b}=(5,2,-2)$,求 $|\boldsymbol{a}|$,$\boldsymbol{a}+\boldsymbol{b}$,$\boldsymbol{a}-\boldsymbol{b}$,$3\boldsymbol{a}-2\boldsymbol{b}$.

解

$$|\boldsymbol{a}|=\sqrt{4^2+(-1)^2+3^2}=\sqrt{26},$$

$$\boldsymbol{a}+\boldsymbol{b}=(4,-1,3)+(5,2,-2)=(9,1,1),$$

$$\boldsymbol{a}-\boldsymbol{b}=(4,-1,3)-(5,2,-2)=(-1,-3,5),$$

$$\begin{aligned}3\boldsymbol{a}-2\boldsymbol{b}&=3(4,-1,3)-2(5,2,-2)\\&=(12,-3,9)-(10,4,-4)\\&=(2,-7,13).\end{aligned}$$

例 4 设 $\boldsymbol{a}=(3,0,4)$,$\boldsymbol{b}=(-2,1,5)$,试用 $\boldsymbol{i},\boldsymbol{j},\boldsymbol{k}$ 表示 $\boldsymbol{a}$ 的单位向量 $\boldsymbol{e}_a$ 和 $2\boldsymbol{a}-3\boldsymbol{b}$.

解

$$\boldsymbol{e}_a=\frac{\boldsymbol{a}}{|\boldsymbol{a}|}=\frac{(3,0,4)}{\sqrt{3^2+0^2+4^2}}=\frac{1}{5}(3,0,4)=\left(\frac{3}{5},0,\frac{4}{5}\right)=\frac{3}{5}\boldsymbol{i}+\frac{4}{5}\boldsymbol{k},$$

$$2\boldsymbol{a}-3\boldsymbol{b}=2(3,0,4)-3(-2,1,5)=(6,0,8)-(-6,3,15)=(12,-3,-7)=12\boldsymbol{i}-3\boldsymbol{j}-7\boldsymbol{k}.$$

例 5 设 $A(x_1,y_1,z_1)$ 和 $B(x_2,y_2,z_2)$ 为两个已知点,直线 AB 上的点 M 分有向线段$\overrightarrow{AB}$为两个有向线段$\overrightarrow{AM}$与$\overrightarrow{MB}$,使它们的值②的比等于数 $\lambda(\lambda\neq-1)$,即$\dfrac{AM}{MB}=\lambda$.求分点 M 的坐标 x,y,z.

解 如图 7-15 所示,因为$\overrightarrow{AM}$,$\overrightarrow{MB}$在一直线上,根据数乘向量有

$$\overrightarrow{AM}=\lambda\ \overrightarrow{MB}.$$

因为$\overrightarrow{AM}=\overrightarrow{OM}-\overrightarrow{OA}$,$\overrightarrow{MB}=\overrightarrow{OB}-\overrightarrow{OM}$,故

$$\overrightarrow{OM}-\overrightarrow{OA}=\lambda(\overrightarrow{OB}-\overrightarrow{OM}),$$

从而

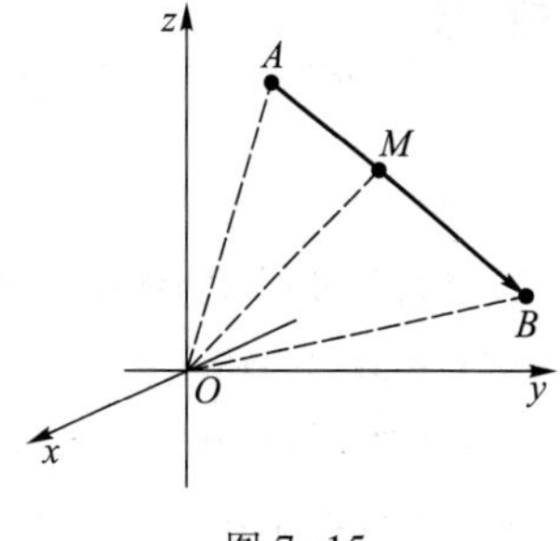

图 7-15

① 当 a_x,a_y,a_z 有一个为零,例如 $a_x=0$,a_y,a_z 均不为零时,式(7-3)应理解为

$$\begin{cases}b_x=0,\\ \dfrac{b_y}{a_y}=\dfrac{b_z}{a_z};\end{cases}$$

当 a_x,a_y,a_z 有两个为零,例如 $a_x=a_y=0$ 时,$a_z\neq0$,式(7-3)应理解为

$$\begin{cases}b_x=0,\\ b_y=0.\end{cases}$$

② 这里假定有一个数轴通过有向线段$\overrightarrow{AB}$.

$$\overrightarrow{OM}=\frac{1}{1+\lambda}(\overrightarrow{OA}+\lambda\ \overrightarrow{OB}),$$

即

$$\begin{aligned}(x,y,z)&=\frac{1}{1+\lambda}((x_1,y_1,z_1)+\lambda(x_2,y_2,z_2))\\&=\frac{1}{1+\lambda}(x_1+\lambda x_2,y_1+\lambda y_2,z_1+\lambda z_2).\end{aligned}$$

由此就得点 M 的坐标为

$$x=\frac{x_1+\lambda x_2}{1+\lambda},\quad y=\frac{y_1+\lambda y_2}{1+\lambda},\quad z=\frac{z_1+\lambda z_2}{1+\lambda}.$$

这里点 M 叫做有向线段$\overrightarrow{AB}$的定比分点，当 $\lambda=1$ 时，点 M 是有向线段$\overrightarrow{AB}$的中点，其坐标为

$$x=\frac{x_1+x_2}{2},\quad y=\frac{y_1+y_2}{2},\quad z=\frac{z_1+z_2}{2}.$$

通过上述例题，我们应注意以下两点：(1) 由于点 M 与向量$\overrightarrow{OM}$有相同的坐标，因此，求点 M 的坐标，就是求$\overrightarrow{OM}$的坐标；(2) 记号(x,y,z)既可表示点 M，又可表示向量$\overrightarrow{OM}$，而在几何中，点与向量是两个不同的概念，不可混淆.因此，当看到记号(x,y,z)时，须从上下文去判断它究竟表示点还是表示向量.当(x,y,z)表示向量时，可对它进行运算；当(x,y,z)表示点时，就不能进行运算.

习题 7.2

A

1. 已知 A,B 两点的坐标，求向量$\overrightarrow{AB}$和$|\overrightarrow{AB}|$.

(1) $A(3,-1),B(3,-3)$； (2) $A(4,-1),B(1,2)$；

(3) $A(0,3,1),B(2,3,-1)$； (4) $A(1,-2,0),B(1,-2,3)$.

2. 已知两点 $A(0,1,2),B(1,-1,0)$，求向量$\overrightarrow{AB}$和$-2\overrightarrow{AB}$的坐标.

3. 已知向量 $\boldsymbol{a}=(3,-1,2)$，它的起点是$(2,0,-5)$，求它的终点坐标.

4. 已知向量 $\boldsymbol{a}=(3,2,-1),\boldsymbol{b}=(1,-1,2)$，求 $2\boldsymbol{a}+3\boldsymbol{b},\boldsymbol{a}-3\boldsymbol{b},5\boldsymbol{b}-3\boldsymbol{a}$.

5. 求向量 $\boldsymbol{a}=(6,7,-6)$的单位向量 $\boldsymbol{e}_a$.

B

1. 在平行四边形 $ABCD$ 中设$\overrightarrow{AB}=\boldsymbol{a},\overrightarrow{AD}=\boldsymbol{b}$，点 M 是平行四边形对角线的交点，试用 $\boldsymbol{a}$ 和 $\boldsymbol{b}$ 表示向量$\overrightarrow{MA}$,$\overrightarrow{MB}$,$\overrightarrow{MC}$,$\overrightarrow{MD}$.

2. 证明由圆的圆心向圆内接正三角形的顶点所引的三个向量恰好构成一个三角形.

3. 如果平面上一个四边形的对角线互相平分，试用向量证明它是平行四边形.

4. 求与下列向量同方向的单位向量：

(1) $(-2,4,3)$； (2) $(1,-4,8)$；

(3) $\boldsymbol{i}+\boldsymbol{j}$； (4) $2\boldsymbol{i}-4\boldsymbol{j}+7\boldsymbol{k}$.

5. 就三维向量的情形，证明：

(1) $(\lambda+\mu)\boldsymbol{a}=\lambda\boldsymbol{a}+\mu\boldsymbol{a}$； (2) $\lambda(\boldsymbol{a}+\boldsymbol{b})=\lambda\boldsymbol{a}+\lambda\boldsymbol{b}$.

7.3 向量的数量积

7.3 预习检测

前面定义了向量的线性运算，对两个向量，根据一些实际背景，可以抽象出两种类型的乘积运算，即数量积和向量积.本节先讨论数量积.

7.3.1 两向量的数量积

先引入两个向量的夹角概念.

两个向量 $\boldsymbol{a},\boldsymbol{b}$ 的夹角规定为把两个向量平移到起点重合所形成的大小不超过 π 的角，记为 $(\widehat{\boldsymbol{a},\boldsymbol{b}})$.显然有 $(\widehat{\boldsymbol{a},\boldsymbol{b}})=(\widehat{\boldsymbol{b},\boldsymbol{a}})$，并且这个角是唯一的，如图 7-16 所示.

在物理中我们知道，如果一个物体在力 $\boldsymbol{F}$ 的作用下产生位移 $\boldsymbol{s}$（图 7-17），则力 $\boldsymbol{F}$ 所做的功

$$W=|\boldsymbol{F}||\boldsymbol{s}|\cos\theta,$$

其中 θ 是 $\boldsymbol{F}$ 和 $\boldsymbol{s}$ 的夹角，即 $\theta=(\widehat{\boldsymbol{F},\boldsymbol{S}})$.这个数 W 可以看成由力向量 $\boldsymbol{F}$ 和位移向量 $\boldsymbol{s}$ 按照上式运算得出的结果.

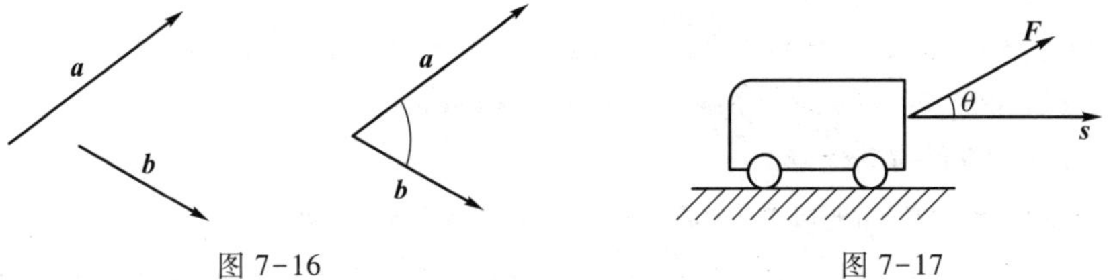

图 7-16 图 7-17

对一般的两个向量 $\boldsymbol{a},\boldsymbol{b}$，我们有

定义 向量 $\boldsymbol{a},\boldsymbol{b}$ 的模 $|\boldsymbol{a}|,|\boldsymbol{b}|$ 以及 $\boldsymbol{a},\boldsymbol{b}$ 的夹角 $(\widehat{\boldsymbol{a},\boldsymbol{b}})$ 的余弦 $\cos(\widehat{\boldsymbol{a},\boldsymbol{b}})$ 的乘积，称为向量 $\boldsymbol{a},\boldsymbol{b}$ 的**数量积**，记为 $\boldsymbol{a}\cdot\boldsymbol{b}$，即

$$\boldsymbol{a}\cdot\boldsymbol{b}=|\boldsymbol{a}||\boldsymbol{b}|\cos(\widehat{\boldsymbol{a},\boldsymbol{b}}). \tag{7-4}$$

数量积也称为标量积、点积、内积.于是，物体在力 $\boldsymbol{F}$ 的作用下产生位移 $\boldsymbol{s}$ 所做的功可以表示为 $W=\boldsymbol{F}\cdot\boldsymbol{s}$.

由数量积的定义可得数量积具有如下性质：

(1) $\boldsymbol{a}\cdot\boldsymbol{a}=|\boldsymbol{a}|^2,|\boldsymbol{a}|=\sqrt{\boldsymbol{a}\cdot\boldsymbol{a}}$；

(2) $\boldsymbol{a}\cdot\boldsymbol{b}=\boldsymbol{b}\cdot\boldsymbol{a}$；

(3) $\boldsymbol{a}\cdot(\boldsymbol{b}+\boldsymbol{c})=\boldsymbol{a}\cdot\boldsymbol{b}+\boldsymbol{a}\cdot\boldsymbol{c}$；

(4) $(\lambda\boldsymbol{a})\cdot\boldsymbol{b}=\lambda(\boldsymbol{a}\cdot\boldsymbol{b})=\boldsymbol{a}\cdot(\lambda\boldsymbol{b})$；

(5) $\mathbf{0}\cdot\boldsymbol{a}=0$;

(6) $|\boldsymbol{a}\cdot\boldsymbol{b}|\leqslant|\boldsymbol{a}||\boldsymbol{b}|$.

对非零向量 $\boldsymbol{a},\boldsymbol{b}$,如果 $\boldsymbol{a}\cdot\boldsymbol{b}=|\boldsymbol{a}||\boldsymbol{b}|\cos(\widehat{\boldsymbol{a},\boldsymbol{b}})=0$,则 $\cos(\widehat{\boldsymbol{a},\boldsymbol{b}})=0$,从而 $(\widehat{\boldsymbol{a},\boldsymbol{b}})=\frac{\pi}{2}$,这时称向量 $\boldsymbol{a},\boldsymbol{b}$ 垂直或者正交.反之,如果 $\boldsymbol{a},\boldsymbol{b}$ 垂直,则直接计算可知 $\boldsymbol{a}\cdot\boldsymbol{b}=0$.于是,

$$\boldsymbol{a}\perp\boldsymbol{b}\Leftrightarrow\boldsymbol{a}\cdot\boldsymbol{b}=0.$$

特别地,有

$$\boldsymbol{i}\cdot\boldsymbol{j}=\boldsymbol{j}\cdot\boldsymbol{k}=\boldsymbol{k}\cdot\boldsymbol{i}=0,\quad \boldsymbol{i}\cdot\boldsymbol{i}=\boldsymbol{j}\cdot\boldsymbol{j}=\boldsymbol{k}\cdot\boldsymbol{k}=1.$$

设 $\boldsymbol{a}=(a_x,a_y,a_z)$,$\boldsymbol{b}=(b_x,b_y,b_z)$,由数量积的性质直接计算可得

$$\boldsymbol{a}\cdot\boldsymbol{b}=a_xb_x+a_yb_y+a_zb_z. \tag{7-5}$$

请读者自己推导数量积的坐标表示式(7-5).

引入数量积后,可以用数量积计算两个向量的夹角.设 $\boldsymbol{a}=(a_x,a_y,a_z)$,$\boldsymbol{b}=(b_x,b_y,b_z)$ 是两个非零向量,其夹角为 $\varphi=(\widehat{\boldsymbol{a},\boldsymbol{b}})$,则由 $\boldsymbol{a}\cdot\boldsymbol{b}=|\boldsymbol{a}||\boldsymbol{b}|\cos\varphi$ 可得 $\boldsymbol{a},\boldsymbol{b}$ 夹角的计算公式

$$\cos\varphi=\frac{\boldsymbol{a}\cdot\boldsymbol{b}}{|\boldsymbol{a}||\boldsymbol{b}|}.$$

用坐标表示,有

$$\cos\varphi=\frac{a_xb_x+a_yb_y+a_zb_z}{\sqrt{a_x^2+a_y^2+a_z^2}\sqrt{b_x^2+b_y^2+b_z^2}}. \tag{7-6}$$

例 1　已知 $\boldsymbol{a}=(3,-1,-2)$,$\boldsymbol{b}=(1,2,-1)$,求 $(\boldsymbol{a}-2\boldsymbol{b})\cdot(2\boldsymbol{a}+3\boldsymbol{b})$.

解法一　$(\boldsymbol{a}-2\boldsymbol{b})\cdot(2\boldsymbol{a}+3\boldsymbol{b})$

$=((3,-1,-2)-2(1,2,-1))\cdot(2(3,-1,-2)+3(1,2,-1))$

$=(1,-5,0)\cdot(9,4,-7)=1\times9+(-5)\times4+0\times(-7)=-11.$

解法二　$(\boldsymbol{a}-2\boldsymbol{b})\cdot(2\boldsymbol{a}+3\boldsymbol{b})$

$=2\boldsymbol{a}\cdot\boldsymbol{a}-4\boldsymbol{b}\cdot\boldsymbol{a}+3\boldsymbol{a}\cdot\boldsymbol{b}-6\boldsymbol{b}\cdot\boldsymbol{b}=2|\boldsymbol{a}|^2-\boldsymbol{a}\cdot\boldsymbol{b}-6|\boldsymbol{b}|^2$

$=2[3^2+(-1)^2+(-2)^2]-[3\times1+(-1)\times2+(-2)\times(-1)]-6[1^2+2^2+(-1)^2]$

$=28-3-36=-11.$

例 2　已知三点 $A(1,1,1)$,$B(2,2,1)$ 和 $C(2,1,2)$,求向量 $\overrightarrow{AB}$ 与 $\overrightarrow{AC}$ 的夹角 φ.

解　$\overrightarrow{AB}=(1,1,0)$,$\overrightarrow{AC}=(1,0,1)$,根据夹角公式

$$\cos\varphi=\frac{\overrightarrow{AB}\cdot\overrightarrow{AC}}{|\overrightarrow{AB}||\overrightarrow{AC}|}=\frac{1\times1+1\times0+0\times1}{\sqrt{1^2+1^2+0^2}\sqrt{1^2+0^2+1^2}}=\frac{1}{2},$$

所以 $\overrightarrow{AB}$ 与 $\overrightarrow{AC}$ 间的夹角为 $\frac{\pi}{3}$.

例 3　用向量的方法,证明菱形的对角线相互垂直.

解　如图 7-18 所示,四边形 $ABCD$ 是菱形,由于

$$\overrightarrow{AB}=\overrightarrow{DC},\ |\overrightarrow{AD}|=|\overrightarrow{DC}|,$$

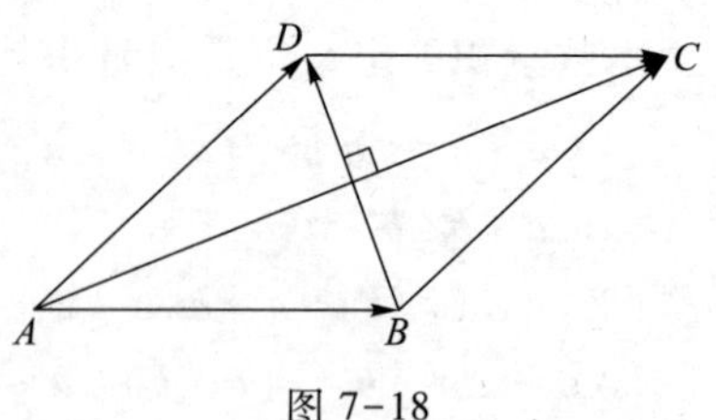

图 7-18

$$\overrightarrow{AC}=\overrightarrow{AD}+\overrightarrow{DC},$$

$$\overrightarrow{BD}=\overrightarrow{BA}+\overrightarrow{AD}=\overrightarrow{AD}-\overrightarrow{AB}=\overrightarrow{AD}-\overrightarrow{DC},$$

所以

$$\overrightarrow{BD}\cdot\overrightarrow{AC}=(\overrightarrow{AD}-\overrightarrow{DC})\cdot(\overrightarrow{AD}+\overrightarrow{DC})=|\overrightarrow{AD}|^2-|\overrightarrow{DC}|^2=0,$$

故$\overrightarrow{BD}\perp\overrightarrow{AC}$,命题得证.

7.3.2 方向角和方向余弦

空间非零向量 $\boldsymbol{a}$ 与 x,y,z 轴的正向的夹角依次为 α,β,γ,即 $\alpha=(\widehat{\boldsymbol{a},\boldsymbol{i}})$,$\beta=(\widehat{\boldsymbol{a},\boldsymbol{j}})$,$\gamma=(\widehat{\boldsymbol{a},\boldsymbol{k}})$,则把 α,β,γ 称为向量 $\boldsymbol{a}$ 的**方向角**.$0\leqslant\alpha,\beta,\gamma\leqslant\pi$.三个方向角的余弦值 $\cos\alpha,\cos\beta,\cos\gamma$ 称为向量 $\boldsymbol{a}$ 的**方向余弦**,如图 7-19 所示.

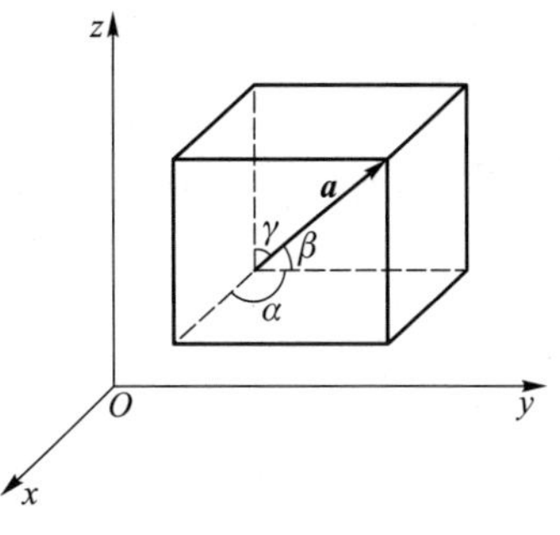

图 7-19

设非零向量 $\boldsymbol{a}=(a_x,a_y,a_z)$,由于 $\boldsymbol{i}=(1,0,0)$,所以

$$\cos\alpha=\cos(\widehat{\boldsymbol{a},\boldsymbol{i}})=\frac{\boldsymbol{a}\cdot\boldsymbol{i}}{|\boldsymbol{a}||\boldsymbol{i}|}=\frac{(a_x,a_y,a_z)\cdot(1,0,0)}{|\boldsymbol{a}|}=\frac{a_x}{|\boldsymbol{a}|},$$

即

$$\cos\alpha=\frac{a_x}{|\boldsymbol{a}|}=\frac{a_x}{\sqrt{a_x^2+a_y^2+a_z^2}},\tag{7-7}$$

同样,有

$$\cos\beta=\frac{a_y}{|\boldsymbol{a}|}=\frac{a_y}{\sqrt{a_x^2+a_y^2+a_z^2}},$$

$$\cos\gamma=\frac{a_z}{|\boldsymbol{a}|}=\frac{a_z}{\sqrt{a_x^2+a_y^2+a_z^2}}.\tag{7-8}$$

公式(7-7)、(7-8)就是方向余弦的计算公式.

把(7-7)、(7-8)中的三式平方后相加,可得

$$\cos^2\alpha+\cos^2\beta+\cos^2\gamma=1.\tag{7-9}$$

公式(7-9)说明任何一个向量的方向余弦的平方和都等于 1,这是向量的方向余弦的一个重要性质.

对于非零向量 $\boldsymbol{a}=(a_x,a_y,a_z)$ 的单位向量 $\boldsymbol{e}_a=\dfrac{\boldsymbol{a}}{|\boldsymbol{a}|}$,可得

$$\boldsymbol{e}_a=\frac{1}{|\boldsymbol{a}|}(a_x,a_y,a_z)=\left(\frac{a_x}{|\boldsymbol{a}|},\frac{a_y}{|\boldsymbol{a}|},\frac{a_z}{|\boldsymbol{a}|}\right),$$

即

$$\boldsymbol{e}_a=(\cos\alpha,\cos\beta,\cos\gamma).$$

由此可见,任何非零向量 $\boldsymbol{a}$ 的单位向量 $\boldsymbol{e}_a$ 的坐标等于 $\boldsymbol{a}$ 的三个方向余弦,这也是单位向量的一个性质.

例 4 已知点 $A(2,-1,3)$, $B(3,1,2)$, $\boldsymbol{a}=\overrightarrow{AB}$, 求 $\boldsymbol{a}$ 的方向余弦、方向角及它的单位向量.

解 $\boldsymbol{a}=(1,2,-1)$, $|\boldsymbol{a}|=\sqrt{6}$,

$$\cos\alpha=\frac{1}{\sqrt{6}},\quad \cos\beta=\frac{2}{\sqrt{6}},\quad \cos\gamma=\frac{-1}{\sqrt{6}},$$

$$\alpha=\arccos\frac{1}{\sqrt{6}},\quad \beta=\arccos\frac{2}{\sqrt{6}},\quad \gamma=\arccos\frac{-1}{\sqrt{6}},$$

$$\boldsymbol{e}_a=\left(\frac{1}{\sqrt{6}},\frac{2}{\sqrt{6}},\frac{-1}{\sqrt{6}}\right)=\left(\frac{\sqrt{6}}{6},\frac{\sqrt{6}}{3},-\frac{\sqrt{6}}{6}\right).$$

例 5 已知向量 $\boldsymbol{a}$ 与 x 轴正向的夹角是 $60°$, 与 y 轴正向的夹角是 $120°$, 求 $\boldsymbol{a}$ 与 z 轴的正向的夹角.

解 已知 $\alpha=\frac{\pi}{3}$, $\beta=\frac{2\pi}{3}$, 由公式(7-9), $\cos^2\alpha+\cos^2\beta+\cos^2\gamma=1$, 可知

$$\left(\cos\frac{\pi}{3}\right)^2+\left(\cos\frac{2\pi}{3}\right)^2+\cos^2\gamma=1,$$

$$\frac{1}{4}+\frac{1}{4}+\cos^2\gamma=1,$$

得到 $\cos\gamma=\pm\frac{\sqrt{2}}{2}$, 所以

$$\gamma=\frac{\pi}{4}\quad 或\quad \gamma=\frac{3\pi}{4}.$$

对非零向量 $\boldsymbol{a},\boldsymbol{b}$, 乘积 $|\boldsymbol{a}|\cos(\widehat{\boldsymbol{a},\boldsymbol{b}})$ 称为向量 $\boldsymbol{a}$ 在向量 $\boldsymbol{b}$ 上的投影(图 7-20), 记为 $\mathrm{Prj}_b\boldsymbol{a}$, 即

$$\mathrm{Prj}_b\boldsymbol{a}=|\boldsymbol{a}|\cos(\widehat{\boldsymbol{a},\boldsymbol{b}}).$$

利用投影可以表示数量积

$$\boldsymbol{a}\cdot\boldsymbol{b}=|\boldsymbol{a}||\boldsymbol{b}|\cos(\widehat{\boldsymbol{a},\boldsymbol{b}})=|\boldsymbol{b}|\mathrm{Prj}_b\boldsymbol{a}.$$

又有 $\mathrm{Prj}_b\boldsymbol{a}=\frac{\boldsymbol{a}\cdot\boldsymbol{b}}{|\boldsymbol{b}|}=\boldsymbol{a}\cdot\boldsymbol{e}_b$. 特别地,

$$\mathrm{Prj}_i\boldsymbol{a}=\boldsymbol{a}\cdot\boldsymbol{i}=a_x,\ \mathrm{Prj}_j\boldsymbol{a}=\boldsymbol{a}\cdot\boldsymbol{j}=a_y,\ \mathrm{Prj}_k\boldsymbol{a}=\boldsymbol{a}\cdot\boldsymbol{k}=a_z.$$

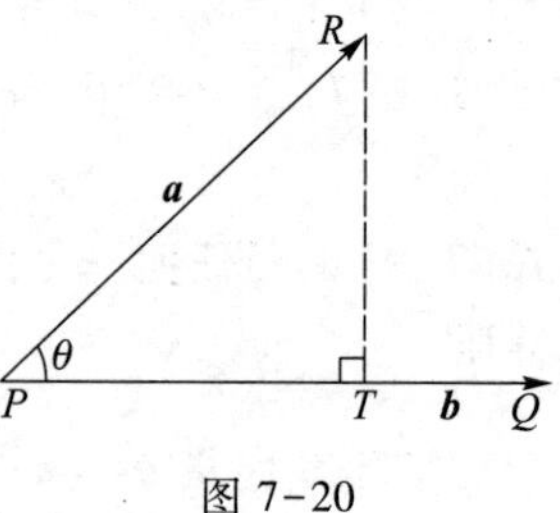

图 7-20

因此, 向量 $\boldsymbol{a}$ 的坐标恰好是其在三个坐标轴上的投影.

向量在坐标轴 u 上的投影具有如下性质:

(1) $\mathrm{Prj}_u(\boldsymbol{a}+\boldsymbol{b})=\mathrm{Prj}_u\boldsymbol{a}+\mathrm{Prj}_u\boldsymbol{b}$;

(2) $\mathrm{Prj}_u(\lambda\boldsymbol{a})=\lambda\mathrm{Prj}_u\boldsymbol{a}$.

例 6 设 $\boldsymbol{a}=(2,0,-1)$, $\boldsymbol{b}=(1,2,4)$, 求 $\boldsymbol{b}$ 在 $\boldsymbol{a}$ 上的投影.

解 $|\boldsymbol{a}|=\sqrt{2^2+0^2+(-1)^2}=\sqrt{5}$, $\boldsymbol{a}\cdot\boldsymbol{b}=2+0+(-4)=-2$, $\mathrm{Prj}_a\boldsymbol{b}=\frac{\boldsymbol{a}\cdot\boldsymbol{b}}{|\boldsymbol{a}|}=\frac{-2}{\sqrt{5}}=-\frac{2\sqrt{5}}{5}$.

习题 7.3

A

1. 已知 $\boldsymbol{a}=(3,2,-1)$,$\boldsymbol{b}=(1,-1,2)$,求:

(1) $\boldsymbol{a}\cdot\boldsymbol{b}$; (2) $(5\boldsymbol{a})\cdot(3\boldsymbol{b})$;

(3) $\boldsymbol{a}\cdot\boldsymbol{i}$; (4) $\boldsymbol{b}\cdot\boldsymbol{j}$;

(5) $(\boldsymbol{a}+2\boldsymbol{b})\cdot\boldsymbol{b}$; (6) $\boldsymbol{a}\cdot(3\boldsymbol{b}-2\boldsymbol{a})$;

(7) $(2\boldsymbol{a}+\boldsymbol{b})\cdot(2\boldsymbol{a}-\boldsymbol{b})$; (8) $(\boldsymbol{a}+2\boldsymbol{b})\cdot(3\boldsymbol{b}-2\boldsymbol{a})$.

2. 证明:

(1) $\boldsymbol{i}\cdot\boldsymbol{j}=\boldsymbol{j}\cdot\boldsymbol{k}=\boldsymbol{k}\cdot\boldsymbol{i}=0$; (2) $\boldsymbol{i}\cdot\boldsymbol{i}=\boldsymbol{j}\cdot\boldsymbol{j}=\boldsymbol{k}\cdot\boldsymbol{k}=1$.

3. 求 $\boldsymbol{a}$ 和 $\boldsymbol{b}$ 的夹角:

(1) $\boldsymbol{a}=(1,2,2)$,$\boldsymbol{b}=(3,4,0)$; (2) $\boldsymbol{a}=\boldsymbol{i}+\boldsymbol{j}+2\boldsymbol{k}$,$\boldsymbol{b}=2\boldsymbol{j}-3\boldsymbol{k}$.

4. 设已知两点 $M_1(4,\sqrt{2},1)$ 和 $M_2(3,0,2)$,求$\overrightarrow{M_1M_2}$的模、方向余弦和方向角.

5. 求 $\boldsymbol{b}$ 在 $\boldsymbol{a}$ 方向上的投影:

(1) $\boldsymbol{a}=(4,2,0)$,$\boldsymbol{b}=(1,1,1)$; (2) $\boldsymbol{a}=\boldsymbol{i}+\boldsymbol{k}$,$\boldsymbol{b}=\boldsymbol{i}-\boldsymbol{j}$.

6. 求平行于向量 $\boldsymbol{a}=(6,7,-6)$ 的单位向量.

B

1. 设 $\boldsymbol{a},\boldsymbol{b},\boldsymbol{c}$ 为单位向量,且满足 $\boldsymbol{a}+\boldsymbol{b}+\boldsymbol{c}=\boldsymbol{0}$,求 $\boldsymbol{a}\cdot\boldsymbol{b}+\boldsymbol{b}\cdot\boldsymbol{c}+\boldsymbol{c}\cdot\boldsymbol{a}$.

2. 求一个单位向量 $\boldsymbol{u}$,使其同时垂直于 $\boldsymbol{i}+\boldsymbol{j}$ 和 $\boldsymbol{i}+\boldsymbol{k}$.

3. 已知一个向量的两个方向角为 $\alpha=\dfrac{\pi}{4}$,$\beta=\dfrac{\pi}{3}$,求第三个方向角.

4. 设 $\boldsymbol{a},\boldsymbol{b}$ 均为非零向量,在什么条件下 $\mathrm{Prj}_{\boldsymbol{a}}\boldsymbol{b}=\mathrm{Prj}_{\boldsymbol{b}}\boldsymbol{a}$.

5. 已知向量 $\boldsymbol{a}=(4,-3,2)$,向量 $\boldsymbol{u}$ 与三坐标轴正向构成相等的锐角,求 $\boldsymbol{a}$ 在 $\boldsymbol{u}$ 上的投影.

6. 力 $\boldsymbol{F}=(10,18,-6)$ 将物体从点 $M_1(2,3,0)$ 沿直线移到点 $M_2(4,9,15)$,设力的单位为牛顿(N),位移的单位为米(m),求 $\boldsymbol{F}$ 做的功.

7. 设某个向量与 x 轴正向的夹角等于其与 y 轴正向的夹角,与 z 轴正向的夹角为前者的两倍,求出该向量的单位向量.

8. 试用向量证明三角形的余弦定理.

7.4 向量的向量积

7.4 预习检测

7.4.1 两向量的向量积

当用扳手拧紧或拧松一个螺母时,螺母转动的效果与用力的大小、扳手手柄的长短及转动的方向有关,在力学中,用力矩的概念来描述这个转动效果,如图 7-21 所示.力 $\boldsymbol{F}$ 对于定点 O 的力矩可用一个向量 $\boldsymbol{M}$ 来表示,向量 $\boldsymbol{M}$ 的大小:如果 d 是力臂,$\boldsymbol{r}=\overrightarrow{OA}$是力的作用点 A 对点 O 的向径,则

$$|\boldsymbol{M}|=|\boldsymbol{F}|d=|\boldsymbol{F}||\boldsymbol{r}|\sin(\widehat{\boldsymbol{r},\boldsymbol{F}}).$$

向量 $\boldsymbol{M}$ 的方向：$\boldsymbol{M}$ 同时与 $\boldsymbol{r}$ 及 $\boldsymbol{F}$ 垂直，且按照顺序 $\boldsymbol{r},\boldsymbol{F},\boldsymbol{M}$ 符合右手法则，即伸出右手，使拇指与其他四指垂直，当四指从 $\boldsymbol{r}$ 的正向以不超过 π 的角度转动握向 $\boldsymbol{F}$ 的正向时，拇指所指的方向就是 $\boldsymbol{M}$ 的方向.

上述实例说明，由力 $\boldsymbol{F}$ 与向径 $\boldsymbol{r}$ 可以确定出一个新向量 $\boldsymbol{M}$.这种由两个已知向量来确定另一向量的情况，在工程技术中常会遇到.抽去其实际意义，只考虑其数学模式，我们给出两个向量的向量积的定义如下.

定义　两向量 $\boldsymbol{a}$ 与 $\boldsymbol{b}$ 的**向量积**是一个新向量 $\boldsymbol{c}$，$\boldsymbol{c}$ 满足下列条件：

（ⅰ）$|\boldsymbol{c}|=|\boldsymbol{a}||\boldsymbol{b}|\sin(\widehat{\boldsymbol{a},\boldsymbol{b}})$；

（ⅱ）$\boldsymbol{c}$ 同时垂直于向量 $\boldsymbol{a}$ 和 $\boldsymbol{b}$，即 $\boldsymbol{c}$ 垂直于向量 $\boldsymbol{a},\boldsymbol{b}$ 所决定的平面；

（ⅲ）$\boldsymbol{c}$ 的正向：按顺序 $\boldsymbol{a},\boldsymbol{b},\boldsymbol{c}$ 符合右手法则拇指的指向（图 7-22）.

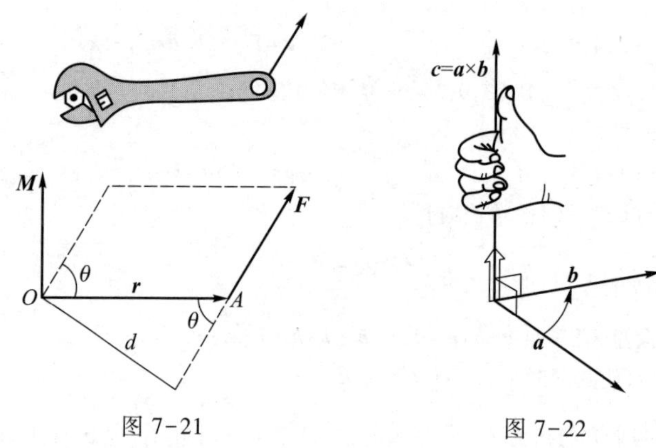

图 7-21　　　　图 7-22

两向量 $\boldsymbol{a}$ 与 $\boldsymbol{b}$ 的向量积记为 $\boldsymbol{a}\times\boldsymbol{b}$，即

$$\boldsymbol{c}=\boldsymbol{a}\times\boldsymbol{b}.$$

为区别于数量积的运算，用符号“×”表示向量积，因而向量积又称为“**叉积**”，有时，又称为“**外积**”.

由向量积的定义，可以得到其几何意义：**向量积的模 $|\boldsymbol{a}\times\boldsymbol{b}|$ 在数值上恰好等于以向量 $\boldsymbol{a}$ 和 $\boldsymbol{b}$ 为邻边的平行四边形的面积**，如图 7-23 所示.

本节开始所讨论的问题，力 $\boldsymbol{F}$ 对定点 O 的力矩 $\boldsymbol{M}$，按照向量积的定义，就可以简捷地表示为

$$\boldsymbol{M}=\boldsymbol{r}\times\boldsymbol{F}.$$

注意，根据定义，两个向量的数量积是一个数，在求两个向量的夹角时用数量积.两个向量的向量积是一个向量，求一个与两个已知向量都垂直的向量时用向量积.这两种乘积运算都有实际背景.

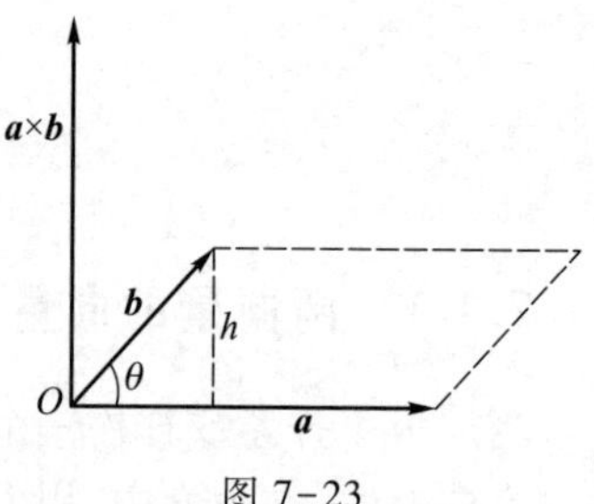

图 7-23

由向量积的定义可得向量积具有如下性质：

（1）$\boldsymbol{a}\times\boldsymbol{a}=\boldsymbol{0}$；

（2）$\boldsymbol{a}\times\boldsymbol{b}=-\boldsymbol{b}\times\boldsymbol{a}$；

（3）$\boldsymbol{a}\times(\boldsymbol{b}+\boldsymbol{c})=\boldsymbol{a}\times\boldsymbol{b}+\boldsymbol{a}\times\boldsymbol{c}$，$(\boldsymbol{b}+\boldsymbol{c})\times\boldsymbol{a}=\boldsymbol{b}\times\boldsymbol{a}+\boldsymbol{c}\times\boldsymbol{a}$；

(4) $(\lambda \boldsymbol{a})\times\boldsymbol{b}=\lambda(\boldsymbol{a}\times\boldsymbol{b})=\boldsymbol{a}\times(\lambda\boldsymbol{b})$.

由向量积的定义和性质,对空间直角坐标系的坐标轴的单位向量 $\boldsymbol{i},\boldsymbol{j},\boldsymbol{k}$ 有

$$\boldsymbol{i}\times\boldsymbol{i}=\boldsymbol{j}\times\boldsymbol{j}=\boldsymbol{k}\times\boldsymbol{k}=\boldsymbol{0},$$
$$\boldsymbol{i}\times\boldsymbol{j}=\boldsymbol{k},\quad \boldsymbol{j}\times\boldsymbol{k}=\boldsymbol{i},\quad \boldsymbol{k}\times\boldsymbol{i}=\boldsymbol{j},$$
$$\boldsymbol{j}\times\boldsymbol{i}=-\boldsymbol{k},\quad \boldsymbol{k}\times\boldsymbol{j}=-\boldsymbol{i},\quad \boldsymbol{i}\times\boldsymbol{k}=-\boldsymbol{j}.$$

读者由此可以推出 $\boldsymbol{a}=(a_x,a_y,a_z)$,$\boldsymbol{b}=(b_x,b_y,b_z)$的向量积的坐标表示

$$\boldsymbol{a}\times\boldsymbol{b}=(a_yb_z-a_zb_y)\boldsymbol{i}+(a_zb_x-a_xb_z)\boldsymbol{j}+(a_xb_y-a_yb_x)\boldsymbol{k}. \tag{7-10}$$

利用三阶行列式,上述计算公式可形式地表示为便于记忆的形式

$$\boldsymbol{a}\times\boldsymbol{b}=\begin{vmatrix}\boldsymbol{i} & \boldsymbol{j} & \boldsymbol{k}\\ a_x & a_y & a_z\\ b_x & b_y & b_z\end{vmatrix}.$$

由向量积的定义,向量 $\boldsymbol{a}/\!/\boldsymbol{b}$ 的充分必要条件是 $\boldsymbol{a}\times\boldsymbol{b}=\boldsymbol{0}$.由式(7-10)可得向量 $\boldsymbol{a}/\!/\boldsymbol{b}$ 条件的坐标表示

$$\boldsymbol{a}/\!/\boldsymbol{b}\Leftrightarrow\frac{a_x}{b_x}=\frac{a_y}{b_y}=\frac{a_z}{b_z}.$$

这样,我们从向量积运算的角度得到了与 7.2 节一致的结论.

例 1　已知向量 $\boldsymbol{a}=(2,1,-1)$,$\boldsymbol{b}=(1,-1,2)$,求 $\boldsymbol{a}\times\boldsymbol{b}$.

解

$$\boldsymbol{a}\times\boldsymbol{b}=\begin{vmatrix}\boldsymbol{i} & \boldsymbol{j} & \boldsymbol{k}\\ 2 & 1 & -1\\ 1 & -1 & 2\end{vmatrix}=(1,-5,-3).$$

例 2　已知空间三角形顶点 $A(1,-1,2)$,$B(3,2,1)$,$C(3,1,3)$,求三角形 ABC 的面积.

解　由向量积的几何意义,模 $|\overrightarrow{AB}\times\overrightarrow{AC}|$ 恰好等于以 $\overrightarrow{AB}$,$\overrightarrow{AC}$ 为邻边的平行四边形的面积,而三角形 ABC 的面积 S 等于平行四边形面积的一半.因此,有

$$\overrightarrow{AB}=(2,3,-1),\quad \overrightarrow{AC}=(2,2,1),$$
$$\overrightarrow{AB}\times\overrightarrow{AC}=\begin{vmatrix}\boldsymbol{i} & \boldsymbol{j} & \boldsymbol{k}\\ 2 & 3 & -1\\ 2 & 2 & 1\end{vmatrix}=(5,-4,-2).$$

所求三角形的面积为

$$S=\frac{1}{2}|\overrightarrow{AB}\times\overrightarrow{AC}|=\frac{1}{2}\sqrt{5^2+(-4)^2+(-2)^2}=\frac{3}{2}\sqrt{5}.$$

例 3　已知三点 $A(-2,-1,0)$,$B(1,-3,-1)$,$C(0,-4,1)$,求与向量 $\overrightarrow{AB}$,$\overrightarrow{AC}$ 同时垂直的单位向量.

解　$\overrightarrow{AB}=(3,-2,-1)$,　$\overrightarrow{AC}=(2,-3,1)$,

$$\overrightarrow{AB}\times\overrightarrow{AC}=\begin{vmatrix} \boldsymbol{i} & \boldsymbol{j} & \boldsymbol{k} \\ 3 & -2 & -1 \\ 2 & -3 & 1 \end{vmatrix}=(-5,-5,-5)=-5(1,1,1),$$

所求的单位向量为

$$\pm\frac{(1,1,1)}{\sqrt{3}}=\left(\pm\frac{1}{\sqrt{3}},\pm\frac{1}{\sqrt{3}},\pm\frac{1}{\sqrt{3}}\right).$$

*7.4.2 向量的混合积

设已知向量 $\boldsymbol{a},\boldsymbol{b},\boldsymbol{c}$,如果先作两向量 $\boldsymbol{a}$ 与 $\boldsymbol{b}$ 的向量积 $\boldsymbol{a}\times\boldsymbol{b}$,再用向量 $\boldsymbol{a}\times\boldsymbol{b}$ 与向量 $\boldsymbol{c}$ 作数量积 $(\boldsymbol{a}\times\boldsymbol{b})\cdot\boldsymbol{c}$,这样得到的数量称为三向量的**混合积**,记为

$$[\boldsymbol{a}\,\boldsymbol{b}\,\boldsymbol{c}]=(\boldsymbol{a}\times\boldsymbol{b})\cdot\boldsymbol{c}. \tag{7-11}$$

混合积不是新的运算方式,只需按向量积和数量积的定义逐步计算就行.

设三个向量 $\boldsymbol{a}=(a_x,a_y,a_z),\boldsymbol{b}=(b_x,b_y,b_z),\boldsymbol{c}=(c_x,c_y,c_z)$,因为

$$\boldsymbol{a}\times\boldsymbol{b}=\begin{vmatrix} \boldsymbol{i} & \boldsymbol{j} & \boldsymbol{k} \\ a_x & a_y & a_z \\ b_x & b_y & b_z \end{vmatrix}=\begin{vmatrix} a_y & a_z \\ b_y & b_z \end{vmatrix}\boldsymbol{i}-\begin{vmatrix} a_x & a_z \\ b_x & b_z \end{vmatrix}\boldsymbol{j}+\begin{vmatrix} a_x & a_y \\ b_x & b_y \end{vmatrix}\boldsymbol{k},$$

所以根据式(7-10)和(7-11),有

$$[\boldsymbol{a}\,\boldsymbol{b}\,\boldsymbol{c}]=(\boldsymbol{a}\times\boldsymbol{b})\cdot\boldsymbol{c}=\begin{vmatrix} a_y & a_z \\ b_y & b_z \end{vmatrix}c_x-\begin{vmatrix} a_x & a_z \\ b_x & b_z \end{vmatrix}c_y+\begin{vmatrix} a_x & a_y \\ b_x & b_y \end{vmatrix}c_z,$$

或者用三阶行列式表示

$$[\boldsymbol{a}\,\boldsymbol{b}\,\boldsymbol{c}]=\begin{vmatrix} a_x & a_y & a_z \\ b_x & b_y & b_z \\ c_x & c_y & c_z \end{vmatrix}. \tag{7-12}$$

这就是混合积的坐标表示式.

根据行列式的性质,容易推出

$$[\boldsymbol{a}\,\boldsymbol{b}\,\boldsymbol{c}]=[\boldsymbol{b}\,\boldsymbol{c}\,\boldsymbol{a}]=[\boldsymbol{c}\,\boldsymbol{a}\,\boldsymbol{b}].$$

说明混合积具有轮换性,即轮换三个向量因子的次序,混合积的值不变.

三向量的混合积有着重要的几何意义.设已知向量 $\boldsymbol{a},\boldsymbol{b},\boldsymbol{c}$,以 $\boldsymbol{a},\boldsymbol{b},\boldsymbol{c}$ 为相邻的棱作一个平行六面体,如图 7-24 所示,记此六面体的高为 h,由向量 $\boldsymbol{a},\boldsymbol{b}$ 所确定的底面的面积为 S,再记 $\boldsymbol{a}\times\boldsymbol{b}=\boldsymbol{u},(\widehat{\boldsymbol{c},\boldsymbol{u}})=\varphi$.

当 $\boldsymbol{u}$ 和 $\boldsymbol{c}$ 指向底面的同一侧$\left(0<\varphi<\dfrac{\pi}{2}\right)$时,$h=|\boldsymbol{c}|\cos\varphi$;当 $\boldsymbol{u}$ 和 $\boldsymbol{c}$ 指向底面的异侧$\left(\dfrac{\pi}{2}<\varphi<\pi\right)$时,$h=|\boldsymbol{c}|\cos(\pi-\varphi)=|\boldsymbol{c}|(-\cos\varphi)$.归纳这两种情况,可得到 $h=|\boldsymbol{c}||\cos\varphi|$,

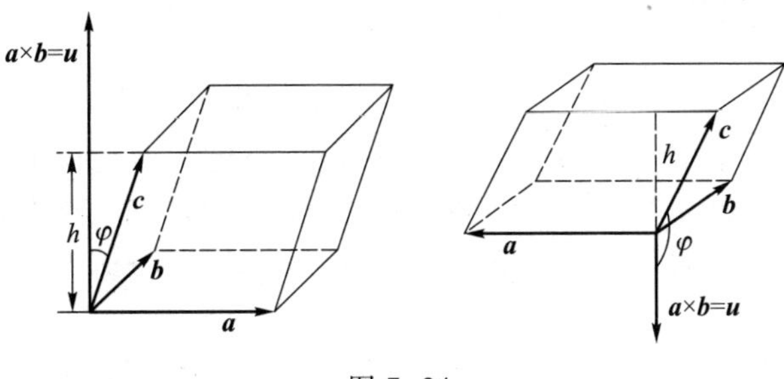

图 7-24

即高 h 可以看作向量 $\boldsymbol{c}$ 在向量 $\boldsymbol{u}$ 上投影的绝对值.而底面积 S 等于 $|\boldsymbol{a}\times\boldsymbol{b}|$,这样平行六面体的体积

$$V=S\cdot h=|\boldsymbol{a}\times\boldsymbol{b}||\boldsymbol{c}||\cos\varphi|=|(\boldsymbol{a}\times\boldsymbol{b})\cdot\boldsymbol{c}|=|[\boldsymbol{a}\,\boldsymbol{b}\,\boldsymbol{c}]|. \tag{7-13}$$

于是,在几何上向量的混合积 $[\boldsymbol{a}\,\boldsymbol{b}\,\boldsymbol{c}]$ 的绝对值表示以向量 $\boldsymbol{a},\boldsymbol{b},\boldsymbol{c}$ 为棱的平行六面体的体积.

根据混合积的几何意义,立刻就得三个非零向量共面的充分必要条件是 $[\boldsymbol{a}\,\boldsymbol{b}\,\boldsymbol{c}]=0$.

例 4　求以空间四点 $A(1,0,-1)$,$B(4,4,1)$,$C(4,5,-2)$,$D(-1,-3,-6)$ 为顶点的四面体的体积.

解　由立体几何知道,四面体的体积 V 等于以向量 $\overrightarrow{AB},\overrightarrow{AC},\overrightarrow{AD}$ 为棱的平行六面体的体积的六分之一,因而根据公式(7-13),四面体的体积为

$$V=\frac{1}{6}|[\overrightarrow{AB}\quad\overrightarrow{AC}\quad\overrightarrow{AD}]|,$$

$$\overrightarrow{AB}=(3,4,2),\overrightarrow{AC}=(3,5,-1),\overrightarrow{AD}=(-2,-3,-5),$$

$$[\overrightarrow{AB}\quad\overrightarrow{AC}\quad\overrightarrow{AD}]=\begin{vmatrix}3&4&2\\3&5&-1\\-2&-3&-5\end{vmatrix}=-14,$$

故所求体积为

$$V=\frac{1}{6}|-14|=\frac{7}{3}.$$

习题 7.4

A

1. 已知 $\boldsymbol{a}=(3,2,-1)$,$\boldsymbol{b}=(1,-1,2)$,求:

(1) $\boldsymbol{a}\times\boldsymbol{b}$;　　(2) $(2\boldsymbol{a})\times(3\boldsymbol{b})$;

(3) $(\boldsymbol{a}+2\boldsymbol{b})\times\boldsymbol{b}$;　　(4) $\boldsymbol{a}\times(-2\boldsymbol{a}+3\boldsymbol{b})$.

2. 已知 $\boldsymbol{a}=(2,-3,1)$,$\boldsymbol{b}=(1,-1,3)$,$\boldsymbol{c}=(1,-2,0)$,求:

(1) $(\boldsymbol{a}\cdot\boldsymbol{b})\boldsymbol{c}$;　　(2) $(\boldsymbol{a}\times\boldsymbol{b})\cdot\boldsymbol{c}$;

(3) $\boldsymbol{a}\times(\boldsymbol{b}\times\boldsymbol{c})$;　　(4) $(\boldsymbol{a}\times\boldsymbol{b})\times\boldsymbol{c}$.

3. 求同时与向量 $\boldsymbol{a}=(2,2,1)$,$\boldsymbol{b}=(4,5,3)$ 垂直的单位向量.

4. 已知$\overrightarrow{OA}=\boldsymbol{i}+3\boldsymbol{k}$，$\overrightarrow{OB}=\boldsymbol{j}+3\boldsymbol{k}$，求$\triangle OAB$的面积.

B

1. 已知空间三角形三顶点 $A(-1,2,3)$，$B(1,1,1)$，$C(0,0,5)$，求$\triangle ABC$的面积.

2. 求以点 $A(0,0,0)$，$B(5,0,0)$，$C(2,6,6)$，$D(7,6,6)$为顶点的平行四边形的面积.

3. 已知空间三点 $P(1,0,-1)$，$Q(2,4,5)$，$R(3,1,7)$，求一向量，使其垂直于过 P，Q，R 三点的平面，并求出$\triangle PQR$的面积.

4. 已知空间四点 $P(0,1,2)$，$Q(2,4,5)$，$R(-1,0,1)$，$S(6,-1,4)$，求以它们为顶点的空间四面体的体积.

5. 证明四点 $P(1,0,1)$，$Q(2,4,6)$，$R(3,-1,2)$，$S(6,2,8)$在同一个平面上.

6. 设 $\boldsymbol{a}\neq\boldsymbol{0}$，

(1) 已知 $\boldsymbol{a}\cdot\boldsymbol{b}=\boldsymbol{a}\cdot\boldsymbol{c}$，是否必有 $\boldsymbol{b}=\boldsymbol{c}$？　　(2) 已知 $\boldsymbol{a}\times\boldsymbol{b}=\boldsymbol{a}\times\boldsymbol{c}$，是否必有 $\boldsymbol{b}=\boldsymbol{c}$？

(3) 已知 $\boldsymbol{a}\cdot\boldsymbol{b}=\boldsymbol{a}\cdot\boldsymbol{c}$ 且 $\boldsymbol{a}\times\boldsymbol{b}=\boldsymbol{a}\times\boldsymbol{c}$，是否必有 $\boldsymbol{b}=\boldsymbol{c}$？

7.5 预习检测

7.5　曲面及其方程

在工程技术中，我们经常会遇到各种曲面，例如，发电厂冷却塔的外表面，卫星接收天线的碟形曲面，建筑工地上的锥形漏斗面，等等.为解决工程设计中的问题，就要研究在数学上如何表示曲面以及曲面的一些特征.

在平面解析几何中，通常把平面曲线当作动点的轨迹.与此相类似，在空间解析几何中，把一个曲面看成具有某种几何性质的点的轨迹.在空间直角坐标系中，通常用(x,y,z)表示曲面上任意一点的坐标，建立起一个关于 x,y,z 的代数方程作为曲面的表示式.在这样的意义下，若有一个曲面 Σ 和一个三元方程

$$F(x,y,z)=0. \tag{7-14}$$

满足下面两个条件：

(1) 曲面 Σ 上任意一点的坐标都满足方程 $F(x,y,z)=0$；

(2) 不在曲面 Σ 上的任意一点的坐标都不满足方程 $F(x,y,z)=0$，

则曲面 Σ 就称为**方程 $F(x,y,z)=0$ 的图形**，而方程 $F(x,y,z)=0$ 称为**曲面 Σ 的方程**.

建立起空间曲面与其方程的联系之后，我们就可以用代数的方法，来研究曲面的几何性质了.下面先举几个常见曲面的方程的例子.

在空间直角坐标系中，考察 xOy 平面，凡是该平面内的点的坐标都满足 $z=0$；不在 xOy 平面内的点，它的坐标都不满足 $z=0$.因此，xOy 平面（平面可以看作特殊曲面）的方程是 $z=0$.类似地，可得出 yOz 平面的方程是 $x=0$，xOz 平面的方程是 $y=0$.

方程 $z=3$ 表示与 xOy 平面平行的平面，此平面相当于将 xOy 平面向上平移三个单位.

例 1　设空间两点 $M(2,1,-1)$，$N(1,-2,3)$，求线段 MN 的垂直平分面的方程.

解　设平分面内任意点为 $P(x,y,z)$，根据两点间距离公式可得

$$|MP|=|NP|,$$

$$\sqrt{(x-2)^2+(y-1)^2+(z+1)^2}=\sqrt{(x-1)^2+(y+2)^2+(z-3)^2},$$

化简得

$$x+3y-4z+4=0.$$

这就是所求平面内的点的坐标所满足的方程,而不在此平面内的点的坐标均不满足这个方程,因此该方程就是所求平分面的方程.

在空间解析几何中关于曲面的研究,类似于平面解析几何中关于曲线的研究,有两类基本问题:

(1) 已知曲面 Σ 上的点所满足的几何条件,建立曲面方程;

(2) 已知关于 x,y,z 的一个方程时,研究这个方程所表示曲面的形状和位置关系.

以后几节的内容都是由此出发,来研究不同的曲面或方程的.

7.5.1　球面

在空间中,到一定点的距离等于定长的点的集合叫做**球面**,其中定点称为**球心**,定长称为**半径**.

设球心为 $M_0(x_0,y_0,z_0)$,半径为 R,我们来建立球面的方程.

设点 $M(x,y,z)$ 是球面上任意一点,如图 7-25 所示,于是 $|M_0M|=R$,由两点间距离公式,有

$$\sqrt{(x-x_0)^2+(y-y_0)^2+(z-z_0)^2}=R.$$

两边平方,就得到方程

$$(x-x_0)^2+(y-y_0)^2+(z-z_0)^2=R^2. \tag{7-15}$$

另外,不在球面上的点都不满足 $|M_0M|=R$,因而其坐标不满足方程(7-15),因此式(7-15)就是球心在点 $M_0(x_0,y_0,z_0)$,半径为 R 的球面方程,称为**球面的标准方程**.

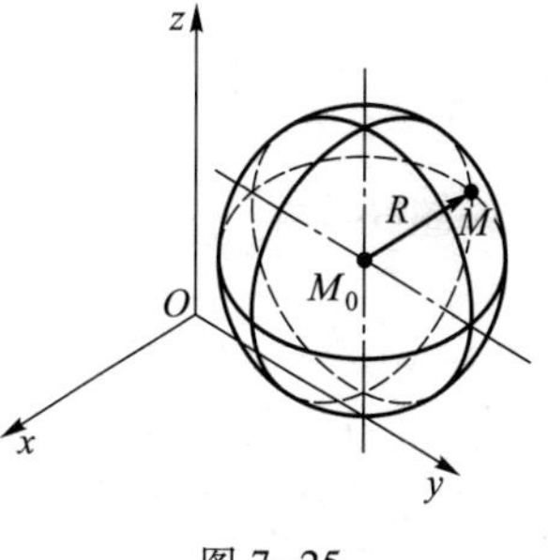

图 7-25

如果球心在原点 $O(0,0,0)$,这时球面方程为

$$x^2+y^2+z^2=R^2. \tag{7-16}$$

如果只考虑上半球面,从球面的标准方程(7-15)解出,取 $z\geqslant z_0$ 部分,即得**上半球面的方程**为

$$z=z_0+\sqrt{R^2-(x-x_0)^2-(y-y_0)^2}. \tag{7-17}$$

同理,**下半球面的方程**为

$$z=z_0-\sqrt{R^2-(x-x_0)^2-(y-y_0)^2}. \tag{7-18}$$

下面讨论球面与二次方程的关系.如果把球面方程式(7-15)展开,得

$$x^2+y^2+z^2-2x_0x-2y_0y-2z_0z+(x_0^2+y_0^2+z_0^2-R^2)=0,$$

此方程具有下述形式:

$$x^2+y^2+z^2+Ax+By+Cz+D=0. \tag{7-19}$$

这是关于 x,y,z 的三元二次方程,称为**球面的一般方程**.方程(7-19)的特征是,三个平方项

x^2,y^2,z^2 的系数相等且不为零,不含交叉项 xy,yz,zx.

如果有一个二次方程,形如

$$x^2+y^2+z^2+Ax+By+Cz+D=0.$$

配方可得

$$\left(x+\frac{A}{2}\right)^2+\left(y+\frac{B}{2}\right)^2+\left(z+\frac{C}{2}\right)^2=\frac{1}{4}(A^2+B^2+C^2-4D),$$

那么,当 $A^2+B^2+C^2-4D>0$ 时,此式表示球心在点 $\left(-\frac{A}{2},-\frac{B}{2},-\frac{C}{2}\right)$,半径为 $R=\frac{1}{2}\sqrt{A^2+B^2+C^2-4D}$ 的球面.

例 2 方程 $4x^2+4y^2+4z^2-8x+16y-24z-16=0$ 表示什么曲面?

解 题目中的方程等价于方程

$$x^2+y^2+z^2-2x+4y-6z-4=0,$$

配方可化为

$$(x-1)^2+(y+2)^2+(z-3)^2=18,$$

所以方程表示以点 $(1,-2,3)$ 为球心,半径为 $3\sqrt{2}$ 的球面.

7.5.2 柱面

设 C 是平面内的定曲线,平行于定直线并沿曲线 C 移动的直线 L 的轨迹称为**柱面**,其中动直线 L 称为柱面的**母线**,定曲线 C 称为柱面的**准线**,如图 7-26 所示.

下面只研究在空间直角坐标系中母线平行于坐标轴的柱面.

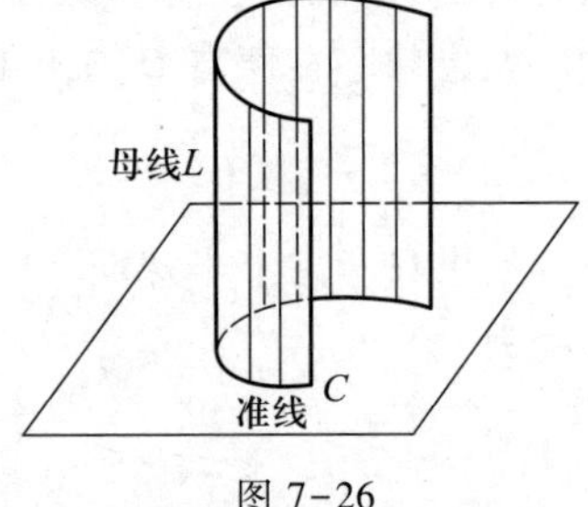

图 7-26

先考虑母线平行于 z 轴的柱面.如图 7-27 所示,柱面与 xOy 平面相交成 xOy 平面内的曲线 C,设 xOy 平面内的曲线 C 的方程为

$$F(x,y)=0.$$

我们考虑任意一条母线,如图 7-27 中的 MN.由于 MN 与 z 轴平行,母线 MN 上每一点的坐标 x,y 都对应相等,只是坐标 z 发生变化.所以,只要 xOy 平面内的点 $N(x,y,0)$ 的坐标满足方程 $F(x,y)=0$,那么过 N 且平行于 z 轴的直线 MN 上的任何点 $M(x,y,z)$ 都满足方程 $F(x,y)=0$.这就是说,母线与 z 轴平行的柱面上任意点的坐标都满足方程 $F(x,y)=0$.

因此,如果在 xOy 平面内 $F(x,y)=0$ 表示一条曲线 C,则在关于 x,y,z 的空间直角坐标系中,**方程 $F(x,y)=0$ 就表示准线为 C,母线平行于 z 轴的柱面**.

例如,$x^2+y^2=R^2$ 在 xOy 平面内是半径为 R 的圆,在关于 x,y,z 的空间直角坐标系中,就是对称轴为 z 轴的**圆柱面**,如图 7-28 所示,图中只画出了圆柱面的一部分,整个圆柱面应该是向上、向下无限伸展的.

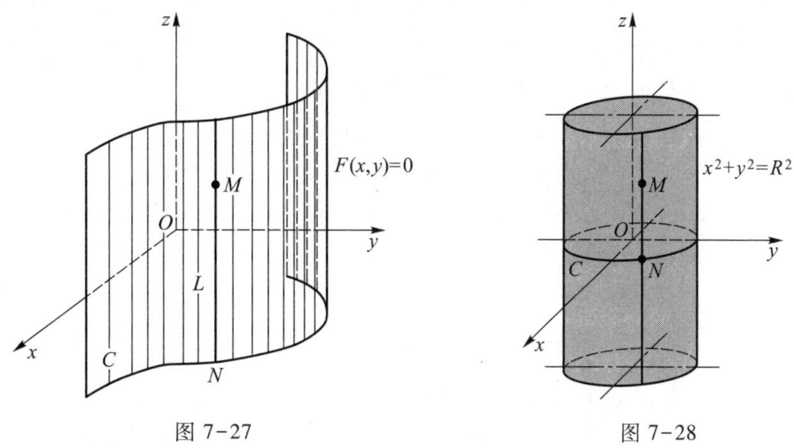

图 7-27　　　　图 7-28

又如,$\frac{x^2}{a^2}+\frac{y^2}{b^2}=1$ 在 xOy 平面内是椭圆,在关于 x,y,z 的空间直角坐标系中是母线平行于 z 轴的柱面,称为**椭圆柱面**;$\frac{y^2}{a^2}-\frac{x^2}{b^2}=1$ 在 xOy 平面内是双曲线,在空间直角坐标系中是母线平行于 z 轴的**双曲柱面**;$x^2=2py$ 在 xOy 平面内是抛物线,在空间直角坐标系中是母线平行于 z 轴的**抛物柱面**.这三种柱面的图形见图 7-29,这些柱面又称为**二次柱面**.

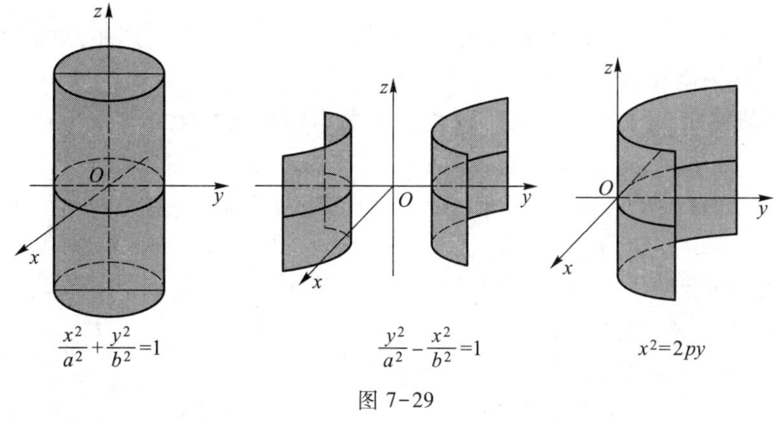

图 7-29

综合上述讨论,可得出结论:

一般地,在空间解析几何中,不含 z 而含有 x,y 的**方程** $F(x,y)=0$ **表示一个母线平行于 z 轴的柱面**.xOy 平面内的曲线 $F(x,y)=0$ 是这个柱面的一条准线.

同理可得,不含 x 而仅含有 y,z 的**方程** $G(y,z)=0$ **表示一个母线平行于 x 轴的柱面**,yOz 平面上的曲线 $G(y,z)=0$ 是这个柱面的一条准线;不含 y 而仅含有 x,z 的**方程** $H(x,z)=0$ **表示一个母线平行于 y 轴的柱面**,xOz 平面上的曲线 $H(x,z)=0$ 是这个柱面的一条准线.

注　在空间解析几何中,缺变量的方程一般都表示柱面.缺少哪一个变量,柱面的母线就平行于哪个坐标轴.

例 3　在空间直角坐标系中,$x+y=1$ 表示什么几何图形?

解　方程 $x+y=1$ 中缺少坐标变量 z，在空间直角坐标系下表示母线平行于 z 轴的柱面. 柱面的准线是 xOy 平面内的直线 $x+y=1$，因而其几何图形是由动直线沿准线 $x+y=1$ 平行移动形成的，是与 z 轴平行的一个平面，如图 7-30 所示.

例 4　在空间直角坐标系中，方程 $x^2+z^2=1$ 表示什么曲面？

解　方程 $x^2+z^2=1$ 中缺少坐标变量 y，因而是母线平行于 y 轴的柱面，其准线为 xOz 平面内的半径为 1 的圆 $x^2+z^2=1$，因而方程 $x^2+z^2=1$ 在空间解析几何中表示母线平行于 y 轴且以 y 轴为对称轴的圆柱面，如图 7-31 所示.

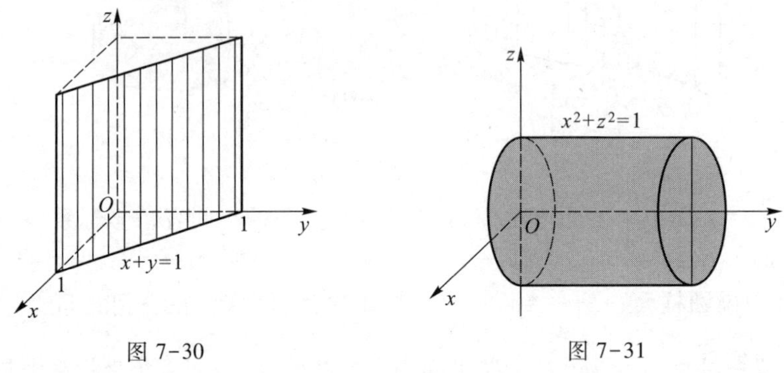

图 7-30　　图 7-31

7.5.3　旋转曲面

平面内的一条曲线绕着同一平面上的一条定直线旋转一周所产生的曲面称为**旋转曲面**. 这条定直线称为旋转曲面的**轴**.

下面主要研究在空间直角坐标系下，坐标平面内的曲线绕坐标轴旋转产生的旋转曲面的方程.

如图 7-32，设在 yOz 坐标平面内有一曲线 C，它的方程为

$$f(y,z)=0.$$

把这条曲线绕 z 轴旋转一周，就得到一个以 z 轴为旋转轴的旋转曲面，这里我们来推导它的方程.

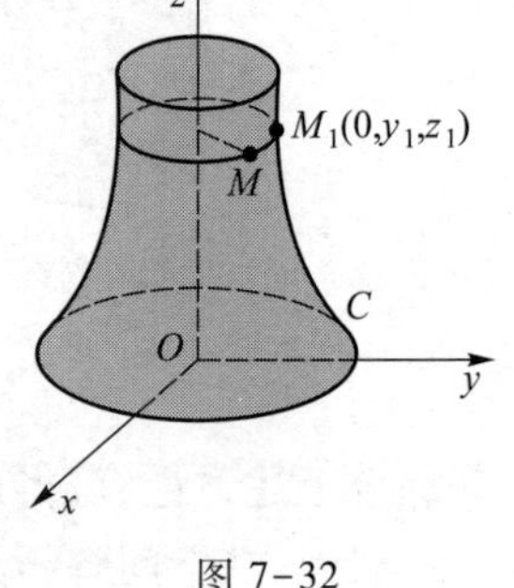

图 7-32

设点 $M_1(0,y_1,z_1)$ 是曲线 C 上任意一点，则有

$$f(y_1,z_1)=0. \tag{7-20}$$

而且点 M_1 在 z 轴上的投影为 z_1，到 z 轴的距离为 $|y_1|$. 设曲线 C 绕 z 轴旋转时，点 M_1 随着曲线绕 z 轴旋转到任意一点的位置是 $M(x,y,z)$. 点 M 在 z 轴的投影为 z，到 z 轴的距离为 $\sqrt{x^2+y^2}$. 因为在旋转过程中，动点在 z 轴上的投影不变，动点到 z 轴的距离也不变，于是有

$$z=z_1,$$

$$\sqrt{x^2+y^2}=|y_1| \quad 或 \quad \pm\sqrt{x^2+y^2}=y_1,$$

将其代入式(7-20)，就有

$$f(\pm\sqrt{x^2+y^2},z)=0. \tag{7-21}$$

这就是所求的旋转曲面的方程,不在此曲面上的点的坐标就不满足方程(7-21).

通过上述讨论可以看出,在 yOz 平面内的曲线方程 $f(y,z)=0$ 中,只要将坐标字母 y 改换成 $\pm\sqrt{x^2+y^2}$,坐标字母 z 保持不变,便得到曲线 C 绕 z 轴旋转一周而生成的旋转曲面的方程.

同理,如果把 yOz 平面内的曲线 $C:f(y,z)=0$ 中的坐标字母 z 改换成 $\pm\sqrt{x^2+z^2}$,坐标字母 y 保持不变,就得到曲线 C 绕 y 轴旋转一周而生成的旋转曲面的方程,即

$$f(y,\pm\sqrt{x^2+z^2})=0. \tag{7-22}$$

对其他坐标面内的曲线绕坐标轴旋转时的旋转曲面方程,读者可仿此写出.

注 写出坐标平面内的曲线绕坐标轴旋转生成的旋转曲面方程的规则是:绕哪一个坐标轴旋转,曲线方程中的哪一个坐标就不变,另一个坐标换成另外两个坐标平方和的平方根的正值或负值.

例 5 将 yOz 平面内的抛物线 $z=y^2$ 绕 z 轴旋转一周,求所生成的旋转曲面的方程.

解 绕 z 轴旋转生成的旋转曲面方程为

$$z=(\pm\sqrt{x^2+y^2})^2, \quad 即 \quad z=x^2+y^2.$$

这种曲面叫做**旋转抛物面**,如图 7-33 所示.

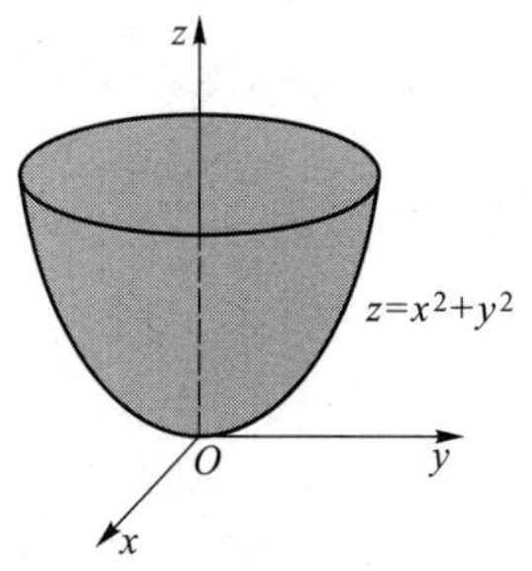

图 7-33

例 6 将 xOz 平面内的椭圆 $\frac{x^2}{a^2}+\frac{z^2}{c^2}=1$ 分别绕 x 轴和 z 轴旋转一周,求所生成的旋转曲面的方程.

解 绕 x 轴旋转所成的旋转曲面的方程为

$$\frac{x^2}{a^2}+\frac{(\pm\sqrt{y^2+z^2})^2}{c^2}=1,$$

即

$$\frac{x^2}{a^2}+\frac{y^2}{c^2}+\frac{z^2}{c^2}=1,$$

绕 z 轴旋转所成的旋转曲面的方程为

$$\frac{(\pm\sqrt{x^2+y^2})^2}{a^2}+\frac{z^2}{c^2}=1, \quad 即 \quad \frac{x^2}{a^2}+\frac{y^2}{a^2}+\frac{z^2}{c^2}=1.$$

这两种曲面都叫做**旋转椭球面**,后一种如图 7-34 所示.

例 7 直线 L 绕着另一条与 L 相交的定直线旋转一周而生成的旋转曲面叫做**圆锥面**,这两直线的交点叫做圆锥面的**顶点**,两直线的夹角 $\alpha\left(0<\alpha<\frac{\pi}{2}\right)$ 称为圆锥面的**半顶角**.试建立顶点在坐标原点,z 轴为旋转轴,半顶角为 α 的圆锥面方程,如图 7-35 所示.

解 设在 yOz 平面上的直线 L 与 z 轴相交于坐标原点 $O(0,0,0)$,与 z 轴夹角为 α,直线 L 的方程为

$$z=ky,$$

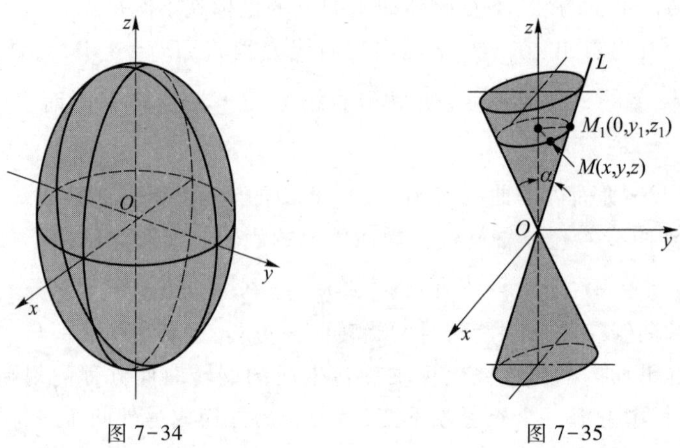

图 7-34　　图 7-35

其中斜率 $k=\cot\alpha$.此直线绕 z 轴旋转产生的曲面方程为

$$z=k(\pm\sqrt{x^2+y^2}).$$

也可写成 $z^2=k^2(x^2+y^2)$,其中 $k=\cot\alpha$,α 称为锥面的半顶角,这就是圆锥面的方程.

习题 7.5

A

1. 求下列各球面的方程:

(1) 球心在点(3,-2,5)而半径 $R=4$;

(2) 球心在点(-1,-3,2)且通过点(1,-1,1);

(3) 一条直径的两个端点是(2,-3,5)和(4,1,-3);

(4) 球面过点(0,0,0),(1,-1,1),(1,2,-1),(2,3,0);

(5) 球心在点(1,3,-2)且通过坐标原点.

2. 求下列球面的球心和半径:

(1) $x^2+y^2+z^2-6z-7=0$;　　(2) $x^2+y^2+z^2-12x+4y-6z=0$;

(3) $2x^2+2y^2+2z^2-4x+8y-8z-14=0$.

3. 指出下列方程在平面解析几何和空间解析几何中各表示什么图形:

(1) $\dfrac{x^2}{4}-\dfrac{y^2}{6}=1$;　　(2) $\dfrac{x^2}{4}+\dfrac{y^2}{9}=1$;

(3) $x^2+y^2=1$;　　(4) $x^2-y^2=0$;

(5) $y+x=4$;　　(6) $x=1$.

4. 求下列曲线绕指定轴旋转一周所生成的曲面方程:

(1) yOz 平面内的抛物线 $z=3y^2$,绕 z 轴;

(2) yOz 平面内的直线 $z=2y$,绕 z 轴和 y 轴;

(3) xOy 平面内的椭圆 $x^2+2y^2=1$,绕 x 轴和 y 轴;

(4) xOz 平面内的双曲线 $4x^2-z^2=1$,绕 z 轴.

B

1. 求与坐标原点 O 及点(2,3,4)的距离之比为 1 : 2 的点的全体所组成的曲面方程,它表示怎样的曲面?

2. 说明下列旋转曲面是怎样形成的:

(1) $\frac{x^2}{4}+\frac{y^2}{9}+\frac{z^2}{9}=1$; (2) $x^2-\frac{y^2}{4}+z^2=1$;

(3) $x^2-y^2-z^2=1$; (4) $(z-a)^2=x^2+y^2$.

3. 求一球面,使其过点 $P(1,2,5)$ 并与三坐标面相切.

4. 一动点与 $(3,5,-4)$ 和 $(-7,1,6)$ 两点等距离,又与 $(4,-6,3)$ 和 $(-2,8,5)$ 两点等距离,求此动点的轨迹.

7.6 空间曲线及其方程

7.6 预习检测

7.6.1 空间曲线的一般方程

空间曲线可以看成两个相交曲面的交线.

设有两个相交曲面 Σ_1 和 Σ_2,它们的方程分别为

$$F(x,y,z)=0,\quad G(x,y,z)=0. \tag{7-23}$$

设它们的交线为空间曲线 C.如图 7-36 所示,若点 $P(x,y,z)$ 是曲线 C 上任意一点,则点 P 必定同时在两个曲面 Σ_1 和 Σ_2 上,因而其坐标应该同时满足这两个曲面的方程.显然不在交线 C 上的点的坐标不可能同时满足这两个曲面的方程;反之,若点 P 的坐标同时满足曲面 Σ_1 和 Σ_2 的方程(7-23),则点 P 必定同时在曲面 Σ_1 和 Σ_2 上,因而它就一定在这两个曲面的交线 C 上.因此,由两个曲面的方程联立得到的方程组

$$\begin{cases}F(x,y,z)=0,\\G(x,y,z)=0\end{cases} \tag{7-24}$$

就是空间曲线 C 的方程,我们把方程组(7-24)称为空间曲线的**一般方程**.

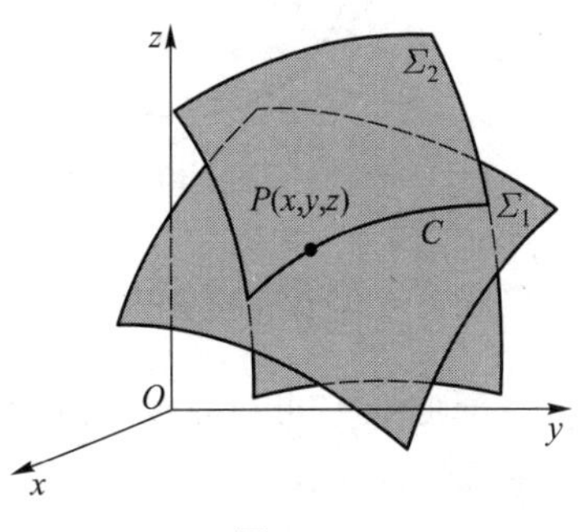

图 7-36

因为在空间通过空间曲线 C 的曲面可以有无穷多个,很可能在这无穷多个曲面中的另外两个曲面也正好以 C 为它们的交线.把这两个曲面方程联立起来的方程组也表示曲线 C.因此两个看上去完全不同的方程组有可能表示着同一条空间曲线.

例 1 考察方程组

$$\begin{cases}x^2+y^2+z^2=25,\\z=3\end{cases}$$

表示怎样的曲线?

解 第一个方程表示以原点为球心,半径为 5 的球面,第二个方程表示平行于 xOy 坐标面的平面,方程组则表示球面和平面的交线,这条交线是一个空间的圆,它的中心为 $P(0,0,3)$,半径为 4,如图 7-37 所示.这个圆也可以用另一个与之等价的方程组

$$\begin{cases} x^2+y^2=16, \\ z=3 \end{cases}$$

来表示，即看作母线平行于 z 轴的圆柱面 $x^2+y^2=16$ 与平面 $z=3$ 的交线.

例 2　考察方程组

$$\begin{cases} z=\sqrt{1-x^2-y^2}, \\ \left(x-\dfrac{1}{2}\right)^2+y^2=\dfrac{1}{4} \end{cases}$$

表示怎样的曲线?

解　因为方程 $z=\sqrt{1-x^2-y^2}$ 是球面 $x^2+y^2+z^2=1$ 的 $z\geqslant 0$ 的部分，此球面的球心在坐标原点 $O(0,0,0)$，半径为 1，第一个方程表示上半球面，第二个方程表示母线与 z 轴平行的圆柱面，它的准线是 xOy 平面内中心在 $\left(\dfrac{1}{2},0,0\right)$，半径为 $\dfrac{1}{2}$ 的圆. 因此，方程组就表示上半球面与圆柱面的交线，其图形如图 7-38 所示.

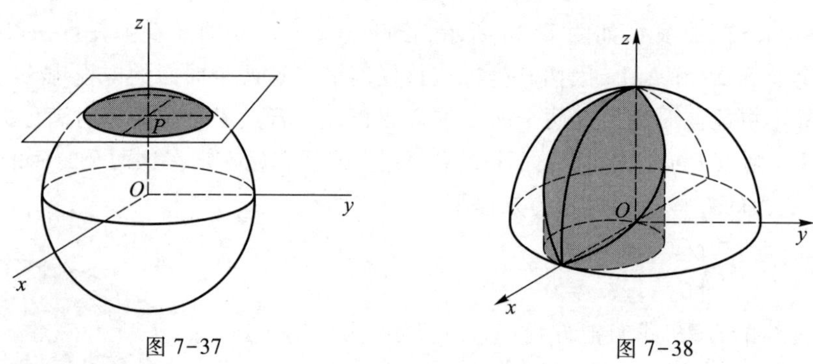

图 7-37　　图 7-38

7.6.2　空间曲线的参数方程

空间曲线 C 可以看成动点 $P(x,y,z)$ 在空间的运动轨迹，如果动点 P 的坐标 x,y,z 都表示成参数 t 的函数

$$\begin{cases} x=x(t), \\ y=y(t), \quad (\alpha\leqslant t\leqslant\beta). \\ z=z(t) \end{cases} \tag{7-25}$$

当给定参数 t 的一个定值 $t=t_1$，就得到 $x_1=x(t_1)$，$y_1=y(t_1)$，$z_1=z(t_1)$，从而确定曲线 C 上的一个点 $P_1(x_1,y_1,z_1)$. 当参数 t 在某一范围内变化时，动点 P 就描出曲线 C. 方程组(7-25)称为空间曲线的**参数方程**.

设一空间向量 $\boldsymbol{r}(t)$ 是时间 t 的连续函数，记 $\boldsymbol{r}(t)=x(t)\boldsymbol{i}+y(t)\boldsymbol{j}+z(t)\boldsymbol{k}$，把 $\boldsymbol{r}(t)$ 看作动点 $M(x(t),y(t),z(t))$ 的向径，随着时间 t 由 α 变到 β 时，向径 $\boldsymbol{r}(t)$ 的端点 M 的轨迹就是一条空间曲线 C，它的参数方程可以用式(7-25)表示. 这是空间曲线的参数方程的几何解释.

例 3　空间一动点 P 在圆柱面 $x^2+y^2=a^2$ 上以大小为 ω 的角速度绕 z 轴旋转，同时又以大小为 v 的线速度沿平行于 z 轴的方向上升（这里 ω,v 都是常数），动点 P 的轨迹称为**圆柱螺旋线**.工程机械领域经常碰到这种圆柱螺旋线.试建立其参数方程.

解　取时间 t 为参数，设 $t=0$ 时，动点在 x 轴上的点 $A(a,0,0)$ 处，经过时间 t，动点由 A 运动到点 $P(x,y,z)$，如图 7-39 所示.记 P 点在 xOy 平面上的投影为 M，M 的坐标为 $(x,y,0)$.由于动点在圆柱面上以角速度 ω 绕 z 轴旋转，所以经过时间 t 后，$\angle AOM=\omega t$，从而有

$$x=|OM|\cos\omega t=a\cos\omega t,$$
$$y=|OM|\sin\omega t=a\sin\omega t.$$

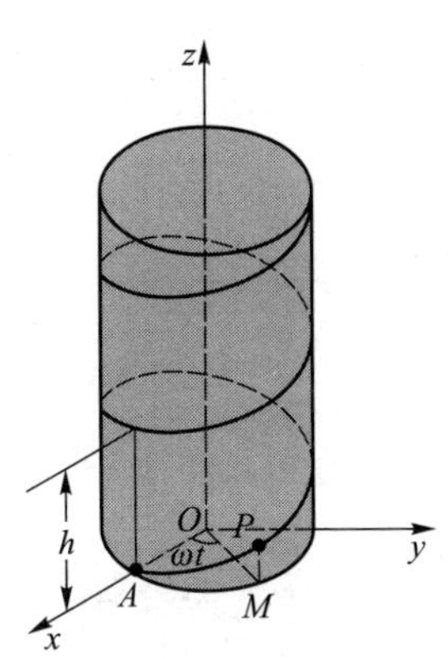

图 7-39

又因为动点同时以线速度 v 沿平行于 z 轴的方向上升，所以

$$z=|PM|=vt.$$

这样我们得到圆柱螺旋线的参数方程为

$$\begin{cases}x=a\cos\omega t,\\ y=a\sin\omega t,\\ z=vt\end{cases}\quad(0\leqslant t\leqslant b).\qquad(7\text{-}26)$$

如果将式(7-26)的第一式和第二式平方后相加，得

$$x^2+y^2=a^2,$$

又将第二式与第一式相除，解出 t，代入第三式，得

$$z=\frac{v}{\omega}\arctan\frac{y}{x},$$

把以上两式联立起来，

$$\begin{cases}x^2+y^2=a^2,\\ z=\dfrac{v}{\omega}\arctan\dfrac{y}{x},\end{cases}$$

就得到圆柱螺旋线的一般方程.因此圆柱螺旋线可看作柱面 $x^2+y^2=a^2$ 与 $z=\dfrac{v}{\omega}\arctan\dfrac{y}{x}$ 的交线.

例 4　建立空间曲线

$$\begin{cases}x^2+z^2=a^2,\\ x+y=1\end{cases}$$

的参数方程.

解　第一个方程表示母线平行于 y 轴的圆柱面，其准线是 xOz 平面内以原点 O 为中心，半径为 a 的圆.第二个方程表示一个平面，可看成以 xOy 平面内直线 $x+y=1$ 为准线而母线与 z 轴平行的柱面.如图 7-40 所示，空间曲线是圆柱面与平面的交线.这是空间的一个椭圆，对于圆柱面 $x^2+z^2=a^2$，可设参数为 θ，有

$$z=a\cos\theta,\quad x=a\sin\theta,$$

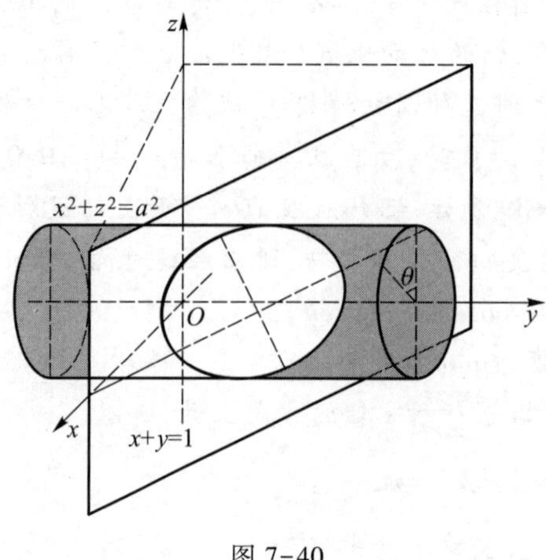

图 7-40

交线上的点在平面 $x+y=1$ 内，于是

$$y=1-x=1-a\sin\theta,$$

故交线的参数方程为

$$\begin{cases} x=a\sin\theta, \\ y=1-a\sin\theta, \quad 0\leqslant\theta\leqslant 2\pi. \\ z=a\cos\theta, \end{cases}$$

7.6.3　空间曲线在坐标平面内的投影曲线

设已知空间曲线 C 和平面 Π，如果从空间曲线 C 上每一点作平面 Π 的垂线，那么由所有垂足构成的平面 Π 内的曲线 C_1 称为空间曲线 C 在平面 Π 内的**投影曲线**（简称曲线 C 的**投影**），由所有垂线构成的柱面称为空间曲线 C 到平面 Π 的**投影柱面**.

设空间曲线 C 的一般方程为

$$\begin{cases} F(x,y,z)=0, \\ G(x,y,z)=0. \end{cases} \tag{7-27}$$

如果能从方程组(7-27)中消去 z 而得到方程

$$H(x,y)=0. \tag{7-28}$$

注意这个方程中不含坐标 z，它表示母线平行于 z 轴的柱面.因为空间曲线 C 上的点 $P(x,y,z)$ 的坐标满足式(7-27)，因而也必然满足柱面方程(7-28)，这说明曲线 C 完全落在式(7-28)表示的柱面上，如图 7-41所示.方程(7-28)表示的柱面必定包含曲线 C 关于 xOy 平面的投影柱面.这样，柱面 $H(x,y)=0$ 与 xOy 平面的交线 C_1 必定包含空间曲线 C 在 xOy 平面内的投影曲线，投影曲线的方程可从交线的方程得到.而交线 C_1 的方程为

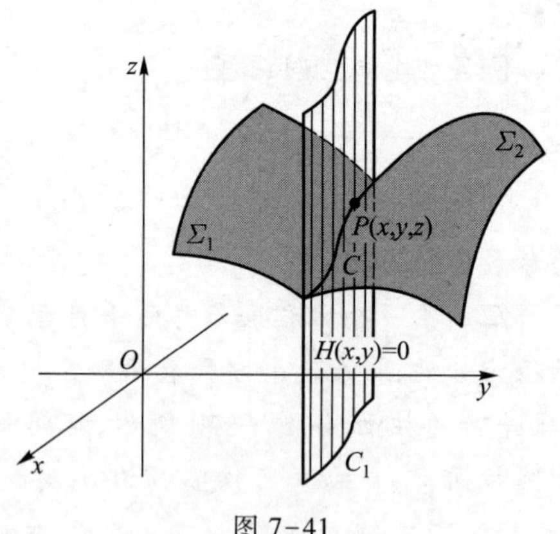

图 7-41

$$\begin{cases} H(x,y)=0, \\ z=0. \end{cases} \tag{7-29}$$

要注意的是曲线 C 在 xOy 平面内的投影曲线可能只是式(7-29)表示的曲线中的一部分,而不一定是全部.这一点在具体问题中再作具体分析.

同理,从方程组(7-27)中消去 x,再和 $x=0$ 联立,就得到包含曲线 C 在 yOz 平面内的投影曲线的方程

$$\begin{cases} R(y,z)=0, \\ x=0. \end{cases} \tag{7-30}$$

从方程组(7-27)中消去 y, 再和 $y=0$ 联立,就得到包含曲线 C 在 xOz 平面内的投影曲线的方程

$$\begin{cases} T(x,z)=0, \\ y=0. \end{cases} \tag{7-31}$$

例 5　已知两球面的方程为 $x^2+y^2+z^2=1$ 和 $x^2+(y-1)^2+(z-1)^2=1$,求它们的交线 C 在 xOy 平面内的投影曲线的方程.

解　两球面交线的方程为

$$\begin{cases} x^2+y^2+z^2=1, \\ x^2+(y-1)^2+(z-1)^2=1. \end{cases}$$

在方程组中消去 z,第一式两边减去第二式,得 $y+z=1$,再以 $z=1-y$ 代入两式之一,得柱面方程

$$x^2+2y^2-2y=0,$$

这就是交线 C 关于 xOy 平面的投影柱面方程,于是两球面的交线在 xOy 平面内的投影曲线的方程为

$$\begin{cases} x^2+2y^2-2y=0, \\ z=0. \end{cases}$$

例 6　求曲线 $C:\begin{cases} x^2+y^2=z^2, \\ y=z^2 \end{cases}$ 在 xOy, yOz 平面内的投影曲线的方程.

解　曲线 C 是圆锥面和母线平行于 x 轴的抛物柱面的交线.由曲线 C 的方程消去 z,得

$$x^2+y^2=y \quad 或 \quad x^2+\left(y-\frac{1}{2}\right)^2=\frac{1}{4}.$$

因此曲线 C 在 xOy 平面内的投影曲线方程为

$$\begin{cases} x^2+\left(y-\frac{1}{2}\right)^2=\frac{1}{4}, \\ z=0. \end{cases}$$

这是 xOy 平面内的以$\left(0,\frac{1}{2},0\right)$为中心,半径为$\frac{1}{2}$的圆.如图 7-42 所示,图中只画出了 xOy 平面上方的图形.

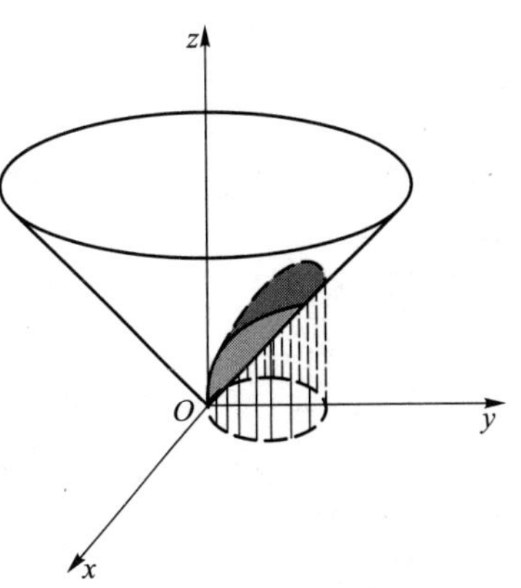

图 7-42

由于在曲线 C 的方程组中第二个方程不含 x，说明柱面 $y=z^2$ 本身就包含着曲线 C 关于 yOz 平面的投影柱面，因而曲线 C 关于 yOz 平面的投影曲线包含在曲线

$$\begin{cases} y=z^2, \\ x=0 \end{cases} \tag{7-32}$$

之中.而通过对曲线 C 在 xOy 平面内的投影曲线的分析，可以知道曲线 C 在 yOz 平面内的投影曲线是式(7-32)表示的抛物线的一部分

$$\begin{cases} y=z^2, \\ x=0, \end{cases} \quad -1 \leqslant z \leqslant 1.$$

在以后第 9,10 章学习的重积分和曲面积分的计算中，往往需要确定一个立体或曲面在坐标面内的投影，这时要利用投影柱面和投影曲线.

#例 7 设一个立体由上半球面 $z=\sqrt{4-x^2-y^2}$ 和锥面 $z=\sqrt{3(x^2+y^2)}$ 所围成，求它在 xOy 平面内的投影.

解 上半球面和锥面的交线为

$$C:\begin{cases} z=\sqrt{4-x^2-y^2}, \\ z=\sqrt{3(x^2+y^2)}. \end{cases}$$

在方程组中消去 z，得母线平行于 z 轴的柱面 $x^2+y^2=1$.这恰好是交线 C 关于 xOy 平面的投影柱面.因此交线 C 在 xOy 平面内的投影曲线为

$$\begin{cases} x^2+y^2=1, \\ z=0. \end{cases}$$

这是 xOy 平面上的一个圆，于是所求立体在 xOy 平面内的投影，就是圆在 xOy 平面内所围的部分 $x^2+y^2 \leqslant 1$，如图 7-43 所示.

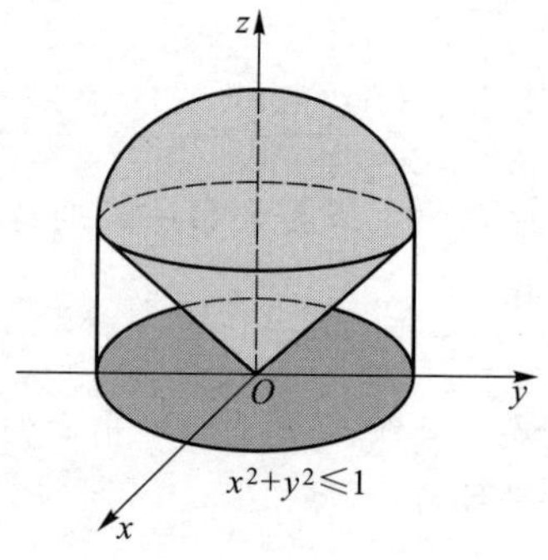

图 7-43

习题 7.6

A

1. 画出下列曲线在第一卦限内的图形：

(1) $\begin{cases} x=1, \\ y=2; \end{cases}$　　(2) $\begin{cases} z=\sqrt{4-x^2-y^2}, \\ x-y=0; \end{cases}$

(3) $\begin{cases} x^2+y^2=a^2, \\ x^2+z^2=a^2. \end{cases}$

2. 指出下列方程组在平面解析几何和空间解析几何中分别表示什么图形：

(1) $\begin{cases} y=5x+1, \\ y=2x-3; \end{cases}$　　(2) $\begin{cases} \dfrac{x^2}{4}+\dfrac{y^2}{9}=1, \\ y=3. \end{cases}$

3. 分别求母线平行于 x 轴及 y 轴而且通过曲线 $\begin{cases}2x^2+y^2+z^2=16,\\x^2+z^2-y^2=0\end{cases}$ 的柱面方程.

4. 将下列曲线的一般方程化为参数方程：

(1) $\begin{cases}x^2+y^2+z^2=9,\\y=x;\end{cases}$　(2) $\begin{cases}(x-1)^2+y^2+(z+1)^2=4,\\z=0;\end{cases}$

(3) $\begin{cases}x^2+y^2=4,\\y+z=1.\end{cases}$

B

1. 求球面 $x^2+y^2+z^2=9$ 与平面 $x+z=1$ 的交线在 xOy 平面内的投影曲线的方程.

2. 求螺旋线 $\begin{cases}x=a\cos\theta,\\y=a\sin\theta,\\z=b\theta\end{cases}$ 在三个坐标面内的投影曲线的直角坐标方程.

3. 求曲线 $C:\begin{cases}x^2+y^2=z^2,\\2y=z\end{cases}$ 在坐标平面 xOy 和 yOz 内的投影曲线的方程.

4. 求上半球 $0\leqslant z\leqslant\sqrt{a^2-x^2-y^2}$ 与圆柱体 $x^2+y^2\leqslant ax(a>0)$ 的公共部分在 xOy 平面和 xOz 平面上的投影.

5. 求旋转抛物面 $z=x^2+y^2(0\leqslant z\leqslant 4)$ 在三坐标面上的投影.

7.7 平　面

7.7 预习检测

空间中的平面和直线是人们经常接触与应用的几何图形,以下两节将以向量为工具,建立平面和直线的各种类型的方程,并解决它们在位置关系方面的一些问题.

7.7.1 平面的点法式方程

在立体几何中我们知道,已知空间一条直线和一个定点,过这个定点能作且只能作一个平面与这条直线垂直,因此一个平面在空间的位置,可以由它的一条垂线和该平面上的一个定点所确定.这条垂线的方向可以用一个与其平行的向量来表示,于是先给出下述定义.

定义　设 Π 是空间中的一个平面,若非零向量 $\boldsymbol{n}$ 与平面 Π 垂直,则称向量 $\boldsymbol{n}$ 为**平面 Π 的法向量**.

注　给定平面 Π,其法向量不是唯一的,平面 Π 内的任意一个向量均与该平面的法向量垂直.

设已知平面 Π 内一定点 $P_0(x_0,y_0,z_0)$ 和该平面的法向量 $\boldsymbol{n}=(A,B,C)$(其中 A,B,C 不全为零),由此我们来建立这个平面的方程.

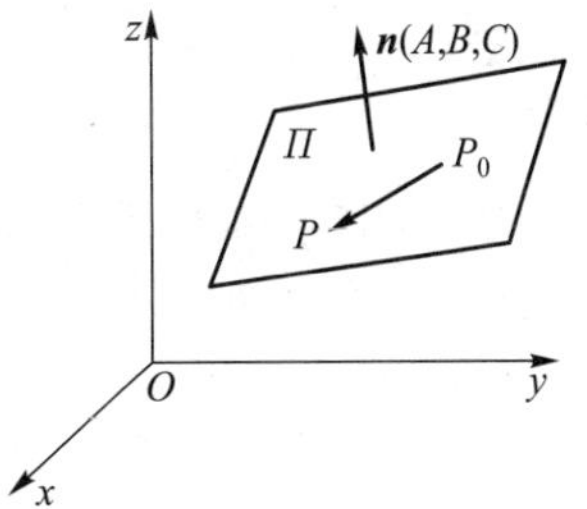

图 7-44

设点 $P(x,y,z)$ 是平面 Π 内任意一点,作向量 $\overrightarrow{P_0P}$,如图 7-44.由于 $\overrightarrow{P_0P}$ 在平面内,因此

$$\overrightarrow{P_0P}\perp\boldsymbol{n},$$

根据两向量垂直的充分必要条件,可得

$$\boldsymbol{n}\cdot\overrightarrow{P_0P}=0,$$

而$\overrightarrow{P_0P}=(x-x_0,y-y_0,z-z_0)$,于是由坐标写出,即

$$A(x-x_0)+B(y-y_0)+C(z-z_0)=0.\tag{7-33}$$

这就是平面Π内任意点的坐标所满足的方程;反之,若点$P(x,y,z)$不在平面Π内,则向量$\overrightarrow{P_0P}$与$\boldsymbol{n}$不垂直,因而$\boldsymbol{n}\cdot\overrightarrow{P_0P}\neq 0$,则其坐标就不满足方程(7-33).总之,方程(7-33)是表示过定点$P(x_0,y_0,z_0)$而法向量为$\boldsymbol{n}=(A,B,C)$的平面方程,我们称为平面的**点法式方程**.

例1　已知两点$P(2,-1,2)$和$M(4,-3,1)$,求过点M且与线段PM垂直的平面方程.

解　点M是所求平面内一定点,只要求出平面的法向量即可.取$\overrightarrow{PM}$为平面的法向量

$$\boldsymbol{n}=\overrightarrow{PM}=(2,-2,-1),$$

根据平面的点法式方程(7-33),可得所求平面的方程

$$2(x-4)-2(y+3)-(z-1)=0,$$

化简为

$$2x-2y-z-13=0.$$

例2　一个平面过点$M_1(1,1,1)$和$M_2(3,2,2)$且平行于向量$\boldsymbol{a}=\boldsymbol{i}+\boldsymbol{j}-\boldsymbol{k}$,求其方程.

解　$\overrightarrow{M_1M_2}=(2,1,1)$,$\boldsymbol{a}=(1,1,-1)$,因平面的法向量同时垂直于$\overrightarrow{M_1M_2}$和$\boldsymbol{a}$,可取法向量为

$$\boldsymbol{n}=\overrightarrow{M_1M_2}\times\boldsymbol{a}=\begin{vmatrix}\boldsymbol{i}&\boldsymbol{j}&\boldsymbol{k}\\2&1&1\\1&1&-1\end{vmatrix}=(-2,3,1).$$

由于点$M_1(1,1,1)$在平面内,根据平面的点法式方程,得

$$-2(x-1)+3(y-1)+(z-1)=0,$$

即所求平面的方程为

$$-2x+3y+z-2=0.$$

例3　一个平面通过三个点$P_1(1,1,1)$,$P_2(-2,1,2)$,$P_3(-3,3,1)$,求出这个平面的方程.

解　$\overrightarrow{P_1P_2}=(-3,0,1)$,$\overrightarrow{P_1P_3}=(-4,2,0)$,所求平面是由两向量$\overrightarrow{P_1P_2}$,$\overrightarrow{P_1P_3}$所在的相交直线确定的,其法向量与这两个向量同时垂直,因此可取它们的向量积作为法向量,

$$\boldsymbol{n}_1=\overrightarrow{P_1P_2}\times\overrightarrow{P_1P_3}=\begin{vmatrix}\boldsymbol{i}&\boldsymbol{j}&\boldsymbol{k}\\-3&0&1\\-4&2&0\end{vmatrix}=(-2,-4,-6)=-2(1,2,3).$$

由于平面的法向量只要求与平面垂直，不管模的大小及是否反向，为计算方便，取法向量为与 $\boldsymbol{n}_1$ 平行的向量 $\boldsymbol{n}$，

$$\boldsymbol{n}=(1,2,3).$$

因平面通过点 $P_1(1,1,1)$，由点法式方程(7-33)得

$$(x-1)+2(y-1)+3(z-1)=0,$$

即

$$x+2y+3z-6=0.$$

7.7.2 平面的一般式方程

如果我们把平面的点法式方程(7-33)展开，可化为

$$Ax+By+Cz+(-Ax_0-By_0-Cz_0)=0,$$

令 $D=-Ax_0-By_0-Cz_0$，得

$$Ax+By+Cz+D=0. \tag{7-34}$$

这是关于 x,y,z 的三元一次方程.因为任何一个平面都可以由它通过的一点及它的法向量所确定，这说明任何平面的方程都是 x,y,z 的三元一次方程.

反过来，任意一个三元一次方程 $Ax+By+Cz+D=0$ 也一定表示一个平面，其中 A,B,C 不全为零.

这是因为三元一次方程 $Ax+By+Cz+D=0$ 有无穷多组解，任取它的一组解 x_0,y_0,z_0，则有等式

$$Ax_0+By_0+Cz_0+D=0, \tag{7-35}$$

方程(7-34)两端减去式(7-35)，得

$$A(x-x_0)+B(y-y_0)+C(z-z_0)=0. \tag{7-36}$$

显然，这个方程恰好表示通过点 (x_0,y_0,z_0) 且以 $\boldsymbol{n}=(A,B,C)$ 为法向量的一个平面.而方程 $Ax+By+Cz+D=0$ 与方程(7-36)是同解的，因而表示一个平面.

综上所述，空间中的平面和关于 x,y,z 的三元一次方程是一一对应的，因此，我们称方程(7-34)为平面的**一般式方程**，其中 x,y,z 的系数，恰好就是该平面的法向量 $\boldsymbol{n}$ 的三个坐标，即 $\boldsymbol{n}=(A,B,C)$.

从平面的方程中的各项系数的几何意义，可以讨论在空间直角坐标系中具有特殊位置的一些平面.我们要注意这些平面的图形特点.例如

(1) 若 $D=0$，则方程(7-34)变为

$$Ax+By+Cz=0.$$

它表示一个过坐标原点的平面.

(2) 若 $C=0$，则方程(7-34)变为

$$Ax+By+D=0.$$

它表示一个与 z 轴平行的平面[①].事实上,由于 $C=0$,它的法向量 $\boldsymbol{n}=(A,B,0)$ 在 z 轴上的投影为零,即 $\boldsymbol{n}$ 与 z 轴垂直.所以该平面与 z 轴平行.特别地,当 $D=0$ 时,平面通过 z 轴.

在方程(7-34)中 $B=0$ 或 $A=0$ 的情形,可依此类推.

(3) 若 A,B 同时为零,则方程(7-34)变为

$$Cz+D=0(C\neq 0)\quad 或\quad z=-\frac{D}{C}.$$

它表示一个平行于 xOy 平面的平面[②].事实上,由于 $A=B=0$,它的法向量 $\boldsymbol{n}=(0,0,C)$ 在 x 轴与 y 轴上的投影均为零,$\boldsymbol{n}$ 必定同时垂直于 x 轴和 y 轴,于是 $\boldsymbol{n}$ 和 z 轴平行,即这个平面与 xOy 平面平行.特别地,在 $D=0$ 时,方程为 $z=0$,正是 xOy 平面的方程.

在方程(7-34)中,如果 B,C 同时为零或者 A,C 同时为零的情形,可依此类推,方程表示一个与 yOz 平面平行或者与 xOz 平面平行的平面.

例 4 求通过 y 轴和点 $M(2,-3,-1)$ 的平面方程.

解 设所求平面的一般式方程为

$$Ax+By+Cz+D=0.$$

由于平面过 y 轴,它的法向量垂直于 y 轴,于是法向量在 y 轴上的投影为零,即 $B=0$.又由于平面通过 y 轴,它必通过原点,所以 $D=0$,于是方程成为

$$Ax+Cz=0.$$

又因为平面过点 $M(2,-3,-1)$,因此有

$$2A-C=0\quad 或\quad C=2A,$$

即

$$Ax+2Az=0\quad 或\quad x+2z=0\quad (A\neq 0).$$

故所求的平面方程为

$$x+2z=0.$$

7.7.3 平面的截距式方程

设一个平面与三个坐标轴都相交且不通过原点,三个交点分别为 $P(a,0,0)$,$Q(0,b,0)$,$R(0,0,c)$,求这个平面的方程(其中 $a\neq 0,b\neq 0,c\neq 0$).

设这个平面的一般式方程为

$$Ax+By+Cz+D=0.$$

由于三点 P,Q,R 都在这个平面内,把它们的坐标分别代入方程,得

$$\begin{cases}Aa+D=0,\\ Bb+D=0,\\ Cc+D=0.\end{cases}$$

① 在空间解析几何中,如果一条直线与一个平面不相交,即直线与平面的法向量垂直,就认为该直线与平面平行.为了讨论方便,如果一条直线在一个平面内,也认为这条直线是与平面平行的特例.

② 在空间解析几何中,如果两个平面的法向量是平行的,就认为这两个平面是平行的,两个平面重合在一起,看作两个平面平行的特例.

解得

$$A=-\frac{D}{a},\quad B=-\frac{D}{b},\quad C=-\frac{D}{c},$$

代入所设方程

$$-\frac{D}{a}x-\frac{D}{b}y-\frac{D}{c}z+D=0.$$

因为平面不通过原点,故 $D\neq 0$,上式两边同除以 $-D$,得

$$\frac{x}{a}+\frac{y}{b}+\frac{z}{c}=1. \tag{7-37}$$

这就是所求的平面方程,称为平面的**截距式方程**,其中 a,b,c 依次称为平面在 x,y,z 轴上的**截距**,如图 7-45 所示.

利用平面的截距式方程,比较容易画出平面的图形.

例 5　求出方程 $2x-y+3z=6$ 表示的平面在三坐标轴上的截距并画出其图形.

解　在方程两边同除以 6,得

$$\frac{x}{3}+\frac{y}{-6}+\frac{z}{2}=1.$$

因此,该平面在 x,y,z 轴上的截距分别为 3,-6,2,如图 7-46 所示.

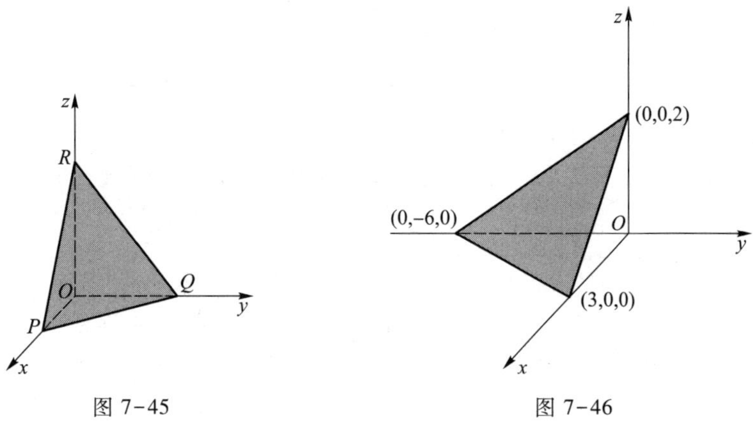

图 7-45　　图 7-46

7.7.4　两平面的夹角

空间两个平面的夹角是指两个平面相交所成的相邻二面角中的一个(如果两平面平行,夹角可以看作零),如图 7-47 所示.由于两个平面的法向量间的夹角等于其中一个二面角,因此,我们规定两个平面法向量之间的夹角为**两个平面的夹角**.由于两个平面所成的二面角是互补的.通常取这两个角中的较小的一个(锐角).

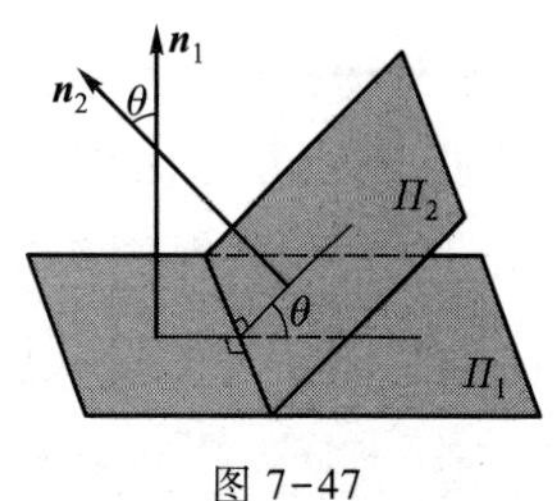

图 7-47

设两平面的方程分别为

$$\Pi_1: A_1x+B_1y+C_1z+D_1=0,$$

$$\Pi_2: A_2x+B_2y+C_2z+D_2=0.$$

它们的法向量分别是 $\boldsymbol{n}_1=(A_1,B_1,C_1)$, $\boldsymbol{n}_2=(A_2,B_2,C_2)$,根据两向量间的夹角公式,平面 Π_1 与 Π_2 的夹角 θ 的余弦为

$$\cos\theta=\left|\cos(\widehat{\boldsymbol{n}_1,\boldsymbol{n}_2})\right|=\frac{|\boldsymbol{n}_1\cdot\boldsymbol{n}_2|}{|\boldsymbol{n}_1|\,|\boldsymbol{n}_2|}=\frac{|A_1A_2+B_1B_2+C_1C_2|}{\sqrt{A_1^2+B_1^2+C_1^2}\sqrt{A_2^2+B_2^2+C_2^2}}. \tag{7-38}$$

公式(7-38)就是**两平面夹角的公式**.

当两个平面的法向量相互垂直或相互平行时,这两个平面就相互垂直或相互平行.根据两向量垂直或平行的条件,可以得到

(i) 两平面 Π_1 与 Π_2 垂直的充分必要条件是

$$A_1A_2+B_1B_2+C_1C_2=0.$$

(ii) 两平面 Π_1 与 Π_2 平行的充分必要条件是

$$\frac{A_1}{A_2}=\frac{B_1}{B_2}=\frac{C_1}{C_2}.$$

特别地,当 $\frac{A_1}{A_2}=\frac{B_1}{B_2}=\frac{C_1}{C_2}=\frac{D_1}{D_2}$ 时,两个平面重合.

例 6 求两个平面

$$\Pi_1: -2x+y-z+6=0, \quad \Pi_2: x+y+2z-5=0$$

之间的夹角 θ.

解 $\boldsymbol{n}_1=(-2,1,-1)$, $\boldsymbol{n}_2=(1,1,2)$,根据两平面的夹角公式(7-38),有

$$\cos\theta=\frac{|(-2)\times1+1\times1+(-1)\times2|}{\sqrt{(-2)^2+1^2+(-1)^2}\sqrt{1^2+1^2+2^2}}=\frac{|-3|}{\sqrt{6}\times\sqrt{6}}=\frac{1}{2},$$

所以平面 Π_1 与 Π_2 之间的夹角为 $\frac{\pi}{3}$.

7.7.5 点到平面的距离

设平面 Π 的方程为 $Ax+By+Cz+D=0$,点 $M_1(x_1,y_1,z_1)$ 是此平面外的一个已知点,从点 M_1 向平面引垂线,设垂足为点 N,则两点 N,M_1 间的距离就是点 M_1 到平面 Π 的距离 d,如图 7-48 所示.我们来求出距离 d.

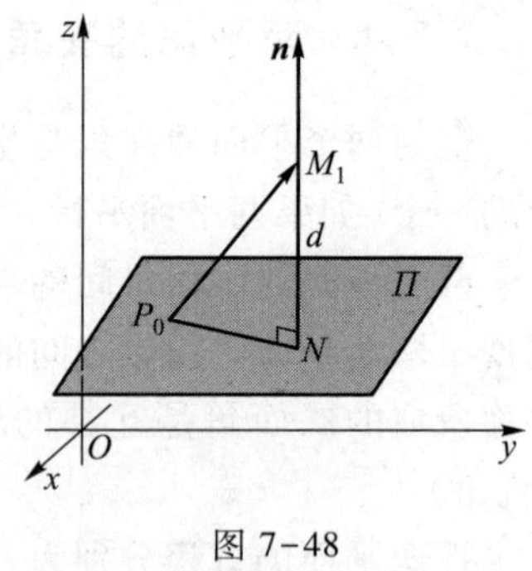

图 7-48

在平面 Π 内任取一点 $P_0(x_0,y_0,z_0)$,作向量 $\overrightarrow{P_0M_1}$,可以看到点 M_1 到平面 Π 的距离 d 等于 $\overrightarrow{P_0M_1}$ 在平面 Π 的法向量 $\boldsymbol{n}$ 上的投影的绝对值,即

$$d = |\mathrm{Prj}_n \overrightarrow{P_0M_1}|,$$

$$d = \frac{|\boldsymbol{n} \cdot \overrightarrow{P_0M_1}|}{|\boldsymbol{n}|} = |\boldsymbol{e}_n \cdot \overrightarrow{P_0M_1}|.$$

在这里，$\boldsymbol{n}=(A,B,C)$，

$$\boldsymbol{e}_n = \frac{\boldsymbol{n}}{|\boldsymbol{n}|} = \frac{(A,B,C)}{\sqrt{A^2+B^2+C^2}},$$

$$\overrightarrow{P_0M_1} = (x_1-x_0, y_1-y_0, z_1-z_0).$$

于是

$$\boldsymbol{e}_n \cdot \overrightarrow{P_0M_1} = \frac{A(x_1-x_0)+B(y_1-y_0)+C(z_1-z_0)}{\sqrt{A^2+B^2+C^2}}$$

$$= \frac{Ax_1+By_1+Cz_1-(Ax_0+By_0+Cz_0)}{\sqrt{A^2+B^2+C^2}}.$$

注意到点 $P_0(x_0,y_0,z_0)$ 是平面 Π 内一点，有

$$Ax_0+By_0+Cz_0=-D,$$

即可得到

$$d = \frac{|Ax_1+By_1+Cz_1+D|}{\sqrt{A^2+B^2+C^2}}. \tag{7-39}$$

这就是**点到平面的距离公式**.

例 7　计算点 $M_1(1,-2,5)$ 到平面 $x-2y+2z-3=0$ 的距离.

解　由公式(7-39)可得

$$d = \frac{|1\times1-2\times(-2)+2\times5-3|}{\sqrt{1^2+(-2)^2+2^2}} = \frac{|12|}{3} = 4.$$

例 8　求两平面 $\Pi_1: 10x+2y-2z-5=0$ 和 $\Pi_2: 5x+y-z-1=0$ 之间的距离.

解　两法向量 $\boldsymbol{n}_1=(10,2,-2)$，$\boldsymbol{n}_2=(5,1,-1)$，显然，对应坐标成比例，故 $\boldsymbol{n}_1 /\!/ \boldsymbol{n}_2$，因此平面 Π_1 与 Π_2 平行.在平面 Π_1 上任取一点 $M_1\left(\frac{1}{2},0,0\right)$，则 M_1 到平面 Π_2 的距离就是两平面之间的距离，于是

$$d = \frac{\left|5\times\frac{1}{2}+0-0-1\right|}{\sqrt{5^2+1^2+(-1)^2}} = \frac{\left|\frac{3}{2}\right|}{\sqrt{27}} = \frac{\sqrt{3}}{6}.$$

习题 7.7

A

1. 求过点(3,0,-1)且与平面 $3x-7y+5z-12=0$ 平行的平面方程.

2. 求过已知点 M 且平行于已知平面 Π 的平面方程：

（1）$M(-1,3,-8)$，Π：$3x-4y-6z-9=0$；

（2）$M(2,-4,5)$，Π：$z=2x+3y$.

3. 求过 A,B,C 三点的平面方程：

（1）$A(1,0,-3)$，$B(0,-2,-4)$，$C(4,1,6)$；

（2）$A(2,1,-3)$，$B(5,-1,4)$，$C(2,-2,4)$.

4. 指出下列各平面的特殊位置：

（1）$x=0$；（2）$3y-1=0$；

（3）$2x-3y-6=0$；（4）$x-\sqrt{3}y=0$；

（5）$6x+5y-z=0$；（6）$2y-3z+1=0$.

5. 判别以下各组平面是否平行或垂直？如果既不平行又不垂直，求它们的夹角.

（1）$x+z=1$，$y+z=1$；（2）$-8x-6y+2z=1$，$z=4x+3y$；

（3）$2x-5y+z=3$，$4x+2y+2z=1$；（4）$2x+2y-z=4$，$6x-3y+2z=5$.

6. 验证以下两组平面的平行关系，并求它们之间的距离：

（1）$z=x+2y+1$，$3x+6y-3z=4$；（2）$3x+6y-9z=4$，$x+2y-3z=1$.

B

1. 分别按下列条件求平面方程：

（1）平行于 xOz 面且过点 $(2,-5,3)$；（2）通过 z 轴和点 $(-3,1,-2)$；

（3）平行于 x 轴且经过两点 $(4,0,-2)$ 和 $(5,1,7)$.

2. 分别决定参数 k，使平面 $x+ky-2z-9=0$ 适合下列条件：

（1）过点 $(5,-4,-6)$；（2）与平面 $2x+4y+3z-3=0$ 垂直；

（3）与平面 $2x-3y+z=0$ 成 $45°$ 角.

3. 求通过点 $M(1,-1,1)$ 且垂直于两平面 Π_1：$x-y+z+1=0$ 和 Π_2：$2x+y+z+1=0$ 的平面方程.

4. 求与已知平面 $8x+y+2z+5=0$ 平行且与三坐标面所构成的四面体体积为 1 的平面方程.

5. 一平面平行于平面 $6x+3y+2z+21=0$，且与半径为 1，中心在坐标原点的球面相切，求该平面方程.

7.8 空间直线

7.8 预习检测

7.8.1 空间直线的一般式方程

空间直线可以看作两个相交平面的交线.

设有两个不平行的平面

$$\Pi_1: A_1x+B_1y+C_1z+D_1=0,$$
$$\Pi_2: A_2x+B_2y+C_2z+D_2=0,$$

记它们的交线为 L，如图 7-49 所示，则直线 L 上的任意一点 $P(x,y,z)$ 的坐标应该同时满足这两个平面方程，也就是应该满足方程组

$$\begin{cases}A_1x+B_1y+C_1z+D_1=0,\\A_2x+B_2y+C_2z+D_2=0.\end{cases} \tag{7-40}$$

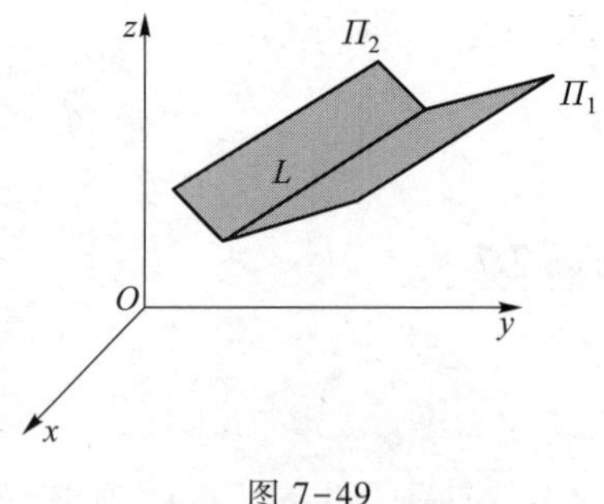

图 7-49

反过来,如果一个点不在 L 上,那么它不可能同时在平面 Π_1 和 Π_2 内,它的坐标也就不能满足方程组(7-40).因此直线 L 可以由方程组(7-40)来表示.方程组(7-40)称为**直线 L 的一般式方程**.

这里顺便指出,由于通过空间一直线 L 的平面有无限多个,只要在其中任意选取两个,把它们的方程联立起来,所得到的方程组就表示空间直线 L.由此看来,表示同一条直线 L 的一般式方程可能不同.

7.8.2 空间直线的对称式方程

在空间中,由于过空间一点可作而且只能作一条直线平行于已知直线,如果知道了一条直线上的一个定点和这条直线的方向,那么这条直线的位置就确定了.为了描述直线的方向,我们给出下述定义.

定义 如果非零向量 $\boldsymbol{s}$ 与直线 L 平行,则向量 $\boldsymbol{s}$ 称为**直线 L 的方向向量**.

注 直线 L 的方向向量不是唯一的.与直线 L 平行的非零向量都可作为 L 的方向向量.

设定点 $M_0(x_0,y_0,z_0)$ 是直线 L 上一点,向量 $\boldsymbol{s}=(m,n,p)$ 是直线 L 的方向向量,由此我们来建立直线 L 的方程.如图 7-50 所示.

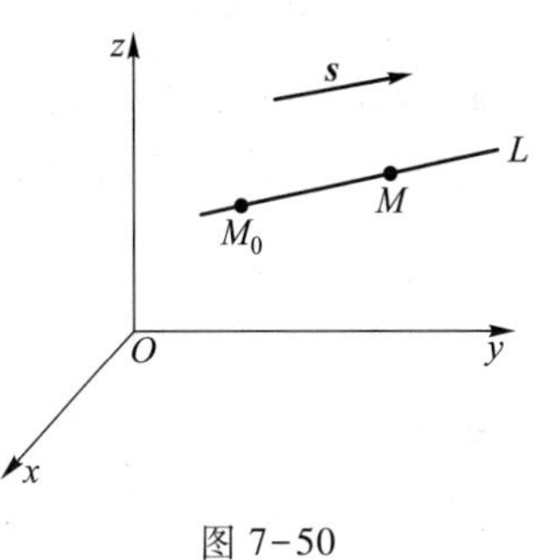

图 7-50

设点 $M(x,y,z)$ 是直线 L 上任意一点,向量 $\overrightarrow{M_0M}$ 可表示为

$$\overrightarrow{M_0M}=(x-x_0,y-y_0,z-z_0).$$

因为 $\boldsymbol{s}/\!/\overrightarrow{M_0M}$,由两向量平行,对应坐标应成比例,就有

$$\frac{x-x_0}{m}=\frac{y-y_0}{n}=\frac{z-z_0}{p}. \tag{7-41}$$

直线 L 上的每一点的坐标都满足式(7-41);反之,如果点 M_1 不在直线 L 上,则向量 $\overrightarrow{M_0M_1}$ 与 $\boldsymbol{s}$ 就不平行,这两个向量的坐标就不会成比例,点 M_1 的坐标就不能满足式(7-41).因此,式(7-41)就是直线 L 的方程,称为直线的**对称式方程**.式(7-41)明确地指出直线上的一点和直线的方向向量,所以又称为**直线的点向式方程**.

由于方向向量 $\boldsymbol{s}=(m,n,p)$ 确定了直线的方向,所以任意一方向向量 $\boldsymbol{s}$ 的坐标 m,n,p 称为直线的一组**方向数**,向量 $\boldsymbol{s}$ 的方向余弦称为直线的**方向余弦**.

因为方向向量 $\boldsymbol{s}$ 是非零向量,它的方向数 m,n,p 不会全为零,但可能有其中一个或两个为零的情形.例如,当 $\boldsymbol{s}$ 垂直于 x 轴时,它在 x 轴上的投影 $m=0$,此时为了保持直线方程的对称形式,我们仍写成

$$\frac{x-x_0}{0}=\frac{y-y_0}{n}=\frac{z-z_0}{p}, \tag{7-42}$$

但这时式(7-42)应理解成

$$\begin{cases} x-x_0=0, \\ \dfrac{y-y_0}{n}=\dfrac{z-z_0}{p}. \end{cases}$$

如果方向数中有两个为零,例如 $m=n=0,p\neq 0$,此时 $\boldsymbol{s}$ 垂直于 xOy 平面,我们仍将直线方程写成

$$\frac{x-x_0}{0}=\frac{y-y_0}{0}=\frac{z-z_0}{p}, \tag{7-43}$$

这时式(7-43)应理解成

$$\begin{cases} x-x_0=0, \\ y-y_0=0. \end{cases}$$

例 1　求通过点 $A(-3,2,-1)$ 和 $B(5,4,5)$ 的直线方程.

解　$\overrightarrow{AB}=(8,2,6)=2(4,1,3)$,为了简化计算,直线的方向向量可取为与$\overrightarrow{AB}$平行的向量 $\boldsymbol{s}=(4,1,3)$,点 $A(-3,2,-1)$ 是直线上的定点,于是,根据式(7-41),直线的对称式方程为

$$\frac{x+3}{4}=\frac{y-2}{1}=\frac{z+1}{3}.$$

例 2　一直线过点 $M_0(2,-1,-1)$,且垂直于平面 $x-2y+z-10=0$,求此直线的方程.

解　因为直线垂直于已知平面,可取平面的法向量 $\boldsymbol{n}=(1,-2,1)$ 作为直线的方向向量,根据式(7-41),此直线的对称式方程为

$$\frac{x-2}{1}=\frac{y+1}{-2}=\frac{z+1}{1}.$$

7.8.3　空间直线的参数方程

空间直线的对称式方程(7-41)实际上给出了三个相等的比式,如果令其比值为 t,即

$$\frac{x-x_0}{m}=\frac{y-y_0}{n}=\frac{z-z_0}{p}=t,$$

可以得到

$$\begin{cases} x=x_0+mt, \\ y=y_0+nt, \\ z=z_0+pt. \end{cases} \tag{7-44}$$

这就是**空间直线的参数方程**,其中实数 t 为参数.当 t 取遍所有实数值时,式(7-44)就给出直线上所有的点的坐标.点(x_0,y_0,z_0)是直线通过的一个已知点($t=0$ 时),m,n,p 是直线的一组方向数.

前面我们介绍了直线方程的三种形式:一般式方程、对称式方程、参数方程.这三种方程

在不同的场合,各有其便利之处.因此,我们应当熟练掌握这三种方程形式之间的转换.下面举例说明转换方法.

例 3 把直线 L 的一般方程 $\begin{cases}x-2y-z+4=0,\\5x+y-2z+8=0\end{cases}$ 化为对称式方程和参数方程.

解 两平面的法向量 $\boldsymbol{n}_1=(1,-2,-1)$,$\boldsymbol{n}_2=(5,1,-2)$,因为 L 作为两平面的交线,同时落在两个平面内,所以 L 同时垂直于两个平面的法向量,可取 $\boldsymbol{n}_1,\boldsymbol{n}_2$ 的向量积作为直线的方向向量

$$\boldsymbol{s}=\boldsymbol{n}_1\times\boldsymbol{n}_2=\begin{vmatrix}\boldsymbol{i} & \boldsymbol{j} & \boldsymbol{k}\\1 & -2 & -1\\5 & 1 & -2\end{vmatrix}=(5,-3,11),$$

然后在直线 L 上求出一点.比如,令 $x=0$,代入方程组

$$\begin{cases}-2y-z+4=0,\\y-2z+8=0.\end{cases}$$

解得 $y=0,z=4$.故点$(0,0,4)$是直线 L 上一定点.于是直线的对称式方程为

$$\frac{x}{5}=\frac{y}{-3}=\frac{z-4}{11}.$$

直线的参数方程为

$$\begin{cases}x=5t,\\y=-3t,\\z=4+11t\end{cases}\quad(t\in\mathbf{R}).$$

例 4 将直线 L 的参数方程 $\begin{cases}x=2t-1,\\y=-3t+2,\\z=5t+4\end{cases}$ 化为对称式方程及一般式方程.

解 直线 L 的方向向量 $\boldsymbol{s}=(2,-3,5)$,点$(-1,2,4)$在直线 L 上.因此它的对称式方程为

$$\frac{x+1}{2}=\frac{y-2}{-3}=\frac{z-4}{5},$$

它的一般式方程为

$$\begin{cases}\dfrac{x+1}{2}=\dfrac{y-2}{-3},\\[2mm]\dfrac{y-2}{-3}=\dfrac{z-4}{5},\end{cases}\quad\text{或者}\quad\begin{cases}3x+2y-1=0,\\5y+3z-22=0.\end{cases}$$

7.8.4 两直线的夹角

对于空间的两条直线,规定它们的方向向量之间的夹角就是**两条直线的夹角**.如果两直

线平行，夹角可以看作零. 如图 7-51所示，由于直线的方向向量的反向向量仍是该直线的方向向量，这样求出的夹角是两个互补的角，通常取较小的一个(锐角).

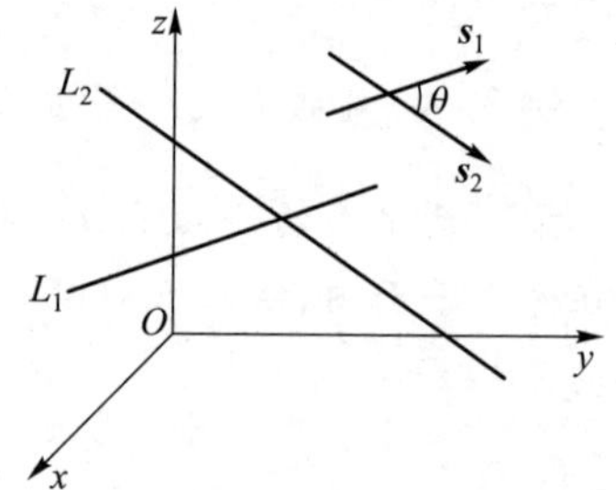

图 7-51

设已知直线 L_1 和 L_2 的对称式方程为

$$L_1:\frac{x-x_1}{m_1}=\frac{y-y_1}{n_1}=\frac{z-z_1}{p_1},$$

$$L_2:\frac{x-x_2}{m_2}=\frac{y-y_2}{n_2}=\frac{z-z_2}{p_2},$$

它们的方向向量 $\boldsymbol{s}_1=(m_1,n_1,p_1)$，$\boldsymbol{s}_2=(m_2,n_2,p_2)$，设 L_1 与 L_2 的夹角为 θ，根据两向量夹角公式，就有

$$\cos\theta=\frac{|\boldsymbol{s}_1\cdot\boldsymbol{s}_2|}{|\boldsymbol{s}_1||\boldsymbol{s}_2|}=\frac{|m_1m_2+n_1n_2+p_1p_2|}{\sqrt{m_1^2+n_1^2+p_1^2}\sqrt{m_2^2+n_2^2+p_2^2}}. \tag{7-45}$$

这就是**两条直线的夹角公式**.

根据两向量垂直和平行的充分必要条件，我们立刻得到：

(i) 两直线 L_1 与 L_2 垂直的充分必要条件是

$$m_1m_2+n_1n_2+p_1p_2=0.$$

(ii) 两直线 L_1 与 L_2 平行①的充分必要条件是

$$\frac{m_1}{m_2}=\frac{n_1}{n_2}=\frac{p_1}{p_2}.$$

特别地，在上述条件下两直线 L_1 和 L_2 有公共点时，则两直线重合.

例 5 求两直线

$$L_1:\begin{cases}x+2y+z-1=0,\\x-2y+z+1=0,\end{cases}\quad L_2:\begin{cases}x-y-z-1=0,\\x-y+2z+1=0\end{cases}$$

之间的夹角.

解 直线 L_1 的方向向量

$$\boldsymbol{s}_1=\boldsymbol{n}_1\times\boldsymbol{n}_2=(1,2,1)\times(1,-2,1)=(4,0,-4)=4(1,0,-1),$$

直线 L_2 的方向向量

$$\begin{aligned}\boldsymbol{s}_2&=\boldsymbol{n}_3\times\boldsymbol{n}_4=(1,-1,-1)\times(1,-1,2)\\&=(-3,-3,0)=3(-1,-1,0).\end{aligned}$$

为了计算简便，也可取与 $\boldsymbol{s}_1$ 平行的向量$(1,0,-1)$来代替 $\boldsymbol{s}_1$；取与 $\boldsymbol{s}_2$ 平行的向量$(-1,$

① 在空间解析几何中，把两条直线重合的情形看作两条直线平行的特例.

$-1,0)$来代替 $\boldsymbol{s}_2$,由夹角公式(7-45)得

$$\cos\theta=\frac{|1\times(-1)+0\times(-1)+(-1)\times 0|}{\sqrt{1^2+0^2+(-1)^2}\sqrt{(-1)^2+(-1)^2+0^2}}=\frac{1}{2},$$

所以两直线 L_1 和 L_2 的夹角为$\frac{\pi}{3}$.

7.8.5 直线与平面的夹角

当直线与平面不垂直时,规定直线和它在平面内的投影直线的夹角$\varphi\left(0\leqslant\varphi\leqslant\frac{\pi}{2}\right)$为**直线与平面的夹角**,如图 7-52 所示.当直线与平面垂直时,规定直线与平面的夹角为$\frac{\pi}{2}$.

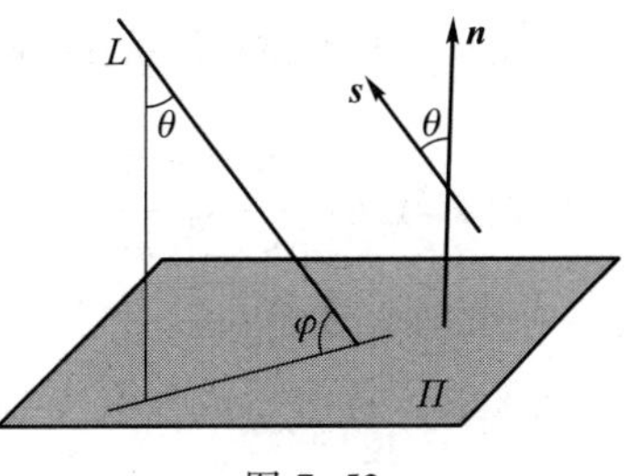

图 7-52

设直线 L 的方程是$\frac{x-x_0}{m}=\frac{y-y_0}{n}=\frac{z-z_0}{p}$,平面 Π 的方程是 $Ax+By+Cz+D=0$.

直线 L 的方向向量 $\boldsymbol{s}=(m,n,p)$,平面 Π 的法向量 $\boldsymbol{n}=(A,B,C)$,设向量 $\boldsymbol{n}$ 与 $\boldsymbol{s}$ 的夹角为 θ,如图 7-52 所示,$\theta=\frac{\pi}{2}-\varphi$ 或 $\theta=\frac{\pi}{2}+\varphi$,因为

$$\sin\varphi=\cos\left(\frac{\pi}{2}-\varphi\right)=\left|\cos\left(\frac{\pi}{2}+\varphi\right)\right|=|\cos\theta|,$$

故由两向量的夹角公式,可得

$$\sin\varphi=|\cos\theta|=\frac{|\boldsymbol{s}\cdot\boldsymbol{n}|}{|\boldsymbol{s}|\,|\boldsymbol{n}|}=\frac{|mA+nB+pC|}{\sqrt{m^2+n^2+p^2}\sqrt{A^2+B^2+C^2}}. \tag{7-46}$$

这就是**直线与平面的夹角公式**.

根据两向量平行和垂直的充分必要条件,立刻得到

(i) 直线 L 与平面 Π 垂直的充分必要条件是

$$\frac{A}{m}=\frac{B}{n}=\frac{C}{p};$$

(ii) 直线 L 与平面 Π 平行的充分必要条件是

$$mA+nB+pC=0.$$

特别地,当 $Ax_0+By_0+Cz_0+D=0$ 时,直线 L 落在平面 Π 内.

例 6 已知直线 $L:\begin{cases}x+y-5=0,\\2x-z+8=0\end{cases}$和平面 $\Pi:2x+y+z-3=0$,求 L 和 Π 的夹角.

解 先求出 L 的方向向量 $\boldsymbol{s}$.

$$s=n_1\times n_2=(1,1,0)\times(2,0,-1)=\begin{vmatrix} i & j & k \\ 1 & 1 & 0 \\ 2 & 0 & -1 \end{vmatrix}=(-1,1,-2),$$

平面 Π 的法向量 $n=(2,1,1)$，由直线与平面的夹角公式(7-46)，得

$$\sin\varphi=\frac{|s\times n|}{|s|\,|n|}=\frac{|(-1)\times2+1\times1+(-2)\times1|}{\sqrt{(-1)^2+1^2+(-2)^2}\sqrt{2^2+1^2+1^2}}=\frac{1}{2},$$

因此，直线 L 与平面 Π 的夹角 $\varphi=\frac{\pi}{6}$.

7.8.6 直线与平面的交点

已知直线 $L:\frac{x-x_0}{m}=\frac{y-y_0}{n}=\frac{z-z_0}{p}$ 和平面 $\Pi:Ax+By+Cz+D=0$ 不平行，即直线 L 和平面 Π 相交，怎样求出交点呢?

把 L 的方程改写成参数方程

$$\begin{cases} x=x_0+mt, \\ y=y_0+nt, \\ z=z_0+pt, \end{cases}$$

代入平面 Π 的方程，得

$$A(x_0+mt)+B(y_0+nt)+C(z_0+pt)+D=0,$$

这是关于 t 的一元一次方程，从中解出 t，得

$$t=-\frac{Ax_0+By_0+Cz_0+D}{Am+Bn+Cp},$$

代回直线 L 的参数方程，即求得交点坐标.

例 7 求直线 $L:\frac{x-1}{2}=\frac{y}{1}=\frac{z+3}{-1}$ 与平面 $\Pi:x+y-2z+3=0$ 的交点.

解 把直线方程改写为参数方程

$$\begin{cases} x=1+2t, \\ y=t, \\ z=-3-t, \end{cases}$$

代入平面 Π 的方程 $x+y-2z+3=0$，得

$$(1+2t)+t-2(-3-t)+3=0,$$

解得 $t=-2$，代回直线的参数方程，即得交点 $(-3,-2,-1)$.

例 8 求点 $M(2,-1,10)$ 到直线 $L:\frac{x}{3}=\frac{y-1}{2}=\frac{z+2}{1}$ 的距离.

微课
7.8 节例 8

解 可分为以下几个步骤进行:

(1) 先作一个过点 M 且垂直于直线 L 的平面 Π. 由平面的点法式方程,得

$$3(x-2)+2(y+1)+(z-10)=0,$$

即

$$3x+2y+z-14=0.$$

(2) 求直线 L 与平面 Π 的交点,写出 L 的参数方程

$$\begin{cases}x=3t,\\ y=1+2t,\\ z=-2+t,\end{cases}$$

代入平面 Π 的方程中,得

$$3(3t)+2(1+2t)+(-2+t)-14=0,$$

解得 $t=1$,代回参数方程,得交点为 $M_0(3,3,-1)$.

(3) 求出点 $M(2,-1,10)$ 到 $M_0(3,3,-1)$ 的距离

$$d=\sqrt{(3-2)^2+(3+1)^2+(-1-10)^2}=\sqrt{138},$$

这就是点 M 到直线 L 的距离.

\# **例 9** 求通过点 $M(1,5,-1)$ 且与直线 $L:\frac{x-5}{1}=\frac{y+1}{-1}=\frac{z}{2}$ 垂直相交的直线方程.

解 可分为以下几个步骤进行:

(1) 先作一个过点 M 且垂直于直线 L 的平面 Π:

$$(x-1)-(y-5)+2(z+1)=0,$$

即

$$x-y+2z+6=0.$$

(2) 再求直线 L 与平面 Π 的交点,把直线 L 写成参数方程

$$\begin{cases}x=5+t,\\ y=-1-t,\\ z=2t,\end{cases}$$

代入平面 Π 的方程

$$(5+t)-(-1-t)+2(2t)+6=0,$$

求得 $t=-2$，代回直线 L 的参数方程，得直线 L 与 Π 交点 $M_0(3,1,-4)$.

(3) 写出过点 $M(1,5,-1)$，$M_0(3,1,-4)$ 的直线方程.方向向量为

$$\boldsymbol{s}=\overrightarrow{MM_0}=(2,-4,-3),$$

由式(7-41)得

$$\frac{x-1}{2}=\frac{y-5}{-4}=\frac{z+1}{-3},$$

这就是所求的直线方程.

7.8.7 平面束

通过空间直线 L 可以作无限多个平面，所有这些平面的集合，称为过直线 L 的**平面束**.

设有两个不平行的平面 $\Pi_1: A_1x+B_1y+C_1z+D_1=0$，$\Pi_2: A_2x+B_2y+C_2z+D_2=0$，它们的交线 L 的方程为

$$\begin{cases}A_1x+B_1y+C_1z+D_1=0,\\A_2x+B_2y+C_2z+D_2=0.\end{cases}\tag{7-47}$$

构造一个新的三元一次方程

$$(A_1x+B_1y+C_1z+D_1)+\lambda(A_2x+B_2y+C_2z+D_2)=0,\tag{7-48}$$

或写成

$$(A_1+\lambda A_2)x+(B_1+\lambda B_2)y+(C_1+\lambda C_2)z+(D_1+\lambda D_2)=0,\tag{7-49}$$

其中 λ 为任意实数.因为 $\boldsymbol{n}_1$ 与 $\boldsymbol{n}_2$ 不平行，A_1,B_1,C_1 与 A_2,B_2,C_2 不成比例，所以对任意常数 λ，方程(7-49)中的系数不全为零，因此方程(7-49)是平面的方程.可以看出，凡是满足方程组(7-47)的点 $P(x,y,z)$ 的坐标，一定满足方程(7-49)，这说明方程(7-49)是包含着直线 L 的平面方程，即方程(7-49)表示过直线 L 的平面.随着 λ 取不同的值，方程(7-49)表示通过直线 L 的不同的平面.反之，通过直线 L 的任何平面(除平面 Π_2 外)都包含在方程(7-49)所表示的一族平面内.设 $M_0(x_0,y_0,z_0)$ 是 L 外任一点，可取式(7-48)中的参数 λ 为 $\lambda_0=-\dfrac{A_1x_0+B_1y_0+C_1z_0+D_1}{A_2x_0+B_2y_0+C_2z_0+D_2}$，这时 M_0 的坐标满足式(7-48)，即过 M_0 与 L 的平面在式(7-48)的平面族内(Π_2 除外).当 λ 取遍全体实数时，方程(7-49)就给出了过直线 L 的**平面束方程**(只是平面 Π_2 除外).特别当 $\lambda=0$ 时，方程(7-49)给出的是平面 Π_1 的方程.

在处理某些问题时，使用平面束方程比较方便.

例 10 求直线 $L:\begin{cases}x+2y-z+1=0,\\x-y+z+1=0\end{cases}$ 在平面 $\Pi: x+y+z-2=0$ 内的投影的直线的方程.

解 设过直线 L 的平面束方程为

$$x+2y-z+1+\lambda(x-y+z+1)=0,$$

或写成

$$(1+\lambda)x+(2-\lambda)y+(\lambda-1)z+(1+\lambda)=0.$$

在这个平面束中,要找一个平面与 Π 垂直,即两平面的法向量垂直.平面 Π 的法向量 $\boldsymbol{n}_1=(1,1,1)$,平面束的法向量 $\boldsymbol{n}_2=(1+\lambda,2-\lambda,\lambda-1)$,于是令

$$\boldsymbol{n}_1\cdot\boldsymbol{n}_2=0,$$

即
$$(1,1,1)\cdot(1+\lambda,2-\lambda,\lambda-1)=0,$$
$$(1+\lambda)+(2-\lambda)+(\lambda-1)=0,$$

解出 $\lambda=-2$,代入平面束方程中,得到

$$-x+4y-3z-1=0,\quad 即\quad x-4y+3z+1=0.$$

这是一个过直线 L 且与 Π 垂直的平面方程.显然它与平面 Π 的交线就是直线 L 在平面 Π 上的投影直线

$$\begin{cases}x-4y+3z+1=0,\\x+y+z-2=0.\end{cases}$$

例 11 求两异面直线

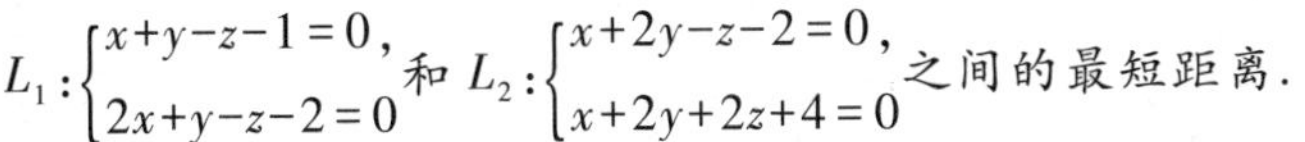

$$L_1:\begin{cases}x+y-z-1=0,\\2x+y-z-2=0\end{cases}和\ L_2:\begin{cases}x+2y-z-2=0,\\x+2y+2z+4=0\end{cases}之间的最短距离.$$

微课
7.8节例11

解 (1) 先求出 L_1 的方向向量

$$\boldsymbol{s}_1=\boldsymbol{n}_1\times\boldsymbol{n}_2=(1,1,-1)\times(2,1,-1)$$
$$=\begin{vmatrix}\boldsymbol{i}&\boldsymbol{j}&\boldsymbol{k}\\1&1&-1\\2&1&-1\end{vmatrix}=(0,-1,-1).$$

(2) 过 L_2 的平面束方程为

$$x+2y-z-2+\lambda(x+2y+2z+4)=0,$$

即

$$(1+\lambda)x+(2+2\lambda)y+(2\lambda-1)z+(4\lambda-2)=0.$$

从平面束中找一个与 L_1 平行的平面 Π,为此令 $\boldsymbol{n}\perp\boldsymbol{s}_1$,其中 $\boldsymbol{n}=(1+\lambda,2+2\lambda,2\lambda-1)$,即令 $\boldsymbol{n}\cdot\boldsymbol{s}_1=0$,

$$(1+\lambda,2+2\lambda,2\lambda-1)\cdot(0,-1,-1)=0,$$
$$-(2+2\lambda)-(2\lambda-1)=0,$$

解得 $\lambda=-\dfrac{1}{4}$,所以与直线 L_1 平行且过直线 L_2 的平面 Π 的方程为

$$\left(1-\frac{1}{4}\right)x+\left(2-\frac{1}{2}\right)y+\left(-\frac{1}{2}-1\right)z+(-1-2)=0,$$

即

$$x+2y-2z-4=0.$$

（3）如图7-53所示，直线 L_1 上任意一点到平面 Π 的距离就是异面直线 L_1,L_2 之间的最短距离.所以在 L_1 上任取一点，例如取 $A(1,0,0)$，点 A 到平面 Π 的距离

$$d=\frac{|1+2\times0-2\times0-4|}{\sqrt{1^2+2^2+(-2)^2}}=1,$$

就是所求的距离.

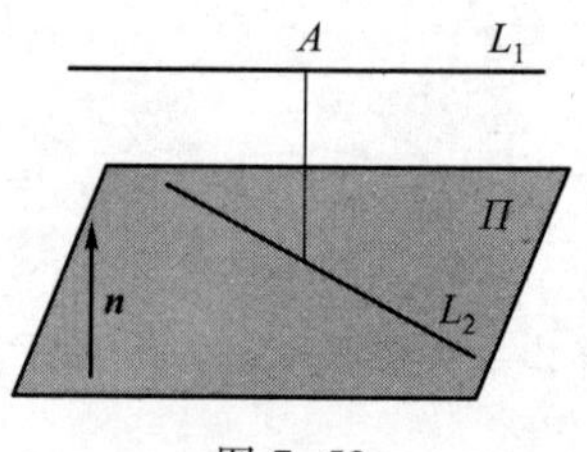

图7-53

习题 7.8

A

1. 写出适合下列条件的直线方程：

（1）过点 $(4,-1,3)$ 且平行于直线 $\frac{x-3}{2}=y=\frac{z-1}{5}$；

（2）过点 $M_1(3,-2,1)$ 和 $M_2(-1,0,2)$；

（3）过点 $(1,0,-3)$ 且与平面 $3x-4y+z-10=0$ 垂直；

（4）过点 $(1,0,-2)$ 且与平面 $3x+4y-z+6=0$ 平行，又与直线 $\frac{x-3}{1}=\frac{y+2}{4}=\frac{z}{1}$ 垂直；

（5）过点 $(3,2,-1)$ 且与平面 $x-4z-3=0$ 及 $2x-y-5z-1=0$ 平行；

（6）过点 $(0,-1,1)$ 且与直线 $L:\begin{cases}x+2y+z=0,\\x+z=2\end{cases}$ 平行.

2. 试确定下列各组中的直线和平面间的关系：

（1）$\frac{x+3}{-2}=\frac{y+4}{-7}=\frac{z}{3}$ 和 $4x-2y-2z=3$；

（2）$\frac{x}{3}=\frac{y}{-2}=\frac{z}{7}$ 和 $3x-2y+7z=8$；

（3）$\frac{x-2}{3}=\frac{y+2}{1}=\frac{z-3}{-4}$ 和 $x+y+z=3$.

3. 求直线 $\begin{cases}5x-3y+3z-9=0,\\3x-2y+z-1=0\end{cases}$ 和直线 $\begin{cases}2x+2y-z+23=0,\\3x+8y+z-18=0\end{cases}$ 之间的夹角的余弦.

4. 用对称式方程及参数方程表示直线 $\begin{cases}x-y+z=1,\\2x+y+z=4.\end{cases}$

5. 求直线 $\begin{cases}x+y+3z=0,\\x-y-z=0\end{cases}$ 与平面 $x-y-z+1=0$ 间的夹角 φ.

6. 求点 $(-1,2,0)$ 在平面 $x+2y-z+1=0$ 上的投影.

B

1. 求直线 $\begin{cases}x+2y+z-1=0,\\x-2y+z+1=0\end{cases}$ 与直线 $\begin{cases}3x-3y-3z-7=0,\\2x-2y+4z+5=0\end{cases}$ 的夹角.

2. 求过点(2,0,-3)且与直线$\begin{cases}x-2y+4z-7=0,\\3x+5y-2z+1=0\end{cases}$垂直的平面方程.

3. 求过点(3,1,-2)且通过直线$\frac{x-4}{5}=\frac{y+3}{2}=\frac{z}{1}$的平面方程.

4. 求点$M(1,2,-1)$到直线$\frac{x-1}{2}=\frac{y+1}{-1}=\frac{z-2}{3}$的距离.

5. 求直线$\begin{cases}2x-4y+z=0,\\3x-y-2z-9=0\end{cases}$在平面$4x-y+z=1$内的投影直线的方程.

6. 确定λ,使直线$\frac{x-1}{1}=\frac{y+2}{2}=\frac{z-1}{\lambda}$垂直于平面$\Pi_1:3x+6y+3z+25=0$,并求该直线在平面$\Pi_2:x-y+z-2=0$内的投影直线的方程.

7. 求过点$N(-1,2,-3)$且平行于平面$6x-2y-3z+1=0$又与直线$\frac{x-1}{3}=\frac{y+1}{2}=\frac{z-3}{-5}$相交的直线方程.

8. 求两直线$\frac{x}{1}=\frac{y-11}{2}=\frac{z-4}{1}$和$\frac{x-6}{1}=\frac{y+7}{-6}=\frac{z}{1}$间的最短距离.

9. 设M_0是直线L外一点,M是直线L上任意一点,且直线L的方向向量为$\boldsymbol{s}$,试证:点M_0到直线L的距离

$$d=\frac{|\overrightarrow{M_0M}\times\boldsymbol{s}|}{|\boldsymbol{s}|}.$$

10. 求点$P(3,-1,2)$到直线$\begin{cases}x+y-z+1=0,\\2x-y+z-4=0\end{cases}$的距离.

7.9 二 次 曲 面

7.9 预习检测

在7.5节中,我们已知道空间曲面可以用直角坐标x,y,z的一个方程$F(x,y,z)=0$来表示.如果方程左边是关于x,y,z的多项式,方程表示的曲面就叫做代数曲面.多项式的次数称为代数曲面的次数,三元一次方程表示的曲面叫做一次曲面,三元二次方程表示的曲面叫做二次曲面.一次曲面就是平面.球面、二次柱面都是二次曲面.这一节将讨论几种简单的二次曲面.

在本节的讨论中,将根据给定的方程来研究它所表示的二次曲面的形状与位置,采用的方法是**平面截割法**,简称**截痕法**.所谓截痕法,就是取一系列平面与曲面相交,考察这些交线(截痕)的形状,然后加以综合,从而了解曲面的全貌.所选取的平面通常是坐标平面以及与该坐标面平行的一系列平面.

7.9.1 椭球面

由方程

$$\frac{x^2}{a^2}+\frac{y^2}{b^2}+\frac{z^2}{c^2}=1, \tag{7-50}$$

其中a,b,c都是正数,所表示的曲面称为**椭球面**,a,b,c称为椭球面的**半轴**.

方程(7-50)中只包含 x,y,z 的平方项,左端的每一项都不能大于1,可知,椭球面关于三个坐标面、三个坐标轴及坐标原点都是对称的,并且有

$$\frac{x^2}{a^2}\leqslant 1,\quad \frac{y^2}{b^2}\leqslant 1,\quad \frac{z^2}{c^2}\leqslant 1,$$

即

$$|x|\leqslant a,\quad |y|\leqslant b,\quad |z|\leqslant c.$$

这说明椭球面上的所有点,都在6个平面 $x=\pm a,y=\pm b,z=\pm c$ 所围成的长方体内.

首先用三个坐标平面 xOy,yOz,xOz 截椭球面,截痕分别为

$$\begin{cases}\dfrac{x^2}{a^2}+\dfrac{y^2}{b^2}=1,\\ z=0;\end{cases}\quad \begin{cases}\dfrac{y^2}{b^2}+\dfrac{z^2}{c^2}=1,\\ x=0;\end{cases}\quad \begin{cases}\dfrac{x^2}{a^2}+\dfrac{z^2}{c^2}=1,\\ y=0.\end{cases}$$

它们都是坐标平面内的椭圆.

再用平行于 xOy 平面的平面 $z=h(|h|\leqslant c)$ 去截椭球面,得到的截痕为

$$\begin{cases}\dfrac{x^2}{a^2}+\dfrac{y^2}{b^2}=1-\dfrac{h^2}{c^2},\\ z=h,\end{cases}$$

即

$$\begin{cases}\dfrac{x^2}{a^2\left(1-\dfrac{h^2}{c^2}\right)}+\dfrac{y^2}{b^2\left(1-\dfrac{h^2}{c^2}\right)}=1,\\ z=h.\end{cases}$$

这是位于平面 $z=h$ 内的椭圆,它的中心在 z 轴上,两个半轴分别为

$$a\sqrt{1-\frac{h^2}{c^2}}\quad 和\quad b\sqrt{1-\frac{h^2}{c^2}}.$$

当 $|h|$ 由零逐渐增大到 c 时,椭圆由大逐渐变小,最后当 $|h|$ 到达 c 时,椭圆缩成一个点.这时截痕为点 $(0,0,c)$ 或 $(0,0,-c)$.

用平面 $y=h(|h|\leqslant b)$ 或 $x=h(|h|\leqslant a)$ 去截曲面时,可以得到与上述类似的结果.

综合上述讨论,就可了解椭球面的全貌,得到它的形状如图7-54所示.

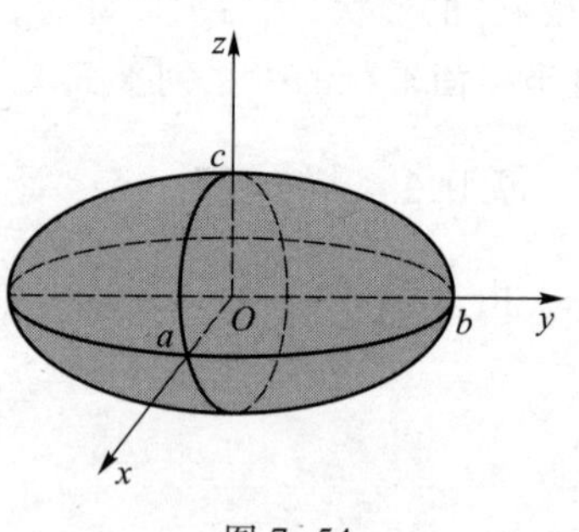

图 7-54

如果有两个半轴相等,例如 $a=b$,方程(7-50)成为

$$\frac{x^2+y^2}{a^2}+\frac{z^2}{c^2}=1.$$

它可以看成 yOz 平面内的椭圆 $\frac{y^2}{a^2}+\frac{z^2}{c^2}=1$ 绕 z 轴旋转一周而成的旋转曲面(参见 7.5 节).这时称其为旋转椭球面.

当三个半轴都相等时,$a=b=c$,方程(7-50)成为

$$x^2+y^2+z^2=a^2.$$

这是以原点为中心,半径为 a 的球面.

7.9.2 椭圆抛物面

由方程

$$z=\frac{x^2}{2p}+\frac{y^2}{2q}\quad(pq>0)\tag{7-51}$$

所表示的曲面称为**椭圆抛物面**.

我们主要就 $p>0,q>0$ 的情形来讨论($p<0,q<0$ 时,讨论的方式完全类似).

方程(7-51)中关于坐标 z 是一次项,并且 $z\geqslant 0$,这说明曲面全部位于 xOy 平面的上方.方程中关于坐标 x,y 仅出现平方项 x^2,y^2,说明曲面关于 yOz,zOx 平面是对称的.

用与坐标平面 xOy 平行的平面 $z=h(h\geqslant 0)$ 去截曲面,得到的截痕为

$$\begin{cases}\dfrac{x^2}{2p}+\dfrac{y^2}{2q}=h,\\ z=h.\end{cases}$$

当 $h=0$ 时,即用 xOy 平面截曲面时,截痕为一点 $O(0,0,0)$,说明曲面与 xOy 平面交于原点;当 $h>0$ 时,截痕是平面 $z=h$ 内的一个椭圆,其中心位于 z 轴上,两个半轴分别为

$$\sqrt{2ph}\quad 和\quad \sqrt{2qh}.$$

当 h 从零逐渐增大时,椭圆从小(一个点)逐渐变大,这说明曲面在 xOy 平面上方沿着 z 轴的正向无限伸张.

用平面 $y=h$ 去截曲面,截痕为

$$\begin{cases}x^2=2p\left(z-\dfrac{h^2}{2q}\right),\\ y=h.\end{cases}$$

这是平面 $y=h$ 内的一条抛物线,开口向上,顶点为 $\left(0,h,\frac{h^2}{2q}\right)$.当 $h=0$ 时,正是 xOz 平面内的抛物线

$$\begin{cases}x^2=2pz,\\ y=0.\end{cases}$$

用平面 $x=h$ 去截曲面,截痕也是抛物线.

综上所述,可知椭圆抛物面的形状如图 7-55 所示.

当 $p=q$ 时,方程(7-51)变为

$$\frac{x^2+y^2}{2p}=z.$$

它可以看成 yOz 平面内的抛物线 $z=\frac{y^2}{2p}$ 绕 z 轴旋转一周所成的曲面.这时曲面称为**旋转抛物面**.用平面 $z=h(h\geqslant 0)$ 去截它时,截痕是圆心在 z 轴上的圆

$$\begin{cases}x^2+y^2=2ph,\\ z=h.\end{cases}$$

对于方程(7-51)中 $p<0,q<0$ 的情形,曲面是在 xOy 平面的下方,开口向下的曲面,如图 7-56 所示.

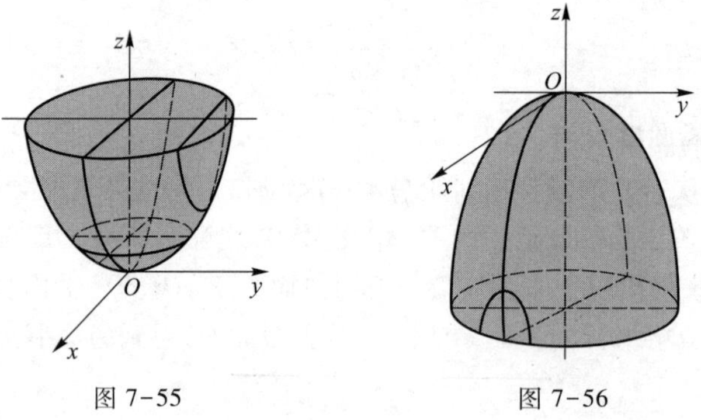

图 7-55 图 7-56

7.9.3 双曲抛物面

由方程

$$z=-\frac{x^2}{2p}+\frac{y^2}{2q}\quad (pq>0) \tag{7-52}$$

所表示的曲面称为**双曲抛物面**.

方程(7-52)中关于坐标 z 的是一次项,关于坐标 x,y 的是两个平方项,可知曲面关于 xOz,yOz 平面也是对称的.方程(7-52)与方程(7-51)的主要差别是,它们各自的两个平方项是相互异号的,由此便于识别两类曲面.

我们主要就 $p>0,q>0$ 的情形讨论($p<0,q<0$ 时的情形,讨论的方式完全类似).

用三个坐标平面 xOy,yOz,xOz 截割曲面,截痕分别为

$$\begin{cases}-\dfrac{x^2}{2p}+\dfrac{y^2}{2q}=0,\\ z=0;\end{cases}\quad \begin{cases}z=\dfrac{y^2}{2q},\\ x=0;\end{cases}\quad \begin{cases}z=-\dfrac{x^2}{2p},\\ y=0.\end{cases}$$

第二式是 yOz 平面内开口向上的抛物线;第三式是 xOz 平面内开口向下的抛物线;而第

一式可写成

$$\begin{cases}\dfrac{x}{\sqrt{2p}}+\dfrac{y}{\sqrt{2q}}=0,\\ z=0\end{cases} \quad 和 \quad \begin{cases}-\dfrac{x}{\sqrt{2p}}+\dfrac{y}{\sqrt{2q}}=0,\\ z=0.\end{cases}$$

这是 xOy 平面内两条相交于原点 $O(0,0,0)$ 的直线.

用平行于坐标平面 xOy 的平面 $z=h$ 来截曲面,截痕为

$$\begin{cases}-\dfrac{x^2}{2p}+\dfrac{y^2}{2q}=h,\\ z=h.\end{cases}$$

这是在平面 $z=h$ 内的双曲线,当 $h>0$ 时,双曲线的实轴平行于 y 轴;当 $h<0$ 时,双曲线的实轴平行于 x 轴.

用平面 $y=h$ 或用平面 $x=h$ 去截曲面时,得到的对应截痕为抛物线.

综上所述,可得双曲抛物面的形状如图 7-57 所示,它像一个无限伸展的马鞍形,所以又称为**马鞍面**.

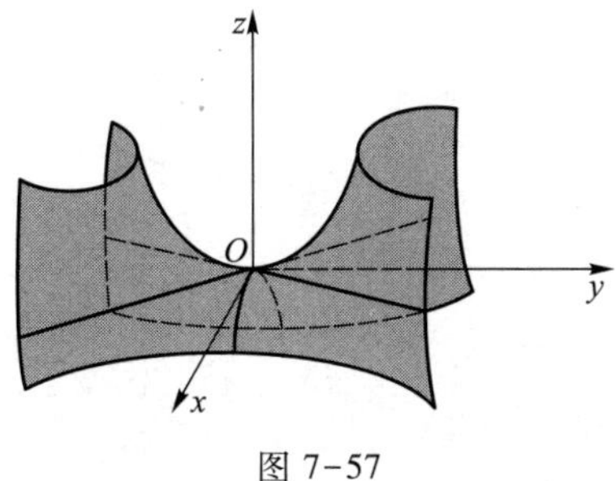

图 7-57

曲面 $z=xy$ 也是双曲抛物面,经过坐标系旋转,可化为上述标准方程形式,其与 xOy 面的交线恰为 x 轴和 y 轴.

下面三个方程

$$\frac{x^2}{a^2}+\frac{y^2}{b^2}-\frac{z^2}{c^2}=0, \tag{7-53}$$

$$\frac{x^2}{a^2}+\frac{y^2}{b^2}-\frac{z^2}{c^2}=1, \tag{7-54}$$

$$\frac{x^2}{a^2}+\frac{y^2}{b^2}-\frac{z^2}{c^2}=-1, \tag{7-55}$$

其图形分别称为二次锥面(图 7-58),单叶双曲面(图 7-59)和双叶双曲面(图 7-60),请读者用截痕法分析研究.

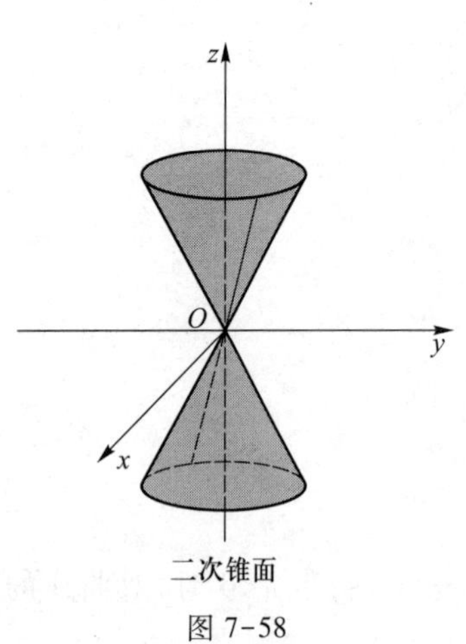

二次锥面

图 7-58

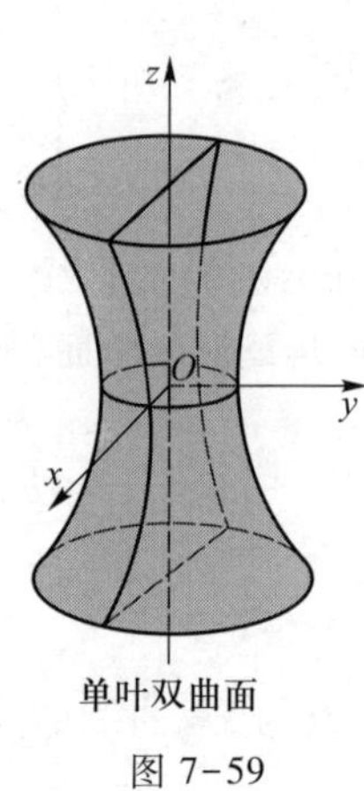

单叶双曲面

图 7-59

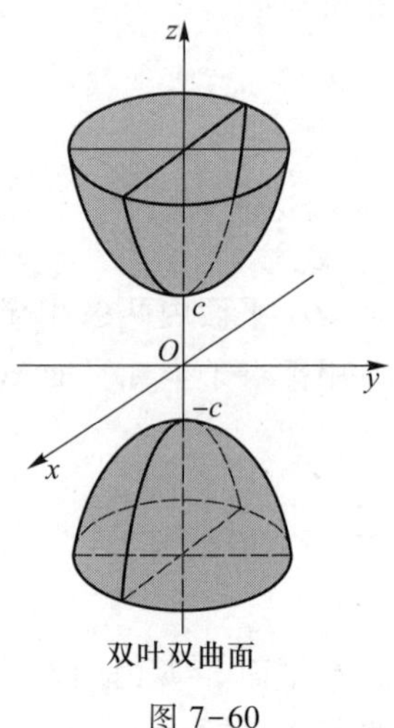

双叶双曲面

图 7-60

习题 7.9

A

1. 指出下列方程所表示的曲面：

（1）$\frac{x^2}{4}+\frac{y^2}{4}+\frac{z^2}{9}=1$；　　（2）$x^2-2y^2+4z^2=0$；

（3）$x^2+\frac{y^2}{25}-\frac{z^2}{16}=1$；　　（4）$\frac{x^2}{3}+\frac{y^2}{2}-8z=0$；

（5）$4z=4x^2+y^2-12$；　　（6）$z=1-\sqrt{x^2+y^2}$；

（7）$5x^2+3y^2-15z^2=-1$；　　（8）$-2y^2+3z^2=1$.

2. 指出下列方程所表示的曲线：

（1）$\begin{cases}x^2+y^2+z^2=25,\\x=3;\end{cases}$　　（2）$\begin{cases}x^2+4y^2+9z^2=36,\\y=1;\end{cases}$

（3）$\begin{cases}x^2-4y^2+z^2=25,\\x=-3;\end{cases}$　　（4）$\begin{cases}y^2+z^2-4x+8=0,\\y=4;\end{cases}$

（5）$\begin{cases}\frac{y^2}{9}-\frac{z^2}{4}=1,\\x-2=0;\end{cases}$　　（6）$\begin{cases}4x^2-9y^2+16z^2=64,\\x-4=0.\end{cases}$

B

1. 求曲线$\begin{cases}y^2+z^2-2x=0,\\z=3\end{cases}$在 xOy 平面内的投影曲线的方程，并指出原曲线是什么曲线.

2. 画出下列各曲面所围成的立体图形：

（1）$z=\sqrt{x^2+y^2}, z=2$；　　（2）$z=x^2+y^2, z=2-x^2-y^2$；

（3）$x=0, y=0, z=0, x=2, y=1, 3x+4y+2z-12=0$；

(4) $z=\sqrt{4-x^2-y^2}$, $x^2+y^2=1$, $z=0$; (5) $y=x^2$, $y=z$, $y=1$, $z=0$.

复习题七

1. 什么是向量？什么是向量的几何表示？什么是向量的坐标？向量的坐标和向量的投影有何关系？

2. 一个向量的方向余弦具有什么性质？

3. 向量的线性运算包括哪几种？各是如何定义的？

4. 叙述两向量的数量积和向量积的定义，$|\boldsymbol{a}\times\boldsymbol{b}|$ 的几何意义是什么？

5. 两个向量垂直或平行的充分必要条件各是什么？

6. 说出球面、柱面的方程的各自特征.

7. 分别叙述平面和直线方程的三种形式.

8. 怎样判别直线与平面平行、垂直？

9. 如何求两平面、两直线、直线与平面之间的夹角？

10. 如何求直线与平面的交点？

11. 叙述出八种不同类型的二次曲面，并指出它们各自方程的特点.

12. 设 $\boldsymbol{u},\boldsymbol{v},\boldsymbol{w}$ 是 $\mathbf{R}^3$ 中的任意向量，判断下列结论的对与错：

(1) $\boldsymbol{u}\cdot\boldsymbol{v}=\boldsymbol{v}\cdot\boldsymbol{u}$; (2) $\boldsymbol{u}\times\boldsymbol{v}=\boldsymbol{v}\times\boldsymbol{u}$;

(3) $|\boldsymbol{u}\times\boldsymbol{v}|=|\boldsymbol{v}\times\boldsymbol{u}|$; (4) $k(\boldsymbol{u}\cdot\boldsymbol{v})=(k\boldsymbol{u})\cdot\boldsymbol{v}$, k 为常数；

(5) $\boldsymbol{u}\cdot(\boldsymbol{v}\times\boldsymbol{w})=(\boldsymbol{u}\times\boldsymbol{v})\cdot\boldsymbol{w}$; (6) $(\boldsymbol{u}+\boldsymbol{v})\times\boldsymbol{w}=\boldsymbol{u}\times\boldsymbol{w}+\boldsymbol{v}\times\boldsymbol{w}$;

(7) $(\boldsymbol{u}\times\boldsymbol{v})\cdot\boldsymbol{u}=0$; (8) $(\boldsymbol{u}\cdot\boldsymbol{v})(\boldsymbol{u}\cdot\boldsymbol{v})=(\boldsymbol{u}\cdot\boldsymbol{u})(\boldsymbol{v}\cdot\boldsymbol{v})$;

(9) $(\boldsymbol{u}\cdot\boldsymbol{v})\boldsymbol{w}=\boldsymbol{u}(\boldsymbol{v}\cdot\boldsymbol{w})$; (10) $(\boldsymbol{u}+\boldsymbol{v})\cdot(\boldsymbol{u}+\boldsymbol{v})=\boldsymbol{u}\cdot\boldsymbol{u}+2\boldsymbol{u}\cdot\boldsymbol{v}+\boldsymbol{v}\cdot\boldsymbol{v}$.

总习题七

1. 已知向量 $\boldsymbol{a}=(1,1,-4)$, $\boldsymbol{b}=(2,-2,1)$，求：

(1) $\boldsymbol{a}\cdot\boldsymbol{b}$; (2) $\mathrm{Prj}_{\boldsymbol{a}}\boldsymbol{b}$; (3) $\boldsymbol{a}\times\boldsymbol{b}$.

2. 说出下列方程表示的曲面名称，如果有旋转曲面，指出它是由什么平面内的哪条曲线绕哪个轴旋转而产生的：

(1) $x^2+y^2=2az\,(a>0)$; (2) $-x^2+y^2=2az\,(a>0)$;

(3) $\dfrac{x^2}{4}+\dfrac{y^2}{4}-z^2=1$.

3. 写出与 x 轴的距离为 3，且与 y 轴的距离为 2 的一切点所确定的曲线的方程.

4. 求由曲面 $2z=x^2+y^2$ 及 $x^2+y^2+z^2=3$ 所围成的立体（xOy 平面上方）在 xOy 平面的投影区域.

5. 已知向量 $\boldsymbol{a}=(-4,-3,8)$，另一个向量 $\boldsymbol{b}$ 与三坐标轴正向构成相等的锐角，求 $\boldsymbol{a}$ 在 $\boldsymbol{b}$ 上的投影.

6. 设直线 $L:\dfrac{x}{-1}=\dfrac{y}{2}=\dfrac{z}{-1}$，平面 $\Pi_1: 2x+y+z+2=0$, $\Pi_2: x+y+z=0$, $\Pi_3: x+y+z+1=0$. 试判断直线 L 与平面 Π_1,Π_2,Π_3 的位置关系.

7. 求过点 $P(-1,1,2)$ 且与直线 $L_1:\begin{cases}x+z=0,\\x-z=0\end{cases}$ 及直线 $L_2:\dfrac{x-2}{3}=\dfrac{y-4}{-2}=\dfrac{z+5}{5}$ 都平行的平面方程.

8. 求过点 $A(0,2,4)$ 且与平面 $\Pi_1: x+2z-1=0$ 及 $\Pi_2: y-3z=2$ 都平行的直线方程.

9. 求直线 $L:\begin{cases}2y+3z-5=0,\\x-2y-z+7=0\end{cases}$ 在平面 $\Pi: x-y+3z+8=0$ 内的投影直线方程.

10. 确定参数 λ,使直线 $L_1:\frac{x-1}{1}=\frac{y+1}{2}=\frac{z-1}{\lambda}$ 和直线 $L_2:\frac{x+1}{1}=\frac{y-1}{1}=\frac{z}{\lambda}$ 相交.

11. 直线过点(-2,2,4)又与直线 $L:\frac{x+3}{3}=\frac{y-3}{1}=\frac{z}{2}$ 相交且与平面 $\Pi: 3x-4y+z-10=0$ 平行,求此直线的方程.

12. 画出下列各立体的图形:

(1) 立体是由 $x^2+y^2+z^2\leqslant 4$ 与 $x^2+2y^2-z^2\geqslant 0$ 所确定的公共部分;

(2) 立体由曲面 $z=\sqrt{2-x^2-y^2}$ 与 $z=x^2+y^2$ 所围成.

选 读

分形几何:研究复杂现象的数学

传统的欧氏几何里,我们研究的对象为整数维数.如:零维的点、一维的线、二维的面、三维的立体乃至四维的时空.实际上,我们熟悉的这些几何对象是从自然界中抽象、理想化后得到的规整、光滑的图形.而自然界中许多实际几何对象用这些理论是难以说清楚的,并不像人们已司空见惯、想当然的那么简单.

第 8 章　多元函数微分学

引述　一元函数微积分的思想来源于物理、几何等实际问题，由于物理世界是多维的，物理领域中的许多数学模型自然是多变量的.18 世纪中叶，达朗贝尔(d' Alembert)在解微分方程和研究介质中物体的运动时把单变量函数微分学推广到多变量函数微分学，拉格朗日(Lagrange)把多变量微分学成功地用于力学问题，建立了拉格朗日力学体系，他还发展了现在教科书中求函数极值的方法.在上册中我们讨论的函数都只有一个自变量，这种函数称为**一元函数**.涉及多个自变量的函数称为**多元函数**.本章将在一元函数微分学的基础上，讨论多元函数的微分学及其应用.在讨论中以二元函数为主，从一元函数到二元函数的研究中，由单变量到多变量所产生的新问题已充分显露出来，而从二元函数到多元函数只是形式复杂一些，许多方法可以自然地类推.

8.1　多元函数的极限与连续

8.1 预习检测

8.1.1　平面点集的知识

在研究一元函数时，一个自变量的变化范围通常是数轴上的点集，经常用到邻域和区间的概念.在讨论二元函数的时候，就要涉及两个自变量的变化范围，即平面上的点集，需要把区间概念推广到 xOy 平面上的区域.

1. 邻域

我们将全体有序实数对(x,y)的集合称为二维空间，记为 $\mathbf{R}\times\mathbf{R}$ 或 $\mathbf{R}^2$，即

$$\mathbf{R}^2=\{(x,y)\mid x\in\mathbf{R},y\in\mathbf{R}\}.$$

这样，二维空间 $\mathbf{R}^2$ 与 xOy 坐标平面上的所有点建立了一一对应的关系，因此，后文中“实数对”与“坐标平面的点”将视为同一事物而不加以区别.二维空间 $\mathbf{R}^2$ 的子集称为**平面点集**.根据平面解析几何，$\mathbf{R}^2$ 中任意两点 $P_1(x_1,y_1)$，$P_2(x_2,y_2)$之间的距离为

$$|P_1P_2|=\sqrt{(x_2-x_1)^2+(y_2-y_1)^2}.$$

定义 1　设 $P_0(x_0,y_0)$是 $\mathbf{R}^2$ 中的一点，δ 是某一正数，将与点 $P_0(x_0,y_0)$的距离小于 δ 的点 $P(x,y)$的全体，称为点 P_0 的 **δ 邻域**，记为 $U(P_0,\delta)$，即

$$U(P_0,\delta)=\{(x,y)\mid\sqrt{(x-x_0)^2+(y-y_0)^2}<\delta\}.$$

在几何上看，$U(P_0,\delta)$就是 xOy 平面上以点 $P_0(x_0,y_0)$为中心，$\delta(\delta>0)$为半径的圆的内部的点集.如图 8-1 所示.

点 $P_0(x_0,y_0)$的去心 δ 邻域记为 $\mathring{U}(P_0,\delta)$，即

$$\mathring{U}(P_0,\delta)=\{(x,y)\mid 0<\sqrt{(x-x_0)^2+(y-y_0)^2}<\delta\}.$$

在以后的讨论中，如果不需要强调邻域的半径 δ，点 P_0 的 δ 邻域和去心 δ 邻域分别简记为 $U(P_0)$ 和 $\mathring{U}(P_0)$.

2. 区域

设 E 是一个平面点集，点 P_1 是平面上的一个点.若存在点 P_1 的某个 δ 邻域 $U(P_1,\delta)$，使 $U(P_1,\delta)\subset E$，则称 P_1 是 E 的**内点**.如图 8-2 中的点 P_1 是 E 的内点.明显地看出，点集 E 的内点是属于 E 的.

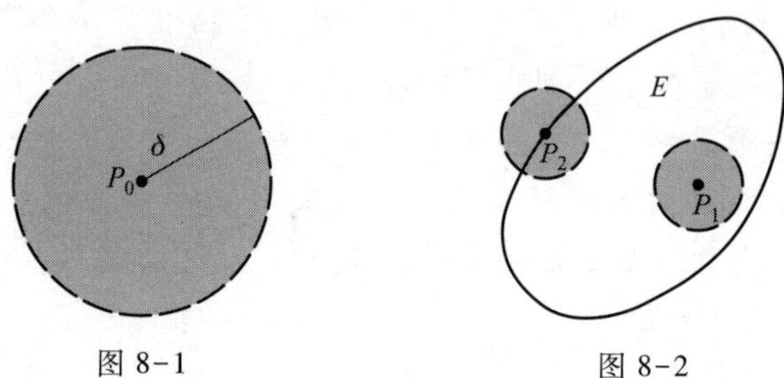

图 8-1　　图 8-2

若点 P_2 是平面上一点，在点 P_2 的任意 δ 邻域 $U(P_2,\delta)$ 内，既含有点集 E 的点，又含有不属于 E 的点（点 P_2 本身可以属于 E，也可以不属于 E），则称点 P_2 为 E 的**边界点**，如图 8-2 中的点 P_2 是 E 的边界点.E 的所有边界点构成的集合称为 E 的**边界**，记为 ∂E.

若点集 E 的点都是内点，则称 E 为**开集**.例如点集 $E=\{(x,y)\mid x^2+y^2<1\}$ 就是一个开集，而集合 $E_1=\{(x,y)\mid x^2+y^2=1\}$ 就是 E 的边界，如图 8-3 所示.

设平面点集 D 是开集，若对于 D 内的任何两点，都可以用折线把其连接起来，并且折线上的点都属于 D，则称开集 D 是**连通的**.

设 D 是一平面点集，若 D 是开集并且是连通的，则称 D 为**区域**或**开区域**.例如 $\{(x,y)\mid x^2+y^2<1\}$，$\{(x,y)\mid 1<x^2+y^2<4\}$，$\{(x,y)\mid x>0,y>0\}$ 都是区域；而 $E=\{(x,y)\mid x\neq 0,y\neq 0\}$ 不是区域.因为它不连通.事实上，从图 8-4 中可以看到，连接两点 P_1,P_2 的任何折线都与 y 轴相交，交点不属于 E.

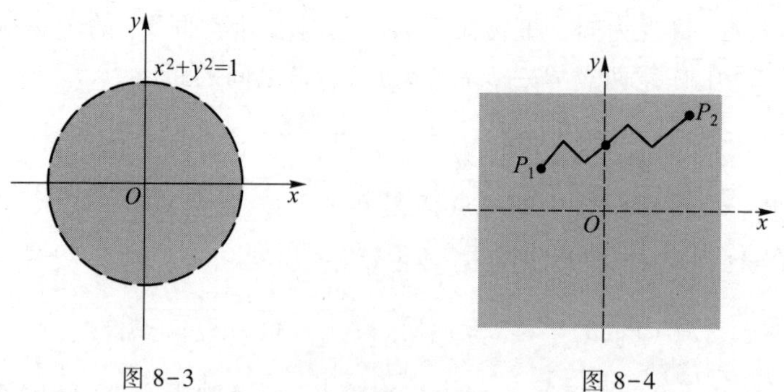

图 8-3　　图 8-4

开区域连同它的边界一起，称为**闭区域**，例如 $\{(x,y)\mid x^2+y^2\leqslant 1\}$ 和 $\{(x,y)\mid x\geqslant 0,y\geqslant 0\}$ 都是闭区域.

在几何上看,平面上的区域是直线上的区间概念的扩展,区域的特征是成为"块",一"块"是一个区域,两"块"就是两个区域.

对于区域 D,如果存在一个常数 $M>0$,使得 D 内任何点到原点的距离都小于 M,即 $D\subset U(0,M)$,则称 D 为**有界区域**,否则称为无界区域.例如,区域 $\{(x,y)\mid 1<x^2+y^2<4\}$ 是**有界开区域**,而 $\{(x,y)\mid x\geqslant 0,y\geqslant 0\}$ 是**无界闭区域**.

3. n 维空间

我们已经知道,实数全体表示数轴上一切点的集合,记为 $\mathbf{R}$,称为一维空间;全体二元实数组 (x,y) 表示平面上一切点的集合,记为 $\mathbf{R}^2$,称为二维空间;同样,在空间直角坐标系下,全体三元有序实数组 (x,y,z) 表示空间一切点的集合,记为 $\mathbf{R}^3$,称为三维空间.一般地,对于确定的自然数 n,全体 n 元实数组 $(x_1,x_2,\cdots,x_n)$ 称为 n **维空间**,记为 $\mathbf{R}^n$.而称每个 n 元实数组 $(x_1,x_2,\cdots,x_n)$ 为 $\mathbf{R}^n$ 中的一个点,数 x_i 为该点的第 i 个**坐标**.

规定在 n 维空间 $\mathbf{R}^n$ 中的两点 $P(x_1,x_2,\cdots,x_n)$,$Q(y_1,y_2,\cdots,y_n)$ 之间的距离为

$$\|PQ\|=\sqrt{(y_1-x_1)^2+(y_2-x_2)^2+\cdots+(y_n-x_n)^2}.$$

当 $n=1,2,3$ 时,上式恰好就是在数轴、平面、空间内的两点间的距离.

前面针对平面点集所引入的概念,均可以推广到 n 维空间中去.例如,对于点 $P_0\in\mathbf{R}^n$ 和某正数 δ,n 维空间内的点集

$$U(P_0,\delta)=\{P\mid \|P_0P\|<\delta,P\in\mathbf{R}^n\}$$

就定义为点 P_0 的 δ 邻域.以邻域为基础,就可定义 n 维空间中的点集的内点、边界点、开集等概念,并且进一步建立区域等概念.

8.1.2 多元函数

到目前为止,我们研究的函数都只依赖于一个自变量,即一元函数.在自然科学与工程技术中经常会遇到依赖于多个自变量的函数,下面先看几个例子,然后再给出二元函数的定义.

例 1 许多气体如氢、氧、氮、氩等,在常温常压下,它们的性质比较理想,可以认为它们符合气体状态方程

$$P=R\frac{T}{V},$$

这里 P,T,V 依次代表气体的压强、绝对温度和体积,R 是与所讨论气体有关的常数.对于给定量的一种气体,如果知道了它的温度 T 和体积 V 的值,根据理想气体状态方程,我们就能唯一地确定一个 P 值,这里 P 是由两个独立变量 T 和 V 确定的,由题意知,自变量的取值范围是 $T\geqslant 0,V>0$.

例 2 平行四边形的面积 A 由它的相邻两边之长 a,b 和夹角 θ 确定,即

$$A=ab\sin\theta.$$

由题意知,自变量的取值范围是 $a>0,b>0,0<\theta<\pi$.

例3　动能 E 与质量 m、速度 v 满足关系

$$E=\frac{1}{2}mv^2,$$

这里 E 依赖于 m,v，由题意知，自变量的取值范围是 $m>0,v\geqslant 0$.

在以上三例中出现的都是两个或两个以上的变量，它们之间存在着这样的对应关系：其中一个变量是依赖于其他变量的变化而变化的，当其他变量的值确定之后，这个变量按照一定的规律也随着有一个确定的对应值，由此我们抽象出二元函数的概念.

定义2　三个变量 x,y 和 z，z 依赖于 x 和 y，变量 x 和 y 所代表的点 $P(x,y)$ 属于平面上的一个点集 D，若对于 D 上的每一个点 $P(x,y)$，变量 z 依照某一规则 f，都有一个确定的值与之对应，则称 z 是 x,y 的二元函数，记为

$$z=f(x,y),\quad (x,y)\in D,$$

其中 x,y 叫做自变量，z 叫做因变量，自变量 x,y 的取值范围 D 叫做该二元函数的定义域，当自变量取遍定义域中的所有点时，对应的函数值全体叫做函数的值域.

与一元函数一样，二元函数也由定义域和对应规则唯一确定，与所用变量字母无关，有时可以直接表示为 $z=z(x,y),(x,y)\in D$.

例4　已知函数 $z=f(x,y)=x^2+y^2-xy\tan\dfrac{x}{y}$，求 $f(tx,ty)$ 和 $f\left(xy,\dfrac{x}{y}\right)$.

解　$f(tx,ty)=(tx)^2+(ty)^2-(tx)(ty)\tan\dfrac{tx}{ty}=t^2\left(x^2+y^2-xy\tan\dfrac{x}{y}\right)=t^2f(x,y)$,

$$f\left(xy,\frac{x}{y}\right)=(xy)^2+\left(\frac{x}{y}\right)^2-(xy)\left(\frac{x}{y}\right)\tan\frac{xy}{\frac{x}{y}}=(xy)^2+\left(\frac{x}{y}\right)^2-x^2\tan y^2.$$

例5　求下列函数的定义域：

(1) $z=\ln(x+y)$；　　　　(2) $z=\arcsin\dfrac{x^2+y^2}{9}-\sqrt{x^2+y^2-4}$.

解　(1) 定义域 $D=\{(x,y)\mid x+y>0\}$，即在直线 $x+y=0$ 右方的半个平面，见图8-5中的阴影部分.

(2) 点 (x,y) 要同时满足

$$\left|\frac{x^2+y^2}{9}\right|\leqslant 1 \text{ 及 } x^2+y^2-4\geqslant 0,$$

把这两个不等式联立起来，解得定义域为

$$D=\{(x,y)\mid 4\leqslant x^2+y^2\leqslant 9\}.$$

这是一个圆环（图8-6）.

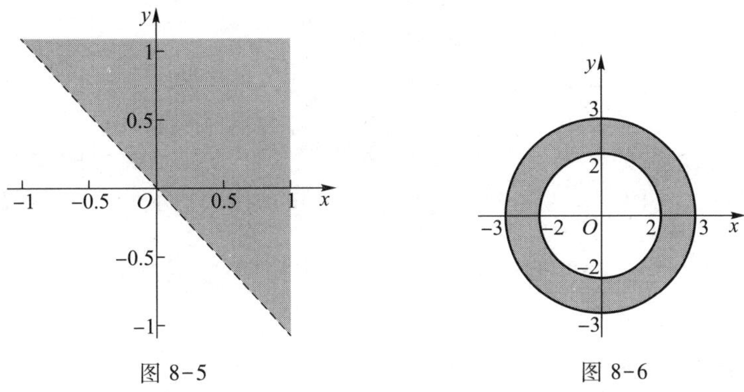

图 8-5　　　　图 8-6

一元函数 $y=f(x)$ 的图形一般是平面上的一条曲线，二元函数 $z=f(x,y)$，在其定义域内任一点 $P(x,y)$ 都对应着空间一点 (x,y,z)，这些点的全体一般构成一个曲面，这个曲面称为函数 $z=f(x,y)$ 的图形（图 8-7）.

例如，$z=\sqrt{1^2-x^2-y^2}$，其定义域为平面上的圆 $x^2+y^2\leqslant 1^2$，图形是球心在原点，半径为 1 的上半球面（图 8-8）；函数 $z=x^2+y^2$，其定义域是全平面，图形是 xOy 面上方的旋转抛物面.

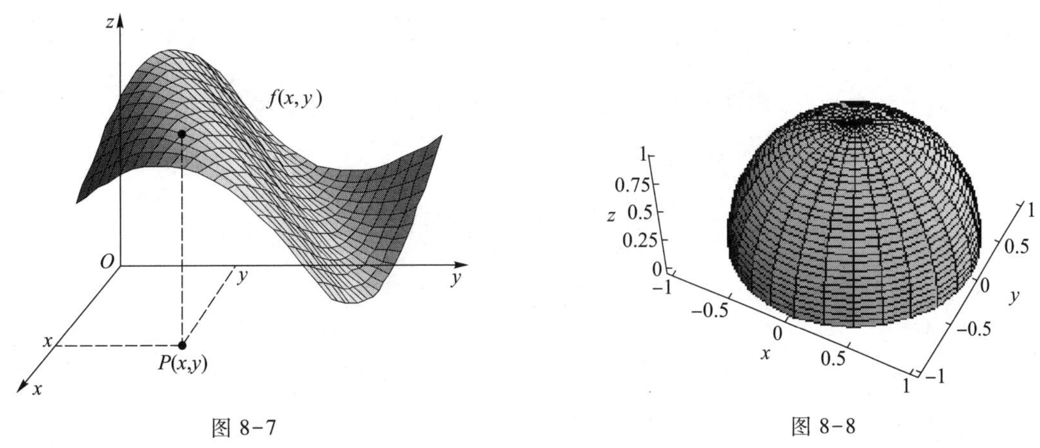

图 8-7　　　　图 8-8

8.1.3 二元函数的极限

在一元函数中，我们知道，极限刻画了当自变量变化时，函数的变化趋势及性质.同样，对于二元函数，我们也要讨论当自变量 $x\to x_0, y\to y_0$，或者看成点 $(x,y)\to(x_0,y_0)$，即点 (x,y) 到 (x_0,y_0) 的距离 $\rho=\sqrt{(x-x_0)^2+(y-y_0)^2}$ 趋于 0 时，函数的变化趋势，即函数的极限问题.

定义 3 设二元函数 $z=f(x,y)$ 在平面上的开区域（或闭区域）D 内有定义，点 $P_0(x_0,y_0)$ 是 D 的内点或边界点，A 是一个常数，如果对任意的正数 ε，总存在一个正数 δ，使得对于满足不等式

$$0<|PP_0|=\sqrt{(x-x_0)^2+(y-y_0)^2}<\delta,$$

且在定义域 D 中的一切点 $P(x,y)$，对应的函数值总能满足

$$|f(x,y)-A|<\varepsilon,$$

则称 A 是函数 $f(x,y)$ 当 $x\to x_0,y\to y_0$ 时的极限,记作

$$\lim_{\substack{x\to x_0\\y\to y_0}}f(x,y)=A\quad 或\quad f(x,y)\to A,P\to P_0.$$

从定义看,二元函数的极限与一元函数的极限的思想方法是类似的.值得注意的是,对一元函数极限,$\lim\limits_{x\to x_0}f(x)$ 的存在性可归结为 $\lim\limits_{x\to x_0^-}f(x)$,$\lim\limits_{x\to x_0^+}f(x)$ 这两种简单情形的关系.而二元函数的极限的定义中,$(x,y)\to(x_0,y_0)$ 可以沿着平面上任意的路径,因此二元函数的极限要复杂得多.

微课
8.1 节例 6

例 6　证明 $\lim\limits_{\substack{x\to 0\\y\to 0}}\dfrac{x^2y}{x^2+y^2}=0$.

分析　除了原点外,函数 $\dfrac{x^2y}{x^2+y^2}$ 处处有定义,因此由极限的定义,只需对任意 $\varepsilon>0$,找到一个 $\delta>0$,使满足

$$0<\sqrt{(x-0)^2+(y-0)^2}=\sqrt{x^2+y^2}<\delta$$

的一切 (x,y),都有

$$\left|\frac{x^2y}{x^2+y^2}-0\right|=\left|\frac{x^2y}{x^2+y^2}\right|<\varepsilon.$$

与一元函数的情形一样,我们从 $\left|\dfrac{x^2y}{x^2+y^2}\right|<\varepsilon$ 出发做一些转化,求出与 ε 有关的 δ 来.

证　对任意给定的 $\varepsilon>0$,由于

$$\left|\frac{x^2y}{x^2+y^2}\right|\leqslant|y|\leqslant\sqrt{x^2+y^2},$$

所以若要 $\left|\dfrac{x^2y}{x^2+y^2}\right|<\varepsilon$,只要 $\sqrt{x^2+y^2}<\varepsilon$,因此取 $\delta=\varepsilon$,则当

$$0<\sqrt{(x-0)^2+(y-0)^2}=\sqrt{x^2+y^2}<\delta$$

时,有

$$\left|\frac{x^2y}{x^2+y^2}-0\right|=\left|\frac{x^2y}{x^2+y^2}\right|<\delta=\varepsilon.$$

这就证明了 $\lim\limits_{\substack{x\to 0\\y\to 0}}\dfrac{x^2y}{x^2+y^2}=0$.

由于二元函数极限与一元函数极限定义的相似性,二元函数极限也有与一元函数极限类似的性质,如四则运算性、极限保号性、保序性、夹逼准则等,读者可以类似地写出并推证.

例 7　求 $\lim\limits_{\substack{x\to 1\\y\to 2}}(x^2+yx+y^3)$.

解　因 $\lim\limits_{\substack{x\to 1\\y\to 2}}x^2=1$,$\lim\limits_{\substack{x\to 1\\y\to 2}}yx=2$,$\lim\limits_{\substack{x\to 1\\y\to 2}}y^3=8$,所以

$$\lim_{\substack{x\to 1\\y\to 2}}(x^2+yx+y^3)=\lim_{\substack{x\to 1\\y\to 2}}x^2+\lim_{\substack{x\to 1\\y\to 2}}yx+\lim_{\substack{x\to 1\\y\to 2}}y^3=1+2+8=11.$$

例 8 求$\lim\limits_{\substack{x\to 0\\ y\to 0}}\dfrac{xy}{\sqrt{xy+1}-1}$.

解 $\lim\limits_{\substack{x\to 0\\ y\to 0}}\dfrac{xy}{\sqrt{xy+1}-1}=\lim\limits_{\substack{x\to 0\\ y\to 0}}\dfrac{xy(\sqrt{xy+1}+1)}{(\sqrt{xy+1}-1)(\sqrt{xy+1}+1)}=\lim\limits_{\substack{x\to 0\\ y\to 0}}(\sqrt{xy+1}+1)=2.$

例 9 求$\lim\limits_{\substack{x\to 0\\ y\to 0}}\dfrac{\sin(x^2+y^2)}{x^2+y^2}$.

解 作变换 $x^2+y^2=t$,得

$$\lim_{\substack{x\to 0\\ y\to 0}}\frac{\sin(x^2+y^2)}{x^2+y^2}=\lim_{t\to 0}\frac{\sin t}{t}=1.$$

例 10 设$f(x,y)=\begin{cases}\dfrac{xy}{x^2+y^2}, & x^2+y^2\neq 0,\\ 0, & x^2+y^2=0,\end{cases}$证明$f(x,y)$在点$(0,0)$极限不存在.

证 当点$P(x,0)$沿x轴趋于$(0,0)$时,

$$\lim_{\substack{x\to 0\\ y\to 0}}\frac{xy}{x^2+y^2}=\lim_{\substack{x\to 0\\ y\to 0}}\frac{x\cdot 0}{x^2+0^2}=0.$$

当点$P(0,y)$沿y轴趋于$(0,0)$时,

$$\lim_{\substack{x\to 0\\ y\to 0}}\frac{xy}{x^2+y^2}=\lim_{\substack{y\to 0\\ x\to 0}}\frac{0\cdot y}{0^2+y^2}=0.$$

而当点沿直线$y=kx$趋于$(0,0)$时,

$$\lim_{\substack{x\to 0\\ y\to 0}}\frac{xy}{x^2+y^2}=\lim_{\substack{x\to 0\\ y=kx}}\frac{x\cdot(kx)}{x^2+(kx)^2}=\frac{k}{1+k^2},$$

极限值随k的变化而变化$\left(\text{比如,沿直线 } y=x,\text{极限为}\dfrac{1}{2}\right)$,因此$\lim\limits_{\substack{x\to 0\\ y\to 0}}\dfrac{xy}{x^2+y^2}$不存在.

函数的图形如图 8-9 所示,从图形可以看出,函数在原点附近是很复杂的.

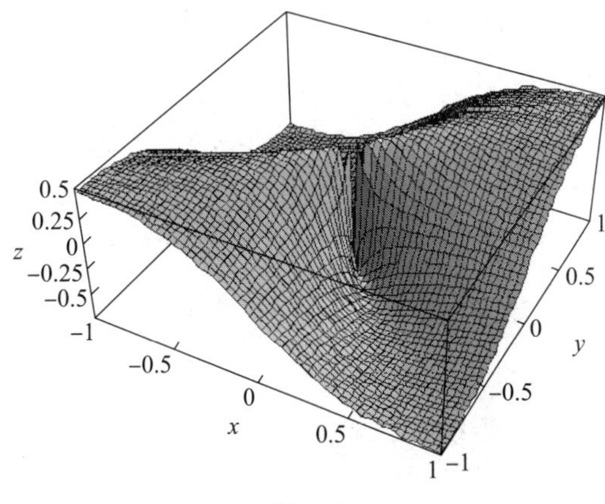

图 8-9

8.1.4 二元函数的连续性

有了二元函数极限的概念,类比于一元函数,可以研究函数连续性.

定义 4 设函数 $f(x,y)$ 在开区域(或闭区域)D 内有定义,点 $P_0(x_0,y_0)$ 是 D 的内点或边界点,且 $P_0\in D$.如果

$$\lim_{\substack{x\to x_0\\y\to y_0}} f(x,y)=f(x_0,y_0),$$

则称函数在点 $P_0(x_0,y_0)$ 处连续.

上述定义用 ε-δ 语言叙述为:任给 $\varepsilon>0$,存在 $\delta>0$,使当

$$|PP_0|=\sqrt{(x-x_0)^2+(y-y_0)^2}<\delta$$

且 $P(x,y)\in D$ 时,有

$$|f(x,y)-f(x_0,y_0)|<\varepsilon.$$

若令 $x=x_0+\Delta x, y=y_0+\Delta y$,则上式可改写为

$$\lim_{\substack{\Delta x\to 0\\\Delta y\to 0}}[f(x_0+\Delta x,y_0+\Delta y)-f(x_0,y_0)]=0.$$

方括号内的表达式是当自变量 x 和 y 分别取改变量 Δx 和 Δy 时,函数取得的改变量,称为函数在 (x_0,y_0) 处的全改变量,记作

$$\Delta z=f(x_0+\Delta x,y_0+\Delta y)-f(x_0,y_0).$$

于是,连续的定义也可以叙述为:若 $\lim\limits_{\substack{\Delta x\to 0\\\Delta y\to 0}}\Delta z=0$,则称 $z=f(x,y)$ 在点 (x_0,y_0) 连续.

若函数 $z=f(x,y)$ 在区域 D 内的每一点都连续,则称函数 $z=f(x,y)$ 在 D 内连续,或称 $z=f(x,y)$ 为 D 内的连续函数.

函数不连续的点称为间断点,例如,函数 $f(x,y)=\begin{cases}\dfrac{xy}{x^2+y^2}, & x^2+y^2\neq 0,\\ 0, & x^2+y^2=0\end{cases}$ 在点 $(0,0)$ 处极限不存在,所以 $(0,0)$ 是间断点.

二元函数的间断点可能会形成一条曲线,如函数 $f(x,y)=\dfrac{1}{1-x^2-y^2}$ 在圆周 $x^2+y^2=1$ 上的点都是间断点.

容易证明,函数 $f(x,y)=\dfrac{xy}{1+x^2+y^2}$ 在 xOy 面上处处连续,$f(x,y)=\sin\dfrac{1}{1-x^2-y^2}$ 在 xOy 面上,除去单位圆 $x^2+y^2=1$ 上的点外,处处连续.

以上关于二元函数的极限、连续性概念及其性质可以类比地推广到一般的 n 元函数情形,请读者自行写出.

当把函数 $x^\alpha, y^\beta, \sin x, \sin y, \mathrm{e}^x, \ln y, \cdots$ 看成定义在平面上的特殊的二元函数时,我们称

其为二元基本初等函数,是定义域上连续的二元函数.与一元基本初等函数在其定义的区间上连续类似,由这些二元基本初等函数通过有限次的四则运算和复合运算所得到的二元初等函数,在其定义域内连续.比如,函数 $\ln(x^2+y^2)$ 在平面上除去原点的点集上处处连续.

例 11　求极限:

(1) $\lim\limits_{(x,y)\to(1,0)}\dfrac{\ln(x+e^y)}{\sqrt{x^2+y^2}}$;　　(2) $\lim\limits_{(x,y)\to(0,0)}\dfrac{\sqrt{xy+4}-2}{xy}$.

解　(1) 因为 $f(x,y)=\dfrac{\ln(x+e^y)}{\sqrt{x^2+y^2}}$ 是初等函数,且点 $(1,0)$ 是其定义域的内点,故

$$\lim_{(x,y)\to(1,0)}\frac{\ln(x+e^y)}{\sqrt{x^2+y^2}}=f(1,0)=\frac{\ln(1+e^0)}{\sqrt{1^2+0^2}}=\ln 2.$$

(2)

$$\lim_{(x,y)\to(0,0)}\frac{\sqrt{xy+4}-2}{xy}=\lim_{(x,y)\to(0,0)}\frac{xy}{xy(\sqrt{xy+4}+2)}$$

$$=\lim_{(x,y)\to(0,0)}\frac{1}{\sqrt{xy+4}+2}=\frac{1}{4}.$$

与闭区间上的一元函数的性质类似,在有界闭区域上连续的多元函数有如下重要性质:

定理 1(最大值和最小值定理)　设多元函数 f 在有界闭区域 D 上连续,则 f 一定在 D 上取得最大值和最小值.

定理 2(介值定理)　设多元函数 f 在有界闭区域 D 上连续,如果 f 在 D 上取得两个不同的函数值,则它一定能在 D 上取得介于这两个值之间的任何值.特别地,如果 C 是函数 f 在 D 上的最小值 m 与最大值 M 之间的某个数,则在 D 上至少有一点 P,使得 $f(P)=C$.

习题 8.1

A

1. 求下列函数的定义域,并画出定义域的图形:

(1) $z=\sqrt{x}\ln(x+y)$;　　(2) $z=\dfrac{\sqrt{4x-y^2}}{\ln(8-2x^2-2y^2)}$;

(3) $z=\sqrt{1-\ln(xy)}$;　　(4) $z=\dfrac{x^2+y^2}{x^2-y^2}$;

(5) $z=\sqrt{x^2+y^2-1}+\ln(4-x^2-y^2)$;　　(6) $u=\ln(16-4x^2-4y^2-z^2)$.

2. 设 $f(x,y)=\ln(xy+y-1)$,求:

(1) $f(1,1)$;　　(2) $f(e,1)$;

(3) $f(x,1)$;　　(4) $f(x+h,y)$.

3. 求下列极限:

(1) $\lim\limits_{\substack{x\to-3\\y\to4}}(x^3+3x^2y^2-5y^3+1)$;　　(2) $\lim\limits_{\substack{x\to-2\\y\to1}}\dfrac{x^2+xy+y^2}{x^2-y^2}$;

(3) $\lim\limits_{(x,y)\to(0,3)}\dfrac{\sin xy}{x}$；

(4) $\lim\limits_{(x,y)\to(0,0)}\dfrac{x^2+y^2}{\sqrt{x^2+y^2+1}-1}$；

(5) $\lim\limits_{(x,y)\to(0,0)}\dfrac{\sqrt{x^2y^2+1}-1}{x^2+y^2}$；

(6) $\lim\limits_{(x,y)\to(0,0)}(x^2+y^2)^{x^2y^2}$；

(7) $\lim\limits_{(x,y)\to(0,0)}\dfrac{1-\cos(x^2+y^2)}{(x^2+y^2)e^{x^2y^2}}$；

(8) $\lim\limits_{(x,y)\to(0,0)}\dfrac{2-\sqrt{xy+4}}{xy}$.

B

1. 证明下列极限不存在：

(1) $\lim\limits_{(x,y)\to(0,0)}\dfrac{x+y}{x-y}$；

(2) $\lim\limits_{\substack{x\to0\\y\to0}}\dfrac{x^2y^2}{x^2y^2+(x-y)^2}$.

2. 求下列极限：

(1) $\lim\limits_{\substack{x\to\infty\\y\to\infty}}\dfrac{x+y}{x^2+y^2}$；

(2) $\lim\limits_{\substack{x\to\infty\\y\to\infty}}\dfrac{x+y}{x^2-xy+y^2}$；

(3) $\lim\limits_{\substack{x\to0\\y\to0}}\dfrac{x^3+xy^2}{x^2-xy+y^2}$；

(4) $\lim\limits_{\substack{x\to0\\y\to0}}\dfrac{xy}{\sqrt{x^2+y^2}}$.

3. 函数 $z=\dfrac{y^2+2x}{y^2-2x}$在何处是间断的？

4. 求函数 $z=\dfrac{x+y}{x^3+y^3}$的间断点.

8.2 偏导数

8.2 预习检测

在研究一元函数时，我们从函数的变化率引入了导数的概念.对于多元函数同样需要讨论它的变化率.例如，在热力学中，对二元函数 $P=R\dfrac{T}{V}$，如果在等温(T=常数)条件下压缩气体，就需要考察压强关于体积的变化率；在等容过程(V=常数)中，要研究压强关于温度的变化率.具体地说，在等温条件下，函数 P 关于体积 V 的平均变化率为

$$\frac{\Delta P}{\Delta V}=R\frac{\dfrac{T}{V+\Delta V}-\dfrac{T}{V}}{\Delta V}=R\frac{-T\Delta V}{(V+\Delta V)V\Delta V}=-R\frac{T}{V(V+\Delta V)}.$$

当 $\Delta V\to0$ 时，平均变化率的极限值$-\dfrac{RT}{V^2}$就是压强 P 关于体积 V 的变化率.

在等容过程中，函数 P 关于温度 T 的平均变化率为

$$\frac{\Delta P}{\Delta T}=R\frac{\dfrac{T+\Delta T}{V}-\dfrac{T}{V}}{\Delta T}=\frac{R}{V}.$$

当 $\Delta T \to 0$ 时,平均变化率的极限值$\dfrac{R}{V}$就是压强 P 关于温度 T 的变化率.

从多元函数关于某个自变量的变化率可抽象出偏导数的概念.

8.2.1 偏导数的定义

微课
偏导数的定义

定义 设函数 $z=f(x,y)$ 在 $P_0(x_0,y_0)$ 的某邻域内有定义,固定 $y=y_0$,在 x_0 处给 x 一个改变量 Δx,则函数相应地有改变量

$$\Delta z=f(x_0+\Delta x,y_0)-f(x_0,y_0).$$

若

$$\lim_{\Delta x\to 0}\frac{\Delta z}{\Delta x}=\lim_{\Delta x\to 0}\frac{f(x_0+\Delta x,y_0)-f(x_0,y_0)}{\Delta x}$$

存在,则称此极限值为函数 $z=f(x,y)$ 在 $P_0(x_0,y_0)$ 处对 x 的偏导数,记作

$$\left.\frac{\partial z}{\partial x}\right|_{(x_0,y_0)},\left.\frac{\partial f}{\partial x}\right|_{(x_0,y_0)},z_x(x_0,y_0)\text{或}f_x(x_0,y_0).$$

例如,可以写

$$\left.\frac{\partial z}{\partial x}\right|_{(x_0,y_0)}=\lim_{\Delta x\to 0}\frac{f(x_0+\Delta x,y_0)-f(x_0,y_0)}{\Delta x}.$$

同样,可以定义函数 $z=f(x,y)$ 在 $P_0(x_0,y_0)$ 处对 y 的偏导数,记作

$$\left.\frac{\partial z}{\partial y}\right|_{(x_0,y_0)},\left.\frac{\partial f}{\partial y}\right|_{(x_0,y_0)},z_y(x_0,y_0)\text{或}f_y(x_0,y_0).$$

若函数 $z=f(x,y)$ 在某区域 D 内每一点处都有偏导数,则偏导数 $f_x(x,y)$,$f_y(x,y)$ 也是二元函数,叫做函数 $z=f(x,y)$ 的偏导函数,简称偏导数,记作

$$\frac{\partial z}{\partial x},\frac{\partial f}{\partial x},z_x(x,y),f_x(x,y);\frac{\partial z}{\partial y},\frac{\partial f}{\partial y},z_y(x,y),f_y(x,y).$$

即

$$\frac{\partial z}{\partial x}=\lim_{\Delta x\to 0}\frac{f(x+\Delta x,y)-f(x,y)}{\Delta x},\quad \frac{\partial z}{\partial y}=\lim_{\Delta y\to 0}\frac{f(x,y+\Delta y)-f(x,y)}{\Delta y}.$$

根据偏导数定义,求 $f(x,y)$ 的偏导数,并不需要新的方法,因为这里只有一个自变量在变动,另一个自变量是固定的,按一元函数求导数的方法便可求出,例如求$\dfrac{\partial z}{\partial x}$时,把 y 看作常数而对 x 求导.

例 1 设 $f(x,y)=2x^2+y+3xy^2-x^3y^4$,计算$\dfrac{\partial f}{\partial x},\dfrac{\partial f}{\partial y}$,$f_x(1,1)$,$f_y(x,1)$.

解 为了计算$\dfrac{\partial f}{\partial x}$,把 y 看作常数而对 x 求导,得

$$\frac{\partial f}{\partial x}=4x+3y^2-3x^2y^4.$$

用同样的方法得

$$\frac{\partial f}{\partial y}=1+6xy-4x^3y^3.$$

因此,

$$f_x(1,1)=(4x+3y^2-3x^2y^4)\big|_{(1,1)}=4.$$

$$f_y(x,1)=(1+6xy-4x^3y^3)\big|_{(x,1)}=1+6x-4x^3.$$

例 2 设 $u=\ln(x+y^2+z^3)$,求 u_x,u_y,u_z.

解 同二元函数的情形一样,三元函数的偏导数,也是关于一个自变量的变化率,因此

$$u_x=\frac{1}{x+y^2+z^3},u_y=\frac{2y}{x+y^2+z^3},u_z=\frac{3z^2}{x+y^2+z^3}.$$

在空间直角坐标系中,二元函数 $z=f(x,y)$ 的图形是一张曲面.设 $M(x_0,y_0)$ 是曲面上一点,过 M 作平面 $y=y_0$,截此曲面得一条曲线,其方程为

$$\begin{cases}z=f(x,y),\\ y=y_0,\end{cases}$$

则函数 $f(x,y)$ 在 (x_0,y_0) 关于 x 的偏导数 $f_x(x_0,y_0)$ 是平面 $y=y_0$ 上曲线 $z=f(x,y_0)$ 在点 M 的切线 MT 对 x 轴的斜率(即切线 MT 与 x 轴正向所成倾角的正切),同样,偏导数 $f_y(x_0,y_0)$ 是平面 $x=x_0$ 上曲线 $z=f(x_0,y)$ 在点 M 的切线对 y 轴的斜率(图 8-10),即

$$f_x(x_0,y_0)=\tan\alpha,\quad f_y(x_0,y_0)=\tan\beta.$$

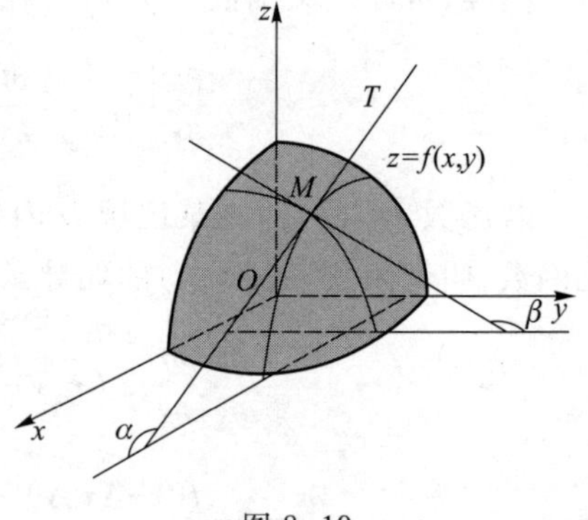

图 8-10

一元函数 $y=f(x)$ 在 x_0 处可导,则必在该点处连续,二元函数在一点 (x_0,y_0) 处的两个偏导数都存在,函数是否一定在该点处连续呢? 答案是否定的,请看下例.

例 3 函数 $f(x,y)=\begin{cases}\dfrac{xy}{x^2+y^2}, & x^2+y^2\neq 0,\\ 0, & x^2+y^2=0.\end{cases}$

解 由定义

$$f_x(0,0)=\lim_{\Delta x\to 0}\frac{f(\Delta x,0)-f(0,0)}{\Delta x}=0,$$

$$f_y(0,0)=\lim_{\Delta y\to 0}\frac{f(0,\Delta y)-f(0,0)}{\Delta y}=0.$$

因此,$f(x,y)$在点$(0,0)$的两个偏导数都存在,但在前一节中,我们已经知道$f(x,y)$在点$(0,0)$处并不连续.

原因何在呢?前面已经指出过,函数在一点是否连续,要考虑该点的某一个邻域内的所有使函数有定义的点处的函数值,而偏导数存在与否,只需考虑其中两条特殊直线上的点的函数值.从一元函数导数到二元函数导数概念和性质的变化,在以上例子中已充分显露出来.从二元函数到更多元函数基本上是平行推广.读者在学习中应注意区分从一元到多元哪些概念和性质是可以直接推广的,哪些概念和性质是不同的.

8.2.2 高阶偏导数

函数$z=f(x,y)$有两个偏导数$\frac{\partial z}{\partial x},\frac{\partial z}{\partial y}$,把$\frac{\partial z}{\partial x},\frac{\partial z}{\partial y}$对$x,y$再求偏导数(假设其偏导数存在),所得结果叫做函数$z$的二阶偏导数,而$\frac{\partial z}{\partial x},\frac{\partial z}{\partial y}$叫做函数$z$的一阶偏导数,$z=f(x,y)$的二阶偏导数有四个,记作

$$\frac{\partial}{\partial x}\left(\frac{\partial z}{\partial x}\right)=\frac{\partial^2 z}{\partial x^2}=f_{xx}(x,y),\quad \frac{\partial}{\partial y}\left(\frac{\partial z}{\partial x}\right)=\frac{\partial^2 z}{\partial x\partial y}=f_{xy}(x,y),$$

$$\frac{\partial}{\partial x}\left(\frac{\partial z}{\partial y}\right)=\frac{\partial^2 z}{\partial y\partial x}=f_{yx}(x,y),\quad \frac{\partial}{\partial y}\left(\frac{\partial z}{\partial y}\right)=\frac{\partial^2 z}{\partial y^2}=f_{yy}(x,y).$$

称$\frac{\partial^2 z}{\partial x^2}$为$z$对$x$的二阶纯偏导数,$\frac{\partial^2 z}{\partial y^2}$为$z$对$y$的二阶纯偏导数,称$\frac{\partial^2 z}{\partial x\partial y}$为$z$先对$x$后对$y$的二阶混合偏导数,称$\frac{\partial^2 z}{\partial y\partial x}$为$z$先对$y$后对$x$的二阶混合偏导数.同样可以定义三阶、四阶……$n$阶偏导数,二阶及二阶以上的偏导数统称为高阶偏导数.

例 4 求$z=x^y(x>0,x\neq 1)$的二阶偏导数.

解 一阶偏导数

$$\frac{\partial z}{\partial x}=yx^{y-1},\quad \frac{\partial z}{\partial y}=x^y\ln x.$$

二阶偏导数

$$\frac{\partial^2 z}{\partial x^2}=\frac{\partial}{\partial x}\left(\frac{\partial z}{\partial x}\right)=\frac{\partial}{\partial x}(yx^{y-1})=y(y-1)x^{y-2},$$

$$\frac{\partial^2 z}{\partial x\partial y}=\frac{\partial}{\partial y}\left(\frac{\partial z}{\partial x}\right)=\frac{\partial}{\partial y}(yx^{y-1})=x^{y-1}+yx^{y-1}\ln x,$$

$$\frac{\partial^2 z}{\partial y^2}=\frac{\partial}{\partial y}\left(\frac{\partial z}{\partial y}\right)=\frac{\partial}{\partial y}(x^y\ln x)=x^y(\ln x)^2,$$

$$\frac{\partial^2 z}{\partial y\partial x}=\frac{\partial}{\partial x}\left(\frac{\partial z}{\partial y}\right)=\frac{\partial}{\partial x}(x^y\ln x)=yx^{y-1}\ln x+x^{y-1}.$$

例 5 设$z=x^4y^2-xy^3+3$,求z的二阶偏导数.

解
$$\frac{\partial z}{\partial x}=4x^3y^2-y^3,\quad \frac{\partial z}{\partial y}=2x^4y-3xy^2.$$
$$\frac{\partial^2 z}{\partial x^2}=12x^2y^2,\quad \frac{\partial^2 z}{\partial x\partial y}=8x^3y-3y^2,$$
$$\frac{\partial^2 z}{\partial y\partial x}=8x^3y-3y^2,\quad \frac{\partial^2 z}{\partial y^2}=2x^4-6xy.$$

在例 4、例 5 中$\frac{\partial^2 z}{\partial x\partial y}=\frac{\partial^2 z}{\partial y\partial x}$,即求二阶偏导数$\frac{\partial^2 z}{\partial x\partial y}$,$\frac{\partial^2 z}{\partial y\partial x}$时,先对 x 后对 y 求偏导数与先对 y 后对 x 求偏导数所得结果是一样的,与求偏导数的次序无关,这个结果绝不是偶然的,事实上,我们有下列定理.

定理 如果函数的两个二阶混合偏导数$\frac{\partial^2 z}{\partial x\partial y}$,$\frac{\partial^2 z}{\partial y\partial x}$在点$(x_0,y_0)$处连续,那么在该点处,这两个二阶混合偏导数$\frac{\partial^2 z}{\partial x\partial y}$与$\frac{\partial^2 z}{\partial y\partial x}$必相等,即$\frac{\partial^2 z}{\partial x\partial y}=\frac{\partial^2 z}{\partial y\partial x}$.

对其他的高阶混合偏导数及更多变量的多元函数,类似的结论也成立.比如,如果三元函数$f(x,y,z)$的三阶偏导数$f_{xyz}(x,y,z)$,$f_{yxz}(x,y,z)$,$f_{zxy}(x,y,z)$,…在一点都连续,则这些混合偏导数都相等.此时,求偏导数所得结果只与对变量求导数的次数有关,而与次序无关.

例 6 证明函数 $u=\frac{1}{r}=\frac{1}{\sqrt{x^2+y^2+z^2}}$满足方程
$$\frac{\partial^2 u}{\partial x^2}+\frac{\partial^2 u}{\partial y^2}+\frac{\partial^2 u}{\partial z^2}=0.$$

证
$$\frac{\partial u}{\partial x}=-\frac{1}{r^2}\frac{\partial r}{\partial x}=-\frac{1}{r^2}\frac{x}{r}=-\frac{x}{r^3},\quad \frac{\partial^2 u}{\partial x^2}=-\frac{1}{r^3}+\frac{3x}{r^4}\frac{\partial r}{\partial x}=-\frac{1}{r^3}+\frac{3x^2}{r^5}.$$

由于函数对于自变量的对称性,所以
$$\frac{\partial u}{\partial y}=-\frac{1}{r^2}\frac{\partial r}{\partial y}=-\frac{1}{r^2}\frac{y}{r}=-\frac{y}{r^3},\quad \frac{\partial^2 u}{\partial y^2}=-\frac{1}{r^3}+\frac{3y}{r^4}\frac{\partial r}{\partial y}=-\frac{1}{r^3}+\frac{3y^2}{r^5};$$
$$\frac{\partial u}{\partial z}=-\frac{1}{r^2}\frac{\partial r}{\partial z}=-\frac{1}{r^2}\frac{z}{r}=-\frac{z}{r^3},\quad \frac{\partial^2 u}{\partial z^2}=-\frac{1}{r^3}+\frac{3z}{r^4}\frac{\partial r}{\partial z}=-\frac{1}{r^3}+\frac{3z^2}{r^5}.$$

因此
$$\frac{\partial^2 u}{\partial x^2}+\frac{\partial^2 u}{\partial y^2}+\frac{\partial^2 u}{\partial z^2}=-\frac{3}{r^3}+\frac{3(x^2+y^2+z^2)}{r^5}=-\frac{3}{r^3}+\frac{3r^2}{r^5}=0.$$

例 6 中的方程称为拉普拉斯(Laplace)方程,它是数学物理方程中的一种很重要的偏微分方程.

习题 8.2

A

1. 设$f(x,y)=x+y-\sqrt{x^2+y^2}$,求$f_x(3,4)$.

2. 设 $z=\ln\left(x+\frac{y}{2x}\right)$，求 $\left.\frac{\partial z}{\partial y}\right|_{(1,0)}$.

3. 求下列函数的偏导数：

(1) $z=x^3y-y^3x$； (2) $z=\sqrt{\ln(xy)}$；

(3) $z=\arctan(xy^2)$； (4) $z=\ln\sqrt{x^2+y^2}$；

(5) $u=x^{\frac{y}{z}}$； (6) $u=\arctan(x-y)^z$.

4. 曲线 $\begin{cases}z=\frac{x^2+y^2}{4},\\ y=4\end{cases}$ 在点(2,4,5)处的切线对应于 xOy 平面内的投影直线沿 x 轴的正向所成的倾斜角是多少？

5. 曲线 $\begin{cases}z=\sqrt{1+x^2+y^2},\\ x=1\end{cases}$ 在点 $(1,1,\sqrt{3})$ 处的切线对应于 xOy 平面内的投影直线沿 y 轴的正向所成的倾斜角是多少？

6. 求下列函数的 $\frac{\partial^2 z}{\partial x^2}$，$\frac{\partial^2 z}{\partial y^2}$ 和 $\frac{\partial^2 z}{\partial x\partial y}$：

(1) $z=2x^3+3y^4-4xy^2$； (2) $z=\arctan\frac{y}{x}$； (3) $z=y^x$.

7. 设函数 $z=xy\sin\frac{y^2}{x^2}$，求 $x\frac{\partial z}{\partial x}+y\frac{\partial z}{\partial y}$.

8. 设函数 $z=\mathrm{e}^{-\left(\frac{1}{x}+\frac{1}{y}\right)}$，求 $x^2\frac{\partial z}{\partial x}+y^2\frac{\partial z}{\partial y}$.

B

1. 设 $f(x,y,z)=xy^2+yz^2+zx^2$，求 $f_{xx}(0,0,1)$，$f_{xz}(1,0,2)$，$f_{yz}(0,-1,0)$ 及 $f_{zzx}(2,0,1)$.

2. 设 $z=x\ln(xy)$，求 $\frac{\partial^3 z}{\partial x^2\partial y}$ 及 $\frac{\partial^3 z}{\partial x\partial y^2}$.

3. 设 $u=z\arctan\frac{x}{y}$，试证明 $\frac{\partial^2 u}{\partial x^2}+\frac{\partial^2 u}{\partial y^2}+\frac{\partial^2 u}{\partial z^2}=0$.

4. 设 $f(x,y)=16-4x^2-y^2$，求 $f_x(1,2)$ 和 $f_y(1,2)$，并用草图说明它们的几何意义.

5. 验证：

(1) $u=\mathrm{e}^{-a^2k^2t}\sin kx$ 满足热传导方程 $\frac{\partial u}{\partial t}=a^2\frac{\partial^2 u}{\partial x^2}$；

(2) $u=\ln\sqrt{x^2+y^2}$ 满足拉普拉斯方程 $\frac{\partial^2 u}{\partial x^2}+\frac{\partial^2 u}{\partial y^2}=0$.

8.3 全 微 分

8.3 预习检测

8.3.1 全微分的定义

在研究一元函数时，我们已知道若函数 $y=f(x)$ 在点 x_0 的改变量 $\Delta y=f(x_0+\Delta x)-f(x_0)$ 可以分成两项

$$\Delta y=A\Delta x+o(\Delta x),$$

则称函数 f 在点 x_0 可微,其中第一项为 Δy 的线性主部,即函数的微分 $\mathrm{d}y\big|_{x=x_0}=f'(x_0)\mathrm{d}x$,第二项是 Δx 的高阶无穷小,利用微分近似代替函数的改变量,在近似计算和理论研究中有重要意义.

对二元函数 $z=f(x,y)$ 研究类似问题,当自变量 x 在点 x_0 有改变量 Δx,自变量 y 在点 y_0 有改变量 Δy 时,因变量 z 的改变量

$$\Delta z=f(x_0+\Delta x,y_0+\Delta y)-f(x_0,y_0), \tag{8-1}$$

称为函数 f 在点 $P_0(x_0,y_0)$ 处的**全改变量**.先观察一个实际例子.

例 1　设矩形的边长为 x,y,它的面积 $S=xy$ 就是关于 x,y 的二元函数,如图 8-11 所示,矩形的面积 $S(x,y)$ 在点 (x_0,y_0) 的全改变量是

$$\Delta S=(x_0+\Delta x)(y_0+\Delta y)-x_0y_0=y_0\Delta x+x_0\Delta y+\Delta x\Delta y.$$

可以看出,ΔS 分为两项:一项是 $y_0\Delta x+x_0\Delta y$,这是关于 $\Delta x,\Delta y$ 的线性函数;另一项 $\Delta x\Delta y$ 是一个关于 $\rho=\sqrt{(\Delta x)^2+(\Delta y)^2}$ 的高阶无穷小,即

$$\left|\frac{\Delta x\Delta y}{\sqrt{(\Delta x)^2+(\Delta y)^2}}\right|=|\Delta x|\cdot\frac{|\Delta y|}{\sqrt{(\Delta x)^2+(\Delta y)^2}}\leqslant|\Delta x|\to 0\quad(\rho\to 0).$$

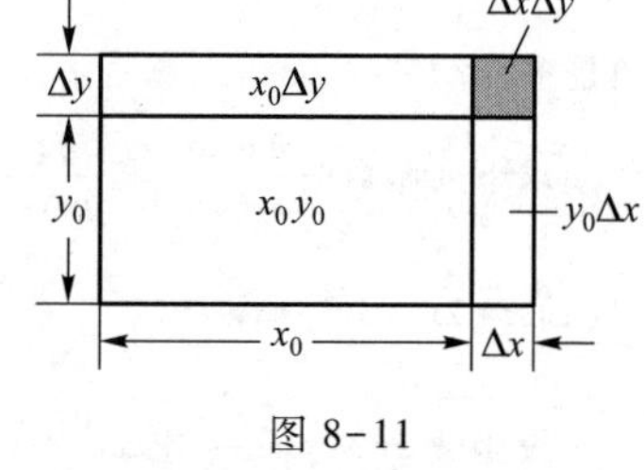

图 8-11

一般说来,计算函数 $z=f(x,y)$ 的全改变量 Δz 比较复杂,与一元函数的情况一样,我们希望用自变量的改变量 $\Delta x,\Delta y$ 的线性函数来近似代替函数的全改变量 Δz.

微课
全微分的定义

定义　设函数 $z=f(x,y)$ 在点 $P_0(x_0,y_0)$ 的某邻域内有定义,若当自变量 x,y 在点 $P_0(x_0,y_0)$ 分别取改变量 $\Delta x,\Delta y$ 时,函数的全改变量 $\Delta z=f(x_0+\Delta x,y_0+\Delta y)-f(x_0,y_0)$ 可表示为

$$\Delta z=A\Delta x+B\Delta y+o(\rho), \tag{8-2}$$

其中 A,B 是与 $\Delta x,\Delta y$ 无关的常数,$\rho=\sqrt{(\Delta x)^2+(\Delta y)^2}$,则称函数 f 在点 $P_0(x_0,y_0)$ 可微分(或可微),并称线性部分 $A\Delta x+B\Delta y$ 为函数 f 在点 $P_0(x_0,y_0)$ 的**全微分**,记为

$$\mathrm{d}z\big|_{(x_0,y_0)}=A\Delta x+B\Delta y.$$

在例 1 中,矩形的面积函数 $S(x,y)=xy$ 在点 (x_0,y_0) 是可微分的,它的全微分可记成

$$\mathrm{d}S\big|_{(x_0,y_0)}=y_0\Delta x+x_0\Delta y.$$

8.3.2　全微分存在的必要条件和充分条件

在前述 8.2.1 小节中曾经指出,多元函数在某点的各个偏导数即使都存在,也不能保证函数在该点处连续.根据全微分的定义,如果函数在某点可微分,则有下述定理.

定理 1　如果函数 $z=f(x,y)$ 在点 (x_0,y_0) 可微分,则它在点 (x_0,y_0) 连续.

证　因函数 f 在点 (x_0,y_0) 可微分,由定义

$$\Delta z=f(x_0+\Delta x,y_0+\Delta y)-f(x_0,y_0)$$

$$= A\Delta x+B\Delta y+o(\rho)\quad (\rho=\sqrt{(\Delta x)^2+(\Delta y)^2}).$$

当 $\Delta x\to 0,\Delta y\to 0$ 时，$\rho\to 0$，故

$$\lim_{\substack{\Delta x\to 0\\ \Delta y\to 0}}\Delta z=0,\quad 即\quad \lim_{\substack{\Delta x\to 0\\ \Delta y\to 0}} f(x_0+\Delta x,y_0+\Delta y)=f(x_0,y_0),$$

所以函数 f 在点 (x_0,y_0) 连续.

定理 2 若函数 $z=f(x,y)$ 在点 (x_0,y_0) 可微分，则函数 f 在点 (x_0,y_0) 的两个偏导数都存在，且

$$\mathrm{d}z\big|_{(x_0,y_0)}=f_x(x_0,y_0)\Delta x+f_y(x_0,y_0)\Delta y. \tag{8-3}$$

证 因函数 f 在点 (x_0,y_0) 可微分，由定义有

$$\begin{aligned}\Delta z&=f(x_0+\Delta x,y_0+\Delta y)-f(x_0,y_0)\\&=A\Delta x+B\Delta y+o(\rho)\quad(\rho=\sqrt{(\Delta x)^2+(\Delta y)^2}),\end{aligned}$$

取 $\Delta y=0$，上式为关于 x 的改变量（也称为关于 x 的偏改变量）

$$\Delta_x z=A\Delta x+o(|\Delta x|),$$

两边同除以 Δx，再令 $\Delta x\to 0$ 取极限

$$\lim_{\Delta x\to 0}\frac{\Delta_x z}{\Delta x}=A\quad 或\quad \lim_{\Delta x\to 0}\frac{f(x_0+\Delta x,y_0)-f(x_0,y_0)}{\Delta x}=A,$$

从而偏导数 $f_x(x_0,y_0)$ 存在，并且等于 A.

同理可证 $f_y(x_0,y_0)=B$，所以式(8-3)成立.

对于一元函数，在 2.5 节中已经知道，函数在某点可微分的充要条件是函数在该点的导数存在.但对于二元函数来说，在某点的两个偏导数都存在，这个函数在该点未必可微分.

例 2 证明 $f(x,y)=\begin{cases}\dfrac{xy}{\sqrt{x^2+y^2}}, & x^2+y^2\neq 0,\\ 0, & x^2+y^2=0\end{cases}$ 在点(0,0)处两个偏导数都存在，但不可微.

微课
8.3 节例 2

证 根据偏导数定义

$$f_x(0,0)=\lim_{\Delta x\to 0}\frac{f(0+\Delta x,0)-f(0,0)}{\Delta x}=\lim_{\Delta x\to 0}\frac{0-0}{\Delta x}=0,$$

$$f_y(0,0)=\lim_{\Delta y\to 0}\frac{f(0,0+\Delta y)-f(0,0)}{\Delta y}=\lim_{\Delta y\to 0}\frac{0-0}{\Delta y}=0,$$

所以函数 f 在点(0,0)的两个偏导数都存在，且有

$$f_x(0,0)=f_y(0,0)=0.$$

另外，

$$\Delta z=f(0+\Delta x,0+\Delta y)-f(0,0)=\frac{\Delta x\Delta y}{\sqrt{(\Delta x)^2+(\Delta y)^2}},$$

因为当 $\rho=\sqrt{(\Delta x)^2+(\Delta y)^2}\to 0$ 时，

$$\frac{\Delta z-[f_x(0,0)\Delta x+f_y(0,0)\Delta y]}{\rho}=\frac{\dfrac{\Delta x\Delta y}{\sqrt{(\Delta x)^2+(\Delta y)^2}}-0}{\sqrt{(\Delta x)^2+(\Delta y)^2}}=\frac{\Delta x\Delta y}{(\Delta x)^2+(\Delta y)^2}$$

的极限不存在(见 8.1 节例 10),这表明函数 f 在点 $(0,0)$ 处不可微.

根据定理 2 和例 2,可知二元函数的偏导数存在是可微分的必要条件而不是充分条件.但在偏导数连续时,有

定理 3 若函数 $z=f(x,y)$ 的两个偏导数 $f_x(x,y)$,$f_y(x,y)$ 在点 (x_0,y_0) 处都连续,则函数 f 在点 (x_0,y_0) 可微分.

证 设点 $(x_0+\Delta x,y_0+\Delta y)$ 是点 $P_0(x_0,y_0)$ 的邻域 $U(P_0)$ 内任意一点.有

$$\begin{aligned}\Delta z &= f(x_0+\Delta x,y_0+\Delta y)-f(x_0,y_0)\\ &= [f(x_0+\Delta x,y_0+\Delta y)-f(x_0,y_0+\Delta y)]+[f(x_0,y_0+\Delta y)-f(x_0,y_0)]\\ &= f_x(x_0+\theta_1\Delta x,y_0+\Delta y)\Delta x+f_y(x_0,y_0+\theta_2\Delta y)\Delta y,0<\theta_1<1,0<\theta_2<1.\end{aligned}$$

由 $f_x(x,y)$,$f_y(x,y)$ 在点 (x_0,y_0) 处连续,有

$$\lim_{\substack{\Delta x\to 0\\ \Delta y\to 0}} f_x(x_0+\theta_1\Delta x,y_0+\Delta y)=f_x(x_0,y_0),$$

$$\lim_{\substack{\Delta x\to 0\\ \Delta y\to 0}} f_y(x_0,y_0+\theta_2\Delta y)=f_y(x_0,y_0).$$

再根据极限与无穷小之间的关系,有

$$f_x(x_0+\theta_1\Delta x,y_0+\Delta y)=f_x(x_0,y_0)+\alpha_1,$$

$$f_y(x_0,y_0+\theta_2\Delta y)=f_y(x_0,y_0)+\alpha_2,$$

其中当 $\Delta x\to 0,\Delta y\to 0$ 时,$\alpha_1\to 0,\alpha_2\to 0$,把这两个式子代入 Δz 中,可得

$$\Delta z=f_x(x_0,y_0)\Delta x+f_y(x_0,y_0)\Delta y+\alpha_1\Delta x+\alpha_2\Delta y.$$

下面证 $\lim\limits_{\substack{\Delta x\to 0\\ \Delta y\to 0}}\dfrac{\alpha_1\Delta x+\alpha_2\Delta y}{\rho}=0$.因为

$$\left|\frac{\alpha_1\Delta x+\alpha_2\Delta y}{\rho}\right|\leqslant|\alpha_1|\left|\frac{\Delta x}{\rho}\right|+|\alpha_2|\left|\frac{\Delta y}{\rho}\right|\leqslant|\alpha_1|+|\alpha_2|\to 0(\text{当 }\Delta x\to 0,\Delta y\to 0\text{ 时}),$$

所以 $\alpha_1\Delta x+\alpha_2\Delta y=o(\rho)$,这就说明了函数 $z=f(x,y)$ 在点 (x_0,y_0) 可微分.

注 定理 3 指出的两个偏导数 $f_x(x,y)$,$f_y(x,y)$ 在点 (x_0,y_0) 连续仅是函数 f 在点 (x_0,y_0) 可微的充分条件,并非必要条件(有关例子参见习题 8.3B 第 2 题).

习惯上,将自变量的改变量 $\Delta x,\Delta y$ 分别记为 $\mathrm{d}x,\mathrm{d}y$,并且分别称为自变量 x,y 的微分.这样,根据定理 2,函数 $z=f(x,y)$ 在点 (x_0,y_0) 的全微分可记为

$$\mathrm{d}z\big|_{(x_0,y_0)}=f_x(x_0,y_0)\mathrm{d}x+f_y(x_0,y_0)\mathrm{d}y.$$

若二元函数 $z=f(x,y)$ 在区域 D 内的每一点 (x,y) 都可微,则称函数 f 在区域 D 内可微.函数 f 在区域 D 内的全微分记为

$$\mathrm{d}z=\frac{\partial z}{\partial x}\mathrm{d}x+\frac{\partial z}{\partial y}\mathrm{d}y \quad \text{或} \quad \mathrm{d}z=f_x(x,y)\mathrm{d}x+f_y(x,y)\mathrm{d}y.$$

显然函数 f 在区域 D 内的全微分 $\mathrm{d}z$ 是 D 内的点 (x,y) 的二元函数.

以上关于二元函数全微分的定义及可微的必要条件和充分条件,可以完全类似推广到

三元和三元以上的多元函数.

如果三元函数 $u=f(x,y,z)$ 在区域 Ω 内可微分,那么它在区域 Ω 内的全微分为

$$\mathrm{d}u=\frac{\partial u}{\partial x}\mathrm{d}x+\frac{\partial u}{\partial y}\mathrm{d}y+\frac{\partial u}{\partial z}\mathrm{d}z,$$

其中 $\mathrm{d}x,\mathrm{d}y,\mathrm{d}z$ 是自变量 x,y,z 的微分.

例 3 求函数 $z=x^y$ 在点(1,1)处的全微分.

解 $\frac{\partial z}{\partial x}=yx^{y-1},\frac{\partial z}{\partial y}=x^y\ln x,\left.\frac{\partial z}{\partial x}\right|_{(1,1)}=1,\left.\frac{\partial z}{\partial y}\right|_{(1,1)}=0$,所以 $\mathrm{d}z\big|_{(1,1)}=\mathrm{d}x$.

例 4 求函数 $u=x^2+\sin\frac{y}{2}+\mathrm{e}^{yz}$ 的全微分.

解 $\frac{\partial u}{\partial x}=2x,\frac{\partial u}{\partial y}=\frac{1}{2}\cos\frac{y}{2}+z\mathrm{e}^{yz},\frac{\partial u}{\partial z}=y\mathrm{e}^{yz}$,所以

$$\mathrm{d}u=2x\mathrm{d}x+\left(\frac{1}{2}\cos\frac{y}{2}+z\mathrm{e}^{yz}\right)\mathrm{d}y+y\mathrm{e}^{yz}\mathrm{d}z.$$

*8.3.3 全微分在近似计算中的应用

根据全微分的定义,如果函数 $z=f(x,y)$ 在点 (x_0,y_0) 可微,则函数的全改变量可以表示为

$$\begin{aligned}\Delta z&=f(x_0+\Delta x,y_0+\Delta y)-f(x_0,y_0)\\&\approx\mathrm{d}z\big|_{(x_0,y_0)}=f_x(x_0,y_0)\Delta x+f_y(x_0,y_0)\Delta y,\end{aligned}$$

或者

$$f(x_0+\Delta x,y_0+\Delta y)\approx f(x_0,y_0)+f_x(x_0,y_0)\Delta x+f_y(x_0,y_0)\Delta y, \tag{8-4}$$

取 $x=x_0+\Delta x,y=y_0+\Delta y$,即 $\Delta x=x-x_0,\Delta y=y-y_0$,有

$$f(x,y)\approx f(x_0,y_0)+f_x(x_0,y_0)(x-x_0)+f_y(x_0,y_0)(y-y_0). \tag{8-5}$$

当 $|x-x_0|,|y-y_0|$ 比较小时,公式(8-5)就是函数值 $f(x,y)$ 的近似计算公式.而称线性函数

$$L(x,y)=f(x_0,y_0)+f_x(x_0,y_0)(x-x_0)+f_y(x_0,y_0)(y-y_0)$$

为 f **在点** (x_0,y_0) **处的线性近似**.

例 5 求二元函数 $f(x,y)=\arctan\frac{x+y}{1+xy}$ 在点(0,0)处的线性近似.

解

$$f_x(x,y)=\frac{1-y^2}{(1+xy)^2+(x+y)^2},\quad f_x(0,0)=1,$$

$$f_y(x,y)=\frac{1-x^2}{(1+xy)^2+(x+y)^2},\quad f_y(0,0)=1,$$

因而函数 $f(x,y)$ 在点(0,0)处的线性近似为

$$L(x,y)=x+y,$$

当 $|x-0|$，$|y-0|$ 比较小时，可以近似代替 $\arctan\dfrac{x+y}{1+xy}$.

例 6 求$(1.04)^{2.02}$的近似值.

解 考虑函数 $z=f(x,y)=x^y$，因为 $f(1,2)=1$，要计算函数值 $f(1.04,2.02)$，可利用式(8-4)，取点$(x_0,y_0)=(1,2)$，$\Delta x=0.04$，$\Delta y=0.02$. 由于

$$f_x(x,y)=yx^{y-1},f_y(x,y)=x^y\ln x;f_x(1,2)=2,f_y(1,2)=0,$$

故

$$\begin{aligned}(1.04)^{2.02}&=f(1.04,2.02)\approx f(1,2)+f_x(1,2)\Delta x+f_y(1,2)\Delta y\\&=1+2\times0.04+0\times0.02=1.08.\end{aligned}$$

对于一般的二元函数 $z=f(x,y)$，如果自变量 x,y 的绝对误差为 $|\Delta x|$，$|\Delta y|$，则由全微分公式

$$\Delta z\approx \mathrm{d}z=\frac{\partial z}{\partial x}\Delta x+\frac{\partial z}{\partial y}\Delta y,$$

因变量 z 的误差近似为

$$|\Delta z|\approx\left|\frac{\partial z}{\partial x}\Delta x+\frac{\partial z}{\partial y}\Delta y\right|\leqslant\left|\frac{\partial z}{\partial x}\right||\Delta x|+\left|\frac{\partial z}{\partial y}\right||\Delta y|.$$

例 7 测得一个圆锥体的底面半径和高分别为 10 cm 和 25 cm，其可能的最大测量误差为0.1 cm，试用全微分估计该圆锥体体积的最大计算误差.

解 由圆锥体体积

$$V=\frac{1}{3}\pi r^2h,$$

其中 r 为底面半径，h 为高.计算体积 V 的全微分得

$$\mathrm{d}V=\frac{\partial V}{\partial r}\mathrm{d}r+\frac{\partial V}{\partial h}\mathrm{d}h=\frac{2\pi rh}{3}\mathrm{d}r+\frac{\pi r^2}{3}\mathrm{d}h.$$

根据最大测量误差为 0.1，有 $|\Delta r|\leqslant0.1$，$|\Delta h|\leqslant0.1$.在点(10,25)处，计算体积可能引起的最大误差为

$$|\Delta V|\leqslant\left|\frac{2\pi\times10\times25}{3}\right|\cdot|0.1|+\left|\frac{\pi\times10^2}{3}\right|\cdot|0.1|=20\pi(\mathrm{cm}^3).$$

#例 8 一个城市的大气污染指数 P 取决于两个因素：空气中固体废物的数量 x 和有害气体的数量 y.在某种情况下，$P=x^2+2xy+4xy^2$.在空气中固体废物量 x 是 10 个单位，有害气体量 y 是 5 个单位时，如果 x 增长 10%或 y 增长 10%，用全微分估算 P 的改变量.

解
$$\frac{\partial P}{\partial x}=2x+2y+4y^2,\quad\frac{\partial P}{\partial y}=2x+8xy,$$

$$\left.\frac{\partial P}{\partial x}\right|_{(10,5)}=20+10+100=130,\quad\left.\frac{\partial P}{\partial y}\right|_{(10,5)}=20+400=420.$$

在点(10,5)处，当 x 增长 10%时，即 x 由 10 变到 11，$\Delta x=1$，$\Delta y=0$，有

$$\Delta P \approx \mathrm{d}P\Big|_{(10,5)} = \frac{\partial P}{\partial x}\Big|_{(10,5)}\Delta x + \frac{\partial P}{\partial y}\Big|_{(10,5)}\Delta y$$

$$= 130\times 1 + 420\times 0 = 130.$$

在点(10,5)处，当 y 增长 10%时，即 y 由 5 变到 5.5，$\Delta x=0,\Delta y=0.5$，有

$$\Delta P \approx \mathrm{d}P\Big|_{(10,5)} = \frac{\partial P}{\partial x}\Big|_{(10,5)}\Delta x + \frac{\partial P}{\partial y}\Big|_{(10,5)}\Delta y$$

$$= 130\times 0 + 420\times 0.5 = 210.$$

因此，大气污染指数 P 对有害气体增长 10%比对固体废物增长 10%更为敏感.

习题 8.3

A

1. 设 $z=5x^2+y^2$，(x,y) 从 $(1,2)$ 变到 $(1.05,2.1)$，试比较全改变量 Δz 和全微分 $\mathrm{d}z$ 的值.

2. 设 $z=x^2-xy+3y^2$，(x,y) 从 $(3,-1)$ 变到 $(2.96,-0.95)$，试比较全改变量 Δz 和全微分 $\mathrm{d}z$ 的值.

3. 求下列函数的全微分：

(1) $z=\mathrm{e}^{\frac{y}{x}}$；　　(2) $z=\dfrac{y}{\sqrt{x^2+y^2}}$；

(3) $u=\mathrm{e}^x\cos xy$；　　(4) $w=x\sin yz$；

(5) $w=\ln\sqrt{x^2+y^2+z^2}$；　　(6) $u=\dfrac{x+y}{y+z}$.

4. 求 $f(x,y)=\sqrt{20-x^2-7y^2}$ 在点 $(1.95,1.08)$ 的近似值.

B

1. 设

$$f(x,y)=\begin{cases}\dfrac{x^2y^2}{(x^2+y^2)^{\frac{3}{2}}}, & x^2+y^2\neq 0.\\ 0, & x^2+y^2=0.\end{cases}$$

证明 f 在点 $(0,0)$ 处连续且偏导数存在，但不可微.

2. 设

$$f(x,y)=\begin{cases}(x^2+y^2)\sin\dfrac{1}{x^2+y^2}, & x^2+y^2\neq 0,\\ 0, & x^2+y^2=0.\end{cases}$$

证明 $f_x(x,y)$，$f_y(x,y)$ 在点 $(0,0)$ 的任何邻域内存在，在点 $(0,0)$ 处不连续，但 f 在点 $(0,0)$ 处可微.

3. 研究函数 $f(x,y)=\sqrt[3]{x^3+8y^3}$ 在 $(0,0)$ 处的偏导数与全微分是否存在.

4. 设函数 $f(x,y)=\sqrt{x^2+y^4}$，问 $f_x(0,0)$，$f_y(0,0)$，$\mathrm{d}z\big|_{(0,0)}$ 是否存在，若存在，试求出其值.

5. 设有一无盖圆柱形容器，容器的壁与底的厚度均为 0.1 cm，内高为 20 cm，内半径为4 cm，试用全微分求容器外壳体积的近似值.

6. 测得一直角三角形两直角边的长度分别为 7 cm 和 24 cm，测量误差不超过 0.1 cm，试用全微分估计由测量值计算出的斜边长度的最大误差.

8.4 预习检测

8.4 多元复合函数的求导法则

本节把一元函数微分学中复合函数的求导法则推广到多元复合函数的情形,多元复合函数的求导法则在多元函数微分学中,将起到重要作用.

8.4.1 多元复合函数求导的链式法则

定理 设 $u=u(x,y)$,$v=v(x,y)$ 在点 (x,y) 处的偏导数存在,函数 $z=f(u,v)$ 在相应点 (u,v) 处有一阶连续偏导数,则复合函数 $z=f[u(x,y),v(x,y)]$ 在点 (x,y) 处的偏导数存在,且有

$$\frac{\partial z}{\partial x}=\frac{\partial z}{\partial u}\frac{\partial u}{\partial x}+\frac{\partial z}{\partial v}\frac{\partial v}{\partial x}, \tag{8-6}$$

$$\frac{\partial z}{\partial y}=\frac{\partial z}{\partial u}\frac{\partial u}{\partial y}+\frac{\partial z}{\partial v}\frac{\partial v}{\partial y}, \tag{8-7}$$

我们把以上公式称为复合函数求导的链式法则.

证 仅证明公式(8-6).公式(8-6)是函数 z 对 x 求偏导数,它表示 x 为自变量,固定 y,因此在函数 $u=u(x,y)$,$v=v(x,y)$ 中给自变量 x 一个改变量 Δx,固定 y,函数 $u=u(x,y)$,$v=v(x,y)$ 取得相应改变量

$$\Delta u=u(x+\Delta x,y)-u(x,y),$$

$$\Delta v=v(x+\Delta x,y)-v(x,y).$$

由于 u,v 分别有改变量 $\Delta u,\Delta v$,从而函数 $z=f(u,v)$ 有全改变量

$$\Delta z=f(u+\Delta u,v+\Delta v)-f(u,v).$$

因为 $z=f(u,v)$ 在 (u,v) 处有一阶连续偏导数,从而由 8.3 节定理 3 的证明知

$$\Delta z=f_u(u,v)\Delta u+f_v(u,v)\Delta v+\alpha_1\Delta u+\alpha_2\Delta v, \tag{8-8}$$

其中当 $\Delta u\to 0,\Delta v\to 0$ 时,$\alpha_1\to 0,\alpha_2\to 0$,用 Δx 除式(8-8)两边,得

$$\frac{\Delta z}{\Delta x}=f_u(u,v)\frac{\Delta u}{\Delta x}+f_v(u,v)\frac{\Delta v}{\Delta x}+\alpha_1\frac{\Delta u}{\Delta x}+\alpha_2\frac{\Delta v}{\Delta x},$$

令 $\Delta x\to 0$,对上式两边取极限,得

$$\frac{\partial z}{\partial x}=\frac{\partial z}{\partial u}\frac{\partial u}{\partial x}+\frac{\partial z}{\partial v}\frac{\partial v}{\partial x}.$$

同理可证

$$\frac{\partial z}{\partial y}=\frac{\partial z}{\partial u}\frac{\partial u}{\partial y}+\frac{\partial z}{\partial v}\frac{\partial v}{\partial y}.$$

为了掌握公式(8-6)和公式(8-7),初学时可以画“示意图”来帮助记忆并分析中间变量和自变量.

例如,由 $z=f(u,v)$ 及 $u=u(x,y)$,$v=v(x,y)$ 复合而成的函数 $z=f[u(x,y),v(x,y)]$,可以用“示意图”(图 8-12)来分清哪些是中间变量,哪些是自变量,中间变量和自变量的个数及

相互关系.对于中间变量或自变量不只是两个的情形,公式(8-6)和公式(8-7)可以推广.

例如,设 $z=f(u,v,w)$ 具有一阶连续偏导数,又 $u=u(x,y)$,$v=v(x,y)$,$w=w(x,y)$ 在 (x,y) 处偏导数存在,则复合函数 $z=f[u(x,y),v(x,y),w(x,y)]$ 在 (x,y) 处偏导数存在,此时"示意图"如图 8-13 所示,且有

$$\frac{\partial z}{\partial x}=\frac{\partial z}{\partial u}\frac{\partial u}{\partial x}+\frac{\partial z}{\partial v}\frac{\partial v}{\partial x}+\frac{\partial z}{\partial w}\frac{\partial w}{\partial x},$$

$$\frac{\partial z}{\partial y}=\frac{\partial z}{\partial u}\frac{\partial u}{\partial y}+\frac{\partial z}{\partial v}\frac{\partial v}{\partial y}+\frac{\partial z}{\partial w}\frac{\partial w}{\partial y}.$$

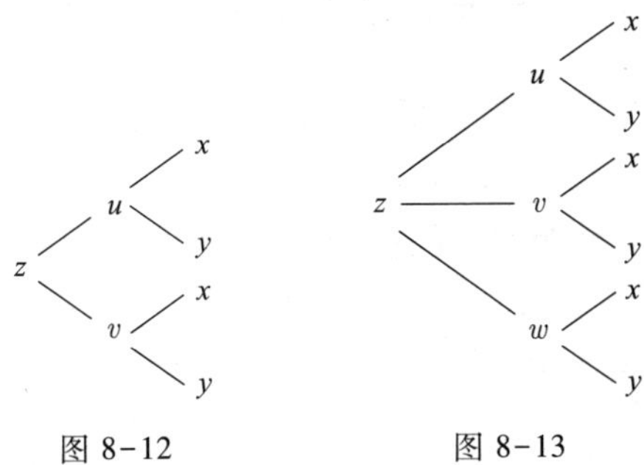

图 8-12　　图 8-13

更特殊地,在内函数只有一个自变量的情形下,有全导数的概念以及求全导数的公式.

例如,设 $z=f(u,v,w)$ 具有一阶连续偏导数,又 $u=u(t)$,$v=v(t)$,$w=w(t)$ 可导,则复合函数 $z=f[u(t),v(t),w(t)]$ 对 t 的导数称为全导数,且

$$\frac{\mathrm{d}z}{\mathrm{d}t}=\frac{\partial z}{\partial u}\frac{\mathrm{d}u}{\mathrm{d}t}+\frac{\partial z}{\partial v}\frac{\mathrm{d}v}{\mathrm{d}t}+\frac{\partial z}{\partial w}\frac{\mathrm{d}w}{\mathrm{d}t}.$$

这里需注意,因为 u,v,w 都是自变量 t 的一元函数,所以它们对 t 的导数都是用一元函数的导数 $\frac{\mathrm{d}u}{\mathrm{d}t},\frac{\mathrm{d}v}{\mathrm{d}t},\frac{\mathrm{d}w}{\mathrm{d}t}$,而不是用偏导数的记号.

例 1　已知 $z=u^2v-uv^2$,$u=x\cos y$,$v=x\sin y$,求 $\frac{\partial z}{\partial x},\frac{\partial z}{\partial y}$.

解
$$\begin{aligned}\frac{\partial z}{\partial x}&=\frac{\partial z}{\partial u}\frac{\partial u}{\partial x}+\frac{\partial z}{\partial v}\frac{\partial v}{\partial x}=(2uv-v^2)\cos y+(u^2-2uv)\sin y\\&=(2x^2\cos y\sin y-x^2\sin^2 y)\cos y+(x^2\cos^2 y-2x^2\cos y\sin y)\sin y\\&=3x^2\sin y\cos y(\cos y-\sin y),\end{aligned}$$

$$\begin{aligned}\frac{\partial z}{\partial y}&=\frac{\partial z}{\partial u}\frac{\partial u}{\partial y}+\frac{\partial z}{\partial v}\frac{\partial v}{\partial y}=(2uv-v^2)(-x\sin y)+(u^2-2uv)x\cos y\\&=(2x^2\cos y\sin y-x^2\sin^2 y)(-x\sin y)+(x^2\cos^2 y-2x^2\cos y\sin y)x\cos y\\&=x^3(\sin^3 y+\cos^3 y)-2x^3\sin y\cos y(\cos y+\sin y).\end{aligned}$$

例 2　已知 $z=f(u,v)$,$u=xy$,$v=\frac{y}{x}$,求 $\frac{\partial z}{\partial x},\frac{\partial z}{\partial y}$.

解　$$\frac{\partial z}{\partial x}=\frac{\partial z}{\partial u}\frac{\partial u}{\partial x}+\frac{\partial z}{\partial v}\frac{\partial v}{\partial x}=y\frac{\partial z}{\partial u}-\frac{y}{x^2}\frac{\partial z}{\partial v}=yf_u\left(xy,\frac{y}{x}\right)-\frac{y}{x^2}f_v\left(xy,\frac{y}{x}\right),$$

$$\frac{\partial z}{\partial y}=\frac{\partial z}{\partial u}\frac{\partial u}{\partial y}+\frac{\partial z}{\partial v}\frac{\partial v}{\partial y}=x\frac{\partial z}{\partial u}+\frac{1}{x}\frac{\partial z}{\partial v}=xf_u\left(xy,\frac{y}{x}\right)+\frac{1}{x}f_v\left(xy,\frac{y}{x}\right).$$

这个例子中,由于$z=f(u,v)$是一个抽象的函数关系,因此计算到此为止,实际上所得到的是z对自变量x,y的偏导数与z对中间变量u,v的偏导数之间的关系,本题的目的正是要找出这种关系.

例 3　设$z=uv+\sin t$,而$u=e^t,v=\cos t$,求全导数$\frac{dz}{dt}$.

解　$$\frac{dz}{dt}=\frac{\partial z}{\partial u}\frac{du}{dt}+\frac{\partial z}{\partial v}\frac{dv}{dt}+\frac{\partial z}{\partial t}=ve^t-u\sin t+\cos t=e^t(\cos t-\sin t)+\cos t.$$

8.4.2　一阶全微分的形式不变性

给定函数$z=f(u,v)$,若u,v是自变量,则$dz=\frac{\partial z}{\partial u}du+\frac{\partial z}{\partial v}dv$.

若u,v是中间变量,$u=u(x,y),v=v(x,y)$,则$dz=\frac{\partial z}{\partial x}dx+\frac{\partial z}{\partial y}dy$.由复合函数求导公式,得

$$\begin{aligned}dz&=\left(\frac{\partial z}{\partial u}\frac{\partial u}{\partial x}+\frac{\partial z}{\partial v}\frac{\partial v}{\partial x}\right)dx+\left(\frac{\partial z}{\partial u}\frac{\partial u}{\partial y}+\frac{\partial z}{\partial v}\frac{\partial v}{\partial y}\right)dy\\&=\frac{\partial z}{\partial u}\left(\frac{\partial u}{\partial x}dx+\frac{\partial u}{\partial y}dy\right)+\frac{\partial z}{\partial v}\left(\frac{\partial v}{\partial x}dx+\frac{\partial v}{\partial y}dy\right).\end{aligned}$$

对于二元函数$u=u(x,y),v=v(x,y)$,有

$$du=\frac{\partial u}{\partial x}dx+\frac{\partial u}{\partial y}dy,\quad dv=\frac{\partial v}{\partial x}dx+\frac{\partial v}{\partial y}dy,$$

所以$dz=\frac{\partial z}{\partial u}du+\frac{\partial z}{\partial v}dv$.即无论$u,v$是自变量还是中间变量,函数的微分

$$dz=\frac{\partial z}{\partial u}du+\frac{\partial z}{\partial v}dv$$

总成立,我们把此性质称为一阶全微分的形式不变性.

利用一阶全微分的形式不变性可推出和一元函数微分运算公式完全相同的公式,例如,不论u,v是什么性质的变量,若$z=uv$,则$dz=\frac{\partial z}{\partial u}du+\frac{\partial z}{\partial v}dv=vdu+udv$,因此有关一阶微分的公式都可用于二元函数.

例 4　设$z=\arctan\frac{v}{u},u=x^2+y^2,v=x^2-y^2$,求$\frac{\partial z}{\partial x},\frac{\partial z}{\partial y}$.

解　因为$du=2xdx+2ydy,dv=2xdx-2ydy$.而

$$dz=d\arctan\frac{v}{u}=\frac{1}{1+\left(\frac{v}{u}\right)^2}d\frac{v}{u}=\frac{u^2}{u^2+v^2}\left(\frac{udv-vdu}{u^2}\right)$$

$$=\frac{(x^2+y^2)(2x\mathrm{d}x-2y\mathrm{d}y)-(x^2-y^2)(2x\mathrm{d}x+2y\mathrm{d}y)}{u^2+v^2}$$

$$=\frac{2xy}{x^4+y^4}(y\mathrm{d}x-x\mathrm{d}y),$$

所以

$$\frac{\partial z}{\partial x}=\frac{2xy^2}{x^4+y^4},\quad \frac{\partial z}{\partial y}=-\frac{2x^2y}{x^4+y^4}.$$

例 5　设 $u=f(x,y,z)$，$y=y(x,t)$，$t=t(x,z)$，求 $\frac{\partial u}{\partial x}$.

微课
8.4 节例 5

解

$$\begin{aligned}\mathrm{d}u&=\frac{\partial f}{\partial x}\mathrm{d}x+\frac{\partial f}{\partial y}\mathrm{d}y+\frac{\partial f}{\partial z}\mathrm{d}z\\&=\frac{\partial f}{\partial x}\mathrm{d}x+\frac{\partial f}{\partial y}\left(\frac{\partial y}{\partial x}\mathrm{d}x+\frac{\partial y}{\partial t}\mathrm{d}t\right)+\frac{\partial f}{\partial z}\mathrm{d}z\\&=\frac{\partial f}{\partial x}\mathrm{d}x+\frac{\partial f}{\partial y}\left[\frac{\partial y}{\partial x}\mathrm{d}x+\frac{\partial y}{\partial t}\left(\frac{\partial t}{\partial x}\mathrm{d}x+\frac{\partial t}{\partial z}\mathrm{d}z\right)\right]+\frac{\partial f}{\partial z}\mathrm{d}z\\&=\left(\frac{\partial f}{\partial x}+\frac{\partial f}{\partial y}\frac{\partial y}{\partial x}+\frac{\partial f}{\partial y}\frac{\partial y}{\partial t}\frac{\partial t}{\partial x}\right)\mathrm{d}x+\left(\frac{\partial f}{\partial y}\frac{\partial y}{\partial t}\frac{\partial t}{\partial z}+\frac{\partial f}{\partial z}\right)\mathrm{d}z,\end{aligned}$$

所以

$$\frac{\partial u}{\partial x}=\frac{\partial f}{\partial x}+\frac{\partial f}{\partial y}\frac{\partial y}{\partial x}+\frac{\partial f}{\partial y}\frac{\partial y}{\partial t}\frac{\partial t}{\partial x}.$$

8.4.3　复合函数的高阶偏导数

对由 $z=f(u,v)$，$u=u(x,y)$，$v=v(x,y)$ 得到的复合函数 $z=f[u(x,y),v(x,y)]$，求出 $\frac{\partial z}{\partial x}$，$\frac{\partial z}{\partial y}$，这里 $\frac{\partial z}{\partial x}$，$\frac{\partial z}{\partial y}$ 仍然是以 u,v 为中间变量，x,y 为自变量的复合函数.求二阶偏导数 $\frac{\partial^2 z}{\partial x^2}$，$\frac{\partial^2 z}{\partial y^2}$ 和 $\frac{\partial^2 z}{\partial x\partial y}$ 时，原则上与求一阶偏导数一样，只是更复杂一些，下面举例说明其求法.

例 6　设 $z=f\left(x^2y,\frac{y}{x}\right)$，$f$ 的二阶偏导数连续，求 $\frac{\partial z}{\partial x}$，$\frac{\partial^2 z}{\partial x\partial y}$.

微课
8.4 节例 6

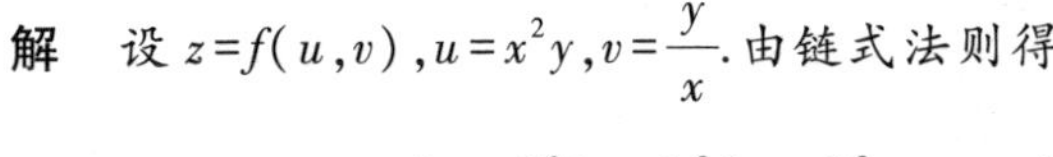

解　设 $z=f(u,v)$，$u=x^2y$，$v=\frac{y}{x}$.由链式法则得

$$\frac{\partial z}{\partial x}=\frac{\partial f}{\partial u}\frac{\partial u}{\partial x}+\frac{\partial f}{\partial v}\frac{\partial v}{\partial x}=\frac{\partial f}{\partial u}\cdot 2xy+\frac{\partial f}{\partial v}\left(-\frac{y}{x^2}\right)=2xyf_1-\frac{y}{x^2}f_2.$$

这里的符号 f_1，f_2 分别表示抽象函数 f 对其第一、第二个中间变量 $\left(\text{现在分别为 } x^2y \text{ 及 } \frac{y}{x}\right)$ 的偏导数，这是简化的符号记法，并且可以把这种记法推广到高阶偏导数.注意到偏导数 f_1，f_2

都是与 f 有相同内函数结构的二元函数 $f_1\left(x^2y,\dfrac{y}{x}\right)$,$f_2\left(x^2y,\dfrac{y}{x}\right)$,上式两边对 y 求偏导数可得

$$\frac{\partial^2 z}{\partial x\partial y}=\left[2xf_1+2xy\left(f_{11}x^2+f_{12}\frac{1}{x}\right)\right]-\left[\frac{1}{x^2}f_2+\frac{y}{x^2}\left(f_{21}x^2+f_{22}\frac{1}{x}\right)\right]$$
$$=2xf_1-\frac{1}{x^2}f_2+2x^3yf_{11}+yf_{12}-\frac{y}{x^3}f_{22},$$

其中根据条件 f 的二阶偏导数连续,利用了二阶混合偏导数 $f_{12}=f_{21}$.

#例 7 设函数 $z=f(x,y)$ 有连续的二阶偏导数,试证在极坐标变换 $x=r\cos\theta,y=r\sin\theta$ 下有

(1) $\left(\dfrac{\partial z}{\partial x}\right)^2+\left(\dfrac{\partial z}{\partial y}\right)^2=\left(\dfrac{\partial z}{\partial r}\right)^2+\dfrac{1}{r^2}\left(\dfrac{\partial z}{\partial \theta}\right)^2$; (2) $\dfrac{\partial^2 z}{\partial x^2}+\dfrac{\partial^2 z}{\partial y^2}=\dfrac{\partial^2 z}{\partial r^2}+\dfrac{1}{r}\dfrac{\partial z}{\partial r}+\dfrac{1}{r^2}\dfrac{\partial^2 z}{\partial \theta^2}$.

证 (1) 把 r,θ 看作自变量,x,y 是中间变量,复合函数为 $z=f[x(r,\theta),y(r,\theta)]$,由链式法则

$$\frac{\partial z}{\partial r}=\frac{\partial z}{\partial x}\frac{\partial x}{\partial r}+\frac{\partial z}{\partial y}\frac{\partial y}{\partial r}=\frac{\partial z}{\partial x}\cos\theta+\frac{\partial z}{\partial y}\sin\theta,$$
$$\frac{\partial z}{\partial \theta}=\frac{\partial z}{\partial x}\frac{\partial x}{\partial \theta}+\frac{\partial z}{\partial y}\frac{\partial y}{\partial \theta}=\frac{\partial z}{\partial x}(-r\sin\theta)+\frac{\partial z}{\partial y}r\cos\theta,$$

故

$$\left(\frac{\partial z}{\partial r}\right)^2+\frac{1}{r^2}\left(\frac{\partial z}{\partial \theta}\right)^2=\left(\frac{\partial z}{\partial x}\cos\theta+\frac{\partial z}{\partial y}\sin\theta\right)^2+\frac{1}{r^2}\left(-r\sin\theta\frac{\partial z}{\partial x}+r\cos\theta\frac{\partial z}{\partial y}\right)^2$$
$$=\left(\frac{\partial z}{\partial x}\right)^2\cos^2\theta+\left(\frac{\partial z}{\partial y}\right)^2\sin^2\theta+2\frac{\partial z}{\partial x}\frac{\partial z}{\partial y}\sin\theta\cos\theta+$$
$$\left(\frac{\partial z}{\partial x}\right)^2\sin^2\theta+\left(\frac{\partial z}{\partial y}\right)^2\cos^2\theta-2\frac{\partial z}{\partial x}\frac{\partial z}{\partial y}\sin\theta\cos\theta$$
$$=\left(\frac{\partial z}{\partial x}\right)^2+\left(\frac{\partial z}{\partial y}\right)^2.$$

(2) 由(1)的计算结果,对 $\dfrac{\partial z}{\partial r},\dfrac{\partial z}{\partial \theta}$ 继续求偏导数,并且注意到 $\dfrac{\partial z}{\partial x},\dfrac{\partial z}{\partial y}$ 仍然是以 x,y 为中间变量的二元函数,得

$$\frac{\partial^2 z}{\partial r^2}=\cos\theta\frac{\partial}{\partial r}\left(\frac{\partial z}{\partial x}\right)+\sin\theta\frac{\partial}{\partial r}\left(\frac{\partial z}{\partial y}\right)$$
$$=\cos\theta\left(\frac{\partial^2 z}{\partial x^2}\frac{\partial x}{\partial r}+\frac{\partial^2 z}{\partial x\partial y}\frac{\partial y}{\partial r}\right)+\sin\theta\left(\frac{\partial^2 z}{\partial y\partial x}\frac{\partial x}{\partial r}+\frac{\partial^2 z}{\partial y^2}\frac{\partial y}{\partial r}\right)$$
$$=\frac{\partial^2 z}{\partial x^2}\cos^2\theta+2\frac{\partial^2 z}{\partial x\partial y}\cos\theta\sin\theta+\frac{\partial^2 z}{\partial y^2}\sin^2\theta,$$

$$\frac{\partial^2 z}{\partial \theta^2}=-\frac{\partial z}{\partial x}r\cos\theta-r\sin\theta\frac{\partial}{\partial\theta}\left(\frac{\partial z}{\partial x}\right)-\frac{\partial z}{\partial y}r\sin\theta+r\cos\theta\frac{\partial}{\partial r}\left(\frac{\partial z}{\partial y}\right)$$

$$=-r\left(\frac{\partial z}{\partial x}\cos\theta+\frac{\partial z}{\partial y}\sin\theta\right)-r\sin\theta\left(\frac{\partial^2 z}{\partial x^2}\frac{\partial x}{\partial\theta}+\frac{\partial^2 z}{\partial x\partial y}\frac{\partial y}{\partial\theta}\right)+r\cos\theta\left(\frac{\partial^2 z}{\partial y\partial x}\frac{\partial x}{\partial\theta}+\frac{\partial^2 z}{\partial y^2}\frac{\partial y}{\partial\theta}\right)$$

$$=-r\frac{\partial z}{\partial r}+r^2\left(\frac{\partial^2 z}{\partial x^2}\sin^2\theta-2\frac{\partial^2 z}{\partial x\partial y}\cos\theta\sin\theta+\frac{\partial^2 z}{\partial y^2}\cos^2\theta\right).$$

所以

$$\frac{\partial^2 z}{\partial r^2}+\frac{1}{r}\frac{\partial z}{\partial r}+\frac{1}{r^2}\frac{\partial^2 z}{\partial\theta^2}$$

$$=\left(\frac{\partial^2 z}{\partial x^2}\cos^2\theta+2\frac{\partial^2 z}{\partial x\partial y}\cos\theta\sin\theta+\frac{\partial^2 z}{\partial y^2}\sin^2\theta\right)+\frac{1}{r}\frac{\partial z}{\partial r}+$$

$$\left(-\frac{1}{r}\frac{\partial z}{\partial r}+\frac{\partial^2 z}{\partial x^2}\sin^2\theta-2\frac{\partial^2 z}{\partial x\partial y}\cos\theta\sin\theta+\frac{\partial^2 z}{\partial y^2}\cos^2\theta\right)$$

$$=\frac{\partial^2 z}{\partial x^2}+\frac{\partial^2 z}{\partial y^2}.$$

习题 8.4

A

1. 用链式法则求下列复合函数的全导数或偏导数：

(1) $z=u^2v-uv^2, u=x\cos y, v=x\sin y$，求$\frac{\partial z}{\partial x},\frac{\partial z}{\partial y}$；

(2) $z=u^2\ln v, u=\frac{x}{y}, v=3x-2y$，求$\frac{\partial z}{\partial x},\frac{\partial z}{\partial y}$；

(3) $z=\mathrm{e}^{x-2y}, x=\sin t, y=t^3$，求$\frac{\mathrm{d}z}{\mathrm{d}t}$；

(4) $z=\tan(3t+2x^2-y), x=\frac{1}{t}, y=\sqrt{t}$，求$\frac{\mathrm{d}z}{\mathrm{d}t}$；

(5) $u=\frac{\mathrm{e}^{ax}(y-z)}{a^2+1}$，而 $y=a\sin x, z=\cos x$，求$\frac{\mathrm{d}u}{\mathrm{d}x}$.

2. 求下列函数的一阶偏导数（其中 f 具有一阶连续偏导数）：

(1) $z=f(x^2-y^2,\mathrm{e}^{xy})$；

(2) $z=f(\sin x,\cos y,\mathrm{e}^{x+y})$；

(3) $u=f\left(\frac{y}{x},\frac{y}{z}\right)$；

(4) $u=f(x,xy,xyz)$.

3. 设函数 $u=\mathrm{e}^{-x}\sin\frac{x}{y}$，求$\frac{\partial^2 u}{\partial x\partial y}$在点$\left(2,\frac{1}{\pi}\right)$的值.

4. 设函数 $f(u,v)$ 具有二阶连续偏导数，并且满足$\frac{\partial^2 f}{\partial u^2}+\frac{\partial^2 f}{\partial v^2}=1$，又 $g(x,y)=f\left[xy,\frac{1}{2}(x^2-y^2)\right]$，求$\frac{\partial^2 g}{\partial x^2}+\frac{\partial^2 g}{\partial y^2}$.

B

1. 设 $z=f(x^2+y^2)$，其中 f 具有二阶导数，求 $\dfrac{\partial^2 z}{\partial x^2},\dfrac{\partial^2 z}{\partial x\partial y},\dfrac{\partial^2 z}{\partial y^2}$.

2. 设 $z=\dfrac{1}{x}f(xy)+y\varphi(x+y)$，$f,\varphi$ 具有二阶连续的导数，求 $\dfrac{\partial^2 z}{\partial x\partial y}$.

3. 设 $z=xyf\left(\dfrac{y}{x}\right)$，$f(u)$ 可导，求 $x\dfrac{\partial z}{\partial x}+y\dfrac{\partial z}{\partial y}$.

4. 求下列函数的 $\dfrac{\partial^2 z}{\partial x^2},\dfrac{\partial^2 z}{\partial x\partial y}$（其中 f 具有二阶连续偏导数）：

(1) $z=f(xy,y)$； (2) $z=f\left(x,\dfrac{x}{y}\right)$；

(3) $z=f(xy^2,x^2y)$； (4) $z=f(\sin x,\cos y,e^{x+y})$.

5. 设 $u=yf\left(\dfrac{x}{y}\right)+xg\left(\dfrac{y}{x}\right)$，其中函数 f,g 的二阶偏导数连续，求 $x\dfrac{\partial^2 u}{\partial x^2}+y\dfrac{\partial^2 u}{\partial x\partial y}$.

6. 设函数 $f(x,y)=\displaystyle\int_0^{xy}e^{-t^2}dt$，求 $\dfrac{x}{y}\dfrac{\partial^2 f}{\partial x^2}-2\dfrac{\partial^2 f}{\partial x\partial y}+\dfrac{y}{x}\dfrac{\partial^2 f}{\partial y^2}$.

7. 设函数 $f(u)$ 具有二阶连续导数，而 $z=f(e^x\sin y)$ 满足方程 $\dfrac{\partial^2 z}{\partial x^2}+\dfrac{\partial^2 z}{\partial y^2}=e^{2x}z$，求 $f(u)$.

8.5 预习检测

8.5 隐函数求导法

8.5.1 一个方程确定的隐函数的情形

上册已讲过隐函数的概念，并知道对由方程 $F(x,y)=0$ 确定的隐函数 $y=y(x)$ 如何求导，本节利用偏导数给出求隐函数导数的公式，并给出由方程 $F(x,y)=0$ 能够确定隐函数 $y=y(x)$ 的条件，这些条件可以推广到更多元的函数方程情形.

由方程 $F(x,y)=0$ 确定的是一元函数 $y=y(x)$，由方程 $F(x,y,z)=0$ 确定的是二元函数 $z=z(x,y)$，由这种形式给出的函数就称为隐函数.如果能从 $F(x,y,z)=0$ 解出 z，得到 $z=z(x,y)$，便是显函数形式.例如方程 $xy-2x+3y-1=0$，确定一个函数 $y=\dfrac{2x+1}{x+3}$，由方程 $x^2+y^2=1$ 可以确定两个函数 $y=\pm\sqrt{1-x^2}$.对于这些能解出显函数的情况，可按照显函数研究它们的连续性及可导性.有些方程，如 $\sin(x^2+y^2)+e^{xy}-x^2y=0$，在一定条件下可以确定隐函数，但是很难用初等函数把隐函数显化.因此，需要从理论上研究在什么条件下，一个方程能确定一个单值可导函数.

定理1（隐函数存在定理） 设函数 $F(x,y)$ 满足条件

（i）在点 (x_0,y_0) 的某一邻域内具有一阶连续的偏导数；

（ii）$F(x_0,y_0)=0$；

（iii）$F_y(x_0,y_0)\neq 0$，

则方程 $F(x,y)=0$ 在点 (x_0,y_0) 的某一邻域内唯一确定一个具有一阶导数连续的函数 $y=$

$y(x)$,它满足条件 $y_0=y(x_0)$,并且有求导公式

$$\frac{\mathrm{d}y}{\mathrm{d}x}=-\frac{F_x}{F_y}. \tag{8-9}$$

公式(8-9)就是隐函数的求导公式.

此定理的证明超出了本书的要求,故从略.

以下从几何直观的角度对定理 1 的条件和结论进行说明,根据定理 1 的条件,曲面 $z=F(x,y)$ 连续、光滑,并通过点 $(x_0,y_0,0)$,如图 8-14 所示.由于在点 (x_0,y_0) 有 $F_y(x_0,y_0)\neq 0$,不妨设 $F_y(x_0,y_0)>0$,再根据 $F_y(x,y)$ 连续,所以存在 (x_0,y_0) 的某邻域使得 $F_y(x,y)>0$,于是曲面 $z=F(x,y)$ 的图形在 (x_0,y_0) 附近必然是倾斜的(如图 8-14 所示),因而必与 xOy 平面交成一条曲线 $y=f(x)$,并且这个函数 $y=f(x)$ 单值、连续且有连续的导函数.

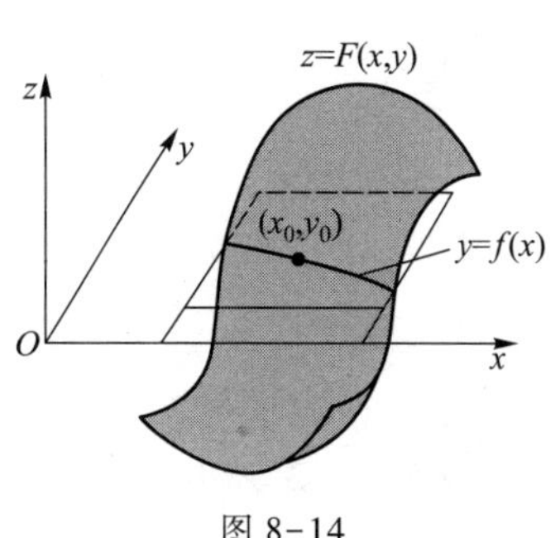

图 8-14

下面推导公式(8-9):

把方程 $F(x,y)=0$ 所确定的隐函数 $y=f(x)$ 代入方程中,得到恒等式

$$F[x,f(x)]\equiv 0.$$

其左端可以看作关于 x 的复合函数,将上式两端对 x 求导,根据链式法则有

$$\frac{\partial F}{\partial x}+\frac{\partial F}{\partial y}\cdot\frac{\mathrm{d}y}{\mathrm{d}x}\equiv 0.$$

由于 F_y 连续且 $F_y(x_0,y_0)\neq 0$,所以存在 (x_0,y_0) 的一个邻域,在这个邻域内 $F_y\neq 0$,于是解得

$$\frac{\mathrm{d}y}{\mathrm{d}x}=-\frac{F_x}{F_y}.$$

如果函数 F 的二阶偏导数也都连续,可以把公式(8-9)两端看作 x 的复合函数再次对 x 求导,从而求得函数 $y=f(x)$ 的二阶导数 $\frac{\mathrm{d}^2y}{\mathrm{d}x^2}$.

例 1　求椭圆 $\frac{x^2}{a^2}+\frac{y^2}{b^2}=1$ 上点 $\left(\frac{a}{2},\frac{\sqrt{3}b}{2}\right)$ 及 $\left(\frac{a}{2},-\frac{\sqrt{3}b}{2}\right)$ 处的切线方程.

解　令 $F(x,y)=\frac{x^2}{a^2}+\frac{y^2}{b^2}-1$,则

$$\frac{\mathrm{d}y}{\mathrm{d}x}=-\frac{F_x}{F_y}=-\frac{b^2x}{a^2y}.$$

在点 $\left(\frac{a}{2},\frac{\sqrt{3}b}{2}\right)$ 处,

$$\frac{\mathrm{d}y}{\mathrm{d}x}=-\frac{b^2}{a^2}\frac{\frac{a}{2}}{\frac{\sqrt{3}b}{2}}=-\frac{b}{\sqrt{3}a},$$

所以在$\left(\dfrac{a}{2},\dfrac{\sqrt{3}b}{2}\right)$处的切线方程是

$$y-\frac{\sqrt{3}b}{2}=-\frac{b}{\sqrt{3}a}\left(x-\frac{a}{2}\right).$$

而在点$\left(\dfrac{a}{2},-\dfrac{\sqrt{3}b}{2}\right)$处,

$$\frac{\mathrm{d}y}{\mathrm{d}x}=-\frac{b^2}{a^2}\frac{\frac{a}{2}}{-\frac{\sqrt{3}b}{2}}=\frac{b}{\sqrt{3}a},$$

所以在$\left(\dfrac{a}{2},-\dfrac{\sqrt{3}b}{2}\right)$处的切线方程是

$$y+\frac{\sqrt{3}b}{2}=\frac{b}{\sqrt{3}a}\left(x-\frac{a}{2}\right).$$

例 2 设 $y=y(x)$ 由方程 $\mathrm{e}^{xy}=3xy^2$ 确定,求$\dfrac{\mathrm{d}y}{\mathrm{d}x}$.

解 令 $F(x,y)=\mathrm{e}^{xy}-3xy^2$,则 $F_x=y\mathrm{e}^{xy}-3y^2$,$F_y=x\mathrm{e}^{xy}-6xy$,所以

$$\frac{\mathrm{d}y}{\mathrm{d}x}=-\frac{F_x}{F_y}=-\frac{y\mathrm{e}^{xy}-3y^2}{x\mathrm{e}^{xy}-6xy}.$$

请读者用上册第二章2.4节的两边求导数的方法求解.我们还可以用如下的方法求解:

对方程 $\mathrm{e}^{xy}=3xy^2$ 两边的函数求全微分,利用一阶全微分的形式不变性,得

$$\mathrm{e}^{xy}(y\mathrm{d}x+x\mathrm{d}y)=3(y^2\mathrm{d}x+2xy\mathrm{d}y),$$

即$(x\mathrm{e}^{xy}-6xy)\mathrm{d}y=(3y^2-y\mathrm{e}^{xy})\mathrm{d}x$,所以

$$\frac{\mathrm{d}y}{\mathrm{d}x}=-\frac{y\mathrm{e}^{xy}-3y^2}{x\mathrm{e}^{xy}-6xy}.$$

隐函数存在定理可以推广到三元及三元以上的方程中去.

定理 2 函数 $F(x,y,z)$满足

(i) 在点(x_0,y_0,z_0)的某一邻域内具有一阶连续偏导数;

(ii) $F(x_0,y_0,z_0)=0$;

(iii) $F_z(x_0,y_0,z_0)\neq 0$,

则方程 $F(x,y,z)=0$ 在点(x_0,y_0,z_0)的某一邻域内总能唯一确定一个具有一阶连续偏导数的二元函数 $z=z(x,y)$,它满足条件 $z_0=z(x_0,y_0)$,并且有求导公式

$$\frac{\partial z}{\partial x}=-\frac{F_x}{F_z},\quad \frac{\partial z}{\partial y}=-\frac{F_y}{F_z}.$$

我们来求$\dfrac{\partial z}{\partial x}$及$\dfrac{\partial z}{\partial y}$.因为

$$F(x,y,z(x,y))\equiv 0,$$

由复合函数求导法,上面方程两边对 x 求导,得

$$\frac{\partial F}{\partial x}+\frac{\partial F}{\partial z}\frac{\partial z}{\partial x}=0,$$

因此

$$\frac{\partial z}{\partial x}=-\frac{F_x}{F_z}.$$

同理可得 $\frac{\partial z}{\partial y}=-\frac{F_y}{F_z}$.

例 3 设 $z=z(x,y)$ 由方程 $\frac{x^2}{a^2}+\frac{y^2}{b^2}+\frac{z^2}{c^2}=1$ 确定,求 $\frac{\partial z}{\partial x}$ 及 $\frac{\partial z}{\partial y}$.

解 令 $F(x,y,z)=\frac{x^2}{a^2}+\frac{y^2}{b^2}+\frac{z^2}{c^2}-1$,则 $F_x=\frac{2x}{a^2}, F_y=\frac{2y}{b^2}, F_z=\frac{2z}{c^2}$,所以当 $z\neq0$ 时,

$$\frac{\partial z}{\partial x}=-\frac{F_x}{F_z}=-\frac{c^2x}{a^2z},\frac{\partial z}{\partial y}=-\frac{F_x}{F_z}=-\frac{c^2y}{b^2z}.$$

例 4 已知 $z^3-2xz+y=0$,求 $\frac{\partial^2 z}{\partial x^2}$.

解 上面方程两边对 x 求导,其中 z 看成 x,y 的函数,由复合函数求导法,得

$$3z^2\frac{\partial z}{\partial x}-2z-2x\frac{\partial z}{\partial x}=0, \tag{8-10}$$

即

$$\frac{\partial z}{\partial x}=\frac{2z}{3z^2-2x}. \tag{8-11}$$

将式(8-10)两边对 x 求导,得

$$6z\left(\frac{\partial z}{\partial x}\right)^2+3z^2\frac{\partial^2 z}{\partial x^2}-2\frac{\partial z}{\partial x}-2\frac{\partial z}{\partial x}-2x\frac{\partial^2 z}{\partial x^2}=0.$$

解得 $\frac{\partial^2 z}{\partial x^2}=\frac{1}{3z^2-2x}\left[4\frac{\partial z}{\partial x}-6z\left(\frac{\partial z}{\partial x}\right)^2\right]$,将式(8-11)代入上式,得

$$\frac{\partial^2 z}{\partial x^2}=\frac{-16xz}{(3z^2-2x)^3}.$$

本题也可以用下述方法:

$$\frac{\partial^2 z}{\partial x^2}=\frac{\partial}{\partial x}\left(\frac{\partial z}{\partial x}\right)=\frac{\partial}{\partial x}\left(\frac{2z}{3z^2-2x}\right)=\frac{(3z^2-2x)2\frac{\partial z}{\partial x}-2z\left(6z\frac{\partial z}{\partial x}-2\right)}{(3z^2-2x)^2}=\frac{-16xz}{(3z^2-2x)^3}.$$

例 5 设函数 $u=f(x,y,z)$ 有一阶连续的偏导数,且 $z=z(x,y)$ 由方程 $xe^x-ye^y=ze^z$ 所确定,求 du.

微课
8.5 节例 5

解 $du=f_x dx+f_y dy+f_z dz$,而 $dz=\frac{\partial z}{\partial x}dx+\frac{\partial z}{\partial y}dy$,设 $F(x,y,z)=xe^x-ye^y-ze^z$,则

$$\frac{\partial z}{\partial x}=-\frac{F_x}{F_z}=\frac{x+1}{z+1}e^{x-z},\frac{\partial z}{\partial y}=-\frac{F_y}{F_z}=-\frac{y+1}{z+1}e^{y-z}.$$

$$\mathrm{d}z=\frac{x+1}{z+1}\mathrm{e}^{x-z}\mathrm{d}x-\frac{y+1}{z+1}\mathrm{e}^{y-z}\mathrm{d}y,$$

$$\mathrm{d}u=f_x\mathrm{d}x+f_y\mathrm{d}y+f_z\mathrm{d}z=\left(f_x+f_z\frac{x+1}{z+1}\mathrm{e}^{x-z}\right)\mathrm{d}x+\left(f_y-f_z\frac{y+1}{z+1}\mathrm{e}^{y-z}\right)\mathrm{d}y.$$

例 6 设方程 $G(x^2+y^2,y^2+z^2,z^2+x^2)=0$ 确定隐函数 $z(x,y)$,其中 G 有连续偏导数,$G_2+G_3\neq 0$,求偏导数$\frac{\partial z}{\partial x},\frac{\partial z}{\partial y}$.

解 令 $F(x,y,z)=G(x^2+y^2,y^2+z^2,z^2+x^2)$,则

$$F_x(x,y,z)=G_1\cdot 2x+G_2\cdot 0+G_3\cdot 2x=2x(G_1+G_3),$$
$$F_y(x,y,z)=G_1\cdot 2y+G_2\cdot 2y+G_3\cdot 0=2y(G_1+G_2),$$
$$F_z(x,y,z)=G_1\cdot 0+G_2\cdot 2z+G_3\cdot 2z=2z(G_2+G_3).$$

因此,

$$\frac{\partial z}{\partial x}=-\frac{F_x}{F_z}=-\frac{2x(G_1+G_3)}{2z(G_2+G_3)}=-\frac{x(G_1+G_3)}{z(G_2+G_3)},$$
$$\frac{\partial z}{\partial y}=-\frac{F_y}{F_z}=-\frac{2y(G_1+G_2)}{2z(G_2+G_3)}=-\frac{y(G_1+G_2)}{z(G_2+G_3)}.$$

8.5.2 方程组确定的隐函数的情形

考察方程组

$$\begin{cases}F(x,y,z)=0,\\G(x,y,z)=0.\end{cases}\tag{8-12}$$

在一般情况下,两个三元方程组成的方程组中,三个变量中只有一个可以独立地变化,因此方程组有可能确定两个一元函数.例如,由$\begin{cases}x+y-z=0,\\2x-y+2z=0\end{cases}$确定隐函数 $z=-3x,y=-4x$.

下面给出方程组确定的两个一元隐函数的存在定理.

定理 3 设函数 $F(x,y,z),G(x,y,z)$满足条件

(ⅰ) F,G 在点(x_0,y_0,z_0)的某一邻域内具有连续的偏导数;

(ⅱ) $F(x_0,y_0,z_0)=0,G(x_0,y_0,z_0)=0$;

(ⅲ) 函数 F,G 对变量 y,z 的行列式①(或称为雅可比行列式)

$$\begin{vmatrix}F_y & F_z\\G_y & G_z\end{vmatrix}\neq 0,$$

则存在点(x_0,y_0,z_0)的某个邻域,在此邻域内方程组(8-12)将 y,z 确定为 x 的唯一的一组单值函数:$y=y(x),z=z(x)$,并且满足 $y_0=y(x_0),z_0=z(x_0)$,这两个函数的导函数连续.

这个定理证明从略,仅推导由方程组(8-12)所确定的两个一元隐函数 $y=y(x),z=z(x)$的导数公式.把这两个函数代入方程组(8-12),得到方程组

① 参见附录Ⅱ“二阶和三阶行列式简介”.

$$\begin{cases} F[x,y(x),z(x)]\equiv 0, \\ G[x,y(x),z(x)]\equiv 0. \end{cases}$$

方程组的两个方程都是恒等式,两个方程的两端分别对 x 求导数,应用复合函数求导的链式法则,可得

$$\begin{cases} F_x+F_y\dfrac{\mathrm{d}y}{\mathrm{d}x}+F_z\dfrac{\mathrm{d}z}{\mathrm{d}x}=0, \\ G_x+G_y\dfrac{\mathrm{d}y}{\mathrm{d}x}+G_z\dfrac{\mathrm{d}z}{\mathrm{d}x}=0. \end{cases}$$

即得关于$\dfrac{\mathrm{d}y}{\mathrm{d}x},\dfrac{\mathrm{d}z}{\mathrm{d}x}$的线性方程组

$$\begin{cases} F_y\dfrac{\mathrm{d}y}{\mathrm{d}x}+F_z\dfrac{\mathrm{d}z}{\mathrm{d}x}=-F_x, \\ G_y\dfrac{\mathrm{d}y}{\mathrm{d}x}+G_z\dfrac{\mathrm{d}z}{\mathrm{d}x}=-G_x. \end{cases}$$

根据二元线性方程组的解法可知,当方程组的系数行列式

$$\begin{vmatrix} F_y & F_z \\ G_y & G_z \end{vmatrix}\neq 0$$

时,可以唯一地得到方程组的一组解,即求出导数$\dfrac{\mathrm{d}y}{\mathrm{d}x}$和$\dfrac{\mathrm{d}z}{\mathrm{d}x}$.

$$\frac{\mathrm{d}y}{\mathrm{d}x}=\frac{\begin{vmatrix} -F_x & F_z \\ -G_x & G_z \end{vmatrix}}{\begin{vmatrix} F_y & F_z \\ G_y & G_z \end{vmatrix}},\quad \frac{\mathrm{d}z}{\mathrm{d}x}=\frac{\begin{vmatrix} F_y & -F_x \\ G_y & -G_x \end{vmatrix}}{\begin{vmatrix} F_y & F_z \\ G_y & G_z \end{vmatrix}}. \tag{8-13}$$

在实际求方程组确定的隐函数的导数时,可直接按照推导公式(8-13)的过程进行计算.

例 7 求由方程组$\begin{cases} x^2+y^2-z^2=0, \\ x+y+z-1=0 \end{cases}$确定的隐函数 $y(x),z(x)$ 的导数$\dfrac{\mathrm{d}y}{\mathrm{d}x}$和$\dfrac{\mathrm{d}z}{\mathrm{d}x}$.

解 把 y,z 看作 x 的函数,方程组的两个方程两端分别对 x 求导数得

$$\begin{cases} 2x+2y\dfrac{\mathrm{d}y}{\mathrm{d}x}-2z\dfrac{\mathrm{d}z}{\mathrm{d}x}=0, \\ 1+\dfrac{\mathrm{d}y}{\mathrm{d}x}+\dfrac{\mathrm{d}z}{\mathrm{d}x}=0. \end{cases}$$

即得关于$\dfrac{\mathrm{d}y}{\mathrm{d}x},\dfrac{\mathrm{d}z}{\mathrm{d}x}$的二元一次方程组为

$$\begin{cases} y\dfrac{\mathrm{d}y}{\mathrm{d}x}-z\dfrac{\mathrm{d}z}{\mathrm{d}x}=-x, \\ \dfrac{\mathrm{d}y}{\mathrm{d}x}+\dfrac{\mathrm{d}z}{\mathrm{d}x}=-1. \end{cases}$$

当系数行列式

$$\begin{vmatrix} y & -z \\ 1 & 1 \end{vmatrix} = y+z \neq 0$$

时，求出导数$\frac{\mathrm{d}y}{\mathrm{d}x}$和$\frac{\mathrm{d}z}{\mathrm{d}x}$为

$$\frac{\mathrm{d}y}{\mathrm{d}x}=\frac{\begin{vmatrix} -x & -z \\ -1 & 1 \end{vmatrix}}{y+z}=\frac{-(x+z)}{y+z},$$

$$\frac{\mathrm{d}z}{\mathrm{d}x}=\frac{\begin{vmatrix} y & -x \\ 1 & -1 \end{vmatrix}}{y+z}=\frac{x-y}{y+z}.$$

定理 3 还可以进一步推广，例如增加方程中变量的个数，考察方程组

$$\begin{cases} F(x,y,u,v)=0, \\ G(x,y,u,v)=0, \end{cases} \tag{8-14}$$

在一般情况下，这两个方程的四个变量中，只能有两个变量独立变化，因此方程组有可能确定两个二元函数.同定理 3 类似，可得到相应的隐函数存在定理，这里从略，请读者类比叙述.

下面通过例子说明怎样求方程组(8-14)所确定的两个二元函数的偏导数.

微课
8.5 节例 8

例 8　设方程组$\begin{cases} x^2+y^2-uv=0, \\ xy-u^2+v^2=0 \end{cases}$确定两个二元函数 $u=u(x,y)$，$v=v(x,y)$，求$\frac{\partial u}{\partial x},\frac{\partial v}{\partial x},\frac{\partial u}{\partial y},\frac{\partial v}{\partial y}$.

解　这里 x,y 是两个自变量，而变量 u,v 是关于 x,y 的二元函数 $u(x,y)$，$v(x,y)$，方程组中两个方程的两边分别对 x 求偏导数，得

$$\begin{cases} 2x-\left(v\frac{\partial u}{\partial x}+u\frac{\partial v}{\partial x}\right)=0, \\ y-2u\frac{\partial u}{\partial x}+2v\frac{\partial v}{\partial x}=0. \end{cases}$$

从而得到关于$\frac{\partial u}{\partial x},\frac{\partial v}{\partial x}$的线性方程组

$$\begin{cases} -v\frac{\partial u}{\partial x}-u\frac{\partial v}{\partial x}=-2x, \\ -2u\frac{\partial u}{\partial x}+2v\frac{\partial v}{\partial x}=-y. \end{cases}$$

当系数行列式

$$\begin{vmatrix} -v & -u \\ -2u & 2v \end{vmatrix}=-2v^2-2u^2\neq 0$$

时，可解得

$$\frac{\partial u}{\partial x}=\frac{\begin{vmatrix}-2x & -u\\ -y & 2v\end{vmatrix}}{-2v^2-2u^2}=\frac{-4xv-yu}{-2(v^2+u^2)}=\frac{4xv+yu}{2(u^2+v^2)},$$

$$\frac{\partial v}{\partial x}=\frac{\begin{vmatrix}-v & -2x\\ -2u & -y\end{vmatrix}}{-2v^2-2u^2}=\frac{yv-4xu}{-2(u^2+v^2)}=\frac{4xu-yv}{2(u^2+v^2)}.$$

类似地,把方程组中的变量 u,v 看作关于 x,y 的二元函数,两个方程的两端分别对自变量 y 求偏导数,可求得 $\frac{\partial u}{\partial y}$ 和 $\frac{\partial v}{\partial y}$ 为

$$\frac{\partial u}{\partial y}=\frac{4yv+xu}{2(u^2+v^2)},\quad \frac{\partial v}{\partial y}=\frac{4yu-xv}{2(u^2+v^2)}.$$

设函数 $x=x(u,v),y=y(u,v)$ 在点 (u,v) 的某个邻域内连续且有连续偏导数,又有

$$J=\frac{\partial(x,y)}{\partial(u,v)}=\begin{vmatrix}\frac{\partial x}{\partial u} & \frac{\partial x}{\partial v}\\ \frac{\partial y}{\partial u} & \frac{\partial y}{\partial v}\end{vmatrix}\neq 0, \tag{8-15}$$

则可以证明(证明过程从略),方程

$$\begin{cases}x=x(u,v),\\ y=y(u,v).\end{cases} \tag{8-16}$$

在 (x,y,u,v) 的某一邻域内唯一确定一组单值且具有连续偏导数的反函数 $u=u(x,y),v=v(x,y)$.据此式(8-16)确定了 uv 平面上某一区域 D_{uv} 上的点到 xOy 平面上某一区域 D_{xy} 上的点之间的一个一一对应 T,也称 T 是区域 D_{xy} 与 D_{uv} 之间的一个变换.式(8-15)中行列式 $J=\frac{\partial(x,y)}{\partial(u,v)}$ 称为**变换 T 的雅可比行列式**.

下面计算反函数 $u(x,y),v(x,y)$ 的偏导数.

把 $u(x,y),v(x,y)$ 代入方程组(8-16),得

$$\begin{cases}x=x[u(x,y),v(x,y)],\\ y=y[u(x,y),v(x,y)].\end{cases} \tag{8-17}$$

将式(8-17)两边对 x 求偏导数,即得

$$\begin{cases}1=\frac{\partial x}{\partial u}\frac{\partial u}{\partial x}+\frac{\partial x}{\partial v}\frac{\partial v}{\partial x},\\ 0=\frac{\partial y}{\partial u}\frac{\partial u}{\partial x}+\frac{\partial y}{\partial v}\frac{\partial v}{\partial x}.\end{cases}$$

由于 $J\neq 0$,可解得

$$\frac{\partial u}{\partial x}=\frac{1}{J}\frac{\partial y}{\partial v},\quad \frac{\partial v}{\partial x}=-\frac{1}{J}\frac{\partial y}{\partial u}.$$

同理,可得

$$\frac{\partial u}{\partial y}=-\frac{1}{J}\frac{\partial x}{\partial v},\quad \frac{\partial v}{\partial y}=\frac{1}{J}\frac{\partial x}{\partial u}.$$

下面再来计算行列式$\dfrac{\partial(u,v)}{\partial(x,y)}$.

$$\frac{\partial(u,v)}{\partial(x,y)}=\begin{vmatrix}\dfrac{1}{J}\dfrac{\partial y}{\partial v} & -\dfrac{1}{J}\dfrac{\partial y}{\partial u}\\ -\dfrac{1}{J}\dfrac{\partial x}{\partial v} & \dfrac{1}{J}\dfrac{\partial x}{\partial u}\end{vmatrix}=\frac{1}{J^2}\left(\frac{\partial y}{\partial v}\frac{\partial x}{\partial u}-\frac{\partial y}{\partial u}\frac{\partial x}{\partial v}\right)=\frac{1}{J^2}J=\frac{1}{J},$$

即得

$$\frac{\partial(u,v)}{\partial(x,y)}\frac{\partial(x,y)}{\partial(u,v)}=1.$$

习题 8.5

A

1. 求下列方程确定的隐函数的导数$\dfrac{\mathrm{d}y}{\mathrm{d}x}$：

（1）$x^2-xy+y^3=8$；　　（2）$x\cos y+y\cos x=1$；

（3）$x^2\mathrm{e}^{2y}-y^2\mathrm{e}^{2x}=0$；　　（4）$\ln\sqrt{x^2+y^2}=\arctan\dfrac{y}{x}$.

2. 求下列隐函数的偏导数$\dfrac{\partial z}{\partial x}$和$\dfrac{\partial z}{\partial y}$：

（1）$xy+yz-xz=0$；　　（2）$xyz=\cos(x+y+z)$；

（3）$x\mathrm{e}^y+yz+z\mathrm{e}^x=0$；　　（4）$\dfrac{x}{z}=\ln\dfrac{z}{y}$.

3. 求由下列方程所确定的隐函数 $z(x,y)$ 的二阶偏导数：

（1）$\mathrm{e}^z-xyz=0$，求$\dfrac{\partial^2 z}{\partial x^2}$；　　（2）$z^3-3xyz=a^3$，求$\dfrac{\partial^2 z}{\partial x\partial y}$；

（3）$x^2+y^2+z^2-4z=0$，求$\dfrac{\partial^2 z}{\partial x^2}$.

4. 设函数 $z=z(x,y)$ 由方程 $z=\mathrm{e}^{2x-3z}+2y$ 确定，求 $3\dfrac{\partial z}{\partial x}+\dfrac{\partial z}{\partial y}$.

B

1. 设 $2\sin(x+2y-3z)=x+2y-3z$，证明$\dfrac{\partial z}{\partial x}+\dfrac{\partial z}{\partial y}=1$.

2. 设 $x=x(y,z)$，$y=y(x,z)$，$z=z(x,y)$都是由方程 $F(x,y,z)=0$ 所确定的具有连续偏导数的隐函数，证明$\dfrac{\partial x}{\partial y}\dfrac{\partial y}{\partial z}\dfrac{\partial z}{\partial x}=-1$.

3. 求下列方程组所确定的隐函数的导数或偏导数：

（1）$\begin{cases}x^2+y^2+z^2-3x=0,\\ 2x-3y+5z-4=0,\end{cases}$求$\dfrac{\mathrm{d}y}{\mathrm{d}x},\dfrac{\mathrm{d}z}{\mathrm{d}x}$；　　（2）$\begin{cases}x+y+z=0,\\ x^2+y^2+z^2=1,\end{cases}$求$\dfrac{\mathrm{d}x}{\mathrm{d}z},\dfrac{\mathrm{d}y}{\mathrm{d}z}$；

（3）$\begin{cases}xu-yv=0,\\ yu+xv=1,\end{cases}$求$\dfrac{\partial u}{\partial x},\dfrac{\partial u}{\partial y},\dfrac{\partial v}{\partial x},\dfrac{\partial v}{\partial y}$；　　（4）$\begin{cases}x=\mathrm{e}^u+u\sin v,\\ y=\mathrm{e}^u-u\cos v,\end{cases}$求$\dfrac{\partial u}{\partial x},\dfrac{\partial u}{\partial y}$.

4. 设 $y=f(x,t)$，而 t 是由方程 $F(x,y,t)=0$ 所确定的 x,y 的函数，其中 f,F 都具有一阶连续偏导数，试证明

$$\frac{\mathrm{d}y}{\mathrm{d}x}=\frac{\dfrac{\partial f}{\partial x}\dfrac{\partial F}{\partial t}-\dfrac{\partial f}{\partial t}\dfrac{\partial F}{\partial x}}{\dfrac{\partial f}{\partial t}\dfrac{\partial F}{\partial y}+\dfrac{\partial F}{\partial t}}.$$

5. 设 $u=f(x,y,z)$ 有连续的一阶偏导数，又函数 $y=y(x)$ 及 $z=z(x)$ 分别由下列两式确定：$\mathrm{e}^{xy}-xy=2$，$\mathrm{e}^{x}=\int_0^{x-z}\frac{\sin t}{t}\mathrm{d}t$，求 $\frac{\mathrm{d}u}{\mathrm{d}x}$.

8.6　多元函数微分法在几何上的应用

8.6 预习检测

8.6.1　空间曲线的切线与法平面

空间曲线的切线定义与平面曲线的切线定义一样，是**割线的极限位置**.例如，设 Γ 是一条空间曲线，点 M_0 是 Γ 上一定点，在点 M_0 附近再取 Γ 上一点 M，过 M_0M 做 Γ 的割线，当点 $M\to M_0$ 时，割线绕点 M_0 摆动，如果割线存在极限直线，则极限位置的直线 M_0T 就称为**曲线 Γ 在点 M_0 的切线**.如图 8-15 所示.

过空间曲线 Γ 上点 M_0 并且垂直于该点处切线的平面，称为**曲线 Γ 在点 M_0 处的法平面**.

下面我们利用多元函数微分法，研究如何求出空间曲线的切线和法平面的方程.

设空间曲线 Γ 的参数方程为

$$\begin{cases}x=x(t),\\ y=y(t),\quad \alpha\leqslant t\leqslant\beta,\\ z=z(t),\end{cases}\tag{8-18}$$

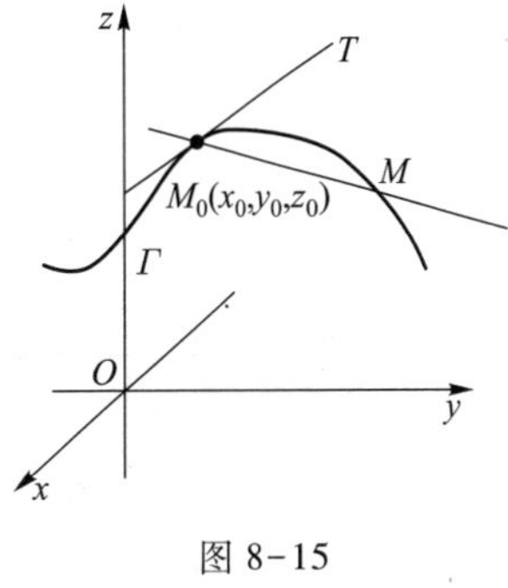

图 8-15

并且设曲线 Γ 的参数方程中的三个函数 $x(t),y(t),z(t)$ 都可导.当 $t=t_0$ 时，对应的点是 $M_0(x(t_0),y(t_0),z(t_0))$，记为 $M_0(x_0,y_0,z_0)$；当 t 有改变量 Δt 时，对应于 $t_0+\Delta t$ 的点 $M(x(t_0+\Delta t),y(t_0+\Delta t),z(t_0+\Delta t))$，即 $M(x_0+\Delta x,y_0+\Delta y,z_0+\Delta z)$ 是 M_0 附近的一点.根据 7.8 节直线方程的知识，可知割线 M_0M 的方向向量是

$$\overrightarrow{M_0M}=\Delta x\boldsymbol{i}+\Delta y\boldsymbol{j}+\Delta z\boldsymbol{k},$$

割线 M_0M 的对称式方程是

$$\frac{x-x_0}{\Delta x}=\frac{y-y_0}{\Delta y}=\frac{z-z_0}{\Delta z},$$

用 Δt 去除上式的各个分母，等式仍然成立

$$\frac{x-x_0}{\dfrac{\Delta x}{\Delta t}}=\frac{y-y_0}{\dfrac{\Delta y}{\Delta t}}=\frac{z-z_0}{\dfrac{\Delta z}{\Delta t}}.$$

由于在点 M_0 的切线是割线的极限位置，当 $\Delta t \to 0$ 时，割线的方向向量 $\left(\dfrac{\Delta x}{\Delta t},\dfrac{\Delta y}{\Delta t},\dfrac{\Delta z}{\Delta t}\right)$ 趋于切线的方向向量 $(x'(t_0),y'(t_0),z'(t_0))$，因此曲线 Γ 在点 $M_0(x_0,y_0,z_0)$ 处的切线方程为

$$\frac{x-x_0}{x'(t_0)}=\frac{y-y_0}{y'(t_0)}=\frac{z-z_0}{z'(t_0)}. \tag{8-19}$$

这里假定 $x'(t_0),y'(t_0),z'(t_0)$ 不同时为零.

曲线 Γ 的切线的方向向量又称为**曲线的切向量**.曲线 Γ 在点 M_0(对应于 $t=t_0$)处的切向量为

$$\boldsymbol{T}=x'(t_0)\boldsymbol{i}+y'(t_0)\boldsymbol{j}+z'(t_0)\boldsymbol{k}=\left(\frac{\mathrm{d}x}{\mathrm{d}t},\frac{\mathrm{d}y}{\mathrm{d}t},\frac{\mathrm{d}z}{\mathrm{d}t}\right)\bigg|_{t=t_0}. \tag{8-20}$$

这样，根据 7.7 节平面的点法式方程，可得曲线 Γ 在点 $M_0(x_0,y_0,z_0)$ 处的法平面方程为

$$x'(t_0)(x-x_0)+y'(t_0)(y-y_0)+z'(t_0)(z-z_0)=0. \tag{8-21}$$

例 1 设空间曲线的参数方程为 $x=2\cos\dfrac{\pi t}{4}$, $y=2\sin\dfrac{\pi t}{4}$, $z=\dfrac{t}{2}$，求曲线在点 $\left(\sqrt{2},\sqrt{2},\dfrac{1}{2}\right)$ 处的切线方程和法平面方程.

解 曲线上的点 $\left(\sqrt{2},\sqrt{2},\dfrac{1}{2}\right)$ 对应于参数 $t=1$.因为

$$x_t'=-2\cdot\frac{\pi}{4}\sin\frac{\pi t}{4}=-\frac{\pi}{2}\sin\frac{\pi t}{4},$$

$$y_t'=2\cdot\frac{\pi}{4}\cos\frac{\pi t}{4}=\frac{\pi}{2}\cos\frac{\pi t}{4},\quad z_t'=\frac{1}{2},$$

所以曲线在 $\left(\sqrt{2},\sqrt{2},\dfrac{1}{2}\right)$ 处的切向量为

$$\boldsymbol{T}=(x'(1),y'(1),z'(1))=\left(-\frac{\pi}{2\sqrt{2}},\frac{\pi}{2\sqrt{2}},\frac{1}{2}\right),$$

于是切线方程为

$$\frac{x-\sqrt{2}}{-\dfrac{\pi}{2\sqrt{2}}}=\frac{y-\sqrt{2}}{\dfrac{\pi}{2\sqrt{2}}}=\frac{z-\dfrac{1}{2}}{\dfrac{1}{2}},$$

即

$$\frac{x-\sqrt{2}}{-\pi}=\frac{y-\sqrt{2}}{\pi}=\frac{z-\dfrac{1}{2}}{\sqrt{2}}.$$

曲线在点 $\left(\sqrt{2},\sqrt{2},\dfrac{1}{2}\right)$ 处的法平面方程为

$$-\pi(x-\sqrt{2})+\pi(y-\sqrt{2})+\sqrt{2}\left(z-\frac{1}{2}\right)=0,$$

即

$$-\pi x+\pi y+\sqrt{2}z-\frac{\sqrt{2}}{2}=0.$$

如果空间曲线用一般方程

$$\begin{cases}F(x,y,z)=0,\\G(x,y,z)=0\end{cases}$$

表示,这时空间曲线是两个曲面 $F(x,y,z)=0, G(x,y,z)=0$ 的交线,考虑把空间曲线的一般方程化为参数方程

$$\begin{cases}x=x,\\y=y(x), \quad x\text{ 为参数}.\\z=z(x),\end{cases}$$

当 $x=x_0$ 时,空间曲线的切向量为

$$\boldsymbol{T}=\boldsymbol{i}+y'(x_0)\boldsymbol{j}+z'(x_0)\boldsymbol{k}=\left(1,\frac{\mathrm{d}y}{\mathrm{d}x},\frac{\mathrm{d}z}{\mathrm{d}x}\right)\bigg|_{x=x_0}.$$

此时,空间曲线可看作隐函数形式表示的曲线,它是由方程组

$$\begin{cases}F(x,y,z)=0,\\G(x,y,z)=0\end{cases}$$

所确定的隐函数$\begin{cases}y=y(x),\\z=z(x)\end{cases}$的图形,为了求隐函数的导数$\frac{\mathrm{d}y}{\mathrm{d}x},\frac{\mathrm{d}z}{\mathrm{d}x}$,根据 8.5 节由方程组确定的隐函数求导法,把方程组

$$\begin{cases}F[x,y(x),z(x)]\equiv 0,\\G[x,y(x),z(x)]\equiv 0\end{cases}$$

中的两个方程的两端分别对 x 求导,得

$$\begin{cases}F_x+F_y\dfrac{\mathrm{d}y}{\mathrm{d}x}+F_z\dfrac{\mathrm{d}z}{\mathrm{d}x}=0,\\[2ex]G_x+G_y\dfrac{\mathrm{d}y}{\mathrm{d}x}+G_z\dfrac{\mathrm{d}z}{\mathrm{d}x}=0.\end{cases}$$

从此方程组解出$\frac{\mathrm{d}y}{\mathrm{d}x},\frac{\mathrm{d}z}{\mathrm{d}x}$即可.

例 2 试求空间曲线$\begin{cases}x^2+y^2+z^2-3x=0,\\2x-3y+5z-4=0\end{cases}$在点$(1,1,1)$处的切线方程和法平面方程.

解 设该空间曲线的参数方程为

$$\begin{cases}x=x,\\y=y(x),\\z=z(x),\end{cases}$$

其切向量为

$$\boldsymbol{T}=\left(1,\frac{\mathrm{d}y}{\mathrm{d}x},\frac{\mathrm{d}z}{\mathrm{d}x}\right)\bigg|_{x=1}.$$

将方程组的两个方程两端分别对 x 求导,得

$$\begin{cases}2x+2y\dfrac{\mathrm{d}y}{\mathrm{d}x}+2z\dfrac{\mathrm{d}z}{\mathrm{d}x}-3=0,\\[2ex]2-3\dfrac{\mathrm{d}y}{\mathrm{d}x}+5\dfrac{\mathrm{d}z}{\mathrm{d}x}=0,\end{cases}\quad \text{即}\quad \begin{cases}2y\dfrac{\mathrm{d}y}{\mathrm{d}x}+2z\dfrac{\mathrm{d}z}{\mathrm{d}x}=3-2x,\\[2ex]3\dfrac{\mathrm{d}y}{\mathrm{d}x}-5\dfrac{\mathrm{d}z}{\mathrm{d}x}=2,\end{cases}$$

当 $\begin{vmatrix}2y & 2z\\3 & -5\end{vmatrix}=-10y-6z\neq 0$ 时,解出

$$\frac{\mathrm{d}y}{\mathrm{d}x}=\frac{\begin{vmatrix}3-2x & 2z\\2 & -5\end{vmatrix}}{-10y-6z}=-\frac{10x-4z-15}{10y+6z},$$

$$\frac{\mathrm{d}z}{\mathrm{d}x}=\frac{\begin{vmatrix}2y & 3-2x\\3 & 2\end{vmatrix}}{-10y-6z}=-\frac{6x+4y-9}{10y+6z},$$

$$\frac{\mathrm{d}y}{\mathrm{d}x}\bigg|_{(1,1,1)}=\frac{9}{16},\quad \frac{\mathrm{d}z}{\mathrm{d}x}\bigg|_{(1,1,1)}=-\frac{1}{16},$$

从而切向量

$$\boldsymbol{T}=\left(1,\frac{9}{16},-\frac{1}{16}\right)=\frac{1}{16}(16,9,-1),$$

利用平行的向量得到切线方程

$$\frac{x-1}{16}=\frac{y-1}{9}=\frac{z-1}{-1},$$

法平面方程为

$$16(x-1)+9(y-1)-(z-1)=0,$$

或者

$$16x+9y-z-24=0.$$

8.6.2 曲面的切平面与法线

设空间曲面 Σ 的方程为

$$F(x,y,z)=0. \tag{8-22}$$

点 $M_0(x_0,y_0,z_0)$是曲面 Σ 上的一点,并设函数 $F(x,y,z)$的偏导数在点 M_0 连续且不同时为零.考虑曲面 Σ 上通过点 M_0 的所有光滑曲线,这些曲线有无数条,我们研究这些曲线在点 M_0 的切线的位置.

在曲面 Σ 上通过点 M_0 任意作一条光滑曲线 Γ,如图 8-16,它的参数方程为

$$\begin{cases}x=x(t),\\y=y(t),\\z=z(t).\end{cases} \tag{8-23}$$

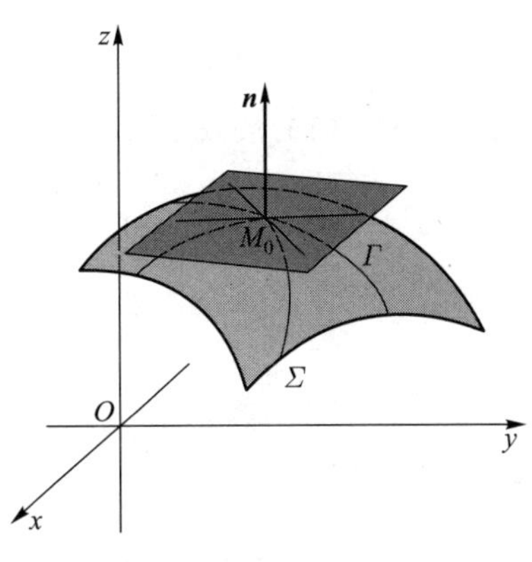

图 8-16

在 $t=t_0$ 时对应于点 $M_0(x_0,y_0,z_0)$，且 $x'(t_0)$，$y'(t_0)$，$z'(t_0)$ 都存在且不同时为零.过点 M_0 的曲线 Γ 的切向量为

$$\boldsymbol{T}=x'(t_0)\boldsymbol{i}+y'(t_0)\boldsymbol{j}+z'(t_0)\boldsymbol{k}.$$

又因为曲线 Γ 在曲面 Σ 上，曲线 Γ 上每一点的坐标都满足曲面的方程(8-22)，有

$$F[x(t),y(t),z(t)]\equiv 0.$$

由于函数 $F(x,y,z)$ 在点 $M_0(x_0,y_0,z_0)$ 处有连续的偏导数，且 $x'(t_0)$，$y'(t_0)$，$z'(t_0)$ 都存在，根据复合函数的全导数公式，恒等式两边对 t 求导数，并将 $t=t_0$ 代入，得

$$\left(F_x\frac{\mathrm{d}x}{\mathrm{d}t}+F_y\frac{\mathrm{d}y}{\mathrm{d}t}+F_z\frac{\mathrm{d}z}{\mathrm{d}t}\right)\bigg|_{t=t_0}=0,$$

即

$$F_x(x_0,y_0,z_0)x'(t_0)+F_y(x_0,y_0,z_0)y'(t_0)+F_z(x_0,y_0,z_0)z'(t_0)=0, \tag{8-24}$$

记向量

$$\boldsymbol{n}=F_x(x_0,y_0,z_0)\boldsymbol{i}+F_y(x_0,y_0,z_0)\boldsymbol{j}+F_z(x_0,y_0,z_0)\boldsymbol{k}, \tag{8-25}$$

则式(8-24)可看作两个向量 $\boldsymbol{n}$ 与 $\boldsymbol{T}$ 的数量积

$$\boldsymbol{n}\cdot\boldsymbol{T}=0.$$

这说明曲线 Γ 的切向量 $\boldsymbol{T}$ 与定向量 $\boldsymbol{n}$ 垂直.注意到 Γ 是过点 M_0 的任意一条光滑曲线，就可断定曲面 Σ 上过点 M_0 的所有光滑曲线在 M_0 处的切线都与定向量 $\boldsymbol{n}$ 垂直，因此这些切线都在同一个平面内，我们就把过点 M_0 的这些切线组成的平面称为**曲面 Σ 在点 M_0 处的切平面**.显然，切平面的法向量为 $\boldsymbol{n}$，切平面的方程是

$$F_x\big|_{M_0}(x-x_0)+F_y\big|_{M_0}(y-y_0)+F_z\big|_{M_0}(z-z_0)=0. \tag{8-26}$$

通过点 $M_0(x_0,y_0,z_0)$ 而垂直于切平面(8-26)的直线称为**曲面 Σ 在该点的法线**.法线的方程是

$$\frac{x-x_0}{F_x\big|_{M_0}}=\frac{y-y_0}{F_y\big|_{M_0}}=\frac{z-z_0}{F_z\big|_{M_0}}. \tag{8-27}$$

垂直于曲面 Σ 的切平面的向量又称为**曲面 Σ 的法向量**.这里向量 $\boldsymbol{n}$ 是曲面 Σ 在点 M_0 处的一个法向量.

例 3　求椭球面 $x^2+2y^2+3z^2=6$ 在点 $(1,-1,-1)$ 处的切平面方程和法线方程.

解　把方程改写成 $x^2+2y^2+3z^2-6=0$，设

$$F(x,y,z)=x^2+2y^2+3z^2-6,$$

则 $F_x=2x$，$F_y=4y$，$F_z=6z$，于是在点 (x,y,z) 处的曲面的法向量

$$\boldsymbol{n}=(2x,4y,6z),$$

在点 $(1,-1,-1)$ 处曲面的法向量

$$\boldsymbol{n}\big|_{(1,-1,-1)}=(2,-4,-6)=2(1,-2,-3),$$

利用与之平行的向量得到过点 $(1,-1,-1)$ 处的切平面方程

$$(x-1)-2(y+1)-3(z+1)=0,$$

即

$$x-2y-3z-6=0,$$

过点(1,-1,-1)的法线方程为

$$\frac{x-1}{1}=\frac{y+1}{-2}=\frac{z+1}{-3}.$$

如果空间曲面 Σ 的方程为

$$z=f(x,y), \tag{8-28}$$

即空间曲面 Σ 是函数 f 的图形时,我们来考察曲面的切平面方程和法线方程.令 $F(x,y,z)=f(x,y)-z$,可知

$$F_x(x,y,z)=f_x(x,y),\quad F_y(x,y,z)=f_y(x,y),\quad F_z(x,y,z)=-1.$$

于是,当二元函数 f 的偏导数都连续时,曲面 Σ 在点 $M(x_0,y_0,z_0)$ 处的法向量为

$$\boldsymbol{n}=(f_x(x_0,y_0),f_y(x_0,y_0),-1).$$

曲面在该点的切平面方程为

$$f_x(x_0,y_0)(x-x_0)+f_y(x_0,y_0)(y-y_0)-(z-z_0)=0. \tag{8-29}$$

而法线方程为

$$\frac{x-x_0}{f_x(x_0,y_0)}=\frac{y-y_0}{f_y(x_0,y_0)}=\frac{z-z_0}{-1}. \tag{8-30}$$

注意到,曲面(8-28)在点 $M(x,y,z)$ 处的法向量为

$$\boldsymbol{n}=(f_x,f_y,-1)\quad 或\quad (-f_x,-f_y,1),$$

前者法向量 $(f_x,f_y,-1)$ 与 z 轴正向成钝角,其方向是向下的;后者 $(-f_x,-f_y,1)$ 的方向与前者相反,其方向是向上的,与 z 轴正向成锐角.

如果用 α,β,γ 表示曲面的法向量的三个方向角,则法向量的方向余弦为

$$\cos\alpha=\pm\frac{f_x}{\sqrt{(f_x)^2+(f_y)^2+1}},\cos\beta=\pm\frac{f_y}{\sqrt{(f_x)^2+(f_y)^2+1}},$$

$$\cos\gamma=\pm\frac{-1}{\sqrt{(f_x)^2+(f_y)^2+1}}. \tag{8-31}$$

例 4 求抛物面 $f(x,y)=x^2+y^2$ 在点(1,2,5)处的切平面方程和法线方程,并求出曲面在点 (x,y,z) 处指向上侧的法向量的方向余弦.

解 由于 $f_x(x,y)=2x,f_y(x,y)=2y$,曲面在点 (x,y,z) 处的法向量为

$$\boldsymbol{n}=(f_x,f_y,-1)=(2x,2y,-1).$$

而指向上侧的法向量应取为 $(-2x,-2y,1)$.在点(1,2,5)处

$$\boldsymbol{n}\big|_{(1,2,5)}=(2,4,-1).$$

曲面在点(1,2,5)处的切平面方程是

$$2(x-1)+4(y-2)-(z-5)=0 \text{ 或 } 2x+4y-z-5=0.$$

在该点的法线方程是

$$\frac{x-1}{2}=\frac{y-2}{4}=\frac{z-5}{-1},$$

曲面在点(x,y,z)处的指向上侧的法向量的方向余弦为

$$\cos\alpha=\frac{-2x}{\sqrt{4x^2+4y^2+1}},\cos\beta=\frac{-2y}{\sqrt{4x^2+4y^2+1}},$$

$$\cos\gamma=\frac{1}{\sqrt{4x^2+4y^2+1}}.$$

8.6.3 全微分的几何意义

把式(8-29)改写成

$$z-z_0=f_x(x_0,y_0)(x-x_0)+f_y(x_0,y_0)(y-y_0), \tag{8-32}$$

这是由方程 $z=f(x,y)$ 表示的曲面 Σ 在点(x_0,y_0,z_0)处的切平面方程.根据 8.3.2 小节函数 $z=f(x,y)$ 的全微分公式,式(8-32)的右端恰好是函数 f 在点(x_0,y_0)处的全微分

$$dz\big|_{(x_0,y_0)}=f_x(x_0,y_0)(x-x_0)+f_y(x_0,y_0)(y-y_0), \tag{8-33}$$

其中自变量在点(x_0,y_0)处的改变量分别为 $\Delta x=x-x_0,\Delta y=y-y_0$.

把式(8-32)与式(8-33)进行比较可以看出,全微分 $dz\big|_{(x_0,y_0)}$ 就等于在点(x_0,y_0,z_0)处曲面的切平面上竖坐标的改变量.当函数 f 可微时,全改变量 $\Delta z=f(x,y)-f(x_0,y_0)$ 可以用全微分 $dz\big|_{(x_0,y_0)}$ 来近似代替,误差是 $\rho=\sqrt{(\Delta x)^2+(\Delta y)^2}$ 的高阶无穷小.全改变量 Δz 就是曲面上点(x_0,y_0,z_0)附近的关于曲面高度(竖坐标)的改变量.如图 8-17 所示.简言之,在函数 f 可微的条件下,局部可以“用切平面代替曲面”.这与一元函数可微时“以直代曲”的思想是类似的.这种思想方法在多元函数积分学中将有着重要的应用.

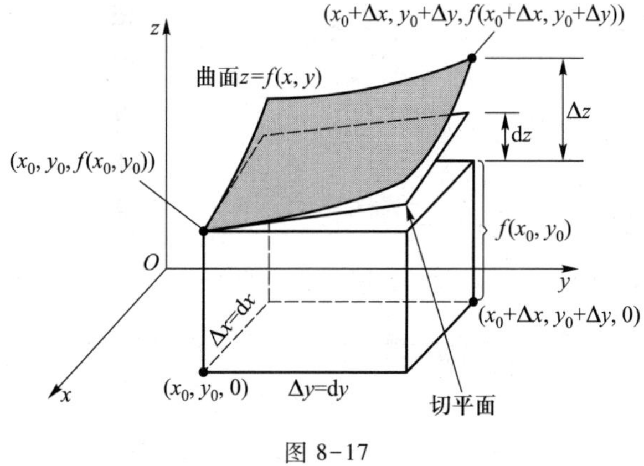

图 8-17

习题 8.6

A

1. 求曲线 $x=t,y=t^2,z=t^3$ 在点$(1,1,1)$处的切线方程及法平面方程.

2. 求曲线 $x=t-\sin t,y=1-\cos t,z=4\sin\dfrac{t}{2}$ 在点$\left(\dfrac{\pi}{2}-1,1,2\sqrt{2}\right)$处的切线方程及法平面方程.

3. 求空间圆周$\begin{cases}x^2+y^2+z^2=6,\\x+y+z=0\end{cases}$在点$(1,-2,1)$处的切线方程及法平面方程.

4. 求曲线 $\Gamma:\begin{cases}x^2+y^2+z^2=6,\\x^2+y^2-z^2=4\end{cases}$在点$(2,1,1)$处的法平面方程.

5. 求空间曲面 $\Sigma:2^{\frac{x}{z}}+2^{\frac{y}{z}}=8$ 上点$(2,2,1)$处的切平面方程和法线方程.

6. 求抛物面 $z=x^2+y^2-1$ 在点$(2,1,4)$处的切平面方程及法线方程.

7. 求曲面 $z-e^z+2xy=3$ 在点$(1,2,0)$处的切平面方程.

8. 求曲面 $z=x^2+y^2$ 的切平面方程,使之与平面 $2x+4y-z=0$ 平行.

B

1. 求出曲线 $x=t,y=t^2,z=t^3$ 上的点,使该点的切线平行于平面 $x+2y+z=4$.

2. 求椭球面 $x^2+2y^2+z^2=1$ 上平行于平面 $x-y+2z=0$ 的切平面方程.

3. 试证曲面$\sqrt{x}+\sqrt{y}+\sqrt{z}=\sqrt{a}\,(a>0)$上任何点处的切平面在各坐标轴上的截距之和等于 a.

4. 求旋转椭球面 $3x^2+y^2+z^2=16$ 上点$(-1,-2,3)$处的切平面与 xOy 平面的夹角的余弦.

5. 在马鞍面 $z=xy$ 上求一点,使这点处的法向量垂直于平面 $x+3y+z+9=0$.

6. 求过直线 $L:\begin{cases}x-1=0,\\2y+z-1=0\end{cases}$且与曲面 $\Sigma:x^2-4y^2=4z$ 相切的平面方程.

8.7 预习检测

8.7 方向导数和梯度

8.7.1 方向导数

在许多实际问题中,常常需要知道多元函数在一点沿着某个方向的变化率.例如,在做天气预报工作时,必须知道大气压沿各个方向的变化率,才能准确预报风向和风力.这在数学上就是多元函数的方向导数的问题.

定义 1 设二元函数 $z=f(x,y)$在点 $P_0(x_0,y_0)$的某邻域有定义,对于给定的自点 P_0 出发的射线(或非零向量)$\boldsymbol{l}$,在射线 $\boldsymbol{l}$ 上任取一点 $P(x_0+\Delta x,y_0+\Delta y)$,点 P_0 到 P 的距离记为 $\rho=\sqrt{(\Delta x)^2+(\Delta y)^2}$(图 8-18),如果函数 f 沿射线 $\boldsymbol{l}$ 的改变量与 ρ 的比值的极限

$$\lim_{\rho\to 0}\frac{f(x_0+\Delta x,y_0+\Delta y)-f(x_0,y_0)}{\rho} \tag{8-34}$$

存在,把此极限值称为**函数 f 在点(x_0,y_0)沿方向 $\boldsymbol{l}$ 的方向导数**,记作

$$\left.\frac{\partial f}{\partial \boldsymbol{l}}\right|_{(x_0,y_0)} \quad \text{或} \quad \left.\frac{\partial z}{\partial \boldsymbol{l}}\right|_{(x_0,y_0)}.$$

对于函数 $u=f(x,y,z)$，考虑在空间区域内一定点 $P_0(x_0,y_0,z_0)$，沿着自 P_0 出发的空间射线 $\boldsymbol{l}$ 方向的方向导数，如图 8-19 所示.类似给出下述定义.

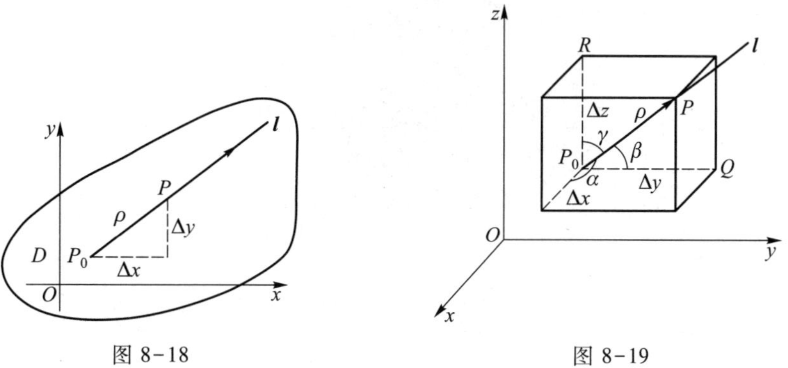

图 8-18　　图 8-19

定义 2　设三元函数 $u=f(x,y,z)$ 在点 $P_0(x_0,y_0,z_0)$ 的某邻域内有定义，对于自点 P_0 出发的空间射线（或非零向量）$\boldsymbol{l}$，在射线 $\boldsymbol{l}$ 上任取一点 $P(x_0+\Delta x,y_0+\Delta y,z_0+\Delta z)$，点 P_0 到 P 的距离记为 $\rho=\sqrt{(\Delta x)^2+(\Delta y)^2+(\Delta z)^2}$，如果函数 f 沿射线 $\boldsymbol{l}$ 的改变量与 ρ 的比值的极限

$$\lim_{\rho\to 0}\frac{f(x_0+\Delta x,y_0+\Delta y,z_0+\Delta z)-f(x_0,y_0,z_0)}{\rho} \tag{8-35}$$

存在，把此极限值称为**函数 f 在点 (x_0,y_0,z_0) 沿方向 $\boldsymbol{l}$ 的方向导数**，记作

$$\left.\frac{\partial f}{\partial \boldsymbol{l}}\right|_{(x_0,y_0,z_0)} \quad \text{或} \quad \left.\frac{\partial u}{\partial \boldsymbol{l}}\right|_{(x_0,y_0,z_0)}.$$

注　函数 f 在点 P_0 处沿方向 $\boldsymbol{l}$ 的方向导数，就是函数 f 沿射线 $\boldsymbol{l}$（空间半直线）方向的变化率.

下面以二元函数为例，说明方向导数的几何意义.设函数 $z=f(x,y)$ 的图形如图 8-20 所示，当限制自变量 x,y 沿方向 $\boldsymbol{l}$ 从点 $P(x_0+\Delta x,y_0+\Delta y)$ 变到 $P_0(x_0,y_0)$ 时，对应空间的点 $M(x_0,y_0,z_0)$ 和射线 $\boldsymbol{l}$ 确定的铅垂平面（平行于 z 轴）与曲面（函数 f 的图形）形成交线 C，这条交线 C 在点 M 处有一条半切线 MN，记此半切线对应于 xOy 平面内方向 $\boldsymbol{l}$ 的倾斜角为 θ，由方向导数定义，则有

$$\left.\frac{\partial f}{\partial \boldsymbol{l}}\right|_{(x_0,y_0)}=\tan\theta. \tag{8-36}$$

这就是说方向导数 $\left.\frac{\partial f}{\partial \boldsymbol{l}}\right|_{(x_0,y_0)}$ 是交线 C 在点 M 处沿方向 $\boldsymbol{l}$ 的半切线对于方向 $\boldsymbol{l}$ 的斜率.容易看出，当 $\left.\frac{\partial f}{\partial \boldsymbol{l}}\right|_{(x_0,y_0)}>0$ 时，函数 f 在点 $P_0(x_0,y_0)$ 沿方向 $\boldsymbol{l}$ 增大；当 $\left.\frac{\partial f}{\partial \boldsymbol{l}}\right|_{(x_0,y_0)}<0$ 时，函数 f 在点 $P_0(x_0,y_0)$ 沿方向 $\boldsymbol{l}$ 减小.

这里给出方向导数的一个物理解释.设函数 $T=f(x,y)$ 表示一个平面区域内每点 (x,y)

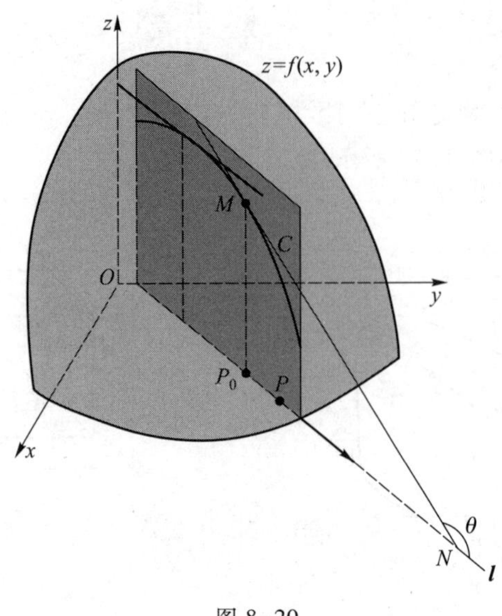

图 8-20

处的温度，则 $f(x_0,y_0)$ 是在点 $P_0(x_0,y_0)$ 处的温度，而方向导数 $\left.\dfrac{\partial f}{\partial \boldsymbol{l}}\right|_{P_0}$ 是温度沿方向 $\boldsymbol{l}$ 在点 P_0 的变化率.

方向导数与偏导数有什么区别与联系呢？根据方向导数与偏导数的定义，函数 f 在点 $P_0(x_0,y_0)$ 处的方向导数 $\dfrac{\partial f}{\partial \boldsymbol{l}}$ 仅是该函数沿射线 $\boldsymbol{l}$ 方向的变化率，而偏导数 $\dfrac{\partial f}{\partial x},\dfrac{\partial f}{\partial y}$ 是沿平行于 x 轴，y 轴的直线方向的变化率.如果将沿 x 轴正、负方向的方向导数分别记成 $\dfrac{\partial f}{\partial x^+},\dfrac{\partial f}{\partial x^-}$，将沿 y 轴正、负方向的方向导数分别记成 $\dfrac{\partial f}{\partial y^+},\dfrac{\partial f}{\partial y^-}$，当两个偏导数都存在时，必有

$$\frac{\partial f}{\partial x^+}=\frac{\partial f}{\partial x},\quad \frac{\partial f}{\partial x^-}=-\frac{\partial f}{\partial x};\quad \frac{\partial f}{\partial y^+}=\frac{\partial f}{\partial y},\quad \frac{\partial f}{\partial y^-}=-\frac{\partial f}{\partial y}.$$

但是反之，如果存在方向导数 $\dfrac{\partial f}{\partial x^+}$ 和 $\dfrac{\partial f}{\partial x^-}$，未必存在 $\dfrac{\partial f}{\partial x}$；如果存在方向导数 $\dfrac{\partial f}{\partial y^+}$ 和 $\dfrac{\partial f}{\partial y^-}$，也未必存在 $\dfrac{\partial f}{\partial y}$.

例 1　考察函数 $z=f(x,y)=\sqrt{x^2+y^2}$，它的图形是如图 8-21 所示的圆锥面，在 xOy 平面的原点 $O(0,0)$ 处沿任何射线 $\boldsymbol{l}$ 的方向导数都等于

$$\left.\frac{\partial f}{\partial \boldsymbol{l}}\right|_{(0,0)}=\tan\frac{\pi}{4}=1.$$

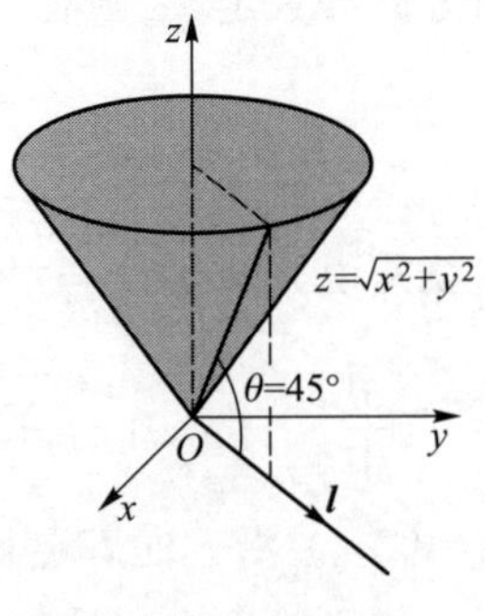

图 8-21

特别地，在点 $O(0,0)$ 沿 x 轴正方向的方向导数以及沿 x 轴负方向

的方向导数都等于 1,即

$$\left.\frac{\partial f}{\partial x^+}\right|_{(0,0)}=1,\quad \left.\frac{\partial f}{\partial x^-}\right|_{(0,0)}=1,$$

但函数 f 在点 $O(0,0)$ 的偏导数 $\left.\frac{\partial f}{\partial x}\right|_{(0,0)}$ 不存在,这个例子说明了偏导数与方向导数的区别.

关于方向导数的存在性及其计算方法,有下面定理.

定理 1　如果函数 $z=f(x,y)$ 在点 $P(x,y)$ 处可微,则函数 f 在该点处沿任一方向 $\boldsymbol{l}$ 的方向导数都存在,且有

$$\frac{\partial f}{\partial \boldsymbol{l}}=\frac{\partial f}{\partial x}\cos\alpha+\frac{\partial f}{\partial y}\cos\beta,\tag{8-37}$$

其中 α,β 是方向 $\boldsymbol{l}$ 的方向角.

证　因函数 f 在点 $P(x,y)$ 可微,由全微分定义

$$\begin{aligned}\Delta z&=f(x+\Delta x,y+\Delta y)-f(x,y)\\&=\frac{\partial f}{\partial x}\Delta x+\frac{\partial f}{\partial y}\Delta y+o(\rho),\end{aligned}$$

其中 $\rho=\sqrt{(\Delta x)^2+(\Delta y)^2}$, $\Delta x=\rho\cos\alpha$, $\Delta y=\rho\cos\beta$(如图 8-22).两边同除以 ρ,得到

$$\begin{aligned}&\frac{f(x+\Delta x,y+\Delta y)-f(x,y)}{\rho}\\&=\frac{\partial f}{\partial x}\frac{\Delta x}{\rho}+\frac{\partial f}{\partial y}\frac{\Delta y}{\rho}+\frac{o(\rho)}{\rho}=\frac{\partial f}{\partial x}\cos\alpha+\frac{\partial f}{\partial x}\cos\beta+\frac{o(\rho)}{\rho},\end{aligned}$$

令 $\rho\to 0$,两边取极限

$$\lim_{\rho\to 0}\frac{f(x+\Delta x,y+\Delta y)-f(x,y)}{\rho}=\frac{\partial f}{\partial x}\cos\alpha+\frac{\partial f}{\partial y}\cos\beta,$$

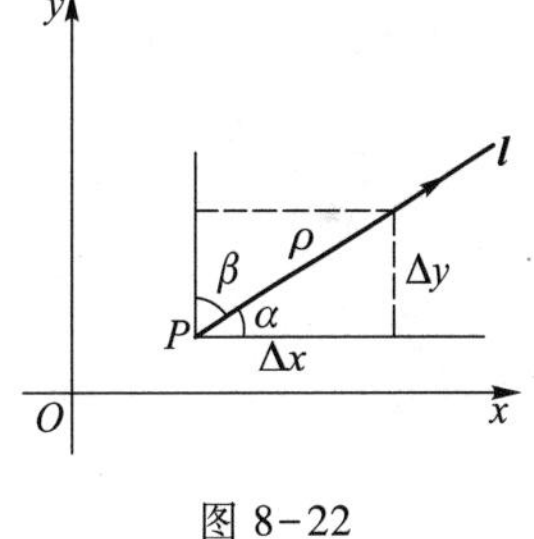

图 8-22

这就证明了方向导数存在,且公式(8-37)成立.

定理 2　若函数 $u=f(x,y,z)$ 在点 $P(x,y,z)$ 处可微,则函数 f 在该点沿任一方向 $\boldsymbol{l}$ 的方向导数存在,且

$$\frac{\partial f}{\partial \boldsymbol{l}}=\frac{\partial f}{\partial x}\cos\alpha+\frac{\partial f}{\partial y}\cos\beta+\frac{\partial f}{\partial z}\cos\gamma,\tag{8-38}$$

其中 α,β,γ 是方向 $\boldsymbol{l}$ 的方向角.

这个定理的证明同定理 1 类似,这里不再写出.

例 2　求函数 $f(x,y)=x^2y^3-4y$ 在点 $(2,-1)$ 沿向量 $\boldsymbol{l}=\boldsymbol{i}+2\boldsymbol{j}$ 方向的方向导数.

解　$f_x=2xy^3$, $f_y=3x^2y^2-4$; $f_x(2,-1)=-4$, $f_y(2,-1)=8$.

由于 $|\boldsymbol{l}|=\sqrt{1^2+2^2}=\sqrt{5}$, $\boldsymbol{l}$ 的方向余弦为

$$\cos\alpha=\frac{1}{\sqrt{5}},\quad \cos\beta=\frac{2}{\sqrt{5}},$$

从而由公式(8-37)得

$$\begin{aligned}\left.\frac{\partial f}{\partial \boldsymbol{l}}\right|_{(2,-1)}&=f_x(2,-1)\cos\alpha+f_y(2,-1)\cos\beta\\&=(-4)\times\frac{1}{\sqrt{5}}+8\times\frac{2}{\sqrt{5}}=\frac{12}{\sqrt{5}}.\end{aligned}$$

例 3 求函数 $u=x^3+y^3+z^2+2xy+xz$ 在点 $P(1,1,1)$ 处沿从点 P 到点 $Q(3,2,-1)$ 方向的方向导数.

解
$$\frac{\partial u}{\partial x}=3x^2+2y+z,\quad \frac{\partial u}{\partial y}=3y^2+2x,\quad \frac{\partial u}{\partial z}=2z+x,$$

$$\left.\frac{\partial u}{\partial x}\right|_{(1,1,1)}=6,\left.\frac{\partial u}{\partial y}\right|_{(1,1,1)}=5,\left.\frac{\partial u}{\partial z}\right|_{(1,1,1)}=3.$$

由于向量 $\overrightarrow{PQ}=2\boldsymbol{i}+\boldsymbol{j}-2\boldsymbol{k}$, $|\overrightarrow{PQ}|=\sqrt{2^2+1^2+(-2)^2}=3$,其方向余弦为

$$\cos\alpha=\frac{2}{3},\quad \cos\beta=\frac{1}{3},\quad \cos\gamma=-\frac{2}{3}.$$

从而由公式(8-38),得

$$\begin{aligned}\left.\frac{\partial u}{\partial \boldsymbol{l}}\right|_{(1,1,1)}&=\left.\frac{\partial u}{\partial x}\right|_{(1,1,1)}\cos\alpha+\left.\frac{\partial u}{\partial y}\right|_{(1,1,1)}\cos\beta+\left.\frac{\partial u}{\partial z}\right|_{(1,1,1)}\cos\gamma\\&=6\times\frac{2}{3}+5\times\frac{1}{3}+3\times\left(-\frac{2}{3}\right)=\frac{11}{3}.\end{aligned}$$

8.7.2 梯度

方向导数的概念和计算,解决了函数 $u=f(x,y,z)$ 在给定点处沿某个方向的变化率问题.然而从给定点出发在空间有无穷多个方向,函数 f 沿其中的哪个方向变化率最大呢? 最大的变化率又是多少呢? 这是在实际问题中常常需要探索的.为了解决这个问题,我们分析方向导数公式(8-38):

$$\frac{\partial u}{\partial \boldsymbol{l}}=\frac{\partial u}{\partial x}\cos\alpha+\frac{\partial u}{\partial y}\cos\beta+\frac{\partial u}{\partial z}\cos\gamma,\tag{8-39}$$

这里 $\cos\alpha,\cos\beta,\cos\gamma$ 是方向 $\boldsymbol{l}$ 的方向余弦.如果引入单位向量

$$\boldsymbol{e}_l=\cos\alpha\boldsymbol{i}+\cos\beta\boldsymbol{j}+\cos\gamma\boldsymbol{k},$$

以及向量

$$G=\frac{\partial u}{\partial x}\boldsymbol{i}+\frac{\partial u}{\partial y}\boldsymbol{j}+\frac{\partial u}{\partial z}\boldsymbol{k}. \tag{8-40}$$

根据两向量的数量积定义,可得

$$\begin{aligned}\frac{\partial u}{\partial \boldsymbol{l}}&=\left(\frac{\partial u}{\partial x}\boldsymbol{i}+\frac{\partial u}{\partial y}\boldsymbol{j}+\frac{\partial u}{\partial z}\boldsymbol{k}\right)\cdot(\cos\alpha\boldsymbol{i}+\cos\beta\boldsymbol{j}+\cos\gamma\boldsymbol{k})\\&=\boldsymbol{G}\cdot\boldsymbol{e}_l=|\boldsymbol{G}|\,|\boldsymbol{e}_l|\cos(\widehat{\boldsymbol{G},\boldsymbol{e}_l})=|\boldsymbol{G}|\cos(\widehat{\boldsymbol{G},\boldsymbol{e}_l}),\end{aligned}$$

此式表明,当方向 $\boldsymbol{e}_l$ 和 $\boldsymbol{G}$ 的方向一致时,即满足 $\cos(\widehat{\boldsymbol{G},\boldsymbol{e}_l})=1$ 时,方向导数取得最大值,其值为

$$\frac{\partial u}{\partial \boldsymbol{l}}=|\boldsymbol{G}|.$$

由此可见,向量 $\boldsymbol{G}$ 就是函数 f 变化率最大的方向,即方向导数取最大值的方向,其模正好是这个最大的方向导数值.向量 $\boldsymbol{G}$ 是一个有特殊意义的向量,为此我们引入

定义 3　设三元函数 $u=f(x,y,z)$ 在空间区域 Ω 内具有一阶连续偏导数,向量 $\frac{\partial u}{\partial x}\boldsymbol{i}+\frac{\partial u}{\partial y}\boldsymbol{j}+\frac{\partial u}{\partial z}\boldsymbol{k}$ 称为函数 f 在点 $P(x,y,z)$ 处的**梯度**,记为 **grad** u 或 ∇f,即

$$\mathbf{grad}\,u=\nabla f=\frac{\partial u}{\partial x}\boldsymbol{i}+\frac{\partial u}{\partial y}\boldsymbol{j}+\frac{\partial u}{\partial z}\boldsymbol{k}. \tag{8-41}$$

梯度的模为

$$|\mathbf{grad}\,u|=\sqrt{\left(\frac{\partial u}{\partial x}\right)^2+\left(\frac{\partial u}{\partial y}\right)^2+\left(\frac{\partial u}{\partial z}\right)^2}. \tag{8-42}$$

由于二元函数 $u=f(x,y)$ 的定义域 D 是 xOy 平面上的区域,类似定义的梯度向量是 xOy 平面上的向量

$$\mathbf{grad}\,u=\frac{\partial f}{\partial x}\boldsymbol{i}+\frac{\partial f}{\partial y}\boldsymbol{j}=\left(\frac{\partial f}{\partial x},\frac{\partial f}{\partial y},0\right). \tag{8-43}$$

例 4　设函数 $u=f(x,y,z)=x^3+2xy+y^3+z^3$,求在点(1,1,1)处函数 f 的梯度.在点(1,1,1)处沿什么方向的方向导数取最大值? 最大值是多少?

解
$$\frac{\partial u}{\partial x}=3x^2+2y,\quad \frac{\partial u}{\partial y}=2x+3y^2,\quad \frac{\partial u}{\partial z}=3z^2,$$

由公式(8-41),可得

$$\mathbf{grad}\,u=\left(\frac{\partial u}{\partial x},\frac{\partial u}{\partial y},\frac{\partial u}{\partial z}\right)=(3x^2+2y,2x+3y^2,3z^2),$$

$$\mathbf{grad}\,u\big|_{(1,1,1)}=(5,5,3)=5\boldsymbol{i}+5\boldsymbol{j}+3\boldsymbol{k},$$

$$|\mathbf{grad}\ u|\big|_{(1,1,1)}=\sqrt{5^2+5^2+3^2}=\sqrt{59}.$$

根据梯度的定义,在点(1,1,1)处函数沿方向 $5\boldsymbol{i}+5\boldsymbol{j}+3\boldsymbol{k}$ 的方向导数取最大值,方向导数的最大值是 $\sqrt{59}$.

例 5　设二元函数 $z=f(x,y)=xe^y$,求函数 f 在点 $P(2,0)$ 处的梯度.问函数 f 在 P 点处沿哪个方向的变化率最大?最大变化率是多少?

解
$$\frac{\partial f}{\partial x}=e^y,\quad \frac{\partial f}{\partial y}=xe^y,\quad \mathbf{grad}\ u=(e^y,xe^y),$$

$$\mathbf{grad}\ u\big|_{(2,0)}=(1,2)=\boldsymbol{i}+2\boldsymbol{j},\ |\mathbf{grad}\ u|\big|_{(2,0)}=\sqrt{1^2+2^2}=\sqrt{5}.$$

根据梯度的定义可知,函数 f 沿方向 $\boldsymbol{i}+2\boldsymbol{j}$ 的变化率最大,最大变化率是 $\sqrt{5}$.

8.7.3　等值线、等值面与梯度的意义

设二元函数 $z=f(x,y)$,考虑在 xOy 平面上使得函数值恒为某常数 k 的点集,即满足方程

$$f(x,y)=k\quad(k\text{ 是在函数 }f\text{ 的值域内的常数})$$

的平面点集,一般它是 xOy 平面内的曲线,称其为二元函数 f 的**等值线**.如图 8-23 所示.

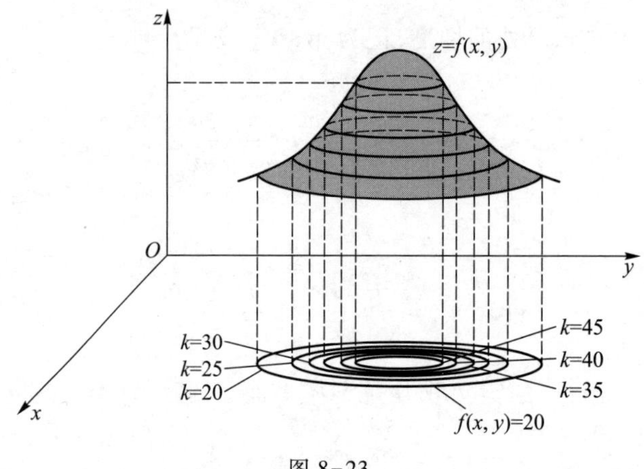

图 8-23

等值线在地形图上就是等高线.由图 8-23 可以看出等值线 $f(x,y)=k$ 正好是函数 f 的图形与水平面 $z=k$ 的截痕在 xOy 平面的投影.

当 k 取一系列可能的数值时,就得到函数 f 的许多条等值线,称为函数 f 的**等值线族**.

对于三元函数 $u=f(x,y,z)$,满足方程

$$f(x,y,z)=k\quad(k\text{ 是在函数 }f\text{ 的值域内的常数})$$

的空间的点集,一般它构成空间的一张曲面 Σ,称此曲面为三元函数 f 的**等值面**.

当 k 取一系列可能的数值时,就得到函数 f 的许多张等值面,称为函数 f 的**等值面族**.

例如,三元函数 $u=f(x,y,z)=x^2+y^2+z^2$ 的等值面是

$$x^2+y^2+z^2=k,k\geqslant 0.$$

显然当 k 取不同的值时，这是中心在原点(0,0,0)，半径为$\sqrt{k}$的一族球面.如图 8-24 所示.当点(x,y,z)在任何一张这样的球面上变化时，函数值$f(x,y,z)$保持不变.

建立了等值线、等值面的概念，我们可以进一步考查梯度向量的意义.由于三元函数 $u=f(x,y,z)$ 的等值面

$$f(x,y,z)=k$$

是一张空间曲面 $\boldsymbol{\Sigma}$，在这张曲面上点 $M(x,y,z)$ 处的法向量 $\boldsymbol{n}$ 为

$$\left(\frac{\partial u}{\partial x},\frac{\partial u}{\partial y},\frac{\partial u}{\partial z}\right)\text{或}\left(-\frac{\partial u}{\partial x},-\frac{\partial u}{\partial y},-\frac{\partial u}{\partial z}\right),$$

对比式(8-41)，可知梯度就是等值面 $\boldsymbol{\Sigma}$ 的法向量，它与法线的一个方向相同.又因沿梯度方向的方向导数$\frac{\partial u}{\partial \boldsymbol{l}}=|\mathbf{grad}\ u|>0$，这说明梯度指向函数值增大的方向，即从数值较小的等值面指向数值较大的等值面.

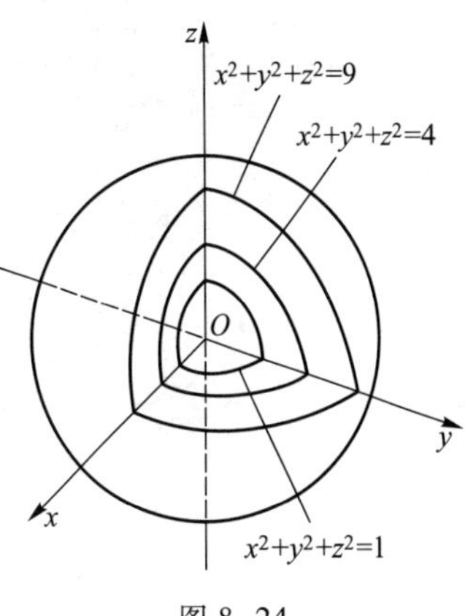

图 8-24

对于二元函数 $z=f(x,y)$，它在 xOy 平面内的等值线$\{(x,y)\mid f(x,y)=k\}$，可看作平行于 z 轴的柱面与 xOy 平面的交线$\begin{cases}f(x,y)=k,\\z=0\end{cases}$在等值线上的点 $P(x,y)$处的法向量为

$$(f_x,f_y)\text{或}(-f_x,-f_y),$$

对比式(8-43)，可知梯度向量与等值线的法线的一个方向相同，并且从数值较小的等值线指向数值较大的等值线，如图 8-25 所示.

为了更形象地理解梯度向量的意义，不妨将二元函数 $z=f(x,y)$的图形想象为一座山丘(或山谷，见图 8-26)，函数值$f(x,y)$代表坐标为(x,y)的点处的海拔高度.如图 8-27 所示.研究山丘的地形图，梯度的方向与等高线垂直且指向山头，可以如图 8-28 一样画出一条最陡的上升曲线.这便是上山的捷径.如果总是沿着与梯度垂直的方向走，那么一定到不了山顶，因为这种情况下总是在一条等高线上走，如图 8-28 所示.

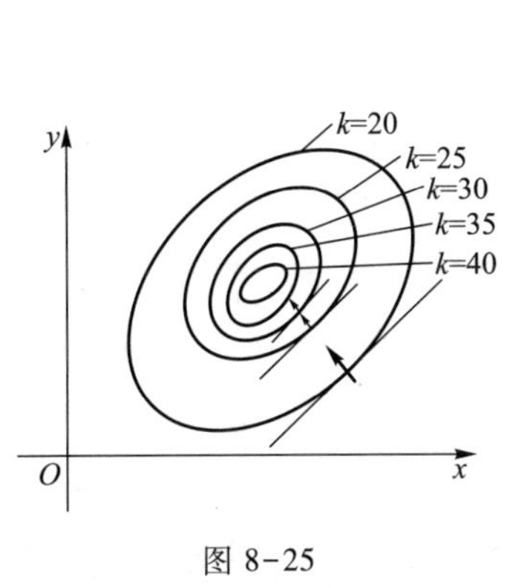

图 8-25

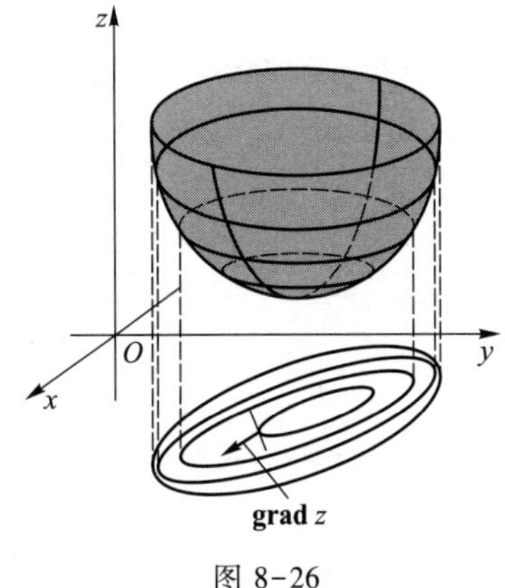

图 8-26

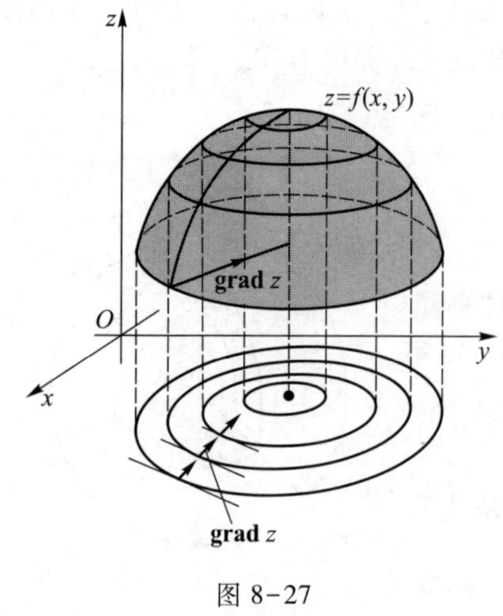

图 8-27

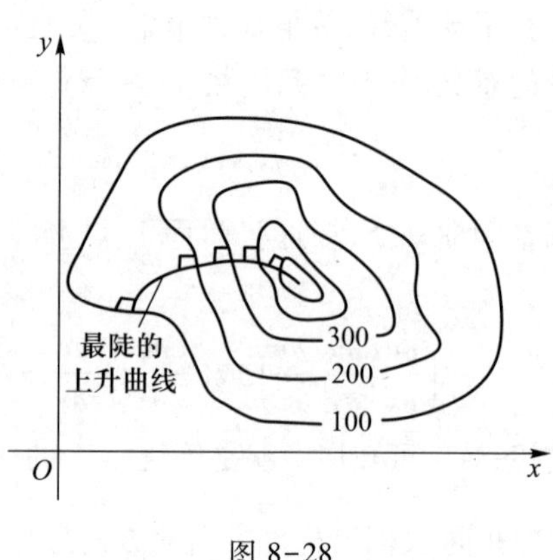

图 8-28

习题 8.7

A

1. 求函数 $z=x^2+y^2$ 在点(1,2)处沿从点(1,2)到点$(2,2+\sqrt{3})$方向的方向导数.

2. 求函数 $f(x,y)=\sin(x+2y)$ 在点(1,2)处沿与 x 轴正向夹角为$-\dfrac{2\pi}{3}$的射线方向的方向导数.

3. 求函数 $z=\mathrm{e}^x\sin y$ 在点$\left(1,\dfrac{\pi}{4}\right)$沿方向 $\boldsymbol{l}=(-1,2)$ 的方向导数和梯度.

4. 求函数 $u=\sqrt{xyz}$在点 $P(2,4,2)$处沿从点 P 到点 $Q(6,6,-2)$方向的方向导数和梯度.

5. 求函数 $u=x\arctan\dfrac{y}{z}$在点 $P(1,2,-2)$处的梯度和沿方向 $\boldsymbol{l}=(1,1,-1)$的方向导数.

6. 求函数 $u=\ln(x+\sqrt{y^2+z^2})$在点 $A(1,0,1)$处沿 A 点指向 $B(3,-2,2)$点方向的方向导数.

7. 求 $u=\ln(x^2+y^2+z^2)$在点 $M(1,2,-2)$处的梯度.

B

1. 求下列函数在指定点的最大变化率及其对应的方向：

(1) $f(x,y)=\ln(x^2+y^2)$，$(1,2)$；　　(2) $f(x,y,z)=\dfrac{x}{y}+\dfrac{y}{z}$，$(4,2,1)$.

2. 求函数 $z=\ln(x+y)$在抛物线 $y^2=4x$ 上点(1,2)处,沿着抛物线在该点偏向 x 轴正向的切线方向的方向导数.

3. 求函数 $z=1-\left(\dfrac{x^2}{a^2}+\dfrac{y^2}{b^2}\right)$在点$\left(\dfrac{a}{\sqrt{2}},\dfrac{b}{\sqrt{2}}\right)$处沿曲线$\dfrac{x^2}{a^2}+\dfrac{y^2}{b^2}=1$在这点的内法线方向的方向导数.

4. 求函数 $u=x^2+y^2+z^2$ 在曲线 $x=t,y=t^2,z=t^3$ 上点(1,1,1)处,沿曲线在该点的切线正方向(对应于 t 增大的方向)的方向导数.

5. 设函数 $u=xy^2z$,在点 $P(1,-1,2)$处沿什么方向的方向导数值最大,并求此方向导数的最大值.

6. 求函数 $u=x+y+z$ 在球面 $x^2+y^2+z^2=1$ 上点(x_0,y_0,z_0)处,沿球面在该点的外法线方向的方向导数.

7. 设 $\boldsymbol{n}$ 是曲面 $2x^2+3y^2+z^2=6$ 在点 $P(1,1,1)$ 处指向外侧的法向量，求 $u=\dfrac{\sqrt{6x^2+8y^2}}{z}$ 在点 P 处沿方向 $\boldsymbol{n}$ 的方向导数.

8.8　多元函数的极值

8.8 预习检测

在生产实践和科学研究中，往往会遇到多元函数的最大值、最小值问题，与一元函数相类似，多元函数的最大值、最小值与极大值、极小值有密切关系.我们以二元函数为例，先讨论二元函数的极值问题.

8.8.1　极值的定义及求法

定义　设函数 $z=f(x,y)$ 在点 $P(x_0,y_0)$ 的某邻域内有定义，若存在 P 的某去心邻域 $\mathring{U}(P,\delta)$，使对任意的 $(x,y)\in\mathring{U}(P,\delta)$，都有 $f(x,y)>f(x_0,y_0)$，则称 $f(x_0,y_0)$ 为 $f(x,y)$ 的一个**极小值**.若对任意的 $(x,y)\in\mathring{U}(P,\delta)$，都有 $f(x,y)<f(x_0,y_0)$，则称 $f(x_0,y_0)$ 为 $f(x,y)$ 的一个**极大值**.

极大值与极小值统称为**极值**，使函数取得极值的点称为**极值点**.

容易验证，函数 $z=x^2+y^2$ 在 $(0,0)$ 处有极小值，因为对于 $(0,0)$ 的任一去心邻域内的点 (x,y)，都有 $f(x,y)>f(0,0)=0$(图 8-29).$z=-\sqrt{x^2+y^2}$ 在 $(0,0)$ 处有极大值(图 8-30).函数 $z=x^2-y^2$ 在 $(0,0)$ 处不取极值，因为在点 $(0,0)$ 处函数值为 0，而在点 $(0,0)$ 的任一去心邻域内总有使函数值为正的点，也有使函数值为负的点(图 8-31).

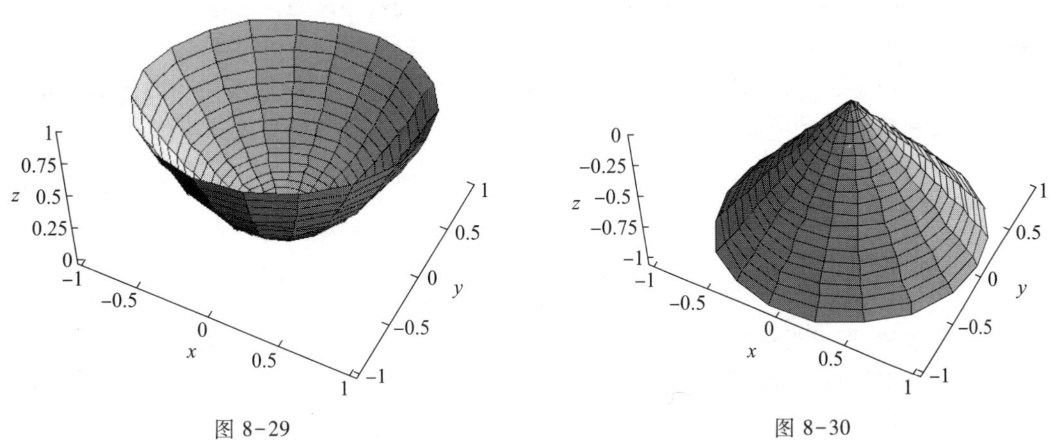

图 8-29　　图 8-30

若可微函数 $z=f(x,y)$ 在点 $P(x_0,y_0)$ 取得极值，则函数 $f(x,y_0)$ 作为 x 的一元函数在 $x=x_0$ 处也必有极值.按一元函数有极值的必要条件，有 $f_x(x_0,y_0)=0$，同理，$f(x_0,y)$ 作为 y 的一元函数在 $y=y_0$ 处也必有极值.因而有 $f_y(x_0,y_0)=0$.于是便得到二元函数取极值的必要条件.

定理 1　设二元函数 $z=f(x,y)$ 在点 $P(x_0,y_0)$ 处可微，则在点 $P(x_0,y_0)$ 取极值的必要条件是

$$f_x(x_0,y_0)=0,\quad f_y(x_0,y_0)=0.$$

类似一元函数,对可微的二元函数,方程组

$$\begin{cases}f_x(x,y)=0,\\ f_y(x,y)=0\end{cases}$$

的解对应的点(x,y)称为函数$z=f(x,y)$的驻点.从几何上看,如果$z=f(x,y)$在$P(x_0,y_0)$处可微,则曲面$z=f(x,y)$在驻点处的切平面为

$$z=f(x_0,y_0).$$

这表明曲面在驻点处的切平面平行于 xOy 面.

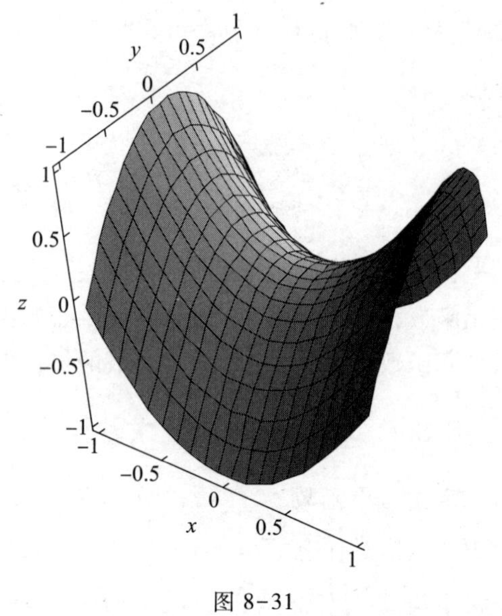

图 8-31

定理 1 告诉我们,对可微函数而言,极值点一定是驻点.但此结论反之不成立.例如$(0,0)$是$z=x^2-y^2$的驻点,但不是极值点.那么,如何从驻点去寻找极值点呢? 我们有二元函数取极值的充分条件.

定理 2 设函数 $z=f(x,y)$在 $P(x_0,y_0)$的某邻域内有二阶连续偏导数,且$f_x(x_0,y_0)=0$,$f_y(x_0,y_0)=0$,记 $A=f_{xx}(x_0,y_0)$,$B=f_{xy}(x_0,y_0)$,$C=f_{yy}(x_0,y_0)$,则有如下结论:

(ⅰ) 当 $AC-B^2>0$ 时,$f(x_0,y_0)$为极值,并且当 $A<0$ 时,$f(x_0,y_0)$为极大值,当 $A>0$ 时,$f(x_0,y_0)$为极小值;

(ⅱ) 当 $AC-B^2<0$ 时,$f(x_0,y_0)$不是极值;

(ⅲ) 当 $AC-B^2=0$ 时,$f(x_0,y_0)$可能是也可能不是极值,还需另作讨论.

这个定理的证明略.

总结上述讨论,极值点只可能是偏导数不存在的点和驻点.偏导数不存在的点需要根据极值的定义判断是不是极值点.对二阶偏导数存在的函数,求函数的极值的步骤如下.

第一步 解方程组

$$\begin{cases}f_x(x,y)=0,\\ f_y(x,y)=0,\end{cases}$$

求得一切实数解,即求得一切驻点.

第二步 对于每一个驻点(x_0,y_0),求出二阶导数的值 A,B 和 C.

第三步 确定 $AC-B^2$的符号,按定理 2 的结论判定 $f(x_0,y_0)$是否极值,是极大值还是极小值.

例 1 求函数 $z=2xy-3x^2-2y^2+10$ 的极值.

解 解方程组

$$\begin{cases}f_x(x,y)=2y-6x=0,\\ f_y(x,y)=2x-4y=0\end{cases}$$

得 $x=0,y=0$，即驻点为 $(0,0)$. 在驻点 $(0,0)$ 处，

$$A=f_{xx}(x_0,y_0)=-6,\quad B=f_{xy}(x_0,y_0)=2,\quad C=f_{yy}(x_0,y_0)=-4.$$

因 $AC-B^2=(-6)\times(-4)-2^2=20>0$ 且 $A<0$，故在 $(0,0)$ 处函数有极大值，极大值为 $z(0,0)=10$.

例 2　求函数 $f(x,y)=(2ax-x^2)(2by-y^2)$ 的极值（假定 $ab\neq 0$）.

解　解方程组

$$\begin{cases} f_x(x,y)=(2a-2x)(2by-y^2)=0, \\ f_y(x,y)=(2ax-x^2)(2b-2y)=0, \end{cases}$$

求得驻点为 $(0,0)$，$(0,2b)$，$(2a,0)$，$(2a,2b)$，(a,b). 再求出二阶偏导数

$$A=f_{xx}(x,y)=-2(2by-y^2),\quad B=f_{xy}(x,y)=4(a-x)(b-y),\quad C=f_{yy}(x,y)=-2(2ax-x^2).$$

在点 $(0,0)$，$(0,2b)$，$(2a,0)$，$(2a,2b)$ 处均有 $AC-B^2<0$，所以函数在这些点处均不取极值.

在点 (a,b) 处，$AC-B^2=4a^2b^2>0$，且 $A=-2b^2<0$，所以函数在 (a,b) 处有极大值 $f(a,b)=a^2b^2$.

8.8.2　函数的最大值与最小值

和一元函数一样，要求函数在某个有界闭区域上的最大值和最小值，只要把区域内偏导数不存在的点和驻点全部找出来，并计算这些点处的函数值，然后求出边界上的最大值与最小值，比较这些函数值，即可得到函数在闭区域上的最大值和最小值.

例 3　求函数 $z=\sqrt{4-x^2-y^2}$ 在圆域 $x^2+y^2\leqslant 1$ 上的最大值.

解　解方程组

$$\begin{cases} f_x(x,y)=\dfrac{-x}{\sqrt{4-x^2-y^2}}=0, \\ f_y(x,y)=\dfrac{-y}{\sqrt{4-x^2-y^2}}=0 \end{cases}$$

得驻点 $(0,0)$，$z(0,0)=2$. 在圆周上 $z=\sqrt{3}$，所以函数的最大值为 $z=2$.

在实际问题中，有时可根据题意知道 $f(x,y)$ 一定有最大值或最小值，并且在 D 内仅有一个驻点，则该驻点处的函数值就是所要求的最大值或最小值.

例 4　要制造一个体积为 $0.5\ \mathrm{m}^3$ 的长方体盒子，问如何选定尺寸使用料最省？

解　设长方体的长、宽、高分别为 x,y,z 则体积 $V=xyz=\dfrac{1}{2}$，表面积为 $S=2(xy+xz+yz)$. 现在要求 S 的最小值，把 $z=\dfrac{V}{xy}=\dfrac{1}{2xy}$ 代入 S 的表达式中，有 $S=2xy+\dfrac{1}{x}+\dfrac{1}{y}$，则

$$\begin{cases} S_x(x,y)=2y-\dfrac{1}{x^2}=0, \\ S_y(x,y)=2x-\dfrac{1}{y^2}=0, \end{cases}$$

解得 $x=y=\dfrac{1}{\sqrt[3]{2}}$，于是得到 S 在开区域 $\{(x,y)\mid x>0,y>0\}$ 内的唯一驻点 $\left(\dfrac{1}{\sqrt[3]{2}},\dfrac{1}{\sqrt[3]{2}}\right)$，由题意，$S$ 必有最小值，因此，当 $x=y=z=\dfrac{1}{\sqrt[3]{2}}$ 时，S 取得最小值，即用料最省.

微课
8.8 节例 5

例 5 求函数 $f(x,y)=xy^2(4-x-y)$ 在由直线 $x+y=6$ 及 x 轴和 y 轴所围成的有界闭区域 D 上的最大值、最小值.

解 令

$$f_x(x,y)=y^2(4-x-y)-xy^2=y^2(4-2x-y)=0,$$

$$f_y(x,y)=xy(8-2x-3y)=0,$$

得驻点 $(x,0),(1,2),x\in\mathbf{R}$.

在边界 $x=0(0\leqslant y\leqslant 6)$ 上，$f(x,y)=0$；在边界 $y=0(0\leqslant x\leqslant 6)$ 上，$f(x,y)=0$；

在边界 $x+y=6$ 上，

$$z=f(x,6-x)=-2x(6-x)^2 \quad (0\leqslant x\leqslant 6),$$

令 $\dfrac{\mathrm{d}z}{\mathrm{d}x}=6(6-x)(x-2)=0$，解得驻点 $x=2,x=6$.

$$z\big|_{x=2}=f(2,4)=-2\times2\times4^2=-64,z\big|_{x=6}=f(6,0)=0,f(1,2)=4,f(x,0)=0.$$

故函数的最大值是 4，最小值是 -64.

8.8.3 条件极值

上面讨论的多元函数的极值问题，对于函数的自变量，除了限制在函数的定义域内，并无其他要求，这种极值称为无条件极值.在实际问题中，我们还时常遇到另一种类型的极值问题，那就是对函数的自变量，除了限制在函数的定义域内之外，自变量之间还要受到其他条件的约束，这类在一定约束条件下求函数的极值问题就是条件极值问题.例如例 4 中，自变量 x,y,z 除受到条件 $x>0,y>0,z>0$ 的限制外，还有附加条件 $xyz=\dfrac{1}{2}$，这就是一个条件极值问题.在有些条件极值问题中，可把条件代入到目标函数中，转化为无条件极值.如例 4 中，将 $z=\dfrac{V}{xy}=\dfrac{1}{2xy}$ 代入 S 中，得 $S=2xy+\dfrac{1}{x}+\dfrac{1}{y}$，从而化成了求 $S=2xy+\dfrac{1}{x}+\dfrac{1}{y}$ 的无条件极值.

但在很多情形下，无法将条件极值转化为无条件极值.下面我们介绍一种直接求条件极值的方法——拉格朗日乘数法，这种方法是例 4 解法的一般化.

定理 3 设 $z=f(x,y),\phi(x,y)$ 在 $M_0(x_0,y_0)$ 的某一邻域内有一阶连续偏导数，且 $\phi_y(x_0,$

$y_0)\neq 0$，则函数 $z=f(x,y)$ 在约束条件 $\phi(x,y)=0$ 下，在 $M_0(x_0,y_0)$ 处取极值的必要条件是：存在常数 λ_0，使得拉格朗日函数

$$L(x,y,\lambda)=f(x,y)+\lambda\phi(x,y)$$

在 (x_0,y_0) 处满足拉格朗日方程组

$$\begin{cases}L_x=f_x(x_0,y_0)+\lambda_0\phi_x(x_0,y_0)=0,\\ L_y=f_y(x_0,y_0)+\lambda_0\phi_y(x_0,y_0)=0,\\ L_\lambda=\phi(x_0,y_0)=0.\end{cases}$$

证 设 (x_0,y_0) 是函数 $f(x,y)$ 在条件 $\phi(x,y)=0$ 下的极值点，于是 $\phi(x_0,y_0)=0$. 又按假设 $\phi_y(x_0,y_0)\neq 0$，由隐函数存在定理知，在 (x_0,y_0) 附近存在唯一的且具有一阶连续导数的一元函数 $y=y(x)$，并满足

$$y_0=y(x_0),\quad \left.\frac{\mathrm{d}y}{\mathrm{d}x}\right|_{x=x_0}=-\frac{\phi_x(x_0,y_0)}{\phi_y(x_0,y_0)}.$$

将 $y=y(x)$ 代入 $z=f(x,y)$ 中，得到关于 x 的一元函数 $z=f(x,y(x))$，于是 $z=f(x,y(x))$ 在 x_0 处取极值，所以 $\left.\frac{\mathrm{d}z}{\mathrm{d}x}\right|_{x=x_0}=0$. 而

$$\frac{\mathrm{d}z}{\mathrm{d}x}=f_x+f_y\frac{\mathrm{d}y}{\mathrm{d}x},$$

即

$$f_x(x_0,y_0)+f_y(x_0,y_0)\left[-\frac{\phi_x(x_0,y_0)}{\phi_y(x_0,y_0)}\right]=0.$$

令 $\lambda_0=-\dfrac{f_y(x_0,y_0)}{\phi_y(x_0,y_0)}$，则有

$$\begin{cases}f_x(x_0,y_0)+\lambda_0\phi_x(x_0,y_0)=0,\\ f_y(x_0,y_0)+\lambda_0\phi_y(x_0,y_0)=0,\\ \phi(x_0,y_0)=0.\end{cases}$$

若引入拉格朗日函数 $L(x,y,\lambda)=f(x,y)+\lambda\phi(x,y)$，则上述方程组恰好是 $L(x,y,\lambda)$ 的驻点所满足的方程组

$$\begin{cases}L_x=f_x(x_0,y_0)+\lambda_0\phi_x(x_0,y_0)=0,\\ L_y=f_y(x_0,y_0)+\lambda_0\phi_y(x_0,y_0)=0,\\ L_\lambda=\phi(x_0,y_0)=0.\end{cases}$$

应当注意，拉格朗日乘数法只给出极值点满足的必要条件，因此，按照这个方法求得的 (x_0,y_0) 是不是极值点还需要讨论.

上述方法还可推广到自变量多于两个，而约束条件不止一个的情形. 例如要求函数 $u=$

$f(x,y,z)$ 在约束条件 $\phi(x,y,z)=0$ 及 $\psi(x,y,z)=0$ 下的极值，可以先构造拉格朗日函数

$$L(x,y,z,\lambda_1,\lambda_2)=f(x,y,z)+\lambda_1\phi(x,y,z)+\lambda_2\psi(x,y,z),$$

然后解方程组

$$\begin{cases}L_x=f_x(x,y,z)+\lambda_1\phi_x(x,y,z)+\lambda_2\psi_x(x,y,z)=0,\\ L_y=f_y(x,y,z)+\lambda_1\phi_y(x,y,z)+\lambda_2\psi_y(x,y,z)=0,\\ L_z=f_z(x,y,z)+\lambda_1\phi_z(x,y,z)+\lambda_2\psi_z(x,y,z)=0,\\ L_{\lambda_1}=\phi(x,y,z)=0,\\ L_{\lambda_2}=\psi(x,y,z)=0,\end{cases}$$

求驻点 (x_0,y_0,z_0)，并根据实际问题判断 (x_0,y_0,z_0) 是否为极值点.

例 6　求函数 $z=xy$ 在条件 $x+y=1$ 下的极值.

解　构造拉格朗日函数

$$L(x,y,\lambda)=xy+\lambda(x+y-1),$$

解方程组

$$\begin{cases}L_x=y+\lambda=0,\\ L_y=x+\lambda=0,\\ L_\lambda=x+y-1=0,\end{cases}$$

得驻点 $\left(\frac{1}{2},\frac{1}{2}\right)$. 考察函数可知在 $\left(\frac{1}{2},\frac{1}{2}\right)$ 处取极大值，所以 $z=\frac{1}{2}\times\frac{1}{2}=\frac{1}{4}$ 为极大值.

微课
8.8 节例 7

例 7　设有一小山，取它的底面所在平面为 xOy 坐标面，其底部所占的区域为 $D=\{(x,y)\mid x^2+y^2-xy\leqslant 75\}$，小山的高度函数为 $h(x,y)=75-x^2-y^2+xy$.

(1) 设 $M(x_0,y_0)$ 为区域 D 上一点，问 $h(x,y)$ 在该点沿平面上什么方向的方向导数最大？若记此方向导数的最大值为 $g(x_0,y_0)$，试写出 $g(x_0,y_0)$ 的表达式；

(2) 现欲利用此小山举行攀岩活动，为此需要在山脚寻找一上山坡度最大的点作为攀登的起点，也就是说，要在 D 的边界线 $x^2+y^2-xy=75$ 上找使 (1) 中的 $g(x,y)$ 达到最大值的点，试确定攀登起点的位置.

解　(1) 由梯度的性质知，$h(x,y)$ 在点 $M(x_0,y_0)$ 处沿梯度

$$\mathbf{grad}\,h(x_0,y_0)=(y_0-2x_0)\boldsymbol{i}+(x_0-2y_0)\boldsymbol{j}$$

方向的方向导数值最大，最大值为

$$g(x_0,y_0)=|\mathbf{grad}\,h(x_0,y_0)|=\sqrt{(y_0-2x_0)^2+(x_0-2y_0)^2}=\sqrt{5x_0^2+5y_0^2-8x_0y_0}.$$

(2) 令 $f(x,y)=g^2(x,y)=5x^2+5y^2-8xy$，则问题变为如下的条件极值问题

$$\begin{cases}\max f(x,y)=5x^2+5y^2-8xy,\\ 75-x^2-y^2+xy=0.\end{cases}$$

构造拉格朗日函数

$$L(x,y,\lambda)=5x^2+5y^2-8xy+\lambda(75-x^2-y^2+xy),$$

解方程组

$$\begin{cases}L_x=10x-8y+\lambda(y-2x)=0, & (8-44)\\ L_y=10y-8x+\lambda(x-2y)=0, & (8-45)\\ L_\lambda=75-x^2-y^2+xy=0. & (8-46)\end{cases}$$

式(8-44)+式(8-45)得

$$(x+y)(2-\lambda)=0,$$

即 $y=-x$ 或 $\lambda=2$.

若 $\lambda=2$，由式(8-44)得 $y=x$，再由式(8-46)得 $x=\pm5\sqrt{3}$，$y=\pm5\sqrt{3}$；

若 $y=-x$，由式(8-46)得 $x=\pm5$，$y=\mp5$，由此得到四个可能的极值点

$$M_1(5,-5),M_2(-5,5),M_3(5\sqrt{3},5\sqrt{3}),M_4(-5\sqrt{3},-5\sqrt{3}),$$

由于 $f(M_1)=f(M_2)=450$，$f(M_3)=f(M_4)=150$，故 $M_1(5,-5)$ 或 $M_2(-5,5)$ 可作为攀登的起点.

习题 8.8

A

1. 设方程 $x^2+2y^2+3z^2+xy-z-9=0$ 确定二元函数 $z=z(x,y)$，求该函数的驻点.

2. 设函数 $f(x,y)=2x^2+ax+xy^2+2y$ 在点$(1,-1)$处取得极值，求常数 a.

3. 求函数 $f(x,y)=y^3-x^2+6x-12y+5$ 的极值.

4. 求函数 $z=xy$ 在闭区域 $x\geqslant0,y\geqslant0,x+y\leqslant1$ 上的最大值.

5. 求函数 $f(x,y)=1+xy-x-y$ 在闭区域 D 上的最大值和最小值，其中 D 由抛物线 $y=x^2$ 和直线 $y=4$ 围成.

6. 某厂要用铁板做成一个体积为 2 m^3 的有盖长方体水箱，如何选取长、宽、高才能使用料最省.

B

1. 将一长度为 a 的细杆截为三段，怎样截可以使三段乘积为最大？

2. 求抛物线 $y=x^2$ 到直线 $x-y-2=0$ 的最短距离.

3. 要造一个容积为定数 V 的长方体无盖水池，应如何选择水池的尺寸，才能使它的表面积最小.

4. 将周长为 $2p$ 的矩形绕它的一边旋转而构成一个圆柱体.问矩形的边长各为多少时，才可能使圆柱体的体积为最大？

5. 在 xOy 平面上求一点,使它到 $x=0,y=0$ 及 $x+2y-16=0$ 三直线的距离平方和为最小.

6. 平面 $x+y+2z-2=0$ 与抛物面 $z=x^2+y^2$ 的交线是一空间椭圆,求原点到该椭圆的最长与最短距离.

7. 求平面 $\frac{x}{3}+\frac{y}{4}+\frac{z}{5}=1$ 和柱面 $x^2+y^2=1$ 的交线上与 xOy 平面距离最短的点.

8. 设函数 $f(x,y)$ 在点 $(0,0)$ 的某个邻域内连续,且 $\lim\limits_{\substack{x\to0\\y\to0}}\frac{f(x,y)-xy}{(x^2+y^2)^2}=1$,试判别点 $(0,0)$ 是不是 $f(x,y)$ 的极值点? 为什么?

9. 设函数 $z=z(x,y)$ 由方程 $x^2-6xy+10y^2-2yz-z^2+18=0$ 所确定,求 $z(x,y)$ 的极值点和极值.

*8.9　最小二乘法

许多工程技术问题需要根据实验测得的数据,来找出变量之间的函数关系的近似表达式,通常把这样得到的关系式称为**经验公式**.利用多元函数的极值理论,可得到一种求经验公式的方法.

设实际问题中有两个变量 x,y,经过实验,测出关于两个变量的 n 组数据:

数据编号	1	2	…	n
x	x_1	x_2	…	x_n
y	y_1	y_2	…	y_n

我们要根据这些实验数据建立经验公式 $y=f(x)$.

首先要确定函数关系 $f(x)$ 的类型.在直角坐标系中,描出上述 n 组数据的对应点 $(x_1,y_1),(x_2,y_2),\cdots,(x_n,y_n)$.如图 8-32 所示.如果这些点大致接近一条直线,我们就可以认为 $y=f(x)$ 是线性函数,并设其为

$$y=ax+b,\tag{8-47}$$

其中 a,b 是待定的常数.

常数 a 和 b 如何确定呢? 最理想的情形是选取 a 和 b,使直线 $y=ax+b$ 恰好经过图 8-32 中所标出的各点.但实际上这是不可能的,因为由于测量误差等因素的影响,这些点可能本来就不在一条直线上.因此,我们在选取 a,b 时,尽量使直线 $y=ax+b$ 在 $x_1,x_2,\cdots,x_n$ 处的函数值与实验数据 $y_1,y_2,\cdots,y_n$ 相差都很小,即要使偏差

$$y_i-(ax_i+b)\quad(i=1,2,\cdots,n)\tag{8-48}$$

都很小.但是所有偏差之和

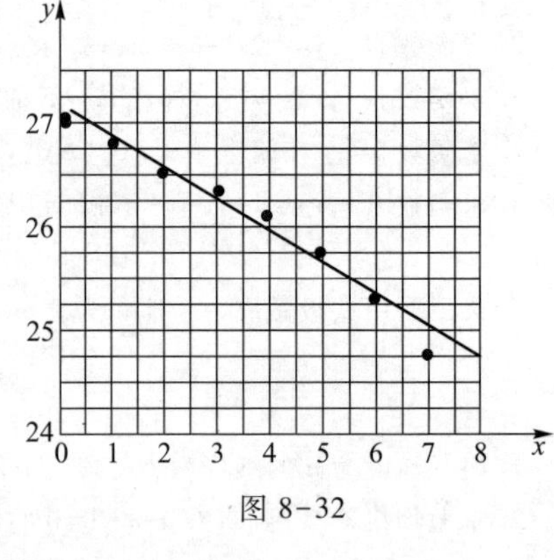

图 8-32

$$\sum_{i=1}^{n}[y_i-(ax_i+b)]$$

很小,并不一定能保证每个偏差都很小,因为偏差有正、有负,在求和时可能互相抵消.为了避免这种情形,我们考虑用各个偏差的平方和

$$M=\sum_{i=1}^{n}[y_i-(ax_i+b)]^2 \tag{8-49}$$

最小来保证每个偏差的绝对值都很小.这样适当选择 a 和 b,使各个偏差的平方和 M 取最小值,就可使经验公式(8-47)尽可能地接近实际情况.

下面研究,经验公式 $y=ax+b$ 中,a 和 b 符合什么条件时,可以使式(8-49)中的 M 为最小值.如果把 M 看成自变量 a,b 的一个二元函数,此问题就可归结为求函数 $M=M(a,b)$ 在哪些点处取得最小值.根据 8.8 节极值的理论,组成方程组

$$\begin{cases}M_a(a,b)=0,\\ M_b(a,b)=0.\end{cases}$$

然后求解此方程组就可解决.具体计算过程如下.

$$\begin{cases}\dfrac{\partial M}{\partial a}=-2\sum\limits_{i=1}^{n}[y_i-(ax_i+b)]x_i=0,\\ \dfrac{\partial M}{\partial b}=-2\sum\limits_{i=1}^{n}[y_i-(ax_i+b)]=0.\end{cases}$$

整理得到

$$\begin{cases}\left(\sum\limits_{i=1}^{n}x_i^2\right)a+\left(\sum\limits_{i=1}^{n}x_i\right)b=\sum\limits_{i=1}^{n}x_iy_i,\\ \left(\sum\limits_{i=1}^{n}x_i\right)a+nb=\sum\limits_{i=1}^{n}y_i.\end{cases} \tag{8-50}$$

由方程组(8-50)就可求出 a 和 b.

以上的方法考虑 n 个偏差值的平方和最小,因此称为**最小二乘法**.

例 钻探油井时,为了掌握钻头的磨损情况,通过实际测量得到如下实验数据:

数据编号	1	2	3	4	5	6	7	8
钻探进度 x/km	0	1	2	3	4	5	6	7
钻头长度 y/cm	27.0	26.8	26.5	26.3	26.1	25.7	25.3	24.8

根据这些数据建立钻头长度 y 和钻探进度 x 之间的经验公式 $y=ax+b$.

解 为了写出方程组(8-50),列表计算 $\sum\limits_{i=1}^{8}x_i$, $\sum\limits_{i=1}^{8}x_i^2$, $\sum\limits_{i=1}^{8}y_i$ 及 $\sum\limits_{i=1}^{8}y_ix_i$ 如下.

数据编号	x_i	x_i^2	y_i	y_ix_i	
1	0	0	27.0	0	
2	1	1	26.8	26.8	
3	2	4	26.5	53.0	

续表

数据编号	x_i	x_i^2	y_i	y_ix_i	
4	3	9	26.3	78.9	
5	4	16	26.1	104.4	
6	5	25	25.7	128.5	
7	6	36	25.3	151.8	
8	7	49	24.8	173.6	
求和	28	140	208.5	717.0	

代入方程组(8-50),得到

$$\begin{cases}140a+28b=717,\\28a+8b=208.5.\end{cases}$$

解此方程组,得 $a=-0.303\,6$, $b=27.125$.于是所求的经验公式为

$$y=f(x)=-0.303\,6x+27.125. \tag{8-51}$$

由式(8-51)算出的函数值 $f(x_i)$ 与实测的 y_i 有一定的误差,现列表比较如下.

x_i	0	1	2	3	4	5	6	7
实测的 y_i/cm	27.0	26.8	26.5	26.3	26.1	25.7	25.3	24.8
算得的 $f(x_i)$/cm	27.125	26.821	26.518	26.214	25.911	25.607	25.303	25.000
误差	-0.125	-0.021	-0.018	0.086	0.189	0.093	-0.003	-0.200

所有误差的平方和 $M=0.108\,165$,它的平方根 $\sqrt{M}\approx0.329$.通常把 $\sqrt{M}$ 称为均方误差,它的大小在一定程度上反映了用经验公式来近似表达原来函数关系的近似程度的好坏.

有一些实际问题,经验公式的类型不是线性函数,就要设法把它转化成线性函数的类型来讨论.比如,某化学反应速度 $y=f(t)$ 应该是指数函数,按实验数据描点得到的图形也接近于指数函数 $y=ke^{mt}$,其中 k 和 m 是待定的常数.这时,只要把 $y=ke^{mt}$ 两边取对数,得

$$\ln y=mt+\ln k,$$

记 $\ln k=b$,则可写为

$$\ln y=mt+b.$$

这样 $\ln y$ 就是关于 t 的线性函数了.根据实际测量的数据,用最小二乘法求出待定系数 m,b,就可建立化学反应速度的经验公式.

*习题 8.9

1. 某种合金的含铅量(单位:%)为 p,其熔解温度(单位:℃)为 θ,由实验测得 p 与 θ 的数据如下表:

$p/\%$	36.9	46.7	63.7	77.8	84.0	87.5
$\theta/℃$	181	197	253	270	283	292

试用最小二乘法建立 θ 与 p 之间的经验公式 $\theta=ap+b$.

2. 已知一组实验数据为 $(x_1,y_1),(x_2,y_2),\cdots,(x_n,y_n)$.如果假设经验公式是 $y=ax^2+bx+c$,试按最小二乘法建立 a,b,c 应该满足的三元一次方程组.

*8.10 二元函数的泰勒公式

8.10.1 二元函数的泰勒公式

在上册第三章 3.3 节我们已经知道泰勒中值定理:如果函数 $f(x)$ 在点 x_0 的某邻域 $U(x_0)$ 有直到 $(n+1)$ 阶导数,则当 $x\in U(x_0)$ 时,有

$$f(x)=f(x_0)+f'(x_0)(x-x_0)+\frac{f''(x_0)}{2!}(x-x_0)^2+\cdots+\frac{f^{(n)}(x_0)}{n!}(x-x_0)^n+\frac{f^{(n+1)}[x_0+\theta(x-x_0)]}{(n+1)!}(x-x_0)^{n+1}\quad(0<\theta<1),$$

利用一元函数的泰勒公式,可用 n 次多项式来近似表达函数 $f(x)$,并且误差是当 $x\to x_0$ 时比 $(x-x_0)^n$ 高阶的无穷小.为了进行理论研究和近似计算,下面我们把一元函数的泰勒中值定理推广到多元函数的情形.

定理 设 $z=f(x,y)$ 在点 (x_0,y_0) 的某邻域 U 内有直到 $(n+1)$ 阶的连续偏导数,点 (x_0+h,y_0+k) 为 U 内任意一点,则有

$$\begin{aligned}f(x_0+h,y_0+k)=&f(x_0,y_0)+[hf_x(x_0,y_0)+kf_y(x_0,y_0)]+\\&\frac{1}{2!}[h^2f_{xx}(x_0,y_0)+2hkf_{xy}(x_0,y_0)+k^2f_{yy}(x_0,y_0)]+\cdots+\\&\frac{1}{n!}\left(h\frac{\partial}{\partial x}+k\frac{\partial}{\partial y}\right)^n f(x_0,y_0)+\\&\frac{1}{(n+1)!}\left(h\frac{\partial}{\partial x}+k\frac{\partial}{\partial y}\right)^{n+1} f(x_0+\theta h,y_0+\theta k)\quad(0<\theta<1),\end{aligned}\tag{8-52}$$

其中记号 $\left(h\frac{\partial}{\partial x}+k\frac{\partial}{\partial y}\right)^m f(x_0,y_0)$ 表示 $\sum\limits_{p=0}^{m}\mathrm{C}_m^p h^p k^{m-p}\left.\frac{\partial^m f}{\partial x^p\partial y^{m-p}}\right|_{(x_0,y_0)}\quad(m=1,2,\cdots)$.

证 为了利用一元函数的泰勒公式来进行证明,我们引入函数 $\Phi(t)=f(x_0+ht,y_0+kt)$ $(0\leqslant t\leqslant 1)$,当 t 从 0 变到 1 时,点 (x_0+ht,y_0+kt) 沿线段 P_0P 从点 $P_0(x_0,y_0)$ 变到点 $P(x_0+h,y_0+k)$,故 $\Phi(t)$ 在 $[0,1]$ 上有 $(n+1)$ 阶连续导数,$\Phi(0)=f(x_0,y_0)$,$\Phi(1)=f(x_0+h,y_0+k)$.利用多元复合函数的求导法则,计算如下.

$$\Phi'(t)=hf_x(x_0+ht,y_0+kt)+kf_y(x_0+ht,y_0+kt),$$

$$\Phi''(t)=h^2f_{xx}(x_0+ht,y_0+kt)+2hkf_{xy}(x_0+ht,y_0+kt)+k^2f_{yy}(x_0+ht,y_0+kt)$$
$$=\left(h\frac{\partial}{\partial x}+k\frac{\partial}{\partial y}\right)^2 f(x_0+ht,y_0+kt).$$

$$\cdots$$

用数学归纳法可得

$$\Phi^{(n)}(t)=\sum_{p=0}^{n}\mathrm{C}_n^p h^p k^{n-p}\left.\frac{\partial^n f}{\partial x^p\partial y^{n-p}}\right|_{(x_0+ht,y_0+kt)}.$$

利用一元函数的麦克劳林公式有

$$\Phi(1)=\Phi(0)+\Phi'(0)+\frac{\Phi''(0)}{2!}+\cdots+\frac{\Phi^n(0)}{n!}+\frac{1}{(n+1)!}\Phi^{(n+1)}(\theta)\quad(0<\theta<1),$$

将 $\Phi(0)=f(x_0,y_0)$，$\Phi(1)=f(x_0+h,y_0+k)$，$\Phi^m(0)=\left(h\frac{\partial}{\partial x}+k\frac{\partial}{\partial y}\right)^m f(x_0,y_0)\ (1\leqslant m\leqslant n)$ 及 $\Phi^{(n+1)}(\theta)=\left(h\frac{\partial}{\partial x}+k\frac{\partial}{\partial y}\right)^{n+1} f(x_0+\theta h,y_0+\theta k)$ 代入上式，即得公式(8-52)，定理证明完毕.

公式(8-52)称为**二元函数 $f(x,y)$ 在点 (x_0,y_0) 的 n 阶泰勒公式**，而表达式 $R_n=\frac{1}{(n+1)!}\left(h\frac{\partial}{\partial x}+k\frac{\partial}{\partial y}\right)^{n+1} f(x_0+\theta h,y_0+\theta k)$ 称为**拉格朗日型余项**.

由二元函数的泰勒公式可知，以式(8-52)右端 h 及 k 的 n 次多项式近似逼近函数 $f(x_0+h,y_0+k)$ 时，其误差为 $|R_n|$.假设函数的各 $(n+1)$ 阶偏导数连续，故它们在邻域 U 内的闭区域有界，即存在正数 M，在该闭区域

$$\left|\frac{\partial^{n+1}f}{\partial x^i\partial y^j}\right|\leqslant M,\ i+j=n+1.$$

于是有下面误差估计式

$$|R_n|\leqslant\frac{M}{(n+1)!}(|h|+|k|)^{n+1}$$
$$=\frac{M}{(n+1)!}\rho^{n+1}(|\cos\alpha|+|\sin\alpha|)^{n+1}$$
$$\leqslant\frac{(\sqrt{2})^{n+1}}{(n+1)!}M\rho^{n+1}\text{①},\tag{8-53}$$

其中 $\rho=\sqrt{h^2+k^2}$.由式(8-53)可知，误差 $|R_n|$ 是当 $\rho\to 0$ 时比 ρ^n 高阶的无穷小.

当 $n=0$ 时，公式(8-52)成为

$$f(x_0+h,y_0+k)=f(x_0,y_0)+hf_x(x_0+\theta h,y_0+\theta k)+kf_y(x_0+\theta h,y_0+\theta k)\quad(0<\theta<1).$$

此公式称为**二元函数的拉格朗日中值公式**.由此式可推得下述结论：

---

① 令 $|\cos\alpha|=x$，则 $|\sin\alpha|=\sqrt{1-x^2}$，$|\cos\alpha|+|\sin\alpha|=x+\sqrt{1-x^2}=\varphi(x)$，$\varphi(x)$ 在 $[0,1]$ 上的最大值为 $\sqrt{2}$.

如果函数 $f(x,y)$ 的偏导数 $f_x(x,y)$，$f_y(x,y)$ 在某一区域内都恒等于零，则函数 $f(x,y)$ 在该区域内为一常数.

8.10.2 二元函数极值的充分条件的证明

现在来证明 8.8 节定理 2.

设函数 $z=f(x,y)$ 在点 $P_0(x_0,y_0)$ 的某邻域 $U(P_0)$ 内有二阶连续偏导数，又 $f_x(x_0,y_0)=0$，$f_y(x_0,y_0)=0$，在 $U(P_0)$ 内取点 $P(x_0+h,y_0+k)$，依据二元函数的泰勒公式，就有

$$\begin{aligned}\Delta z &=f(x_0+h,y_0+k)-f(x_0,y_0)\\&=\frac{1}{2}[h^2f_{xx}(x_0+\theta h,y_0+\theta k)+2hkf_{xy}(x_0+\theta h,y_0+\theta k)+k^2f_{yy}(x_0+\theta h,y_0+\theta k)]\quad(0<\theta<1).\end{aligned}\tag{8-54}$$

由于 $z=f(x,y)$ 在 $U(P_0)$ 内有连续的二阶偏导数，故有

$$f_{xx}(x_0+\theta h,y_0+\theta k)=f_{xx}(x_0,y_0)+\alpha_1=A+\alpha_1,\ \lim_{\substack{h\to0\\k\to0}}\alpha_1=0;$$

$$f_{xy}(x_0+\theta h,y_0+\theta k)=f_{xy}(x_0,y_0)+\alpha_2=B+\alpha_2,\ \lim_{\substack{h\to0\\k\to0}}\alpha_2=0;$$

$$f_{yy}(x_0+\theta h,y_0+\theta k)=f_{yy}(x_0,y_0)+\alpha_3=C+\alpha_3,\ \lim_{\substack{h\to0\\k\to0}}\alpha_3=0.$$

把上述各式代入式(8-54)得

$$\begin{aligned}\Delta z &=f(x_0+h,y_0+k)-f(x_0,y_0)\\&=\frac{1}{2}(Ah^2+2Bhk+Ck^2)+\frac{1}{2}(\alpha_1h^2+2\alpha_2hk+\alpha_3k^2),\end{aligned}$$

记 $\rho=\sqrt{h^2+k^2}$，易知 $\lim\limits_{\rho\to0}\dfrac{\frac{1}{2}(\alpha_1h^2+2\alpha_2hk+\alpha_3k^2)}{\rho^2}=0$，因此把上式简写成

$$f(x_0+h,y_0+k)-f(x_0,y_0)=\frac{1}{2}(Ah^2+2Bhk+Ck^2)+o(\rho^2).\tag{8-55}$$

(1) 当 $AC-B^2>0$ 时，必有 $AC>0$，令 $h=\rho\cos\theta$，$k=\rho\sin\theta$，则有

$$\begin{aligned}Ah^2+2Bhk+Ck^2&=\frac{1}{A}[(Ah+Bk)^2+(AC-B^2)k^2]\\&=\frac{1}{A}\rho^2[(A\cos\theta+B\sin\theta)^2+(AC-B^2)\sin^2\theta]=\rho^2\varphi(\theta),\end{aligned}$$

其中 $\varphi(\theta)=\dfrac{1}{A}[(A\cos\theta+B\sin\theta)^2+(AC-B^2)\sin^2\theta]\quad(0\leqslant\theta\leqslant2\pi)$.

当 $A>0$ 时，$\varphi(\theta)>0$，从而连续函数 $\varphi(\theta)$ 在 $[0,2\pi]$ 上有正的最小值 m，在点 P_0 的某邻域内有

$$f(x_0+h,y_0+k)-f(x_0,y_0)=\frac{1}{2}\rho^2\varphi(\theta)+o(\rho^2)\geqslant\frac{1}{2}\rho^2m+o(\rho^2)>0,$$

因此 $f(x_0,y_0)$ 是函数 $f(x,y)$ 的极小值.

当 $A<0$ 时，$\varphi(\theta)<0$，$\varphi(\theta)$ 在 $[0,2\pi]$ 上有负的最大值 M，于是在点 P_0 的某邻域有

$$f(x_0+h,y_0+k)-f(x_0,y_0)=\frac{1}{2}\rho^2\varphi(\theta)+o(\rho^2)\leqslant\frac{1}{2}\rho^2M+o(\rho^2)<0,$$

故 $f(x_0,y_0)$ 是函数 $f(x,y)$ 的极大值.

（2）当 $AC-B^2<0$ 时,分两种情况讨论.先设 $A^2+C^2\neq0$,例如 $A\neq0$,则对半射线 $\theta=0$ 上的点 $P(x,y)$,有

$$f(x_0+h,y_0+k)-f(x_0,y_0)=\frac{1}{2}\rho^2A+o(\rho^2);$$

而对半射线 $\theta=\operatorname{arccot}\left(-\frac{B}{A}\right)$ 上的点 $P(x,y)$,有

$$f(x_0+h,y_0+k)-f(x_0,y_0)=\frac{1}{2}\rho^2\frac{AC-B^2}{A}\left[\sin\left(\operatorname{arccot}\frac{-B}{A}\right)\right]^2+o(\rho^2),$$

因为 $AC-B^2<0$,在上述两式中,当点 $P(x,y)$ 在点 P_0 的邻域内时,$f(x_0+h,y_0+k)-f(x_0,y_0)$ 异号,因此 $f(x_0,y_0)$ 不是函数 $f(x,y)$ 的极值.

其次,设 $A=C=0$,则 $B\neq0$,有

$$f(x_0+h,y_0+k)-f(x_0,y_0)=Bhk+o(\rho^2),$$

当 h 与 k 异号时,等式右端小于零,显然这时 $f(x_0,y_0)$ 不是极值.

（3）考察函数 $f(x,y)=x^2+y^4$ 及 $g(x,y)=x^2+y^3$,容易验证,这两个函数都以 $(0,0)$ 为驻点,且在点 $(0,0)$ 处都满足 $AC-B^2=0$.但 $f(x,y)$ 在点 $(0,0)$ 处有极小值,而 $g(x,y)$ 在点 $(0,0)$ 处却没有极值.

复习题八

1. 叙述二元函数 $z=f(x,y)$ 在点 (x,y) 处的两个偏导数的定义及其几何意义.

2. 叙述二元函数 $z=f(x,y)$ 在点 (x,y) 处的全微分的定义及其几何意义.

3. 叙述三元函数 $u=f(x,y,z)$ 在点 (x,y,z) 处的方向导数的定义及其几何意义.

4. 什么是函数 $u=f(x,y,z)$ 在点 (x,y,z) 的梯度？在该点梯度与方向导数有什么联系？

5. 设函数 $f(x,y)$ 在点 (x_0,y_0) 处有定义,在“充分”“必要”“充要”和“非充要”四者选择一个正确的填入下列空格内:

（1）函数 f 在点 (x_0,y_0) 可微是 f 在该点连续的________条件.f 在点 (x_0,y_0) 连续是 f 在该点可微的________条件.

（2）函数 f 在点 (x_0,y_0) 的两个偏导数都存在是 f 在该点可微的________条件.函数 f 在点 (x_0,y_0) 可微是在该点的偏导数存在的________条件.

（3）函数 f 在点 (x_0,y_0) 连续是 f 在该点偏导数存在的________条件.函数 f 在点 (x_0,y_0) 的偏导数连续是 f 在该点可微的________条件.

6. 函数 $f(x,y)$ 在点 (x_0,y_0) 处沿任何方向的方向导数都存在,它在该点的偏导数是否存在？它在该点是否可微？

7. 函数 $f(x,y,z)$ 的梯度与其等值面有什么联系？

8. 如果函数 $f(x,y)$ 在点 (x_0,y_0) 连续且偏导数存在,函数 f 在该点是否可微？

9. 什么叫条件极值？用拉格朗日乘数法求条件极值的步骤是什么？

10. 叙述求多元复合函数的偏导数的链式规则(以两个中间变量,三个自变量为例).

11. 以方程组为例,说明多元隐函数求偏导数的方法.

12. 多元函数取得无条件极值的必要条件是什么? 二元函数 $f(x,y)$ 在点 (x_0,y_0) 处有极值的充分条件是什么?

13. 写出空间曲面 $F(x,y,z)=0$ 的切平面方程和法线方程.

14. 判断下列表述是否正确:

(1) $f_y(a,b)=\lim\limits_{y\to b}\dfrac{f(a,y)-f(a,b)}{y-b}$;

(2) $\left.\dfrac{\partial f}{\partial \boldsymbol{k}}\right|_{(x,y,z)}=f_z(x,y,z)$;

(3) 如果(x,y)沿所有过点(a,b)的直线趋向于(a,b)时均有$f(x,y)$趋向于L(定数),则 $\lim\limits_{(x,y)\to(a,b)}f(x,y)=L$;

(4) 若 $f_x(a,b)$ 及 $f_y(a,b)$ 都存在,则函数 f 在 (a,b) 处可微;

(5) 若函数 f 在点 (a,b) 处可微,且 (a,b) 是 f 的极值点,则 $\left.\mathbf{grad}\, f\right|_{(a,b)}=\mathbf{0}$;

(6) $\lim\limits_{(x,y)\to(1,1)}\dfrac{x-y}{x^2-y^2}=\lim\limits_{(x,y)\to(1,1)}\dfrac{1}{x+y}=\dfrac{1}{2}$;

(7) 若 $f(x,y)=\ln y$,则 $\mathbf{grad}\, f=\dfrac{1}{y}$;

(8) 若 (a,b) 是 f 的驻点,且 $f_{xx}(a,b)f_{yy}(a,b)<[f_{xy}(a,b)]^2$,则 (a,b) 不是 f 的极值点;

(9) 若函数 $f(x,y)$ 在点 (a,b) 沿 x 轴正向的方向导数存在,则 $f_x(a,b)$ 也存在;

(10) 函数 $f(x,y,z)$ 在点 (a,b,c) 处的梯度就是该点最大的方向导数.

总习题八

1. 求函数 $f(x,y)=\dfrac{\sqrt{4x-y^2}}{\ln(1-x^2-y^2)}$ 的定义域,并求 $\lim\limits_{(x,y)\to\left(\frac{1}{2},0\right)}f(x,y)$.

2. 证明极限 $\lim\limits_{\substack{x\to0\\y\to0}}\dfrac{xy}{x^2+y^4}$ 不存在.

3. 设 $z=(\ln x)^{2y^3}$,求 $\dfrac{\partial z}{\partial x},\dfrac{\partial z}{\partial y}$.

4. 设 $z=\arcsin(y\sqrt{x})$,求 $\mathrm{d}z$.

5. 设 $z=f(xy^2,x-y)$,f 具有二阶连续偏导数,求 $\dfrac{\partial z}{\partial y},\dfrac{\partial^2 z}{\partial x\partial y}$.

6. 求函数 $f(x,y)=(x^2+y)\mathrm{e}^{\frac{y}{2}}$ 的极值.

7. 讨论函数

$$f(x,y)=\begin{cases}\sqrt{x^2+y^2}\sin\dfrac{1}{x^2+y^2}, & x^2+y^2\neq0,\\ 0, & x^2+y^2=0\end{cases}$$

在点(0,0)处的连续性、可微性及偏导数存在性.

8. 设函数 F 具有一阶连续偏导数,$z=z(x,y)$ 是由方程 $F\left(\dfrac{y}{x},\dfrac{z}{x}\right)=0$ 所确定的隐函数,求 $x\dfrac{\partial z}{\partial x}+y\dfrac{\partial z}{\partial y}$.

9. 求曲面 $\mathrm{e}^{\frac{x}{z}}+\mathrm{e}^{\frac{y}{z}}=4$ 上点 $(\ln 2,\ln 2,1)$ 处的切平面和法线方程.

10. 求曲线$\begin{cases}x^2+y^2+z^2=50,\\x^2+y^2=z^2\end{cases}$在点(3,4,5)处的切线方程.

11. 求函数 $u=2xy-z^2$ 在点 $P(2,-1,1)$处沿从点 P 到点 $Q(3,1,-1)$方向的方向导数,并求出函数在 P 点处最大的方向导数值.

12. 建造一个表面积为 108 m^2 的长方体形敞口水池,问水池尺寸如何,才能使容积最大?

13. 设 $z=f(u+v)+\varphi(v)$,其中函数 f,φ 可微且 $x=u^2+v^2, y=u^3-v^3$,求$\dfrac{\partial z}{\partial x}$.

14. 抛物面 $z=x^2+y^2$ 被平面 $x+y+2z=2$ 截成空间一椭圆,求该椭圆上点到 xOy 平面的最长与最短距离.

15. 在第一卦限内作椭球面$\dfrac{x^2}{a^2}+\dfrac{y^2}{b^2}+\dfrac{z^2}{c^2}=1$的切平面,使该切平面与三坐标面所围成的四面体的体积最小.求该切平面的切点,并求此最小体积.

16. 设生产某种产品必须投入两种要素,x_1 和 x_2 分别为两种要素的投入量,Q 为产出量;若生产函数为 $Q=x_1^{\alpha}x_2^{\beta}$,$\alpha>0$,$\beta>0$ 且 $\alpha+\beta=1$.假设两种要素的价格分别为 P_1 和 P_2,试问:当产量为 12 时,两要素各投入多少可以使得投入总费用最小?

选　读

偏导数在经济分析中的应用

经济学与数学的结合本来不是始于 20 世纪,但数学在经济学中的专门化、技术化、职业化的应用却实实在在发生在 20 世纪,以至于使经济学更严密、表达更准确.数学化成为经济学发展的主流趋势.

第 9 章　数量值函数的积分学

引述　在一元函数积分学中已知，定积分是某种特殊形式和的极限.本章要研究的重积分、第一类曲线积分和第一类曲面积分是这种和式极限的推广.牛顿在讨论球壳作用于质点上的万有引力时涉及重积分，只是他是用几何直观形式论述的.欧拉在 1738 年用累次积分法计算了定义在椭圆域上一个表示引力的二重积分，1773 年拉格朗日研究旋转椭球的引力时用到了三重积分，并且为了克服计算困难，使用了球坐标变换公式.二元函数在平面区域中的积分叫二重积分，三元函数在空间区域上的积分叫三重积分.二元函数在平面曲线上的积分或三元函数在空间曲线上的积分叫曲线积分，三元函数在空间曲面上的积分叫曲面积分.由于这些积分的被积函数都是数量值函数，这些积分统称为数量值函数的积分.本章主要介绍这些积分的概念、性质、计算方法及应用.

9.1 预习检测

9.1　二重积分的概念与性质

9.1.1　二重积分的概念

1. 引例

引例 1　曲顶柱体体积的计算

设有一空间立体，它的底是 xOy 面上的有界闭区域 D，它的侧面是以 D 的边界曲线为准线而母线平行于 z 轴的柱面，它的顶是曲面 $z=f(x,y)$，其中 $f(x,y)$ 非负且在 D 上连续（图 9-1(c)），这种立体称为曲顶柱体.下面讨论曲顶柱体体积的计算方法.

如果曲顶柱体的顶是平行于 xOy 面的平面，即 $f(x,y)=C$（C 是常数），则柱体体积的计算公式是

$$\text{体积}=\text{高}\times\text{底面积}.$$

对一般的曲顶柱体来说，当点在区域 D 上变动时，其高度 $f(x,y)$ 是变量，从而它的体积不能用上述公式来计算.此时可用与一元函数定积分中求曲边梯形面积类似的方法来解决目前的问题.

(1) 分割：分曲顶柱体为 n 个小的曲顶柱体.为此，把区域 D 任意划分成 n 个小闭区域，即

$$\Delta\sigma_1,\Delta\sigma_2,\cdots,\Delta\sigma_n,$$

分别以这些小闭区域的边界曲线为准线作母线平行于 z 轴的柱面，于是这些柱面把原来的曲顶柱体分为 n 个小的曲顶柱体（图 9-1(a)、(b)）.

(2) 近似：求每个小曲顶柱体体积的近似值.我们用 $\Delta\sigma_i$ 既表示第 i 个小闭区域，也表示该小闭区域的面积.当 $\Delta\sigma_i$ 很小时，因 $f(x,y)$ 在 D 上连续，从而 $f(x,y)$ 在 $\Delta\sigma_i$ 上变化就很小，在 $\Delta\sigma_i$ 上任取一点 (ξ_i,η_i)，则可用以 $\Delta\sigma_i$ 为底，以 $f(\xi_i,\eta_i)$ 为高的平顶柱体体积 $f(\xi_i,\eta_i)\Delta\sigma_i$

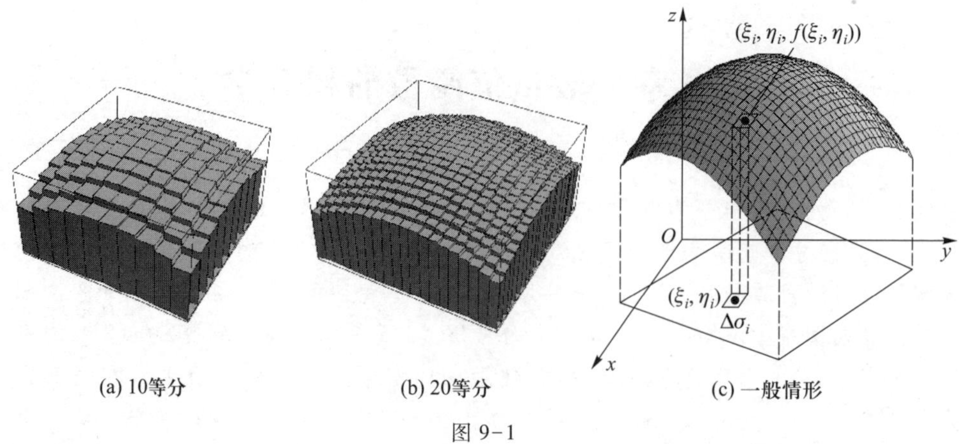

图 9-1

近似代替相应的小曲顶柱体体积,即

$$\Delta V_i \approx f(\xi_i, \eta_i) \Delta\sigma_i, \quad i=1,2,\cdots,n.$$

(3) 作和:曲顶柱体体积 V 的近似值为

$$V = \sum_{i=1}^{n} \Delta V_i \approx \sum_{i=1}^{n} f(\xi_i, \eta_i) \Delta\sigma_i.$$

(4) 取极限:显然,区域 D 划分得越"细",和式就越接近于所求的体积.所谓分得越"细"是要求小区域 $\Delta\sigma_i$ 的直径,即 $\Delta\sigma_i$ 中两点间的最大距离越来越小,令 n 个小闭区域的直径最大者为 λ,即 $\lambda = \max\limits_{1 \leqslant i \leqslant n} \{\Delta\sigma_i$ 的直径$\}$,则曲顶柱体的体积 V 可定义为

$$V = \lim_{\lambda \to 0} \sum_{i=1}^{n} f(\xi_i, \eta_i) \Delta\sigma_i.$$

于是求曲顶柱体体积的问题化为求和式极限的问题.

引例 2　平面薄片的质量

设有一平面薄片占有 xOy 面上的闭区域 D,它在点(x,y)处的面密度为$\rho(x,y)$,这里$\rho(x,y)$大于零且在 D 上连续.下面求该平面薄片的质量.

如果平面薄片的面密度 $\rho(x,y)$ 是常数(即均匀薄片),则它的质量可用下述公式计算

$$\text{质量} = \text{面密度} \times \text{薄片的面积}.$$

现在平面薄片的面密度 $\rho(x,y)$ 是变量,平面薄片的质量就不能直接用上面的公式计算了.此时可仿照曲顶柱体体积的求法来处理这个问题.

把平面薄片占有的闭区域 D 任意划分成 n 个小闭区域

$$\Delta\sigma_1, \Delta\sigma_2, \cdots, \Delta\sigma_n.$$

在 $\Delta\sigma_i$ 上任取一点(ξ_i, η_i),因$\rho(x,y)$在 D 上连续,从而当 $\Delta\sigma_i$ 的直径很小时,$\rho(x,y)$在 $\Delta\sigma_i$ 上的变化也很小,于是小薄片 $\Delta\sigma_i$ 可以近似看成面密度为 $\rho(\xi_i, \eta_i)$的均匀薄片,从而它的质量 Δm_i 近似值为

$$\Delta m_i \approx \rho(\xi_i, \eta_i) \Delta\sigma_i, \quad i=1,2,\cdots,n.$$

从而总质量的近似值为

$$m=\sum_{i=1}^{n}\Delta m_i\approx\sum_{i=1}^{n}\rho(\xi_i,\eta_i)\Delta\sigma_i.$$

令 λ 是 n 个小闭区域直径的最大值,则

$$m=\lim_{\lambda\to 0}\sum_{i=1}^{n}\rho(\xi_i,\eta_i)\Delta\sigma_i.$$

上面两个问题的实际意义虽然不同,但解决的方法却是一样的,所求的量都可归结为同一模式和式的极限.还有许多物理、力学、几何和工程技术等问题的待求量都可化为这种和式的极限.因此,我们撇开它们的具体意义,抽象出下面二重积分的概念.

2. 二重积分的定义

微课
二重积分的定义

定义　设 $f(x,y)$ 是有界闭区域 D 上的有界函数,把闭区域 D 任意划分成 n 个小闭区域

$$\Delta\sigma_1,\Delta\sigma_2,\cdots,\Delta\sigma_n,$$

其中 $\Delta\sigma_i$ 表示第 i 个小闭区域,也表示它的面积.在每个 $\Delta\sigma_i$ 上任取一点 (ξ_i,η_i),作乘积 $f(\xi_i,\eta_i)\Delta\sigma_i(i=1,2,\cdots,n)$,并作和 $\sum\limits_{i=1}^{n}f(\xi_i,\eta_i)\Delta\sigma_i$. 令 λ 表示各小闭区域直径的最大值,若极限

$$\lim_{\lambda\to 0}\sum_{i=1}^{n}f(\xi_i,\eta_i)\Delta\sigma_i$$

存在,则称函数 $f(x,y)$ 在区域 D 上可积,并把此极限值称为函数 $f(x,y)$ 在闭区域 D 上的**二重积分**,记为 $\iint\limits_D f(x,y)\,\mathrm{d}\sigma$,即

$$\iint\limits_D f(x,y)\,\mathrm{d}\sigma=\lim_{\lambda\to 0}\sum_{i=1}^{n}f(\xi_i,\eta_i)\Delta\sigma_i,\tag{9-1}$$

其中 $f(x,y)$ 称为**被积函数**,$f(x,y)\,\mathrm{d}\sigma$ 称为**被积表达式**,$\mathrm{d}\sigma$ 称为**面积元素**,x 和 y 称为**积分变量**,D 称为**积分区域**,$\sum\limits_{i=1}^{n}f(\xi_i,\eta_i)\Delta\sigma_i$ 称为**积分和**.

由二重积分的定义知,曲顶柱体的体积 V 是函数 $f(x,y)$ 在 D 上的二重积分,即

$$V=\iint\limits_D f(x,y)\,\mathrm{d}\sigma.$$

平面薄片的质量 m 是面密度 $\rho(x,y)$ 在薄片所占平面区域 D 上的二重积分,即

$$m=\iint\limits_D \rho(x,y)\,\mathrm{d}\sigma.$$

关于函数的可积性,我们指出:如果 $f(x,y)$ 在有界闭区域 D 上连续,则式(9-1)的极限必定存在,即函数 $f(x,y)$ 在闭区域 D 上是可积的.今后我们总是假定 $f(x,y)$ 在闭区域 D 上连续,从而 $f(x,y)$ 在 D 上的二重积分总是存在的.

因为被积的连续函数 $f(x,y)$ 的图形总可以看成空间的一曲面,所以当 $f(x,y)\geqslant 0$ 时,二重积分的几何意义就是曲顶柱体体积;当 $f(x,y)<0$ 时,柱体在 xOy 平面的下方,此时二重积分是曲顶柱体体积的负值;如果 $f(x,y)$ 在 D 的若干部分是正的,而在其他部分都是负的,则

$f(x,y)$在 D 上的二重积分值就等于位于 xOy 平面上方的曲顶柱体体积的正值和位于 xOy 平面下方的柱体体积的负值构成的代数和.

9.1.2 二重积分的性质

由于二重积分与定积分的定义模式完全相同,定积分的性质可相应地推广到二重积分中来,以下我们假设二重积分的被积函数是可积的,则二重积分有如下性质.

性质 1 被积函数的常数因子可提到二重积分号外面,即

$$\iint_D kf(x,y)\,\mathrm{d}\sigma = k\iint_D f(x,y)\,\mathrm{d}\sigma \quad (k \text{ 为常数}).$$

性质 2 函数和(差)的二重积分等于各函数二重积分的和(差),即

$$\iint_D [f(x,y) \pm g(x,y)]\,\mathrm{d}\sigma = \iint_D f(x,y)\,\mathrm{d}\sigma \pm \iint_D g(x,y)\,\mathrm{d}\sigma.$$

性质 3 如果把闭区域 D 分为两个闭区域 D_1, D_2,则

$$\iint_D f(x,y)\,\mathrm{d}\sigma = \iint_{D_1} f(x,y)\,\mathrm{d}\sigma + \iint_{D_2} f(x,y)\,\mathrm{d}\sigma.$$

这个性质表明二重积分对积分区域具有可加性.

性质 4 如果在 D 上 $f(x,y)$的值恒等于 1,σ 为 D 的面积,则

$$\sigma = \iint_D 1\,\mathrm{d}\sigma = \iint_D \mathrm{d}\sigma.$$

这个性质的几何意义是明显的,因为高为 1 的平顶柱体体积在数值上等于柱体的底面积.

性质 5 如果在 D 上恒有 $f(x,y) \leqslant g(x,y)$,则

$$\iint_D f(x,y)\,\mathrm{d}\sigma \leqslant \iint_D g(x,y)\,\mathrm{d}\sigma.$$

特别地,因为

$$-|f(x,y)| \leqslant f(x,y) \leqslant |f(x,y)|,$$

所以

$$\left|\iint_D f(x,y)\,\mathrm{d}\sigma\right| \leqslant \iint_D |f(x,y)|\,\mathrm{d}\sigma.$$

推论 如果在 D 上,$f(x,y) \geqslant 0$,则

$$\iint_D f(x,y)\,\mathrm{d}\sigma \geqslant 0.$$

性质 6(估值定理) 设 M, m 分别是 $f(x,y)$在闭区域 D 上的最大值与最小值,σ 是 D 的

面积,则

$$m\sigma \leqslant \iint\limits_D f(x,y)\,\mathrm{d}\sigma \leqslant M\sigma.$$

证 在 D 上,恒有

$$m \leqslant f(x,y) \leqslant M.$$

由性质 5,得

$$\iint\limits_D m\,\mathrm{d}\sigma \leqslant \iint\limits_D f(x,y)\,\mathrm{d}\sigma \leqslant \iint\limits_D M\,\mathrm{d}\sigma.$$

由性质 1 和性质 4,得

$$\iint\limits_D m\,\mathrm{d}\sigma = m\iint\limits_D \mathrm{d}\sigma = m\sigma,\quad \iint\limits_D M\,\mathrm{d}\sigma = M\iint\limits_D \mathrm{d}\sigma = M\sigma,$$

所以

$$m\sigma \leqslant \iint\limits_D f(x,y)\,\mathrm{d}\sigma \leqslant M\sigma.$$

性质 7(二重积分的中值定理) 设 $f(x,y)$ 在 D 上连续,σ 是闭区域 D 的面积,则在 D 上至少存在一点 (ξ,η),使

$$\iint\limits_D f(x,y)\,\mathrm{d}\sigma = f(\xi,\eta)\sigma.$$

证 不妨设 $\sigma \neq 0$,由估值定理,得

$$m\sigma \leqslant \iint\limits_D f(x,y)\,\mathrm{d}\sigma \leqslant M\sigma.$$

即

$$m \leqslant \frac{1}{\sigma}\iint\limits_D f(x,y)\,\mathrm{d}\sigma \leqslant M.$$

该式表明,数值 $\frac{1}{\sigma}\iint\limits_D f(x,y)\,\mathrm{d}\sigma$ 是介于连续函数 $f(x,y)$ 在 D 上的最小值 m 与最大值 M 之间的,由有界闭区域上连续函数的介值定理知,在 D 上至少存在一点 (ξ,η),使

$$\frac{1}{\sigma}\iint\limits_D f(x,y)\,\mathrm{d}\sigma = f(\xi,\eta),$$

即

$$\iint\limits_D f(x,y)\,\mathrm{d}\sigma = f(\xi,\eta)\sigma.$$

中值定理在几何上解释为:以曲面 $z=f(x,y)$ 为顶的曲顶柱体,必定存在一个以 D 为底,以 D 内某点 (ξ,η) 的函数值 $f(\xi,\eta)$ 为高的平顶柱体,它的体积等于曲顶柱体的体积.

性质 8(对称性质) 设闭区域 D 关于 x 轴对称.如果被积函数关于变量 y 为偶函数(如图 9-2(a)所示),即 $f(x,-y)=f(x,y)$,D_1 是 D 在 x 轴右侧的部分,则

$$\iint\limits_{D} f(x,y)\,\mathrm{d}\sigma = 2\iint\limits_{D_1} f(x,y)\,\mathrm{d}\sigma.$$

当被积函数关于变量 y 为奇函数(如图 9-2(b)所示),即 $f(x,-y)=-f(x,y)$,则

$$\iint\limits_{D} f(x,y)\,\mathrm{d}\sigma = 0.$$

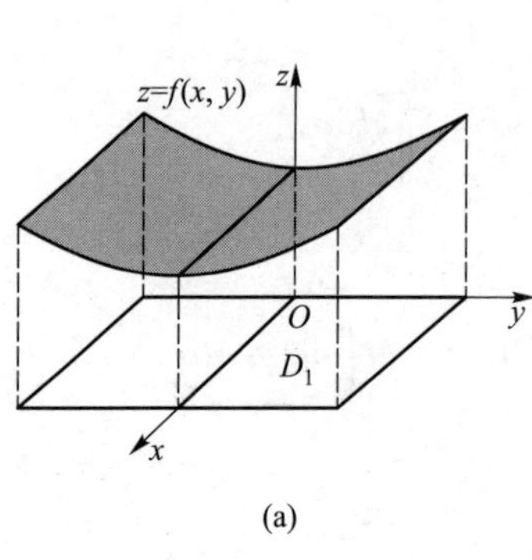

(a)

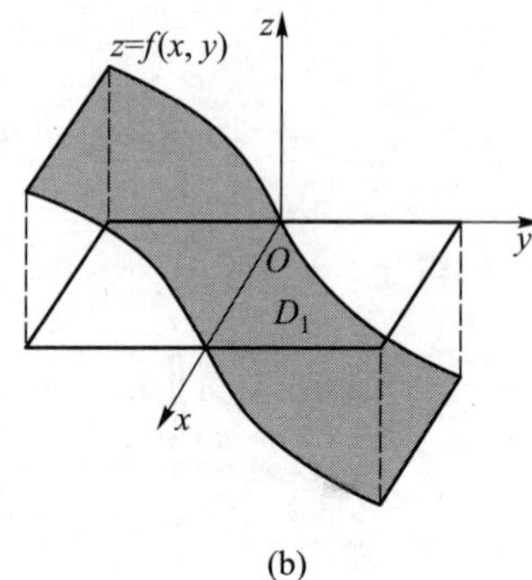

(b)

图 9-2

例 1　设 $D=\{(x,y)\mid x+y\leqslant 1, x\geqslant 0, y\geqslant 0\}$,比较二重积分 $\iint\limits_{D}(x+y)^2\mathrm{d}\sigma$ 和 $\iint\limits_{D}(x+y)^3\mathrm{d}\sigma$ 的大小.

解　积分区域 D 如图 9-3 所示,区域 D 上的每个点 (x,y) 都满足 $0\leqslant x\leqslant 1, 0\leqslant y\leqslant 1, 0\leqslant x+y\leqslant 1$,从而

$$(x+y)^2\geqslant (x+y)^3.$$

由性质 6,得

$$\iint\limits_{D}(x+y)^2\mathrm{d}\sigma \geqslant \iint\limits_{D}(x+y)^3\mathrm{d}\sigma.$$

图 9-3

例 2　估计 $\iint\limits_{D}(x^2+4y^2+9)\,\mathrm{d}\sigma$,其中 $D=\{(x,y)\mid x^2+y^2\leqslant 4\}$.

解　首先求 $f(x,y)=x^2+4y^2+9$ 在 D 上的最小值 m 与最大值 M.

$$\frac{\partial f}{\partial x}=2x,\quad \frac{\partial f}{\partial y}=8y.$$

由 $\begin{cases}\dfrac{\partial f}{\partial x}=0,\\[2mm] \dfrac{\partial f}{\partial y}=0\end{cases}$ 得 D 内唯一驻点 $(0,0)$,其函数值为 $f(0,0)=9$.

再求 $f(x,y)$ 在 D 的边界 $x^2+y^2=4$ 上的最大值与最小值.在 D 的边界 $x^2+y^2=4$ 上,有

$$f(x,y)=(4-y^2)+4y^2+9=3y^2+13,$$

其中 $0\leqslant y^2\leqslant 4$,故得

$$13\leqslant f(x,y)\leqslant 25.$$

于是$f(x,y)$在D的边界上,最小值为13,最大值为25,从而$f(x,y)$在D上

$$m=\min\{9,13,25\}=9,\quad M=\max\{9,13,25\}=25.$$

因为D的面积$\sigma=4\pi$,于是由估值定理得

$$36\pi\leqslant\iint\limits_D(x^2+4y^2+9)\,\mathrm{d}\sigma\leqslant 100\pi.$$

#**例3** 计算极限$\lim\limits_{t\to 0^+}\dfrac{1}{t^2}\iint\limits_D \mathrm{e}^{x^2+y^2}\ln(x+2y+3)\,\mathrm{d}\sigma$,其中$D:0\leqslant x\leqslant t,0\leqslant y\leqslant t$.

解 利用二重积分的积分中值定理,存在$(\xi,\eta)\in D$,

$$f(\xi,\eta)=\mathrm{e}^{\xi^2+\eta^2}\ln(\xi+2\eta+3),$$

而D的面积为t^2,于是

$$\lim_{t\to 0^+}\frac{1}{t^2}\iint\limits_D \mathrm{e}^{x^2+y^2}\ln(x+2y+3)\,\mathrm{d}\sigma=\lim_{t\to 0^+}\frac{\mathrm{e}^{\xi^2+\eta^2}\ln(\xi+2\eta+3)t^2}{t^2}$$

$$=\lim_{t\to 0^+}\mathrm{e}^{\xi^2+\eta^2}\ln(\xi+2\eta+3).$$

由于当$t\to 0^+$时,$\xi\to 0^+,\eta\to 0^+$,所以

$$\lim_{t\to 0^+}\frac{1}{t^2}\iint\limits_D \mathrm{e}^{x^2+y^2}\ln(x+2y+3)\,\mathrm{d}\sigma=\ln 3.$$

例4 计算二重积分$\iint\limits_D(x^3y+1)\,\mathrm{d}\sigma,D:0\leqslant y\leqslant 1,-1\leqslant x\leqslant 1$.

解 画出积分区域如图9-4,

$$\iint\limits_D(x^3y+1)\,\mathrm{d}x\mathrm{d}y=\iint\limits_D x^3y\,\mathrm{d}x\mathrm{d}y+\iint\limits_D 1\,\mathrm{d}x\mathrm{d}y,$$

而$\iint\limits_D x^3y\,\mathrm{d}x\mathrm{d}y=0$,所以$\iint\limits_D(x^3y+1)\,\mathrm{d}\sigma=2$.

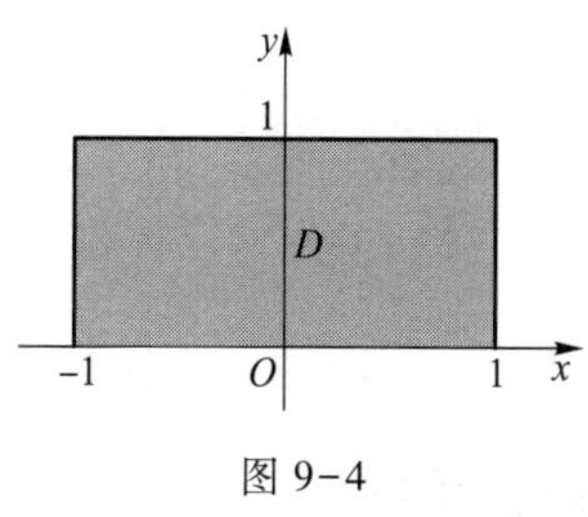

图 9-4

习题 9.1

A

1. 试用二重积分表示下列各量:

(1) 一薄板位于xOy面上,占有区域D,其上分布有面密度为$\mu(x,y)$的电荷,且$\mu(x,y)$在D上连续,写出该板上全部电荷Q的表达式;

(2) 由$z=1-x^2-y^2$及$z=0$所围立体的体积V;

(3) 区域D的面积S.

2. 估计下列积分的值I:

(1) $\iint\limits_D(x+y+1)\,\mathrm{d}\sigma$,其中$D:0\leqslant x\leqslant 1,0\leqslant y\leqslant 2$;

(2) $\iint\limits_D \frac{d\sigma}{100+\cos^2 x+\cos^2 y}$,其中 D:$|x|+|y|\leqslant 10$.

3. 利用二重积分的性质及几何意义,求下列积分:

(1) $\iint\limits_{x^2+y^2\leqslant 1}\sqrt{1-x^2-y^2}\,d\sigma$;　　(2) $\iint\limits_{x^2+y^2\leqslant 1}(x+x^3y)\,d\sigma$;

(3) $\iint\limits_{x^2+y^2\leqslant 1}(xy+y^3\cos x)\,d\sigma$.

4. 根据二重积分的性质,比较下列积分的大小:

(1) $\iint\limits_D(x+y)^2 d\sigma$ 与 $\iint\limits_D(x+y)^3 d\sigma$,其中积分区域 D 是由圆周 $(x-2)^2+(y-1)^2=2$ 所围成;

(2) $\iint\limits_D\ln(x+y)\,d\sigma$ 与 $\iint\limits_D[\ln(x+y)]^2 d\sigma$,其中 D 是三角形闭区域,三顶点分别为 $(1,0),(1,1),(2,0)$.

B

1. 利用二重积分的性质估计下列积分的值:

(1) $I=\iint\limits_D xy(x+y)\,d\sigma$, 其中 $D=\{(x,y)\mid 0\leqslant x\leqslant 1,0\leqslant y\leqslant 1\}$;

(2) $I=\iint\limits_D \sin^2 x\sin^2 y\,d\sigma$, 其中 $D=\{(x,y)\mid 0\leqslant x\leqslant \pi,0\leqslant y\leqslant \pi\}$;

(3) $I=\iint\limits_D(x+y+10)\,d\sigma$, 其中 $D=\{(x,y)\mid x^2+y^2\leqslant 4\}$.

2. 设 $f(x,y),g(x,y)$ 都在有界闭区域 D 上连续,$g(x,y)\geqslant 0$,则必有点 $(\xi,\eta)\in D$,使

$$\iint\limits_D f(x,y)g(x,y)\,d\sigma=f(\xi,\eta)\iint\limits_D g(x,y)\,d\sigma.$$

3. 比较积分的大小:$\iint\limits_D\ln(x+y)\,d\sigma$ 与 $\iint\limits_D[\ln(x+y)]^2 d\sigma$,其中

$$D=\{(x,y)\mid 3\leqslant x\leqslant 5,0\leqslant y\leqslant 1\}.$$

9.2　二重积分在直角坐标系下的计算法

9.2 预习检测

根据二重积分的定义计算二重积分,一般是十分困难的.本节及下节我们介绍计算二重积分的简便方法,这种方法是把二重积分化成两次定积分来计算.本节先介绍二重积分在直角坐标系下的计算法.

9.2.1　直角坐标系下二重积分的面积元素

二重积分 $\iint\limits_D f(x,y)\,d\sigma$ 中的面积元素 $d\sigma$ 象征着积分和中的 $\Delta\sigma_i$,根据二重积分定义,当二重积分 $\iint\limits_D f(x,y)\,d\sigma$ 存在时,它的值与闭区域 D 的划分方式是无关的.因此,在直角坐标系中,为了便于计算,常常用平行于坐标轴的直线网来划分 D,此时除了包含 D 边界点的一些小区域外,其余小区域都是矩形(图 9-5).设矩形小闭区域 $\Delta\sigma_i$ 的边长为 Δx_i 与 Δy_i,则得

$\Delta\sigma_i=\Delta x_i\Delta y_i$，所以在直角坐标系下，有 $\mathrm{d}\sigma=\mathrm{d}x\mathrm{d}y$.从而

$$\iint\limits_D f(x,y)\,\mathrm{d}\sigma=\iint\limits_D f(x,y)\,\mathrm{d}x\mathrm{d}y.$$

今后称 $\mathrm{d}x\mathrm{d}y$ 为二重积分在直角坐标系下的面积元素.

图 9-5

9.2.2 化二重积分为二次积分

设积分区域 D 是 xOy 面上的有界闭区域.如果 D 由两条连续曲线 $y=y_1(x)$，$y=y_2(x)$（$y_1(x)\leqslant y_2(x)$）及两条直线 $x=a$，$x=b$（$a<b$）围成，则 D 可用不等式

$$a\leqslant x\leqslant b,\quad y_1(x)\leqslant y\leqslant y_2(x)$$

表示（图 9-6），今后称这种区域为 X-型域.

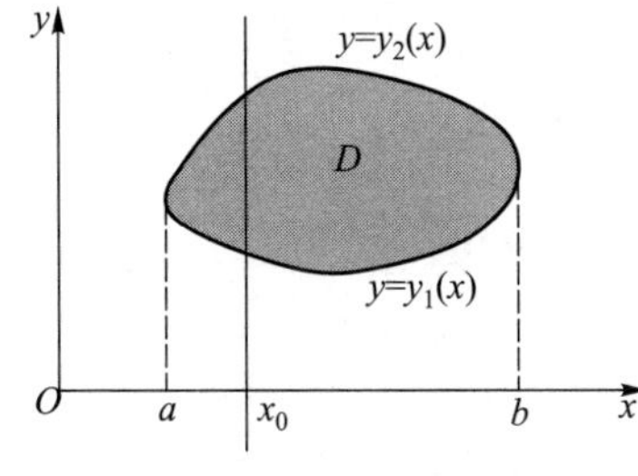

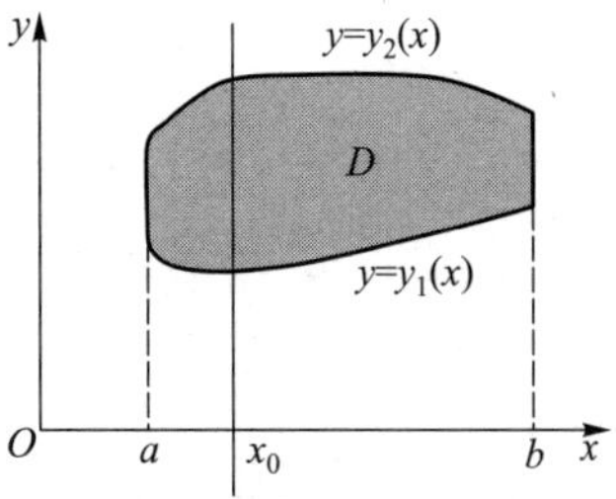

图 9-6

X-型域的特点：过 D 内任意一点，作平行于 y 轴的直线，则直线与 D 的边界至多有两个交点，且上、下边界曲线的方程是 x 的连续函数.

假设二重积分 $\iint\limits_D f(x,y)\,\mathrm{d}x\mathrm{d}y$ 存在，且 $f(x,y)\geqslant 0$，则 $\iint\limits_D f(x,y)\,\mathrm{d}x\mathrm{d}y$ 表示以 D 为底，以 $z=f(x,y)$ 为顶的曲顶柱体的体积 V（图 9-7），下面我们用求"平行截面面积为已知的立体的体积"的方法来求二重积分 $\iint\limits_D f(x,y)\,\mathrm{d}x\mathrm{d}y$.

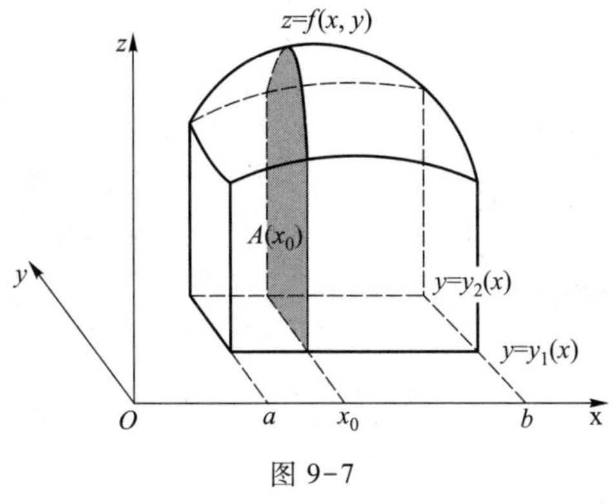

图 9-7

先计算截面的面积.为此，在区间$[a,b]$上任取一点 x_0，作平行于 yOz 面的平面 $x=x_0$.该

平面截曲顶柱体所得截面是一个以区间$[y_1(x_0),y_2(x_0)]$为底,曲线$z=f(x_0,y)$为曲边的曲边梯形(图9-7中的阴影部分),所以

$$A(x_0)=\int_{y_1(x_0)}^{y_2(x_0)} f(x_0,y)\,\mathrm{d}y.$$

由于x_0是任意的,从而过区间$[a,b]$上任一点x且平行于yOz面的平面截曲顶柱体所得截面的面积

$$A(x)=\int_{y_1(x)}^{y_2(x)} f(x,y)\,\mathrm{d}y.$$

从而

$$V=\int_a^b A(x)\,\mathrm{d}x=\int_a^b\left[\int_{y_1(x)}^{y_2(x)} f(x,y)\,\mathrm{d}y\right]\mathrm{d}x,$$

于是

$$\iint_D f(x,y)\,\mathrm{d}x\mathrm{d}y=\int_a^b\left[\int_{y_1(x)}^{y_2(x)} f(x,y)\,\mathrm{d}y\right]\mathrm{d}x.$$

今后简记为

$$\iint_D f(x,y)\,\mathrm{d}x\mathrm{d}y=\int_a^b \mathrm{d}x\int_{y_1(x)}^{y_2(x)} f(x,y)\,\mathrm{d}y. \tag{9-2}$$

上式是在条件$f(x,y)\geqslant 0$下推出的,可以证明式(9-2)对任意的连续函数$f(x,y)$都成立.

公式(9-2)的右端称为先对y后对x的二次积分,就是说,先把x看成常量,把$f(x,y)$只看成y的函数,对于y计算积分区间$[y_1(x),y_2(x)]$上的定积分,然后把算出的结果(x的函数)再对x计算积分区间$[a,b]$上的定积分.

如果区域D由两条连续曲线$x=x_1(y)$,$x=x_2(y)$ $(x_1(y)\leqslant x_2(y))$及两条直线$y=c$,$y=d$ $(c<d)$围成(图9-8).则D可用不等式表示,即

$$c\leqslant y\leqslant d,\quad x_1(y)\leqslant x\leqslant x_2(y),$$

称这样的区域为Y-型域.

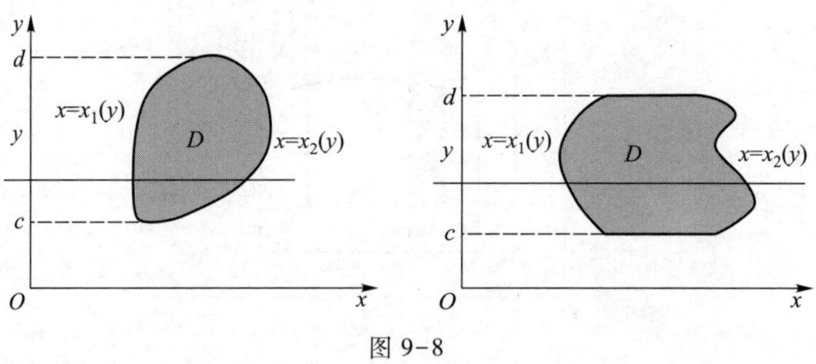

图9-8

Y-型域的特点:过区域D内任意一点,作平行于x轴的直线,则直线与D的边界至多有两个交点,且左、右边界的曲线方程是y的连续函数.

类似公式(9-2)的推导,可得到

$$\iint\limits_D f(x,y)\,\mathrm{d}x\mathrm{d}y=\int_c^d\left[\int_{x_1(y)}^{x_2(y)}f(x,y)\,\mathrm{d}x\right]\mathrm{d}y.$$

今后简记为

$$\iint\limits_D f(x,y)\,\mathrm{d}x\mathrm{d}y=\int_c^d\mathrm{d}y\int_{x_1(y)}^{x_2(y)}f(x,y)\,\mathrm{d}x. \tag{9-3}$$

公式(9-3)的右端叫做先对 x 后对 y 的二次积分.

公式(9-2)和(9-3)是我们今后计算 X-型域和 Y-型域上二重积分的公式,且总假定边界曲线的函数是连续的.

如果一个区域 D 既是 X-型域,又是 Y-型域(图 9-9),则由公式(9-2)、(9-3)都可计算 $\iint\limits_D f(x,y)\,\mathrm{d}x\mathrm{d}y$,从而

$$\iint\limits_D f(x,y)\,\mathrm{d}x\mathrm{d}y=\int_a^b\mathrm{d}x\int_{y_1(x)}^{y_2(x)}f(x,y)\,\mathrm{d}y=\int_c^d\mathrm{d}y\int_{x_1(y)}^{x_2(y)}f(x,y)\,\mathrm{d}x. \tag{9-4}$$

如果一个区域 D 既不是 X-型域,也不是 Y-型域,则通常可把 D 分成几部分,使每部分是 X-型域或 Y-型域.例如,如图 9-10 所示,D 分成了三部分,它们都是X-型域,从而三部分上的二重积分都可以用公式(9-2)计算.由二重积分性质 3 知,各部分上二重积分的和即为 D 上的二重积分.计算二重积分一般要遵循如下步骤:

第一步　画出 D 的图形,并把边界曲线方程标出.

第二步　确定 D 的类型,如果 D 既不是 X-型域,也不是 Y-型域,则需把 D 分成几个部分.

第三步　把 D 按 X-型域或 Y-型域用不等式表示,从而确定积分限,这一步是整个二重积分计算的关键.

第四步　把计算二重积分化为二次积分并计算.

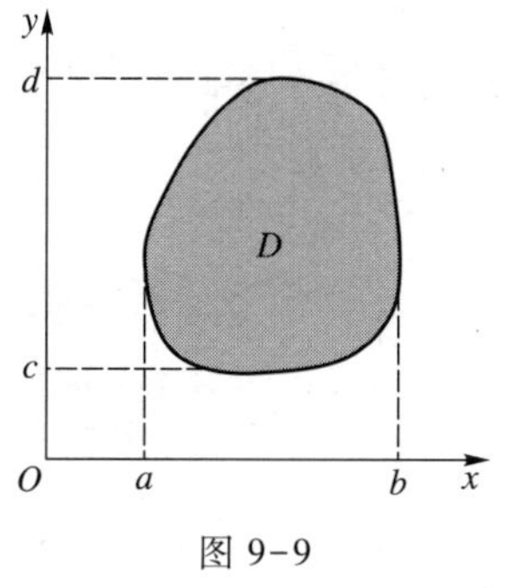

图 9-9

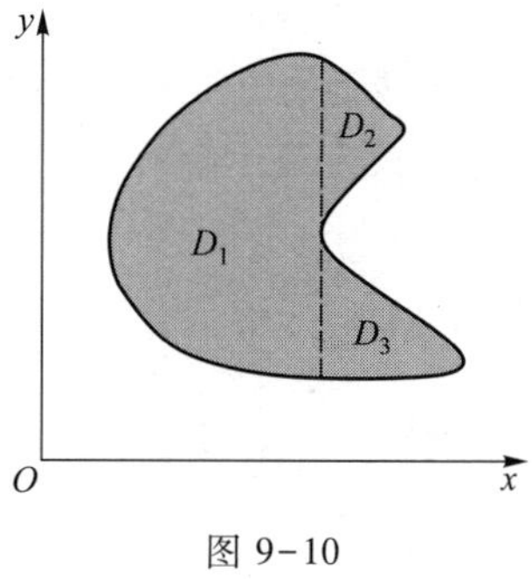

图 9-10

例 1　计算 $\iint\limits_D xy\,\mathrm{d}x\mathrm{d}y$,其中 D 是由直线 $y=1,x=2,y=x$ 围成的闭区域.

解法一　首先画出积分区域 D(图 9-11),D 是 X-型域.D 上点的横坐标的变化范围为 $[1,2]$,任取 x 轴上的点 $x\in[1,2]$,过该点作平行于 y 轴的直线,这条直线与 D 的下边界和

上边界分别交于两点,其纵坐标分别为 $y=1,y=x$,于是

$$D:1\leqslant x\leqslant 2,1\leqslant y\leqslant x.$$

由公式(9-2)得

$$\begin{aligned}\iint_D xy\mathrm{d}x\mathrm{d}y &= \int_1^2 \mathrm{d}x\int_1^x xy\mathrm{d}y = \int_1^2\left(x\cdot\frac{y^2}{2}\right)\Bigg|_1^x\mathrm{d}x \\ &= \int_1^2\left(\frac{x^3}{2}-\frac{x}{2}\right)\mathrm{d}x = \left(\frac{x^4}{8}-\frac{x^2}{4}\right)\Bigg|_1^2 = \frac{9}{8}.\end{aligned}$$

解法二 先画出区域 D(图 9-12),D 是 Y-型域.D 上点的纵坐标变化范围是[1,2],过 y 轴上的点 y 作平行于 x 轴的直线,该直线与 D 的边界交点横坐标分别是 $x=y,x=2$.于是 $D:1\leqslant y\leqslant 2,y\leqslant x\leqslant 2$,则由公式(9-3)得

$$\begin{aligned}\iint_D xy\mathrm{d}x\mathrm{d}y &= \int_1^2 \mathrm{d}y\int_y^2 xy\mathrm{d}x = \int_1^2\left(y\cdot\frac{x^2}{2}\right)\Bigg|_y^2\mathrm{d}y \\ &= \int_1^2\left(2y-\frac{y^3}{2}\right)\mathrm{d}y = \left(y^2-\frac{y^4}{8}\right)\Bigg|_1^2 = \frac{9}{8}.\end{aligned}$$

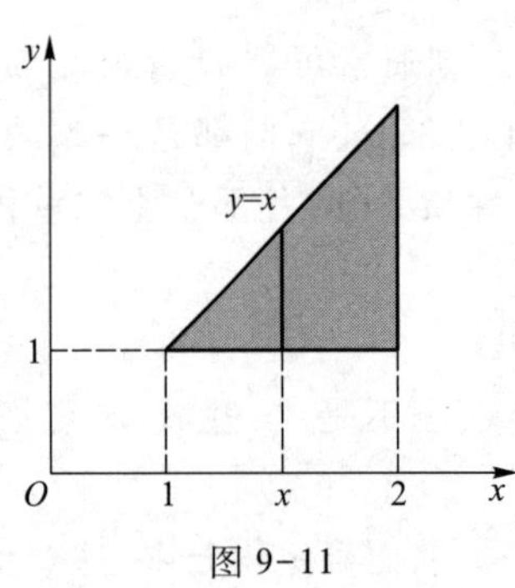

图 9-11

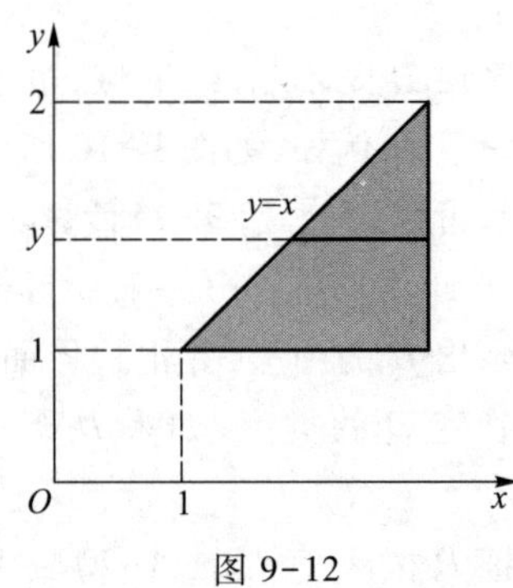

图 9-12

例 2 计算二重积分 $\iint_D\sqrt{y^2-xy}\,\mathrm{d}x\mathrm{d}y$,其中 D 是由直线 $y=x,y=1,x=0$ 所围成的平面区域.

解 画出积分区域如图 9-13 所示,将二重积分化为二次积分即可.

因为根号下的函数为关于 x 的一次函数,"先 x 后 y"积分较容易,所以

$$\begin{aligned}\iint_D\sqrt{y^2-xy}\,\mathrm{d}x\mathrm{d}y &= \int_0^1\mathrm{d}y\int_0^y\sqrt{y^2-xy}\,\mathrm{d}x \\ &= -\frac{2}{3}\int_0^1\frac{1}{y}(y^2-xy)^{\frac{3}{2}}\Bigg|_0^y\mathrm{d}y \\ &= \frac{2}{3}\int_0^1 y^2\mathrm{d}y = \frac{2}{9}.\end{aligned}$$

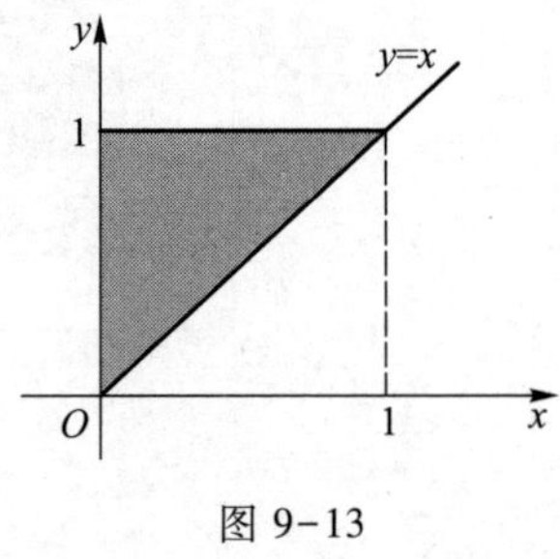

图 9-13

计算二重积分时,要首先画出积分区域的图形,然后结合积分区域的形状和被积函数的形式,适当选择坐标系和积分次序.

例 3 求 $\iint\limits_D \frac{\sin x}{x}\mathrm{d}x\mathrm{d}y$，其中 D 的边界曲线是 $y=x, y=x^2$.

微课
9.2 节例 3

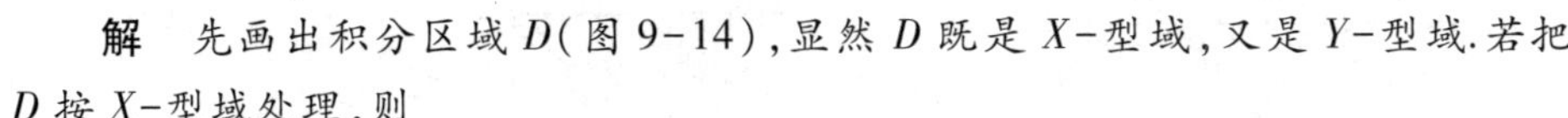

解 先画出积分区域 D（图 9-14），显然 D 既是 X-型域，又是 Y-型域. 若把 D 按 X-型域处理，则

$$D: 0\leqslant x\leqslant 1, x^2\leqslant y\leqslant x.$$

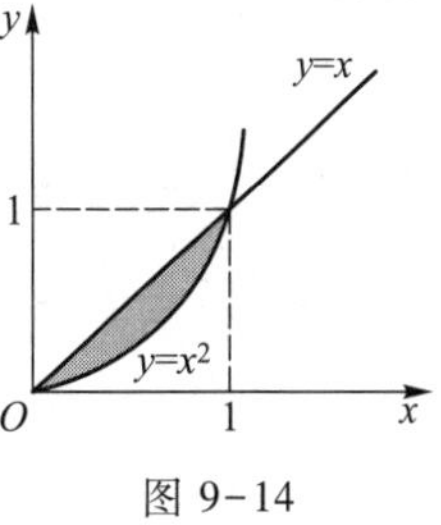

图 9-14

应用公式(9-2)，得

$$\begin{aligned}\iint\limits_D \frac{\sin x}{x}\mathrm{d}x\mathrm{d}y &= \int_0^1\left[\int_{x^2}^{x}\frac{\sin x}{x}\mathrm{d}y\right]\mathrm{d}x = \int_0^1\frac{\sin x}{x}\mathrm{d}x\int_{x^2}^{x}\mathrm{d}y\\ &= \int_0^1\frac{\sin x}{x}(x-x^2)\mathrm{d}x = \int_0^1(\sin x - x\sin x)\mathrm{d}x\\ &= 1-\sin 1.\end{aligned}$$

若把 D 按 Y-型域处理，则 $D: 0\leqslant y\leqslant 1, y\leqslant x\leqslant\sqrt{y}$. 应用公式(9-3)，得

$$\iint\limits_D \frac{\sin x}{x}\mathrm{d}x\mathrm{d}y = \int_0^1\mathrm{d}y\int_y^{\sqrt{y}}\frac{\sin x}{x}\mathrm{d}x.$$

因为 $\frac{\sin x}{x}$ 的原函数不是初等函数，因此上式无法计算出结果.

上面三例表明，计算二重积分时，根据积分区域 D 的特点，选择积分顺序是非常重要的. 选择不当可能使计算过程相当复杂，甚至根本无法计算.

例 4 求 $\iint\limits_D \frac{x^2}{y^2}\mathrm{d}x\mathrm{d}y$，其中 D 是由直线 $y=x, y=2$ 和双曲线 $xy=1$ 所围成的闭区域.

解 先画出 D 的图形（图 9-15）. 显然 D 是 Y-型域. 三个交点坐标分别为 $\left(\frac{1}{2},2\right)$，$(1,1)$，$(2,2)$，故 D 可表示成

$$D: 1\leqslant y\leqslant 2, \frac{1}{y}\leqslant x\leqslant y.$$

应用公式(9-3)，得

$$\begin{aligned}\iint\limits_D \frac{x^2}{y^2}\mathrm{d}x\mathrm{d}y &= \int_1^2\mathrm{d}y\int_{\frac{1}{y}}^{y}\frac{x^2}{y^2}\mathrm{d}x = \int_1^2\frac{x^3}{3y^2}\Bigg|_{\frac{1}{y}}^{y}\mathrm{d}y\\ &= \int_1^2\left(\frac{y}{3}-\frac{1}{3y^5}\right)\mathrm{d}y = \frac{27}{64}.\end{aligned}$$

如果把 D 分成两部分，分别为 D_1 和 D_2（图 9-16），则 D_1 和 D_2 都是 X-型域，并且它们可表示成

$$D_1: \frac{1}{2}\leqslant x\leqslant 1, \frac{1}{x}\leqslant y\leqslant 2.$$

$$D_2: 1\leqslant x\leqslant 2, x\leqslant y\leqslant 2.$$

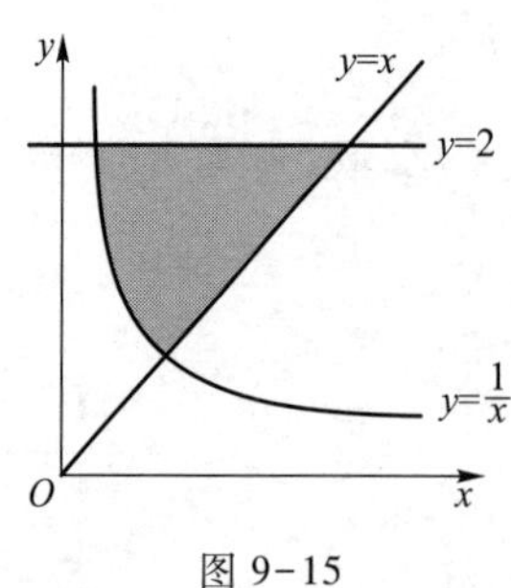

图 9-15

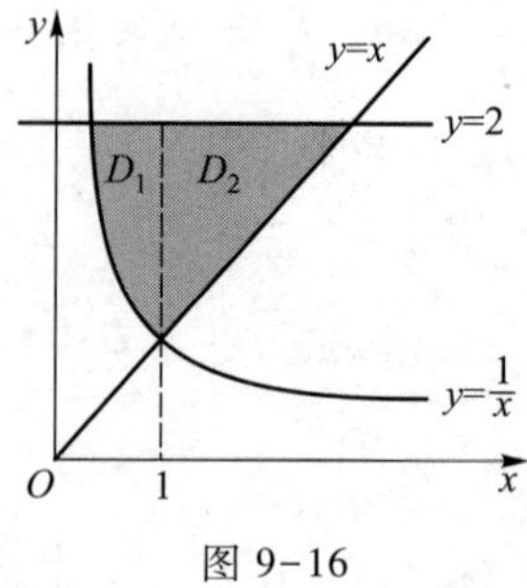

图 9-16

于是,由二重积分性质 4 及公式(9-2),得

$$\iint_D \frac{x^2}{y^2}\mathrm{d}x\mathrm{d}y = \iint_{D_1} \frac{x^2}{y^2}\mathrm{d}x\mathrm{d}y + \iint_{D_2} \frac{x^2}{y^2}\mathrm{d}x\mathrm{d}y$$

$$= \int_{\frac{1}{2}}^{1}\mathrm{d}x\int_{\frac{1}{x}}^{2}\frac{x^2}{y^2}\mathrm{d}y + \int_{1}^{2}\mathrm{d}x\int_{x}^{2}\frac{x^2}{y^2}\mathrm{d}y = \frac{27}{64}.$$

例 5 交换二次积分 $\int_0^1 \mathrm{d}x\int_0^x f(x,y)\,\mathrm{d}y + \int_1^2 \mathrm{d}x\int_0^{2-x} f(x,y)\,\mathrm{d}y$ 的积分次序,即化成先对 x 后对 y 的二次积分.

解 该类型题一般按下述步骤做.

第一步 由所给二次积分式,写出积分区域 D 的不等式表示.

本题中第一个积分的积分区域是 X-型,可用不等式表示为

$$D:0\leqslant x\leqslant 1,0\leqslant y\leqslant x.$$

第二个积分的积分区域是 X-型,可用不等式表示为

$$D:1\leqslant x\leqslant 2,0\leqslant y\leqslant 2-x,$$

所以

$$D=D_1\cup D_2.$$

第二步 画出积分区域 D 的图形.本题的积分区域 D 的图形如图 9-17 所示.

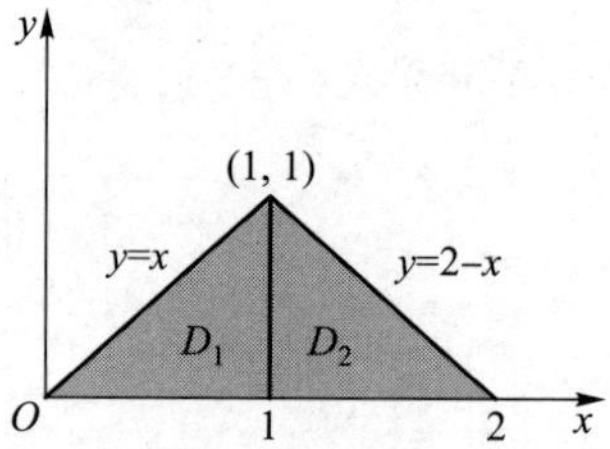

图 9-17

第三步 把区域 D 按 Y-型域不等式方式表示出来,本题中的 D 可以表示成

$$D:0\leqslant y\leqslant 1,y\leqslant x\leqslant 2-y.$$

第四步 化成另一种次序下的二次积分.

$$\int_0^1 \mathrm{d}x\int_0^x f(x,y)\,\mathrm{d}y + \int_1^2 \mathrm{d}x\int_0^{2-x} f(x,y)\,\mathrm{d}y = \iint_D f(x,y)\,\mathrm{d}x\mathrm{d}y$$

$$= \int_0^1 \mathrm{d}y\int_y^{2-y} f(x,y)\,\mathrm{d}x.$$

例 6 求椭圆抛物面 $z=2-(x^2+4y^2)$ 与平面 $z=1$ 所围立体的体积.

解 两个所给曲面的交线是空间曲线

$$\begin{cases} z=2-(x^2+4y^2), \\ z=1, \end{cases} \quad 或 \quad \begin{cases} x^2+4y^2=1, \\ z=1. \end{cases}$$

该曲线在 xOy 面上的投影是曲线

$$\begin{cases} x^2+4y^2=1, \\ z=0, \end{cases}$$

即 xOy 面上的椭圆 $x^2+4y^2=1$，从而立体在 xOy 面上的投影为

$$D=\{(x,y)\mid x^2+4y^2\leqslant 1\}.$$

如图 9-18 所示，所求体积为以椭圆抛物面 $z=2-(x^2+4y^2)$ 为顶，以 D 为底的曲顶柱体体积与以平面 $z=1$ 为顶，以 D 为底的平顶柱体体积之差，所以

$$V=\iint\limits_D [2-(x^2+4y^2)]\mathrm{d}x\mathrm{d}y-\iint\limits_D 1\mathrm{d}x\mathrm{d}y$$

$$=\iint\limits_D (1-x^2-4y^2)\mathrm{d}x\mathrm{d}y.$$

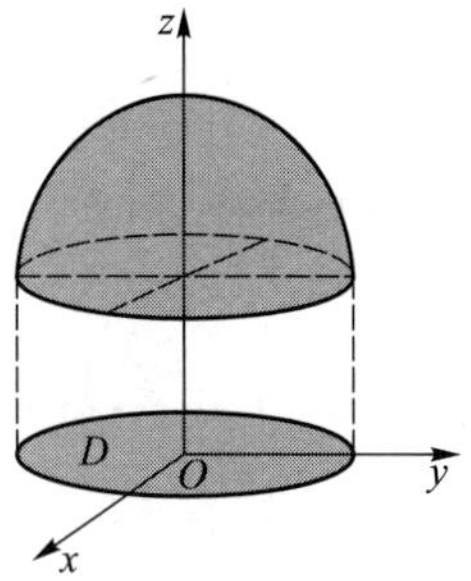

D 可表示成

$$-1\leqslant x\leqslant 1, -\frac{1}{2}\sqrt{1-x^2}\leqslant y\leqslant \frac{1}{2}\sqrt{1-x^2},$$

图 9-18

则

$$V=\int_{-1}^{1}\mathrm{d}x\int_{-\frac{1}{2}\sqrt{1-x^2}}^{\frac{1}{2}\sqrt{1-x^2}}[1-(x^2+4y^2)]\mathrm{d}y$$

$$=4\int_0^1\mathrm{d}x\int_0^{\frac{1}{2}\sqrt{1-x^2}}[1-(x^2+4y^2)]\mathrm{d}y$$

$$=4\int_0^1\left[(1-x^2)y-\frac{4}{3}y^3\right]\Bigg|_0^{\frac{1}{2}\sqrt{1-x^2}}\mathrm{d}x$$

$$=\frac{4}{3}\int_0^1(1-x^2)^{\frac{3}{2}}\mathrm{d}x$$

$$=\frac{4}{3}\left[\frac{x}{8}(5-2x^2)\sqrt{1-x^2}+\frac{3}{8}\arcsin x\right]\Bigg|_0^1=\frac{\pi}{4}.$$

*9.2.3 被积函数含参变量的积分

设 $f(x,y)$ 是矩形域 $R=[a,b]\times[\alpha,\beta]$ 上的函数，则积分 $\int_\alpha^\beta f(x,y)\mathrm{d}y$ 确定了一个定义在 $[a,b]$ 上的函数，记作

$$\varphi(x)=\int_\alpha^\beta f(x,y)\mathrm{d}y, \tag{9-5}$$

x 称为参变量，上式称为含参变量的积分.

下面不加证明地给出含参变量积分的性质——连续性、可积性、可微性.

定理 1(连续性) 若 $f(x,y)$ 在矩形域 $R=[a,b]\times[\alpha,\beta]$ 上连续，则由式(9-5)确定的含参变量积分在 $[a,b]$ 上连续.

定理1表明,定义在闭矩形域上的连续函数,其极限运算与积分运算的顺序是可交换的.即对任意 $x_0\in[a,b]$,有

$$\lim_{x\to x_0}\int_\alpha^\beta f(x,y)\,\mathrm{d}y=\int_\alpha^\beta \lim_{x\to x_0}f(x,y)\,\mathrm{d}y.$$

同样,若 $f(x,y)$ 在矩形域 $R=[a,b]\times[\alpha,\beta]$ 上连续,则含参变量的积分 $\psi(y)=\int_a^b f(x,y)\,\mathrm{d}x$ 在 $[\alpha,\beta]$ 上连续.

由连续性定理易得下述可积性定理.

定理2(可积性) 若 $f(x,y)$ 在矩形域 $R=[a,b]\times[\alpha,\beta]$ 上连续,则 $\varphi(x)=\int_\alpha^\beta f(x,y)\,\mathrm{d}y$ 在 $[a,b]$ 上可积,且

$$\int_a^b\varphi(x)\,\mathrm{d}x=\int_a^b\left[\int_\alpha^\beta f(x,y)\,\mathrm{d}y\right]\mathrm{d}x=\iint_D f(x,y)\,\mathrm{d}x\mathrm{d}y$$

是可以交换顺序的.

定理3(可微性) 若 $f(x,y)$ 及其偏导数 $f_x(x,y)$ 都在矩形域 $R=[a,b]\times[\alpha,\beta]$ 上连续,则 $\varphi(x)=\int_\alpha^\beta f(x,y)\,\mathrm{d}y$ 在 $[a,b]$ 上可微,且

$$\varphi'(x)=\frac{\mathrm{d}}{\mathrm{d}x}\int_\alpha^\beta f(x,y)\,\mathrm{d}y=\int_\alpha^\beta f_x(x,y)\,\mathrm{d}y.$$

此定理说明,被积函数及其偏导数在矩形域上连续时,求导与积分运算是可以交换顺序的.

例7 计算 $I=\int_0^1\frac{\ln(1+x)}{1+x^2}\mathrm{d}x$.

解 利用二重积分的性质交换积分顺序. $I=\int_0^1\frac{\mathrm{d}x}{1+x^2}\int_0^1\frac{x}{1+xy}\mathrm{d}y$,交换积分顺序,则 $I=\int_0^1\mathrm{d}y\int_0^1\frac{x}{(1+x^2)(1+xy)}\mathrm{d}x$.

由于 $\frac{x}{(1+x^2)(1+xy)}=\frac{Ax+B}{1+x^2}+\frac{C}{1+xy}$,利用待定系数法可确定

$$A=\frac{1}{1+y^2},\quad B=\frac{y}{1+y^2},\quad C=-\frac{y}{1+y^2},$$

从而

$$\begin{aligned}I&=\int_0^1\mathrm{d}y\int_0^1\left[\frac{\frac{1}{1+y^2}x+\frac{y}{1+y^2}}{1+x^2}-\frac{\frac{y}{1+y^2}}{1+xy}\right]\mathrm{d}x\\&=\int_0^1\left[\frac{1}{1+y^2}\cdot\frac{1}{2}\ln(1+x^2)+\frac{y}{1+y^2}\arctan x-\frac{1}{1+y^2}\ln(1+xy)\right]\Bigg|_0^1\mathrm{d}y\\&=\int_0^1\left[\frac{\ln 2}{2}\frac{1}{1+y^2}+\frac{\pi}{4}\frac{y}{1+y^2}-\frac{\ln(1+y)}{1+y^2}\right]\mathrm{d}y\end{aligned}$$

$$=\frac{\ln 2}{2}\arctan y\Big|_0^1+\frac{\pi}{4}\frac{1}{2}\ln(1+y^2)\Big|_0^1-\int_0^1\frac{\ln(1+y)}{1+y^2}dy$$

$$=\frac{\pi}{8}\ln 2+\frac{\pi}{8}\ln 2-I,$$

所以 $I=\frac{\pi}{8}\ln 2$.

掌握含参变量积分的性质,对于积分的学习具有很好的启示.尤其是在定积分中,原函数不能用初等函数表示时,上述方法更显出其优越性.

例 8 计算 $I=\int_0^1\sin\left(\ln\frac{1}{x}\right)\frac{x^b-x^a}{\ln x}dx\quad(0<a<b)$.

解 $$I=\int_0^1\sin\left(\ln\frac{1}{x}\right)dx\int_a^b x^y dy=\int_a^b dy\int_0^1\sin\left(\ln\frac{1}{x}\right)x^y dx.$$

记 $\varphi(y)=\int_0^1\sin\left(\ln\frac{1}{x}\right)x^y dx$, 则

$$\begin{aligned}\varphi(y)&=\frac{1}{y+1}\int_0^1\sin\left(\ln\frac{1}{x}\right)dx^{y+1}\\&=\frac{1}{y+1}\sin\left(\ln\frac{1}{x}\right)x^{y+1}\Big|_0^1+\frac{1}{y+1}\int_0^1 x^y\cos\left(\ln\frac{1}{x}\right)dx\\&=\frac{1}{y+1}\int_0^1 x^y\cos\left(\ln\frac{1}{x}\right)dx\\&=\frac{1}{(y+1)^2}\int_0^1\cos\left(\ln\frac{1}{x}\right)dx^{y+1}\\&=\frac{1}{(y+1)^2}x^{y+1}\cos\left(\ln\frac{1}{x}\right)\Big|_0^1-\frac{1}{(y+1)^2}\int_0^1 x^y\sin\left(\ln\frac{1}{x}\right)dx\\&=\frac{1}{(y+1)^2}-\frac{1}{(y+1)^2}\varphi(y),\end{aligned}$$

所以 $\varphi(y)=\frac{1}{1+(y+1)^2}$.从而

$$I=\int_a^b\frac{dy}{1+(y+1)^2}=\arctan(y+1)\Big|_a^b=\arctan(b+1)-\arctan(a+1).$$

例 9 计算 $I=\int_0^{\frac{\pi}{2}}\ln(\cos^2x+a^2\sin^2x)dx\quad(a>0)$.

解 记 $I(a)=\int_0^{\frac{\pi}{2}}\ln(\cos^2x+a^2\sin^2x)dx$, 则

$$\begin{aligned}I'(a)&=\int_0^{\frac{\pi}{2}}\frac{2a\sin^2x}{\cos^2x+a^2\sin^2x}dx=2a\int_0^{\frac{\pi}{2}}\frac{\tan^2x\,d(\tan x)}{(1+\tan^2x)(1+a^2\tan^2x)}\\&=\frac{2a}{a^2-1}\int_0^{\frac{\pi}{2}}\left(\frac{1}{1+\tan^2x}-\frac{1}{1+a^2\tan^2x}\right)d(\tan x)\end{aligned}$$

$$=\frac{2a}{a^2-1}\left[\arctan(\tan x)-\frac{1}{a}\arctan(a\tan x)\right]\Big|_0^{\frac{\pi}{2}}$$

$$=\frac{2a}{a^2-1}\cdot\frac{\pi}{2}\left(1-\frac{1}{a}\right)=\frac{\pi}{a+1}.$$

$$I(a)-I(1)=\int_1^a I'(a)\mathrm{d}a=\int_1^a\frac{\pi}{a+1}\mathrm{d}a=\pi\ln(a+1)\Big|_1^a=\pi\ln\frac{a+1}{2}.$$

而 $I(1)=0$，所以

$$I=\pi\ln\frac{a+1}{2}.$$

例 10　计算 $\int_0^1\mathrm{d}x\int_0^{\sqrt{x}}\mathrm{e}^{-\frac{y^2}{2}}\mathrm{d}y$.

解法一　令 $F(x)=\int_0^{\sqrt{x}}\mathrm{e}^{-\frac{y^2}{2}}\mathrm{d}y$，则

$$I=\int_0^1F(x)\mathrm{d}x=xF(x)\Big|_0^1-\int_0^1xF'(x)\mathrm{d}x=\int_0^1\mathrm{e}^{-\frac{y^2}{2}}\mathrm{d}y-\int_0^1x\mathrm{e}^{-\frac{(\sqrt{x})^2}{2}}\mathrm{d}\sqrt{x},$$

$$\int_0^1x\mathrm{e}^{-\frac{(\sqrt{x})^2}{2}}\mathrm{d}\sqrt{x}\xlongequal{y=\sqrt{x}}\int_0^1y^2\mathrm{e}^{-\frac{y^2}{2}}\mathrm{d}y=-\int_0^1y\mathrm{d}\mathrm{e}^{-\frac{y^2}{2}}=-y\mathrm{e}^{-\frac{y^2}{2}}\Big|_0^1+\int_0^1\mathrm{e}^{-\frac{y^2}{2}}\mathrm{d}y$$

$$=-\mathrm{e}^{-\frac{1}{2}}+\int_0^1\mathrm{e}^{-\frac{y^2}{2}}\mathrm{d}y,$$

所以　$I=\mathrm{e}^{-\frac{1}{2}}$.

解法二　积分域 $D:0\leqslant y\leqslant1,y^2\leqslant x\leqslant1$.

$$I=\int_0^1\mathrm{d}y\int_{y^2}^1\mathrm{e}^{-\frac{y^2}{2}}\mathrm{d}x=\int_0^1(1-y^2)\mathrm{e}^{-\frac{y^2}{2}}\mathrm{d}y$$

$$=\int_0^1\mathrm{e}^{-\frac{y^2}{2}}\mathrm{d}y-\int_0^1y^2\mathrm{e}^{-\frac{y^2}{2}}\mathrm{d}y$$

$$=\int_0^1\mathrm{e}^{-\frac{y^2}{2}}\mathrm{d}y+\int_0^1y\mathrm{d}\mathrm{e}^{-\frac{y^2}{2}}=\int_0^1\mathrm{e}^{-\frac{y^2}{2}}\mathrm{d}y+y\mathrm{e}^{-\frac{y^2}{2}}\Big|_0^1-\int_0^1\mathrm{e}^{-\frac{y^2}{2}}\mathrm{d}y$$

$$=\mathrm{e}^{-\frac{1}{2}}.$$

习题 9.2

A

1. 交换下列积分的积分次序：

(1) $\int_0^a\mathrm{d}x\int_0^x f(x,y)\mathrm{d}y$;　　(2) $\int_0^1\mathrm{d}y\int_0^{\sqrt{1-y}}f(x,y)\mathrm{d}x$;

(3) $\int_0^2\mathrm{d}x\int_{\frac{x}{2}}^{3-x}f(x,y)\mathrm{d}y$;　　(4) $\int_1^2\mathrm{d}x\int_{2-x}^{\sqrt{2x-x^2}}f(x,y)\mathrm{d}y$;

(5) $\int_0^2\mathrm{d}y\int_{y^2}^{2y}f(x,y)\mathrm{d}x$.

2. 化二重积分 $I=\iint\limits_D f(x,y)\mathrm{d}\sigma$ 为二次积分：

(1) D 是由 $y=x,x=2$ 及 $y=\frac{1}{x}(x>0)$ 所围成的闭区域,分别列出直角坐标系下两种不同次序的二次积分;

(2) $D:1\leqslant x^2+y^2\leqslant 4$,化为直角坐标系下的二次积分;

(3) D 是由直线 $y=x$ 及抛物线 $y^2=4x$ 所围成的闭区域;

(4) D 是由 x 轴及半圆周 $x^2+y^2=r^2(y\geqslant 0)$所围成的闭区域.

3. 设闭区域 D 由 $x+y=1,x-y=1$ 及 $x=0$ 所围成,画图说明下列积分的几何意义,并计算其值:

(1) $\iint\limits_D y\mathrm{d}\sigma$; (2) $\iint\limits_D |y|\mathrm{d}\sigma$.

4. 计算下列二重积分及二次积分:

(1) $\iint\limits_D(|x|+y)\mathrm{d}x\mathrm{d}y$,其中 $D=\{(x,y)\mid |x|+|y|\leqslant 1\}$;

(2) $\iint\limits_D(x^2+y^2)\mathrm{d}x\mathrm{d}y$,其中 D 是以$(0,0),(1,0),(0,1)$ 为顶点的三角形;

(3) $\iint\limits_D x[1+yf(x^2+y^2)]\mathrm{d}x\mathrm{d}y$,其中 D 由 $y=x^3,y=1,x=-1$ 围成,f 是连续函数;

(4) $\iint\limits_D \frac{2x}{y}\mathrm{d}x\mathrm{d}y$,其中 $D:1\leqslant y\leqslant 2,y\leqslant x\leqslant 2$;

(5) $\iint\limits_D x^2y\mathrm{d}x\mathrm{d}y$,其中 $D:0\leqslant x\leqslant 3,0\leqslant y\leqslant 1$;

(6) $\iint\limits_D |xy|\frac{2x}{y}\mathrm{d}\sigma$,其中 $D:x^2+y^2\leqslant a^2$;

(7) $\iint\limits_D \mathrm{e}^{-y^2}\mathrm{d}x\mathrm{d}y$,其中 D 是以$(0,0),(1,1),(0,1)$ 为顶点的三角形闭区域;

(8) $\iint\limits_D(3x+2y)\mathrm{d}\sigma$,其中 D 是由两坐标轴及直线 $x+y=2$ 所围成的闭区域;

(9) $\iint\limits_D x\cos(x+y)\mathrm{d}\sigma$,其中 D 是顶点分别为$(0,0),(\pi,0),(\pi,\pi)$的三角形闭区域;

(10) $\iint\limits_D x\sqrt{y}\mathrm{d}\sigma$, 其中 D 是由两条抛物线 $y=\sqrt{x},y=x^2$ 所围成的闭区域;

(11) $\iint\limits_D \mathrm{e}^{x+y}\mathrm{d}\sigma$,其中 D 是由 $|x|+|y|\leqslant 1$ 所确定的闭区域;

(12) $\iint\limits_D y\sqrt{1-y^2+x^2}\mathrm{d}\sigma$,其中 D 是由直线 $y=x,x=-1,y=1$ 所围成的闭区域;

(13) $\iint\limits_D \frac{\sin y}{y}\mathrm{d}x\mathrm{d}y$,其中 D 由曲线 $y=\sqrt{x}$,直线 $y=x$ 所围成;

(14) $\iint\limits_D x^2y\mathrm{d}x\mathrm{d}y$,其中 D 是由双曲线 $x^2-y^2=1,y=0,y=1$ 所围成的平面区域;

(15) $\int_0^{\frac{\pi}{6}}\mathrm{d}y\int_y^{\frac{\pi}{6}}\frac{\cos x}{x}\mathrm{d}x$.

B

1. 化二重积分 $I=\iint\limits_D f(x,y)\mathrm{d}\sigma$ 为二次积分:

(1) $D:y\leqslant 1-x^2, y\geqslant x^2-1$，分别列出直角坐标系下不同次序的二次积分；

(2) D 是由曲线 $y=\sin x(0\leqslant x\leqslant \pi)$ 与 x 轴所围成的闭区域；

(3) D 是由曲线 $y=\sqrt{2ax}, x^2+y^2=2ax(y\geqslant 0)$ 及 $x=2a(a>0)$ 所围成的闭区域.

2. 交换下列积分的积分次序：

(1) $\int_0^1 dx\int_0^{x^2} f(x,y)\,dy+\int_1^2 dx\int_0^{2-x} f(x,y)\,dy$；

(2) $\int_0^1 dx\int_{\sqrt{x}}^{1+\sqrt{1-x^2}} f(x,y)\,dy$；

(3) $\int_0^1 dy\int_{-y}^{1+y^2} f(x,y)\,dx$；

(4) $\int_0^1 dx\int_{1+\sqrt{1-x^2}}^{\sqrt{4-x^2}} f(x,y)\,dy+\int_1^{\sqrt{3}} dx\int_1^{\sqrt{4-x^2}} f(x,y)\,dy$.

3. 计算下列二重积分及二次积分：

(1) $\iint\limits_D (1+\sqrt[3]{xy})\,d\sigma$，其中 $D:x^2+y^2\leqslant 4$；

(2) $\iint\limits_D \sqrt{|y-x^2|}\,d\sigma$，其中 $D:-1\leqslant x\leqslant 1, 0\leqslant y\leqslant 2$；

(3) $\int_0^{\frac{R}{\sqrt{2}}} e^{-y^2}dy\int_0^y e^{-x^2}dx+\int_{\frac{R}{\sqrt{2}}}^R e^{-y^2}dy\int_0^{\sqrt{R^2-y^2}} e^{-x^2}dx$；

(4) $\iint\limits_D xy^2\,d\sigma$，其中 D 是由圆周 $x^2+y^2=4$ 及 y 轴所围成的右半区域；

(5) $\iint\limits_D (x^2+y^2-x)\,d\sigma$，其中 D 是由直线 $y=2, y=x$ 及 $y=2x$ 所围成的闭区域；

(6) $\iint\limits_D \frac{y}{\sqrt{1+x^3}}\,dx\,dy$，其中 D 是由 $y=x, y=0, x=1$ 所围成的闭区域；

(7) $\iint\limits_D |\cos(x+y)|\,dx\,dy$，其中 $D:0\leqslant x\leqslant \pi, 0\leqslant y\leqslant \pi-x$；

(8) $\int_0^e dy\int_1^2 \frac{\ln x}{e^x}dx+\int_e^{e^2} dy\int_{\ln y}^2 \frac{\ln x}{e^x}dx$；

(9) $\int_{\frac{1}{4}}^{\frac{1}{2}} dy\int_{\frac{1}{2}}^{\sqrt{y}} e^{\frac{y}{x}}dx+\int_{\frac{1}{2}}^1 dy\int_y^{\sqrt{y}} e^{\frac{y}{x}}dx$；

(10) $\iint\limits_D e^{\max\{x^2,y^2\}}\,dx\,dy$，其中 $D=\{(x,y)\mid 0\leqslant x\leqslant 1, 0\leqslant y\leqslant 1\}$；

(11) 设 $f(x,y)=\begin{cases}x^2y, & 1\leqslant x\leqslant 2, 0\leqslant y\leqslant x,\\ 0, & xOy\text{ 平面上的其他点处},\end{cases}$ 求 $\iint\limits_D f(x,y)\,dx\,dy$，其中 $D=\{(x,y)\mid x^2+y^2\geqslant 2x\}$；

(12) $\iint\limits_D (|x|+|y|)\,dx\,dy, D:x^2+y^2\leqslant 1$.

4. 交换下列二次积分的次序：

(1) $\int_0^1 dy\int_0^y f(x,y)\,dx$； (2) $\int_0^2 dy\int_{y^2}^{2y} f(x,y)\,dx$；

(3) $\int_0^1 dy\int_{-\sqrt{1-y^2}}^{\sqrt{1-y^2}} f(x,y)\,dx$； (4) $\int_1^2 dx\int_{2-x}^{\sqrt{2x-x^2}} f(x,y)\,dy$；

(5) $\int_1^e dx\int_0^{\ln x} f(x,y)\,dy$； (6) $\int_0^{\pi} dx\int_{-\sin\frac{x}{2}}^{\sin x} f(x,y)\,dy$.

5. 设 $f(t)$ 为连续函数,求证:$\iint\limits_D f(x-y)\mathrm{d}x\mathrm{d}y=\int_{-A}^{A}f(t)(A-|t|)\mathrm{d}t$,其中积分区域 $D:|x|\leqslant\frac{A}{2},|y|\leqslant\frac{A}{2}$,常数 $A>0$.

6. 设函数 $f(x)$ 在 $[0,1]$ 上连续,并设 $\int_0^1 f(x)\mathrm{d}x=A$,求 $\int_0^1\mathrm{d}x\int_x^1 f(x)f(y)\mathrm{d}y$.

9.3　二重积分在极坐标系下的计算法

9.3 预习检测

在有些二重积分中,积分区域 D 的边界曲线用极坐标方程来表示比较方便,或被积函数用极坐标 (r,θ) 表示比较简单,这时我们就可以考虑利用极坐标来计算二重积分 $\iint\limits_D f(x,y)\mathrm{d}\sigma$.

9.3.1　二重积分在极坐标系下的表示

设二重积分 $\iint\limits_D f(x,y)\mathrm{d}\sigma$ 存在,由二重积分的定义,该二重积分的值与积分区域 D 的划分无关.因此,在极坐标系下,我们用一族以极点为圆心的同心圆及一族射线把 D 划分成 n 个小的闭区域(图 9-19).

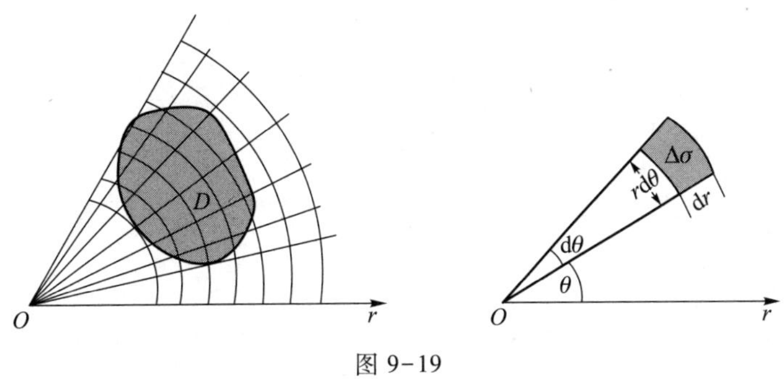

图 9-19

从图 9-19 中知,除了靠边界的一些不规则的小闭区域外,其他小闭区域的面积都等于两个扇形面积之差,取一小区域作为代表,记为 $\Delta\sigma$,设极径、极角的变量分别为 $\Delta r,\Delta\theta$,则

$$\Delta\sigma=\frac{1}{2}(r+\Delta r)^2\Delta\theta-\frac{1}{2}r^2\Delta\theta=r\Delta r\Delta\theta+\frac{1}{2}(\Delta r)^2\Delta\theta.$$

从而当 D 划分得充分细时,$\Delta\sigma\approx r\Delta r\Delta\theta$.因此,在极坐标系下的面积元素

$$\mathrm{d}\sigma=r\mathrm{d}r\mathrm{d}\theta.$$

根据直角坐标和极坐标的关系

$$\begin{cases}x=r\cos\theta,\\ y=r\sin\theta,\end{cases}$$

被积函数 $f(x,y)$ 可化为

$$f(x,y)=f(r\cos\theta,r\sin\theta).$$

于是在极坐标系下，

$$\iint_D f(x,y)\,\mathrm{d}\sigma = \iint_D f(r\cos\theta, r\sin\theta)\,r\mathrm{d}r\mathrm{d}\theta.$$

这就是把直角坐标变换到极坐标下的二重积分的公式.该公式表明,要把二重积分中的变量从直角坐标变换为极坐标,只要把被积函数中的 x,y 分别换成$r\cos\theta, r\sin\theta$,并把直角坐标系中的面积元素 $\mathrm{d}x\mathrm{d}y$ 换成极坐标系下的面积元素 $r\mathrm{d}r\mathrm{d}\theta$ 即可.

9.3.2　极坐标系下的二重积分的计算

在极坐标系下,二重积分的计算也必须化成二次积分来计算.设积分区域 D 可以用不等式

$$\alpha\leqslant\theta\leqslant\beta, \varphi_1(\theta)\leqslant r\leqslant\varphi_2(\theta)$$

来表示(图 9-20),其中函数 $\varphi_1(\theta),\varphi_2(\theta)$ 在区间$[\alpha,\beta]$上连续.

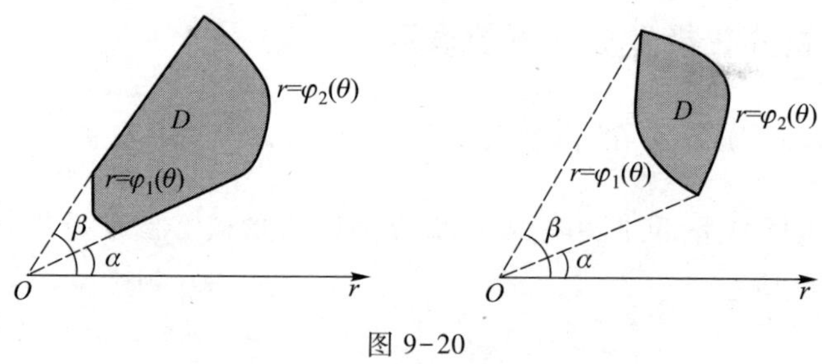

图 9-20

任取 $\theta\in[\alpha,\beta]$,从极点作极角为 θ 的射线,该射线同 D 的边界相交于两点,这两点的极径分别为 $\varphi_1(\theta)$ 和 $\varphi_2(\theta)$,因此

$$\iint_D f(r\cos\theta, r\sin\theta)\,r\mathrm{d}r\mathrm{d}\theta = \int_\alpha^\beta\left[\int_{\varphi_1(\theta)}^{\varphi_2(\theta)} f(r\cos\theta, r\sin\theta)\,r\mathrm{d}r\right]\mathrm{d}\theta,$$

或者写成

$$\iint_D f(r\cos\theta, r\sin\theta)\,r\mathrm{d}r\mathrm{d}\theta = \int_\alpha^\beta\mathrm{d}\theta\int_{\varphi_1(\theta)}^{\varphi_2(\theta)} f(r\cos\theta, r\sin\theta)\,r\mathrm{d}r. \tag{9-6}$$

公式(9-6)就是极坐标系下二重积分转化为二次积分的公式.应用它计算二重积分的关键是确定二次积分的积分限.有以下几点值得注意:

(1) 二次积分积分限的确定.如果极点 O 在区域 D 的内部(图 9-21),则 $D:0\leqslant\theta\leqslant2\pi$, $0\leqslant r\leqslant\varphi(\theta)$.此时公式(9-6)为

$$\iint_D f(r\cos\theta, r\sin\theta)\,r\mathrm{d}r\mathrm{d}\theta = \int_0^{2\pi}\mathrm{d}\theta\int_0^{\varphi(\theta)} f(r\cos\theta, r\sin\theta)\,r\mathrm{d}r.$$

如果极点 O 正好在 D 的边界上(图 9-22),则 $D:\alpha\leqslant\theta\leqslant\beta, 0\leqslant r\leqslant\varphi(\theta)$.此时公式(9-6)为

$$\iint_D f(r\cos\theta, r\sin\theta)\,r\mathrm{d}r\mathrm{d}\theta = \int_\alpha^\beta\mathrm{d}\theta\int_0^{\varphi(\theta)} f(r\cos\theta, r\sin\theta)\,r\mathrm{d}r.$$

(2) 由二次积分的公式(9-6)知,当积分区域是圆、圆环、扇形等或被积函数形如 $f(x^2+y^2)$时,应用极坐标计算二重积分较简单(见下面例子).

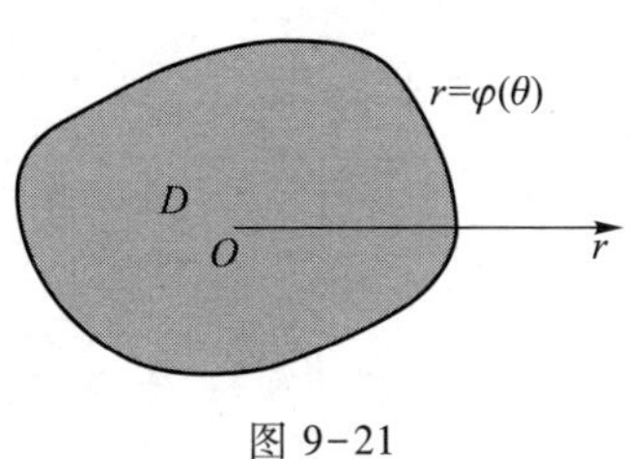

图 9-21

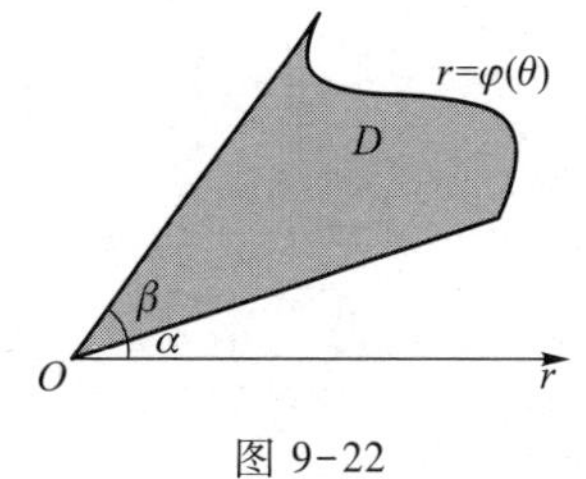

图 9-22

（3）根据二重积分的性质 4 及公式(9-6)，区域 D 的面积(见图 9-20).

$$\sigma=\iint\limits_{D}1\mathrm{d}\sigma=\int_{\alpha}^{\beta}\mathrm{d}\theta\int_{\varphi_1(\theta)}^{\varphi_2(\theta)}r\mathrm{d}r=\frac{1}{2}\int_{\alpha}^{\beta}[\varphi_2^2(\theta)-\varphi_1^2(\theta)]\mathrm{d}\theta.$$

这就是在一元函数的定积分中学过的用极坐标计算平面图形面积的公式.

例 1　求 $\iint\limits_{D}\sqrt{x^2+y^2}\mathrm{d}x\mathrm{d}y$，其中

$$D=\{(x,y)\mid x^2+y^2\leqslant 1,x\geqslant 0,y\geqslant 0\}.$$

解　积分区域 D 的图形如图 9-23 所示.

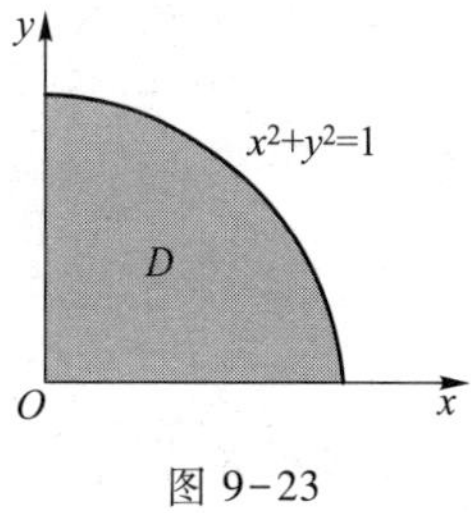

图 9-23

$$D:0\leqslant\theta\leqslant\frac{\pi}{2},0\leqslant r\leqslant 1.$$

由公式(9-6)，得

$$\iint\limits_{D}\sqrt{x^2+y^2}\mathrm{d}x\mathrm{d}y=\iint\limits_{D}r\cdot r\mathrm{d}r\mathrm{d}\theta=\int_0^{\frac{\pi}{2}}\mathrm{d}\theta\int_0^1 r^2\mathrm{d}r$$

$$=\frac{\pi}{2}\times\frac{1}{3}=\frac{\pi}{6}.$$

本例也可用直角坐标计算：

$$\iint\limits_{D}\sqrt{x^2+y^2}\mathrm{d}x\mathrm{d}y=\int_0^1\mathrm{d}x\int_0^{\sqrt{1-x^2}}\sqrt{x^2+y^2}\mathrm{d}y$$

$$=\frac{1}{2}\int_0^1\left[y\sqrt{x^2+y^2}+x^2\ln(y+\sqrt{x^2+y^2})\right]\Big|_0^{\sqrt{1-x^2}}\mathrm{d}x$$

$$=\frac{1}{2}\int_0^1\left[\sqrt{1-x^2}+x^2\ln(1+\sqrt{1-x^2})-x^2\ln x\right]\mathrm{d}x=\frac{\pi}{6}.$$

将两种方法比较，显然极坐标系下的计算简单得多.

例 2　求 $\iint\limits_{D}\arctan\frac{y}{x}\mathrm{d}x\mathrm{d}y$，其中 D 是第一象限内由边界曲线 $x^2+y^2=1,x^2+y^2=4,y=x$，$y=0$围成的闭区域.

解　先画出 D 的图形(图 9-24).在极坐标系下 D 可表示成

$$0\leqslant\theta\leqslant\frac{\pi}{4},1\leqslant r\leqslant 2.$$

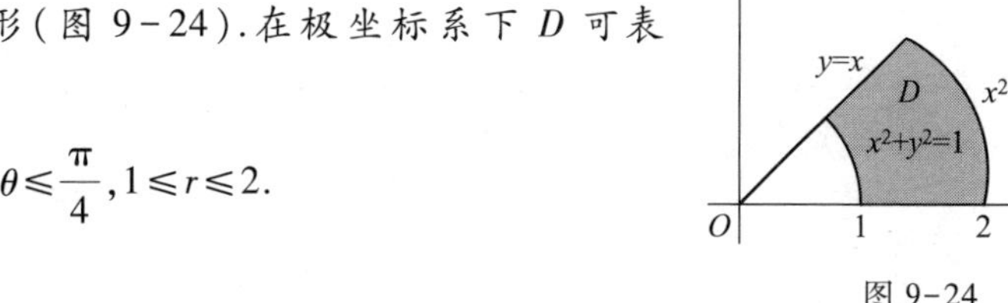

图 9-24

故

$$\iint\limits_D \arctan\frac{y}{x}\mathrm{d}x\mathrm{d}y = \iint\limits_D \theta r\mathrm{d}r\mathrm{d}\theta = \int_0^{\frac{\pi}{4}}\theta\mathrm{d}\theta\int_1^2 r\mathrm{d}r$$

$$= \frac{1}{2}\theta^2\Big|_0^{\frac{\pi}{4}}\cdot\frac{1}{2}r^2\Big|_1^2 = \frac{3}{64}\pi^2.$$

例 3 设函数 $f(xy)$ 连续,区域 $D=\{(x,y)\,|\,x^2+y^2\leqslant 2y\}$,将 $\iint\limits_D f(xy)\mathrm{d}x\mathrm{d}y$ 化为二次积分.

解 将二重积分化为二次积分的方法是:先画出积分区域的示意图,再选择直角坐标系和极坐标系,并在两种坐标系下化为二次积分.积分区域见图 9-25.

在直角坐标系下,有

$$\iint\limits_D f(xy)\mathrm{d}x\mathrm{d}y = \int_0^2\mathrm{d}y\int_{-\sqrt{1-(y-1)^2}}^{\sqrt{1-(y-1)^2}} f(xy)\mathrm{d}x$$

$$= \int_{-1}^1\mathrm{d}x\int_{1-\sqrt{1-x^2}}^{1+\sqrt{1-x^2}} f(xy)\mathrm{d}y.$$

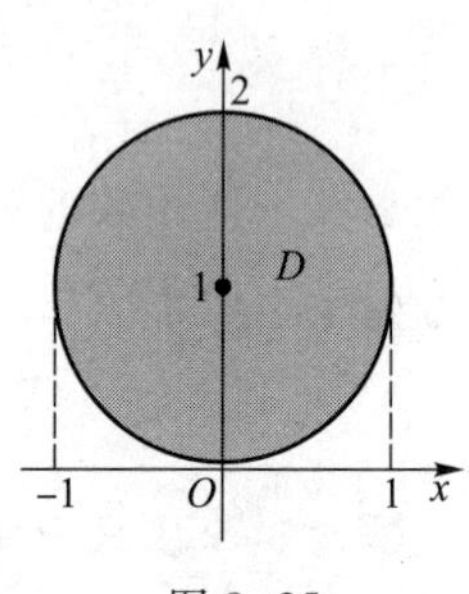

图 9-25

在极坐标系下, $\begin{cases} x = r\cos\theta, \\ y = r\sin\theta, \end{cases}$

$$\iint\limits_D f(xy)\mathrm{d}x\mathrm{d}y = \int_0^{\pi}\mathrm{d}\theta\int_0^{2\sin\theta} f(r^2\sin\theta\cos\theta)r\mathrm{d}r.$$

例 4 设 $f(x,y)$ 为连续函数,将 $\int_0^{\frac{\pi}{4}}\mathrm{d}\theta\int_0^1 f(r\cos\theta, r\sin\theta)r\mathrm{d}r$ 化为直角坐标系下先对 x 后对 y 的二次积分.

解 由题设可知积分区域 D 如图 9-26 所示,显然是 Y - 型域,则

$$原式 = \int_0^{\frac{\sqrt{2}}{2}}\mathrm{d}y\int_y^{\sqrt{1-y^2}} f(x,y)\mathrm{d}x.$$

图 9-26

例 5 求球面 $x^2+y^2+z^2=4R^2$ 与圆柱面 $x^2+y^2=2Rx$ 所包围的立体(含在柱体里面的部分)的体积(图 9-27).

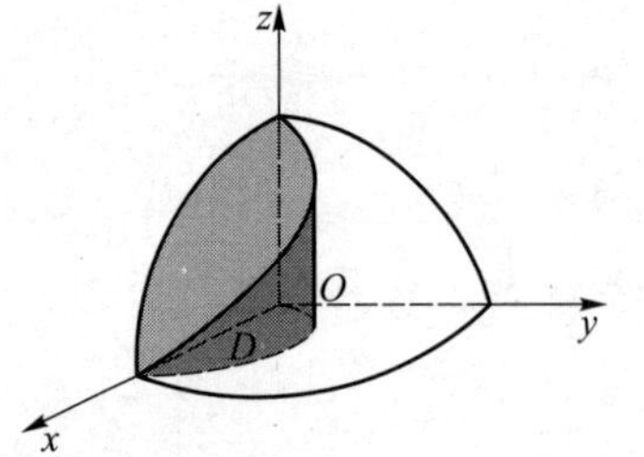

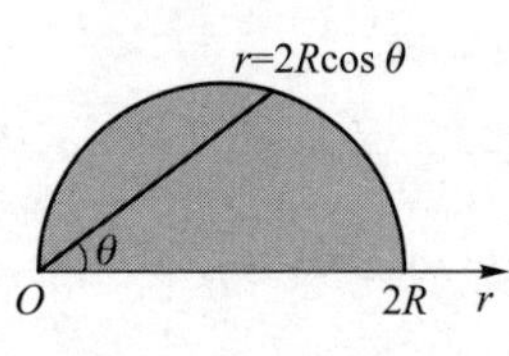

图 9-27

解 由对称性知

$$V = 4\iint\limits_D\sqrt{4R^2-x^2-y^2}\,\mathrm{d}x\mathrm{d}y,$$

其中 D 是半圆周 $y=\sqrt{2Rx-x^2}$ 及 x 轴围成的闭区域.在极坐标系下,D 可表示成

$$D:0\leqslant\theta\leqslant\frac{\pi}{2},0\leqslant r\leqslant 2R\cos\theta.$$

于是

$$V=4\iint_D\sqrt{4R^2-r^2}\,r\mathrm{d}r\mathrm{d}\theta=4\int_0^{\frac{\pi}{2}}\mathrm{d}\theta\int_0^{2R\cos\theta}\sqrt{4R^2-r^2}\,r\mathrm{d}r$$

$$=\frac{32}{3}R^3\int_0^{\frac{\pi}{2}}(1-\sin^3\theta)\mathrm{d}\theta=\frac{32}{3}R^3\left(\frac{\pi}{2}-\frac{2}{3}\right).$$

被积函数含有抽象函数时,一般考虑用对称性分析. 特别地,当被积函数具有轮换对称性(x,y 互换,D 保持不变)时,往往用如下方法:

$$\iint_D f(x,y)\mathrm{d}x\mathrm{d}y=\iint_D f(y,x)\mathrm{d}x\mathrm{d}y=\frac{1}{2}\iint_D[f(x,y)+f(y,x)]\mathrm{d}x\mathrm{d}y.$$

例 6　设区域 $D=\{(x,y)\mid x^2+y^2\leqslant 1,x\geqslant 0\}$,计算二重积分 $\iint_D\frac{1+xy}{1+x^2+y^2}\mathrm{d}x\mathrm{d}y$.

解　由于积分区域 D 关于 x 轴对称,故可先利用二重积分的对称性结论简化所求积分,又因积分区域为圆域的一部分,故将其化为极坐标系下的二次积分即可.

积分区域 D 如图 9-28 所示.因为区域 D 关于 x 轴对称,函数 $f(x,y)=\frac{1}{1+x^2+y^2}$ 是变量 y 的偶函数,函数 $g(x,y)=\frac{xy}{1+x^2+y^2}$ 是变量 y 的奇函数,则

$$\iint_D\frac{1}{1+x^2+y^2}\mathrm{d}x\mathrm{d}y=2\iint_{D_1}\frac{1}{1+x^2+y^2}\mathrm{d}x\mathrm{d}y$$

$$=2\int_0^{\frac{\pi}{2}}\mathrm{d}\theta\int_0^1\frac{r}{1+r^2}\mathrm{d}r=\frac{\pi\ln 2}{2},$$

其中 D_1 为区域在 x 轴上方的部分.

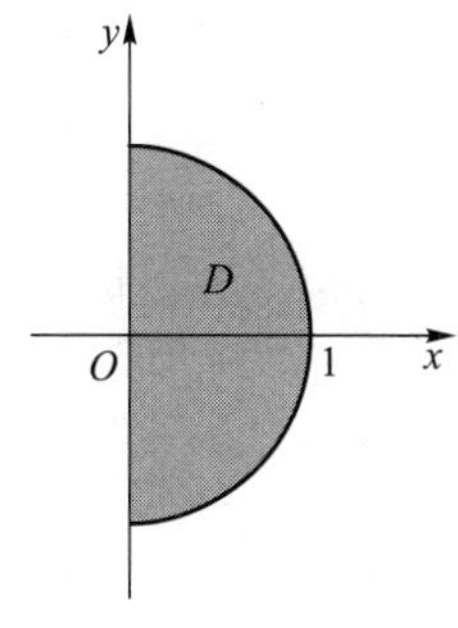

图 9-28

$$\iint_D\frac{xy}{1+x^2+y^2}\mathrm{d}x\mathrm{d}y=0,$$

故

$$\iint_D\frac{1+xy}{1+x^2+y^2}\mathrm{d}x\mathrm{d}y=\iint_D\frac{1}{1+x^2+y^2}\mathrm{d}x\mathrm{d}y+\iint_D\frac{xy}{1+x^2+y^2}\mathrm{d}x\mathrm{d}y=\frac{\pi\ln 2}{2}.$$

当见到积分区域具有对称性的二重积分计算问题,就要想到考查被积函数或其代数和的每一部分是否具有奇偶性,以便简化计算.

例 7　设区域 $D=\{(x,y)\mid x^2+y^2\leqslant 4,x\geqslant 0,y\geqslant 0\}$,$f(x)$ 为 D 上的正值连续函数,a,b 为常数,求 $\iint_D\frac{a\sqrt{f(x)}+b\sqrt{f(y)}}{\sqrt{f(x)}+\sqrt{f(y)}}\mathrm{d}\sigma$.

微课
9.3 节例 7

解　由于未知 $f(x)$ 的具体形式,直接化为用极坐标计算显然是困难的. 本

题可考虑用轮换对称性.

由轮换对称性,有

$$\iint\limits_D \frac{a\sqrt{f(x)}+b\sqrt{f(y)}}{\sqrt{f(x)}+\sqrt{f(y)}}\mathrm{d}\sigma=\iint\limits_D \frac{a\sqrt{f(y)}+b\sqrt{f(x)}}{\sqrt{f(y)}+\sqrt{f(x)}}\mathrm{d}\sigma$$

$$=\frac{1}{2}\iint\limits_D\left[\frac{a\sqrt{f(x)}+b\sqrt{f(y)}}{\sqrt{f(x)}+\sqrt{f(y)}}+\frac{a\sqrt{f(y)}+b\sqrt{f(x)}}{\sqrt{f(y)}+\sqrt{f(x)}}\right]\mathrm{d}\sigma$$

$$=\frac{a+b}{2}\iint\limits_D \mathrm{d}\sigma=\frac{a+b}{2}\times\frac{1}{4}\pi\times 2^2=\frac{a+b}{2}\pi.$$

微课

9.3 节例 8

#例 8　证明 $\int_0^{+\infty}\mathrm{e}^{-x^2}\mathrm{d}x=\frac{\sqrt{\pi}}{2}$.

证　设 $I=\int_0^a \mathrm{e}^{-x^2}\mathrm{d}x=\int_0^a \mathrm{e}^{-y^2}\mathrm{d}y\,(a>0)$, 有

$$I^2=\int_0^a \mathrm{e}^{-x^2}\mathrm{d}x\int_0^a \mathrm{e}^{-y^2}\mathrm{d}y=\int_0^a\int_0^a \mathrm{e}^{-(x^2+y^2)}\mathrm{d}x\mathrm{d}y.$$

如图 9-29,$D_1: x^2+y^2\leqslant a^2, x\geqslant 0, y\geqslant 0$;$D_2: x^2+y^2\leqslant 2a^2, x\geqslant 0, y\geqslant 0$,则

$$\iint\limits_{D_1}\mathrm{e}^{-(x^2+y^2)}\mathrm{d}x\mathrm{d}y<I^2<\iint\limits_{D_2}\mathrm{e}^{-(x^2+y^2)}\mathrm{d}x\mathrm{d}y.$$

用极坐标计算积分

$$\iint\limits_{D_1}\mathrm{e}^{-(x^2+y^2)}\mathrm{d}x\mathrm{d}y=\int_0^{\frac{\pi}{2}}\mathrm{d}\theta\int_0^a \mathrm{e}^{-r^2}r\mathrm{d}r=\frac{\pi}{4}(1-\mathrm{e}^{-a^2}).$$

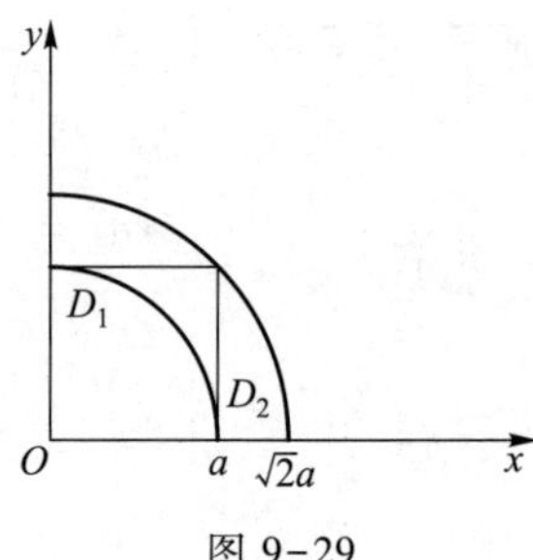

图 9-29

同理,　$$\iint\limits_{D_2}\mathrm{e}^{-(x^2+y^2)}\mathrm{d}x\mathrm{d}y=\frac{\pi}{4}(1-\mathrm{e}^{-2a^2}).$$

因此,

$$\frac{\pi}{4}(1-\mathrm{e}^{-a^2})<I^2<\frac{\pi}{4}(1-\mathrm{e}^{-2a^2}).$$

令 $a\to+\infty$,得

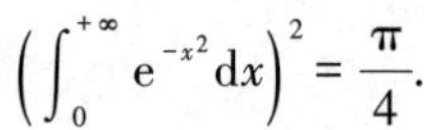

$$\left(\int_0^{+\infty}\mathrm{e}^{-x^2}\mathrm{d}x\right)^2=\frac{\pi}{4}.$$

于是,

$$\int_0^{+\infty}\mathrm{e}^{-x^2}\mathrm{d}x=\frac{\sqrt{\pi}}{2}.$$

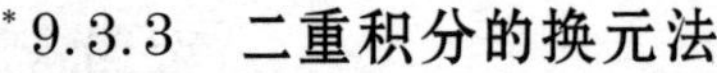

*9.3.3　二重积分的换元法

平面上同一个点,直角坐标与极坐标之间的关系为

$$\begin{cases}x=r\cos\theta,\\ y=r\sin\theta.\end{cases}$$

上式可看成从极坐标平面到直角坐标平面的一种变换，即对于极坐标平面上的一点 $M'(r,\theta)$，通过上式变化，变成直角坐标平面上的一点 $M(x,y)$，且这种变换是一对一的.

对一般的变换可有下列的二重积分换元公式.

定理　设 $f(x,y)$ 在 xOy 平面上的闭区域 D 上连续，变换

$$T:\quad x=x(u,v),\quad y=y(u,v)$$

将 uOv 平面上的闭区域 D' 变为 xOy 平面上的闭区域 D，且满足

（ⅰ）$x(u,v),y(u,v)$ 在 D' 上具有一阶连续偏导数；

（ⅱ）在 D' 上雅可比式 $J(u,v)=\dfrac{\partial(x,y)}{\partial(u,v)}\neq 0$；

（ⅲ）变换 $T:D'\to D$ 是一对一的，

则有

$$\iint\limits_D f(x,y)\,\mathrm{d}x\mathrm{d}y=\iint\limits_{D'} f[x(u,v),y(u,v)]\,|J(u,v)|\,\mathrm{d}u\mathrm{d}v.$$

证　根据定理条件可知变换 T 可逆. 在 uOv 坐标面上，用平行于坐标轴的直线分割区域 D'，任取其中一个小矩形，其顶点为

$$M_1'(u,v),M_2'(u+h,v),M_3'(u+h,v+k),M_4'(u,v+k).$$

通过变换 T，在 xOy 面上得到一个四边形（见图 9-30），其对应顶点为 $M_i(x_i,y_i)$ $(i=1,2,3,4)$.

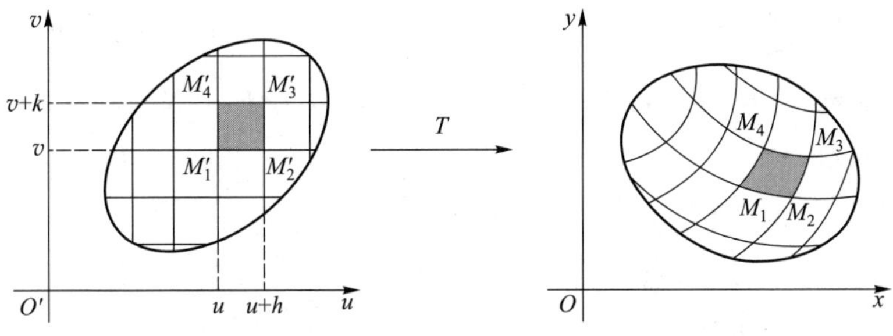

图 9-30

令 $\rho=\sqrt{h^2+k^2}$，则

$$x_2-x_1=x(u+h,v)-x(u,v)=\frac{\partial x}{\partial u}\bigg|_{(u,v)}h+o(\rho),$$

$$x_4-x_1=x(u,v+k)-x(u,v)=\frac{\partial x}{\partial v}\bigg|_{(u,v)}k+o(\rho).$$

同理得

$$y_2-y_1=\frac{\partial y}{\partial u}\bigg|_{(u,v)}h+o(\rho),$$

$$y_4-y_1=\frac{\partial y}{\partial v}\bigg|_{(u,v)}k+o(\rho).$$

当 h,k 充分小时，曲边四边形 $M_1M_2M_3M_4$ 近似于平行四边形，故其面积近似为

$$\Delta\sigma \approx |\overrightarrow{M_1M_2}\times\overrightarrow{M_1M_4}| = \begin{vmatrix} \boldsymbol{i} & \boldsymbol{j} & \boldsymbol{k} \\ x_2-x_1 & y_2-y_1 & 0 \\ x_4-x_1 & y_4-y_1 & 0 \end{vmatrix}$$

$$\approx \begin{vmatrix} \dfrac{\partial x}{\partial u}h & \dfrac{\partial y}{\partial u}k \\ \dfrac{\partial x}{\partial v}h & \dfrac{\partial y}{\partial v}k \end{vmatrix} = |J(u,v)|hk.$$

因此面积元素的关系为

$$\mathrm{d}\sigma = |J(u,v)|\mathrm{d}u\mathrm{d}v.$$

从而得到二重积分的换元公式

$$\iint_D f(x,y)\mathrm{d}x\mathrm{d}y = \iint_{D'} f(x(u,v),y(u,v))|J(u,v)|\mathrm{d}u\mathrm{d}v.$$

例如，直角坐标转化为极坐标时，$x=r\cos\theta, y=r\sin\theta$，

$$J=\frac{\partial(x,y)}{\partial(r,\theta)}=\begin{vmatrix} \cos\theta & -r\sin\theta \\ \sin\theta & r\cos\theta \end{vmatrix}=r,$$

所以 $\iint_D f(x,y)\mathrm{d}x\mathrm{d}y = \iint_{D'} f(r\cos\theta, r\sin\theta)r\mathrm{d}r\mathrm{d}\theta$.

例 9　计算由 $y^2=px, y^2=qx, x^2=ay, x^2=by\ (0<p<q, 0<a<b)$ 所围成的闭区域 D 的面积 S（见图 9-31(a)）.

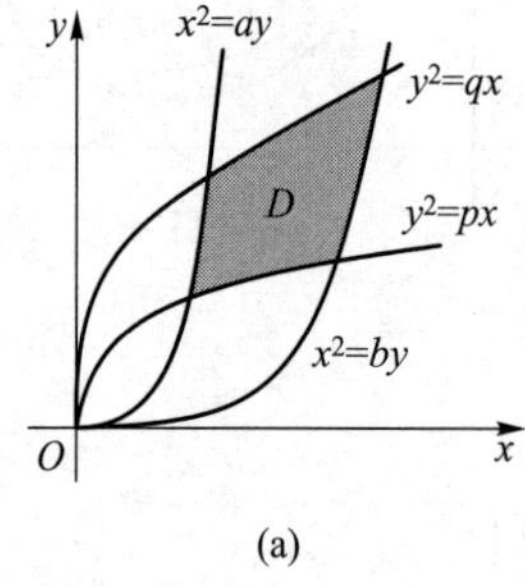

(a)

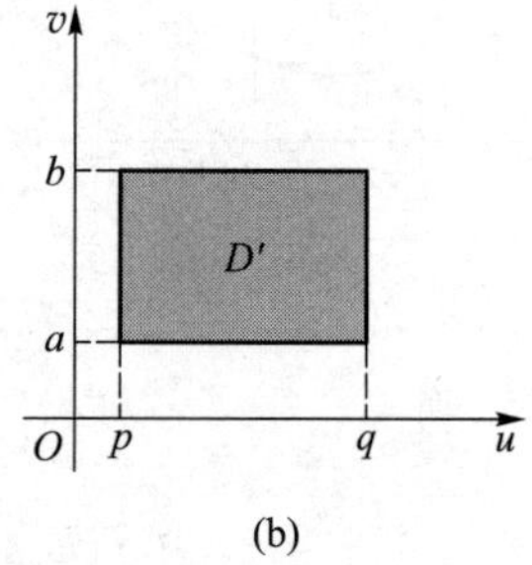

(b)

图 9-31

解　令 $u=\dfrac{y^2}{x}, v=\dfrac{x^2}{y}, D': p\leqslant u\leqslant q, a\leqslant v\leqslant b$（见图 9-31(b)），

$$J=\frac{\partial(x,y)}{\partial(u,v)}=\frac{1}{\dfrac{\partial(u,v)}{\partial(x,y)}}=-\frac{1}{3},$$

所以

$$S=\iint\limits_{D}\mathrm{d}x\mathrm{d}y=\iint\limits_{D'}|J|\mathrm{d}u\mathrm{d}v=\frac{1}{3}\int_{p}^{q}\mathrm{d}u\int_{a}^{b}\mathrm{d}v$$

$$=\frac{1}{3}(q-p)(b-a).$$

例 10　计算 $\iint\limits_{D}\mathrm{e}^{\frac{y-x}{y+x}}\mathrm{d}x\mathrm{d}y$，其中 D 是由 x 轴、y 轴和直线 $x+y=2$ 所围成的闭区域.

解　令 $u=y-x,v=y+x$，则 $x=\dfrac{v-u}{2},y=\dfrac{v+u}{2}$. 当 $x=0$ 时，$u=v$；当 $y=0$ 时，$u=-v$. 当 $x+y=2$ 时，$v=2$. 由此得 D'(图 9-32).

$$J=\frac{\partial(x,y)}{\partial(u,v)}=\begin{vmatrix}-\frac{1}{2} & \frac{1}{2}\\ \frac{1}{2} & \frac{1}{2}\end{vmatrix}=-\frac{1}{2},$$

故

$$\iint\limits_{D'}\mathrm{e}^{\frac{y-x}{y+x}}\mathrm{d}x\mathrm{d}y=\iint\limits_{D}\mathrm{e}^{\frac{u}{v}}\left|-\frac{1}{2}\right|\mathrm{d}u\mathrm{d}v$$

$$=\frac{1}{2}\int_{0}^{2}\mathrm{d}v\int_{-v}^{v}\mathrm{e}^{\frac{u}{v}}\mathrm{d}u$$

$$=\frac{1}{2}\int_{0}^{2}(\mathrm{e}-\mathrm{e}^{-1})v\mathrm{d}v=\mathrm{e}-\mathrm{e}^{-1}.$$

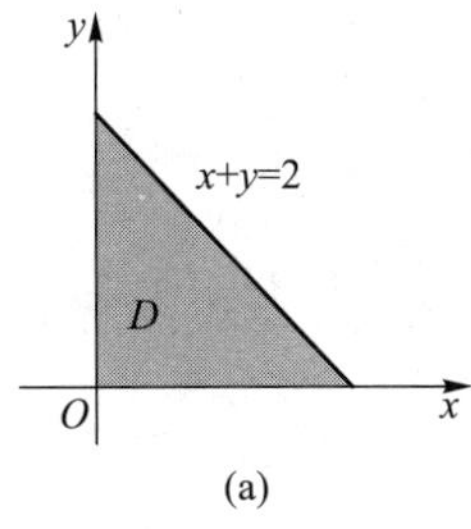

(a)

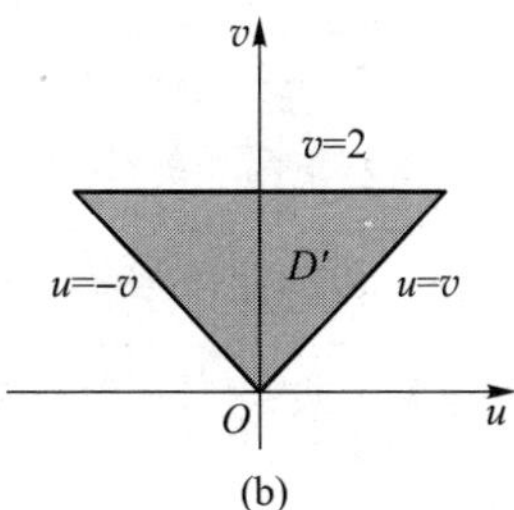

(b)

图 9-32

例 11　计算 $\iint\limits_{D}\sqrt{1-\dfrac{x^2}{a^2}-\dfrac{y^2}{b^2}}\mathrm{d}x\mathrm{d}y$，其中 D 为椭圆 $\dfrac{x^2}{a^2}+\dfrac{y^2}{b^2}=1$ 所围成的闭区域.

解　作广义极坐标变换

$$\begin{cases}x=ar\cos\theta,\\ y=br\sin\theta,\end{cases}$$

其中 $a>0,b>0,r\geqslant0,0\leqslant\theta\leqslant2\pi$. 在这个变换下得到

$$D'=\{(r,\theta)\mid 0\leqslant r\leqslant 1,0\leqslant\theta\leqslant 2\pi\},$$

$$J=\frac{\partial(x,y)}{\partial(r,\theta)}=abr.$$

J 在 D' 内仅当 $r=0$ 处为零，此时换元公式仍成立，所以

$$\iint_D\sqrt{1-\frac{x^2}{a^2}-\frac{y^2}{b^2}}\,\mathrm{d}x\mathrm{d}y=\iint_{D'}\sqrt{1-r^2}\,abr\mathrm{d}r\mathrm{d}\theta=\frac{2}{3}\pi ab.$$

例 12　设 $f(t)$ 在 $[-1,1]$ 上连续，证明 $\displaystyle\iint_{|x|+|y|\leqslant 1}f(x+y)\,\mathrm{d}x\mathrm{d}y=\int_{-1}^{1}f(t)\,\mathrm{d}t.$

证　积分域如图 9-33，

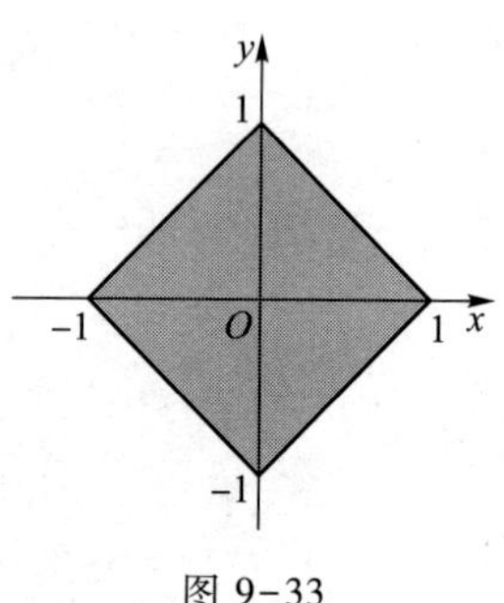

图 9-33

$$\iint_{|x|+|y|\leqslant 1}f(x+y)\,\mathrm{d}x\mathrm{d}y$$

$$=\int_{-1}^{0}\mathrm{d}x\int_{-x-1}^{x+1}f(x+y)\,\mathrm{d}y+\int_{0}^{1}\mathrm{d}x\int_{x-1}^{-x+1}f(x+y)\,\mathrm{d}y.$$

令 $x+y=t$，则

$$I=\int_{-1}^{0}\mathrm{d}x\int_{-1}^{2x+1}f(t)\,\mathrm{d}t+\int_{0}^{1}\mathrm{d}x\int_{2x-1}^{1}f(t)\,\mathrm{d}t$$

$$=\int_{-1}^{1}\mathrm{d}t\int_{\frac{t-1}{2}}^{\frac{t+1}{2}}f(t)\,\mathrm{d}x=\int_{-1}^{1}f(t)\,\mathrm{d}t.$$

习题 9.3

A

1. 化下列二次积分为极坐标下的二次积分：

(1) $\displaystyle\int_0^2\mathrm{d}x\int_x^{\sqrt{3}x}f(\sqrt{x^2+y^2})\,\mathrm{d}y$；　　(2) $\displaystyle\int_0^1\mathrm{d}x\int_{1-x}^{\sqrt{1-x^2}}f(x,y)\,\mathrm{d}y.$

2. 把下列积分化为极坐标形式，并计算积分值：

(1) $\displaystyle\int_0^{2a}\mathrm{d}x\int_0^{\sqrt{2ax-x^2}}(x^2+y^2)\,\mathrm{d}y$；　　(2) $\displaystyle\int_0^a\mathrm{d}x\int_0^x\sqrt{x^2+y^2}\,\mathrm{d}y$；

(3) $\displaystyle\int_0^1\mathrm{d}x\int_{x^2}^x(x^2+y^2)^{-\frac{1}{2}}\mathrm{d}y$；　　(4) $\displaystyle\int_0^a\mathrm{d}y\int_0^{\sqrt{a^2-y^2}}(x^2+y^2)\,\mathrm{d}x.$

3. 利用极坐标计算下列二重积分：

(1) $\displaystyle\iint_D\mathrm{e}^{x^2+y^2}\mathrm{d}\sigma$，其中 D 是由圆周 $x^2+y^2=4$ 所围成的闭区域；

(2) $\displaystyle\iint_D\ln(1+x^2+y^2)\,\mathrm{d}\sigma$，其中 D 是由圆周 $x^2+y^2=1$ 及坐标轴围成的在第一象限内的闭区域；

(3) $\displaystyle\iint_D\sqrt{x^2+y^2}\,\mathrm{d}\sigma$，其中 D 是圆环形闭区域 $a^2\leqslant x^2+y^2\leqslant b^2$；

(4) $\displaystyle\iint_D\sqrt{R^2-x^2-y^2}\,\mathrm{d}\sigma$，其中 D 是由圆周 $x^2+y^2=Rx$ 所围成的闭区域；

(5) $\iint\limits_D x(y+1)\mathrm{d}x\mathrm{d}y$, 其中 $D: x^2+y^2\geqslant 1, x^2+y^2\leqslant 2x$;

(6) $\iint\limits_D \dfrac{x+y}{x^2+y^2}\mathrm{d}x\mathrm{d}y$, 其中 $D: x^2+y^2\leqslant 1, x+y\geqslant 1$;

(7) $\iint\limits_D (x+y)\mathrm{d}x\mathrm{d}y$, 其中 $D=\{(x,y)\mid x^2+y^2\leqslant x+y\}$;

(8) $\iint\limits_D (x^2+y^2)\mathrm{d}x\mathrm{d}y$, 其中 D 是椭圆域 $x^2+4y^2\leqslant 1$;

(9) $\iint\limits_D x\mathrm{d}x\mathrm{d}y$, 其中 D 是由 $y=x, y=\sqrt{2x-x^2}$ 围成的闭区域;

(10) $\iint\limits_D (x^2+y^2)\mathrm{d}x\mathrm{d}y$,其中 D 为由不等式 $\sqrt{2x-x^2}\leqslant y\leqslant\sqrt{4-x^2}$ 围成的闭区域.

4. 计算以 xOy 面上的圆周 $x^2+y^2=ax$ 围成的闭区域为底,以曲面 $z=x^2+y^2$ 为顶的曲顶柱体体积.

5. 计算 $\iint\limits_D \sqrt{\dfrac{1-x^2-y^2}{1+x^2+y^2}}\mathrm{d}\sigma$, 其中 D 是由圆周 $x^2+y^2=1$ 及坐标轴所围成的在第一象限内的闭区域.

B

1. 化下列二次积分为极坐标系下的二次积分:

(1) $\int_0^1\mathrm{d}x\int_0^1 f(x,y)\mathrm{d}y$; (2) $\int_0^1\mathrm{d}x\int_0^{x^2} f(x,y)\mathrm{d}y$;

(3) $\int_{-1}^1\mathrm{d}x\int_0^{\sqrt{1-x^2}} \mathrm{e}^{-x^2-y^2}\mathrm{d}y$; (4) $\int_0^1\mathrm{d}x\int_0^{\sqrt{x-x^2}} f(x,y)\mathrm{d}y$.

2. 化二重积分 $I=\iint\limits_D f(x,y)\mathrm{d}\sigma$ 为极坐标系下的二次积分:

(1) $D: 1\leqslant x^2+y^2\leqslant 4$;

(2) D 是由圆周 $x^2+(y-1)^2=1$ 及 y 轴所围成的在第一象限内的闭区域;

(3) $D: x^2+y^2\geqslant 2x, x^2+y^2\leqslant 4x$;

(4) $D: x^2+y^2\leqslant a^2(a>0), x^2+y^2\leqslant 2ay, x\geqslant 0$.

3. 计算二重积分 $\iint\limits_D \dfrac{\sqrt{x^2+y^2}}{\sqrt{4a^2-x^2-y^2}}\mathrm{d}\sigma$, 其中 D 是由曲线 $y=-a+\sqrt{a^2-x^2}\,(a>0)$ 和直线 $y=-x$ 围成的区域.

4. 设 $f(u)$ 为可微函数,且 $f(0)=0$,求

$$\lim_{t\to 0}\frac{1}{\pi t^3}\iint\limits_{x^2+y^2\leqslant t^2} f(\sqrt{x^2+y^2})\mathrm{d}x\mathrm{d}y\,(t>0).$$

5. 作适当的变换,计算下列二重积分:

(1) $\iint\limits_D (x-y)^2\sin^2(x+y)\mathrm{d}x\mathrm{d}y$, 其中 D 为平行四边形闭区域,它的四个顶点是 $(\pi,0)$, $(2\pi,\pi)$, $(\pi,2\pi)$, $(0,\pi)$;

(2) $\iint\limits_D x^2y^2\mathrm{d}x\mathrm{d}y$, 其中 D 是由两条双曲线 $xy=1$, $xy=2$, 直线 $y=x$ 和 $y=4x$ 所围成的在第一象限内的闭区域;

(3) $\iint\limits_D \mathrm{e}^{\frac{y}{x+y}}\mathrm{d}x\mathrm{d}y$, 其中 D 是由 x 轴, y 轴和直线 $x+y=1$ 所围成的闭区域;

(4) $\iint\limits_{D}\left(\frac{x^2}{a^2}+\frac{y^2}{b^2}\right)\mathrm{d}x\mathrm{d}y$, 其中 $D:\frac{x^2}{a^2}+\frac{y^2}{b^2}\leqslant 1$.

9.4 预习检测

9.4　三重积分的概念及其计算

9.4.1　引例

在 9.1 节中我们曾以平面薄片的质量问题引出二重积分的概念,现在利用空间物体质量问题引出三重积分的概念.

设有一质量非均匀的物体占有空间有界闭区域 Ω,其上各点的体密度 $\mu=f(x,y,z)$ 是 Ω 上点 (x,y,z) 的连续函数,求此物体的质量 M.

现在要解决的问题与引入二重积分概念时要解决的问题是同样类型的,我们仍然尝试把总量分解成部分量之和,部分量通过以常代变,可以求得合理的近似解,再求和得到总量的近似值,然后通过极限过程由近似过渡到精确.这种思想后面还要多次应用,以后遇到类似问题时,将直接给出解决问题的步骤和过程,不再过多地重复说明.

(1) 分割:将 Ω 任意地划分成 n 个小区域 $\Delta V_1,\Delta V_2,\cdots,\Delta V_n$,其中 ΔV_i 既表示第 i 个小区域,又表示它的体积.

(2) 近似:在 ΔV_i 上任取一点 (ξ_i,η_i,ζ_i),小区域块 ΔV_i 的质量近似值为

$$f(\xi_i,\eta_i,\zeta_i)\Delta V_i.$$

(3) 求和:物体的质量近似值为

$$\sum_{i=1}^{n}f(\xi_i,\eta_i,\zeta_i)\Delta V_i.$$

(4) 取极限:记这 n 个小区域直径的最大者为 λ,则有

$$M=\lim_{\lambda\to 0}\sum_{i=1}^{n}f(\xi_i,\eta_i,\zeta_i)\Delta V_i.$$

于是抽象出三重积分的概念.

9.4.2　三重积分的定义

设 $f(x,y,z)$ 是空间闭区域 Ω 上的有界函数,将 Ω 任意地划分成 n 个小区域 $\Delta V_1,\Delta V_2,\cdots,\Delta V_n$,其中 ΔV_i 既表示第 i 个小区域,又表示它的体积.在每个小区域 ΔV_i 上任取一点 (ξ_i,η_i,ζ_i),作乘积 $f(\xi_i,\eta_i,\zeta_i)\Delta V_i$,作和式 $\sum\limits_{i=1}^{n}f(\xi_i,\eta_i,\zeta_i)\Delta V_i$, 以 λ 记这 n 个小区域直径的最大者,若极限 $\lim\limits_{\lambda\to 0}\sum\limits_{i=1}^{n}f(\xi_i,\eta_i,\zeta_i)\Delta V_i$ 存在,则称函数 $f(x,y,z)$ 在区域 Ω 上可积,该极限值称为函数 $f(x,y,z)$ 在区域 Ω 上的三重积分,记作 $\iiint\limits_{\Omega}f(x,y,z)\mathrm{d}V$, 即

微课
三重积分的定义

$$\iiint\limits_{\Omega}f(x,y,z)\mathrm{d}V=\lim_{\lambda\to 0}\sum_{i=1}^{n}f(\xi_i,\eta_i,\zeta_i)\Delta V_i,$$

其中 dV 为**体积元素**.

在空间直角坐标系中,用三族平行于坐标面的平面把空间域分成长方体小区域,于是 $\Delta V=\Delta x\Delta y\Delta z$,从而有

$$dV=dxdydz,$$

称为在直角坐标系下的体积元素.于是

$$\iiint_{\Omega} f(x,y,z)\,dV=\iiint_{\Omega} f(x,y,z)\,dxdydz.$$

三重积分的存在定理与二重积分的存在定理相似:若函数 $f(x,y,z)$ 在空间有界闭区域 Ω 上连续,则三重积分存在.

根据引例,体密度为 $\mu=f(x,y,z)$ 的物体 Ω 的质量为

$$M=\iiint_{\Omega} f(x,y,z)\,dV.$$

特别地,当 $f(x,y,z)=1$ 时,在数值上,$\iiint\limits_{\Omega} f(x,y,z)\,dV$ 等于 Ω 的体积.

三重积分有与二重积分完全类似的八条性质,这里不再赘述,读者可自己给出.

9.4.3　三重积分的计算法

与二重积分类似,三重积分的计算方法是,把三重积分化为一次定积分和一次二重积分,进一步再化为三次定积分.

假设积分区域 Ω 的形状如图 9-34 所示.Ω 在 xOy 面上的投影区域为 D_{xy},若它满足过 D_{xy} 内任意一点,作平行于 z 轴的直线穿过 Ω 内部,与 Ω 边界曲面相交不多于两点,亦即,Ω 的边界曲面可分为上、下两片部分曲面

$$S_1:z=z_1(x,y),\quad S_2:z=z_2(x,y),$$

其中 $z_1(x,y)$,$z_2(x,y)$ 在 D_{xy} 上连续,并且 $z_1(x,y)\leqslant z_2(x,y)$,则称这类区域为 XY-型域.

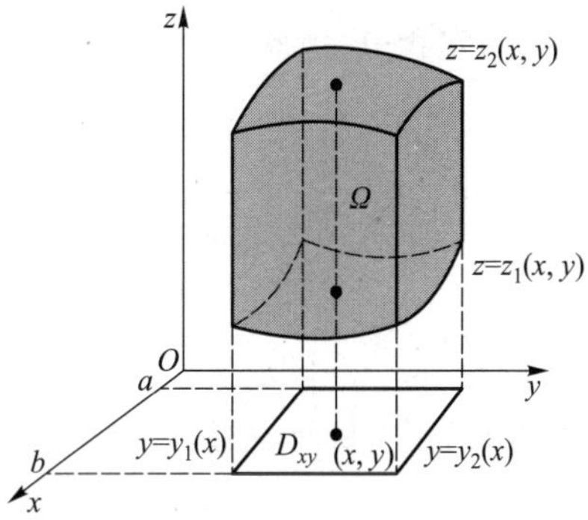

如何计算三重积分 $\iiint\limits_{\Omega} f(x,y,z)\,dV$ 呢? 不妨先考虑特殊情况 $f(x,y,z)=1$,则由二重积分方法计算体积有

$$\iiint_{\Omega} dV=\iiint_{\Omega} dxdydz=\iint_{D_{xy}}[z_2(x,y)-z_1(x,y)]\,d\sigma,$$

即

$$\iiint_{\Omega} dV=\iint_{D_{xy}} dxdy\int_{z_1(x,y)}^{z_2(x,y)} dz.$$

图 9-34

一般情况下,可以根据三重积分的物理意义作以下说明.体密度为 $f(x,y,z)$ 的空间立体 Ω 的质量为

$$M=\iiint_{\Omega} f(x,y,z)\,\mathrm{d}V.$$

而立体的质量还可以用另一种方法来计算.如图 9-35 所示,将 D 任意分成 n 个小区域 $\Delta\sigma_i(i=1,2,\cdots,n)$,以 $\Delta\sigma_i$ 的边界为准线作母线平行于 z 轴的柱面,则可将 Ω 分成 n 个小柱体 $\Delta V_i(i=1,2,\cdots,n)$,用平行于 xOy 的平面截 ΔV_i 所得截面面积均为 $\Delta\sigma_i(i=1,2,\cdots,n)$,截得每个小柱体的高度元素为 $\mathrm{d}z$.注意到在经过点 (x,y) 与 z 轴平行的直线上,坐标 x,y 不变,只有坐标 z 变化,这时密度 $f(x,y,z)$ 仅是变量 z 的函数.小柱体对应元素 $\mathrm{d}z$ 这一小段的质量元素为 $f(x,y,z)\,\mathrm{d}z\Delta\sigma_i$,$\mathrm{d}z\subset[z_1(x,y),z_2(x,y)]$,可求出小柱体 ΔV_i 的质量近似地为

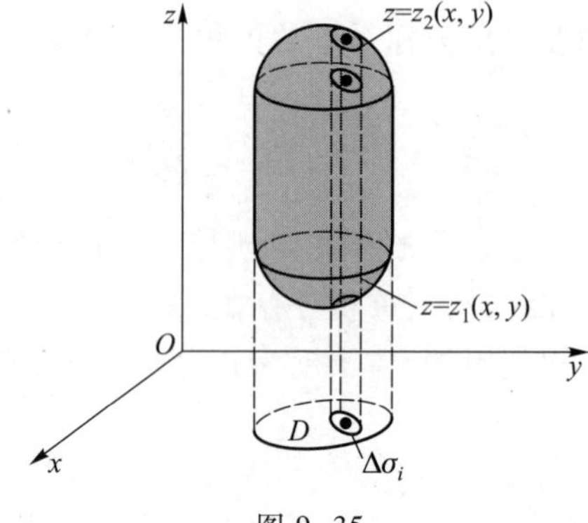

图 9-35

$$\Delta M_i\approx\left[\int_{z_1(x,y)}^{z_2(x,y)} f(x,y,z)\,\mathrm{d}z\right]\Delta\sigma_i.$$

将所有小区域上对应的小柱体 ΔV_i 的质量求和,则得立体 Ω 的质量为

$$M=\iint_{D}\left[\int_{z_1(x,y)}^{z_2(x,y)} f(x,y,z)\,\mathrm{d}z\right]\mathrm{d}x\mathrm{d}y.$$

抛开其物理意义,便得到直角坐标下三重积分的计算公式

$$\iiint_{\Omega} f(x,y,z)\,\mathrm{d}V=\iint_{D_{xy}}\mathrm{d}x\mathrm{d}y\int_{z_1(x,y)}^{z_2(x,y)} f(x,y,z)\,\mathrm{d}z.$$

显然积分 $\int_{z_1(x,y)}^{z_2(x,y)} f(x,y,z)\,\mathrm{d}z$ 只是把 $f(x,y,z)$ 看作 z 的函数,并在区间 $[z_1(x,y),z_2(x,y)]$ 上对 z 求定积分,因此,其结果应是 x,y 的函数,记为

$$F(x,y)=\int_{z_1(x,y)}^{z_2(x,y)} f(x,y,z)\,\mathrm{d}z,$$

那么

$$\iiint_{\Omega} f(x,y,z)\,\mathrm{d}V=\iint_{D_{xy}} F(x,y)\,\mathrm{d}x\mathrm{d}y.$$

如图 9-34 所示,如果区域 D_{xy} 可表示为

$$a\leqslant x\leqslant b,\ y_1(x)\leqslant y\leqslant y_2(x),$$

那么

$$\iint_{D_{xy}} F(x,y)\,\mathrm{d}x\mathrm{d}y=\int_a^b\mathrm{d}x\int_{y_1(x)}^{y_2(x)} F(x,y)\,\mathrm{d}y.$$

综上讨论,若积分区域 Ω 可表示成

$$a \leqslant x \leqslant b, y_1(x) \leqslant y \leqslant y_2(x), z_1(x,y) \leqslant z \leqslant z_2(x,y),$$

则

$$\iiint_{\Omega} f(x,y,z)\,\mathrm{d}V = \int_a^b \mathrm{d}x \int_{y_1(x)}^{y_2(x)} \mathrm{d}y \int_{z_1(x,y)}^{z_2(x,y)} f(x,y,z)\,\mathrm{d}z.$$

这就是三重积分的计算公式,它将三重积分化成先对积分变量 z,然后对 y,最后对 x 的三次定积分.

若平行于 z 轴且穿过 Ω 内部的直线与边界曲面的交点多于两个,则可仿照二重积分计算中所采用的方法,将 Ω 剖分成若干个部分,使得每一部分都是 XY-型域,在 Ω 上的三重积分就化为各部分区域上的三重积分之和.

例 1　计算 $\iiint_{\Omega} xyz\mathrm{d}x\mathrm{d}y\mathrm{d}z$, 其中 Ω 为球面 $x^2+y^2+z^2=1$ 及三坐标面所围成的位于第一卦限的立体.

解　关键是把三重积分转化为三次积分.为此首先画出立体的简图,见图 9-36(a).再找出立体 Ω 在某坐标面上的投影区域并画出简图,得 Ω 在 xOy 面上的投影区域(图 9-36(b))为

$$D_{xy}: x^2+y^2 \leqslant 1, x \geqslant 0, y \geqslant 0.$$

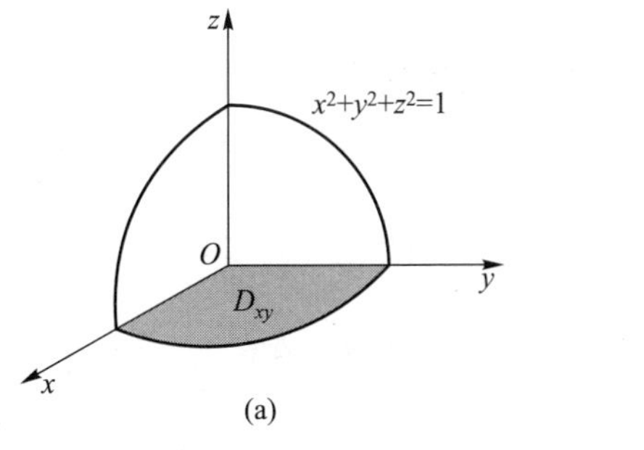

(a)　　(b)

图 9-36

为了确定积分变量 z 的变化范围,在 D_{xy} 内任取一点,作过此点且平行于 z 轴的直线穿过区域 Ω,则此直线与 Ω 边界曲面的两交点之竖坐标即为 z 的变化范围,即

$$0 \leqslant z \leqslant \sqrt{1-x^2-y^2}.$$

于是,所给的三重积分即可化为三次积分,得到

$$\begin{aligned}
\iiint_{\Omega} xyz\mathrm{d}x\mathrm{d}y\mathrm{d}z &= \int_0^1 \mathrm{d}x \int_0^{\sqrt{1-x^2}} \mathrm{d}y \int_0^{\sqrt{1-x^2-y^2}} xyz\mathrm{d}z \\
&= \int_0^1 \mathrm{d}x \int_0^{\sqrt{1-x^2}} \frac{1}{2}xy(1-x^2-y^2)\,\mathrm{d}y \\
&= \int_0^1 \mathrm{d}x \int_0^{\sqrt{1-x^2}} \left(\frac{1}{2}xy - \frac{1}{2}x^3y - \frac{1}{2}xy^3\right) \mathrm{d}y
\end{aligned}$$

$$=\int_0^1\left(\frac{1}{4}xy^2-\frac{1}{4}x^3y^2-\frac{1}{8}xy^4\right)\Big|_0^{\sqrt{1-x^2}}\mathrm{d}x$$

$$=\int_0^1\left[\frac{1}{4}x(1-x^2)-\frac{1}{4}x^3(1-x^2)-\frac{1}{8}x(1-x^2)^2\right]\mathrm{d}x$$

$$=\frac{1}{48}.$$

上述计算过程是先计算一个定积分再计算一个二重积分,因此有时也称此方法为“先一后二法”,在计算三重积分时,根据被积函数与积分域的特点,也可采用所谓的“先二后一法”.

“先二后一法”(或者称为坐标轴投影法、截面法)的一般步骤:

(1) 把积分区域 Ω(图 9-37)向某轴(例如 z 轴)投影,得投影区间$[c_1,c_2]$;

(2) 对 $z\in[c_1,c_2]$,用过 z 且平行 xOy 平面的平面去截 Ω,得截面 D_z,计算二重积分 $\iint\limits_{D_z}f(x,y,z)\mathrm{d}x\mathrm{d}y$, 其结果为 z 的函数 $F(z)$;

(3) 最后计算定积分 $\int_{c_1}^{c_2}F(z)\mathrm{d}z$ 即得三重积分.

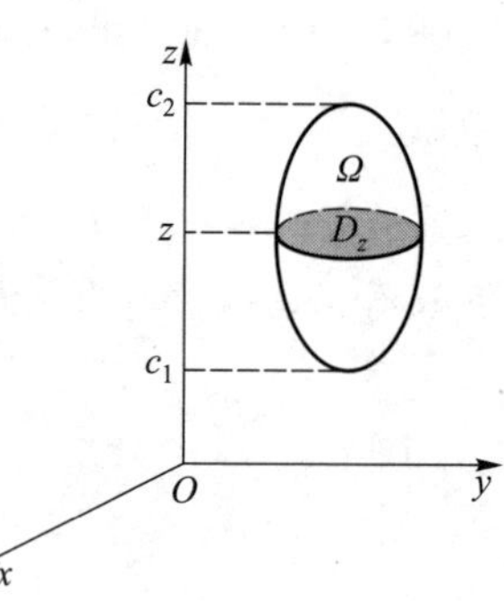

图 9-37

注 当 D_z 比较简单,$f(x,y,z)=F(z)$时,这种方法较为简便.

例 2 计算三重积分 $\iiint\limits_{\Omega}z^2\mathrm{d}x\mathrm{d}y\mathrm{d}z$,其中 Ω 是椭球体$\frac{x^2}{a^2}+\frac{y^2}{b^2}+\frac{z^2}{c^2}\leqslant 1$(图 9-38).

解

$$\Omega:\left\{(x,y,z)\mid -c\leqslant z\leqslant c,\frac{x^2}{a^2}+\frac{y^2}{b^2}\leqslant 1-\frac{z^2}{c^2}\right\}.$$

使用“先二后一法”,

$$\iiint\limits_{\Omega}z^2\mathrm{d}x\mathrm{d}y\mathrm{d}z=\int_{-c}^{c}z^2\mathrm{d}z\iint\limits_{D_z}\mathrm{d}x\mathrm{d}y.$$

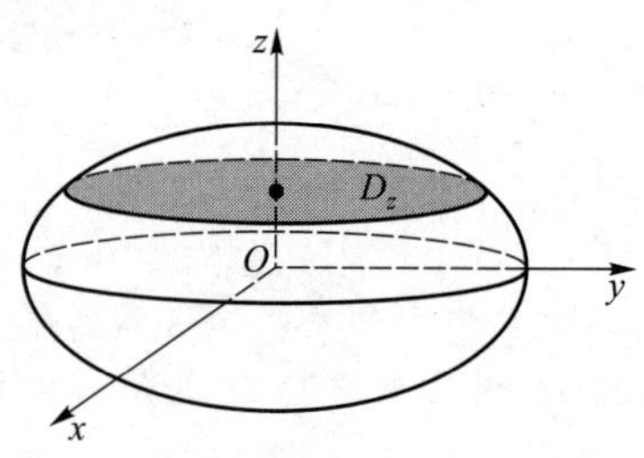

图 9-38

对任意的$-c<z<c$,$D_z=\left\{(x,y,z)\mid \frac{x^2}{a^2}+\frac{y^2}{b^2}\leqslant 1-\frac{z^2}{c^2}\right\}$是椭圆,即

$$D_z=\left\{(x,y,z)\left|\frac{x^2}{a^2\left(1-\frac{z^2}{c^2}\right)}+\frac{y^2}{b^2\left(1-\frac{z^2}{c^2}\right)}\leqslant 1\right.\right\}.$$

于是

$$\iint\limits_{D_z}\mathrm{d}x\mathrm{d}y=\pi\sqrt{a^2\left(1-\frac{z^2}{c^2}\right)}\cdot\sqrt{b^2\left(1-\frac{z^2}{c^2}\right)}=\pi ab\left(1-\frac{z^2}{c^2}\right),$$

得到

$$\iiint\limits_{\Omega}z^2\mathrm{d}x\mathrm{d}y\mathrm{d}z=\int_{-c}^{c}z^2\mathrm{d}z\iint\limits_{D_z}\mathrm{d}x\mathrm{d}y=\int_{-c}^{c}\pi ab\left(1-\frac{z^2}{c^2}\right)z^2\mathrm{d}z=\frac{4}{15}\pi abc^3.$$

[#]**例 3**　计算三重积分 $\iiint\limits_{\Omega}y\sqrt{1-x^2}\,\mathrm{d}x\mathrm{d}y\mathrm{d}z$，其中 Ω 由曲面 $y=-\sqrt{1-x^2-z^2}$，$x^2+z^2=1$，$y=1$ 所围成.

解　如图 9-39 所示.将 Ω 投影到 xOz 平面上得 $D_{xz}:x^2+z^2\leqslant1$，先对 y 积分，然后求在 D_{xz} 上的二重积分.

$$\begin{aligned}\text{原式}&=\iint\limits_{D_{xz}}\sqrt{1-x^2}\,\mathrm{d}x\mathrm{d}z\int_{-\sqrt{1-x^2-z^2}}^{1}y\mathrm{d}y\\&=\int_{-1}^{1}\mathrm{d}x\int_{-\sqrt{1-x^2}}^{\sqrt{1-x^2}}\sqrt{1-x^2}\,\frac{x^2+z^2}{2}\mathrm{d}z\\&=\int_{-1}^{1}\sqrt{1-x^2}\left(x^2z+\frac{z^3}{3}\right)\Bigg|_{0}^{\sqrt{1-x^2}}\mathrm{d}x\\&=\int_{-1}^{1}\frac{1}{3}(1+x^2-2x^4)\,\mathrm{d}x=\frac{28}{45}.\end{aligned}$$

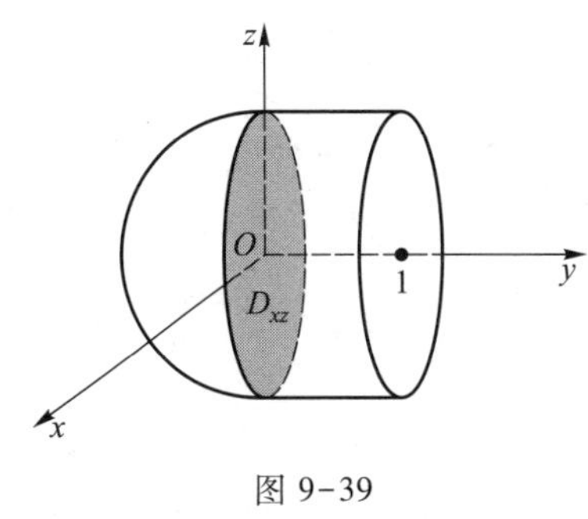

图 9-39

9.4.4　利用柱面坐标系计算三重积分

对于某些三重积分，由于积分区域和被积函数的特点，往往选用其他的坐标系计算要简单许多，常用的有柱面坐标系和球面坐标系.

1. 柱面坐标系

设 $M(x,y,z)$ 为空间的一点，该点在 xOy 面上的投影为 P，P 点的极坐标为 r,θ，则 r,θ,z 三个数称为点 M 的柱面坐标（见图 9-40），规定 r,θ,z 的取值范围是

$$0\leqslant r<+\infty,\ 0\leqslant\theta\leqslant2\pi,\ -\infty<z<+\infty.$$

柱面坐标系的三组坐标面分别为

$r=$常数，即以 z 轴为轴，半径为 r 的圆柱面族；

$\theta=$常数，即过 z 轴，与半坐标面 $xOz(x\geqslant0)$ 的夹角为 θ 的半平面族；

$z=$常数，即与 xOy 面平行，高度为 z 的平面族.

容易推得，点 M 的直角坐标与柱面坐标之间有关系式

$$\begin{cases}x=r\cos\theta,\\y=r\sin\theta,\\z=z.\end{cases}\tag{9-7}$$

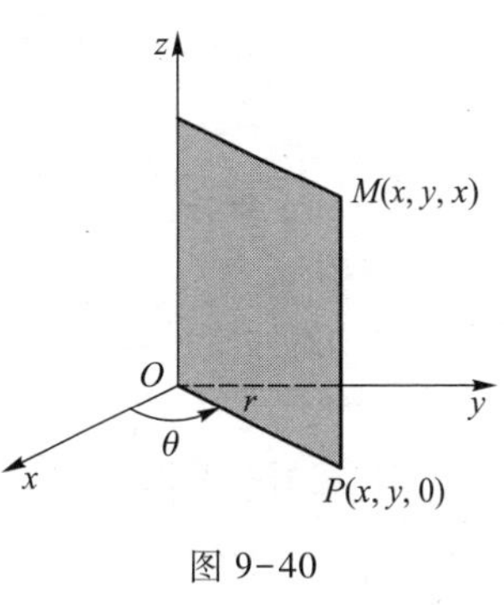

图 9-40

2. 三重积分在柱面坐标系中的计算公式

用三组坐标面 r=常数,θ=常数,z=常数,将 Ω 分割成许多小区域(见图 9-41),除了含 Ω 的边界点的一些不规则小区域外,其他小闭区域都是柱体.

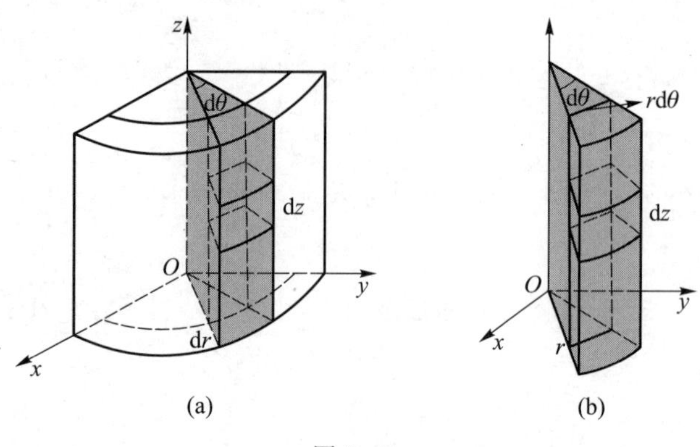

图 9-41

考察由 r,θ,z 各取得微小改变量 $\mathrm{d}r,\mathrm{d}\theta,\mathrm{d}z$ 所成的柱体微元,该柱体是底面积为 $r\mathrm{d}r\mathrm{d}\theta$,高为 $\mathrm{d}z$ 的柱体,其体积为 $\mathrm{d}V=r\mathrm{d}r\mathrm{d}\theta\mathrm{d}z$,这便是柱面坐标系下的体积元素,注意到式(9-7)有

$$\iiint_{\Omega} f(x,y,z)\,\mathrm{d}V=\iiint_{\Omega} f(r\cos\theta,r\sin\theta,z)\,r\mathrm{d}r\mathrm{d}\theta\mathrm{d}z. \tag{9-8}$$

式(9-8)就是三重积分由直角坐标变量变换成柱面坐标变量的计算公式.式(9-8)右端的三重积分,在进一步计算时,也需要化为关于积分变量 r,θ,z 的三次积分,其积分限要由 r,θ,z 在 Ω 中的变化情况来确定.

3. 用柱面坐标 r,θ,z 表示积分区域 Ω 的方法

(1) 找出 Ω 在 xOy 面上的投影区域 D_{xy}, 并用极坐标变量 r,θ 表示;

(2) 在 D_{xy} 内任取一点 (r,θ), 过此点作平行于 z 轴的直线穿过区域 Ω,此直线与 Ω 边界曲面的两交点之竖坐标(将此竖坐标表示成 r,θ 的函数)即为 z 的变化范围.

例 4　计算 $I=\iiint_{\Omega} z\mathrm{d}x\mathrm{d}y\mathrm{d}z$, 其中 Ω 是球面 $x^2+y^2+z^2=4$ 与抛物面 $x^2+y^2=3z$ 所围的立体.

解　由 $\begin{cases}x=r\cos\theta,\\ y=r\sin\theta,\\ z=z\end{cases}$ 知交线为 $\begin{cases}r^2+z^2=4,\\ r^2=3z,\end{cases}$ 解得 $z=1,r=\sqrt{3}$,把闭区域 Ω 投影到 xOy 平面上,如图 9-42 所示.

$$\Omega:\frac{r^2}{3}\leqslant z\leqslant\sqrt{4-r^2},\ 0\leqslant r\leqslant\sqrt{3},0\leqslant\theta\leqslant 2\pi.$$

$$I=\int_0^{2\pi}\mathrm{d}\theta\int_0^{\sqrt{3}}\mathrm{d}r\int_{\frac{r^2}{3}}^{\sqrt{4-r^2}} r\cdot z\mathrm{d}z=\int_0^{2\pi}\mathrm{d}\theta\int_0^{\sqrt{3}} r\mathrm{d}r\left(\frac{z^2}{2}\right)\Bigg|_{\frac{r^2}{3}}^{\sqrt{4-r^2}}$$

$$=\frac{1}{2}\int_0^{2\pi}\mathrm{d}\theta\int_0^{\sqrt{3}}\left[(\sqrt{4-r^2})^2-\left(\frac{r^2}{3}\right)^2\right]r\mathrm{d}r$$

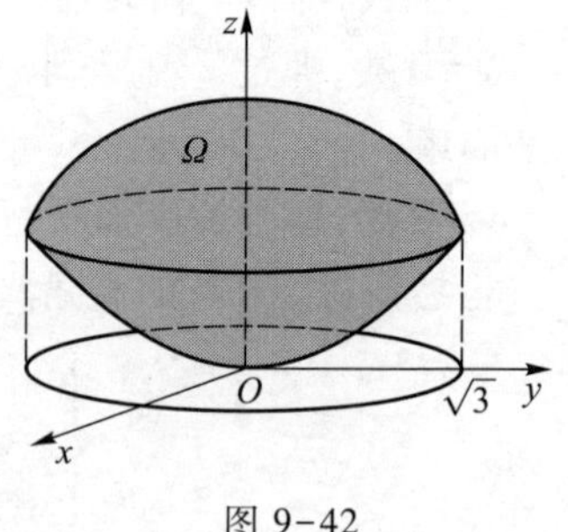

图 9-42

$$= \frac{1}{2}\int_0^{2\pi} d\theta \int_0^{\sqrt{3}} \left(4 - r^2 - \frac{r^4}{9}\right) r dr = \frac{13}{4}\pi.$$

例 5　求 $I = \iiint\limits_{\Omega} z\sqrt{x^2 + y^2}\, dxdydz$，其中 Ω 是由曲面 $x^2+y^2=2x, z=0, z=a$ 围成的在第一卦限的区域.

解　如图 9-43 所示.令 $x=r\cos\theta, y=r\sin\theta, z=z$，由 $x^2+y^2=2x$ 得 $r=2\cos\theta$，则

$$\Omega: 0 \leqslant r \leqslant 2\cos\theta, 0 \leqslant \theta \leqslant \frac{\pi}{2}, 0 \leqslant z \leqslant a,$$

$$I = \iiint\limits_{\Omega} z\sqrt{x^2 + y^2}\, dxdydz = \iiint\limits_{\Omega} zr \cdot r dr d\theta dz$$

$$= \int_0^{\frac{\pi}{2}} d\theta \int_0^{2\cos\theta} r^2 dr \int_0^a z dz = \int_0^{\frac{\pi}{2}} d\theta \int_0^{2\cos\theta} r^2 dr \left(\frac{z^2}{2}\right)\Bigg|_0^a$$

$$= \frac{a^2}{2}\int_0^{\frac{\pi}{2}} d\theta \int_0^{2\cos\theta} r^2 dr = \frac{a^2}{2}\int_0^{\frac{\pi}{2}} d\theta \left(\frac{r^3}{3}\right)\Bigg|_0^{2\cos\theta}$$

$$= \frac{4a^2}{3}\int_0^{\frac{\pi}{2}} \cos^3\theta d\theta = \frac{4a^2}{3}\,\frac{2}{3} = \frac{8a^2}{9}.$$

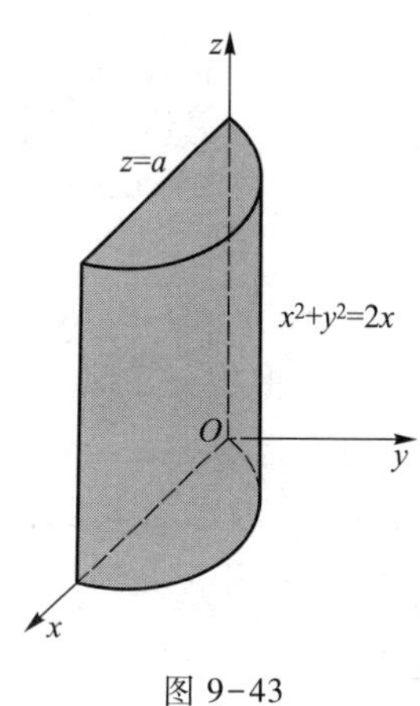

图 9-43

从上述例子可见，一般地，当积分区域在坐标面上的投影区域是圆域或者扇形域，被积函数含有式子 x^2+y^2 时，用柱坐标计算比较简单.

9.4.5　利用球面坐标系计算三重积分

1. 球面坐标系

设 $M(x,y,z)$ 为空间内一点，则点 M 可用三个有次序的数 r,φ,θ 来确定，其中 θ 为从 z 轴正向来看自 x 轴按逆时针方向转到有向线段 OP 的转角，这里 P 为点 M 在 xOy 面上的投影，r 为原点 O 与点 M 间的距离，φ 为有向线段 OM 与 z 轴正向所夹的角，这样的三个数 r,φ,θ 就叫做点 M 的球面坐标，如图 9-44 所示，规定 r,φ,θ 的取值范围为

$$0 \leqslant r < +\infty,\quad 0 \leqslant \varphi \leqslant \pi,\quad 0 \leqslant \theta \leqslant 2\pi.$$

设点 M 在 xOy 面上的投影为 P，点 P 在 x 轴上的投影为 A（见图 9-45），则 $OA=x, AP=y, PM=z$.球面坐标与直角坐标的关系为

$$\begin{cases} x = r\sin\varphi\cos\theta, \\ y = r\sin\varphi\sin\theta, \\ z = r\cos\varphi. \end{cases} \tag{9-9}$$

$r=$常数，是以原点为球心，半径为 r 的球面族；

$\varphi=$常数，是以原点为顶点，z 轴为对称轴，半顶角为 φ 的圆锥面族；

$\theta=$常数，是过 z 轴，与半坐标面 $xOz(x \geqslant 0)$ 的夹角为 θ 的半平面族.

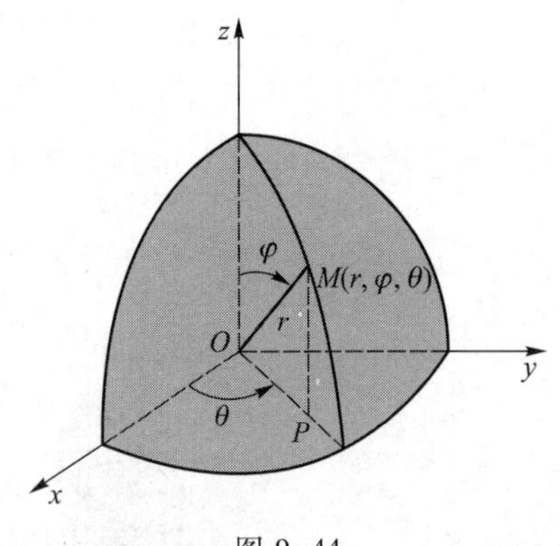

图 9-44

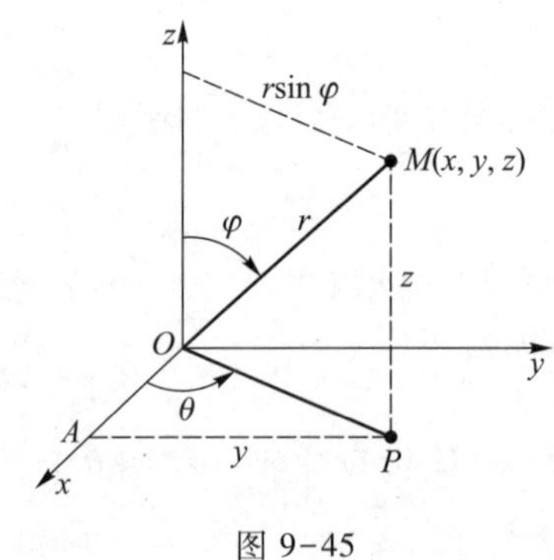

图 9-45

2. 三重积分在球面坐标系下的计算公式

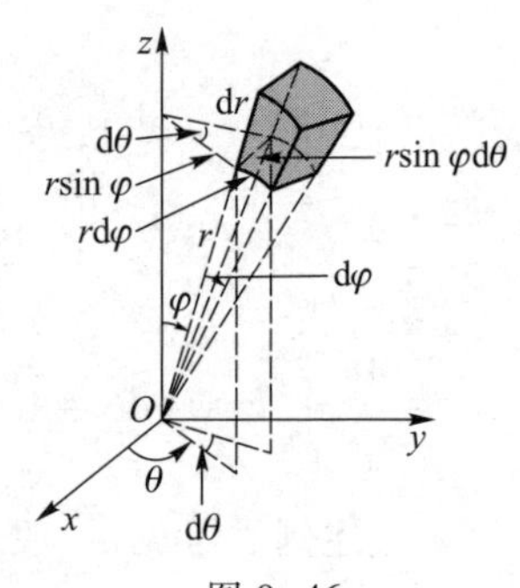

图 9-46

用三组坐标面 r= 常数，φ= 常数，θ= 常数，将 Ω 划分成许多小区域，考虑当 r,φ,θ 各取微小改变量 $\mathrm{d}r,\mathrm{d}\varphi,\mathrm{d}\theta$ 所形成的六面体（见图 9-46），可将此六面体近似为长方体，其体积近似值为

$$\mathrm{d}V=r^2\sin\varphi\mathrm{d}r\mathrm{d}\varphi\mathrm{d}\theta,$$

这就是球面坐标系下的体积元素.

由直角坐标与球面坐标的关系式(9-9)，有

$$\iiint\limits_{\Omega} f(x,y,z)\,\mathrm{d}V=\iiint\limits_{\Omega} f(r\sin\varphi\cos\theta,r\sin\varphi\sin\theta,r\cos\varphi)\,r^2\sin\varphi\mathrm{d}r\mathrm{d}\varphi\mathrm{d}\theta. \qquad (9\text{-}10)$$

式(9-10)就是三重积分在球面坐标系下的计算公式.式(9-10)右端的三重积分可进一步化为关于积分变量 r,φ,θ 的三次积分，当然，这需要将积分区域 Ω 用球面坐标 r,φ,θ 加以表示.

3. 积分区域的球面坐标表示法

积分区域要用球面坐标加以表示，一般需要参照其几何形状，并依据球面坐标变量的特点来决定.

如果积分区域 Ω 是一包围原点的立体，其边界曲面是包围原点的封闭曲面，将其边界曲面方程化成球坐标方程 $r=r(\varphi,\theta)$，则根据球面坐标变量的特点有

$$\Omega:0\leqslant\theta\leqslant2\pi,0\leqslant\varphi\leqslant\pi,0\leqslant r\leqslant r(\varphi,\theta).$$

例如，若 Ω 是球体 $x^2+y^2+z^2\leqslant a^2(a>0)$，则

$$\Omega:0\leqslant\theta\leqslant2\pi,0\leqslant\varphi\leqslant\pi,0\leqslant r\leqslant a.$$

微课
9.4 节例 6

例 6　求曲面 $z=a+\sqrt{a^2-x^2-y^2}\ (a>0)$ 与曲面 $z=\sqrt{x^2+y^2}$ 所围成的立体 Ω 的体积.

解　Ω 的图形如图 9-47.下面根据图形及球面坐标变量的特点决定 Ω 的球坐标表示式.

(1) 原点是 Ω 在 xOy 面的投影区域 D_{xy} 的内点,故 θ 的变化范围应为 $[0,2\pi]$;

(2) 在 Ω 中,φ 为 z 轴转到边界面锥面的半顶角,半顶角为 $\frac{\pi}{4}$,故 φ 的变化范围应为 $\left[0,\frac{\pi}{4}\right]$;

(3) 在 $0\leqslant\theta\leqslant2\pi,0\leqslant\varphi\leqslant\frac{\pi}{4}$ 内任取一值 (φ,θ),作原点发出的射线穿过 Ω,它与 Ω 有两个交点,一个在原点处,另一个在曲面 $z=a+\sqrt{a^2-x^2-y^2}$ 上,用球面坐标可分别表示为 $r=0$ 及 $r=2a\cos\varphi$.因此,

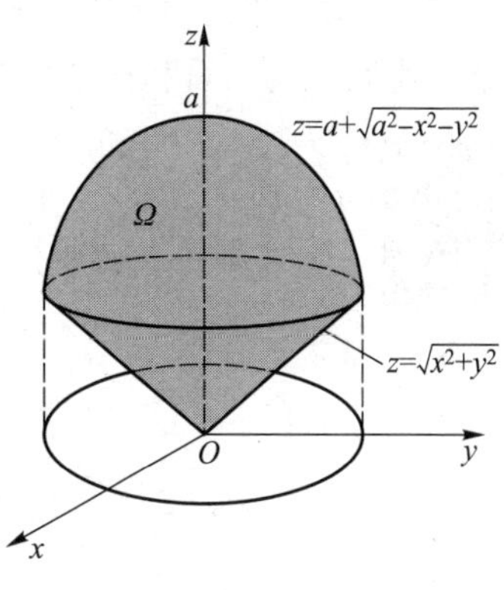

图 9-47

$$\Omega:0\leqslant\theta\leqslant2\pi,0\leqslant\varphi\leqslant\frac{\pi}{4},0\leqslant r\leqslant2a\cos\varphi.$$

故

$$\begin{aligned}V&=\iiint_{\Omega}\mathrm{d}V=\iiint_{\Omega}r^2\sin\varphi\mathrm{d}r\mathrm{d}\varphi\mathrm{d}\theta\\&=\int_0^{2\pi}\mathrm{d}\theta\int_0^{\frac{\pi}{4}}\mathrm{d}\varphi\int_0^{2a\cos\varphi}r^2\sin\varphi\mathrm{d}r=\int_0^{2\pi}\mathrm{d}\theta\int_0^{\frac{\pi}{4}}\left(\frac{1}{3}r^3\sin\varphi\right)\Bigg|_0^{2a\cos\varphi}\mathrm{d}\varphi\\&=\int_0^{2\pi}\mathrm{d}\theta\int_0^{\frac{\pi}{4}}\frac{8}{3}a^3\cos^3\varphi\sin\varphi\mathrm{d}\varphi=\frac{8}{3}a^3\int_0^{2\pi}\mathrm{d}\theta\int_0^{\frac{\pi}{4}}\cos^3\varphi\sin\varphi\mathrm{d}\varphi\\&=\frac{8}{3}a^3\cdot2\pi\cdot\left(-\frac{1}{4}\cos^4\varphi\right)\Bigg|_0^{\frac{\pi}{4}}=\frac{16}{3}a^3\pi\frac{1}{4}\left(1-\frac{1}{4}\right)=\pi a^3.\end{aligned}$$

例 7 计算 $I=\iiint\limits_{\Omega}(x^2+y^2)\mathrm{d}x\mathrm{d}y\mathrm{d}z$,其中 Ω 是锥面 $x^2+y^2=z^2$ 与平面 $z=a(a>0)$ 所围的立体(见图 9-48).

解 采用球面坐标

$$\begin{cases}x=r\sin\varphi\cos\theta,\\y=r\sin\varphi\sin\theta,\\z=r\cos\varphi.\end{cases}$$

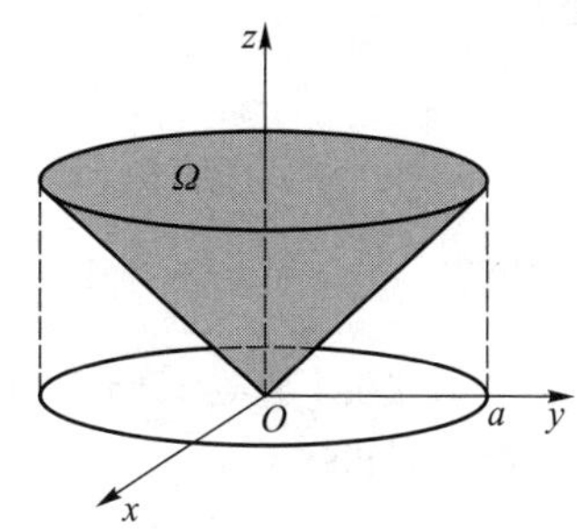

图 9-48

由 $z=a$ 得 $r=\frac{a}{\cos\varphi}$,由 $x^2+y^2=z^2$ 得 $\varphi=\frac{\pi}{4}$,所以

$$\Omega:0\leqslant r\leqslant\frac{a}{\cos\varphi},0\leqslant\varphi\leqslant\frac{\pi}{4},0\leqslant\theta\leqslant2\pi,$$

$$\begin{aligned}I&=\iiint_{\Omega}(x^2+y^2)\mathrm{d}x\mathrm{d}y\mathrm{d}z=\int_0^{2\pi}\mathrm{d}\theta\int_0^{\frac{\pi}{4}}\mathrm{d}\varphi\int_0^{\frac{a}{\cos\varphi}}r^4\sin^3\varphi\mathrm{d}r\\&=2\pi\int_0^{\frac{\pi}{4}}\sin^3\varphi\cdot\frac{1}{5}\left(\frac{a^5}{\cos^5\varphi}-0\right)\mathrm{d}\varphi=\frac{\pi}{10}a^5.\end{aligned}$$

一般地,当积分区域 Ω 关于 xOy 平面对称,且被积函数 $f(x,y,z)$ 是关于 z 的奇函数,则

三重积分为零;若被积函数 $f(x,y,z)$ 是关于 z 的偶函数,则三重积分等于 Ω 在 xOy 平面上方的半个闭区域的三重积分的两倍.

微课
9.4节例8

例8 计算 $\iiint\limits_{\Omega}(x+y+z)^2\mathrm{d}x\mathrm{d}y\mathrm{d}z$,其中 Ω 是由抛物面 $z=x^2+y^2$ 和球面 $x^2+y^2+z^2=2$ 所围成的空间闭区域(见图9-49).

解 因为 $(x+y+z)^2=x^2+y^2+z^2+2(xy+yz+zx)$,其中 $xy+yz$ 是关于 y 的奇函数,且 Ω 关于 zOx 面对称,所以 $\iiint\limits_{\Omega}(xy+yz)\mathrm{d}V=0$.

同理,因为 zx 是关于 x 的奇函数,且 Ω 关于 yOz 面对称,所以 $\iiint\limits_{\Omega}xz\mathrm{d}V=0$.

由对称性知 $\iiint\limits_{\Omega}x^2\mathrm{d}V=\iiint\limits_{\Omega}y^2\mathrm{d}V$,则

$$I=\iiint\limits_{\Omega}(x+y+z)^2\mathrm{d}x\mathrm{d}y\mathrm{d}z=\iiint\limits_{\Omega}(2x^2+z^2)\mathrm{d}x\mathrm{d}y\mathrm{d}z.$$

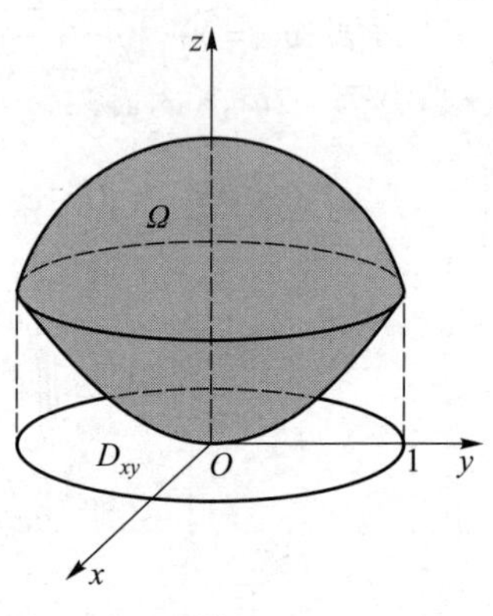

图9-49

在柱面坐标下:

$$0\leqslant\theta\leqslant2\pi,0\leqslant r\leqslant1,r^2\leqslant z\leqslant\sqrt{2-r^2},$$

投影区域 $D_{xy}:x^2+y^2\leqslant1$,

$$I=\int_0^{2\pi}\mathrm{d}\theta\int_0^1\mathrm{d}r\int_{r^2}^{\sqrt{2-r^2}}r(2r^2\cos^2\theta+z^2)\mathrm{d}z=\left(\frac{8}{5}\sqrt{2}-\frac{89}{60}\right)\pi.$$

习题 9.4

A

1. 设 $f(x,y,z)$ 在 Ω 上连续,将下列三重积分 $I=\iiint\limits_{\Omega}f(x,y,z)\mathrm{d}V$ 化为三次积分:

(1) Ω 是由平面 $x=1,y=1,z=1$ 及三个坐标面所围成的闭区域,将 I 化为直角坐标系下的三次积分;

(2) Ω 是由柱面 $x^2+y^2=1$ 及平面 $z=1,z=2$ 所围成的闭区域,将 I 化为直角坐标系、柱面坐标系下的三次积分;

(3) Ω 是由上半球面 $z=\sqrt{1-x^2-y^2}$ 及平面 $z=0$ 所围成的闭区域,将 I 化为柱面坐标系、球面坐标系下的三次积分.

2. 选用适当坐标计算下列三重积分:

(1) $\iiint\limits_{\Omega}\dfrac{\mathrm{d}V}{(1+x+y+z)^2}$,其中 Ω 是由 $x+y+z=1$ 及 $x=0,y=0,z=0$ 所围成的闭区域;

(2) $\iiint\limits_{\Omega}xy^2z^3\mathrm{d}V$,其中 Ω 是由 $z=xy,y=x,x=1$ 和 $z=0$ 所围成的闭区域;

(3) $\iiint\limits_{\Omega}(x^2+y^2)\mathrm{d}V$,其中 Ω 是由 $z=x^2+y^2,z=4$ 所围成的闭区域;

(4) $\iiint\limits_{\Omega} xy\mathrm{d}V$，其中 Ω 为柱面 $x^2+y^2=1$ 及平面 $z=1,z=0,x=0,y=0$ 所围成的在第一卦限内的闭区域；

(5) $\iiint\limits_{\Omega} \sqrt{x^2+y^2+z^2}\,\mathrm{d}V$，其中 Ω 是由球面 $x^2+y^2+z^2=z$ 所围成的闭区域；

(6) $\iiint\limits_{\Omega} (x^2+y^2)\,\mathrm{d}V$，其中 Ω 是由曲面 $4z^2=25(x^2+y^2)$ 及平面 $z=5$ 所围成的闭区域.

3. 计算下列三重积分：

(1) $\iiint\limits_{\Omega} \mathrm{e}^{|z|}\mathrm{d}x\mathrm{d}y\mathrm{d}z$，其中 $\Omega: x^2+y^2+z^2\leqslant 4$；

(2) $\iiint\limits_{\Omega} (x+y+z)^2\mathrm{d}x\mathrm{d}y\mathrm{d}z$，其中 $\Omega: x^2+y^2+z^2\leqslant 2az$.

4. 利用三重积分计算曲面 $x^2+y^2+z^2=R^2$ 与曲面 $x^2+y^2+z^2=4R^2$ 所围成的立体体积.

B

1. 设 $f(x,y,z)$ 在 Ω 上连续，将下列三重积分 $I=\iiint\limits_{\Omega} f(x,y,z)\,\mathrm{d}V$ 化为三次积分：

(1) $\Omega: z\geqslant\sqrt{x^2+y^2}, z\leqslant\sqrt{R^2-x^2-y^2}$，将 I 化为直角坐标系、柱面坐标系及球面坐标系下的三次积分；

(2) Ω 是由 $z=x^2+y^2, z=1, y=x$ 与 $y=0\,(x\geqslant 0, y\geqslant 0)$ 所围成的闭区域，将 I 分别化为直角坐标系、柱面坐标系下的三次积分.

2. 选用适当坐标计算下列三重积分：

(1) $\iiint\limits_{\Omega} xz\mathrm{d}V$，其中 Ω 是由平面 $z=0, z=y, y=1$ 及抛物柱面 $y=x^2$ 所围成的闭区域；

(2) $\iiint\limits_{\Omega} z\mathrm{d}V$，其中 Ω 是由 $z=\sqrt{2-x^2-y^2}$ 及 $z=x^2+y^2$ 所围成的闭区域；

(3) $\int_0^1 \mathrm{d}x\int_0^{\sqrt{1-x^2}}\mathrm{d}y\int_{\sqrt{x^2+y^2}}^{\sqrt{2-x^2-y^2}} z^2\mathrm{d}z$.

3. 计算 $\iiint\limits_{\Omega} [\mathrm{e}^{z^3}\tan(x^3y^3)+3]\,\mathrm{d}V$，其中 $\Omega: x^2+y^2\leqslant R^2, 0\leqslant z\leqslant H$.

9.5　对弧长的曲线积分

9.5 预习检测

9.5.1　对弧长的曲线积分的定义

引例　设有一个曲线形构件，占有 xOy 面上的一段曲线弧 $L=\overset{\frown}{AB}$，L 上任意一点 (x,y) 处的线密度为 $\rho(x,y)$，求此曲线形构件的质量.

如果该构件的线密度 $\rho(x,y)$ 是一个常数，则

构件的质量 = 线密度 × 构件的长度.

但构件一般是不均匀的，这时怎样求构件的质量呢？我们可以仿照定积分中求细棒质量的方法来做.

(1) 分割：用 L 上的点 $M_0=A, M_1, M_2, \cdots, M_n=B$ 把曲线 L 任意分成 n 个小曲线弧段 $\Delta s_i=\overset{\frown}{M_{i-1}M_i}\,(i=1,2,\cdots,n)$，其中 Δs_i 也表示小弧段的长度（图 9-50）.

(2) 近似:在$\widehat{M_{i-1}M_i}$上任取一点(ξ_i,η_i),当$\widehat{M_{i-1}M_i}$的长度很小时,$\rho(\xi_i,\eta_i)$在$\widehat{M_{i-1}M_i}$上的变化也很小,从而可把$\widehat{M_{i-1}M_i}$看成均匀的曲线弧,并且用$\rho(\xi_i,\eta_i)$作为它的密度,于是它的质量Δm_i近似值为

$$\Delta m_i \approx \rho(\xi_i,\eta_i)\Delta s_i \quad (i=1,2,\cdots,n).$$

图 9-50

(3) 求和:曲线形构件的质量为

$$m=\sum_{i=1}^{n}\Delta m_i \approx \sum_{i=1}^{n}\rho(\xi_i,\eta_i)\Delta s_i.$$

(4) 求极限:令 λ 表示各个小曲线弧段长度的最大值,则

$$m=\lim_{\lambda\to 0}\sum_{i=1}^{n}\rho(\xi_i,\eta_i)\Delta s_i.$$

对于空间曲线 Γ,其线密度为 $\rho(x,y,z)$,用上述完全类似的思想方法,可以得到空间曲线形构件的质量

$$m=\lim_{\lambda\to 0}\sum_{i=1}^{n}\rho(\xi_i,\eta_i,\zeta_i)\Delta s_i.$$

上面这类和式的极限在研究其他问题时也会遇到,因此撇开它们的实际意义,我们得到对弧长的曲线积分的下述定义.

微课 第一类曲线积分定义

定义 设二元函数$f(x,y)$在 xOy 面内一条光滑曲线弧 $L=\widehat{AB}$上有界.在 L 上依次插入点列 $M_0=A,M_1,M_2,\cdots,M_n=B$,把 L 分成 n 个小曲线弧,记第 i 个小弧段$\widehat{M_{i-1}M_i}(i=1,2,\cdots,n)$的长度为 Δs_i,取其上面的任意一点(ξ_i,η_i),作乘积$f(\xi_i,\eta_i)\Delta s_i(i=1,2,\cdots,n)$,并作和 $\sum_{i=1}^{n}f(\xi_i,\eta_i)\Delta s_i$.令 λ 表示各小弧段长度的最大值,如果极限

$$\lim_{\lambda\to 0}\sum_{i=1}^{n}f(\xi_i,\eta_i)\Delta s_i$$

存在,则称函数$f(x,y)$在曲线弧 L 上可积,极限值称为函数$f(x,y)$在曲线弧 L 上**对弧长的曲线积分**或**第一类曲线积分**,记为$\int_L f(x,y)\,\mathrm{d}s$,即

$$\int_L f(x,y)\,\mathrm{d}s=\lim_{\lambda\to 0}\sum_{i=1}^{n}f(\xi_i,\eta_i)\Delta s_i,$$

其中$f(x,y)$叫做**被积函数**,L 叫做**积分弧段**,$\mathrm{d}s$ 叫做**弧长元素**.

类似地,可以定义三元函数$f(x,y,z)$在曲线弧 Γ 上对弧长的曲线积分为

$$\int_\Gamma f(x,y,z)\,\mathrm{d}s=\lim_{\lambda\to 0}\sum_{i=1}^{n}f(\xi_i,\eta_i,\zeta_i)\Delta s_i.$$

几点说明：

(1) 根据对弧长的曲线积分的定义，引例中的曲线形构件的质量为

$$m=\int_L \rho(x,y)\,ds=\lim_{\lambda\to 0}\sum_{i=1}^{n}\rho(x,y)\,ds.$$

(2) 因为弧长元素 ds 对应表示 Δs_i，所以 ds 总是正数.

(3) 只要 $f(x,y)$ 在光滑曲线 L 上连续，对弧长的曲线积分 $\int_L f(x,y)\,ds$ 就总存在，其中曲线弧 L 光滑是指其上每一点处都有切线，并且切线随切点的变动而连续变动.

(4) 如果 L 是闭曲线，则 $\int_L f(x,y)\,ds$ 可记为 $\oint_L f(x,y)\,ds$.

9.5.2　对弧长的曲线积分的性质

对弧长的曲线积分的定义模式与前面讨论过的定积分完全相同，因此积分有相类似的性质，读者可以类比列出相应的性质. 下面从积分计算角度列出其中的几个，以下总假定对弧长的曲线积分存在.

性质 1　$\int_L (k_1 f(x,y)+k_2 g(x,y))\,ds=k_1\int_L f(x,y)\,ds+k_2\int_L g(x,y)\,ds$ (k_1,k_2 为常数).

性质 2　设 $L=L_1+L_2$，则

$$\int_L f(x,y)\,ds=\int_{L_1} f(x,y)\,ds+\int_{L_2} f(x,y)\,ds.$$

性质 3　$\int_L 1\,ds=s$，其中 s 是 L 的长度.

性质 4　若 L 的两个端点为 A 和 B，则

$$\int_{\widehat{AB}} f(x,y)\,ds=\int_{\widehat{BA}} f(x,y)\,ds.$$

该性质表明，对弧长的曲线积分与曲线弧 L 的方向无关，这是因为积分和 $\sum_{i=1}^{n} f(\xi_i,\eta_i)\Delta s_i$ 中的 Δs_i 总是正数，显然这个性质与定积分的性质 $\int_a^b f(x)\,dx=-\int_b^a f(x)\,dx$ 是不同的.

第一类曲线积分也可以如二重积分、三重积分一样，利用积分曲线弧关于坐标轴或坐标面的对称性及被积函数的奇偶性简化计算.

9.5.3　对弧长的曲线积分的计算法

计算对弧长的曲线积分的基本方法是把它化成定积分，我们有下面的结论.

定理　设积分弧段 L 的参数方程是

$$\begin{cases} x=\varphi(t), \\ y=\psi(t), \end{cases}\quad \alpha\leqslant t\leqslant\beta,$$

其中 $\varphi(t),\psi(t)$ 在 $[\alpha,\beta]$ 上有一阶连续导数，且 $\varphi'^2(t)+\psi'^2(t)\neq 0$，则 $\int_L f(x,y)\,\mathrm{d}s$ 一定存在，且

$$\int_L f(x,y)\,\mathrm{d}s=\int_\alpha^\beta f[\varphi(t),\psi(t)]\sqrt{\varphi'^2(t)+\psi'^2(t)}\,\mathrm{d}t. \tag{9-11}$$

证　设 t 连续地由 α 变到 β 时，L 上点 $M(x,y)$ 沿曲线 L 从点 A 连续地变到 B. 在 L 上依次取点 $A=M_0,M_1,\cdots,M_n=B$，相应的 $[\alpha,\beta]$ 有分割

$$\alpha=t_0<t_1<\cdots<t_n=\beta,$$

$$M_i=(\varphi(t_i),\psi(t_i)),\Delta s_i=\int_{t_{i-1}}^{t_i}\sqrt{\varphi'^2(t)+\psi'^2(t)}\,\mathrm{d}t.$$

由积分中值定理，

$$\Delta s_i=\int_{t_{i-1}}^{t_i}\sqrt{\varphi'^2(t)+\psi'^2(t)}\,\mathrm{d}t=\sqrt{\varphi'^2(\tau_i)+\psi'^2(\tau_i)}\,\Delta t_i,\tau_i\in[t_{i-1},t_i].$$

特别地，取 $\xi_i=\varphi(\tau_i),\eta_i=\psi(\tau_i),(\xi_i,\eta_i)\in\Delta s_i$.

$$\sum_{i=1}^n f(\xi_i,\eta_i)\Delta s_i=\sum_{i=1}^n f[\varphi(\tau_i),\psi(\tau_i)]\sqrt{\varphi'^2(\tau_i)+\psi'^2(\tau_i)}\,\Delta t_i.$$

令 $\lambda'=\max\limits_{1\leqslant i\leqslant n}\{\Delta t_i\},\lambda=\max\limits_{1\leqslant i\leqslant n}\{\Delta s_i\}$，令 $\lambda'\to 0$，有 $\lambda\to 0$，取极限，由曲线积分定义（等号左边）和定积分定义（等号右边），上式两端极限都存在且相等，则

$$\lim_{\lambda\to 0}\sum_{i=1}^n f(\xi_i,\eta_i)\Delta s_i=\lim_{\lambda'\to 0}\sum_{i=1}^n f[\varphi(\tau_i),\psi(\tau_i)]\sqrt{\varphi'^2(\tau_i)+\psi'^2(\tau_i)}\,\Delta t_i,$$

即

$$\int_L f(x,y)\,\mathrm{d}s=\int_\alpha^\beta f[\varphi(t),\psi(t)]\sqrt{\varphi'^2(t)+\psi'^2(t)}\,\mathrm{d}t.$$

公式(9-11)就是对弧长的曲线积分的计算公式.

值得注意的是，因为 $\mathrm{d}s=\sqrt{\varphi'^2(t)+\psi'^2(t)}\,\mathrm{d}t>0$，即 $\mathrm{d}t>0$，所以式(9-11)中右边的定积分要求 $\alpha<\beta$，这里 α 和 β 分别是对应于 A 点和 B 点的参数.

若曲线弧段 L 的方程是 $y=y(x)\ (a\leqslant x\leqslant b)$，则将 x 看作参数，得到 L 的参数方程

$$\begin{cases}x=x,\\ y=y(x),\end{cases}\quad a\leqslant x\leqslant b.$$

由公式(9-11)得

$$\int_L f(x,y)\,\mathrm{d}s=\int_a^b f[x,y(x)]\sqrt{1+y'^2(x)}\,\mathrm{d}x. \tag{9-12}$$

对空间曲线 L，如果它的参数方程为

$$\begin{cases}x=\varphi(t),\\ y=\psi(t),\quad \alpha\leqslant t\leqslant\beta,\\ z=\omega(t),\end{cases}$$

且 $\varphi(t),\psi(t),\omega(t)$ 在 $[\alpha,\beta]$ 上有一阶连续导数,则同样有

$$\int_L f(x,y,z)\mathrm{d}s=\int_\alpha^\beta f[\varphi(t),\psi(t),\omega(t)]\sqrt{\varphi'^2(t)+\psi'^2(t)+\omega'^2(t)}\,\mathrm{d}t,$$

其中仍然要求 $\alpha<\beta$.

例 1　计算 $\int_L xy\mathrm{d}s$, 其中 L 是圆 $x^2+y^2=a^2$ 的第一象限的部分.

解　L 的参数方程为

$$\begin{cases}x=a\cos t,\\ y=a\sin t,\end{cases}\quad 0\leqslant t\leqslant\frac{\pi}{2},$$

由公式(9-11)得

$$\int_L xy\mathrm{d}s=\int_0^{\frac{\pi}{2}}a\cos t\,a\sin t\sqrt{(-a\sin t)^2+(a\cos t)^2}\,\mathrm{d}t$$
$$=\int_0^{\frac{\pi}{2}}a^3\sin t\cos t\mathrm{d}t=\frac{1}{2}a^3.$$

例 2　求 $\oint_L x\mathrm{d}s$, 其中 L 是由直线 $y=0,x=1$ 和抛物线 $y=x^2$ 围成区域的边界(图 9-51).

解　$L=OA+AB+\widehat{OB}$,由对弧长的曲线积分性质 2 得

$$\oint_L x\mathrm{d}s=\int_{OA}x\mathrm{d}s+\int_{AB}x\mathrm{d}s+\int_{\widehat{OB}}x\mathrm{d}s.$$

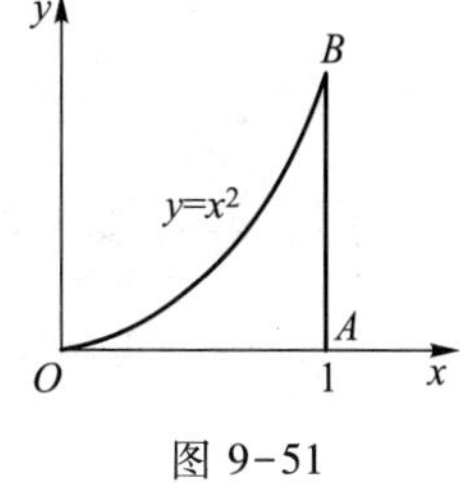

图 9-51

对 $\int_{OA}x\mathrm{d}s$, 因 OA 的方程是 $y=0(0\leqslant x\leqslant1)$,由公式(9-12)得

$$\int_{OA}x\mathrm{d}s=\int_0^1 x\sqrt{1+0^2}\,\mathrm{d}x=\int_0^1 x\mathrm{d}x=\frac{1}{2}.$$

对 $\int_{AB}x\mathrm{d}s$, 因为 AB 的方程是 $x=1,y=t(0\leqslant t\leqslant1)$,由公式(9-11)得

$$\int_{AB}x\mathrm{d}s=\int_0^1 1\cdot\sqrt{0+1^2}\,\mathrm{d}t=\int_0^1\mathrm{d}t=1.$$

对 $\int_{\widehat{OB}}x\mathrm{d}s$, 因 $\widehat{OB}$ 的方程为 $y=x^2(0\leqslant x\leqslant1)$,由公式(9-12)得

$$\int_{\widehat{OB}}x\mathrm{d}s=\int_0^1 x\sqrt{1+(2x)^2}\,\mathrm{d}x=\int_0^1 x\sqrt{1+4x^2}\,\mathrm{d}x$$
$$=\frac{1}{12}(1+4x^2)^{\frac{3}{2}}\Big|_0^1=\frac{5\sqrt{5}-1}{12}.$$

从而 $\oint_L x\mathrm{d}s=\frac{1}{2}+1+\frac{5\sqrt{5}-1}{12}=\frac{5\sqrt{5}+17}{12}$.

例3 求 $\int_\Gamma \frac{z^2}{x^2+y^2}\mathrm{d}s$，其中 Γ 是螺旋线 $x=a\cos t, y=a\sin t, z=at(0\leqslant t\leqslant 2\pi)$.

解 首先把 Γ 的参数方程代入被积函数，得

$$f(x,y,z)=\frac{(at)^2}{(a\cos t)^2+(a\sin t)^2}=t^2;$$

其次，

$$\mathrm{d}s=\sqrt{x'^2(t)+y'^2(t)+z'^2(t)}\,\mathrm{d}t=\sqrt{(-a\sin t)^2+(a\cos t)^2+a^2}\,\mathrm{d}t=a\sqrt{2}\,\mathrm{d}t;$$

最后

$$\int_\Gamma \frac{z^2}{x^2+y^2}\mathrm{d}s=\int_0^{2\pi}t^2\cdot a\sqrt{2}\,\mathrm{d}t=\frac{8\sqrt{2}}{3}\pi^3 a.$$

习题 9.5

A

1. 利用第一类曲线积分的性质求 $\oint_L (x+y^3)\mathrm{d}s$，其中 $L: x^2+y^2=R^2$.

2. 计算下列第一类曲线积分：

(1) $\oint_L (x+y)\mathrm{d}s$，其中 L 是以 $O(0,0), A(1,0), B(0,1)$ 为顶点的三角形边界；

(2) $\int_L \sqrt{2y}\,\mathrm{d}s$，其中 L 为摆线的一拱：$x=a(t-\sin t), y=a(1-\cos t)(0\leqslant t\leqslant 2\pi)$.

3. 计算 $\int_L (x^{\frac{4}{3}}+y^{\frac{4}{3}})\mathrm{d}s$，其中 L 是星形线 $x^{\frac{2}{3}}+y^{\frac{2}{3}}=a^{\frac{2}{3}}$ 在第一象限的部分弧，$a>0$.

B

1. 计算下列第一类曲线积分：

(1) $\oint_L x\mathrm{d}s$，其中 L 是由直线 $y=x$ 及抛物线 $y=x^2$ 所围成区域的整个边界；

(2) $\oint_L |x|^{\frac{1}{3}}\mathrm{d}s$，其中 $L: x^{\frac{2}{3}}+y^{\frac{2}{3}}=1$；

(3) $\int_L y\mathrm{d}s$，其中 L 为心形线 $r=a(1+\cos\theta)$ 的下半部分.

2. 计算 $\oint_L \mathrm{e}^{\sqrt{x^2+y^2}}\mathrm{d}s$，其中 $a>0$.

(1) L 为圆周 $x^2+y^2=a^2$ 及两条坐标轴在第一象限内所围成的扇形的整个边界；

(2) L 为圆周 $x^2+y^2=a^2$，直线 $y=x$ 及 x 轴在第一象限中所围成的扇形的整个边界；

(3) L 为圆周 $x^2+y^2=a^2$，直线 $y=-x$ 及 x 轴在第二象限中所围成的扇形的整个边界.

9.6 预习检测

9.6　第一类曲面积分

9.6.1　引例

问题的提出：若曲面 Σ 是光滑的，它的面密度为连续函数 $\rho(x,y,z)$，求它的质量.

所谓曲面光滑即曲面上各点处都有切平面，且当点在曲面上连续移动时，切平面也连续转动.采用与前几节处理类似问题同样的方法，如图 9-52 所示.

将 Σ 任意地划分成 n 片小曲面 $\Delta S_1,\Delta S_2,\cdots,\Delta S_n$，其中 ΔS_i既表示第 i 个小区域，也表示它的面积.$\Delta m_1,\Delta m_2,\cdots,\Delta m_n$分别表示小曲面 $\Delta S_1,\Delta S_2,\cdots,\Delta S_n$的质量；在 ΔS_i上任取一点(ξ_i,η_i,ζ_i)，小曲面 ΔS_i的质量近似值为

$$\Delta m_i\approx\rho(\xi_i,\eta_i,\zeta_i)\Delta S_i.$$

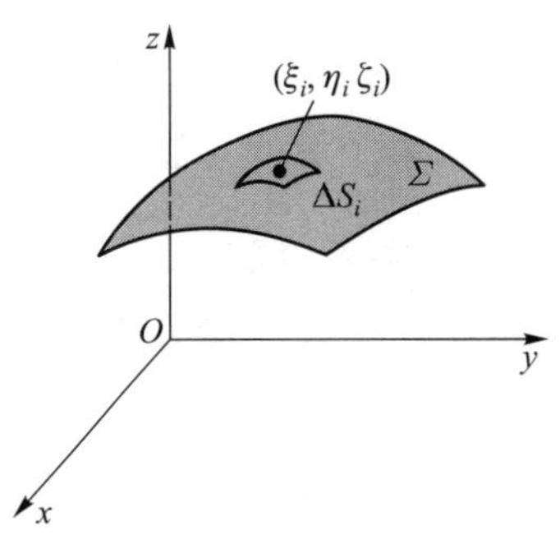

图 9-52

那么，物质曲面的质量近似值为

$$M\approx\sum_{i=1}^{n}\rho(\xi_i,\eta_i,\zeta_i)\Delta S_i.$$

记这 n 片小曲面直径的最大者为 λ，则有

$$M=\lim_{\lambda\to 0}\sum_{i=1}^{n}\rho(\xi_i,\eta_i,\zeta_i)\Delta S_i.$$

微课
第一类曲面积分的定义

抛开引例中问题的具体含义，就得到第一类曲面积分的概念.

9.6.2　第一类曲面积分的定义

定义　设曲面 Σ 是光滑的，$f(x,y,z)$在 Σ 上有界，把 Σ 任意分成 n 小块 $\Delta S_1,\Delta S_2,\cdots,\Delta S_n$，其中 ΔS_i 也表示第 i 个小块的面积，在每个 ΔS_i 上任取点(ξ_i,η_i,ζ_i)，作乘积$f(\xi_i,\eta_i,\zeta_i)\Delta S_i$ $(i=1,2,\cdots,n)$，再作和 $\sum\limits_{i=1}^{n}f(\xi_i,\eta_i,\zeta_i)\Delta S_i$，当各小块曲面直径的最大值 $\lambda\to 0$ 时，该和式的极限若存在，则称函数$f(x,y,z)$在 Σ 上可积，极限值称为$f(x,y,z)$在 Σ 上的**第一类曲面积分**，或者**对面积的曲面积分**，记为 $\iint\limits_{\Sigma}f(x,y,z)\,\mathrm{d}S$，即

$$\iint\limits_{\Sigma}f(x,y,z)\,\mathrm{d}S=\lim_{\lambda\to 0}\sum_{i=1}^{n}f(\xi_i,\eta_i,\zeta_i)\Delta S_i.$$

说明：

(1) 当曲面 Σ 为光滑或分片光滑曲面，$f(x,y,z)$在 Σ 上连续时，$f(x,y,z)$在 Σ 上必可积，以下恒设此条件满足.

(2) 由于第一类曲面积分的定义模式与重积分的完全相同,所以第一类曲面积分有与定积分类似的性质,读者可以一一类比列出,从略.

(3) 第一类曲面积分的物理意义:曲面的质量 $M=\iint\limits_{\Sigma} f(x,y,z)\,\mathrm{d}S$.

(4) 当被积函数 $f(x,y,z)=1$ 时,$(x,y,z)\in\Sigma$, $A=\iint\limits_{\Sigma}\mathrm{d}S$ 表示曲面 Σ 的面积.

(5) 当积分曲面是封闭曲面时,常记为 $\oiint\limits_{\Sigma} f(x,y,z)\,\mathrm{d}S$.

9.6.3 第一类曲面积分的计算

设曲面 Σ 的方程为 $z=z(x,y)$,Σ 在 xOy 面的投影区域为 D_{xy},若 $z=z(x,y)$ 具有一阶连续偏导数,$f(x,y,z)$ 在 Σ 上连续,则

$$\iint\limits_{\Sigma} f(x,y,z)\,\mathrm{d}S=\iint\limits_{D_{xy}} f(x,y,z(x,y))\sqrt{1+\left(\frac{\partial z}{\partial x}\right)^2+\left(\frac{\partial z}{\partial y}\right)^2}\,\mathrm{d}x\mathrm{d}y.$$

把 D_{xy} 任意划分成 n 个小闭区域 $\Delta\sigma_i(i=1,2,\cdots,n)$,以每个小闭区域的边界为准线作母线平行于 z 轴的柱面,将 Σ 分成 n 个小曲面片 $\Delta S_i(i=1,2,\cdots,n)$,在 $\Delta\sigma_i$ 上任取一点 $P(\xi_i,\eta_i)$,相应地 ΔS_i 上有一点 $M(\xi_i,\eta_i,z(\xi_i,\eta_i))$.过点 M 作曲面 Σ 的切平面 T,该切平面被相应的柱面截得一个小平面片,其面积记为 ΔA_i(图 9-53).记小曲面块的面积微元为 $\mathrm{d}S$,截下的小切平面块面积微元为 $\mathrm{d}A$,由于区域 D_{xy} 中对应的面积元素 $\mathrm{d}\sigma$ 直径很小,可以用切平面来近似代替曲面,则 $\mathrm{d}S=\mathrm{d}A$.

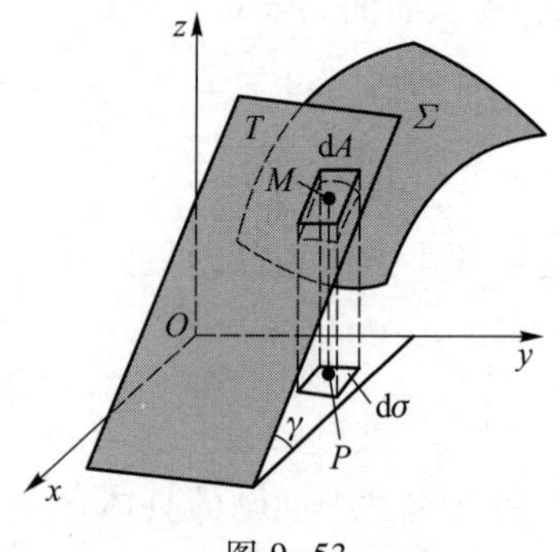

图 9-53

设点 M 处曲面 Σ 的法线(方向朝上)与 z 轴正向所成夹角为 γ(锐角),则 $\mathrm{d}A=\dfrac{\mathrm{d}\sigma}{\cos\gamma}$,由于曲面 Σ 的法向量 $\boldsymbol{n}=\left(-\dfrac{\partial z}{\partial x},-\dfrac{\partial z}{\partial y},1\right)$,根据 8.6.2 小节公式(8-31),有

$$\cos\gamma=\frac{1}{\sqrt{1+\left(\frac{\partial z}{\partial x}\right)^2+\left(\frac{\partial z}{\partial y}\right)^2}},$$

从而,曲面 Σ 的面积元素为

$$\mathrm{d}S=\sqrt{1+\left(\frac{\partial z}{\partial x}\right)^2+\left(\frac{\partial z}{\partial y}\right)^2}\,\mathrm{d}x\mathrm{d}y.$$

于是和第一类曲线积分的计算公式类似地,可得上述第一类曲面积分的计算公式.

说明:

(1) 由上述推导过程,设曲面 $\Sigma:z=f(x,y)$,$(x,y)\in D_{xy}$,则其面积

$$A=\iint_{\Sigma}\mathrm{d}S=\iint_{D_{xy}}\sqrt{1+\left(\frac{\partial z}{\partial x}\right)^2+\left(\frac{\partial z}{\partial y}\right)^2}\,\mathrm{d}x\mathrm{d}y.$$

（2）如果曲面 $\Sigma: y=y(x,z),(x,z)\in D_{xz}$，则

$$\iint_{\Sigma}f(x,y,z)\,\mathrm{d}S=\iint_{D_{xz}}f[x,y(x,z),z]\sqrt{1+\left(\frac{\partial y}{\partial x}\right)^2+\left(\frac{\partial y}{\partial z}\right)^2}\,\mathrm{d}x\mathrm{d}z.$$

同理，如果曲面 $\Sigma: x=x(y,z),(y,z)\in D_{yz}$，则

$$\iint_{\Sigma}f(x,y,z)\,\mathrm{d}S=\iint_{D_{yz}}f[x(y,z),y,z]\sqrt{1+\left(\frac{\partial x}{\partial y}\right)^2+\left(\frac{\partial x}{\partial z}\right)^2}\,\mathrm{d}y\mathrm{d}z.$$

例 1　计算 $I=\iint_{\Sigma}(x^2+y^2)\,\mathrm{d}S$，$\Sigma$ 为立体 $\sqrt{x^2+y^2}\leqslant z\leqslant 1$ 的边界.

解　如图 9-54 所示，设 $\Sigma=\Sigma_1+\Sigma_2$，Σ_1 为锥面 $z=\sqrt{x^2+y^2}$，$0\leqslant z\leqslant 1$；Σ_2 为 $z=1$ 上 $x^2+y^2\leqslant 1$ 的部分；Σ_1,Σ_2 在 xOy 面投影为 $D: x^2+y^2\leqslant 1$.

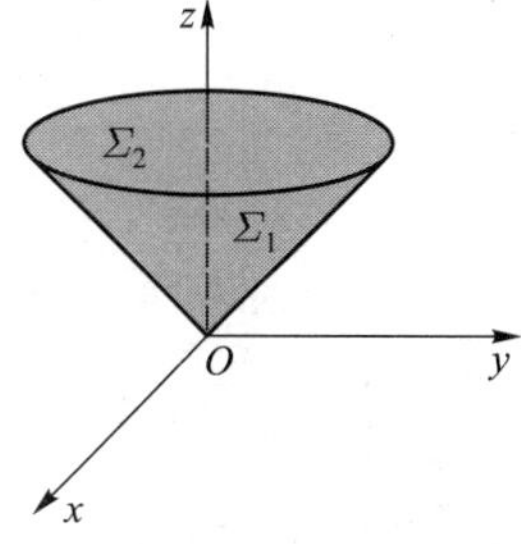

图 9-54

在锥面 Σ_1 上，

$$\mathrm{d}S=\sqrt{1+\left(\frac{\partial z}{\partial x}\right)^2+\left(\frac{\partial z}{\partial y}\right)^2}\,\mathrm{d}x\mathrm{d}y=\sqrt{2}\,\mathrm{d}x\mathrm{d}y,$$

在 Σ_2 上，$\mathrm{d}S=\mathrm{d}x\mathrm{d}y$. 所以

$$\begin{aligned}I&=\iint_{\Sigma_1}(x^2+y^2)\,\mathrm{d}S+\iint_{\Sigma_2}(x^2+y^2)\,\mathrm{d}S\\&=\iint_{D}(x^2+y^2)\sqrt{2}\,\mathrm{d}x\mathrm{d}y+\iint_{D}(x^2+y^2)\,\mathrm{d}x\mathrm{d}y\\&=(\sqrt{2}+1)\iint_{D}(x^2+y^2)\,\mathrm{d}x\mathrm{d}y\\&=(1+\sqrt{2})\int_0^{2\pi}\mathrm{d}\theta\int_0^1 r^3\,\mathrm{d}r=\frac{\pi}{2}(1+\sqrt{2}).\end{aligned}$$

例 2　计算 $\iint_{\Sigma}(x+y+z)\,\mathrm{d}S$，其中 Σ 为平面 $y+z=5$ 被柱面 $x^2+y^2=25$ 所截得的部分.

解　如图 9-55 所示. $\Sigma: z=5-y$，$D_{xy}=\{(x,y)\mid x^2+y^2\leqslant 25\}$，

$$\begin{aligned}\mathrm{d}S&=\sqrt{1+\left(\frac{\partial z}{\partial x}\right)^2+\left(\frac{\partial z}{\partial y}\right)^2}\,\mathrm{d}x\mathrm{d}y\\&=\sqrt{1+0+(-1)^2}\,\mathrm{d}x\mathrm{d}y=\sqrt{2}\,\mathrm{d}x\mathrm{d}y,\end{aligned}$$

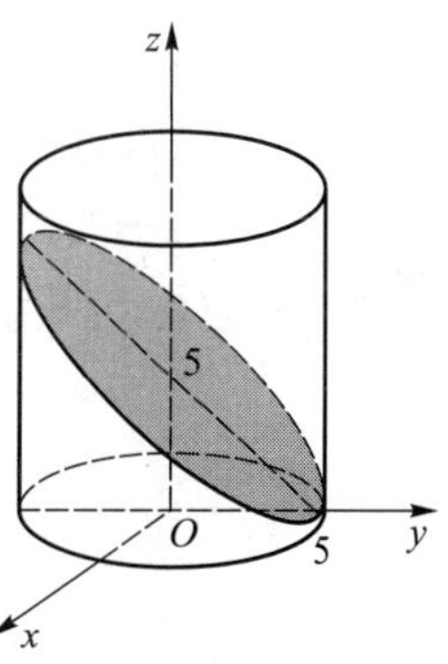

图 9-55

故

$$\iint_{\Sigma}(x+y+z)\mathrm{d}S=\sqrt{2}\iint_{D_{xy}}(x+y+5-y)\mathrm{d}x\mathrm{d}y$$

$$=\sqrt{2}\iint_{D_{xy}}(5+x)\mathrm{d}x\mathrm{d}y$$

$$=\sqrt{2}\iint_{D_{xy}}5\mathrm{d}x\mathrm{d}y=125\sqrt{2}\pi.$$

求第一类曲面积分时,可以充分利用被积函数定义在积分曲面上的对称性及被积函数的奇偶性特点简化积分计算.

例 3 计算 $\iint_{\Sigma}(x+y+z)^2\mathrm{d}S$, $\Sigma: x^2+y^2+z^2=R^2$(见图 9-56).

解
$$I=\iint_{\Sigma}(x^2+y^2+z^2+2xy+2xz+2yz)\mathrm{d}S$$

$$=\iint_{\Sigma}(x^2+y^2+z^2)\mathrm{d}S+2\iint_{\Sigma}(xy+xz+yz)\mathrm{d}S$$

$$=\iint_{\Sigma}R^2\mathrm{d}S=4\pi R^4.$$

图 9-56

微课
9.6 节例 4

例 4 设有一高为 $h(t)$(t 为时间,单位:h)的雪堆在融化过程中,其侧面满足方程 $z=h(t)-\dfrac{2(x^2+y^2)}{h(t)}$(长度单位:cm),已知体积减小的速率与侧面积成正比(比例系数为 0.9),问高为 130 cm 的雪堆全部融化需要多少时间?

解 设 V 为雪堆的体积,S 为雪堆的侧面积,则

$$V=\int_0^{h(t)}\mathrm{d}z\iint_{x^2+y^2\leqslant\frac{1}{2}[h^2(t)-h(t)z]}\mathrm{d}x\mathrm{d}y$$

$$=\int_0^{h(t)}\frac{\pi}{2}[h^2(t)-h(t)z]\mathrm{d}z=\frac{\pi}{4}h^3(t).$$

$$S=\iint_{x^2+y^2\leqslant\frac{h^2(t)}{2}}\sqrt{1+\left(\frac{\partial z}{\partial x}\right)^2+\left(\frac{\partial z}{\partial y}\right)^2}\mathrm{d}x\mathrm{d}y=\iint_{x^2+y^2\leqslant\frac{h^2(t)}{2}}\sqrt{1+\frac{16(x^2+y^2)}{h^2(t)}}\mathrm{d}x\mathrm{d}y$$

$$=\frac{1}{h(t)}\int_0^{2\pi}\mathrm{d}\theta\int_0^{\frac{h(t)}{\sqrt{2}}}[h^2(t)+16r^2]^{\frac{1}{2}}r\mathrm{d}r=\frac{13\pi}{12}h^2(t).$$

又 $\dfrac{\mathrm{d}V}{\mathrm{d}t}=\dfrac{3\pi}{4}h^2(t)\dfrac{\mathrm{d}h}{\mathrm{d}t}$,有 $\dfrac{\mathrm{d}V}{\mathrm{d}t}=-0.9S$,所以

$$\frac{3\pi}{4}h^2(t)\frac{\mathrm{d}h}{\mathrm{d}t}=-0.9\,\frac{13\pi}{12}h^2(t),$$

$$\frac{\mathrm{d}h}{\mathrm{d}t}=-\frac{13}{10},$$

$$h(t)=-\frac{13}{10}t+C.$$

而 $h(0)=130$,所以 $h(t)=-\frac{13}{10}t+130$,令 $h\to 0$,得 $t=100$ h.

习题 9.6

A

1. 若 Σ 是 xOy 面内的一个闭区域 D,试将第一类曲面积分 $\iint\limits_{\Sigma}(x^2+y^2)e^z dS$ 化为 D 上的二重积分.

2. 计算下列第一类曲面积分:

(1) $\iint\limits_{\Sigma}(2x+2y+z)dS$, 其中 Σ 是平面 $2x+2y+z-2=0$ 被三个坐标面所截下的在第一卦限的部分;

(2) $\iint\limits_{\Sigma}xyz dS$, 其中 Σ 是平面 $x+y+\frac{z}{2}=1$ 在第一卦限的部分;

(3) $\iint\limits_{\Sigma}|x|z dS$, 其中 Σ 是柱面 $x^2+y^2=1$ 介于 $z=0$ 与 $z=1$ 之间的部分;

(4) $\iint\limits_{\Sigma}z dS$, 其中 Σ 是球面 $x^2+y^2+z^2=R^2$ 在第一及第五卦限的部分.

B

1. 计算下列第一类曲面积分:

(1) $\iint\limits_{\Sigma}(x^2+y^2+z^2)dS$, 其中 Σ 是球面 $x^2+y^2+z^2=a^2$;

(2) $\iint\limits_{\Sigma}(x^2+y^2+z^2)dS$, 其中 Σ 是抛物面 $z=x^2+y^2$ 被 $z=2$ 所截下的有限的部分;

(3) $\iint\limits_{\Sigma}z^2 dS$, 其中 Σ 是 $x^2+y^2=4$ 在 $0\leqslant z\leqslant 3$ 之间的部分.

2. 半径为 r 的球,球心在半径为 a 的定球面上,问 r 和 a 满足什么关系时,此球夹在定球面内的表面积最大?

3. 设 S 为椭球面 $\frac{x^2}{2}+\frac{y^2}{2}+z^2=1$ 的上半部分, 点 $P(x,y,z)\in S$, Π 为 S 在 P 处的切平面, $\rho(x,y,z)$ 为点 $O(0,0,0)$ 到平面 Π 的距离,求 $\iint\limits_{S}\frac{z}{\rho(x,y,z)}dS$.

9.7 预习检测

9.7 数量值函数积分学的应用

本章前面几节介绍的二重积分、三重积分、第一类曲线积分和第一类曲面积分,我们把它们统称为数量值函数的积分.它们有相同的定义模式,当被积函数为 1 时,都表示对应的几何量;有一个共同的物理背景,即对应的物体的质量.因此,这几种积分应用于解决实际问题时的思想方法是类似的,本节将对这些积分的进一步应用作些介绍.

在研究定积分的应用时，曾介绍过定积分的微元法，对数量值函数积分学的应用，我们也有相应的微元法.现介绍如下.

设某一问题中的待求量 Q 与变量 X（X 是二元变量 (x,y) 或三元变量 (x,y,z)）的变化区域 Ω（Ω 是一块平面区域，或者空间区域，或者曲线段，或者一块曲面）有关，Q 关于 Ω 具有可加性，即积分域的分割 $\Omega=\sum_{i=1}^{n}\Delta\Omega_i$，产生相应的量 Q 的分解为 $Q=\sum_{i=1}^{n}\Delta Q_i$，$\Delta Q_i$ 与 $\Delta\Omega_i$ 对应；如果存在函数 $f(X)$，$X\in\Omega$，使得

$$\Delta Q_i\approx f(X_i)\Delta\Omega_i,$$

则

$$Q=\int_{\Omega}f(X)\,\mathrm{d}\Omega,$$

称 $\mathrm{d}Q=f(X)\,\mathrm{d}\Omega$ 为 Q 的微元（或元素）.

若 D 表示平面区域，L 表示平面曲线，则有

$$\int_{\Omega}f(X)\,\mathrm{d}\Omega=\iint_{D}f(x,y)\,\mathrm{d}\sigma,\int_{\Omega}f(X)\,\mathrm{d}\Omega=\int_{L}f(x,y)\,\mathrm{d}s;$$

若 Γ 表示空间曲线，Ω 表示空间立体，Σ 表示空间曲面，则有

$$\int_{\Omega}f(X)\,\mathrm{d}\Omega=\int_{\Gamma}f(x,y,z)\,\mathrm{d}s,$$

$$\int_{\Omega}f(X)\,\mathrm{d}\Omega=\iiint_{\Omega}f(x,y,z)\,\mathrm{d}V,$$

$$\int_{\Omega}f(X)\,\mathrm{d}\Omega=\iint_{\Sigma}f(x,y,z)\,\mathrm{d}S.$$

9.7.1 数量值函数积分学在几何中的应用

1. 面积

（1）利用二重积分计算平面图形的面积.设 D 为 xOy 平面上的有界闭区域，则 D 的面积 $\sigma=\iint_{D}\mathrm{d}\sigma$.

例 1 求由 $r\geqslant a$，$r\leqslant 2a\cos\theta$ 确定的平面图形的面积（图 9-57）.

解 $\sigma=\iint_{D}\mathrm{d}\sigma$，由 $\begin{cases}r=a,\\ r=2a\cos\theta\end{cases}$ 得 $\cos\theta=\dfrac{1}{2}$，所以交点为 $\left(a,\dfrac{\pi}{3}\right)$，$\left(a,-\dfrac{\pi}{3}\right)$.

$$D:-\frac{\pi}{3}\leqslant\theta\leqslant\frac{\pi}{3},a\leqslant r\leqslant 2a\cos\theta.$$

图 9-57

所以

$$\sigma = 2\int_0^{\frac{\pi}{3}} \mathrm{d}\theta \int_a^{2a\cos\theta} r\mathrm{d}r = a^2\left(\frac{\sqrt{3}}{2} + \frac{\pi}{3}\right).$$

（2）利用二重积分计算空间曲面的面积.由第一类曲面积分的定义知，曲面 Σ 的面积为 $A=\iint\limits_{\Sigma} \mathrm{d}S$.

设曲面 Σ 的方程为 $z=f(x,y)$，$(x,y)\in D_{xy}$，则

$$\mathrm{d}S = \sqrt{1+\left(\frac{\partial z}{\partial x}\right)^2+\left(\frac{\partial z}{\partial y}\right)^2}\,\mathrm{d}\sigma.$$

于是曲面 Σ 的面积为

$$A = \iint\limits_{D_{xy}} \sqrt{1+\left(\frac{\partial z}{\partial x}\right)^2+\left(\frac{\partial z}{\partial y}\right)^2}\,\mathrm{d}x\mathrm{d}y.$$

同理可得，如果曲面 Σ 的方程为 $x=g(y,z)$，$(y,z)\in D_{yz}$，

$$A = \iint\limits_{D_{yz}} \sqrt{1+\left(\frac{\partial x}{\partial y}\right)^2+\left(\frac{\partial x}{\partial z}\right)^2}\,\mathrm{d}y\mathrm{d}z.$$

如果曲面 Σ 的方程为 $y=h(z,x)$，$(z,x)\in D_{zx}$，

$$A = \iint\limits_{D_{zx}} \sqrt{1+\left(\frac{\partial y}{\partial z}\right)^2+\left(\frac{\partial y}{\partial x}\right)^2}\,\mathrm{d}z\mathrm{d}x.$$

例 2　求半径为 R 的球面的面积.

解　取上半球面方程为 $z=\sqrt{R^2-x^2-y^2}$，则它在 xOy 面上的投影区域 $D_{xy}=\{(x,y)\mid x^2+y^2\leqslant R^2\}$，

$$\frac{\partial z}{\partial x}=\frac{-x}{\sqrt{R^2-x^2-y^2}},\frac{\partial z}{\partial y}=\frac{-y}{\sqrt{R^2-x^2-y^2}},$$

$$\sqrt{1+\left(\frac{\partial z}{\partial x}\right)^2+\left(\frac{\partial z}{\partial y}\right)^2}=\frac{R}{\sqrt{R^2-x^2-y^2}}.$$

于是球面面积

$$\begin{aligned} S &= 2\iint\limits_{D_{xy}} \sqrt{1+\left(\frac{\partial z}{\partial x}\right)^2+\left(\frac{\partial z}{\partial y}\right)^2}\,\mathrm{d}x\mathrm{d}y = 2\iint\limits_{D_{xy}} \frac{R}{\sqrt{R^2-x^2-y^2}}\mathrm{d}x\mathrm{d}y \\ &= 2\int_0^{2\pi}\mathrm{d}\theta\int_0^R \frac{R}{\sqrt{R^2-r^2}}r\mathrm{d}r = 2\cdot 2\pi \lim_{b\to R^-}\int_0^b \frac{R}{\sqrt{R^2-r^2}}r\mathrm{d}r \\ &= 4\pi R\lim_{b\to R^-}\left(R-\sqrt{R^2-b^2}\right) = 4\pi R^2. \end{aligned}$$

这里的二重积分 $\iint\limits_{D_{xy}} \frac{R}{\sqrt{R^2-x^2-y^2}}\mathrm{d}x\mathrm{d}y$ 为反常二重积分.

*2. 反常二重积分

若区域 D 是平面上的无界区域，$f(x,y)$ 在区域 D 上连续，则在区域 D 上的反常二重积分定义为

$$\iint_D f(x,y)\mathrm{d}\sigma = \lim_{D_\Gamma \to D}\iint_{D_\Gamma} f(x,y)\mathrm{d}\sigma,$$

其中 D_Γ 是无重点的连续闭曲线 Γ 画出的有界闭区域与 D 的交集，且闭曲线 Γ 连续扩张趋于无穷远时，D_Γ 趋于区域 D.若上式右端极限存在，则称 $f(x,y)$ 在区域 D 上可积，或称 $f(x,y)$ 在区域 D 上反常二重积分收敛，否则称反常二重积分发散.

根据无界区域的特点，掌握下述三种构造有界闭区域 D_Γ 的方法.

(1) 当 $D=\{(x,y)\mid a\leqslant x<+\infty,\varphi(x)\leqslant y\leqslant\psi(x)\}$，如图 9-58 所示时，构造

$$D_b=\{(x,y)\mid a\leqslant x\leqslant b,\varphi(x)\leqslant y\leqslant\psi(x)\},$$

$$\iint_D f(x,y)\mathrm{d}\sigma = \lim_{b\to+\infty}\iint_{D_b} f(x,y)\mathrm{d}\sigma = \lim_{b\to+\infty}\int_a^b \mathrm{d}x\int_{\varphi(x)}^{\psi(x)} f(x,y)\mathrm{d}y.$$

(2) 当 $D=\{(x,y)\mid c\leqslant y<+\infty,\varphi(y)\leqslant x\leqslant\psi(y)\}$ 时，如图 9-59 所示，构造

$$D_d=\{(x,y)\mid c\leqslant y\leqslant d,\varphi(y)\leqslant x\leqslant\psi(y)\},$$

$$\iint_D f(x,y)\mathrm{d}\sigma = \lim_{d\to+\infty}\iint_{D_d} f(x,y)\mathrm{d}\sigma = \lim_{d\to+\infty}\int_c^d \mathrm{d}y\int_{\varphi(y)}^{\psi(y)} f(x,y)\mathrm{d}x.$$

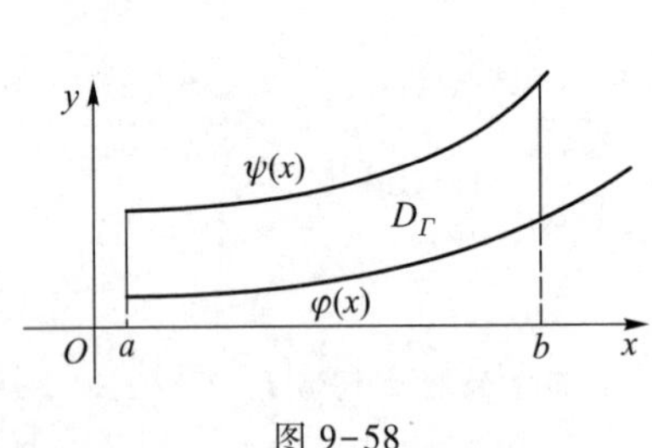

图 9-58

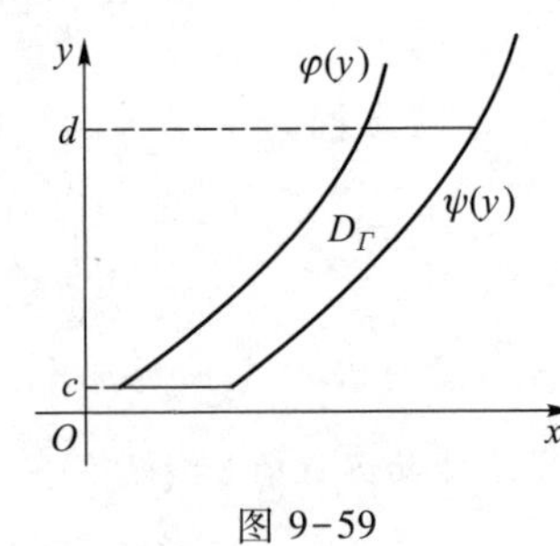

图 9-59

(3) 当区域 D 是整个 xOy 平面或 xOy 平面的某一象限或某一角形区域时，构造

$$D_R=\{(x,y)\mid x^2+y^2\leqslant R^2\},$$

$$\iint_D f(x,y)\mathrm{d}\sigma = \lim_{R\to+\infty}\iint_{D\cap D_R} f(x,y)\mathrm{d}\sigma.$$

例 3　计算二重积分 $\iint_D x\mathrm{e}^{-y^2}\mathrm{d}x\mathrm{d}y$，其中 D 是由曲线 $y=9x^2$ 和 $y=4x^2$ 在第一象限所构成的无界区域，即 $D=\left\{(x,y)\mid 0\leqslant y<+\infty,\dfrac{\sqrt{y}}{3}\leqslant x\leqslant\dfrac{\sqrt{y}}{2}\right\}$，如图 9-60 所示.

解

$$\begin{aligned}\iint_D x\mathrm{e}^{-y^2}\mathrm{d}x\mathrm{d}y &= \lim_{d\to+\infty}\iint_{D_d} x\mathrm{e}^{-y^2}\mathrm{d}x\mathrm{d}y\\ &= \lim_{d\to+\infty}\int_0^d\left[\int_{\frac{\sqrt{y}}{3}}^{\frac{\sqrt{y}}{2}} x\mathrm{e}^{-y^2}\mathrm{d}x\right]\mathrm{d}y\\ &= \frac{1}{2}\lim_{d\to+\infty}\int_0^d\left(\frac{y}{4}-\frac{y}{9}\right)\mathrm{e}^{-y^2}\mathrm{d}y\\ &= \frac{5}{144}.\end{aligned}$$

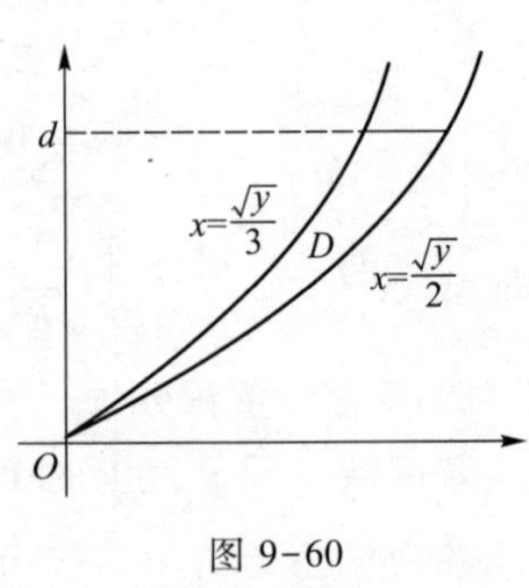

图 9-60

例 4 求由圆柱面 $x^2+y^2=R^2$ 和 $x^2+z^2=R^2$ 所围成的立体的表面积.

解 由于圆柱面 $x^2+y^2=R^2$ 和 $x^2+z^2=R^2$ 所围成的立体关于三个坐标轴都对称,画出其在第一卦限的图形(图 9-61(a)).

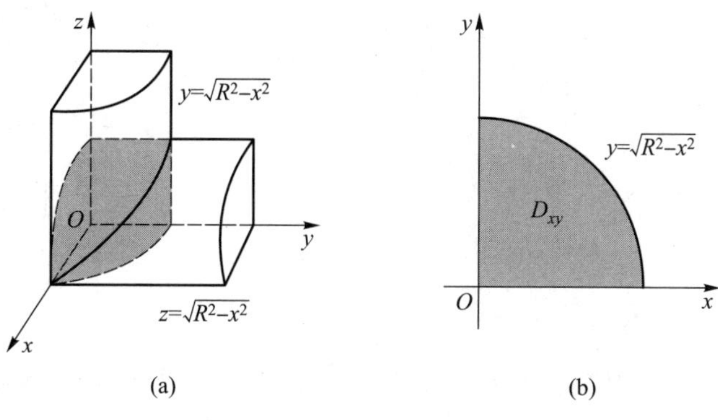

图 9-61

取曲面 S_1 为立体表面在第一卦限柱面 $x^2+z^2=R^2$ 上的部分,则其方程 $z=\sqrt{R^2-x^2}$,$\dfrac{\partial z}{\partial x}=\dfrac{-x}{\sqrt{R^2-x^2}}$,$\dfrac{\partial z}{\partial y}=0$,

$$\mathrm{d}S=\sqrt{1+\frac{\partial z}{\partial x}^2+\frac{\partial z}{\partial y}^2}\mathrm{d}x\mathrm{d}y=\sqrt{1+\left(\frac{-x}{\sqrt{R^2-x^2}}\right)^2}\mathrm{d}x\mathrm{d}y=\frac{R}{\sqrt{R^2-x^2}}\mathrm{d}x\mathrm{d}y.$$

于是曲面 S_1 的面积

$$A_1=\iint_{\Sigma}\mathrm{d}S=\iint_{D_{xy}}\sqrt{1+\frac{\partial z}{\partial x}^2+\frac{\partial z}{\partial y}^2}\mathrm{d}x\mathrm{d}y=\iint_{D_{xy}}\frac{R}{\sqrt{R^2-x^2}}\mathrm{d}x\mathrm{d}y$$

$$=\int_0^R\mathrm{d}x\int_0^{\sqrt{R^2-x^2}}\frac{R}{\sqrt{R^2-x^2}}\mathrm{d}y=R\int_0^R\mathrm{d}x=R^2,$$

其中 D_{xy} 如图 9-61(b)所示,$D_{xy}:0\leqslant x\leqslant R,0\leqslant y\leqslant\sqrt{R^2-x^2}$.

故所求立体的表面积 $A=16A_1=16R^2$.

*3. 利用曲线积分求柱面的侧面积

设以平面曲线 $L:\begin{cases}F(x,y)=0,\\ z=0\end{cases}$ 为准线的柱面 $S:F(x,y)=0$,求柱面 S 位于 xOy 面上方,曲面 $z=f(x,y)$,$(x,y)\in D(L\subset D)$下方部分的侧面积(见图 9-62).

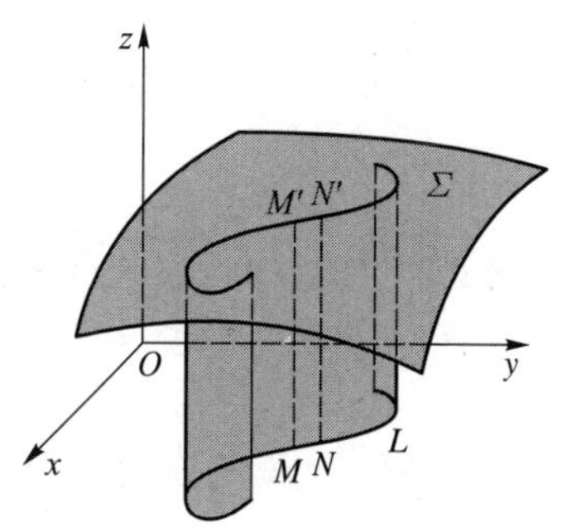

图 9-62

应用微元法:$\forall M(x,y)\in L$,记弧$\widehat{MN}=\mathrm{d}s$,得柱面面积微元为

$$\mathrm{d}A=f(x,y)\mathrm{d}s,$$

则柱面面积为

$$A=\int_L f(x,y)\,\mathrm{d}s.$$

例 5 求位于椭圆抛物面 $z=4-(2x^2+y^2)$ 下方，xOy 面上方，圆柱面 $x^2+y^2=1$ 的侧面积(见图 9-63).

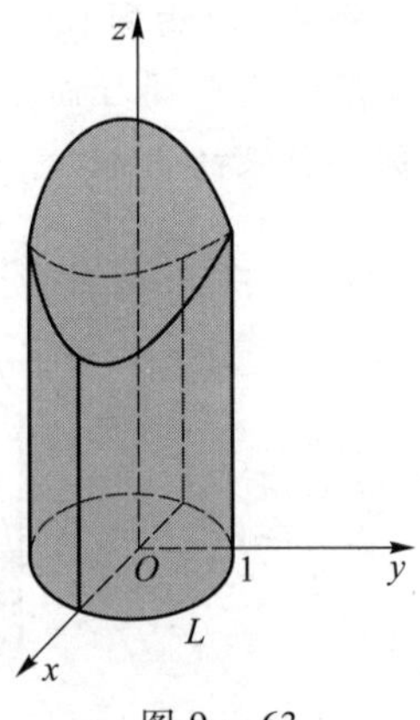

图 9 - 63

解 $A=\oint_L(4-(2x^2+y^2))\,\mathrm{d}s \quad (L: x^2+y^2=1)$

$$=4\oint_L \mathrm{d}s-\oint_L(x^2+y^2)\,\mathrm{d}s-\oint_L x^2\,\mathrm{d}s$$

$$=6\pi-\frac{1}{2}\oint_L(x^2+y^2)\,\mathrm{d}s=5\pi\left(\text{因为}\oint_L x^2\,\mathrm{d}s=\oint_L y^2\,\mathrm{d}s\right).$$

4. 体积

除了利用二重积分的几何意义计算一些空间立体的体积外，对一般的空间有界闭区域 Ω，Ω 的体积总可以用三重积分表示为

$$V=\iiint_\Omega \mathrm{d}V.$$

例 6 求由曲面 $(z-1)^2=x^2+y^2$ 和 $z=-\sqrt{1-x^2-y^2}$ 所围立体的体积(图 9-64).

解 $V=\iiint_\Omega \mathrm{d}V$

$$=\iint_D\left(1-\sqrt{x^2+y^2}+\sqrt{1-x^2-y^2}\right)\mathrm{d}\sigma$$

$$=\int_0^{2\pi}\mathrm{d}\theta\int_0^1\left(1-r+\sqrt{1-r^2}\right)r\,\mathrm{d}r$$

$$=2\pi\left[\frac{r^2}{2}-\frac{r^3}{3}-\frac{1}{3}(1-r^2)^{\frac{3}{2}}\right]\Bigg|_0^1=\pi.$$

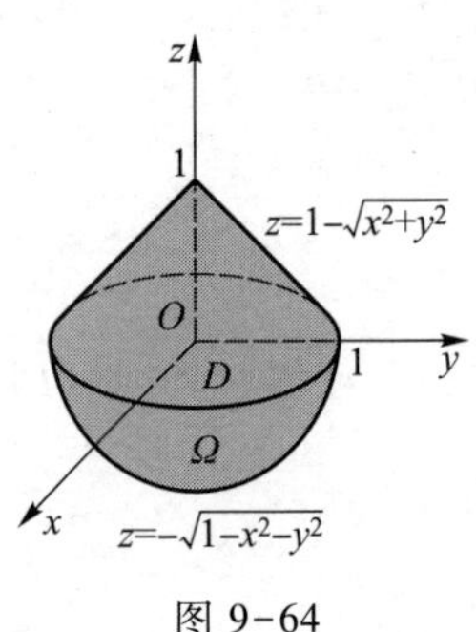

图 9-64

9.7.2 数量值函数积分学在物理中的应用

1. 质量

根据数量值函数积分的物理意义，设几何体 Ω 的质量不均匀，Ω 的密度函数为连续函数 $\rho(X)$，则 Ω 的质量为

$$M=\int_\Omega \rho(X)\,\mathrm{d}\Omega.$$

(1) xOy 平面的薄板占有区域 D，面密度为 $\rho=\rho(x,y)$，质量为

$$M=\iint_D \rho(x,y)\,\mathrm{d}\sigma.$$

(2) 空间立体占有区域 Ω，体密度为 $\rho=\rho(x,y,z)$，质量为

$$M=\iiint_\Omega \rho(x,y,z)\,\mathrm{d}V.$$

(3) xOy 平面的曲线 L 的线密度为 $\rho=\rho(x,y)$，或者空间曲线 Γ 的线密度为 $\rho=\rho(x,y,z)$，则质量分别为

$$M=\int_L \rho(x,y)\,\mathrm{d}s \quad 或者 \quad M=\int_\Gamma \rho(x,y,z)\,\mathrm{d}s.$$

（4）空间曲面 Σ 的面密度为 $\rho=\rho(x,y,z)$，质量为

$$M=\iint_\Sigma \rho(x,y,z)\,\mathrm{d}S.$$

例 7 Ω 是球面 $x^2+y^2+z^2=4$ 与抛物面 $x^2+y^2=3z$ 所围的立体，其任意点 (x,y,z) 处的密度等于该点的竖坐标的立方，求其质量.

解 质量 $M=\iiint_\Omega z^3\mathrm{d}x\mathrm{d}y\mathrm{d}z$. 由

$$\begin{cases} x=r\cos\theta, \\ y=r\sin\theta, \\ z=z \end{cases}$$

知交线为 $\begin{cases} r^2+z^2=4, \\ r^2=3z, \end{cases}$ 解得 $z=1, r=\sqrt{3}$.

把闭区域投影到 xOy 面上，如图 9-65 所示.

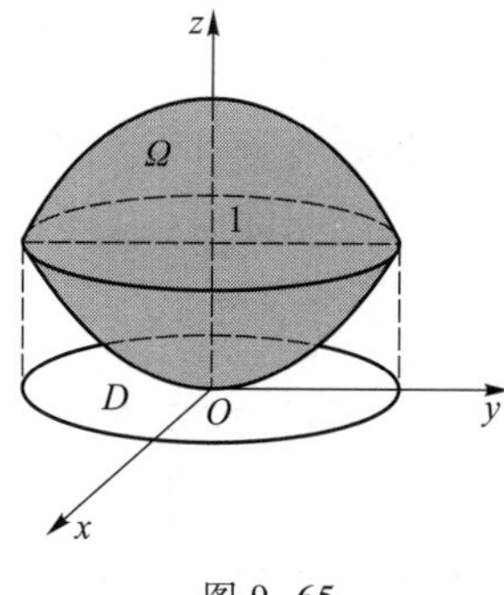

图 9-65

$$\Omega: \frac{r^2}{3}\leqslant z\leqslant\sqrt{4-r^2},\ 0\leqslant r\leqslant\sqrt{3}, 0\leqslant\theta\leqslant 2\pi.$$

$$I=\int_0^{2\pi}\mathrm{d}\theta\int_0^{\sqrt{3}}\mathrm{d}r\int_{\frac{r^2}{3}}^{\sqrt{4-r^2}} z^3 r\mathrm{d}z=\frac{51}{10}\pi.$$

2. 质心

设 xOy 平面上有 n 个质点，它们的位置和质量分别为 (x_i,y_i) 与 $m_i(i=1,2,\cdots,n)$. 由物理学知，这 n 个质点的质心 $(\bar{x},\bar{y})$ 为

$$\bar{x}=\frac{\sum_{i=1}^n m_i x_i}{\sum_{i=1}^n m_i}, \quad \bar{y}=\frac{\sum_{i=1}^n m_i y_i}{\sum_{i=1}^n m_i}.$$

在上述两式中，$M_y=\sum_{i=1}^n m_i x_i$ 和 $M_x=\sum_{i=1}^n m_i y_i$ 分别称为质点关于 y 轴和 x 轴的**静矩**.

下面研究 xOy 面上一平面薄片的质心求法. 设一平面薄片占有 xOy 面上的闭区域 D，其上任一点 (x,y) 处的密度为 $\rho(x,y)$，且 $\rho(x,y)$ 在 D 上连续.

把 D 分成 n 个小片 $\Delta\sigma_i(i=1,2,\cdots,n)$，在 $\Delta\sigma_i$ 上任取一点 (x_i,y_i)，则小片 $\Delta\sigma_i$ 的质量可近似看作 $\rho(x_i,y_i)\Delta\sigma_i$（见图 9-66）. 把整个平面薄片近似看成由 n 个质点组成的，于是由上面的公式知，平面薄片的质心 $(\bar{x},\bar{y})$ 满足

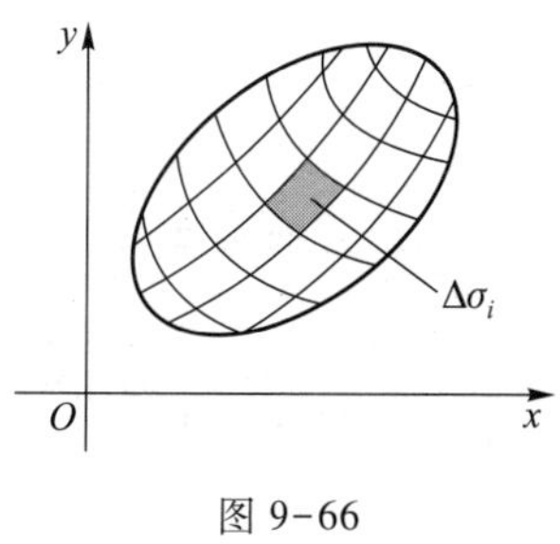

图 9-66

$$\bar{x}\approx\frac{\sum_{i=1}^n x_i\rho(x_i,y_i)\Delta\sigma_i}{\sum_{i=1}^n \rho(x_i,y_i)\Delta\sigma_i}, \quad \bar{y}\approx\frac{\sum_{i=1}^n y_i\rho(x_i,y_i)\Delta\sigma_i}{\sum_{i=1}^n \rho(x_i,y_i)\Delta\sigma_i}.$$

记 λ 是 n 个小片中直径的最大值，则上述两式令 $\lambda\to 0$，得

$$\bar{x}=\frac{\iint\limits_{D} x\rho(x,y)\,\mathrm{d}\sigma}{\iint\limits_{D}\rho(x,y)\,\mathrm{d}\sigma},\quad \bar{y}=\frac{\iint\limits_{D} y\rho(x,y)\,\mathrm{d}\sigma}{\iint\limits_{D}\rho(x,y)\,\mathrm{d}\sigma}. \tag{9-13}$$

上面的公式(9-13)就是平面薄片的质心坐标的计算公式,其中 $\iint\limits_{D} x\rho(x,y)\,\mathrm{d}\sigma$, $\iint\limits_{D} y\rho(x,y)\,\mathrm{d}\sigma$ 分别是平面薄片关于 y 轴和 x 轴的静矩; $\iint\limits_{D}\rho(x,y)\,\mathrm{d}\sigma$ 是平面薄片的质量.

当薄片是均匀的,质心称为**形心**,

$$\bar{x}=\frac{1}{A}\iint\limits_{D} x\,\mathrm{d}\sigma,\quad \bar{y}=\frac{1}{A}\iint\limits_{D} y\,\mathrm{d}\sigma,\quad 其中\ A=\iint\limits_{D}\mathrm{d}\sigma.$$

类似的分析可得下列公式:

(1) 设空间立体 Ω 的密度函数为 $\rho=\rho(x,y,z)$,得质心 $(\bar{x},\bar{y},\bar{z})$ 的公式

$$\bar{x}=\frac{\iiint\limits_{\Omega} x\rho(x,y,z)\,\mathrm{d}V}{\iiint\limits_{\Omega}\rho(x,y,z)\,\mathrm{d}V},\quad \bar{y}=\frac{\iiint\limits_{\Omega} y\rho(x,y,z)\,\mathrm{d}V}{\iiint\limits_{\Omega}\rho(x,y,z)\,\mathrm{d}V},\quad \bar{z}=\frac{\iiint\limits_{\Omega} z\rho(x,y,z)\,\mathrm{d}V}{\iiint\limits_{\Omega}\rho(x,y,z)\,\mathrm{d}V}.$$

(2) 设空间曲面 Σ 的密度函数为 $\rho=\rho(x,y,z)$,得质心 $(\bar{x},\bar{y},\bar{z})$ 的公式

$$\bar{x}=\frac{\iint\limits_{\Sigma} x\rho(x,y,z)\,\mathrm{d}S}{\iint\limits_{\Sigma}\rho(x,y,z)\,\mathrm{d}S},\quad \bar{y}=\frac{\iint\limits_{\Sigma} y\rho(x,y,z)\,\mathrm{d}S}{\iint\limits_{\Sigma}\rho(x,y,z)\,\mathrm{d}S},\quad \bar{z}=\frac{\iint\limits_{\Sigma} z\rho(x,y,z)\,\mathrm{d}S}{\iint\limits_{\Sigma}\rho(x,y,z)\,\mathrm{d}S}.$$

(3) 设平面物质曲线 L 的线密度为 $\rho(x,y)$,得质心的坐标 $(\bar{x},\bar{y})$ 的公式

$$\bar{x}=\frac{\int_{L} x\rho(x,y)\,\mathrm{d}s}{\int_{L}\rho(x,y)\,\mathrm{d}s},\quad \bar{y}=\frac{\int_{L} y\rho(x,y)\,\mathrm{d}s}{\int_{L}\rho(x,y)\,\mathrm{d}s}.$$

(4) 设空间物质曲线 Γ 的线密度为 $\rho(x,y,z)$,同理得质心的坐标 $(\bar{x},\bar{y},\bar{z})$ 的公式

$$\bar{x}=\frac{\int_{\Gamma} x\rho(x,y,z)\,\mathrm{d}s}{\int_{\Gamma}\rho(x,y,z)\,\mathrm{d}s},\quad \bar{y}=\frac{\int_{\Gamma} y\rho(x,y,z)\,\mathrm{d}s}{\int_{\Gamma}\rho(x,y,z)\,\mathrm{d}s},\quad \bar{z}=\frac{\int_{\Gamma} z\rho(x,y,z)\,\mathrm{d}s}{\int_{\Gamma}\rho(x,y,z)\,\mathrm{d}s}.$$

例 8 求位于两圆 $r=a\cos\theta$ 和 $r=b\cos\theta$ 之间的均匀薄片的质心 $(a<b)$.

解 设薄片的密度为 ρ,因为均匀薄片关于 x 轴对称,故 $\bar{y}=0$.如图 9-67 所示.均匀薄片的质量为

$$m=\rho\left[\pi\left(\frac{b}{2}\right)^2-\pi\left(\frac{a}{2}\right)^2\right]=\frac{\pi}{4}(b^2-a^2)\rho,$$

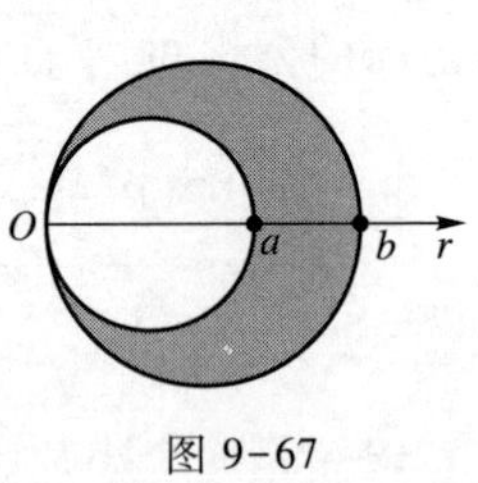

从而

图 9-67

$$\bar{x}=\frac{\iint\limits_D x\rho\mathrm{d}\sigma}{\iint\limits_D \rho\mathrm{d}\sigma}=\frac{\iint\limits_D x\rho\mathrm{d}\sigma}{\frac{\pi}{4}(b^2-a^2)\rho},$$

而

$$\iint\limits_D x\rho\mathrm{d}\sigma=\rho\iint\limits_D r\cos\theta r\mathrm{d}r\mathrm{d}\theta=\rho\int_{-\frac{\pi}{2}}^{\frac{\pi}{2}}\mathrm{d}\theta\int_{a\cos\theta}^{b\cos\theta}r^2\cos\theta\mathrm{d}r$$

$$=\rho\int_{-\frac{\pi}{2}}^{\frac{\pi}{2}}\cos\theta\cdot\frac{1}{3}(b^3\cos^3\theta-a^3\cos^3\theta)\mathrm{d}\theta$$

$$=\frac{2}{3}(b^3-a^3)\rho\int_0^{\frac{\pi}{2}}\cos^4\theta\mathrm{d}\theta=\frac{\pi}{8}(b^3-a^3)\rho,$$

$$\bar{x}=\frac{\frac{\pi}{8}(b^3-a^3)}{\frac{\pi}{4}(b^2-a^2)}=\frac{b^2+ab+a^2}{2(b+a)}.$$

故所求质心为$\left(\frac{b^2+ab+a^2}{2(b+a)},0\right)$.

例 9　如图 9-68 所示，已知球体 $x^2+y^2+z^2\leqslant 2Rz$，在任意点 (x,y,z) 的密度等于该点到原点的距离的平方，求其质心.

解　球面 $x^2+y^2+z^2=2Rz$，球心 $(0,0,R)$，密度函数 $\rho(x,y,z)=x^2+y^2+z^2$，由对称性，质心在 z 轴上，$\bar{x}=0,\bar{y}=0$，质心 $(0,0,\bar{z})$，

$$\bar{z}=\frac{\iiint\limits_\Omega z\rho(x,y,z)\mathrm{d}V}{\iiint\limits_\Omega \rho(x,y,z)\mathrm{d}V}.$$

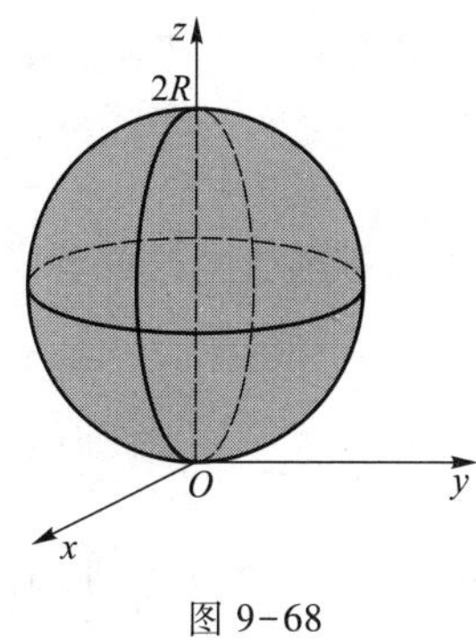

图 9-68

用球面坐标表示为

$$\begin{cases}x=r\sin\varphi\cos\theta,\\ y=r\sin\varphi\sin\theta,\\ z=r\cos\varphi.\end{cases}$$

计算

$$\bar{z}=\frac{\iiint\limits_\Omega z(x^2+y^2+z^2)\mathrm{d}V}{\iiint\limits_\Omega (x^2+y^2+z^2)\mathrm{d}V}=\frac{\iiint\limits_\Omega r\cos\varphi\cdot r^2\cdot r^2\sin\varphi\mathrm{d}r\mathrm{d}\varphi\mathrm{d}\theta}{\iiint\limits_\Omega r^2\cdot r^2\sin\varphi\mathrm{d}r\mathrm{d}\varphi\mathrm{d}\theta}$$

$$=\frac{\int_0^{2\pi}\mathrm{d}\theta\int_0^{\frac{\pi}{2}}\cos\varphi\sin\varphi\mathrm{d}\varphi\int_0^{2R\cos\varphi}r^5\mathrm{d}r}{\int_0^{2\pi}\mathrm{d}\theta\int_0^{\frac{\pi}{2}}\sin\varphi\mathrm{d}\varphi\int_0^{2R\cos\varphi}r^4\mathrm{d}r}$$

$$=\frac{2\pi\int_0^{\frac{\pi}{2}}\cos\varphi\sin\varphi\cdot\frac{1}{6}(2R\cos\varphi)^6\mathrm{d}\varphi}{2\pi\int_0^{\frac{\pi}{2}}\sin\varphi\cdot\frac{1}{5}(2R\cos\varphi)^5\mathrm{d}\varphi}$$

$$=\frac{\frac{64}{3}R^6\int_0^{\frac{\pi}{2}}\cos^7\varphi\sin\varphi\mathrm{d}\varphi}{\frac{64}{5}R^5\int_0^{\frac{\pi}{2}}\cos^5\varphi\sin\varphi\mathrm{d}\varphi}=\frac{\frac{1}{24}R^6}{\frac{1}{30}R^5}=\frac{5R}{4},$$

所以质心为$\left(0,0,\frac{5}{4}R\right)$.

3. 转动惯量

设 xOy 平面上有 n 个质点,它们的位置为(x_i,y_i),质量为 $m_i(i=1,2,\cdots,n)$.由物理学知,这 n 个质点对于 y 轴和 x 轴的转动惯量分别为

$$I_y=\sum_{i=1}^n m_ix_i^2 \quad 和 \quad I_x=\sum_{i=1}^n m_iy_i^2.$$

如果 xOy 上一薄片 D 或者光滑曲线 L,其上任一点(x,y)处的密度为$\rho(x,y)$,且$\rho(x,y)$在 D 或者 L 上连续.应用上面的公式,类似平面薄片 D 或者曲线 L 质心的求法,该平面薄片和光滑曲线关于 x 轴的转动惯量分别是

$$I_x=\iint_D y^2\rho(x,y)\mathrm{d}\sigma,\quad I_x=\int_L y^2\rho(x,y)\mathrm{d}s.$$

关于 y 轴的转动惯量分别是

$$I_y=\iint_D x^2\rho(x,y)\mathrm{d}\sigma,\quad I_y=\int_L x^2\rho(x,y)\mathrm{d}s.$$

若空间立体 Ω 或者光滑曲面 Σ 的密度函数为 $\rho=\rho(x,y,z)$,则 Ω 或者 Σ 关于 x,y,z 轴的转动惯量分别是

$$I_x=\iiint_\Omega(y^2+z^2)\rho(x,y,z)\mathrm{d}V,\quad I_x=\iint_\Sigma(y^2+z^2)\rho(x,y,z)\mathrm{d}S;$$

$$I_y=\iiint_\Omega(x^2+z^2)\rho(x,y,z)\mathrm{d}V,\quad I_y=\iint_\Sigma(x^2+z^2)\rho(x,y,z)\mathrm{d}S;$$

$$I_z=\iiint_\Omega(x^2+y^2)\rho(x,y,z)\mathrm{d}V,\quad I_z=\iint_\Sigma(x^2+y^2)\rho(x,y,z)\mathrm{d}S.$$

读者可以类似地写出空间光滑曲线 Γ 关于 x,y,z 轴的转动惯量的计算公式.

例 10 求半径为 a 的均匀半圆薄片(面密度为常数 ρ),对于其直径边的转动惯量.

解 取坐标系如图 9-69 所示,则薄片所占区域为

$$D:x^2+y^2\leqslant a^2,y\geqslant 0.$$

于是所求转动惯量为半圆薄片关于 x 轴的转动惯量

$$I_x=\iint_D\rho y^2\mathrm{d}\sigma=\rho\iint_D r^2\sin^2\theta r\mathrm{d}r\mathrm{d}\theta$$

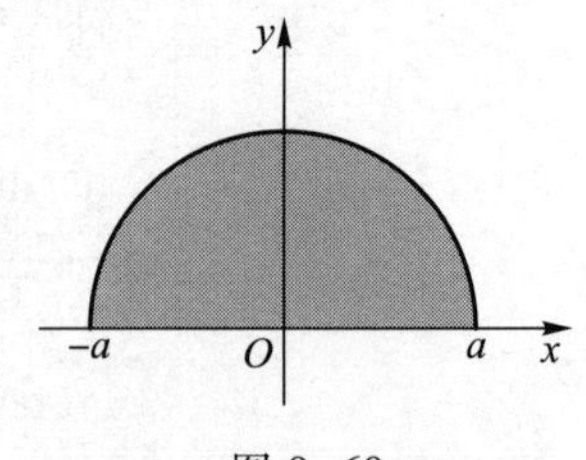

图 9-69

$$=\rho\int_0^{\pi}\mathrm{d}\theta\int_0^a r^3\sin^2\theta\mathrm{d}r$$

$$=\frac{a^4\rho}{4}\int_0^{\pi}\sin^2\theta\mathrm{d}\theta$$

$$=\frac{1}{4}\rho a^4\cdot\frac{\pi}{2}=\frac{1}{4}Ma^2,$$

其中 $M=\frac{1}{2}\pi a^2\rho$ 是半圆薄片的质量.

例 11 求密度为 1 的均匀球体 $\Omega: x^2+y^2+z^2\leqslant R^2$ 对各坐标轴的转动惯量(图 9-70).

解

$$I_x=\iiint_{\Omega}(y^2+z^2)\,\mathrm{d}V,$$

$$I_y=\iiint_{\Omega}(x^2+z^2)\,\mathrm{d}V,$$

$$I_z=\iiint_{\Omega}(x^2+y^2)\,\mathrm{d}V.$$

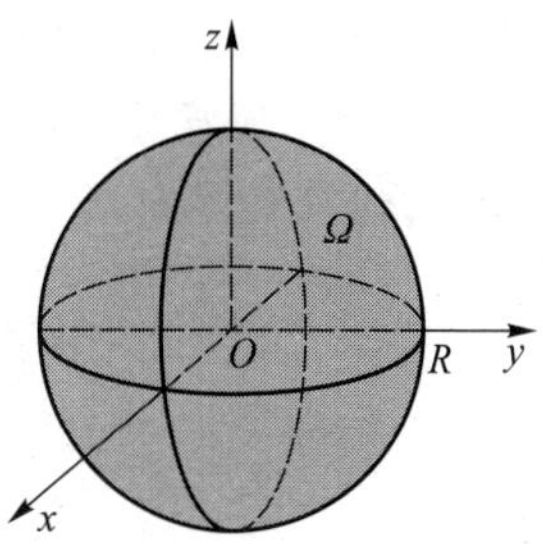

图 9-70

由对称性,$I_x=I_y=I_z$,三式相加,

$$I_x+I_y+I_z=2\iiint_{\Omega}(x^2+y^2+z^2)\,\mathrm{d}V$$

$$=2\int_0^{2\pi}\mathrm{d}\theta\int_0^{\pi}\mathrm{d}\varphi\int_0^R r^4\sin\varphi\mathrm{d}r$$

$$=4\pi\int_0^{\pi}\sin\varphi\mathrm{d}\varphi\int_0^R r^4\mathrm{d}r=\frac{8}{5}\pi R^5,$$

所以 $I_x=I_y=I_z=\frac{8}{15}\pi R^5$.

4. 引力

下面举例说明如何求引力.

例 12 设有一平面薄片,占有 xOy 面上的闭区域 D,在点(x,y)处的面密度为 $\rho(x,y)$,假定 $\rho(x,y)$ 在 D 上连续,计算该平面薄片对位于 z 轴上的点 $M_0(0,0,a)$处的单位质点的引力($a>0$).

微课
9.7 节例 12

解 薄片对 z 轴上单位质点的引力 $\boldsymbol{F}=(F_x,F_y,F_z)$,设 G 为万有引力常数,引力微元的方向为$(x,y,-a)$,将其单位化,其单位向量是

$$(\cos\alpha,\cos\beta,\cos\gamma)=\left(\frac{x}{\sqrt{x^2+y^2+(-a)^2}},\frac{y}{\sqrt{x^2+y^2+(-a)^2}},\frac{-a}{\sqrt{x^2+y^2+(-a)^2}}\right).$$

引力微元的大小为 $\mathrm{d}F=\frac{G\rho(x,y)\mathrm{d}\sigma}{x^2+y^2+a^2}$,于是

$$\mathrm{d}F_x=\mathrm{d}F\cos\alpha=\frac{G\rho(x,y)x\mathrm{d}\sigma}{(x^2+y^2+a^2)^{\frac{3}{2}}},$$

$$\mathrm{d}F_y=\mathrm{d}F\cos\beta=\frac{G\rho(x,y)y\mathrm{d}\sigma}{(x^2+y^2+a^2)^{\frac{3}{2}}},$$

$$dF_z = dF\cos\gamma = -\frac{aG\rho(x,y)\,d\sigma}{(x^2+y^2+a^2)^{\frac{3}{2}}},$$

所以

$$F_x = G\iint_D \frac{\rho(x,y)x}{(x^2+y^2+a^2)^{\frac{3}{2}}}d\sigma,$$

$$F_y = G\iint_D \frac{\rho(x,y)y}{(x^2+y^2+a^2)^{\frac{3}{2}}}d\sigma,$$

$$F_z = G\iint_D \frac{\rho(x,y)(-a)}{(x^2+y^2+a^2)^{\frac{3}{2}}}d\sigma,$$

薄片对 z 轴上单位质点的引力为 $\boldsymbol{F}=(F_x,F_y,F_z)$.

特别取面密度为常量、半径为 R 的均匀圆形薄片：$x^2+y^2\leqslant R^2, z=0$ 对位于 z 轴上的点 $M_0(0,0,a)$ 处的单位质点的引力($a>0$)，如图 9-71 所示.由积分区域的对称性知，$F_x=F_y=0$.

$$\begin{aligned} F_z &= -aG\iint_D \frac{\rho(x,y)}{(x^2+y^2+a^2)^{\frac{3}{2}}}d\sigma \\ &= -aG\rho\iint_D \frac{1}{(x^2+y^2+a^2)^{\frac{3}{2}}}d\sigma \\ &= -aG\rho\int_0^{2\pi}d\theta\int_0^R \frac{1}{(r^2+a^2)^{\frac{3}{2}}}r\,dr \\ &= 2\pi Ga\rho\left(\frac{1}{\sqrt{R^2+a^2}}-\frac{1}{a}\right). \end{aligned}$$

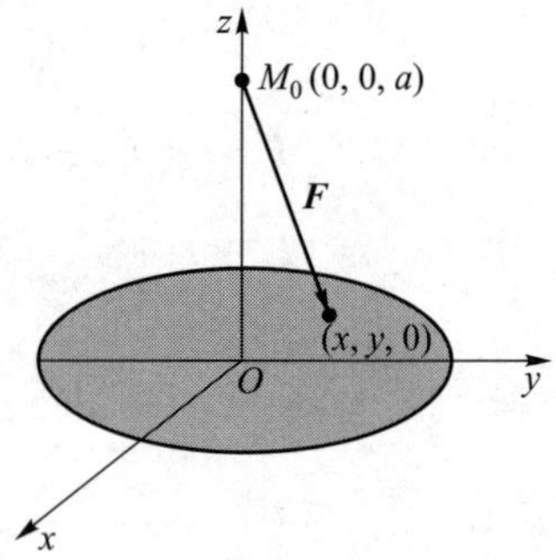

图 9-71

所求引力为

$$\boldsymbol{F}=\left(0,0,2\pi Ga\rho\left(\frac{1}{\sqrt{R^2+a^2}}-\frac{1}{a}\right)\right).$$

#**例 13** 求半径为 R 的匀质球体 $x^2+y^2+z^2\leqslant R^2$，对位于点 $M(0,0,a)$ 处的单位质点的引力(见图 9-72).

解 立体对 z 轴上单位质点的引力 $\boldsymbol{F}=(F_x,F_y,F_z)$，引力微元的方向为 $(x,y,z-a)$，将其单位化，其单位向量是

$$\begin{aligned} &(\cos\alpha, \cos\beta, \cos\gamma) \\ &= \left(\frac{x}{\sqrt{x^2+y^2+(z-a)^2}}, \frac{y}{\sqrt{x^2+y^2+(z-a)^2}}, \frac{z-a}{\sqrt{x^2+y^2+(z-a)^2}}\right). \end{aligned}$$

$$F_x = \iiint_\Omega \frac{G\rho(x,y,z)\,dV}{r^2}\cos\alpha = G\iiint_\Omega \frac{\rho x}{[x^2+y^2+(z-a)^2]^{\frac{3}{2}}}dV,$$

$$F_y = \iiint_\Omega \frac{G\rho(x,y,z)\,dV}{r^2}\cos\beta = G\iiint_\Omega \frac{\rho y}{[x^2+y^2+(z-a)^2]^{\frac{3}{2}}}dV,$$

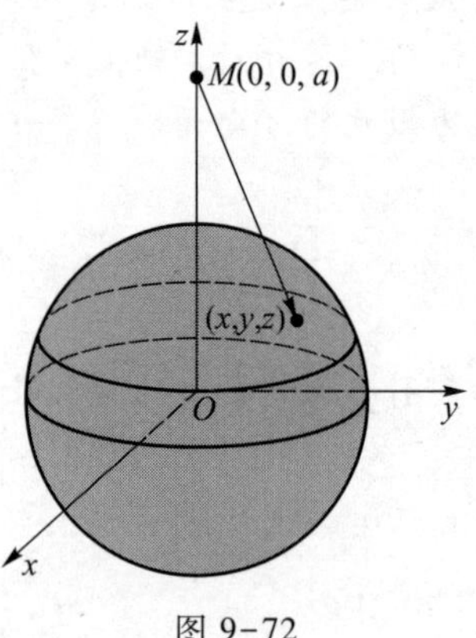

图 9-72

$$F_z=\iiint\limits_{\Omega}\frac{G\rho(x,y,z)\,\mathrm{d}V}{r^2}\cos\gamma=G\iiint\limits_{\Omega}\frac{\rho(z-a)}{\left[x^2+y^2+(z-a)^2\right]^{\frac{3}{2}}}\mathrm{d}V.$$

由对称性,$F_x=0,F_y=0$.

$$F_z=\iiint\limits_{\Omega}\frac{G\rho(x,y,z)\,\mathrm{d}V}{r^2}\cos\gamma=G\iiint\limits_{\Omega}\frac{\rho(z-a)}{\left[x^2+y^2+(z-a)^2\right]^{\frac{3}{2}}}\mathrm{d}V$$

$$=G\rho\int_{-R}^{R}(z-a)\,\mathrm{d}z\iint\limits_{x^2+y^2\leqslant R^2-z^2}\frac{\mathrm{d}x\mathrm{d}y}{\left[x^2+y^2+(z-a)^2\right]^{\frac{3}{2}}}$$

$$=2\pi G\rho\left[-2R+\frac{1}{a}\int_{-R}^{R}(z-a)\,\mathrm{d}\sqrt{R^2-2az+a^2}\right]$$

$$=2\pi G\rho\left(-2R+2R-\frac{2R^3}{3a^2}\right)=-G\cdot\frac{4\pi R^3}{3}\rho\cdot\frac{1}{a^2}=-G\frac{M}{a^2},$$

其中 $M=\dfrac{4\pi R^3}{3}\rho$ 为球的质量,所以 $\boldsymbol{F}=\left(0,0,-\dfrac{4G\pi R^3}{3a^2}\rho\right)$.

习题 9.7

A

1. 用二重积分计算由曲线 $y=x^2,y=x+2$ 所围成的平面图形的面积.

2. 用曲线积分计算星形线 $x=a\cos^3 t,y=a\sin^3 t$ 的全长.

3. 求由平面 $x=0,y=0,x+y=1$ 所围成的柱体被平面 $z=0$ 及 $2x+3y+z=6$ 截得的立体的体积.

4. 设有一物体占有空间区域:$0\leqslant x\leqslant 1,0\leqslant y\leqslant 1,0\leqslant z\leqslant 1$,在点$(x,y,z)$处的密度为 $\rho(x,y,z)=x+y+z$,求该物体的质量.

5. 求均匀柱体:$x^2+y^2\leqslant R^2,0\leqslant z\leqslant h$ 对位于点 $M_0(0,0,a)(a>h)$处的单位质点的引力.

6. 求球面 $x^2+y^2+z^2=a^2$ 含在圆柱面 $x^2+y^2=ax$ 内部的那部分的面积.

7. 设螺旋形弹簧一圈的方程为 $x=a\cos t,y=a\sin t,z=kt$,其中 $0\leqslant t\leqslant 2\pi$,它的线密度 $\rho(x,y,z)=x^2+y^2+z^2$,求

(1) 它关于 z 轴的转动惯量 I_z;

(2) 它的质心.

8. 设有半球面 $\Sigma:z=\sqrt{4-x^2-y^2}$,其面密度为常量 ρ,求 Σ 的质量和质心坐标.

9. 求曲面 $z=x^2+y^2+1$ 上点 $M_0(1,-1,3)$处的切平面与曲面 $z=x^2+y^2$ 所围空间区域的体积 V.

10. 半径为 R 的球体的密度 $M(x,y,z)=\dfrac{1}{\rho}$,其中 ρ 为球外一固定点到球内点(x,y,z)的距离,求球体的质量 M.

B

1. 设有一半径为 a 的球面,其上任一点处的面密度等于该点到此球的一条直径的距离的平方,试求此球面的质量.

2. 求曲面 $x^2+y^2=2az$ 包含在柱面 $(x^2+y^2)^2=2a^2xy$ 内部的那部分的面积.

3. 均匀物体(密度 $\rho=1$)是由 xOy 平面上曲线 $y^2=2x$ 绕 x 轴旋转而成的曲面与平面 $x=5$ 所围成的闭区域,求其关于 x 轴的转动惯量.

4. 求由曲面 $z=8-x^2-y^2$ 和 $z=x^2+3y^2$ 所围成的立体的体积.

5. 一均匀物体(密度 $\rho=$ 常数)Ω 由曲面 $z=x^2+y^2$ 和平面 $z=0$, $|x|=a$, $|y|=a$ 所围成,求

(1) 该物体的体积;

(2) 该物体的质心坐标;

(3) 该物体关于 z 轴的转动惯量.

6. 求面密度为常量 ρ 的均匀半圆形薄片:$\sqrt{R_1^2-y^2}\leqslant x\leqslant\sqrt{R_2^2-y^2}$, $z=0$,对位于 z 轴上点 $M_0(0,0,a)\ (a>0)$ 处单位质点的引力.

7. 在半径为 R 的均匀半圆形薄片的直径上,要接上一个一边与直径等长的同样材料的均匀矩形薄片,为了使整个均匀薄片的质心恰好落在圆心上,问接上去的均匀矩形薄片另一边的长度应是多少?

8. 求均匀曲面 $z=\sqrt{a^2-x^2-y^2}$ 的质心坐标.

9. 求均匀椭球体 $\Omega:\dfrac{x^2}{a^2}+\dfrac{y^2}{b^2}+\dfrac{z^2}{c^2}\leqslant 1\ (a>b>c>0)$ 对过原点的直线 $x=y=z$ 的转动惯量.

10. 确定常数 C,使得函数 $f(x,y)=\begin{cases}C(x+2y), & 0\leqslant x,y\leqslant 10,\\ 0, & \text{其他}\end{cases}$ 是某个二维随机变量 (X,Y) 的联合密度函数,并计算概率 $P(X\leqslant 7,Y\geqslant 2)$.

复习题九

1. 写出二重积分、三重积分,第一类曲线、曲面积分定义的和式极限,并比较定义的异同.

2. 二重积分 $\iint\limits_D f(x,y)\,\mathrm{d}\sigma\ (f(x,y)\geqslant 0)$ 的几何、物理意义是什么?

3. 二重积分具有哪些性质?对于三重积分,第一类曲线、曲面积分是否也具有类似性质?

4. 叙述三重积分,第一类曲线、曲面积分的对称性.

5. 二重积分的计算中有几种坐标?各种坐标系下的面积元素、计算公式是什么?何时选用极坐标?

6. 三重积分的计算中有几种坐标?各种坐标系下的体积元素、计算公式如何表示?一般地,被积函数与积分区域具有什么特点时,选用柱面坐标或球面坐标?选用直角坐标时,何时选取"先二后一"的积分次序?

7. 对于曲线积分 $\int_L f(x,y)\,\mathrm{d}s$,分别给出当 L 是以直角坐标方程、参数方程、极坐标方程表示时的计算公式.

8. 曲面积分 $\iint\limits_\Sigma f(x,y,z)\,\mathrm{d}S$ 的计算公式是什么?

9. 分别用二重积分、第一类曲面积分表示光滑曲面 $\Sigma:z=z(x,y),(x,y)\in D$ 的面积.

10. 分别用二重积分、三重积分表示空间立体 $\Omega:z_1(x,y)\leqslant z\leqslant z_2(x,y),(x,y)\in D$ 的体积.

11. 分别列出平面薄片 D、空间立体 Ω、曲线 Γ、曲面 Σ 的质量、质心、转动惯量的计算公式.

12. 以下结论是否成立?并说明理由:

(1) 二重积分 $\iint\limits_D f(x,y)\,\mathrm{d}x\mathrm{d}y$ 的几何意义是以 D 为底,$z=f(x,y)$ 为曲顶的曲顶柱体的体积;

（2）若$f(x,y)$在有界闭区域D_1,D_2上可积，且$D_1\supset D_2$，则必有

$$\iint\limits_{D_1} f(x,y)\,\mathrm{d}x\mathrm{d}y \geqslant \iint\limits_{D_2} f(x,y)\,\mathrm{d}x\mathrm{d}y;$$

（3）$\int_0^{\pi}\mathrm{d}x\int_0^{\pi}\sqrt{1-\sin^2(x+y)}\,\mathrm{d}y = \int_0^{\pi}\mathrm{d}x\int_0^{\pi}\cos(x+y)\,\mathrm{d}y$

$$= \int_0^{\pi}[\sin(x+\pi)-\sin x]\,\mathrm{d}x = -4;$$

（4）设$\Omega: x^2+y^2+z^2\leqslant R^2$，$\Sigma: x^2+y^2+z^2=R^2$，则

$$\iiint\limits_{\Omega}\sqrt{x^2+y^2+z^2}\,\mathrm{d}V = R\iiint\limits_{\Omega}\mathrm{d}V = \frac{4}{3}\pi R^4,\quad \iint\limits_{\Sigma}\sqrt{x^2+y^2+z^2}\,\mathrm{d}S = R\iint\limits_{\Sigma}\mathrm{d}S = 4\pi R^3.$$

总习题九

1. 计算下列二重积分：

（1）$\int_1^2\mathrm{d}x\int_{\sqrt{x}}^{x}\sin\frac{\pi x}{2y}\mathrm{d}y + \int_2^4\mathrm{d}x\int_{\sqrt{x}}^{2}\sin\frac{\pi x}{2y}\mathrm{d}y$；

（2）$\iint\limits_D(y^2-3x-6y+9)\,\mathrm{d}\sigma$，其中$D: x^2+y^2\leqslant R^2$；

（3）$\iint\limits_D(x^2-y^2)\,\mathrm{d}\sigma$，其中$D: 0\leqslant y\leqslant\sin x, 0\leqslant x\leqslant\pi$；

（4）$\iint\limits_D\sqrt{R^2-x^2-y^2}\,\mathrm{d}\sigma$，其中$D$是圆周$x^2+y^2=Rx$所围成的闭区域.

2. 交换下列二次积分的积分次序：

（1）$\int_0^1\mathrm{d}x\int_{-\sqrt{x}}^{\sqrt{x}}f(x,y)\,\mathrm{d}y + \int_1^4\mathrm{d}x\int_{x-2}^{\sqrt{x}}f(x,y)\,\mathrm{d}y$；

（2）$\int_0^{2a}\mathrm{d}x\int_{\sqrt{2ax-x^2}}^{\sqrt{2ax}}f(x,y)\,\mathrm{d}y\ (a>0)$；

（3）$\int_0^4\mathrm{d}y\int_{-\sqrt{4-y}}^{\frac{1}{2}(y-4)}f(x,y)\,\mathrm{d}x$；

（4）$\int_0^1\mathrm{d}y\int_0^{2y}f(x,y)\,\mathrm{d}x + \int_1^3\mathrm{d}y\int_0^{3-y}f(x,y)\,\mathrm{d}x$.

3. 证明$\int_0^a\mathrm{d}y\int_0^y\mathrm{e}^{a-x}f(x)\,\mathrm{d}x = \int_0^a y\mathrm{e}^y f(a-y)\,\mathrm{d}y$.

4. 设$f(x,y,z)$在Ω上连续，将下列三重积分$I=\iiint\limits_{\Omega}f(x,y,z)\,\mathrm{d}V$化为三次积分：

（1）Ω是由$x^2+y^2=z^2$，$z=1$，$z=4$所围成的闭区域，分别将I化为柱面坐标系、球面坐标系下的三次积分；

（2）Ω是由$x^2+y^2\leqslant z\leqslant\sqrt{2-x^2-y^2}$，$0\leqslant x\leqslant y\leqslant\sqrt{3}x$所确定的闭区域，分别将$I$化为直角坐标系、柱面坐标系下的三次积分.

5. 选用适当坐标，计算下列积分：

（1）$\iiint\limits_{\Omega}z^2\,\mathrm{d}V$，其中$\Omega$是由$x^2+y^2+z^2\leqslant R^2$和$x^2+y^2+z^2\leqslant 2Rz\ (R>0)$所确定的闭区域；

（2）$\iiint\limits_{\Omega}(x+y+z)^2\,\mathrm{d}V$，其中$\Omega$是由$z=x^2+y^2$和$z=\sqrt{2-x^2-y^2}$所围成的闭区域；

(3) $\int_{-1}^{1}\mathrm{d}x\int_{0}^{\sqrt{1-x^2}}\mathrm{d}y\int_{1}^{1+\sqrt{1-x^2-y^2}}\left(z^2\sin x+\frac{1}{\sqrt{x^2+y^2+z^2}}\right)\mathrm{d}z$;

(4) $\iiint\limits_{\Omega}\frac{z\ln(x^2+y^2+z^2)}{x^2+y^2+z^2+1}\mathrm{d}V$, 其中 Ω 是由球面 $x^2+y^2+z^2=1$ 所围成的闭区域.

6. 设在 xOy 面上有一质量为 M 的均匀半圆形薄片,占有平面区域 $D:x^2+y^2\leqslant R^2,y\geqslant0$,过圆心 O 垂直于薄片的直线上有一质量为 m 的质点 P,$OP=a$.求半圆形薄片对质点 P 的引力.

7. 求由抛物线 $y=x^2$ 及直线 $y=1$ 所围成的均匀薄片(密度为常数 μ)对于直线 $y=-1$ 的转动惯量.

8. 曲面 $x^2+y^2+z=4$ 将球体 $x^2+y^2+z^2\leqslant4z$ 分成两部分,求这两部分的体积之比.

9. 在底半径为 R、高为 H 的均匀圆柱体上拼接上一个半径为 R,且与圆柱体材料相同的半球体.试确定 R 与 H 的关系,以使整个物体的质心位于球心处.

选　读

数量值函数积分概念的统一与推广

“数学来源于实践,又将最终应用于实践.”对于数学的学习,我们除了掌握相应的计算方法以外,更应该深刻理解数学概念的本质以及相应的思想方法.只有真正掌握了数学的思想方法,才能从数学的角度来发现问题、分析问题和解决问题,才能具备一定的创新能力.

第 10 章　向量值函数的积分学

引述　到目前为止,我们学过的各种积分可概括成形式 $\int_{\Omega} f(P)\,\mathrm{d}\Omega$,其中 Ω 是区间、区域或曲线、曲面等某个几何体,$f(P)$ 是 Ω 上的有界数量值函数,这类积分是解决求质量、质心、面积、体积等许多问题的有力工具.在实践中,在讨论诸如变力沿曲线做功,穿过磁场中某一曲面的磁通量等问题时,需要讨论定义在有向曲线、有向曲面上向量值函数的积分问题.本章将讨论这类积分的概念、性质、计算及其应用.学习过程中,应特别注意反映各类积分之间关系的格林定理、高斯定理和斯托克斯定理.向量值函数的积分及积分间的关系定理可统一推广成流形上的积分及广义斯托克斯定理(选读内容),这种统一性体现了数学的和谐性和内在美.

10.1　向量值函数的概念与性质

10.1 预习检测

10.1.1　一元向量值函数

定义 1　设 I 是一个区间,$\mathbf{R}^3$ 是三维向量空间.从 I 到 $\mathbf{R}^3$ 的映射,记为 $\boldsymbol{f}$,称为定义在 I 上的**一元向量值函数**,即

$$\boldsymbol{f}(x)=P(x)\boldsymbol{i}+Q(x)\boldsymbol{j}+R(x)\boldsymbol{k},x\in I, \tag{10-1}$$

或者

$$\boldsymbol{f}(x)=(P(x),Q(x),R(x)),x\in I,$$

其中 $P(x),Q(x),R(x)$ 称为 $\boldsymbol{f}$ 的**坐标函数**,它们都是一元数量值函数.

当一个质点在空间运动时,其运动轨迹可用参数方程组 $x=x(t),y=y(t),z=z(t)$,$\alpha\leqslant t\leqslant\beta$ 来描述,通常变量 t 表示时间.如果把起点在原点 $O(0,0,0)$,终点在质点位置坐标 $M(x,y,z)$ 的向量记为 $\boldsymbol{r}$,则质点的位置变化可用向量值函数(称为质点的**位置向量值函数**)

$$\boldsymbol{r}(t)=x(t)\boldsymbol{i}+y(t)\boldsymbol{j}+z(t)\boldsymbol{k},\quad \alpha\leqslant t\leqslant\beta \tag{10-2}$$

来表示(图 10-1).

因此,一元向量值函数的图形是空间的一条曲线.

例如,函数

$$\boldsymbol{r}=\cos t\boldsymbol{i}+\sin t\boldsymbol{j}+t\boldsymbol{k},\quad t\in\mathbf{R}$$

的图形是螺旋线(图 10-2).

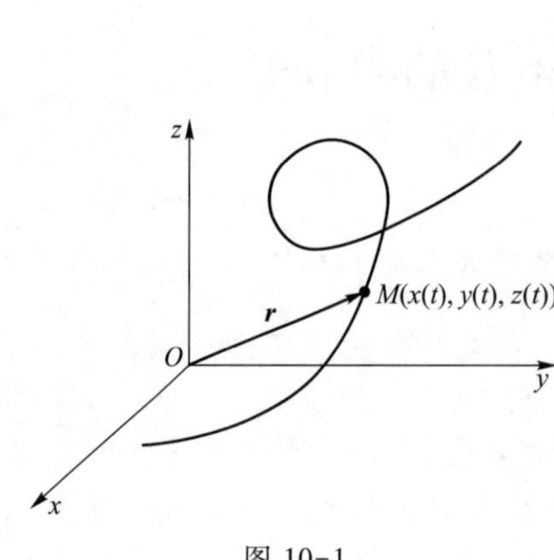

图 10-1

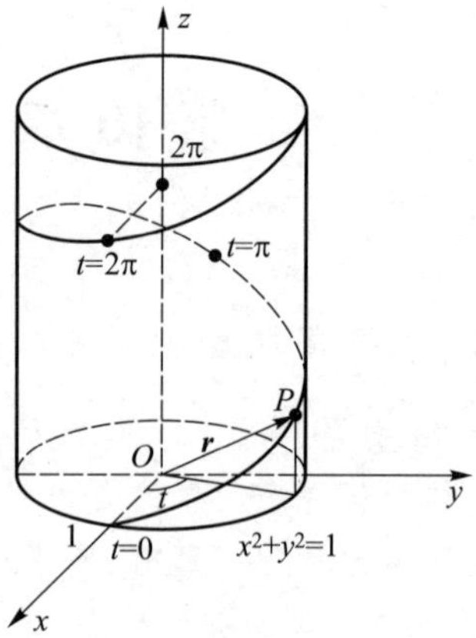

图 10-2

当式(10-2)中 $z(t)=0$ 时,得到平面曲线的向量值函数表示,记为

$$\boldsymbol{r}(t)=x(t)\boldsymbol{i}+y(t)\boldsymbol{j},\quad t\in I.$$

由于给出一个一元向量值函数相当于给出三个一元数量值函数,关于一元向量值函数的极限、导数、积分可定义如下.

(i) $\lim\limits_{x\to x_0}\boldsymbol{f}(x)=\lim\limits_{x\to x_0}P(x)\boldsymbol{i}+\lim\limits_{x\to x_0}Q(x)\boldsymbol{j}+\lim\limits_{x\to x_0}R(x)\boldsymbol{k}$;

(ii) $\dfrac{\mathrm{d}}{\mathrm{d}x}\boldsymbol{f}(x)=\dfrac{\mathrm{d}P}{\mathrm{d}x}\boldsymbol{i}+\dfrac{\mathrm{d}Q}{\mathrm{d}x}\boldsymbol{j}+\dfrac{\mathrm{d}R}{\mathrm{d}x}\boldsymbol{k}$;

(iii) $\int\boldsymbol{f}(x)\,\mathrm{d}x=\int P(x)\,\mathrm{d}x\boldsymbol{i}+\int Q(x)\,\mathrm{d}x\boldsymbol{j}+\int R(x)\,\mathrm{d}x\boldsymbol{k}$;

(iv) $\int_a^b\boldsymbol{f}(x)\,\mathrm{d}x=\int_a^b P(x)\,\mathrm{d}x\boldsymbol{i}+\int_a^b Q(x)\,\mathrm{d}x\boldsymbol{j}+\int_a^b R(x)\,\mathrm{d}x\boldsymbol{k}$.

如果记 $\Delta\boldsymbol{f}=\boldsymbol{f}(x+\Delta x)-\boldsymbol{f}(x)$,由向量的运算法则及导数定义,

$$\frac{\mathrm{d}\boldsymbol{f}(x)}{\mathrm{d}x}=\lim_{\Delta x\to 0}\frac{\Delta\boldsymbol{f}}{\Delta x}=\lim_{\Delta x\to 0}\frac{\boldsymbol{f}(x+\Delta x)-\boldsymbol{f}(x)}{\Delta x}.$$

显然,向量值函数 $\boldsymbol{f}(x)$ 的极限存在当且仅当三个坐标函数极限存在.向量值函数连续、可导、可积当且仅当每个坐标函数连续、可导、可积.

例如,设 $\boldsymbol{f}(t)=t\boldsymbol{i}+t^2\boldsymbol{j}+t^3\boldsymbol{k}$,则

$$\lim_{t\to 2}\boldsymbol{f}(t)=2\boldsymbol{i}+4\boldsymbol{j}+8\boldsymbol{k},\quad \frac{\mathrm{d}}{\mathrm{d}t}\boldsymbol{f}(t)=\boldsymbol{i}+2t\boldsymbol{j}+3t^2\boldsymbol{k}.$$

$$\int\boldsymbol{f}(t)\,\mathrm{d}t=\int t\,\mathrm{d}t\boldsymbol{i}+\int t^2\,\mathrm{d}t\boldsymbol{j}+\int t^3\,\mathrm{d}t\boldsymbol{k}=\frac{t^2}{2}\boldsymbol{i}+\frac{t^3}{3}\boldsymbol{j}+\frac{t^4}{4}\boldsymbol{k}+\boldsymbol{c},$$

$$\int_0^1\boldsymbol{f}(t)\,\mathrm{d}t=\int_0^1 t\,\mathrm{d}t\boldsymbol{i}+\int_0^1 t^2\,\mathrm{d}t\boldsymbol{j}+\int_0^1 t^3\,\mathrm{d}t\boldsymbol{k}=\frac{\boldsymbol{i}}{2}+\frac{\boldsymbol{j}}{3}+\frac{\boldsymbol{k}}{4}.$$

可直接验证,一元向量值函数的下列微分法则成立:

（ⅰ）$\frac{\mathrm{d}}{\mathrm{d}x}\boldsymbol{c}=\boldsymbol{0}$，$\boldsymbol{c}$ 是常向量；

（ⅱ）$\frac{\mathrm{d}}{\mathrm{d}x}(\alpha\boldsymbol{u}+\beta\boldsymbol{v})=\alpha\frac{\mathrm{d}\boldsymbol{u}}{\mathrm{d}x}+\beta\frac{\mathrm{d}\boldsymbol{v}}{\mathrm{d}x}$，$\alpha,\beta$ 是常数；

（ⅲ）$\frac{\mathrm{d}}{\mathrm{d}x}(\boldsymbol{u}\cdot\boldsymbol{v})=\frac{\mathrm{d}\boldsymbol{u}}{\mathrm{d}x}\cdot\boldsymbol{v}+\boldsymbol{u}\cdot\frac{\mathrm{d}\boldsymbol{v}}{\mathrm{d}x}$；

（ⅳ）$\frac{\mathrm{d}}{\mathrm{d}x}(\boldsymbol{u}\times\boldsymbol{v})=\frac{\mathrm{d}\boldsymbol{u}}{\mathrm{d}x}\times\boldsymbol{v}+\boldsymbol{u}\times\frac{\mathrm{d}\boldsymbol{v}}{\mathrm{d}x}$；

（ⅴ）设 $\boldsymbol{r}=\boldsymbol{r}(t)$，$t=t(s)$，则$\frac{\mathrm{d}\boldsymbol{r}}{\mathrm{d}s}=\frac{\mathrm{d}\boldsymbol{r}}{\mathrm{d}t}\frac{\mathrm{d}t}{\mathrm{d}s}$.

定义 1 可推广成一元 n 维向量值函数，它是从区间 I 到 n 维向量空间$\mathbf{R}^n(n\geqslant 2)$的映射，$\boldsymbol{f}(x)=(f_1(x),f_2(x),\cdots,f_n(x))$，$x\in I$.下面来看一元向量值函数导数的物理意义.

设 $\boldsymbol{r}=(x(t),y(t),z(t))$是质点的位置向量值函数，$x(t),y(t),z(t)$可导，如图 10-3，

$$\Delta\boldsymbol{r}=\boldsymbol{r}(t+\Delta t)-\boldsymbol{r}(t).$$

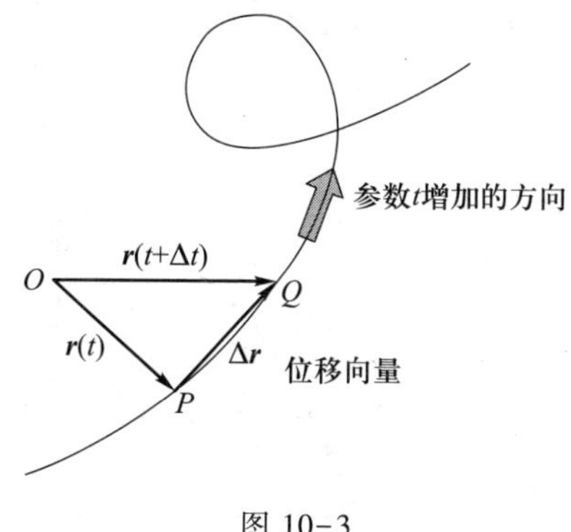

图 10-3

当 $\Delta t>0$ 时，$\Delta\boldsymbol{r}$ 的方向与参数增加方向相同，从而$\frac{\Delta\boldsymbol{r}}{\Delta t}$的方向指向参数增加的方向；当 $\Delta t<0$时，$\Delta\boldsymbol{r}$ 的方向与参数增加方向相反，但$\frac{\Delta\boldsymbol{r}}{\Delta t}$仍指向参数增加的方向.因此，$\frac{\mathrm{d}\boldsymbol{r}}{\mathrm{d}t}$是质点运动的**速度向量**，它既指出了速度的大小$\left|\frac{\mathrm{d}\boldsymbol{r}}{\mathrm{d}t}\right|$，又指出速度的方向 $\boldsymbol{e}_{\frac{\mathrm{d}r}{\mathrm{d}t}}$，即 $\boldsymbol{v}=\frac{\mathrm{d}\boldsymbol{r}}{\mathrm{d}t}$.同理加速度 $\boldsymbol{a}=\frac{\mathrm{d}\boldsymbol{v}}{\mathrm{d}t}=\frac{\mathrm{d}^2\boldsymbol{r}}{\mathrm{d}t^2}$.

从几何上看，$\frac{\mathrm{d}\boldsymbol{r}}{\mathrm{d}t}=(x'(t),y'(t),z'(t))$是曲线 $\boldsymbol{r}(t)$在点(x,y,z)处切线的方向向量，且$\frac{\mathrm{d}\boldsymbol{r}}{\mathrm{d}t}$的方向指向参数 t 增大时曲线的方向.如果$\frac{\mathrm{d}\boldsymbol{r}}{\mathrm{d}t}$存在且不为零向量，则曲线有切线，切线方程

$$\frac{x-x_0}{x'(t_0)}=\frac{y-y_0}{y'(t_0)}=\frac{z-z_0}{z'(t_0)}$$

与第 8 章结论一致.

如果$\left.\dfrac{\mathrm{d}\boldsymbol{r}}{\mathrm{d}t}\right|_{t_0}=\boldsymbol{0}$，则曲线 $\boldsymbol{r}(t)$ 在对应点 t_0 处可能没有切线.例如平面曲线

$$\boldsymbol{r}(t)=x(t)\boldsymbol{i}+y(t)\boldsymbol{j},$$

其中 $x(t)=\begin{cases}0, & -1\leqslant t\leqslant 0,\\ t^2, & 0<t\leqslant 1,\end{cases}$ $y(t)=\begin{cases}t^2, & -1\leqslant t\leqslant 0,\\ 0, & 0<t\leqslant 1,\end{cases}$ 则 $x'(t)$，$y'(t)$ 存在，且$\left.\dfrac{\mathrm{d}\boldsymbol{r}}{\mathrm{d}t}\right|_{t=0}=\boldsymbol{0}$.$\boldsymbol{r}(t)$ 在 $(0,0)$ 处无切线(图 10-4).

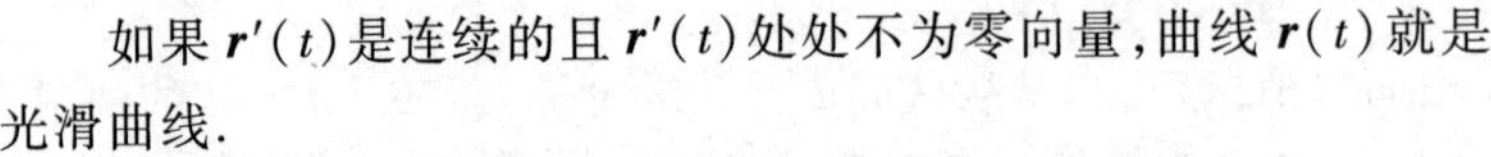

图 10-4

如果 $\boldsymbol{r}'(t)$ 是连续的且 $\boldsymbol{r}'(t)$ 处处不为零向量，曲线 $\boldsymbol{r}(t)$ 就是光滑曲线.

例 1　理想抛射体的运动分析.

设有一物体在 $t=0$ 时从原点向第一象限以初速度 $\boldsymbol{v}_0$ 抛出，$\boldsymbol{v}_0$ 与 x 轴正向夹角为 α，记 $v_0=|\boldsymbol{v}_0|$，则

$$\boldsymbol{v}_0=(v_0\cos\alpha)\boldsymbol{i}+(v_0\sin\alpha)\boldsymbol{j}.$$

初始位置 $\boldsymbol{r}(0)=\boldsymbol{0}$(图 10-5(a)).

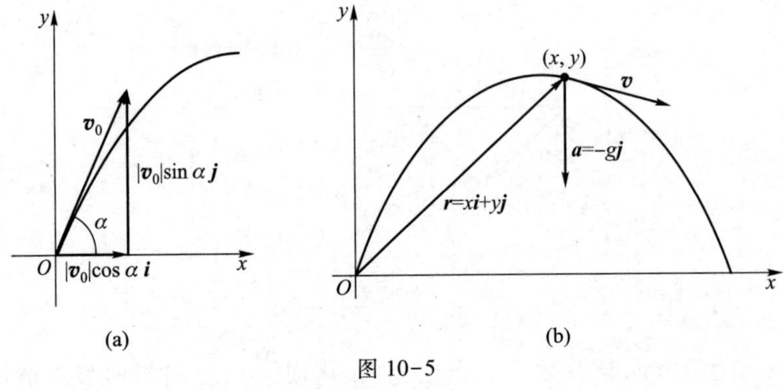

图 10-5

设物体在运动过程中仅受重力作用，时刻 t 时物体位置为 $\boldsymbol{r}(t)$，由牛顿运动定律得

$$\begin{cases}\dfrac{\mathrm{d}^2\boldsymbol{r}}{\mathrm{d}t^2}=-g\boldsymbol{j}, & (10-3)\\ \boldsymbol{r}(0)=\boldsymbol{0},\left.\dfrac{\mathrm{d}\boldsymbol{r}}{\mathrm{d}t}\right|_{t=0}=\boldsymbol{v}_0. & (10-4)\end{cases}$$

对方程(10-3)积分，并由初始条件(10-4)得

$$\frac{\mathrm{d}\boldsymbol{r}}{\mathrm{d}t}=(-gt)\boldsymbol{j}+\boldsymbol{v}_0\quad\left(\left.\frac{\mathrm{d}\boldsymbol{r}}{\mathrm{d}t}\right|_{t=0}=\boldsymbol{v}_0\right),$$

$$\boldsymbol{r}=\left(-\frac{g}{2}t^2\right)\boldsymbol{j}+\boldsymbol{v}_0t=(v_0\cos\alpha)t\boldsymbol{i}+\left((v_0\sin\alpha)t-\frac{1}{2}gt^2\right)\boldsymbol{j}\quad(\boldsymbol{r}(0)=\boldsymbol{0}),$$

写成参数形式即

$$
\begin{cases} x=tv_0\cos\alpha, \\ y=tv_0\sin\alpha-\dfrac{1}{2}gt^2. \end{cases} \tag{10-5}
$$

物体的最高点满足$\dfrac{\mathrm{d}y}{\mathrm{d}t}=0$，即 $t=\dfrac{v_0\sin\alpha}{g}$时物体达到最高点，高度为

$$
y_{\max}=\frac{(v_0\sin\alpha)^2}{2g}.
$$

物体的最远着陆点满足 $y(t)=0$，即当 $t=2\dfrac{v_0\sin\alpha}{g}$时，抛射体到达最远距离，最远距离

$$
x_{\max}=\frac{v_0^2}{g}\sin 2\alpha.
$$

显然，当 $\alpha=45°$时，$x_{\max}$最大.

把参数方程(10-5)化成直角坐标方程得

$$
y=-\left(\frac{g}{2v_0^2\cos^2\alpha}\right)x^2+(\tan\alpha)x,
$$

这是开口向下的抛物线(图 10-5(b)).

若抛射体的发射点在(x_0,y_0)，则得

$$
\begin{cases} x=x_0+(v_0\cos\alpha)t, \\ y=y_0+(v_0\sin\alpha)t-\dfrac{1}{2}gt^2. \end{cases}
$$

***例 2** 平面上的行星运动.若 $\boldsymbol{r}$ 是从质量为 M 的太阳中心到质量为 m 的行星中心的径向量，则由牛顿万有引力定律，行星和太阳之间的吸引力是(图 10-6(a))

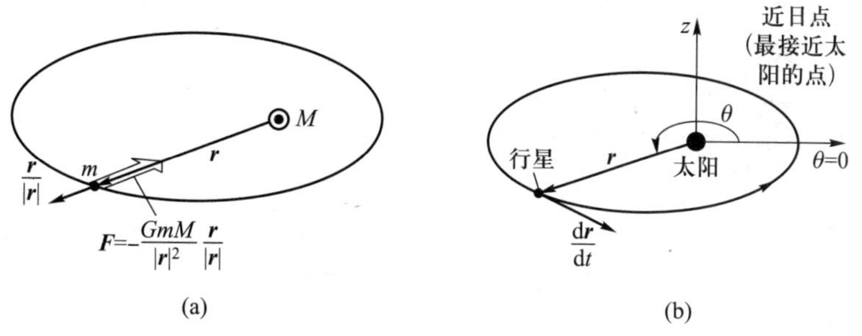

图 10-6

$$
\boldsymbol{F}=-\frac{GmM}{|\boldsymbol{r}|^2}\frac{\boldsymbol{r}}{|\boldsymbol{r}|},
$$

$G=6.672\,6\times10^{-11}\,\mathrm{N}\cdot\mathrm{m}^2/(\mathrm{kg})^2$ 是万有引力常数.

另一方面，由牛顿第二定律，$\boldsymbol{F}=m\dfrac{\mathrm{d}^2\boldsymbol{r}}{\mathrm{d}t^2}$，于是

$$m\frac{\mathrm{d}^2\boldsymbol{r}}{\mathrm{d}t^2}=-\frac{GmM}{|\boldsymbol{r}|^2}\frac{\boldsymbol{r}}{|\boldsymbol{r}|},$$

$$\frac{\mathrm{d}^2\boldsymbol{r}}{\mathrm{d}t^2}=-\frac{GM\boldsymbol{r}}{|\boldsymbol{r}|^3}. \tag{10-6}$$

式(10-6)说明:加速度在任何时候都指向太阳中心.

由式(10-6),$\boldsymbol{r}\times\frac{\mathrm{d}^2\boldsymbol{r}}{\mathrm{d}t^2}=\boldsymbol{0}$,由向量值函数微分法,

$$\frac{\mathrm{d}}{\mathrm{d}t}\left(\boldsymbol{r}\times\frac{\mathrm{d}\boldsymbol{r}}{\mathrm{d}t}\right)=\frac{\mathrm{d}\boldsymbol{r}}{\mathrm{d}t}\times\frac{\mathrm{d}\boldsymbol{r}}{\mathrm{d}t}+\boldsymbol{r}\times\frac{\mathrm{d}^2\boldsymbol{r}}{\mathrm{d}t^2}=\boldsymbol{r}\times\frac{\mathrm{d}^2\boldsymbol{r}}{\mathrm{d}t^2}=\boldsymbol{0}.$$

因此,$\frac{\mathrm{d}}{\mathrm{d}t}\left(\boldsymbol{r}\times\frac{\mathrm{d}\boldsymbol{r}}{\mathrm{d}t}\right)=\boldsymbol{0}$ 积分得

$$\boldsymbol{r}\times\frac{\mathrm{d}\boldsymbol{r}}{\mathrm{d}t}=\boldsymbol{c}, \tag{10-7}$$

$\boldsymbol{c}$ 是一个常向量.由式(10-7)可得结论:$\boldsymbol{r}$ 和$\frac{\mathrm{d}\boldsymbol{r}}{\mathrm{d}t}$位于一个与常向量 $\boldsymbol{c}$ 相垂直的平面上,因此,行星在一个过太阳中心且与 $\boldsymbol{c}$ 垂直的固定平面内运行(10-6(b)).取 $\boldsymbol{r}$,$\frac{\mathrm{d}\boldsymbol{r}}{\mathrm{d}t}$所在平面为 xOy 平面,$\boldsymbol{c}$ 即为 z 轴正向,设 $\boldsymbol{c}=p\boldsymbol{k}$,可得

$$\boldsymbol{r}\times\frac{\mathrm{d}\boldsymbol{r}}{\mathrm{d}t}=p\boldsymbol{k}.$$

10.1.2 多元向量值函数

定义 2 设 D 是 m 维空间 $\mathbf{R}^m(m\geqslant 2)$ 的一个点集,$\mathbf{R}^n$ 是 n 维向量空间($n\geqslant 2$),从 D 到 $\mathbf{R}^n$ 的映射

$$\boldsymbol{F}:D\to\mathbf{R}^n,$$

称为 m 元 n 维向量值函数,简称为多元向量值函数,即

$$\begin{aligned}(y_1,y_2,\cdots,y_n)&=\boldsymbol{F}(x_1,x_2,\cdots,x_m)\\&=(f_1(x_1,x_2,\cdots,x_m),f_2(x_1,x_2,\cdots,x_m),\cdots,f_n(x_1,x_2,\cdots,x_m)),\\&\quad(x_1,x_2,\cdots,x_m)\in D.\end{aligned}$$

显然,给出一个 m 元 n 维向量值函数,相当于给出 n 个 m 元数量值函数

$$y_1=f_1(x_1,x_2,\cdots,x_m),y_2=f_2(x_1,x_2,\cdots,x_m),\cdots,$$
$$y_n=f_n(x_1,x_2,\cdots,x_m),(x_1,x_2,\cdots,x_m)\in D.$$

因此,类似于一元向量值函数,可定义多元向量值函数的极限、连续性,可借助多元数量值函数的方向导数和偏导数定义多元向量值函数的方向导数和偏导数.例如,对二元向量函数

$$\boldsymbol{F}(x,y)=(x^2+y^2)\boldsymbol{i}+2xy\boldsymbol{j},$$

极限
$$\lim_{\substack{x\to1\\y\to1}}\boldsymbol{F}(x,y)=\lim_{\substack{x\to1\\y\to1}}(x^2+y^2)\boldsymbol{i}+\lim_{\substack{x\to1\\y\to1}}2xy\boldsymbol{j}=2\boldsymbol{i}+2\boldsymbol{j},$$

偏导数
$$\frac{\partial\boldsymbol{F}}{\partial x}=\frac{\partial}{\partial x}(x^2+y^2)\boldsymbol{i}+\frac{\partial}{\partial x}(2xy)\boldsymbol{j}=2x\boldsymbol{i}+2y\boldsymbol{j},$$

$$\frac{\partial\boldsymbol{F}}{\partial y}=\frac{\partial}{\partial y}(x^2+y^2)\boldsymbol{i}+\frac{\partial}{\partial y}(2xy)\boldsymbol{j}=2y\boldsymbol{i}+2x\boldsymbol{j}.$$

当 $m=n=2$ 时,习惯上记 $\boldsymbol{F}(x_1,x_2)$ 为
$$\boldsymbol{F}(x,y)=P(x,y)\boldsymbol{i}+Q(x,y)\boldsymbol{j},\quad (x,y)\in D.$$
当 $m=n=3$ 时,记 $\boldsymbol{F}(x_1,x_2,x_3)$ 为
$$\boldsymbol{F}(x,y,z)=P(x,y,z)\boldsymbol{i}+Q(x,y,z)\boldsymbol{j}+R(x,y,z)\boldsymbol{k},\quad (x,y,z)\in\Omega.$$
当 $m=2,n=3$ 时,记 $\boldsymbol{F}(x_1,x_2)$ 为
$$\boldsymbol{F}(u,v)=x(u,v)\boldsymbol{i}+y(u,v)\boldsymbol{j}+z(u,v)\boldsymbol{k},\quad (u,v)\in D.$$

二元三维向量值函数的几何图形为空间的一张曲面.例如,以 z 轴为对称轴,半径为 R 的柱面可表示为
$$\boldsymbol{F}(\theta,z)=R\cos\theta\boldsymbol{i}+R\sin\theta\boldsymbol{j}+z\boldsymbol{k}\quad(0\leqslant\theta<2\pi,-\infty<z<+\infty).$$

以原点为中心,R 为半径的球面可表示为
$$\boldsymbol{F}(\theta,\varphi)=R\sin\varphi\cos\theta\boldsymbol{i}+R\sin\varphi\sin\theta\boldsymbol{j}+R\cos\varphi\boldsymbol{k}\quad(0\leqslant\theta<2\pi,0\leqslant\varphi\leqslant\pi).$$

如果曲线 Γ 或曲面 Σ 包含于某个区域 Ω 内,向量值函数 $\boldsymbol{F}(x,y,z)$ 在 Ω 内连续或可微,就称 $\boldsymbol{F}$ 在 Γ 或 Σ 上连续或可微(关于向量值函数的微分可类比数量值函数微分定义,此处从略).

如果向量值函数 $\boldsymbol{F}$ 的模 $|\boldsymbol{F}|$ 在定义集合上有界,就称 $\boldsymbol{F}$ 为有界向量值函数.

10.1.3 场的概念

在物理学中,把物理量在空间某个范围内的分布称为一个物理场,简称场.

场根据其属性可分为两类:数量场与向量场.密度场 $\rho(x,y,z)$、温度场 $T(x,y,z)$ 等是数量场的例子.流体流速场 $\boldsymbol{v}(x,y,z)$、电磁场 $\boldsymbol{E}(x,y,z)$、力场 $\boldsymbol{F}(x,y,z)$ 等都是向量场.从数学上讲,数量场可用数量值函数表示,向量场可用向量值函数描述.

如果场描述的物理量仅随位置变化,不随时间变化,就称其为稳定场,否则称其为不稳定场.稳定场仅依赖于点的位置,即 $\boldsymbol{F}=\boldsymbol{F}(x,y,z)$,不稳定场不仅依赖于空间点的位置,还与时间有关,即 $\boldsymbol{F}=\boldsymbol{F}(x,y,z,t)$.现实中的场多是不稳定场,但在某些实际问题中,在较短时间内,在同一位置上的物理量变化不大,可近似地把场看成稳定场.在本章的讨论中的场一般都指稳定场.

对数量场 $u(x,y)$ 和 $u(x,y,z)$,我们用等值线 $u(x,y)=C$ 或等值面 $u(x,y,z)=C$ 可以分析其宏观分布情况.还可以用方向导数、全微分、梯度向量对其进行微观分析.对向量场 $\boldsymbol{F}(x,y,z)$ 也需要从宏观和微观两方面进行精细研究.这就要求建立相应的关于向量场的分析理论.这构成本章后面各节要讨论的基本问题.图 10-7是向量场的几个例子.

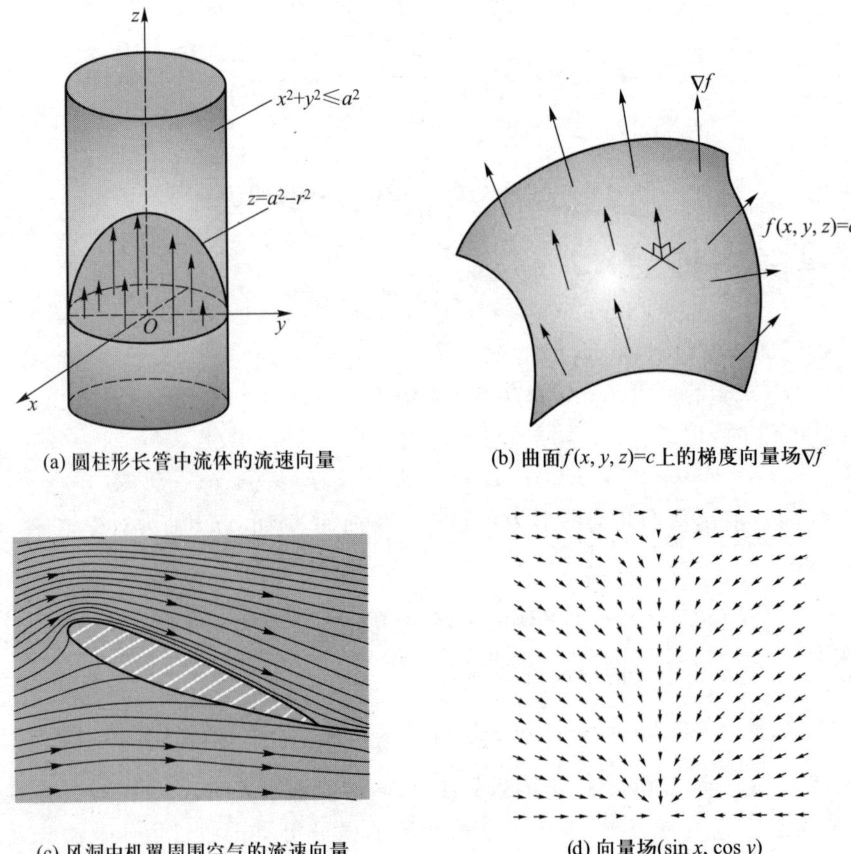

(a) 圆柱形长管中流体的流速向量

(b) 曲面 $f(x, y, z)=c$ 上的梯度向量场 ∇f

(c) 风洞中机翼周围空气的流速向量

(d) 向量场 $(\sin x, \cos y)$

图 10-7

习题 10.1

A

1. 设 $\boldsymbol{r}$ 是平面或空间中运动质点的位置向量值函数,解下列各题:

(1) $\boldsymbol{r}=\mathrm{e}^t\boldsymbol{i}+\dfrac{2}{9}\mathrm{e}^{2t}\boldsymbol{j}, t_0=\ln 3$,求 $\boldsymbol{v}(t_0), \boldsymbol{a}(t_0)$;

(2) $\boldsymbol{r}=\cos t\boldsymbol{i}+\sin t\boldsymbol{j}+bt\boldsymbol{k}$,求 $\boldsymbol{v}(t_0)$ 与 $\boldsymbol{a}(t_0)$ 的夹角;

(3) $\boldsymbol{r}=(t-\sin t)\boldsymbol{i}+(1-\cos t)\boldsymbol{j}, 0\leqslant t\leqslant 2\pi$,

对哪些 $t, \boldsymbol{v}(t)$ 与 $\boldsymbol{a}(t)$ 正交?

2. 计算下列积分:

(1) $\displaystyle\int_0^1[t^3\boldsymbol{i}+7\boldsymbol{j}+(t+1)\boldsymbol{k}]\mathrm{d}t$;

(2) $\displaystyle\int_{-\frac{\pi}{4}}^{\frac{\pi}{4}}[(\sin t)\boldsymbol{i}+(1+\cos t)\boldsymbol{j}+(\sec^2 t)\boldsymbol{k}]\mathrm{d}t$.

3. 解下列向量方程:

(1) $\dfrac{\mathrm{d}\boldsymbol{r}}{\mathrm{d}t}=\dfrac{3}{2}(t+1)^{\frac{1}{2}}\boldsymbol{i}+\mathrm{e}^{-t}\boldsymbol{j}+\dfrac{1}{t+1}\boldsymbol{k},\boldsymbol{r}(0)=\boldsymbol{k}$;

(2) $\dfrac{\mathrm{d}^2\boldsymbol{r}}{\mathrm{d}t^2}=-32\boldsymbol{k},\boldsymbol{r}(0)=100\boldsymbol{k},\left.\dfrac{\mathrm{d}\boldsymbol{r}}{\mathrm{d}t}\right|_{t=0}=8\boldsymbol{i}+8\boldsymbol{j}$.

4. 解下列各题：

(1) $\boldsymbol{f}(x,y)=\left(\dfrac{\sin x}{xy},\mathrm{e}^{xy}\right)$，求 $\lim\limits_{(x,y)\to(0,1)}\boldsymbol{f}(x,y)$；

(2) $\boldsymbol{f}(x,y,z)=\begin{cases}\left(x+2,y^2-1,\dfrac{z^2-4}{z-2}\right), & z\neq 2,\\ (x+2,y^2-1,4), & z=2,\end{cases}$ $\boldsymbol{f}(x,y,z)$ 在 $(1,1,2)$ 处是否连续？

(3) $\boldsymbol{f}(x,y,z)=(z\sin xy,x,y-x)$，求 $\dfrac{\partial \boldsymbol{f}}{\partial x}$.

B

1. 证明：

(1) $\dfrac{\mathrm{d}}{\mathrm{d}t}(\boldsymbol{u}\cdot\boldsymbol{v})=\dfrac{\mathrm{d}\boldsymbol{u}}{\mathrm{d}t}\cdot\boldsymbol{v}+\boldsymbol{u}\cdot\dfrac{\mathrm{d}\boldsymbol{v}}{\mathrm{d}t}$，$\boldsymbol{u},\boldsymbol{v}$ 是一元向量值函数；

(2) $\boldsymbol{r}=\boldsymbol{r}(s(t))$，则 $\dfrac{\mathrm{d}\boldsymbol{r}}{\mathrm{d}t}=\dfrac{\mathrm{d}\boldsymbol{r}}{\mathrm{d}s}\dfrac{\mathrm{d}s}{\mathrm{d}t}$.

2. 证明：设 $\boldsymbol{F}_1,\boldsymbol{F}_2$ 是一元向量值函数，且 $\dfrac{\mathrm{d}\boldsymbol{F}_1}{\mathrm{d}t}=\dfrac{\mathrm{d}\boldsymbol{F}_2}{\mathrm{d}t}$，则

$$\boldsymbol{F}_1=\boldsymbol{F}_2+\boldsymbol{C}.$$

3. 利用数量值函数的微积分基本定理证明：

(1) 设 $\boldsymbol{f}(t)$ 在 $[a,b]$ 上连续，有 $\dfrac{\mathrm{d}}{\mathrm{d}t}\displaystyle\int_0^t \boldsymbol{f}(t)\,\mathrm{d}t=\boldsymbol{f}(t)$；

(2) 设 $\boldsymbol{F}$ 是连续向量值函数 $\boldsymbol{f}(t)$ 的原函数，有

$$\int_a^b \boldsymbol{f}(t)\,\mathrm{d}t=\boldsymbol{F}(b)-\boldsymbol{F}(a).$$

10.2　第二类曲线积分的概念与计算

10.2 预习检测

10.2.1　变力沿曲线做功问题

问题　设平面上某一区域 D 内的每一点都对应着平行于该平面的一个力，就称在该区域内确定了一个平面力场.设力函数为

$$\boldsymbol{F}(x,y)=P(x,y)\boldsymbol{i}+Q(x,y)\boldsymbol{j},\quad (x,y)\in D. \tag{10-8}$$

假设有一个质点在连续力场 $\boldsymbol{F}(x,y)$ 的作用下，在 D 中沿光滑曲线 L 从点 A 移动到点 B，求 $\boldsymbol{F}$ 所做的功.

在变力做功问题中，质点从点 A 沿 L 移动到点 B 与从点 B 沿 L 移动到点 A，其效果显然是不一样的，因此，需要给 L 赋予方向.

对参数方程表示的曲线，可通过参数的单调增、减来确定曲线方向；对自身不相交不封

闭的曲线弧可通过规定曲线的起点与终点确定其方向(图 10-8(a));对简单闭曲线(除端点外自身不相交的分段光滑闭曲线),可由逆时针还是顺时针方向确定其方向(图 10-8(b)).一般地,把规定了方向的曲线称为**有向曲线**.曲线的方向由所讨论的问题本身确定,对平面简单闭曲线常取逆时针方向为正向.

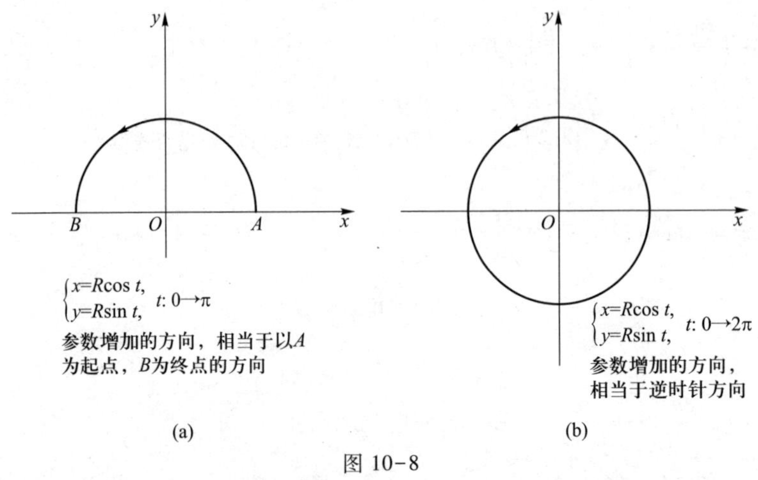

图 10-8

如果 L 是有向曲线,则与 L 相反方向的曲线记为 L^-.当把 L 的方向称为 L 的**正向**时,L^- 的方向称为 L 的**负向**.

下面来求解变力做功问题.

由中学物理我们知道,在常力 $\boldsymbol{F}$ 的作用下,对质点从点 A 沿直线段移动到点 B 做功(图 10-9(a))为

$$W=|\boldsymbol{F}|\,|\overrightarrow{AB}|\cos(\widehat{\boldsymbol{F},\overrightarrow{AB}})=\boldsymbol{F}\cdot\overrightarrow{AB}.$$

现在的困难是 $\boldsymbol{F}$ 是变力,质点运动的方向也在变,我们仍然利用局部以直代曲、以常代变的思想方法来解决这个问题.

把曲线 L 依次用分点 $A=M_0(x_0,y_0),M_1(x_1,y_1),\cdots,M_i(x_i,y_i),\cdots,M_n(x_n,y_n)=B$ 分成 n 个小弧段 $\overset{\frown}{M_0M_1},\cdots,\overset{\frown}{M_{i-1}M_i},\cdots,\overset{\frown}{M_{n-1}M_n}$.对有向小弧段 $\overset{\frown}{M_{i-1}M_i}$,由于其光滑且很短,可用有向线段 $\overrightarrow{M_{i-1}M_i}$ 近似代替(图 10-9(b)),记为 $\Delta\boldsymbol{s}_i$,即

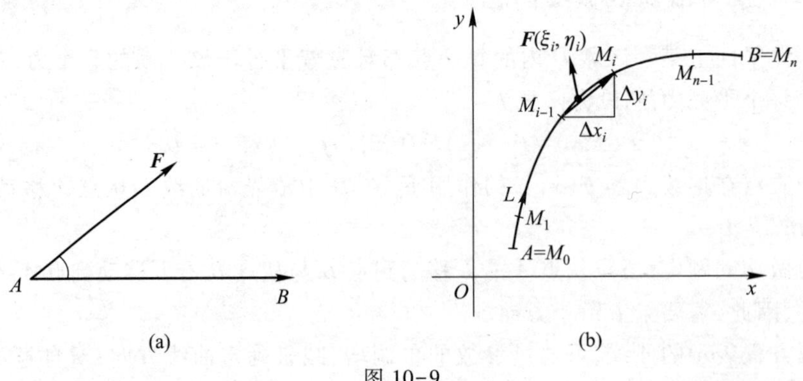

图 10-9

$$\Delta \boldsymbol{s}_i=\overrightarrow{M_{i-1}M_i}=\Delta x_i\boldsymbol{i}+\Delta y_i\boldsymbol{j}\quad(i=1,2,\cdots,n).$$

在弧段 $\widehat{M_{i-1}M_i}$ 上任取一点 (ξ_i,η_i)，用该点处的力

$$\boldsymbol{F}(\xi_i,\eta_i)=P(\xi_i,\eta_i)\boldsymbol{i}+Q(\xi_i,\eta_i)\boldsymbol{j}$$

近似代替弧段 $\widehat{M_{i-1}M_i}$ 上各点处的力，则 $\boldsymbol{F}(x,y)$ 沿弧段 $\widehat{M_{i-1}M_i}$ 做功

$$\Delta W_i\approx\boldsymbol{F}(\xi_i,\eta_i)\cdot\Delta\boldsymbol{s}_i=P(\xi_i,\eta_i)\Delta x_i+Q(\xi_i,\eta_i)\Delta y_i,$$

从而

$$\begin{aligned}W&=\sum_{i=1}^{n}\Delta W_i\approx\sum_{i=1}^{n}\boldsymbol{F}(\xi_i,\eta_i)\cdot\Delta\boldsymbol{s}_i\\&=\sum_{i=1}^{n}(P(\xi_i,\eta_i)\Delta x_i+Q(\xi_i,\eta_i)\Delta y_i).\end{aligned}\tag{10-9}$$

记 $\lambda=\max\limits_{1\leqslant i\leqslant n}\{|\Delta\boldsymbol{s}_i|\}$，$|\Delta\boldsymbol{s}_i|$ 是弧段 $\widehat{M_{i-1}M_i}$ 的长度，如果 $\lambda\to0$ 时，和式(10-9)的极限存在，则把极限值定义为功 W，即

$$\begin{aligned}W&=\lim_{\lambda\to0}\sum_{i=1}^{n}\boldsymbol{F}(\xi_i,\eta_i)\cdot\Delta\boldsymbol{s}_i\\&=\lim_{\lambda\to0}\sum_{i=1}^{n}(P(\xi_i,\eta_i)\Delta x_i+Q(\xi_i,\eta_i)\Delta y_i).\end{aligned}\tag{10-10}$$

10.2.2 第二类曲线积分的定义与性质

其他一些物理量的计算也常归结为形如式(10-10)的和式极限，抛开这些问题的具体意义，根据分割、近似、求和、取极限的思想方法，在数学上就可以抽象出下面对坐标的曲线积分的概念.

定义 设 L 为 xOy 平面内以 A 为起点，B 为终点的光滑有向曲线，$\boldsymbol{F}(x,y)=P(x,y)\boldsymbol{i}+Q(x,y)\boldsymbol{j}$ 是 L 上的有界向量值函数. 对 L 依次插入 $n-1$ 个分点 $M_1(x_1,y_1),\cdots,M_{n-1}(x_{n-1},y_{n-1})$ 把 L 分成 n 个有向小弧段：$\widehat{M_0M_1},\cdots,\widehat{M_{i-1}M_i},\cdots,\widehat{M_{n-1}M_n}$，其中 $M_0=A$，$M_n=B$. 在小弧段 $\widehat{M_{i-1}M_i}$ 上任取点 (ξ_i,η_i)，取向量为 $\boldsymbol{F}(\xi_i,\eta_i)=P(\xi_i,\eta_i)\boldsymbol{i}+Q(\xi_i,\eta_i)\boldsymbol{j}$，设 $\Delta x_i=x_i-x_{i-1}$，$\Delta y_i=y_i-y_{i-1}$，记 $\Delta\boldsymbol{s}_i=\Delta x_i\boldsymbol{i}+\Delta y_i\boldsymbol{j}$，作数量积 $\boldsymbol{F}(\xi_i,\eta_i)\cdot\Delta\boldsymbol{s}_i$，如果当各小弧段的最大长度 $\lambda\to0$ 时，极限

微课 第二类曲线积分定义

$$\lim_{\lambda\to0}\sum_{i=1}^{n}\boldsymbol{F}(\xi_i,\eta_i)\cdot\Delta\boldsymbol{s}_i=\lim_{\lambda\to0}\sum_{i=1}^{n}[P(\xi_i,\eta_i)\Delta x_i+Q(\xi_i,\eta_i)\Delta y_i]\tag{10-11}$$

存在，就称 $\boldsymbol{F}$ 在 L 上可积，极限值称为 $\boldsymbol{F}$ 在 L 上的**第二类曲线积分**，记为

$$\int_L\boldsymbol{F}(x,y)\cdot\mathrm{d}\boldsymbol{s}\quad\text{或者}\quad\int_LP(x,y)\mathrm{d}x+Q(x,y)\mathrm{d}y,$$

即

$$\int_L\boldsymbol{F}(x,y)\cdot\mathrm{d}\boldsymbol{s}=\lim_{\lambda\to0}\sum_{i=1}^{n}\boldsymbol{F}(\xi_i,\eta_i)\cdot\Delta\boldsymbol{s}_i$$

或者 $$\int_LP(x,y)\mathrm{d}x+Q(x,y)\mathrm{d}y=\lim_{\lambda\to0}\sum_{i=1}^{n}[P(\xi_i,\eta_i)\Delta x_i+Q(\xi_i,\eta_i)\Delta y_i],\tag{10-12}$$

其中 L 称为**积分路径**，$\mathrm{d}\boldsymbol{s}=\mathrm{d}x\boldsymbol{i}+\mathrm{d}y\boldsymbol{j}$ 称为**有向弧元素**，其他符号的称呼与第一类曲线积分相同.

当 L 为封闭曲线时，积分常记为 $\oint_L \boldsymbol{F}(x,y)\cdot\mathrm{d}\boldsymbol{s}$.

设 L 是分段光滑曲线，$L=L_1+L_2+\cdots+L_n$，则定义

$$\int_L \boldsymbol{F}\cdot\mathrm{d}\boldsymbol{s}=\sum_{i=1}^{n}\int_{L_i}\boldsymbol{F}\cdot\mathrm{d}\boldsymbol{s}.$$

第二类曲线积分也称为**对坐标的曲线积分**.

根据定义1，变力 $\boldsymbol{F}$ 沿曲线 L_{AB} 所做的功

$$W=\int_{L_{AB}}\boldsymbol{F}\cdot\mathrm{d}\boldsymbol{s}=\int_{L_{AB}}P(x,y)\,\mathrm{d}x+Q(x,y)\,\mathrm{d}y.$$

如果式(10-8)中的 $\boldsymbol{F}(x,y)$ 是一平面区域 D 内流体的速度场，L 是 D 内的一条分段光滑曲线，则 $\int_L \boldsymbol{F}\cdot\mathrm{d}\boldsymbol{s}$ 称为 $\boldsymbol{F}(x,y)$ 沿 L 的流量.当 L 是封闭曲线时，此流量又称为 $\boldsymbol{F}(x,y)$ 沿 L 的环流量.

可以证明：若 $\boldsymbol{F}(x,y)$ 在光滑或分段光滑的有限长度曲线 L 上连续，则 $\boldsymbol{F}$ 必然在 L 上可积.以下均设积分路径 L 光滑或分段光滑，$\boldsymbol{F}$ 在 L 上连续.

由于积分 $\int_L \boldsymbol{F}(x,y)\cdot\mathrm{d}\boldsymbol{s}$ 仍然是和式极限，有许多与第一类曲线积分相似的性质，如(证明从略)：

性质1　$\int_L(\alpha\boldsymbol{F}+\beta\boldsymbol{G})\cdot\mathrm{d}\boldsymbol{s}=\alpha\int_L \boldsymbol{F}\cdot\mathrm{d}\boldsymbol{s}+\beta\int_L \boldsymbol{G}\cdot\mathrm{d}\boldsymbol{s}$，其中 α,β 是常数.

性质2　若有向曲线弧 L 可分成两段光滑的有向曲线弧 L_1 和 L_2，则

$$\int_{L_1+L_2}\boldsymbol{F}\cdot\mathrm{d}\boldsymbol{s}=\int_{L_1}\boldsymbol{F}\cdot\mathrm{d}\boldsymbol{s}+\int_{L_2}\boldsymbol{F}\cdot\mathrm{d}\boldsymbol{s}.$$

下面的性质3是第二类曲线积分特有的.

性质3　设 L 是有向光滑曲线弧，L^- 是 L 的反向曲线，则

$$\int_{L^-}\boldsymbol{F}\cdot\mathrm{d}\boldsymbol{s}=-\int_L \boldsymbol{F}\cdot\mathrm{d}\boldsymbol{s}.$$

性质3从物理意义角度看是显然的，也可以直接从定义式(10-11)中推出，证明从略.

注　性质3表示，当积分弧段改变方向时，对坐标的曲线积分要变号.

如果 $\boldsymbol{F}_1(x,y)=P(x,y)\boldsymbol{i}$，$\boldsymbol{F}_2(x,y)=Q(x,y)\boldsymbol{j}$，则得

$$\int_L \boldsymbol{F}_1\cdot\mathrm{d}\boldsymbol{s}=\int_L P(x,y)\,\mathrm{d}x,\quad\int_L \boldsymbol{F}_2\cdot\mathrm{d}\boldsymbol{s}=\int_L Q(x,y)\,\mathrm{d}y,$$

即 $\int_L P(x,y)\,\mathrm{d}x=\lim\limits_{\lambda\to 0}\sum\limits_{i=1}^{n}P(\xi_i,\eta_i)\Delta x_i$，$\int_L Q(x,y)\,\mathrm{d}y=\lim\limits_{\lambda\to 0}\sum\limits_{i=1}^{n}Q(\xi_i,\eta_i)\Delta y_i$.

因此根据定义(假设右端两个积分存在)，又有

$$\int_L P(x,y)\,\mathrm{d}x+Q(x,y)\,\mathrm{d}y=\int_L P(x,y)\,\mathrm{d}x+\int_L Q(x,y)\,\mathrm{d}y.$$

对于三维空间的光滑或分段光滑有向曲线 Γ_{AB}，设三元向量值函数

$$\boldsymbol{F}(x,y,z)=P(x,y,z)\boldsymbol{i}+Q(x,y,z)\boldsymbol{j}+R(x,y,z)\boldsymbol{k}$$

在 Γ_{AB} 上连续,则 $\boldsymbol{F}(x,y,z)$ 在 Γ_{AB} 上的第二类曲线积分定义为

$$\begin{aligned}\int_{\Gamma}\boldsymbol{F}\cdot\mathrm{d}\boldsymbol{s}&=\lim_{\lambda\to 0}\sum_{i=1}^{n}\boldsymbol{F}(\xi_i,\eta_i,\zeta_i)\cdot\Delta\boldsymbol{s}_i\\&=\lim_{\lambda\to 0}\sum_{i=1}^{n}(P(\xi_i,\eta_i,\zeta_i)\Delta x_i+Q(\xi_i,\eta_i,\zeta_i)\Delta y_i+R(\xi_i,\eta_i,\zeta_i)\Delta z_i)\\&=\int_{\Gamma}P(x,y,z)\mathrm{d}x+Q(x,y,z)\mathrm{d}y+R(x,y,z)\mathrm{d}z,\end{aligned}\tag{10-13}$$

其中 $\mathrm{d}\boldsymbol{s}=\mathrm{d}x\boldsymbol{i}+\mathrm{d}y\boldsymbol{j}+\mathrm{d}z\boldsymbol{k}$.

同样有

$$\int_{\Gamma}P\mathrm{d}x+Q\mathrm{d}y+R\mathrm{d}z=\int_{\Gamma}P\mathrm{d}x+\int_{\Gamma}Q\mathrm{d}y+\int_{\Gamma}R\mathrm{d}z.$$

积分(10-13)可看成变力 $\boldsymbol{F}$ 沿空间曲线 Γ_{AB} 从点 A 到点 B 所做的功.

10.2.3　第二类曲线积分的计算

由于 $\int_{L}P\mathrm{d}x+Q\mathrm{d}y=\int_{L}P\mathrm{d}x+\int_{L}Q\mathrm{d}y$,可通过分别计算等式右边两个积分来计算左边的积分.

设光滑曲线 L 的参数方程为 $\begin{cases}x=x(t),\\y=y(t),\end{cases}$ $x(t),y(t)$ 在以 α 及 β 为端点的闭区间上具有一阶连续导数,且 $[x'(t)]^2+[y'(t)]^2\neq 0$. 假设当参数 t 单调地从 α 变到 β 时,曲线上点 $M(x,y)$ 从起点 $A(x(\alpha),y(\alpha))$,沿 L 变到终点 $B(x(\beta),y(\beta))$.

先算 $\int_{L}P(x,y)\mathrm{d}x=\lim\limits_{\lambda\to 0}\sum\limits_{i=1}^{n}P(\xi_i,\eta_i)\Delta x_i$.

在 α,β 之间依次插入分点 $t_1,t_2,\cdots,t_{n-1}$,记 $t_0=\alpha,t_n=\beta,\Delta t_i=t_i-t_{i-1}(i=1,2,\cdots,n)$. 由 L 光滑,$x(t)$ 在 α,β 之间连续可导,由微分中值定理,

$$x(t_i)-x(t_{i-1})=x'(\tau_i)\Delta t_i,\ \tau_i\text{ 在 }t_{i-1},t_i\text{ 之间}.$$

$P(x,y)$ 在 L 上连续,从而可积,可取 $\xi_i=x(\tau_i),\eta_i=y(\tau_i)$ ①,得到

$$\sum_{i=1}^{n}P(\xi_i,\eta_i)\Delta x_i=\sum_{i=1}^{n}P(x(\tau_i),y(\tau_i))x'(\tau_i)\Delta t_i.\tag{10-14}$$

令 $\lambda'=\max\limits_{1\leqslant i\leqslant n}\{\Delta t_i\},\lambda=\max\limits_{1\leqslant i\leqslant n}\{\Delta s_i\}$,则 $\lambda'\to 0$ 时 $\lambda\to 0$. 在式(10-14)中令 $\lambda'\to 0$,由定积分的定义(式右)及曲线积分定义(式左)得

$$\int_{L}P(x,y)\mathrm{d}x=\int_{\alpha}^{\beta}P(x(t),y(t))x'(t)\mathrm{d}t,\tag{10-15}$$

同理可得

$$\int_{L}Q(x,y)\mathrm{d}y=\int_{\alpha}^{\beta}Q(x(t),y(t))y'(t)\mathrm{d}t,\tag{10-16}$$

从而

---

① 严格证明要用到连续函数在闭区间 $[\alpha,\beta]$ 上的一致连续性.这里从略.

$$\int_L P(x,y)\mathrm{d}x + Q(x,y)\mathrm{d}y$$
$$= \int_\alpha^\beta [P(x(t),y(t))x'(t) + Q(x(t),y(t))y'(t)]\mathrm{d}t. \tag{10-17}$$

式(10-15)、(10-16)和(10-17)即**第二类曲线积分的计算公式**.

如果记 $\boldsymbol{F}(x,y)=(P(x,y),Q(x,y))$, $L:\boldsymbol{r}(t)=(x(t),y(t))$, $t:\alpha\to\beta$, 则式(10-17)可简记为 $\int_L \boldsymbol{F}\cdot\mathrm{d}\boldsymbol{s}=\int_\alpha^\beta \boldsymbol{F}(\boldsymbol{r}(t))\cdot\boldsymbol{r}'(t)\mathrm{d}t$.

公式(10-17)表明,计算对坐标的曲线积分 $\int_L P(x,y)\mathrm{d}x+Q(x,y)\mathrm{d}y$ 时,只要把式中的 $x,y,\mathrm{d}x,\mathrm{d}y$ 依次换为 $x(t),y(t),x'(t)\mathrm{d}t,y'(t)\mathrm{d}t$,然后从 L 的起点所对应的参数值 α 到 L 的终点所对应的参数值 β 作定积分就行了.这里必须注意:**下限 α 对应 L 的起点,上限 β 对应 L 的终点, α 不一定小于 β.**

如果曲线 L 由方程 $y=y(x)$ 给出,对应 L 的起点 $x=a$,对应 L 的终点 $x=b$,可把曲线看作参数方程 $\begin{cases}x=x,\\ y=y(x),\end{cases}$ 其中 x 为参数,曲线积分的计算公式为

$$\int_L P(x,y)\mathrm{d}x+Q(x,y)\mathrm{d}y=\int_a^b\{P[x,y(x)]+Q[x,y(x)]y'(x)\}\mathrm{d}x.$$

如果曲线 L 由方程 $x=x(y)$ 给出,对应 L 的起点 $y=c$,对应 L 的终点 $y=d$,可把曲线看作参数方程 $\begin{cases}x=x(y),\\ y=y,\end{cases}$ 其中 y 为参数,曲线积分的计算公式为

$$\int_L P(x,y)\mathrm{d}x+Q(x,y)\mathrm{d}y=\int_c^d\{P[x(y),y]x'(y)+Q[x(y),y]\}\mathrm{d}y.$$

对空间有向曲线积分,设曲线的参数方程为 $\Gamma: x=x(t), y=y(t), z=z(t)$,参数 t 从对应起点的 α 变到对应终点的 β. 式(10-17)可得

$$\int_L P\mathrm{d}x+Q\mathrm{d}y+R\mathrm{d}z$$
$$=\int_\alpha^\beta\{P[x(t),y(t),z(t)]x'(t)+Q[x(t),y(t),z(t)]y'(t)+ R[x(t),y(t),z(t)]z'(t)\}\mathrm{d}t. \tag{10-18}$$

例 1 计算 $\int_L \mathrm{e}^{\sqrt{x^2+y^2}}\mathrm{d}x+y\mathrm{d}y$,其中 L 分别为

(1) 圆周 $x^2+y^2=R^2$ 的上半部分从 $A(R,0)$ 到 $B(-R,0)$ 的一段弧;

(2) x 轴上从 $A(R,0)$ 到 $B(-R,0)$ 的直线段.

解 (1) L 如图 10-8(a)所示.L 的参数方程为 $x=R\cos t, y=R\sin t$,对应路径起点到终点,参数 t 从 0 变到 π,因此,

$$\int_L \mathrm{e}^{\sqrt{x^2+y^2}}\mathrm{d}x+y\mathrm{d}y=\int_0^\pi(\mathrm{e}^R R(-\sin t)+R\sin t\,R\cos t)\mathrm{d}t=-2R\mathrm{e}^R.$$

(2) L 的方程看作以 x 为参数的方程 $x=x, y=0$,对应路径起点到终点,x 从 R 变到 $-R$,因此,

$$\int_L e^{\sqrt{x^2+y^2}}dx + ydy = \int_R^{-R} e^{\sqrt{x^2}}dx + 0d0$$

$$= -2\int_0^R e^x dx = 2(1-e^R).$$

例 2　$\boldsymbol{F} = xy^2\boldsymbol{i} + x^2y\boldsymbol{j}$，计算 $\int_L \boldsymbol{F}\cdot d\boldsymbol{s}$，其中 L 分别为

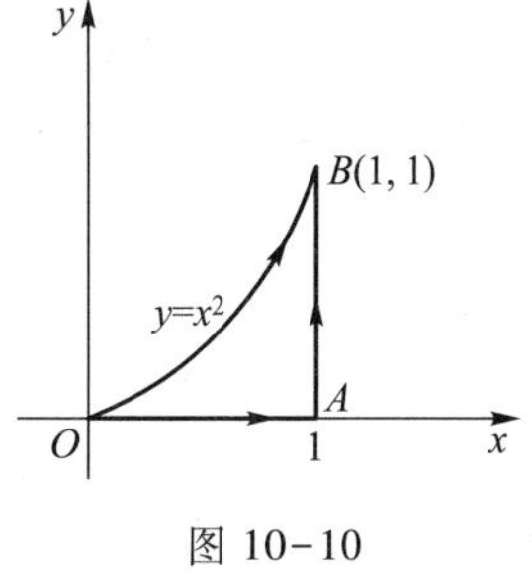

图 10-10

（1）从点 $O(0,0)$ 到点 $B(1,1)$ 沿曲线 $y=x^2$ 的一段弧；

（2）从点 $O(0,0)$ 沿点 $A(1,0)$ 到点 $B(1,1)$ 的一段折线.

解　L 如图 10-10 所示.

（1）$L: y=x^2, x:0\to 1$，所以

$$\int_L \boldsymbol{F}\cdot d\boldsymbol{s} = \int_0^1 (x^5 + 2x^5)dx = \frac{1}{2}.$$

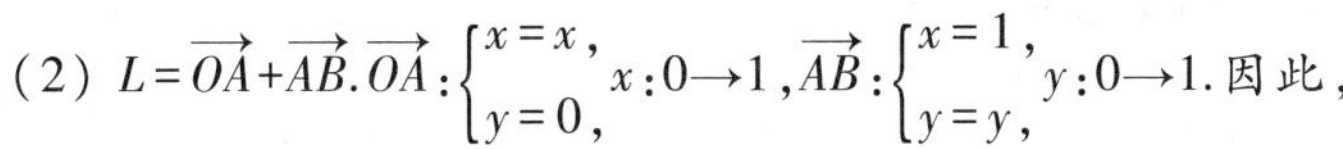

（2）$L=\overrightarrow{OA}+\overrightarrow{AB}.\overrightarrow{OA}:\begin{cases}x=x,\\ y=0,\end{cases} x:0\to 1, \overrightarrow{AB}:\begin{cases}x=1,\\ y=y,\end{cases} y:0\to 1$. 因此，

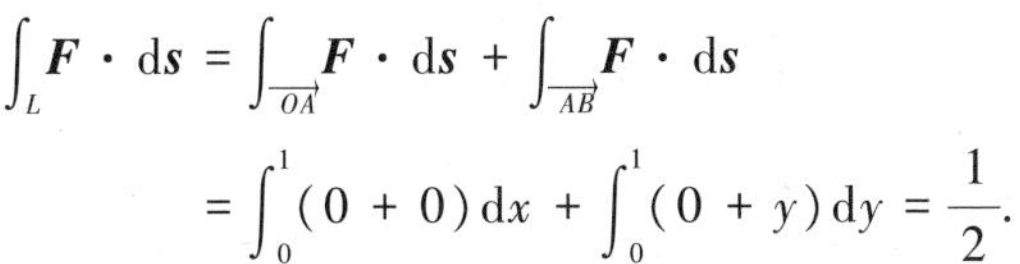

$$\int_L \boldsymbol{F}\cdot d\boldsymbol{s} = \int_{\overrightarrow{OA}} \boldsymbol{F}\cdot d\boldsymbol{s} + \int_{\overrightarrow{AB}} \boldsymbol{F}\cdot d\boldsymbol{s}$$

$$= \int_0^1 (0+0)dx + \int_0^1 (0+y)dy = \frac{1}{2}.$$

注　例 2 中两条路径起、终点相同，但路径不同，沿不同路径曲线积分值相等，例 1 与例 2 的现象将在 10.3 节中给出合理解释.

例 3　设一质点在平面内第一象限受弹力作用，弹力的大小与质点到原点的距离成正比，方向指向原点.求质点沿椭圆 $\frac{x^2}{a^2}+\frac{y^2}{b^2}=1$ 的逆时针方向从 $A(a,0)$ 移动到 $B(0,b)$ 时弹力所做的功.

解　先求出力函数 $\boldsymbol{F}=P\boldsymbol{i}+Q\boldsymbol{j}$. 设 $M(x,y)$ 是第一象限内一点，由题设有

$$|\boldsymbol{F}| = k\sqrt{x^2+y^2}\quad (k>0 \text{ 是弹性常数}).$$

力 $\boldsymbol{F}$ 与向量 $\overrightarrow{MO} = (-x, -y)$ 同向且平行，故

$$\boldsymbol{e}_F = -\frac{x}{\sqrt{x^2+y^2}}\boldsymbol{i} - \frac{y}{\sqrt{x^2+y^2}}\boldsymbol{j},$$

从而

$$\boldsymbol{F} = |\boldsymbol{F}|\boldsymbol{e}_F = -k(x\boldsymbol{i}+y\boldsymbol{j}).$$

取椭圆的参数方程 $x=a\cos t, y=b\sin t$，对应起点 A 到终点 B，参数 t 从 0 变到 $\frac{\pi}{2}$，所以

$$W = \int_L -kxdx - kydy = -k\int_0^{\frac{\pi}{2}} (a\cos t\cdot(-a\sin t) + b\sin t\cdot b\cos t)dt$$

$$= k(a^2-b^2)\int_0^{\frac{\pi}{2}} \sin t\cos t dt = \frac{k(a^2-b^2)}{2}.$$

例 4　计算 $\int_\Gamma xdx + xydy + xyzdz$，其中的路径分别为

(1) 从点 $A(3,2,1)$ 到点 $C(0,0,0)$ 的直线段;

(2) 柱面 $x^2+y^2=1$ 与平面 $x+y+z=1$ 的交线的逆时针方向(从 z 轴正向看).

解 (1) Γ 的参数方程 $x=3t, y=2t, z=t, t:1\to 0$, 于是

$$\int_\Gamma x\mathrm{d}x+xy\mathrm{d}y+xyz\mathrm{d}z=\int_1^0(9t+12t^2+6t^3)\mathrm{d}t=-10.$$

(2) Γ 的参数方程 $x=\cos t, y=\sin t, z=1-\cos t-\sin t, t:0\to 2\pi$, 因此

$$\begin{aligned}&\int_\Gamma x\mathrm{d}x+xy\mathrm{d}y+xyz\mathrm{d}z\\&=\int_0^{2\pi}(-\cos t\sin t+\cos^2 t\sin t+\cos t\sin t(1-\sin t-\cos t)(\sin t-\cos t))\mathrm{d}t\\&=0.\end{aligned}$$

10.2.4 两类曲线积分之间的关系

在第二类曲线积分的定义式

$$\int_L \boldsymbol{F}\cdot\mathrm{d}\boldsymbol{s}=\lim_{\lambda\to 0}\sum_{i=1}^n \boldsymbol{F}(\xi_i,\eta_i)\cdot\Delta\boldsymbol{s}_i$$

中, $\Delta\boldsymbol{s}_i=\overrightarrow{M_{i-1}M_i}\approx\boldsymbol{e}_i\Delta s_i$. 其中 Δs_i 是弧 $\overset{\frown}{M_{i-1}M_i}$ 的长度, $\boldsymbol{e}_i=\dfrac{\overrightarrow{M_{i-1}M_i}}{|\overrightarrow{M_{i-1}M_i}|}$ 是有向线段 $\overrightarrow{M_{i-1}M_i}$ 的单位向量.当各段弧 $\overset{\frown}{M_{i-1}M_i}$ 充分小时,由 L 光滑,弧 $\overset{\frown}{M_{i-1}M_i}$ 上点 (ξ_i,η_i) 处沿曲线正向的单位切向量 $\boldsymbol{e}_i(\xi_i,\eta_i)=\cos\alpha(\xi_i,\eta_i)\boldsymbol{i}+\cos\beta(\xi_i,\eta_i)\boldsymbol{j}$ 与 $\boldsymbol{e}_i$ 几乎同向平行. 因此

$$\Delta\boldsymbol{s}_i\approx[\cos\alpha(\xi_i,\eta_i)\boldsymbol{i}+\cos\beta(\xi_i,\eta_i)\boldsymbol{j}]\Delta s_i,$$

$$\sum_{i=1}^n \boldsymbol{F}(\xi_i,\eta_i)\cdot\Delta\boldsymbol{s}_i\approx\sum_{i=1}^n[P(\xi_i,\eta_i)\cos\alpha(\xi_i,\eta_i)+Q(\xi_i,\eta_i)\cos\beta(\xi_i,\eta_i)]\Delta s_i. \tag{10-19}$$

在式(10-19)中令 $\lambda=\max\limits_{1\leqslant i\leqslant n}\{\Delta s_i\}\to 0$, 由第二类曲线积分的定义(式左)和第一类曲线积分的定义(式右)得

$$\begin{aligned}\int_L \boldsymbol{F}\cdot\mathrm{d}\boldsymbol{s}&=\int_L P(x,y)\mathrm{d}x+Q(x,y)\mathrm{d}y\\&=\int_L[P(x,y)\cos\alpha+Q(x,y)\cos\beta]\mathrm{d}s,\end{aligned} \tag{10-20}$$

其中 $\cos\alpha,\cos\beta$ 是点 (x,y) 处曲线正向切向量的方向余弦.

从变力做功的角度来说,

$$\boldsymbol{F}(\xi_i,\eta_i)\cdot\boldsymbol{e}_i=P(\xi_i,\eta_i)\cos\alpha(\xi_i,\eta_i)+Q(\xi_i,\eta_i)\cos\beta(\xi_i,\eta_i)$$

是力 $\boldsymbol{F}(\xi_i,\eta_i)$ 在曲线正向单位切向量 $\boldsymbol{e}_i$ 上的投影,因此,$\boldsymbol{F}$ 在弧段 $\overset{\frown}{M_{i-1}M_i}$ 上做的功近似地为 $\boldsymbol{F}(\xi_i,\eta_i)\cdot\boldsymbol{e}_i\Delta s_i$,$\boldsymbol{F}$ 在 L 上做的功近似地为式(10-19).由此,也可由式(10-20)右边的第一类曲线积分直接定义第二类曲线积分 $\int_L \boldsymbol{F}\cdot\mathrm{d}\boldsymbol{s}$.

式(10-20)描述的是平面上两类曲线积分之间的关系.

对空间曲线情形,如果 $\cos\alpha,\cos\beta,\cos\gamma$ 是曲线上点 (x,y,z) 处沿正向的切向量 $\boldsymbol{e}$ 的方向余弦,同理有两类曲线积分之间的关系

$$\int_\Gamma \boldsymbol{F}\cdot \mathrm{d}\boldsymbol{s}=\int_\Gamma P\mathrm{d}x+Q\mathrm{d}y+R\mathrm{d}z=\int_\Gamma (P\cos\alpha+Q\cos\beta+R\cos\gamma)\mathrm{d}s=\int_\Gamma \boldsymbol{F}\cdot \boldsymbol{e}\mathrm{d}s.$$

习题 10.2

A

1. 计算下列变力 $\boldsymbol{F}$ 沿 L 所做的功：

(1) $\boldsymbol{F}=-y\boldsymbol{i}+x\boldsymbol{j}$, L：圆 $x^2+y^2=R^2$ 在第一象限的部分，逆时针方向；

(2) $\boldsymbol{F}=y^2\boldsymbol{i}+x^2\boldsymbol{j}$, L：椭圆 $\frac{x^2}{a^2}+\frac{y^2}{b^2}=1$ 从 $(a,0)$ 到 $(-a,0)$ 的上半段弧；

(3) $\boldsymbol{F}=xy\boldsymbol{i}+y\boldsymbol{j}-yz\boldsymbol{k}$, Γ: $x=t,y=t^2,z=t$, t 从 0 变到 1；

(4) $\boldsymbol{F}=z\boldsymbol{i}+x\boldsymbol{j}+y\boldsymbol{k}$, Γ：柱面 $x^2+y^2=1$ 与平面 $z=1$ 的交线，逆时针方向(从 z 轴正向看).

2. 计算下列曲线积分：

(1) $\oint x\mathrm{d}x+y\mathrm{d}y$, L 是 xOy 平面上的由 x 轴, y 轴及直线 $\frac{x}{2}+\frac{y}{3}=1$ 构成的三角形，逆时针方向；

(2) $\oint_L (x^2+y^2)\mathrm{d}x$, L 是圆 $x^2+y^2=R^2$，顺时针方向；

(3) $\oint_\Gamma (y-z)\mathrm{d}x+(z-x)\mathrm{d}y+(x-y)\mathrm{d}z$, Γ 为螺旋线 $x=a\cos t,y=a\sin t,z=bt$ 上从 $t=0$ 到 $t=2\pi$ 的一段弧.

3. 把下列积分化为第一类曲线积分：

(1) $\int_L P\mathrm{d}x+Q\mathrm{d}y$, L 是曲线 $y=x^2$ 上从 $(0,0)$ 到 $(1,1)$ 的一段；

(2) $\int_\Gamma P\mathrm{d}x+Q\mathrm{d}y+R\mathrm{d}z$, Γ: $x=t,y=t^2,z=t^3$, t 从 0 到 1.

B

1. 计算下列曲线积分：

(1) $\int_L 4xy^2\mathrm{d}x-3x^4\mathrm{d}y$, L 是抛物线 $y=\frac{1}{2}x^2$ 上从 $(2,2)$ 到 $(-2,2)$ 的一段弧；

(2) $\int_L (x^2+y^2)\mathrm{d}x+(x^2-y^2)\mathrm{d}y$, L 是曲线 $y=1-|1-x|$ 上从 $(0,0)$ 经过点 $(1,1)$ 到点 $(2,0)$ 的折线；

(3) $\oint_L \frac{-y\mathrm{d}x+x\mathrm{d}y}{(x^2+y^2)^{\frac{1}{2}}}$, L 是圆 $x^2+y^2=4$，逆时针方向.

2. 计算 $\int_L (x^2+y)\mathrm{d}x+(y^2+x)\mathrm{d}y$，其中 L 分别为

(1) 圆周 $x^2+y^2=1$ 上从 $(1,0)$ 到 $(0,1)$ 的第一象限部分；

(2) 直线段 $x+y=1$ 上从 $(1,0)$ 到 $(0,1)$ 的一段；

(3) 从点 $(1,0)$ 到点 $(1,1)$ 再到点 $(0,1)$ 的折线段.

3. 一平面力场的方向为 y 轴的负向，大小等于作用点横坐标的平方，求质点沿曲线 $y^2=1-x$ 从 $(0,1)$ 移动到点 $(1,0)$ 时力所做的功.

4. 设 P,Q 在 L 上连续，L 的长为 l, $M=\max\limits_{(x,y)\in L}\sqrt{P^2+Q^2}$，证明 $\left|\int_L P\mathrm{d}x+Q\mathrm{d}y\right|\leqslant lM$.

5. 在过点 $O(0,0)$ 和 $A(\pi,0)$ 的曲线弧 $y=a\sin x(a>0)$ 中，求一条曲线 L 使沿该曲线从 O 到 A 的积分 $\int_L(1+y^3)\mathrm{d}x+(2x+y)\mathrm{d}y$ 的值最小.

10.3 预习检测

10.3　格林公式及其应用

牛顿-莱布尼茨公式

$$\int_a^b F'(x)\mathrm{d}x=F(b)-F(a)$$

刻画了区间 $[a,b]$ 上函数 F 的导数 F' 的定积分与 F 在区间边界点 a,b 上函数值的某种关系.在这一节，我们把这一公式推广成平面区域 D 上的二重积分与 D 的边界曲线 ∂D 上第二类曲线积分的类似公式，即格林公式.作为其应用，给出用格林公式计算曲线积分的一些方法及平面力场是保守力场的条件.

10.3.1　格林公式

先介绍平面区域的单连通性概念及平面区域边界曲线正方向的规定.

设 D 是一个平面区域. 如果对包含于 D 中的任一封闭曲线 C，C 围成的有界区域 $D'\subset D$，就称 D 为**单连通区域**，否则称 D 是**复连通区域**. 复连通区域是内部含有洞的区域(图 10-11).

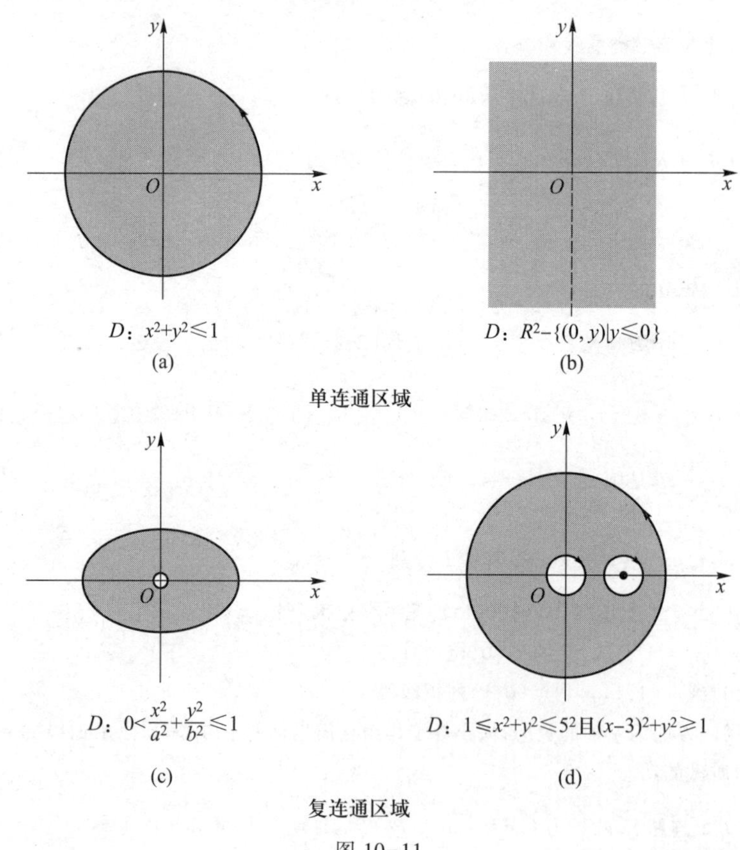

图 10-11

设 D 是平面有界闭区域, ∂D 是 D 的边界曲线. 规定 ∂D 的正方向如下:当观察者站立方向与 z 轴方向一致,沿 ∂D 的方向行走时,D 内在行走者近处的部分总在行走者的左侧.

对单连通区域 D, ∂D 的正方向是逆时针方向(图 10-11(a)).对复连通区域,外边界的正方向是逆时针方向,内部洞的边界正方向是顺时针方向(图 10-11(d)).

定理 1(格林定理) 设平面有界闭区域 D 的边界为分段光滑的闭曲线, $P(x,y)$, $Q(x,y)$ 及其一阶偏导数 $\dfrac{\partial P}{\partial y},\dfrac{\partial Q}{\partial x}$ 在 D 上连续,则

$$\iint\limits_D\left(\frac{\partial Q}{\partial x}-\frac{\partial P}{\partial y}\right)\mathrm{d}x\mathrm{d}y=\oint_{\partial D}P(x,y)\,\mathrm{d}x+Q(x,y)\,\mathrm{d}y. \tag{10-21}$$

∂D 的正方向如前所述.

公式(10-21)称为**格林(Green)公式.**

证 先设 D 既是 X-型又是 Y-型域(图 10-12(a)),这种区域称为**简单区域**.

$$\begin{aligned}D&=\{(x,y)\mid y_1(x)\leqslant y\leqslant y_2(x),a\leqslant x\leqslant b\}\\&=\{(x,y)\mid x_1(y)\leqslant x\leqslant x_2(y),c\leqslant y\leqslant d\}.\end{aligned}$$

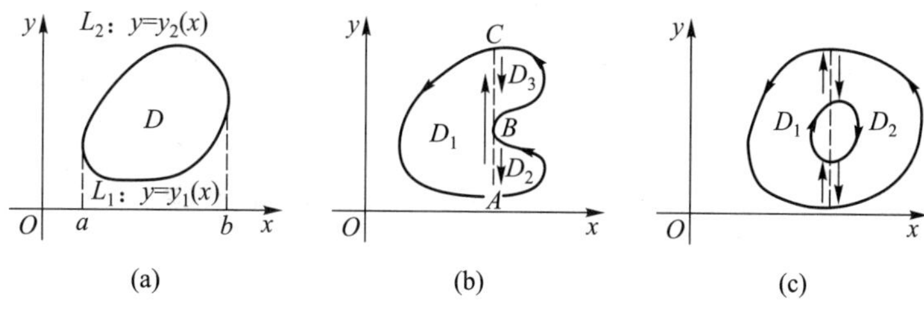

图 10-12

一方面,根据二重积分计算方法有

$$\iint\limits_D\frac{\partial P}{\partial y}\mathrm{d}x\mathrm{d}y=\int_a^b\mathrm{d}x\int_{y_1(x)}^{y_2(x)}\frac{\partial P}{\partial y}\mathrm{d}y=\int_a^b\{P[x,y_2(x)]-P[x,y_1(x)]\}\,\mathrm{d}x.$$

另一方面,由第二类曲线积分的计算公式得

$$\begin{aligned}\oint_{\partial D}P(x,y)\,\mathrm{d}x&=\int_a^bP[x,y_1(x)]\,\mathrm{d}x+\int_b^aP[x,y_2(x)]\,\mathrm{d}x\\&=-\int_a^b\{P[x,y_2(x)]-P[x,y_1(x)]\}\,\mathrm{d}x.\end{aligned}$$

因此, $-\iint\limits_D\dfrac{\partial P}{\partial y}\mathrm{d}x\mathrm{d}y=\oint_{\partial D}P(x,y)\,\mathrm{d}x$. 同理可得 $\iint\limits_D\dfrac{\partial Q}{\partial x}\mathrm{d}x\mathrm{d}y=\oint_{\partial D}Q(x,y)\,\mathrm{d}y$.

二式相加即得公式(10-21).

若区域不是简单区域,则可通过添加辅助线把 D 分成有限个简单区域,在每一部分上公式(10-21)成立,对应相加,由于在辅助线段上的积分要进行两次,且路径方向相反,相互抵消,即得所证.例如对图 10-12(b)中区域有

$$\iint_{D_1}\left(\frac{\partial Q}{\partial x}-\frac{\partial P}{\partial y}\right)\mathrm{d}x\mathrm{d}y=\left(\int_{\widehat{CA}}+\int_{\overrightarrow{AB}}+\int_{\overrightarrow{BC}}\right)P\mathrm{d}x+Q\mathrm{d}y,$$

$$\iint_{D_2}\left(\frac{\partial Q}{\partial x}-\frac{\partial P}{\partial y}\right)\mathrm{d}x\mathrm{d}y=\left(\int_{\widehat{AB}}+\int_{\overrightarrow{BA}}\right)P\mathrm{d}x+Q\mathrm{d}y,$$

$$\iint_{D_3}\left(\frac{\partial Q}{\partial x}-\frac{\partial P}{\partial y}\right)\mathrm{d}x\mathrm{d}y=\left(\int_{\widehat{BC}}+\int_{\overrightarrow{CB}}\right)P\mathrm{d}x+Q\mathrm{d}y.$$

对应相加,由积分的性质即得公式(10-21).

对图 10-12(c)中区域,可添加辅助线化成图 10-12(b)中区域之情形,注意到相加时沿辅助线来回的曲线积分相互抵消,等等.总之,公式(10-21)成立.

在格林公式中令 $P=-y, Q=x$ 可得用第二类曲线积分计算平面区域面积的公式:

$$A=\iint_D\mathrm{d}x\mathrm{d}y=\frac{1}{2}\oint_{\partial D}x\mathrm{d}y-y\mathrm{d}x. \tag{10-22}$$

例 1 求椭圆 $\frac{x^2}{a^2}+\frac{y^2}{b^2}\leqslant 1$ 的面积.

解 $A=\frac{1}{2}\oint_{\partial D}x\mathrm{d}y-y\mathrm{d}x$

$$\xlongequal[y=b\sin t]{x=a\cos t}\frac{1}{2}\int_0^{2\pi}(a\cos t\cdot b\cos t-b\sin t\cdot(-a\sin t))\mathrm{d}t$$

$$=\frac{1}{2}\int_0^{2\pi}ab\mathrm{d}t=\pi ab.$$

例 2 设 L 为一条不经过原点的分段光滑简单闭曲线,计算 $\oint_L\frac{x\mathrm{d}y-y\mathrm{d}x}{x^2+y^2}$,$L$ 为逆时针方向.

解 在 $\mathbf{R}^2-\{(0,0)\}$ 上 P,Q 及 $\frac{\partial Q}{\partial x},\frac{\partial P}{\partial y}$ 连续,且 $\frac{\partial Q}{\partial x}=\frac{y^2-x^2}{(x^2+y^2)^2}=\frac{\partial P}{\partial y}$,设 L 所围区域为 D.

当 $(0,0)\notin D$ 时,由格林公式得

$$\oint_L\frac{x\mathrm{d}y-y\mathrm{d}x}{x^2+y^2}=0.$$

当 $(0,0)\in D$ 时,取 $\varepsilon>0$ 充分小,作圆 $l: x^2+y^2=\varepsilon^2$ 使其在 D 内部(图 10-13),且取 l 逆时针方向,则在 $L+l^-$ 所围成的复连通区域 D' 上,满足格林定理条件,得

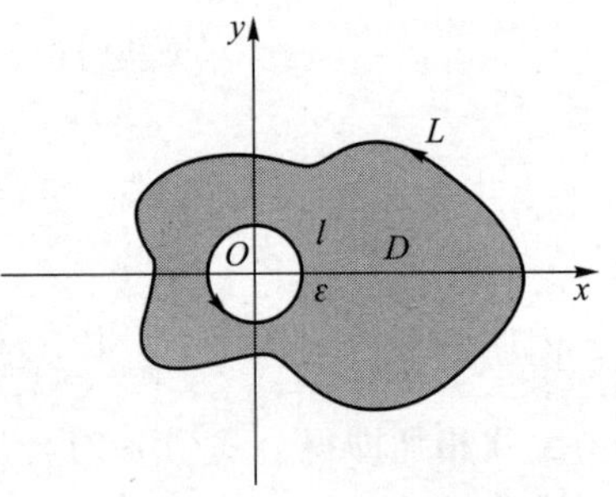

图 10-13

$$\oint_{L+l^-}\frac{x\mathrm{d}y-y\mathrm{d}x}{x^2+y^2}=\iint_{D'}\left(\frac{\partial Q}{\partial x}-\frac{\partial P}{\partial y}\right)\mathrm{d}x\mathrm{d}y=0.$$

从而

$$\oint_L\frac{x\mathrm{d}y-y\mathrm{d}x}{x^2+y^2}=-\oint_{l^-}\frac{x\mathrm{d}y-y\mathrm{d}x}{x^2+y^2}=\oint_l\frac{x\mathrm{d}y-y\mathrm{d}x}{x^2+y^2}$$

$$\xlongequal[\substack{x=\varepsilon\cos t\\ y=\varepsilon\sin t}]{t:0\to 2\pi}\int_0^{2\pi}\frac{\varepsilon\cos t\cdot\varepsilon\cos t-\varepsilon\sin t\cdot(-\varepsilon\sin t)}{\varepsilon^2}\mathrm{d}t=2\pi.$$

例 3　计算 $\int_L(\sin^2x-y)\mathrm{d}x+(x+\mathrm{e}^{-y^2})\mathrm{d}y$，其中曲线 L 为沿 $y=\sin 2x$ 从点 $A(0,0)$ 到点 $B\left(\dfrac{\pi}{2},0\right)$ 的一段.

解　如图 10-14 所示，补充有向线段 $\overrightarrow{BA}$，则 $L+\overrightarrow{BA}$ 围成一有界闭区域 D，而 P,Q 在 D 上满足格林定理条件，得

$$\oint_{L+\overrightarrow{BA}}(\sin^2x-y)\mathrm{d}x+(x+\mathrm{e}^{-y^2})\mathrm{d}y$$

$$=-2\iint_D\mathrm{d}x\mathrm{d}y=-2\int_0^{\frac{\pi}{2}}\mathrm{d}x\int_0^{\sin 2x}\mathrm{d}y$$

$$=-2\int_0^{\frac{\pi}{2}}\sin 2x\mathrm{d}x=-2,$$

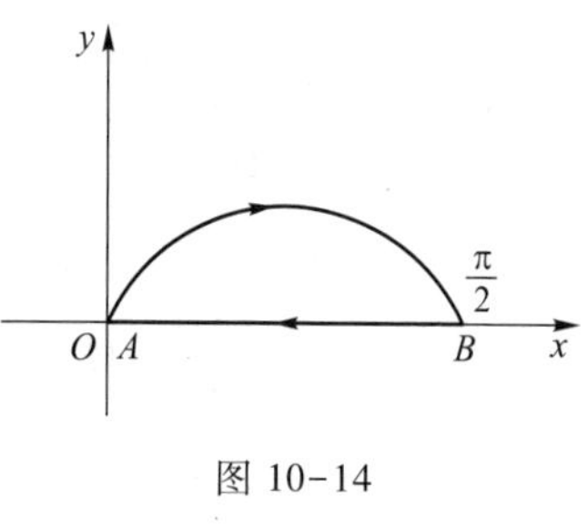

图 10-14

从而

$$\int_L(\sin^2x-y)\mathrm{d}x+(x+\mathrm{e}^{-y^2})\mathrm{d}y$$

$$=-2+\int_{\overrightarrow{AB}}(\sin^2x-y)\mathrm{d}x+(x+\mathrm{e}^{-y^2})\mathrm{d}y$$

$$=-2+\int_0^{\frac{\pi}{2}}(\sin^2x-0)\mathrm{d}x+(x+1)\mathrm{d}0$$

$$=-2+\int_0^{\frac{\pi}{2}}\sin^2x\mathrm{d}x=\frac{\pi}{4}-2.$$

请读者仔细体会例 2 与例 3 的解题思想方法.

10.3.2　平面曲线积分与路径无关的条件

设 $\boldsymbol{F}=P(x,y)\boldsymbol{i}+Q(x,y)\boldsymbol{j}$ 是区域 $D\subset\mathbf{R}^2$ 上的平面力场，点 $A,B\in D$，L_{AB} 和 L'_{AB} 是 D 内有相同起点和终点的路径，$\boldsymbol{F}$ 沿 L_{AB} 和 L'_{AB} 做的功一般不同.如果任意指定两点 $A,B\in D$ 及 D 中从点 A 到点 B 的任意两条路径 L_{AB}，L'_{AB}，都有

$$\int_{L_{AB}}\boldsymbol{F}\cdot\mathrm{d}\boldsymbol{s}=\int_{L'_{AB}}\boldsymbol{F}\cdot\mathrm{d}\boldsymbol{s}\quad 或\quad\int_{L_{AB}}P\mathrm{d}x+Q\mathrm{d}y=\int_{L'_{AB}}P\mathrm{d}x+Q\mathrm{d}y,$$

就称 $\boldsymbol{F}$ 为保守力场，并称向量值函数 $\boldsymbol{F}$ 在 D 中的第二类曲线积分 $\int_L P\mathrm{d}x+Q\mathrm{d}y$ 与**路径无关**，否则称与路径有关.关于曲线积分与路径的无关的判别，我们有

定理 2　设 D 是平面单连通区域，$P(x,y)$，$Q(x,y)$ 及其一阶偏导数在 D 内连续，则下述四个命题等价：

（ⅰ）对 D 内任一简单闭路径 L，$\oint_L P\mathrm{d}x+Q\mathrm{d}y=0$；

(ⅱ) $\int_L P\mathrm{d}x + Q\mathrm{d}y$ 在 D 内与积分路径无关；

(ⅲ) 存在二阶偏导数连续的函数 $u(x,y)$，使其全微分

$$\mathrm{d}u = P\mathrm{d}x + Q\mathrm{d}y, \forall (x,y) \in D;$$

(ⅳ) $\dfrac{\partial Q}{\partial x} = \dfrac{\partial P}{\partial y}, \forall (x,y) \in D.$

证　只需证明(ⅰ)⇒(ⅱ)⇒(ⅲ)⇒(ⅳ)⇒(ⅰ).

(ⅰ)⇒(ⅱ)　设 L_{AB} 与 L'_{AB} 是 D 中任意两条有相同起点与终点的分段光滑路径，另取一条从 B 到 A 且与 L_{AB}，L'_{AB} 除端点外都不相交的分段光滑路径 L''_{BA}（图 10-15），则 $L_{AB}+L''_{BA}$，$L'_{AB}+L''_{BA}$ 形成简单闭路径.由(ⅰ)得

$$\oint_{L_{AB}+L''_{BA}} P\mathrm{d}x + Q\mathrm{d}y = 0, \quad \oint_{L'_{AB}+L''_{BA}} P\mathrm{d}x + Q\mathrm{d}y = 0,$$

从而

$$\int_{L_{AB}} P\mathrm{d}x + Q\mathrm{d}y = -\int_{L''_{BA}} P\mathrm{d}x + Q\mathrm{d}y = \int_{L'_{AB}} P\mathrm{d}x + Q\mathrm{d}y.$$

所以，沿任意两条路径 L_{AB}，L'_{AB} 的曲线积分值相等，即曲线积分 $\int_L P\mathrm{d}x + Q\mathrm{d}y$ 在 D 内与路径无关.

(ⅱ)⇒(ⅲ)　取定点 $A(x_0,y_0) \in D$，再任取点 $B(x,y) \in D$. 由 D 连通，存在 D 中连接 A，B 的分段光滑曲线 L_{AB}，由于曲线积分与路径无关，可定义

$$u(x,y) = \int_{L_{AB}} P\mathrm{d}x + Q\mathrm{d}y = \int_{(x_0,y_0)}^{(x,y)} P(x,y)\mathrm{d}x + Q(x,y)\mathrm{d}y, \tag{10-23}$$

当起点 $A(x_0,y_0)$ 固定时，这个积分值取决于终点 $B(x,y)$，$u(x,y)$ 由 (x,y) 唯一确定，因此，它是 D 上的二元函数.

下面来证明这个函数 $u(x,y)$ 的全微分就是 $P(x,y)\mathrm{d}x + Q(x,y)\mathrm{d}y$. 因为 $P(x,y)$，$Q(x,y)$ 都是连续的，因此只要证明

$$\frac{\partial u}{\partial x} = P(x,y), \quad \frac{\partial u}{\partial y} = Q(x,y).$$

按偏导数定义，有

$$\frac{\partial u}{\partial x} = \lim_{\Delta x \to 0} \frac{u(x+\Delta x,y) - u(x,y)}{\Delta x}.$$

取 Δx 充分小，使点 $C(x+\Delta x,y) \in D$，利用曲线积分计算法和定积分的中值定理，有（图 10-16）

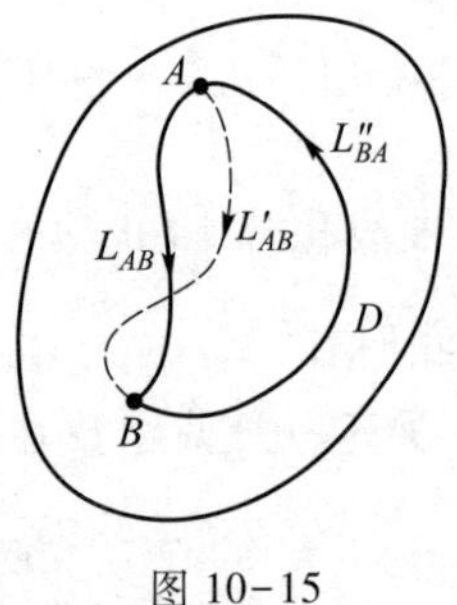

图 10-15

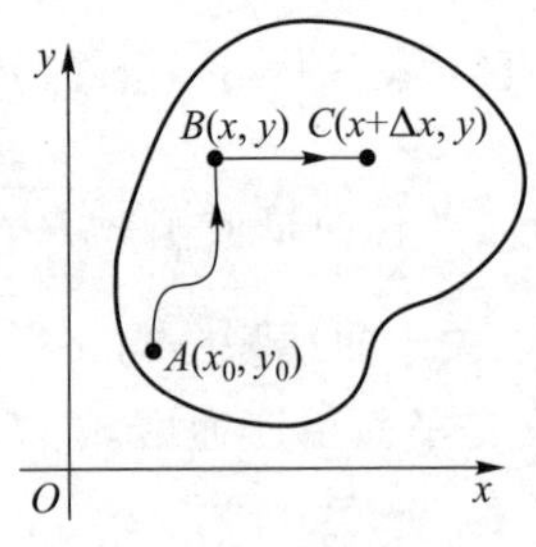

图 10-16

$$u(x+\Delta x,y)-u(x,y)=\int_{L_{AB}+\overrightarrow{BC}}P\mathrm{d}x+Q\mathrm{d}y-\int_{L_{AB}}P\mathrm{d}x+Q\mathrm{d}y$$
$$=\int_{\overrightarrow{BC}}P\mathrm{d}x+Q\mathrm{d}y$$
$$=\int_{x}^{x+\Delta x}P(x,y)\mathrm{d}x=P(x+\theta\Delta x,y)\Delta x,0<\theta<1.$$

于是

$$\frac{u(x+\Delta x,y)-u(x,y)}{\Delta x}=P(x+\theta\Delta x,y),$$

令 $\Delta x\to 0$，由 $P(x,y)$ 连续性可得，$\frac{\partial u}{\partial x}=P(x,y)$，同理可证，$\frac{\partial u}{\partial y}=Q(x,y)$. 由 $P(x,y)$，$Q(x,y)$ 的一阶偏导数连续可知，$u(x,y)$ 的二阶偏导数连续.

（ⅲ）⇒（ⅳ）　设 $\mathrm{d}u=P\mathrm{d}x+Q\mathrm{d}y$，则

$$\frac{\partial u}{\partial x}=P,\quad \frac{\partial u}{\partial y}=Q.$$

从而

$$\frac{\partial P}{\partial y}=\frac{\partial^2 u}{\partial x\partial y}=\frac{\partial^2 u}{\partial y\partial x}=\frac{\partial Q}{\partial x}.$$

（ⅳ）⇒（ⅰ）　设 L 是 D 内任一简单闭路径，则

$$\oint_L P\mathrm{d}x+Q\mathrm{d}y=\pm\iint_{D'}\left(\frac{\partial Q}{\partial x}-\frac{\partial P}{\partial y}\right)\mathrm{d}\sigma=0,$$

此处，D' 是 L 所围区域，$D'\subset D$.

证毕.

注　定理中条件（ⅳ）是比较容易验证的条件.（ⅲ）中函数 $u(x,y)$ 称为表达式 $P\mathrm{d}x+Q\mathrm{d}y$ 的**原函数**.当定理条件满足时，可写式（10-23）为

$$u(x,y)=\int_{(x_0,y_0)}^{(x,y)}P(x,y)\mathrm{d}x+Q(x,y)\mathrm{d}y$$
$$\xlongequal{\text{沿}\overrightarrow{AB}+\overrightarrow{BC}}\int_{x_0}^{x}P(x,y_0)\mathrm{d}x+\int_{y_0}^{y}Q(x,y)\mathrm{d}y$$
$$\xlongequal{\text{沿}\overrightarrow{AD}+\overrightarrow{DC}}\int_{x_0}^{x}P(x,y)\mathrm{d}x+\int_{y_0}^{y}Q(x_0,y)\mathrm{d}y.\tag{10-24}$$

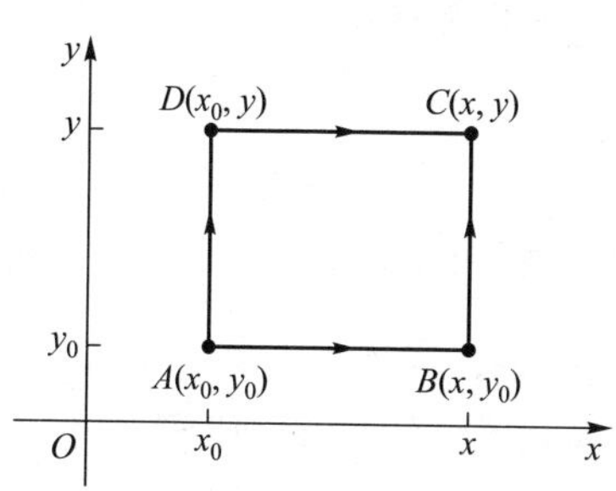

图 10-17

因为公式（10-24）中的曲线积分与路径无关，为计算简便起见，可以选择平行于坐标轴的直线段连成折线 ABC 或 ADC 作为积分路径（图 10-17），当然要假定这些折线完全位于 D 内.

#例 4　求表达式 $(3x^2-6xy)\mathrm{d}x+(3y^2-3x^2)\mathrm{d}y$ 的原函数.

证　$P(x,y)=3x^2-6xy,Q(x,y)=3y^2-3x^2$，由于

$$\frac{\partial P}{\partial y}=-6x,\quad \frac{\partial Q}{\partial x}=-6x,\quad \frac{\partial P}{\partial y}=\frac{\partial Q}{\partial x}.$$

下面求 $P\mathrm{d}x+Q\mathrm{d}y$ 的原函数 $u(x,y)$，也称为**全微分求积**问题.

解法一(用曲线积分法) 由定理 2 的证明过程可见,由曲线积分定义的函数

$$\boldsymbol{\Phi}(x,y)=\int_{(0,0)}^{(x,y)}(3x^2-6xy)\mathrm{d}x+(3y^2-3x^2)\mathrm{d}y$$

是 $\boldsymbol{F}$ 的一个势函数,由于积分与路径无关,可按路径 $O(0,0)\to A(x,0)\to(x,y)$ 积分,得

$$\boldsymbol{\Phi}(x,y)=\int_0^x 3x^2\mathrm{d}x+\int_0^y(3y^2-3x^2)\mathrm{d}y=x^3+y^3-3x^2y.$$

因此,原函数的一般形式是

$$u(x,y)=x^3+y^3-3x^2y+C.$$

解法二(用偏积分法) 要求的原函数 $u(x,y)$ 满足

$\frac{\partial u}{\partial x}=P(x,y)=3x^2-6xy,\frac{\partial u}{\partial y}=Q(x,y)=3y^2-3x^2$，因此，

$$u(x,y)=\int\frac{\partial u}{\partial x}\mathrm{d}x=\int(3x^2-6xy)\mathrm{d}x\xlongequal{\text{视 }y\text{ 为常数}}x^3-3x^2y+\varphi(y).$$

$\varphi(y)$ 是一个关于 y 的待定可导函数,再由 $\frac{\partial u}{\partial y}=Q(x,y)$，得

$$-3x^2+\varphi'(y)=3y^2-3x^2,\text{ 从而 }\varphi'(y)=3y^2,$$

积分得

$$\varphi(y)=\int 3y^2\mathrm{d}y=y^3+C.$$

因此

$$u(x,y)=x^3-3x^2y+y^3+C.$$

如果曲线积分与路径无关,就可以用原函数来计算曲线积分. 设

$$I=\int_{(x_0,y_0)}^{(x,y)}P\mathrm{d}x+Q\mathrm{d}y$$

与路径无关，$u(x,y)$ 是 $P\mathrm{d}x+Q\mathrm{d}y$ 的原函数,则由于积分 $\boldsymbol{\Phi}(x,y)=\int_{(x_0,y_0)}^{(x,y)}P\mathrm{d}x+Q\mathrm{d}y$ 也是一个原函数,有 $\boldsymbol{\Phi}(x,y)=u(x,y)+C$. 由 $\boldsymbol{\Phi}(x_0,y_0)=0$,得 $C=-u(x_0,y_0)$,从而 $\boldsymbol{\Phi}(x_1,y_1)=u(x_1,y_1)-u(x_0,y_0)$,即得

$$\int_{(x_0,y_0)}^{(x_1,y_1)}P\mathrm{d}x+Q\mathrm{d}y=u(x_1,y_1)-u(x_0,y_0)=u(x,y)\Big|_{(x_0,y_0)}^{(x_1,y_1)}.\tag{10-25}$$

在定积分中,有牛顿-莱布尼茨公式

$$\int_a^b\mathrm{d}F(x)=F(b)-F(a)=F(x)\Big|_a^b.$$

公式(10-25)与此类似.

例如,由例 4 可得

$$\int_{(0,0)}^{(1,1)}(3x^2-6xy)\mathrm{d}x+(3y^2-3x^2)\mathrm{d}y=(x^3+y^3-3x^2y)\Big|_{(0,0)}^{(1,1)}=-1.$$

例 5 设曲线积分 $\int_L[f(x)-\mathrm{e}^x]\sin y\mathrm{d}x-f(x)\cos y\mathrm{d}y$ 与路径无关,其中 $f(x)$ 具有一阶连续导数,且 $f(0)=0$, 求 $f(x)$.

微课
10.3 节例 5

解 $P=[f(x)-\mathrm{e}^x]\sin y,Q=-f(x)\cos y$, 令

$$\frac{\partial Q}{\partial x}=-f'(x)\cos y=[f(x)-\mathrm{e}^x]\cos y=\frac{\partial P}{\partial y},$$

得

$$f'(x)+f(x)=\mathrm{e}^x.$$

这是一个一阶线性微分方程.

$$f(x)=\mathrm{e}^{-\int\mathrm{d}x}\left(\int\mathrm{e}^x\cdot\mathrm{e}^{\int\mathrm{d}x}\mathrm{d}x+C\right)=\mathrm{e}^{-x}\left(\frac{1}{2}\mathrm{e}^{2x}+C\right)=\frac{1}{2}\mathrm{e}^x+\mathrm{e}^{-x}C.$$

由条件 $f(0)=0$, 得 $C=-\frac{1}{2}$, 故

$$f(x)=\frac{1}{2}(\mathrm{e}^x-\mathrm{e}^{-x})=\mathrm{sh}\,x.$$

***例 6** 行星运动的开普勒(Kepler)第二定律:太阳到行星的向径在相等的时间内扫过相等的面积.从牛顿运动定律和万有引力定律导出开普勒定律是微积分成功应用的范例之一.

下面我们用微分法与积分法两种方法导出开普勒第二定律,即设行星的径向量扫过的面积为 $A(t)$, 则 $\frac{\mathrm{d}A(t)}{\mathrm{d}t}=$ 常数.

微分法 先给出极坐标平面上曲线运动的极坐标表示,如图 10-18(a)所示.在曲线上任取一点 $P(r,\theta)$, 设

$$\boldsymbol{u}_r=(\cos\theta)\boldsymbol{i}+(\sin\theta)\boldsymbol{j},\boldsymbol{u}_\theta=-(\sin\theta)\boldsymbol{i}+(\cos\theta)\boldsymbol{j}$$

是 $P(r,\theta)$ 处随点一起运动的单位向量,$\boldsymbol{u}_r$ 指向 $\overrightarrow{OP}$ 的方向,从而 $\boldsymbol{r}=r\boldsymbol{u}_r$,$\boldsymbol{u}_\theta$ 垂直于 $\boldsymbol{u}_r$, 指向 θ 增加的方向,则 $\boldsymbol{u}_r\times\boldsymbol{u}_\theta=\boldsymbol{k}$, 且

$$\frac{\mathrm{d}\boldsymbol{u}_r}{\mathrm{d}\theta}=-(\sin\theta)\boldsymbol{i}+(\cos\theta)\boldsymbol{j}=\boldsymbol{u}_\theta,\frac{\mathrm{d}\boldsymbol{u}_\theta}{\mathrm{d}\theta}=-(\cos\theta)\boldsymbol{i}-(\sin\theta)\boldsymbol{j}=-\boldsymbol{u}_r.$$

于是速度

$$\boldsymbol{v}=\frac{\mathrm{d}\boldsymbol{r}}{\mathrm{d}t}=\frac{\mathrm{d}}{\mathrm{d}t}(r\boldsymbol{u}_r)=\frac{\mathrm{d}r}{\mathrm{d}t}\boldsymbol{u}_r+r\frac{\mathrm{d}\boldsymbol{u}_r}{\mathrm{d}t}=\frac{\mathrm{d}r}{\mathrm{d}t}\boldsymbol{u}_r+r\frac{\mathrm{d}\boldsymbol{u}_r}{\mathrm{d}\theta}\frac{\mathrm{d}\theta}{\mathrm{d}t}=\frac{\mathrm{d}r}{\mathrm{d}t}\boldsymbol{u}_r+r\frac{\mathrm{d}\theta}{\mathrm{d}t}\boldsymbol{u}_\theta.$$

在 10.1 节例 2 中用向量值函数微分法已推得:如果 $\boldsymbol{r}$ 表示从太阳中心到行星中心的径向量,那么 $\boldsymbol{r}\times\frac{\mathrm{d}\boldsymbol{r}}{\mathrm{d}t}=p\boldsymbol{k}$, 从而

$$\begin{aligned}p\boldsymbol{k}&=\boldsymbol{r}\times\frac{\mathrm{d}\boldsymbol{r}}{\mathrm{d}t}=\boldsymbol{r}\times\boldsymbol{v}=r\boldsymbol{u}_r\times\left(\frac{\mathrm{d}r}{\mathrm{d}t}\boldsymbol{u}_r+r\frac{\mathrm{d}\theta}{\mathrm{d}t}\boldsymbol{u}_\theta\right)\\&=r\frac{\mathrm{d}r}{\mathrm{d}t}\boldsymbol{u}_r\times\boldsymbol{u}_r+r^2\frac{\mathrm{d}\theta}{\mathrm{d}t}\boldsymbol{u}_r\times\boldsymbol{u}_\theta=r^2\frac{\mathrm{d}\theta}{\mathrm{d}t}\boldsymbol{k},\end{aligned}$$

由此可见

$$r^2\frac{\mathrm{d}\theta}{\mathrm{d}t}=p=\text{常数}.$$

另一方面,在极坐标系里,面积函数 $A(t)$ 的微分是 $\mathrm{d}A=\frac{1}{2}r^2\mathrm{d}\theta$, 从而得到

$$\frac{\mathrm{d}A}{\mathrm{d}t}=\frac{1}{2}r^2\frac{\mathrm{d}\theta}{\mathrm{d}t}=\frac{1}{2}p=\text{常数}.$$

对地球而言, $\frac{\mathrm{d}A}{\mathrm{d}t}\approx 2.25\times 10^9(\mathrm{km}^2/\mathrm{s})$.

积分法　当行星沿椭圆轨道从 $B(x_0,y_0)$ 运动到 $D(x,y)$ 时,如图 10-18(b)所示,向径 $\boldsymbol{r}=\overrightarrow{OB}$ 所扫过的面积 $A(t)$ 可表示为

$$A(t)=\frac{1}{2}\oint_{OBDO}(x\mathrm{d}y-y\mathrm{d}x)=\left(\int_{\overrightarrow{OB}}+\int_{\widehat{BD}}+\int_{\overrightarrow{DO}}\right)\frac{1}{2}(x\mathrm{d}y-y\mathrm{d}x).$$

$\overrightarrow{OB}:y=\frac{y_0}{x_0}x,x$: 从 0 变到 x_0, 所以

$$\int_{\overrightarrow{OB}}(x\mathrm{d}y-y\mathrm{d}x)=\int_0^{x_0}\left(x\frac{y_0}{x_0}\mathrm{d}x-\frac{y_0}{x_0}x\mathrm{d}x\right)=0.$$

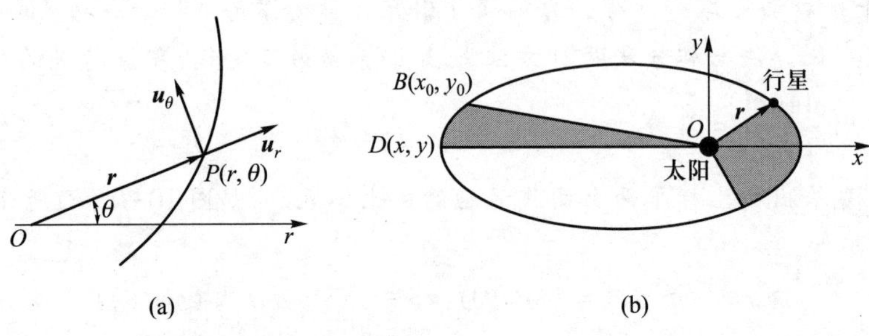

图 10-18

同理可得 $\int_{\overrightarrow{DO}}(x\mathrm{d}y-y\mathrm{d}x)=0.$

设 $\boldsymbol{r}(t)=x(t)\boldsymbol{i}+y(t)\boldsymbol{j}$, 则

$$p\boldsymbol{k}=\boldsymbol{r}\times\frac{\mathrm{d}\boldsymbol{r}}{\mathrm{d}t}=(x(t)\boldsymbol{i}+y(t)\boldsymbol{j})\times\left(\frac{\mathrm{d}x}{\mathrm{d}t}\boldsymbol{i}+\frac{\mathrm{d}y}{\mathrm{d}t}\boldsymbol{j}\right)=\left(x\frac{\mathrm{d}y}{\mathrm{d}t}-y\frac{\mathrm{d}x}{\mathrm{d}t}\right)\boldsymbol{k},$$

即得

$$p=x\frac{\mathrm{d}y}{\mathrm{d}t}-y\frac{\mathrm{d}x}{\mathrm{d}t},$$

从而

$$\begin{aligned}A(t)&=\frac{1}{2}\int_{\widehat{BD}}(x\mathrm{d}y-y\mathrm{d}x)=\frac{1}{2}\int_{t_0}^{t}\left(x\frac{\mathrm{d}y}{\mathrm{d}t}-y\frac{\mathrm{d}x}{\mathrm{d}t}\right)\mathrm{d}t\\&=\frac{1}{2}\int_{t_0}^{t}p\mathrm{d}t=\frac{p}{2}(t-t_0),\end{aligned}$$

因此

$$\frac{\mathrm{d}A}{\mathrm{d}t}=\frac{p}{2}.$$

如果用 T 记行星绕太阳运行的周期，椭圆的长半轴为 a，短半轴为 b，则椭圆面积

$$\pi ab=A(T+t)-A(t)=\frac{1}{2}p(T+t-t_0)-\frac{1}{2}p(t-t_0)=\frac{1}{2}pT,$$

可求得

$$T=\frac{2\pi ab}{p}\quad 或\quad p=\frac{2\pi ab}{T}.$$

习题 10.3

A

1. 利用曲线积分计算下列曲线所围图形的面积：

(1) 摆线 $x=a(t-\sin t),y=a(1-\cos t),0\leqslant t\leqslant 2\pi$，及 x 轴上 0 到 $2\pi a$ 之间的一段线段围成的图形；

(2) 星形线 $x=a\cos^3 t,y=a\sin^3 t$ 所围区域；

(3) 曲线 $y=\sin x,0\leqslant x\leqslant\pi$ 及 x 轴所围曲边梯形.

2. 利用格林公式计算下列曲线积分：

(1) $\oint_L x^2y\mathrm{d}x+\frac{1}{3}x^3\mathrm{d}y$，$L$ 是 $y^2=x$ 与 $x=1$ 所围成的闭路径；

(2) $\int_{(1,2)}^{(3,4)}(6xy^2-y^3)\mathrm{d}x+(6x^2y-3xy^2)\mathrm{d}y$；

(3) $\int_L(x^2-y)\mathrm{d}x-(x+\sin^2 y)\mathrm{d}y$，其中 L 是圆周 $y=\sqrt{2x-x^2}$ 上由点 $(0,0)$ 到 $(1,1)$ 的一段弧.

3. 计算积分 $\oint_L\frac{y\mathrm{d}x-x\mathrm{d}y}{x^2+y^2}$，$L:(x-1)^2+y^2=2$，逆时针方向.

4. 求下列全微分表达式 $P\mathrm{d}x+Q\mathrm{d}y$ 的原函数：

(1) $2xy\mathrm{d}x+x^2\mathrm{d}y$；　(2) $(3x^2y+8xy^2)\mathrm{d}x+(x^3+8x^2y+12y\mathrm{e}^y)\mathrm{d}y$.

5. 设函数 $f(x)$ 在 $(-\infty,+\infty)$ 内具有一阶连续偏导数，L 是上半平面 $(y>0)$ 内的有向分段光滑曲线，其起点为 (a,b)，终点为 (c,d)，记

$$I=\int_L\frac{1}{y}[1+y^2f(xy)]\mathrm{d}x+\frac{x}{y^2}[y^2f(xy)-1]\mathrm{d}y.$$

(1) 证明曲线积分 I 与路径 L 无关；(2) 当 $ab=cd$ 时，求 I 的值.

B

1. 计算下列积分：

(1) $\int_L(x^2+\sin y)\mathrm{d}x+x\cos y\mathrm{d}y$，$L$ 是从 $A(0,0)$ 沿摆线 $x=a(t-\sin t),y=a(1-\cos t)$ 到 $B(2\pi a,0)$ 的曲线弧；

(2) $I=\int_L\frac{-y\mathrm{d}x+x\mathrm{d}y}{x^2+4y^2}$，$L$ 是以 $(1,0)$ 为中心，R 为半径的圆周，逆时针方向 $(R\neq 1)$.

2. 设曲线积分 $\int_L xy^2\mathrm{d}x+\varphi(x)y\mathrm{d}y$ 与路径无关，其中 $\varphi(x)$ 的导数连续，且 $\varphi(0)=0$，计算

$$\int_{(0,0)}^{(1,1)} xy^2\mathrm{d}x + \varphi(x)y\mathrm{d}y.$$

3. 计算积分 $\int_L (\mathrm{e}^x\sin y - y)\mathrm{d}x + (\mathrm{e}^x\cos y - 1)\mathrm{d}y$, 其中 L 是由 $A(2a,0)$ 到 $O(0,0)$ 的上半圆周 $(x-a)^2 + y^2 = a^2$ 上的一段弧 $(a > 0)$.

4. 证明定理 2 中条件(ⅰ)和(ⅳ)的等价性.

10.4 预习检测

10.4 第二类曲面积分的概念与计算

10.4.1 有向曲面

设 Σ 是空间的一片光滑曲面,则 Σ 上除边界点以外的每一点 P 处都有切平面,P 处的法线有互为相反方向的两个方向向量,一个记为 $\boldsymbol{n}_P$,则另一个为 $-\boldsymbol{n}_P$.规定其中一个为 Σ 在 P 处的**正法向量**,另一个即为**负法向量**.

如果对 Σ 内每个点 P_0,从 P_0 出发的点 P 在 Σ 内沿任一条不与 Σ 的边界相交的曲线 C 连续移动而回到 P_0 时,正法向量 $\boldsymbol{n}_P$ 连续转动回到 $\boldsymbol{n}_{P_0}$,就称 Σ 为一个双侧曲面(或称 Σ 是可定向曲面)(图 10-19).双侧曲面连同其上确定的正法向量 $\boldsymbol{n}_P$ 指向的一侧称为 Σ 的**正侧**,Σ 连同 $-\boldsymbol{n}_P$ 指向的一侧则称为**负侧**,记为 Σ^-.规定了正负侧的曲面称为**有向曲面**.曲面的侧由所讨论的问题确定.

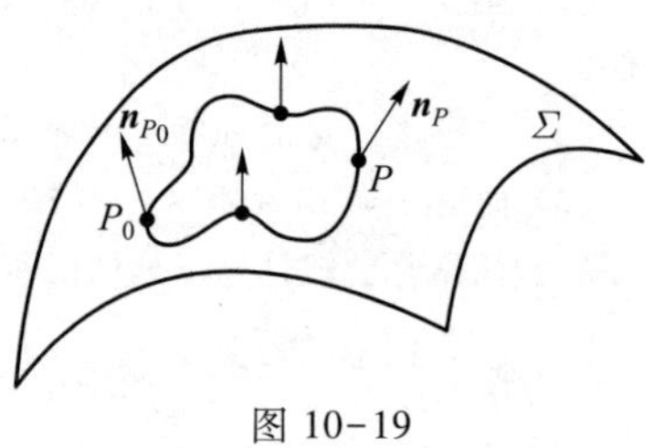

图 10-19

光滑或分片光滑的封闭曲面是双侧曲面,有内侧与外侧之分,一般把外侧取为正侧.例如,球面、长方体表面等;由函数 $z=z(x,y),(x,y)\in D$ 定义的光滑曲面是双侧曲面,法向量 $\boldsymbol{n}=(-z_x,-z_y,1)$ 与 z 轴正向的夹角为锐角,$\boldsymbol{n}$ 指向的一侧称为上侧,$-\boldsymbol{n}=(z_x,z_y,-1)$ 与 z 轴正向的夹角为钝角,$-\boldsymbol{n}$ 指向的一侧为下侧.

我们指出,任一条光滑曲线弧都可定向,但是内部各点都光滑的曲面是单侧曲面,按上述方法不能定向.经典例子是默比乌斯带,其构造及不可定向性如图 10-20 所示.

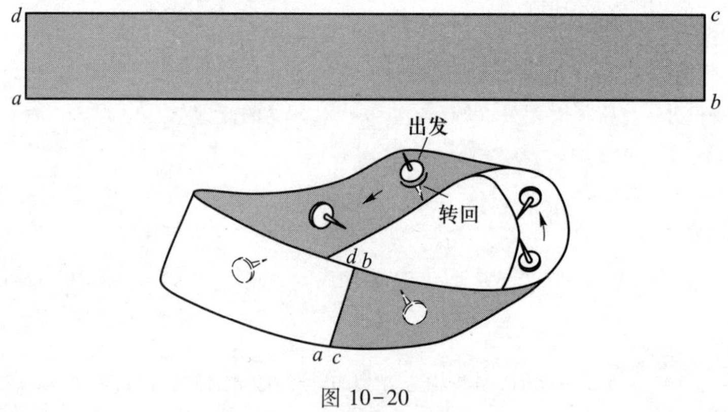

图 10-20

考虑曲面的方向是基于下面一类实际问题的需要.

10.4.2 流过曲面的流量

问题 设有稳定流动(即流速不随时间变化)的不可压缩流体(即密度均匀,可设 $\rho = 1$)穿过光滑曲面 Σ,从 Σ 的一侧流向另一侧,流体流速为连续向量值函数

$$\boldsymbol{v}(x,y,z)=P(x,y,z)\boldsymbol{i}+Q(x,y,z)\boldsymbol{j}+R(x,y,z)\boldsymbol{k},$$

求流量 Φ(即单位时间内流过 Σ 的流体的质量 Φ).

解 如果 Σ 是一平面有界闭区域,Σ 的正侧单位法向量为 $\boldsymbol{n}$,$\boldsymbol{v}$ 是常流速,则(图 10-21(a))

$$\Phi = S\,|\boldsymbol{v}|\,|\boldsymbol{n}|\cos(\widehat{\boldsymbol{v},\boldsymbol{n}})=\boldsymbol{v}\cdot\boldsymbol{n}S \qquad (S \text{ 是 } \Sigma \text{ 的面积})$$

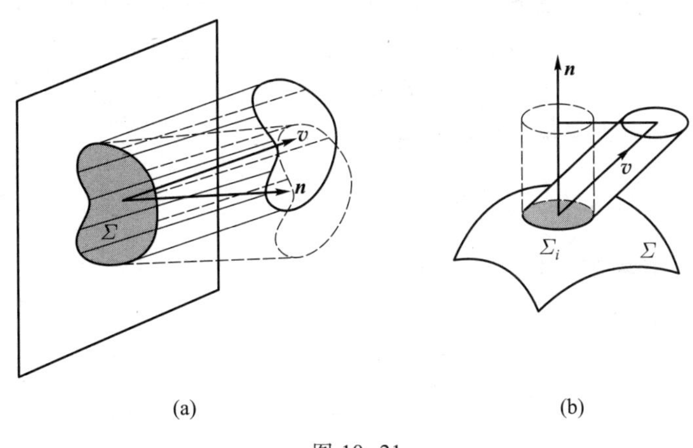

(a) (b)

图 10-21

是以 Σ 为底,$|\boldsymbol{v}|$为斜高的斜柱体体积.

现在问题是 $\boldsymbol{v}(x,y,z)$ 是变速场,Σ 一般是弯曲的有向曲面.

我们仍然可以用积分的思想方法,即分割、近似、求和、取极限的四个步骤来解决这个问题.

将 Σ 任意地分成 n 个小片 $\Sigma_1,\Sigma_2,\cdots,\Sigma_n$,$\Sigma_i$ 的面积记为 ΔS_i,由于 $\boldsymbol{v}(x,y,z)$ 连续,Σ 光滑,Σ_i 都很小时,可把 Σ_i 近似地看成平面片.在 Σ_i 上任取一点 (ξ_i,η_i,ζ_i),以常流速 $\boldsymbol{v}(\xi_i,\eta_i,\zeta_i)=P(\xi_i,\eta_i,\zeta_i)\boldsymbol{i}+Q(\xi_i,\eta_i,\zeta_i)\boldsymbol{j}+R(\xi_i,\eta_i,\zeta_i)\boldsymbol{k}$ 代替 Σ_i 上其他各点处的流速向量,用 $\boldsymbol{n}(\xi_i,\eta_i,\zeta_i)=\cos\alpha_i\boldsymbol{i}+\cos\beta_i\boldsymbol{j}+\cos\gamma_i\boldsymbol{k}$ 代替 Σ_i 上各点处的单位法向量(图 10-21(b)),则流过 Σ_i 的流量

$$\Delta\Phi_i \approx \boldsymbol{v}(\xi_i,\eta_i,\zeta_i)\cdot\boldsymbol{n}(\xi_i,\eta_i,\zeta_i)\Delta S_i.$$

于是,流过 Σ 的流量

$$\begin{aligned}\Phi &\approx \sum_{i=1}^{n}\boldsymbol{v}(\xi_i,\eta_i,\zeta_i)\cdot\boldsymbol{n}(\xi_i,\eta_i,\zeta_i)\Delta S_i\\ &=\sum_{i=1}^{n}(P(\xi_i,\eta_i,\zeta_i)\cos\alpha_i+Q(\xi_i,\eta_i,\zeta_i)\cos\beta_i+R(\xi_i,\eta_i,\zeta_i)\cos\gamma_i)\Delta S_i.\end{aligned}$$

令小曲面的直径最大者 $\lambda=\max\limits_{1\leqslant i\leqslant n}\{d(\Delta\Sigma_i)\}$,当 $\lambda\to 0$ 时,由第一类曲面积分的定义可得流量

$$\Phi = \lim_{\lambda\to 0}\sum_{i=1}^{n}(P(\xi_i,\eta_i,\zeta_i)\cos\alpha_i + Q(\xi_i,\eta_i,\zeta_i)\cos\beta_i + R(\xi_i,\eta_i,\zeta_i)\cos\gamma_i)\Delta S_i$$
$$= \iint_{\Sigma}(P(x,y,z)\cos\alpha + Q(x,y,z)\cos\beta + R(x,y,z)\cos\gamma)\,\mathrm{d}S,$$

其中 $\cos\alpha,\cos\beta,\cos\gamma$ 是曲面 Σ 在点 (x,y,z) 处的正法向量 $\boldsymbol{n}(x,y,z)$ 的方向余弦.

10.4.3　第二类曲面积分的定义与性质

上述第一类曲面积分显然与 Σ 的方向有关.我们把这种特殊的第一类曲面积分称为第二类曲面积分,即

微课
第二类曲面积分定义

定义　设 Σ 是光滑有向曲面,$\boldsymbol{n}(x,y,z)=\cos\alpha\boldsymbol{i}+\cos\beta\boldsymbol{j}+\cos\gamma\boldsymbol{k}$ 为 Σ 上正侧的单位法向量.

$$\boldsymbol{F}(x,y,z)=P(x,y,z)\boldsymbol{i}+Q(x,y,z)\boldsymbol{j}+R(x,y,z)\boldsymbol{k}$$

是 Σ 上的有界向量值函数.称第一类曲面积分(如果存在)

$$\iint_{\Sigma}(P(x,y,z)\cos\alpha + Q(x,y,z)\cos\beta + R(x,y,z)\cos\gamma)\,\mathrm{d}S = \iint_{\Sigma}\boldsymbol{F}\cdot\boldsymbol{n}\,\mathrm{d}S$$

为 $\boldsymbol{F}$ 在 Σ 上的**第二类曲面积分**,记为 $\iint_{\Sigma}\boldsymbol{F}\cdot\mathrm{d}\boldsymbol{S}$, 即

$$\iint_{\Sigma}\boldsymbol{F}\cdot\mathrm{d}\boldsymbol{S} = \iint_{\Sigma}\boldsymbol{F}\cdot\boldsymbol{n}\,\mathrm{d}S$$
$$= \iint_{\Sigma}[P(x,y,z)\cos\alpha + Q(x,y,z)\cos\beta + R(x,y,z)\cos\gamma]\,\mathrm{d}S, \tag{10-26}$$

其中 $\mathrm{d}\boldsymbol{S}=\boldsymbol{n}\mathrm{d}S$ 称为**有向面积元素**,Σ 为积分曲面.

当 Σ 为封闭曲面时,常记为 $\oiint_{\Sigma}\boldsymbol{F}\cdot\mathrm{d}\boldsymbol{S}$.

设 Σ 是分片光滑曲面,$\Sigma=\Sigma_1+\Sigma_2+\cdots+\Sigma_n$,其中 Σ_i 光滑,则定义

$$\iint_{\Sigma}\boldsymbol{F}\cdot\mathrm{d}\boldsymbol{S} = \sum_{i=1}^{n}\iint_{\Sigma_i}\boldsymbol{F}\cdot\mathrm{d}\boldsymbol{S}.$$

根据该定义及 10.4 节中讨论,流过 Σ 的流量 Φ 可表示为

$$\Phi = \iint_{\Sigma}\boldsymbol{v}\cdot\mathrm{d}\boldsymbol{S}.$$

一般地,把向量场 $\boldsymbol{F}$ 在有向曲面 Σ 上的第二类曲面积分 $\iint_{\Sigma}\boldsymbol{F}\cdot\mathrm{d}\boldsymbol{S}$ 称为 $\boldsymbol{F}$ 对 Σ 的通量.当 $\boldsymbol{F}$ 为电场或磁场时就是电通量或磁通量.

可以证明:如 Σ 光滑或分片光滑,$\boldsymbol{F}(x,y,z)$ 在 Σ 上连续,则 $\iint_{\Sigma}\boldsymbol{F}\cdot\mathrm{d}\boldsymbol{S}$ 一定存在,以下恒设此条件满足.

根据定义,第二类曲面积分有性质

性质 1　$\iint_{\Sigma}(\alpha\boldsymbol{F}+\beta\boldsymbol{G})\cdot\mathrm{d}\boldsymbol{S} = \alpha\iint_{\Sigma}\boldsymbol{F}\cdot\mathrm{d}\boldsymbol{S} + \beta\iint_{\Sigma}\boldsymbol{G}\cdot\mathrm{d}\boldsymbol{S}$($\alpha,\beta$ 为常数).

性质 2 $\iint\limits_{\Sigma_1+\Sigma_2}\boldsymbol{F}\cdot \mathrm{d}\boldsymbol{S}=\iint\limits_{\Sigma_1}\boldsymbol{F}\cdot \mathrm{d}\boldsymbol{S}+\iint\limits_{\Sigma_2}\boldsymbol{F}\cdot \mathrm{d}\boldsymbol{S}$，其中 Σ_1 与 Σ_2 除边界点外无公共点.

性质 3 $\iint\limits_{\Sigma}\boldsymbol{F}\cdot \mathrm{d}\boldsymbol{S}=-\iint\limits_{\Sigma^-}\boldsymbol{F}\cdot \mathrm{d}\boldsymbol{S}$.

性质 3 从第二类曲面积分的物理意义看是显然的，此性质表明，**当积分曲面改变为相反的侧时（曲面改变方向时），第二类曲面积分要改变符号**.因此关于第二类曲面积分，我们必须注意积分曲面的侧.

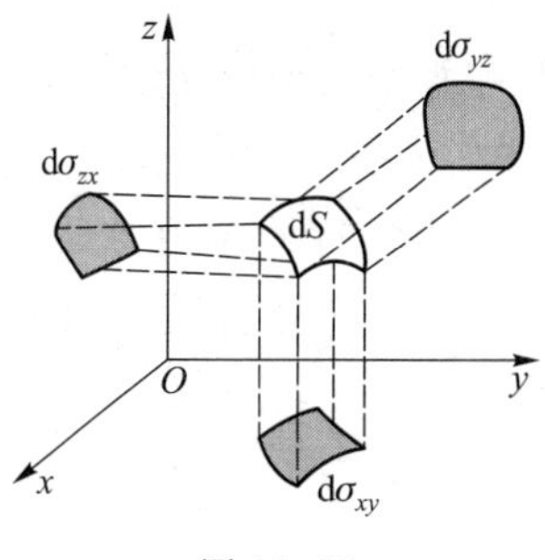

图 10-22

在定义中，如果把有向面积元素 $\mathrm{d}\boldsymbol{S}$ 分别向三个坐标平面投影，则

$$\mathrm{d}y\mathrm{d}z=\cos\alpha\,\mathrm{d}S,\quad \mathrm{d}z\mathrm{d}x=\cos\beta\,\mathrm{d}S,\quad \mathrm{d}x\mathrm{d}y=\cos\gamma\,\mathrm{d}S$$

分别称为有向面积元素 $\mathrm{d}\boldsymbol{S}$ 在 yOz,zOx,xOy 平面上的**投影**.用符号 $\mathrm{d}\sigma_{yz},\mathrm{d}\sigma_{zx},\mathrm{d}\sigma_{xy}$ 分别表示 $\mathrm{d}\boldsymbol{S}$ 在 yOz,zOx,xOy 平面上投影区域的面积（图 10-22）.便有

$$\mathrm{d}y\mathrm{d}z=\cos\alpha\mathrm{d}S=\begin{cases}\mathrm{d}\sigma_{yz}, & \cos\alpha>0,\\ 0, & \cos\alpha\equiv 0,\\ -\mathrm{d}\sigma_{yz}, & \cos\alpha<0;\end{cases}$$

$$\mathrm{d}z\mathrm{d}x=\cos\beta\mathrm{d}S=\begin{cases}\mathrm{d}\sigma_{zx}, & \cos\beta>0,\\ 0, & \cos\beta\equiv 0,\\ -\mathrm{d}\sigma_{zx}, & \cos\beta<0;\end{cases}$$

$$\mathrm{d}x\mathrm{d}y=\cos\gamma\mathrm{d}S=\begin{cases}\mathrm{d}\sigma_{xy}, & \cos\gamma>0,\\ 0, & \cos\gamma\equiv 0,\\ -\mathrm{d}\sigma_{xy}, & \cos\gamma<0.\end{cases}$$

从而第二类曲面积分又可写为

$$\begin{aligned}\iint\limits_{\Sigma}\boldsymbol{F}(x,y,z)\cdot\mathrm{d}\boldsymbol{S}&=\iint\limits_{\Sigma}[P(x,y,z)\cos\alpha+Q(x,y,z)\cos\beta+R(x,y,z)\cos\gamma]\mathrm{d}S\\&=\iint\limits_{\Sigma}P(x,y,z)\mathrm{d}y\mathrm{d}z+Q(x,y,z)\mathrm{d}z\mathrm{d}x+R(x,y,z)\mathrm{d}x\mathrm{d}y.\end{aligned}$$

因此，第二类曲面积分又称为**对坐标的曲面积分**.

上述公式也表达了第一类曲面积分与第二类曲面积分的关系.

当 $\boldsymbol{F}$ 在分片光滑曲面 Σ 上连续时，$P\cos\alpha+Q\cos\beta+R\cos\gamma$ 在 Σ 上的第一类曲面积分存在，由第一类曲面积分的性质有

$$\begin{aligned}&\iint\limits_{\Sigma}(P\cos\alpha+Q\cos\beta+R\cos\gamma)\mathrm{d}S\\=&\iint\limits_{\Sigma}P\cos\alpha\mathrm{d}S+\iint\limits_{\Sigma}Q\cos\beta\mathrm{d}S+\iint\limits_{\Sigma}R\cos\gamma\mathrm{d}S,\end{aligned}$$

因此

$$\iint_{\Sigma} P\mathrm{d}y\mathrm{d}z + Q\mathrm{d}z\mathrm{d}x + R\mathrm{d}x\mathrm{d}y = \iint_{\Sigma} P\mathrm{d}y\mathrm{d}z + \iint_{\Sigma} Q\mathrm{d}z\mathrm{d}x + \iint_{\Sigma} R\mathrm{d}x\mathrm{d}y. \tag{10-27}$$

10.4.4 第二类曲面积分的计算

根据第二类曲面积分的定义及式(10-27),可分别计算式(10-27)右端三个积分,并且由第二类曲面积分的定义,可用第一类曲面积分的计算方法计算第二类曲面积分.

设积分曲面 Σ 由方程 $z=z(x,y)$ 所给出,Σ 在 xOy 面上的投影区域为 D_{xy},设函数 $z=z(x,y)$ 在 D_{xy} 上具有一阶连续偏导数,被积函数 $R(x,y,z)$ 在 Σ 上连续.曲面 Σ 的上侧或下侧的法向量 $\boldsymbol{n}$ 为

$$\left(-\frac{\partial z}{\partial x},-\frac{\partial z}{\partial y},1\right) \quad 或 \quad \left(\frac{\partial z}{\partial x},\frac{\partial z}{\partial y},-1\right),$$

因为 Σ 取上侧时,

$$\cos\gamma=\frac{1}{\sqrt{1+\left(\frac{\partial z}{\partial x}\right)^2+\left(\frac{\partial z}{\partial y}\right)^2}},$$

而 Σ 取下侧时,

$$\cos\gamma=\frac{-1}{\sqrt{1+\left(\frac{\partial z}{\partial x}\right)^2+\left(\frac{\partial z}{\partial y}\right)^2}},$$

曲面面积元素的表示式为

$$\mathrm{d}S=\sqrt{1+\left(\frac{\partial z}{\partial x}\right)^2+\left(\frac{\partial z}{\partial y}\right)^2}\,\mathrm{d}x\mathrm{d}y,$$

于是曲面积分 $\iint_{\Sigma} R(x,y,z)\mathrm{d}x\mathrm{d}y$ 可化为 xOy 面上的二重积分

$$\iint_{\Sigma} R(x,y,z)\mathrm{d}x\mathrm{d}y=\iint_{\Sigma} R(x,y,z)\cos\gamma\mathrm{d}S=\pm\iint_{D_{xy}} R[x,y,z(x,y)]\mathrm{d}x\mathrm{d}y, \tag{10-28}$$

其中式(10-28)右端的二重积分在曲面 Σ 取上侧时,对应取“+”号;在曲面 Σ 取下侧时,对应取“-”号.

若 Σ 是母线平行于 z 轴的柱面,则 $\gamma=\frac{\pi}{2}$,从而 $\cos\gamma=0$,

$$\iint_{\Sigma} R(x,y,z)\mathrm{d}x\mathrm{d}y=0.$$

应当注意到,在式(10-28)中,左端的 $\mathrm{d}x\mathrm{d}y$ 是 $\mathrm{d}\boldsymbol{S}$ 在 xOy 平面上的投影,可正可负,右端的二重积分中 $\mathrm{d}x\mathrm{d}y$ 是面积元素,恒非负.

同理有:如果积分曲面 Σ 由方程 $x=x(y,z)$ 所给出,Σ 在 yOz 面上的投影区域为 D_{yz},则曲面积分 $\iint_{\Sigma} P(x,y,z)\mathrm{d}y\mathrm{d}z$ 的计算公式为

$$\iint_{\Sigma} P(x,y,z)\mathrm{d}y\mathrm{d}z = \pm\iint_{D_{yz}} P[x(y,z),y,z]\mathrm{d}y\mathrm{d}z. \tag{10-29}$$

在式(10-29)中,"+""-"号分别对应曲面 Σ 的前、后侧.

如果积分曲面 Σ 由方程 $y=y(x,z)$ 所给出,Σ 在 zOx 面上的投影区域为 D_{xz},则曲面积分 $\iint_{\Sigma} Q(x,y,z)\mathrm{d}z\mathrm{d}x$ 的计算公式为

$$\iint_{\Sigma} Q(x,y,z)\mathrm{d}z\mathrm{d}x = \pm\iint_{D_{xz}} Q[x,y(x,z),z]\mathrm{d}z\mathrm{d}x. \tag{10-30}$$

在式(10-30)中"+""-"号分别对应曲面 Σ 的右、左侧.

综合起来,计算第二类曲面积分时,需要把曲面 Σ 分别向三个坐标面 yOz,zOx,xOy 投影得到区域 D_{yz},D_{xz},D_{xy},化为三个区域上的二重积分,合并在一起的计算公式是

$$\begin{aligned}&\iint_{\Sigma} P(x,y,z)\mathrm{d}y\mathrm{d}z + Q(x,y,z)\mathrm{d}z\mathrm{d}x + R(x,y,z)\mathrm{d}x\mathrm{d}y\\ &= \pm\iint_{D_{yz}} P[x(y,z),y,z]\mathrm{d}y\mathrm{d}z \pm\iint_{D_{xz}} Q[x,y(x,z),z]\mathrm{d}z\mathrm{d}x \pm\iint_{D_{xy}} R[x,y,z(x,y)]\mathrm{d}x\mathrm{d}y.\end{aligned} \tag{10-31}$$

当曲面 Σ 的正法向量分别与 z 轴、x 轴、y 轴的正向夹成锐角时,公式中取正号;夹成钝角时,公式中取负号.

注 如果有向曲面 Σ 分别在 yOz,zOx,xOy 平面投影区域的面积为零,则计算公式中对应的积分值取零.

例 1 计算 $\iint_{\Sigma} x\mathrm{d}y\mathrm{d}z + z\mathrm{d}x\mathrm{d}y$,其中 $\Sigma: z = x^2 + y^2 (0 \leqslant z \leqslant 1)$,上侧.

解 $\iint_{\Sigma} x\mathrm{d}y\mathrm{d}z + z\mathrm{d}x\mathrm{d}y = \iint_{\Sigma} x\mathrm{d}y\mathrm{d}z + \iint_{\Sigma} z\mathrm{d}x\mathrm{d}y$,分别把曲面 Σ(图 10-23(a))投影到 yOz 平面和 xOy 平面上,计算积分 $\iint_{\Sigma} x\mathrm{d}y\mathrm{d}z$,$\iint_{\Sigma} z\mathrm{d}x\mathrm{d}y$.

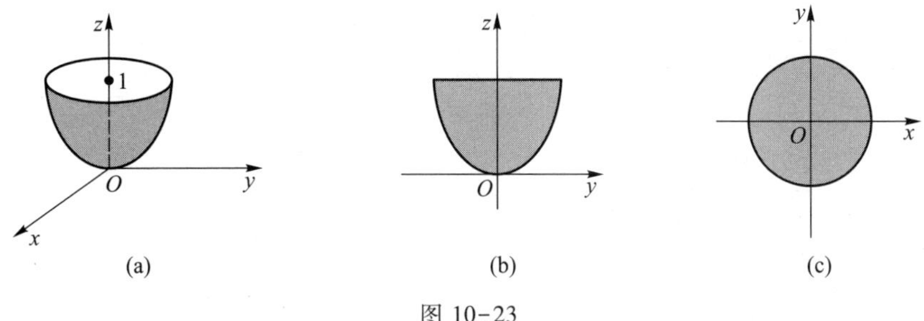

图 10-23

把 Σ 投影到 yOz 平面上,$\Sigma=\Sigma_1+\Sigma_2$,$D_{yz}: y^2 \leqslant z \leqslant 1$(图 10-23(b)).

$\Sigma_1: x=\sqrt{z-y^2}$,$(y,z)\in D_{yz}$,后侧为正侧.

$\Sigma_2: x=-\sqrt{z-y^2}$,$(y,z)\in D_{yz}$,前侧为正侧.

因此，

$$\begin{aligned}\iint_{\Sigma} x\mathrm{d}y\mathrm{d}z &= \iint_{\Sigma_1} x\mathrm{d}y\mathrm{d}z + \iint_{\Sigma_2} x\mathrm{d}y\mathrm{d}z \\ &= -\iint_{D_{yz}} \sqrt{z-y^2}\,\mathrm{d}y\mathrm{d}z + \iint_{D_{yz}} (-\sqrt{z-y^2})\,\mathrm{d}y\mathrm{d}z \\ &= -2\iint_{D_{yz}} \sqrt{z-y^2}\,\mathrm{d}y\mathrm{d}z = -4\int_0^1 \mathrm{d}y\int_{y^2}^1 \sqrt{z-y^2}\,\mathrm{d}z \\ &= -\frac{8}{3}\int_0^1 (1-y^2)^{\frac{3}{2}}\mathrm{d}y \xlongequal{y=\sin t} -\frac{8}{3}\int_0^{\frac{\pi}{2}} \cos^4 t\mathrm{d}t = -\frac{\pi}{2}.\end{aligned}$$

把 Σ 投影到 xOy 平面，$\Sigma: z=x^2+y^2, D_{xy}: x^2+y^2\leqslant 1$（图 10-23(c)）上侧，因此，

$$\iint_{\Sigma} z\mathrm{d}x\mathrm{d}y = \iint_{D_{xy}} (x^2+y^2)\,\mathrm{d}x\mathrm{d}y = \int_0^{2\pi}\mathrm{d}\theta\int_0^1 r^3\mathrm{d}r = \frac{\pi}{2},$$

于是，

$$\iint_{\Sigma} x\mathrm{d}y\mathrm{d}z + z\mathrm{d}x\mathrm{d}y = 0.$$

例 2 计算 $I=\iint_{\Sigma} x\mathrm{d}y\mathrm{d}z + y\mathrm{d}z\mathrm{d}x + z\mathrm{d}x\mathrm{d}y$，其中 Σ 是柱体 $x^2+y^2\leqslant 1, x\geqslant 0, y\geqslant 0, 0\leqslant z\leqslant 1$ 整个表面的外侧.

解 把有向曲面 Σ 分成五个部分，$\Sigma=\Sigma_1+\Sigma_2+\Sigma_3+\Sigma_4+\Sigma_5$（图 10-24），$\Sigma_1,\Sigma_2,\Sigma_3,\Sigma_4,\Sigma_5$ 分别为柱体表面的左、后、上、下、前侧部分.

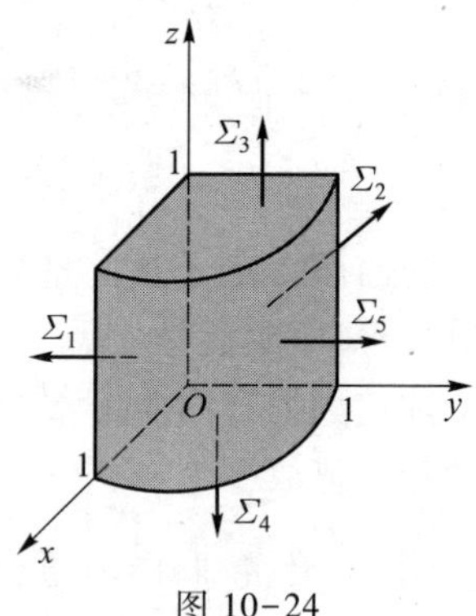

图 10-24

$$\iint_{\Sigma} \boldsymbol{F}\cdot\mathrm{d}\boldsymbol{S} = \left(\iint_{\Sigma_1}+\iint_{\Sigma_2}+\iint_{\Sigma_3}+\iint_{\Sigma_4}+\iint_{\Sigma_5}\right)\boldsymbol{F}\cdot\mathrm{d}\boldsymbol{S}.$$

曲面 Σ_1 垂直于 yOz 面与 xOy 面，在 Σ_1 上 $y=0$.从而

$$\iint_{\Sigma_1} x\mathrm{d}y\mathrm{d}z + \iint_{\Sigma_1} y\mathrm{d}z\mathrm{d}x + \iint_{\Sigma_1} z\mathrm{d}x\mathrm{d}y = 0 + \iint_{\Sigma_1} 0\mathrm{d}z\mathrm{d}x + 0 = 0.$$

同理，在 Σ_2,Σ_4 上的积分为 0.

$$\Sigma_3: z=1, D: x^2+y^2\leqslant 1, x\geqslant 0, y\geqslant 0,$$

Σ_3 垂直于 yOz 面与 zOx 面，上侧，从而

$$\iint_{\Sigma_3} x\mathrm{d}y\mathrm{d}z + \iint_{\Sigma_3} y\mathrm{d}z\mathrm{d}x + \iint_{\Sigma_3} z\mathrm{d}x\mathrm{d}y = 0 + 0 + \iint_{D_{xy}} 1\mathrm{d}x\mathrm{d}y = \frac{\pi}{4}.$$

Σ_5 的方程表示为 $x=\sqrt{1-y^2}$，Σ_5 向 yOz 面投影，得区域 $D_{yz}: 0\leqslant y\leqslant 1, 0\leqslant z\leqslant 1$，此时有向曲面 Σ_5 取前侧；

Σ_5 的方程又表示为 $y=\sqrt{1-x^2}$，Σ_5 向 zOx 面投影，得区域 $D_{xz}: 0\leqslant x\leqslant 1, 0\leqslant z\leqslant 1$，此时有向曲面 Σ_5 取右侧.

注意到曲面 Σ_5 垂直于 xOy 面，从而

$$\iint\limits_{\Sigma_5} x\mathrm{d}y\mathrm{d}z + \iint\limits_{\Sigma_5} y\mathrm{d}z\mathrm{d}x + \iint\limits_{\Sigma_5} z\mathrm{d}x\mathrm{d}y = \iint\limits_{D_{yz}} \sqrt{1-y^2}\,\mathrm{d}y\mathrm{d}z + \iint\limits_{D_{xz}} \sqrt{1-x^2}\,\mathrm{d}z\mathrm{d}x + 0$$

$$= \int_0^1 \mathrm{d}z \int_0^1 \sqrt{1-y^2}\,\mathrm{d}y + \int_0^1 \mathrm{d}z \int_0^1 \sqrt{1-x^2}\,\mathrm{d}x = \frac{\pi}{2},$$

故

$$I = \frac{3\pi}{4}.$$

在计算第二类曲面积分时,如果把曲面 Σ 向 xOy 面投影得区域 D_{xy},过 D_{xy} 内任意一点作与 z 轴平行的直线与 Σ 仅有一个交点,那么曲面 Σ 可看成定义在 D_{xy} 上的一个二元函数 $z=z(x,y)$ 的图形,此时式(10-27)中的积分可化为在 D_{xy} 上的二重积分.因为有向曲面 Σ 的法向量的三个方向余弦可表示为

$$\cos\alpha = \pm\frac{\dfrac{\partial z}{\partial x}}{\sqrt{1+\left(\dfrac{\partial z}{\partial x}\right)^2+\left(\dfrac{\partial z}{\partial y}\right)^2}},$$

$$\cos\beta = \pm\frac{\dfrac{\partial z}{\partial y}}{\sqrt{1+\left(\dfrac{\partial z}{\partial x}\right)^2+\left(\dfrac{\partial z}{\partial y}\right)^2}},$$

$$\cos\gamma = \mp\frac{1}{\sqrt{1+\left(\dfrac{\partial z}{\partial x}\right)^2+\left(\dfrac{\partial z}{\partial y}\right)^2}}.$$

从而

$$\begin{aligned}&\iint\limits_{\Sigma} P\mathrm{d}y\mathrm{d}z + Q\mathrm{d}z\mathrm{d}x + R\mathrm{d}x\mathrm{d}y\\ =&\iint\limits_{\Sigma}(P\cos\alpha + Q\cos\beta + R\cos\gamma)\,\mathrm{d}S\\ =&\pm\iint\limits_{D_{xy}}\left\{P[x,y,z(x,y)]\left(-\frac{\partial z}{\partial x}\right)+Q[x,y,z(x,y)]\left(-\frac{\partial z}{\partial y}\right)+\right.\\ &\left.R[x,y,z(x,y)]\right\}\mathrm{d}x\mathrm{d}y,\end{aligned} \tag{10-32}$$

其中"+""-"号分别对应曲面的上、下侧,这种计算法称为**合一投影法**.读者同理可写出当 Σ 的方程为 $x=x(y,z)$, $y=y(x,z)$ 时与式(10-31)类似的公式.

用合一投影法计算例 1.把 Σ 投影到 xOy 平面上(图 10-23(c)),得

$$\iint\limits_{\Sigma} x\mathrm{d}y\mathrm{d}z + z\mathrm{d}x\mathrm{d}y = \iint\limits_{D_{xy}}[x(-2x)+(x^2+y^2)]\,\mathrm{d}x\mathrm{d}y$$

$$= \iint\limits_{D_{xy}}(y^2-x^2)\,\mathrm{d}x\mathrm{d}y = \int_0^{2\pi}(-\cos 2\theta)\,\mathrm{d}\theta\int_0^1 r^3\,\mathrm{d}r = 0.$$

微课
10.4 节例 3

例 3　计算 $I=\iint\limits_{\Sigma}x^2\mathrm{d}y\mathrm{d}z+z^2\mathrm{d}x\mathrm{d}y$，其中 Σ 是平面 $x+y+z=1$ 被三个坐标面截下的第一象限部分上侧.

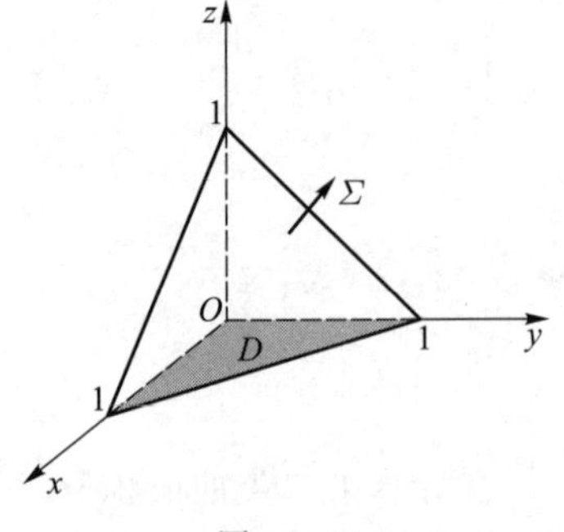

图 10-25

解　如图 10-25 所示.

$\Sigma: z=1-x-y, D: x+y\leqslant 1, x\geqslant 0, y\geqslant 0$,

由公式(10-32)得

$$I=\iint\limits_{D}[x^2+(1-x-y)^2]\mathrm{d}x\mathrm{d}y$$

$$=\iint\limits_{D}(1+2x^2+y^2-2x-2y+2xy)\mathrm{d}x\mathrm{d}y=\frac{1}{6}.$$

习题 10.4

A

1. 计算下列积分:

(1) $\iint\limits_{\Sigma}x\mathrm{d}y\mathrm{d}z+y\mathrm{d}z\mathrm{d}x+z\mathrm{d}x\mathrm{d}y$，$\Sigma$：平面 $x+y+z=1$ 在第一卦限部分的上侧;

(2) $\iint\limits_{\Sigma}x^2y^2z\mathrm{d}x\mathrm{d}y$，$\Sigma$：曲面 $z=x^2+y^2$ 被平面 $z=1$ 截下的下半部分，下侧;

(3) $\iint\limits_{\Sigma}\frac{\mathrm{e}^z}{\sqrt{x^2+y^2}}\mathrm{d}x\mathrm{d}y$，$\Sigma$：锥面 $z=\sqrt{x^2+y^2}$ 被平面 $z=1$ 和 $z=2$ 所截部分，上侧;

(4) $\iint\limits_{\Sigma}(y+1)\mathrm{d}z\mathrm{d}x+(z+1)\mathrm{d}x\mathrm{d}y$，$\Sigma$：由 zOx 平面上正方形 $0\leqslant x\leqslant 1, 0\leqslant z\leqslant 1$ 的右侧及 xOy 平面上正方形 $0\leqslant x\leqslant 1, 0\leqslant y\leqslant 1$ 的上侧构成的分片光滑曲面;

(5) $\iint\limits_{\Sigma}(\mathrm{e}^{\sin\frac{\pi}{2}x}+y)\mathrm{d}y\mathrm{d}z$，$\Sigma$：柱体 $y^2+z^2\leqslant 1$ 被平面 $x=0, x=1$ 所截部分的表面，外侧.

2. 把曲面积分 $\iint\limits_{\Sigma}\boldsymbol{F}\cdot\mathrm{d}\boldsymbol{S}$ 化为曲面积分 $\iint\limits_{\Sigma}\boldsymbol{F}\cdot\boldsymbol{e}_n\mathrm{d}S$，其中 $\Sigma: 3x+2\sqrt{3}y+2z=1$ 在第一卦限的部分，取上侧.

B

1. 计算下列积分:

(1) $\iint\limits_{\Sigma}x^2yz\mathrm{d}x\mathrm{d}y$，$\Sigma$ 是球面 $x^2+y^2+z^2=R^2$ 的下半部分，上侧;

(2) $\iint\limits_{\Sigma}(y-x^2+z^2)\mathrm{d}y\mathrm{d}z+(x+y^2-z^2)\mathrm{d}z\mathrm{d}x+(3x^2-y^2+z)\mathrm{d}x\mathrm{d}y$，$\Sigma$：$yOz$ 平面上曲线 $\begin{cases}z=y^2,\\x=0\end{cases}(0\leqslant z\leqslant 1)$ 绕 z 轴旋转一周所成曲面，上侧.

2. 计算积分 $\iint\limits_{\Sigma}[f(x,y,z)+x]\mathrm{d}y\mathrm{d}z+[2f(x,y,z)+y]\mathrm{d}z\mathrm{d}x+[f(x,y,z)+z]\mathrm{d}x\mathrm{d}y$，其中 $f(x,y,z)$ 是连续函数，Σ 是平面 $x-y+z=1$ 在第四卦限的部分，上侧.

3. 设 $\boldsymbol{v}=xz\boldsymbol{i}+xy\boldsymbol{j}+yz\boldsymbol{k}$ 是流速场，Σ 是由 $x=0, y=0, z=0, x+y+z=1$ 所围成的空间区域的边界外侧，求流过 Σ 的流量.

10.5　高斯公式与斯托克斯公式

10.5 预习检测

在本节,我们把表达区域上积分与边界上积分关系的格林公式作进一步的推广.

10.5.1　高斯公式

定理 1(高斯定理)　设空间有界闭区域 Ω,其边界 $\partial\Omega$ 为分片光滑闭曲面.函数 $P(x,y,z)$,$Q(x,y,z)$,$R(x,y,z)$ 及其一阶偏导数在 Ω 上连续,那么

$$\iiint_{\Omega}\left(\frac{\partial P}{\partial x}+\frac{\partial Q}{\partial y}+\frac{\partial R}{\partial z}\right)\mathrm{d}V=\oiint_{\partial\Omega}P\mathrm{d}y\mathrm{d}z+Q\mathrm{d}z\mathrm{d}x+R\mathrm{d}x\mathrm{d}y, \tag{10-33}$$

或

$$\iiint_{\Omega}\left(\frac{\partial P}{\partial x}+\frac{\partial Q}{\partial y}+\frac{\partial R}{\partial z}\right)\mathrm{d}V=\oiint_{\partial\Omega}(P\cos\alpha+Q\cos\beta+R\cos\gamma)\mathrm{d}S, \tag{10-33'}$$

其中 $\partial\Omega$ 的正侧为外侧,$\cos\alpha,\cos\beta,\cos\gamma$ 为 $\partial\Omega$ 的外法向量的方向余弦.公式(10-33)、(10-33′)称为**高斯(Gauss)公式**.

$$\mathrm{div}\boldsymbol{F}\xlongequal{\text{def}}\frac{\partial P}{\partial x}+\frac{\partial Q}{\partial y}+\frac{\partial R}{\partial z},$$

称为向量场 $\boldsymbol{F}=P\boldsymbol{i}+Q\boldsymbol{j}+R\boldsymbol{k}$ 的**散度**.

证　式(10-33)、(10-33′)的右端是相等的,只证式(10-33).

下面证明:$\displaystyle\iiint_{\Omega}\frac{\partial R}{\partial z}\mathrm{d}V=\oiint_{\partial\Omega}R(x,y,z)\mathrm{d}x\mathrm{d}y.$

先设 Ω 具有特点:过 Ω 内部且平行于三个坐标轴的直线与 $\partial\Omega$ 的交点恰好为两点,这种区域称为**简单区域**.Ω 在 xOy 平面上的投影区域为 D,则 Ω 可表示为

$$\Omega=\{(x,y,z)\mid z_1(x,y)\leqslant z\leqslant z_2(x,y),(x,y)\in D\},$$
$$\partial\Omega=\Sigma_1+\Sigma_2+\Sigma_3(\text{图 }10\text{-}26(\mathrm{a})).$$

Σ_1 的方程为 $z=z_1(x,y),(x,y)\in D$,有向曲面 Σ_1 取下侧.

Σ_2 的方程为 $z=z_2(x,y),(x,y)\in D$,有向曲面 Σ_2 取上侧.

Σ_3 的方程为 $z_1(x,y)\leqslant z\leqslant z_2(x,y),(x,y)\in\partial D$,柱面 Σ_3 取外侧.

一方面,由三重积分计算方法,有

$$\begin{aligned}\iiint_{\Omega}\frac{\partial R}{\partial z}\mathrm{d}x\mathrm{d}y\mathrm{d}z&=\iint_{D}\mathrm{d}x\mathrm{d}y\int_{z_1(x,y)}^{z_2(x,y)}\frac{\partial R}{\partial z}\mathrm{d}z\\&=\iint_{D}\{R[x,y,z_2(x,y)]-R[x,y,z_1(x,y)]\}\mathrm{d}x\mathrm{d}y;\end{aligned}$$

另一方面,根据曲面积分计算法,$\displaystyle\iint_{\Sigma_3}R(x,y,z)\mathrm{d}x\mathrm{d}y=0,$

$$\iint_{\Sigma_1}R(x,y,z)\mathrm{d}x\mathrm{d}y=-\iint_{D}R[x,y,z_1(x,y)]\mathrm{d}x\mathrm{d}y,$$

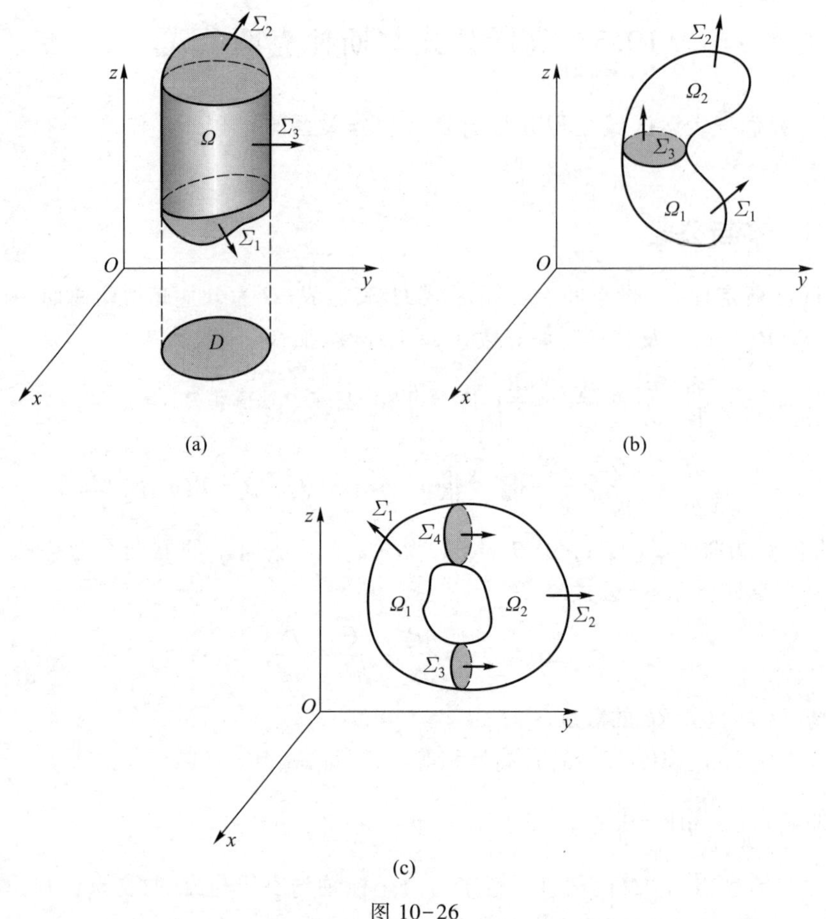

图 10-26

$$\iint_{\Sigma_2} R(x,y,z)\,\mathrm{d}x\mathrm{d}y = \iint_D R[x,y,z_2(x,y)]\,\mathrm{d}x\mathrm{d}y,$$

从而

$$\oiint_{\partial\Omega} R(x,y,z)\,\mathrm{d}x\mathrm{d}y = \iint_D \{R[x,y,z_2(x,y)] - R[x,y,z_1(x,y)]\}\,\mathrm{d}x\mathrm{d}y = \iiint_\Omega \frac{\partial R}{\partial z}\mathrm{d}V.$$

同理可证：$\oiint\limits_{\partial\Omega} P(x,y,z)\,\mathrm{d}y\mathrm{d}z = \iiint\limits_\Omega \frac{\partial P}{\partial x}\mathrm{d}V$，$\oiint\limits_{\partial\Omega} Q(x,y,z)\,\mathrm{d}z\mathrm{d}x = \iiint\limits_\Omega \frac{\partial Q}{\partial y}\mathrm{d}V$.

相加即得公式(10-33).

当边界曲面$\partial\Omega$与坐标轴的平行线相交多于两点时，可作适当的辅助曲面把 Ω 分成有限个子区域，使每个子区域符合前述条件.根据前面所证，在每个子区域上公式(10-33)成立，再相加，由三重积分性质及第二类曲面积分性质，由于在辅助曲面上进行两次积分且两侧的方向相反，互相抵消，最后得公式(10-33)成立.例如，对图 10-26(b)中的区域，添加辅助曲面 Σ_3，取上侧，$\partial\Omega_2 = \Sigma_2 + \Sigma_3^-$，$\partial\Omega_1 = \Sigma_1 + \Sigma_3$.

对区域 Ω_1 和 Ω_2，由前面所证，公式(10-33)成立，分别有(A,B 分别是式(10-33)中左、右积分的被积表达式)

$$\iiint\limits_{\Omega_1} A = \oiint\limits_{\Sigma_1+\Sigma_3} B, \quad \iiint\limits_{\Omega_2} A = \oiint\limits_{\Sigma_2+\Sigma_3^-} B.$$

根据三重积分及第二类曲面积分的性质,上面二式对应相加,得公式(10-33).

对图 10-26(c)中的区域,添加 Σ_3,Σ_4,把 Ω 分割成图 10-26(b)中的类型区域,对空心球壳形区域也可按图 10-26(c)那样处理.

在高斯公式中取 $P=x,Q=y,R=z$,可得利用第二类曲面积分计算空间区域体积的公式

$$V=\iiint\limits_{\Omega}\mathrm{d}V=\frac{1}{3}\oiint\limits_{\Sigma}x\mathrm{d}y\mathrm{d}z+y\mathrm{d}z\mathrm{d}x+z\mathrm{d}x\mathrm{d}y. \tag{10-34}$$

用高斯公式计算积分时,一般是用公式(10-33)或(10-33′)左端的三重积分计算右端的曲面积分,做法与格林公式类似.

例 1 计算 $\oiint\limits_{\Sigma}x^2\mathrm{d}y\mathrm{d}z+y^2\mathrm{d}z\mathrm{d}x+z^2\mathrm{d}x\mathrm{d}y$,$\Sigma$:立方体 $\Omega=\{(x,y,z)\mid 0\leqslant x\leqslant a,0\leqslant y\leqslant a,0\leqslant z\leqslant a\}$的表面,取外侧.

解 $P=x^2,Q=y^2,R=z^2$,在 Ω 上满足高斯定理条件,有

$$\begin{aligned}&\oiint\limits_{\Sigma}x^2\mathrm{d}y\mathrm{d}z+y^2\mathrm{d}z\mathrm{d}x+z^2\mathrm{d}x\mathrm{d}y\\&=2\iiint\limits_{\Omega}(x+y+z)\mathrm{d}V\\&=2\left(\int_0^a x\mathrm{d}x\int_0^a\mathrm{d}y\int_0^a\mathrm{d}z+\int_0^a\mathrm{d}x\int_0^a y\mathrm{d}y\int_0^a\mathrm{d}z+\int_0^a\mathrm{d}x\int_0^a\mathrm{d}y\int_0^a z\mathrm{d}z\right)=3a^4.\end{aligned}$$

例 2 利用高斯公式计算曲面积分 $\oiint\limits_{\Sigma}(x-y)\mathrm{d}x\mathrm{d}y+(y-z)x\mathrm{d}y\mathrm{d}z$,其中 Σ 为柱面 $x^2+y^2=1$ 及平面 $z=0,z=3$ 所围成空间区域 Ω 的边界之外侧.

解 $P=(y-z)x,Q=0,R=x-y$,在 Ω 上满足高斯定理条件,得

$$\begin{aligned}&\oiint\limits_{\Sigma}(x-y)\mathrm{d}x\mathrm{d}y+(y-z)x\mathrm{d}y\mathrm{d}z\\&=\iiint\limits_{\Omega}(y-z)\mathrm{d}x\mathrm{d}y\mathrm{d}z=-\iiint\limits_{\Omega}z\mathrm{d}x\mathrm{d}y\mathrm{d}z\\&=-\int_0^{2\pi}\mathrm{d}\theta\int_0^1 r\mathrm{d}r\int_0^3 z\mathrm{d}z=-\frac{9\pi}{2}.\end{aligned}$$

例 3 计算 $\iint\limits_{\Sigma}xz^2\mathrm{d}y\mathrm{d}z+(x^2y-z^3)\mathrm{d}z\mathrm{d}x+(2xy+y^2z)\mathrm{d}x\mathrm{d}y$,曲面 Σ:$z=\sqrt{a^2-x^2-y^2}\quad(x^2+y^2\leqslant a^2)$,取上侧.

解 补充曲面 $\Sigma_1=\{(x,y,0)\mid x^2+y^2\leqslant a^2\}$ 取下侧(图 10-27),$\Sigma+\Sigma_1$ 围成有界闭区域 Ω,向量场 $\boldsymbol{F}=(P,Q,R)=(xz^2,x^2y-z^3,2xy+y^2z)$满足高斯定理条件,由高斯公式得

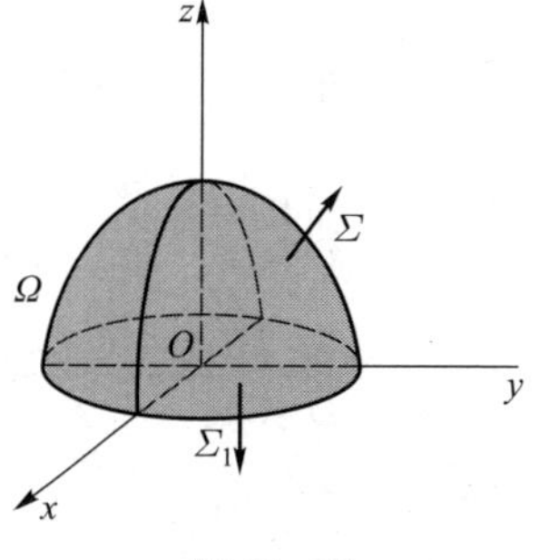

图 10-27

$$\left(\iint\limits_{\Sigma}+\iint\limits_{\Sigma_1}\right)xz^2\mathrm{d}y\mathrm{d}z+(x^2y-z^3)\mathrm{d}z\mathrm{d}x+(2xy+y^2z)\mathrm{d}x\mathrm{d}y$$

$$= \iiint_{\Omega} (x^2 + y^2 + z^2)\,\mathrm{d}V = \int_0^{2\pi}\mathrm{d}\theta \int_0^{\frac{\pi}{2}}\mathrm{d}\varphi \int_0^a r^4 \sin\varphi\,\mathrm{d}r = \frac{2a^5\pi}{5}.$$

$$\iint_{\Sigma_1} xz^2\mathrm{d}y\mathrm{d}z + (x^2y - z^3)\mathrm{d}z\mathrm{d}x + (2xy + y^2z)\mathrm{d}x\mathrm{d}y$$

$$= -2\iint_D xy\mathrm{d}x\mathrm{d}y = 0,$$

因此,原式 $= \dfrac{2\pi a^5}{5}$.

*例 4 设 $u(x,y,z)$,$v(x,y,z)$ 在具有分片光滑边界的区域 Ω 上有连续的二阶偏导数,则有

(1) 三重积分分部积分公式

$$\iiint_{\Omega} u\left(\frac{\partial v}{\partial x} + \frac{\partial v}{\partial y} + \frac{\partial v}{\partial z}\right)\mathrm{d}V$$

$$= \oiint_{\partial\Omega}(uv\cos\alpha + uv\cos\beta + uv\cos\gamma)\,\mathrm{d}S - \iiint_{\Omega} v\left(\frac{\partial u}{\partial x} + \frac{\partial u}{\partial y} + \frac{\partial u}{\partial z}\right)\mathrm{d}V.$$

(2) 格林第一公式

$$\iiint_{\Omega} u\left(\frac{\partial^2 v}{\partial x^2} + \frac{\partial^2 v}{\partial y^2} + \frac{\partial^2 v}{\partial z^2}\right)\mathrm{d}V = \oiint_{\partial\Omega} u\frac{\partial v}{\partial \boldsymbol{n}}\mathrm{d}S - \iiint_{\Omega}\left(\frac{\partial u}{\partial x}\frac{\partial v}{\partial x} + \frac{\partial u}{\partial y}\frac{\partial v}{\partial y} + \frac{\partial u}{\partial z}\frac{\partial v}{\partial z}\right)\mathrm{d}V.$$

(3) 格林第二公式

$$\iiint_{\Omega}\left[u\left(\frac{\partial^2 v}{\partial x^2} + \frac{\partial^2 v}{\partial y^2} + \frac{\partial^2 v}{\partial z^2}\right) - v\left(\frac{\partial^2 u}{\partial x^2} + \frac{\partial^2 u}{\partial y^2} + \frac{\partial^2 u}{\partial z^2}\right)\right]\mathrm{d}V = \oiint_{\partial\Omega}\left(u\frac{\partial v}{\partial \boldsymbol{n}} - v\frac{\partial u}{\partial \boldsymbol{n}}\right)\mathrm{d}S,$$

其中 $\boldsymbol{n}$ 是 $\partial\Omega$ 向外的法向量,$\cos\alpha,\cos\beta,\cos\gamma$ 是 $\boldsymbol{n}$ 的方向余弦.

上述三个公式在数学物理问题中有着重要应用.公式的证明是高斯公式的直接应用,下面仅给出结论(2)的证明,结论(1)、(3)请读者自己推出.

(2)的证明:直接计算可得

$$\oiint_{\partial\Omega} u\frac{\partial v}{\partial \boldsymbol{n}}\mathrm{d}S$$

$$= \oiint_{\partial\Omega}\left(u\frac{\partial v}{\partial x}\cos\alpha + u\frac{\partial v}{\partial y}\cos\beta + u\frac{\partial v}{\partial z}\cos\gamma\right)\mathrm{d}S$$

$$= \iiint_{\Omega}\left[\frac{\partial}{\partial x}\left(u\frac{\partial v}{\partial x}\right) + \frac{\partial}{\partial y}\left(u\frac{\partial v}{\partial y}\right) + \frac{\partial}{\partial z}\left(u\frac{\partial v}{\partial z}\right)\right]\mathrm{d}V$$

$$= \iiint_{\Omega} u\left(\frac{\partial^2 v}{\partial x^2} + \frac{\partial^2 v}{\partial y^2} + \frac{\partial^2 v}{\partial z^2}\right)\mathrm{d}V + \iiint_{\Omega}\left(\frac{\partial u}{\partial x}\frac{\partial v}{\partial x} + \frac{\partial u}{\partial y}\frac{\partial v}{\partial y} + \frac{\partial u}{\partial z}\frac{\partial v}{\partial z}\right)\mathrm{d}V,$$

移项即得所证.

10.5.2 斯托克斯公式

定理 2(斯托克斯定理) 设 Σ 是分片光滑的有向曲面,Σ 的边界 $\partial\Sigma$ 是分段光滑闭曲线,函数 $P(x,y,z)$,$Q(x,y,z)$,$R(x,y,z)$ 在 Σ 上有一阶连续的偏导数,则

$$\iint_{\Sigma}\left(\frac{\partial R}{\partial y}-\frac{\partial Q}{\partial z}\right)\mathrm{d}y\mathrm{d}z+\left(\frac{\partial P}{\partial z}-\frac{\partial R}{\partial x}\right)\mathrm{d}z\mathrm{d}x+\left(\frac{\partial Q}{\partial x}-\frac{\partial P}{\partial y}\right)\mathrm{d}x\mathrm{d}y$$
$$=\oint_{\partial\Sigma}P\mathrm{d}x+Q\mathrm{d}y+R\mathrm{d}z. \tag{10-35}$$

或者

$$\iint_{\Sigma}\left[\left(\frac{\partial R}{\partial y}-\frac{\partial Q}{\partial z}\right)\cos\alpha+\left(\frac{\partial P}{\partial z}-\frac{\partial R}{\partial x}\right)\cos\beta+\left(\frac{\partial Q}{\partial x}-\frac{\partial P}{\partial y}\right)\cos\gamma\right]\mathrm{d}S$$
$$=\oint_{\partial\Sigma}(P\cos\lambda+Q\cos\mu+R\cos\nu)\mathrm{d}s, \tag{10-35'}$$

其中 Σ 与 $\partial\Sigma$ 的定向符合右手规则,即右手四指并拢指向 $\partial\Sigma$ 的正向时,与四指所指方向垂直的大拇指方向为 Σ 的正侧. $\cos\alpha,\cos\beta,\cos\gamma$ 为 Σ 正侧法向量的方向余弦,$\cos\lambda,\cos\mu,\cos\nu$ 为与 $\partial\Sigma$ 正向一致的切向量的方向余弦(图 10-28).公式(10-35),(10-35′)称为斯托克斯公式.

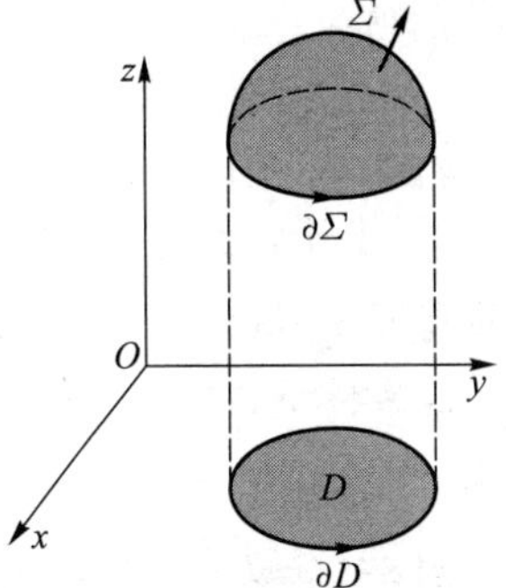

图 10-28

$$\mathbf{rot}\,\boldsymbol{F}\xlongequal{\text{def}}\left(\frac{\partial R}{\partial y}-\frac{\partial Q}{\partial z}\right)\boldsymbol{i}+\left(\frac{\partial P}{\partial z}-\frac{\partial R}{\partial x}\right)\boldsymbol{j}+\left(\frac{\partial Q}{\partial x}-\frac{\partial P}{\partial y}\right)\boldsymbol{k}$$

称为向量场 $\boldsymbol{F}=P\boldsymbol{i}+Q\boldsymbol{j}+R\boldsymbol{k}$ 的**旋度**(旋度也可记为 $\mathbf{curl}\,\boldsymbol{F}$).

证 仅证 $\displaystyle\iint_{\Sigma}\frac{\partial P}{\partial z}\mathrm{d}z\mathrm{d}x-\frac{\partial P}{\partial y}\mathrm{d}x\mathrm{d}y=\oint_{\partial\Sigma}P(x,y,z)\mathrm{d}x.$

先设 Σ 满足:与平行于 z 轴的直线相交不多于一点, Σ 在 xOy 平面上的投影区域为 D,则 Σ 的方程可表示为 $z=z(x,y)$,$(x,y)\in D$.不妨设 Σ 的正侧为上侧. ∂D 的正向与 $\partial\Sigma$ 的正向相一致,直接计算得

$$\iint_{\Sigma}\frac{\partial P}{\partial z}\mathrm{d}z\mathrm{d}x-\frac{\partial P}{\partial y}\mathrm{d}x\mathrm{d}y$$
$$=\iint_{D}\left(\frac{\partial P}{\partial z}\left(-\frac{\partial z}{\partial y}\right)-\frac{\partial P}{\partial y}\right)\mathrm{d}x\mathrm{d}y$$
$$=-\iint_{D}\frac{\partial}{\partial y}P[x,y,z(x,y)]\mathrm{d}x\mathrm{d}y=\oint_{\partial D}P[x,y,z(x,y)]\mathrm{d}x \quad (\text{格林公式})$$
$$=\oint_{\partial\Sigma}P(x,y,z)\mathrm{d}x.$$

同理可证

$$\iint_{\Sigma}\frac{\partial Q}{\partial x}\mathrm{d}x\mathrm{d}y-\frac{\partial Q}{\partial z}\mathrm{d}y\mathrm{d}z=\oint_{\partial\Sigma}Q\mathrm{d}y,\iint_{\Sigma}\frac{\partial R}{\partial y}\mathrm{d}y\mathrm{d}z-\frac{\partial R}{\partial x}\mathrm{d}z\mathrm{d}x=\oint_{\partial\Sigma}R\mathrm{d}z.$$

当 Σ 不符合前述要求时,可用适当的辅助线把 Σ 分成一些小曲面片,使每一个小曲面片符合前面的要求,对各个小曲面片结论成立,相加即得所证.

公式(10-35)和(10-35′)可借助行列式①形式地分别记为

① 见本册附录Ⅱ.

$$\iint_{\Sigma}\begin{vmatrix}\mathrm{d}y\mathrm{d}z & \mathrm{d}z\mathrm{d}x & \mathrm{d}x\mathrm{d}y\\ \dfrac{\partial}{\partial x} & \dfrac{\partial}{\partial y} & \dfrac{\partial}{\partial z}\\ P & Q & R\end{vmatrix}=\oint_{\partial\Sigma}P\mathrm{d}x+Q\mathrm{d}y+R\mathrm{d}z,$$

$$\iint_{\Sigma}\begin{vmatrix}\cos\alpha & \cos\beta & \cos\gamma\\ \dfrac{\partial}{\partial x} & \dfrac{\partial}{\partial y} & \dfrac{\partial}{\partial z}\\ P & Q & R\end{vmatrix}\mathrm{d}S=\oint_{\partial\Sigma}(P\cos\lambda+Q\cos\mu+R\cos\nu)\mathrm{d}s.$$

此处用三阶行列式的形式记法,计算时仍用行列式依第一行展开的方法,例如,包含 $\mathrm{d}y\mathrm{d}z$ 的项为 $\begin{vmatrix}\dfrac{\partial}{\partial y} & \dfrac{\partial}{\partial z}\\ Q & R\end{vmatrix}\mathrm{d}y\mathrm{d}z=\left(\dfrac{\partial R}{\partial y}-\dfrac{\partial Q}{\partial z}\right)\mathrm{d}y\mathrm{d}z$,其余依此类推.

当 $\boldsymbol{\Sigma}$ 是平面区域 D,$\boldsymbol{F}=P\boldsymbol{i}+Q\boldsymbol{j}$ 是平面向量场时,斯托克斯公式就是格林公式.读者应该对牛顿-莱布尼茨公式、格林公式、高斯公式和斯托克斯公式进行比较研究,思考这些公式的本质特征,并从中体会数学理论和公式的内在的和谐美.这组公式反映的一个共同性质是:在一定条件下,区域边界上的性质决定内部的性质,这在数学物理问题中有特别重要的意义.

例 5 计算 $\oint_{\Gamma}z\mathrm{d}x+x\mathrm{d}y+y\mathrm{d}z$,$\Gamma$:平面 $x+y+z=1$ 被三个坐标面截成的三角形的边界,其正向与三角形上侧符合右手规则(图 10-29).

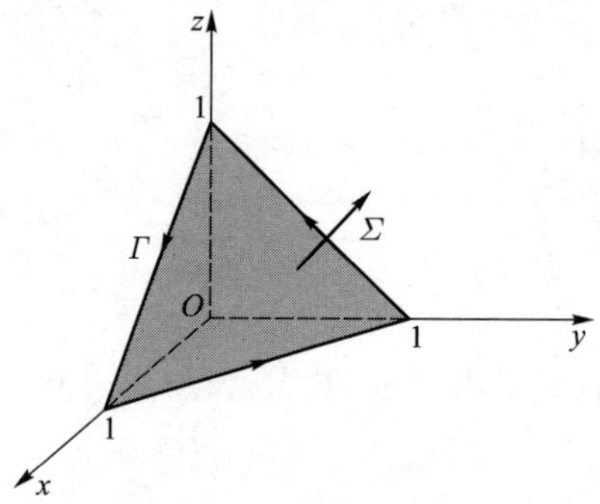

图 10-29

解 Γ 可看成平面 $x+y+z=1$ 上由 Γ 围成的曲面 Σ 的边界,$P=z,Q=x,R=y$ 满足斯托克斯定理条件,Σ:$z=1-x-y,x\geqslant 0,y\geqslant 0,x+y\leqslant 1$,

$$\oint_{\Gamma}z\mathrm{d}x+x\mathrm{d}y+y\mathrm{d}z=\iint_{\Sigma}\mathrm{d}y\mathrm{d}z+\mathrm{d}z\mathrm{d}x+\mathrm{d}x\mathrm{d}y$$

$$=\iint_{D}(1+1+1)\mathrm{d}x\mathrm{d}y=3\iint_{D}\mathrm{d}x\mathrm{d}y=\frac{3}{2}.$$

#例 6 计算 $\int_{\Gamma_{AB}}(x^2-yz)\mathrm{d}x+(y^2-zx)\mathrm{d}y+(z^2-xy)\mathrm{d}z$,$\Gamma_{AB}$:从 $A(0,0,0)$ 经

$C(1,1,2)$ 到 $B(1,0,0)$ 的折线.如图 10-30 所示.

解　补充 $\overrightarrow{BA}$,$\Gamma_{AB}+\overrightarrow{BA}$ 围成 $\triangle ACB$ 形状的曲面,Σ 取下侧.$P=x^2-yz,Q=y^2-zx,R=z^2-xy$,由于 $\frac{\partial R}{\partial y}-\frac{\partial Q}{\partial z}=-x-(-x)=0$,同理算得 $\frac{\partial Q}{\partial x}=\frac{\partial P}{\partial y},\frac{\partial P}{\partial z}=\frac{\partial R}{\partial x}$,由斯托克斯公式得

$$\int_{\Gamma_{AB}}\boldsymbol{F}\cdot\mathrm{d}\boldsymbol{s}+\int_{\overrightarrow{BA}}\boldsymbol{F}\cdot\mathrm{d}\boldsymbol{s}=0,$$

即

$$\int_{\Gamma_{AB}}(x^2-yz)\,\mathrm{d}x+(y^2-zx)\,\mathrm{d}y+(z^2-xy)\,\mathrm{d}z$$

$$=-\int_{\overrightarrow{BA}}(x^2-yz)\,\mathrm{d}x+(y^2-zx)\,\mathrm{d}y+(z^2-xy)\,\mathrm{d}z=\int_0^1 x^2\mathrm{d}x=\frac{1}{3}.$$

例 7　设 $\boldsymbol{F}=(z^2,x,y^3)$,$\Gamma$:由点 $A(0,0,0)$ 到点 $C(0,1,0)$ 到点 $D(1,0,0)$ 到点 $E(0,0,1)$ 再到 A 的折线(图 10-31),计算 $\oint_\Gamma \boldsymbol{F}\cdot\mathrm{d}\boldsymbol{s}$.

微课
10.5 节例 7

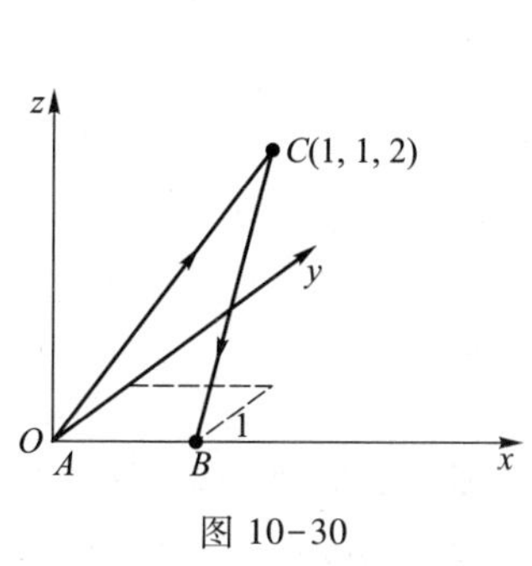

图 10-30

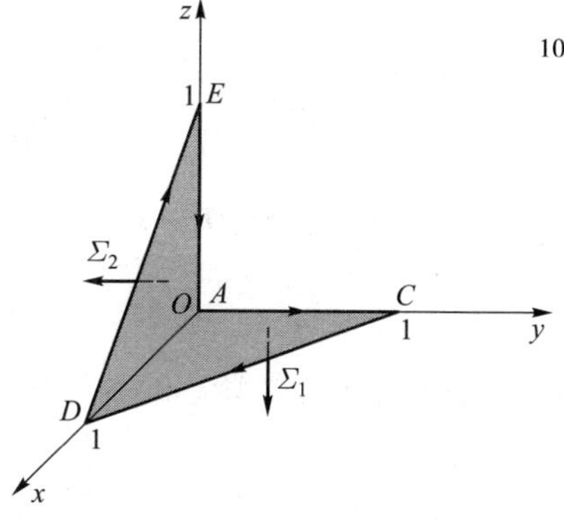

图 10-31

解　Γ 围成如图 10-31 所示的分片光滑曲面,添加辅助线 $\overrightarrow{DA}$ 与 $\overrightarrow{AD}$,$\overrightarrow{AC}+\overrightarrow{CD}+\overrightarrow{DA}$ 及 $\overrightarrow{AD}+\overrightarrow{DE}+\overrightarrow{EA}$ 分别为三角形曲面 Σ_1(下侧)、Σ_2(左侧)的边界.在 Σ_1 及 Σ_2 上分别用斯托克斯公式,由 $\mathbf{rot}\,\boldsymbol{F}=(3y^2,2z,1)$ 得

$$\oint_{\overrightarrow{AC}+\overrightarrow{CD}+\overrightarrow{DA}}z^2\mathrm{d}x+x\mathrm{d}y+y^3\mathrm{d}z$$

$$=\iint_{\Sigma_1}3y^2\mathrm{d}y\mathrm{d}z+2z\mathrm{d}z\mathrm{d}x+\mathrm{d}x\mathrm{d}y$$

$$=-\iint_D\mathrm{d}x\mathrm{d}y=-\frac{1}{2}.$$

$$\oint_{\overrightarrow{AD}+\overrightarrow{DE}+\overrightarrow{EA}} z^2\mathrm{d}x + x\mathrm{d}y + y^3\mathrm{d}z$$
$$= \iint_{\Sigma_2} 3y^2\mathrm{d}y\mathrm{d}z + 2z\mathrm{d}z\mathrm{d}x + \mathrm{d}x\mathrm{d}y$$
$$= -\iint_D 2z\mathrm{d}z\mathrm{d}x = -2\int_0^1 \mathrm{d}x\int_0^{1-x} z\mathrm{d}z = -\frac{1}{3}.$$

因此,

$$\oint_\Gamma \boldsymbol{F}\cdot\mathrm{d}\boldsymbol{s} = -\frac{5}{6}.$$

*10.5.3 空间曲线积分与路径无关的条件

空间力场 $\boldsymbol{F}(x,y,z)=P(x,y,z)\boldsymbol{i}+Q(x,y,z)\boldsymbol{j}+R(x,y,z)\boldsymbol{k}$ 在区域 G 中何时为保守力场?也就是说在 G 中,曲线积分 $\oint_{\Gamma_{AB}}\boldsymbol{F}\cdot\mathrm{d}\boldsymbol{s}$ 在什么条件下与路径的形状无关而仅与路径的起、终点有关?此问题与平面情形类似,有

定理 3 设 $\Omega\subset\mathbf{R}^3$ 是空间一维单连通区域①,函数 $P(x,y,z),Q(x,y,z),R(x,y,z)$ 在 Ω 上都有一阶连续的偏导数,则下述四个条件等价:

(i) $\int_{\Gamma_{AB}} P\mathrm{d}x + Q\mathrm{d}y + R\mathrm{d}z$ 与路径无关;

(ii) 对 Ω 中任一简单闭曲线 Γ, $\oint_\Gamma P\mathrm{d}x + Q\mathrm{d}y + R\mathrm{d}z = 0$;

(iii) 在 Ω 中处处有 $\mathbf{rot}\,\boldsymbol{F} = \mathbf{0}$, 即

$$\frac{\partial P}{\partial y}=\frac{\partial Q}{\partial x},\quad \frac{\partial Q}{\partial z}=\frac{\partial R}{\partial y},\quad \frac{\partial R}{\partial x}=\frac{\partial P}{\partial z}.$$

(iv) 存在 Ω 上具有二阶连续偏导数的函数 $u(x,y,z)$, 使

$$\mathrm{d}u=P\mathrm{d}x+Q\mathrm{d}y+R\mathrm{d}z.$$

定理 3 的证明与 10.3 节中定理 2 的证明思想相仿,请读者自己试推之,此处从略.

定理 3(iv)中函数 $u(x,y,z)$, 称为表达式 $P\mathrm{d}x + Q\mathrm{d}y + R\mathrm{d}z$ 的原函数,当定理条件满足时,可求得

$$u(x,y,z) = \int_{(x_0,y_0,z_0)}^{(x,y,z)} P\mathrm{d}x + Q\mathrm{d}y + R\mathrm{d}z$$
$$= \int_{x_0}^{x} P(x,y_0,z_0)\,\mathrm{d}x + \int_{y_0}^{y} Q(x,y,z_0)\,\mathrm{d}y + \int_{z_0}^{z} R(x,y,z)\,\mathrm{d}z,$$

其中 (x_0,y_0,z_0) 是 Ω 中取定的一点, (x,y,z) 是 Ω 中任一点,并假定连接 (x_0,y_0,z_0), (x,y_0,z_0), (x,y,z_0) 和 (x,y,z) 的折线在 Ω 中.

#例 8 证明向量场 $\boldsymbol{F}=(2x+y)\boldsymbol{i}+(4y+x+2z)\boldsymbol{j}+(2y-z)\boldsymbol{k}$ 在 $\mathbf{R}^3$ 中是保守场,而 $\boldsymbol{G}=(xy+y^2)\boldsymbol{i}+x^2y\boldsymbol{j}+\boldsymbol{k}$ 不是保守场.对 $\boldsymbol{F}$,求原函数 $u(x,y,z)$, 使 $\boldsymbol{F} = \left(\frac{\partial u}{\partial x},\frac{\partial u}{\partial y},\frac{\partial u}{\partial z}\right)$.

---

① 若对 Ω 内任一闭曲线总可以张一片完全属于 Ω 的曲面,就称 Ω 为空间一维单连通区域.

解 对 $\boldsymbol{F}$,直接计算

$$\operatorname{rot}\boldsymbol{F}=\begin{vmatrix}\boldsymbol{i} & \boldsymbol{j} & \boldsymbol{k}\\ \dfrac{\partial}{\partial x} & \dfrac{\partial}{\partial y} & \dfrac{\partial}{\partial z}\\ 2x+y & 4y+x+2z & 2y-z\end{vmatrix}=\boldsymbol{0},$$

在整个$\mathbf{R}^3$ 中满足. 又直接计算 $\operatorname{rot}\boldsymbol{G}=(2xy-x-2y)\boldsymbol{k}$, 且使 $\operatorname{rot}\boldsymbol{G}=\boldsymbol{0}$ 的点集仅是$\mathbf{R}^3$ 中一个柱面 $\{(x,y,z)\mid 2xy-x-2y=0,\ |z|<+\infty\}$. 因此,在$\mathbf{R}^3$ 中任一开区域 Ω 中,$\boldsymbol{G}$ 都不是保守场.

取 $(x_0,y_0,z_0)=(0,0,0)$, 则

$$\begin{aligned}u(x,y,z)&=\int_0^x P(x,0,0)\,\mathrm{d}x+\int_0^y Q(x,y,0)\,\mathrm{d}y+\int_0^z R(x,y,z)\,\mathrm{d}z\\&=\int_0^x 2x\,\mathrm{d}x+\int_0^y(4y+x)\,\mathrm{d}y+\int_0^z(2y-z)\,\mathrm{d}z\\&=x^2+2y^2+xy+2yz-\frac{z^2}{2},\end{aligned}$$

因此

$$u(x,y,z)=x^2+2y^2+xy+2yz-\frac{z^2}{2}+C.$$

***例 9(能量守恒定律)** 设在连续力场 $\boldsymbol{F}$ 的作用下,一个质量为 m 的物体沿光滑曲线 $\boldsymbol{r}(t)\,(a\leqslant t\leqslant b)$ 从点 $A=\boldsymbol{r}(a)$ 移动到点 $B=\boldsymbol{r}(b)$.由牛顿运动定律,有 $\boldsymbol{F}(\boldsymbol{r}(t))=m\boldsymbol{r}''(t)$.从而力 $\boldsymbol{F}$ 对物体做的功为

$$\begin{aligned}W&=\int_\Gamma \boldsymbol{F}\cdot\mathrm{d}\boldsymbol{r}=\int_a^b \boldsymbol{F}(\boldsymbol{r}(t))\cdot\boldsymbol{r}'(t)\,\mathrm{d}t\\&=\int_a^b m\boldsymbol{r}''(t)\cdot\boldsymbol{r}'(t)\,\mathrm{d}t=\frac{m}{2}\int_a^b\frac{\mathrm{d}}{\mathrm{d}t}[\boldsymbol{r}'(t)\cdot\boldsymbol{r}'(t)]\,\mathrm{d}t\\&=\frac{m}{2}\int_a^b\frac{\mathrm{d}}{\mathrm{d}t}|\boldsymbol{r}'(t)|^2\mathrm{d}t=\frac{m}{2}[\,|\boldsymbol{r}'(t)|^2]\Big|_a^b\\&=\frac{m}{2}(|\boldsymbol{r}'(b)|^2-|\boldsymbol{r}'(a)|^2)=\frac{1}{2}m|\boldsymbol{v}(b)|^2-\frac{1}{2}m|\boldsymbol{v}(a)|^2.\end{aligned}$$

即,力场 $\boldsymbol{F}$ 沿曲线 Γ 做功等于动能在 Γ 的端点的变化量.

假设力场 $\boldsymbol{F}$ 是保守力场,则存在原函数 $f(x,y,z)$ 使得 $\nabla f=\boldsymbol{F}$. 物理学中,把 $V(x,y,z)=-f(x,y,z)$ 定义为物体在点(x,y,z)处的势能.因此, $\boldsymbol{F}=-\nabla V$. 又有

$$\begin{aligned}W&=\int_\Gamma \boldsymbol{F}\cdot\mathrm{d}\boldsymbol{r}=-\int_\Gamma\nabla V\cdot\mathrm{d}\boldsymbol{r}\\&=-[V(\boldsymbol{r}(b))-V(\boldsymbol{r}(a))]=V(A)-V(B).\end{aligned}$$

即,保守力场 $\boldsymbol{F}$ 做功等于曲线 Γ 两个端点 A,B 处势能的差,从而

$$\frac{1}{2}m|\boldsymbol{v}(b)|^2-\frac{1}{2}m|\boldsymbol{v}(a)|^2=V(A)-V(B).$$

因此,

$$\frac{1}{2}m\mid \boldsymbol{v}(b)\mid^2+V(B)=\frac{1}{2}m\mid \boldsymbol{v}(a)\mid^2+V(A). \tag{10-36}$$

式(10-36)说明:如果一个物体在保守力场的作用下从点 A 移动到另一个点 B,则其动能和势能之和保持不变,此即著名的能量守恒定律,也是这种力场称为保守力场的原因.

习题 10.5

A

1. 利用高斯公式计算下列积分:

(1) $\oiint\limits_{\Sigma} x\mathrm{d}y\mathrm{d}z+y\mathrm{d}z\mathrm{d}x+z\mathrm{d}x\mathrm{d}y$, Σ:球面 $(x-x_0)^2+(y-y_0)^2+(z-z_0)^2=R^2$ 外侧;

(2) $\oiint\limits_{\Sigma} x^3\mathrm{d}y\mathrm{d}z+y^3\mathrm{d}z\mathrm{d}x+z^3\mathrm{d}x\mathrm{d}y$, Σ:球面 $x^2+y^2+z^2=R^2$ 外侧;

(3) $\oiint\limits_{\Sigma} 4xz\mathrm{d}y\mathrm{d}z-y^2\mathrm{d}z\mathrm{d}x+yz\mathrm{d}x\mathrm{d}y$, Σ:立方体 $0\leqslant x\leqslant 1,0\leqslant y\leqslant 1,0\leqslant z\leqslant 1$ 表面内侧;

(4) $\oiint\limits_{\Sigma} xz\mathrm{d}x\mathrm{d}y$, Σ:第一卦限中由 $z=x^2+y^2,x^2+y^2=1$ 和坐标面围成的区域表面外侧.

2. 利用斯托克斯公式计算下列积分:

(1) $\oint_{\Gamma}(y-z)\mathrm{d}x+(z-x)\mathrm{d}y+(x-y)\mathrm{d}z$, Γ:椭圆 $\begin{cases}x^2+y^2=a^2,\\ \dfrac{x}{a}+\dfrac{z}{b}=1\end{cases}$ $(a>0,b>0)$,从 x 轴正向看是逆时针方向;

(2) $\oint_{\Gamma} 2y\mathrm{d}x+3x\mathrm{d}y-z^2\mathrm{d}z$, Γ: $\begin{cases}x^2+y^2+z^2=9,\\ z=0,\end{cases}$ 从 z 轴正向看是逆时针方向.

3. 设 $\boldsymbol{F}=(2z-3y,3x-z,y-2x)$,计算 $\operatorname{div}\boldsymbol{F}$ 与 $\mathbf{rot}\,\boldsymbol{F}$.

B

1. 计算下列曲面积分:

(1) $\iint\limits_{\Sigma} xz^2\mathrm{d}y\mathrm{d}z+(x^2y-z^3)\mathrm{d}z\mathrm{d}x+(2xy+y^2z)\mathrm{d}x\mathrm{d}y$, Σ:上半球面 $z=\sqrt{a^2-x^2-y^2}$ 上侧;

(2) $\oiint\limits_{\Sigma}(x^2\cos\alpha+y^2\cos\beta+z\cos\gamma)\mathrm{d}S$, Σ:球面 $x^2+y^2+z^2=1$, $\cos\alpha,\cos\beta,\cos\gamma$ 是 Σ 的外法向量的方向余弦;

(3) $\iint\limits_{\Sigma}(2x+z)\mathrm{d}y\mathrm{d}z+z\mathrm{d}x\mathrm{d}y$, Σ:曲面 $z=x^2+y^2(0\leqslant z\leqslant 1)$,其法向量与 z 轴正向夹角为锐角;

(4) $\oiint\limits_{\Sigma}(2xz\mathrm{d}y\mathrm{d}z+yz\mathrm{d}z\mathrm{d}x-z^2\mathrm{d}x\mathrm{d}y)$, Σ:曲面 $z=\sqrt{x^2+y^2}$ 与 $z=\sqrt{2-x^2-y^2}$ 所围立体表面外侧;

(5) $\iint\limits_{\Sigma} 2x^3\mathrm{d}y\mathrm{d}z+2y^3\mathrm{d}z\mathrm{d}x+3(z^2-1)\mathrm{d}x\mathrm{d}y$, Σ:曲面 $z=1-x^2-y^2(z\geqslant 0)$ 的上侧.

2. 设空间区域 Ω 由曲面 $z=a^2-x^2-y^2$ 与平面 $z=0$ 围成$(a>0)$, Ω 的体积为 V, Σ 为 $\partial\Omega$ 外侧,证明:

$$\oiint\limits_{\Sigma} x^2y^2z^2\mathrm{d}y\mathrm{d}z-xy^2z^2\mathrm{d}z\mathrm{d}x+z(1+xyz)\mathrm{d}x\mathrm{d}y=V.$$

3. 计算积分 $\iint\limits_{\Sigma}\frac{ax\mathrm{d}y\mathrm{d}z+(z+a)^2\mathrm{d}x\mathrm{d}y}{(x^2+y^2+z^2)^{1/2}}$，$\Sigma$：下半球面 $z=-\sqrt{a^2-x^2-y^2}$ 上侧 $(a>0)$.

4. 计算曲线积分 $\oint_{\Gamma}y\mathrm{d}x+z\mathrm{d}y+x\mathrm{d}z$，其中 Γ 为圆周 $\begin{cases}x^2+y^2+z^2=a^2,\\x+y+z=0,\end{cases}$ 从 x 轴正向看是逆时针方向.

5. 计算积分 $\oint_{L}(y^2-z^2)\mathrm{d}x+(2z^2-x^2)\mathrm{d}y+(3x^2-y^2)\mathrm{d}z$，其中 L 是平面 $x+y+z=2$ 与柱面 $|x|+|y|=1$ 的交线，从 z 轴正向看去，L 为逆时针方向.

*10.6 场论初步

10.6 预习检测

在 10.1 节中我们给出了一般的数量场及向量场的概念. 数量场可以用数量值函数表示，向量场可以用向量值函数表示.在这一节，我们借助前面得出的积分公式进一步讨论场的一些重要性质.

10.6.1 梯度场

设 $u(x,y,z)$ 是一个数量场，函数 $u(x,y,z)$ 在区域 Ω 上存在一阶偏导数，则向量场

$$\mathbf{grad}\ u=\frac{\partial u}{\partial x}\boldsymbol{i}+\frac{\partial u}{\partial y}\boldsymbol{j}+\frac{\partial u}{\partial z}\boldsymbol{k},(x,y,z)\in\Omega$$

称为 u 的**梯度场**.

根据第 8 章的讨论，梯度方向是函数值增加最快的方向.因此，**梯度场刻画了数量场在各个方向变化的不均匀性**.

例如，函数 $u_1(x,y)=x^2+y^2$，$u_2(x,y)=x^2+4y^2$，从直觉上，$u_1(x,y)$ 在点 (x,y) 处的增大最快的方向就是该点的向径方向 $\boldsymbol{r}=x\boldsymbol{i}+y\boldsymbol{j}$（图 10-32(a)）.函数 $u_2(x,y)$ 在点 (x,y) 处增大最快的方向应该更偏向 y 轴方向（图 10-32(b)），计算得

$$\mathbf{grad}\ u_2=2(x\boldsymbol{i}+4y\boldsymbol{j})=2(\boldsymbol{r}+3y\boldsymbol{j}).$$

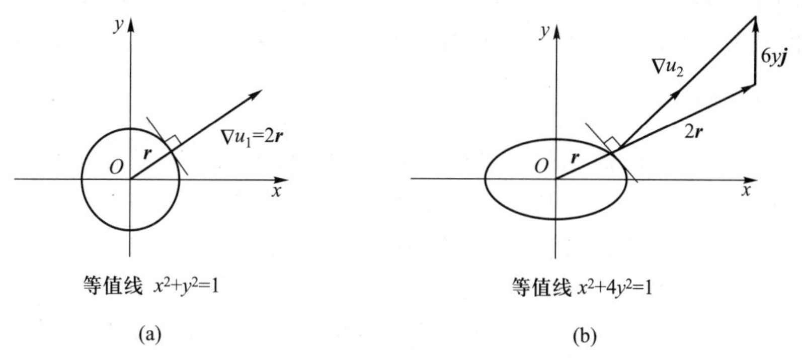

图 10-32

在场论中，引入一个向量微分算子（称为哈密顿（Hamilton）算子）

$$\boldsymbol{\nabla}=\left(\frac{\partial}{\partial x},\frac{\partial}{\partial y},\frac{\partial}{\partial z}\right)\quad 或\quad \boldsymbol{\nabla}=\frac{\partial}{\partial x}\boldsymbol{i}+\frac{\partial}{\partial y}\boldsymbol{j}+\frac{\partial}{\partial z}\boldsymbol{k}.$$

含义是 $\nabla u=\frac{\partial u}{\partial x}\boldsymbol{i}+\frac{\partial u}{\partial y}\boldsymbol{j}+\frac{\partial u}{\partial z}\boldsymbol{k}$, 因此 $\nabla u=\mathbf{grad}\, u$,$\nabla$ 也称为梯度算子.

根据导数的性质,易证有下述性质:

(ⅰ) $\nabla(cu)=c\nabla u$ (c 是常数);

(ⅱ) $\nabla(u_1+u_2)=\nabla u_1+\nabla u_2$;

(ⅲ) $\nabla(u_1u_2)=u_2\nabla u_1+u_1\nabla u_2$;

(ⅳ) $\nabla\left(\frac{u_1}{u_2}\right)=\frac{u_2\nabla u_1-u_1\nabla u_2}{u_2^2}$ ($u_2\neq 0$);

(ⅴ) $\nabla f(u)=f'(u)\nabla u$, 其中 $f'(u)$ 连续.

例 1 设坐标原点 $O(0,0,0)$ 处放置一个电量为 q 的点电荷,则由此电荷产生的电场中,点 $M(x,y,z)$ 处的电势是

$$V=\frac{q}{4\pi\varepsilon_0 r}\quad(r=\sqrt{x^2+y^2+z^2},\varepsilon_0\text{ 是常数}).$$

求 $\mathbf{grad}V$.

解 直接计算易得

$$\mathbf{grad}V=-\frac{q}{4\pi\varepsilon_0}\cdot\frac{1}{r^3}(x\boldsymbol{i}+y\boldsymbol{j}+z\boldsymbol{k})=-\frac{q}{4\pi\varepsilon_0 r^3}\boldsymbol{r}.$$

另一方面,电量 q 产生的电场强度 $\boldsymbol{E}=\frac{q}{4\pi\varepsilon_0 r^3}\boldsymbol{r}$, 故

$$\boldsymbol{E}=-\mathbf{grad}V.$$

由此可见,电场强度是电位梯度的负向量.据此,可以通过电位梯度求电场强度.

10.6.2 散度场

设 $\boldsymbol{F}=P(x,y,z)\boldsymbol{i}+Q(x,y,z)\boldsymbol{j}+R(x,y,z)\boldsymbol{k}$ 是区域 Ω 上的一个向量场,$\boldsymbol{F}$ 的一阶偏导数连续,Σ 是 Ω 内一个光滑封闭曲面的外侧,当把 $\boldsymbol{F}$ 看成流速场(密度 $\rho\equiv 1$)时,流过 Σ 的流量

$$\Phi=\oiint_{\Sigma}\boldsymbol{F}\cdot\mathrm{d}\boldsymbol{S}=\oiint_{\Sigma}P(x,y,z)\,\mathrm{d}y\mathrm{d}z+Q(x,y,z)\,\mathrm{d}z\mathrm{d}x+R(x,y,z)\,\mathrm{d}x\mathrm{d}y$$

是流入 Σ 和流出 Σ 的流体流量的代数和,称 Φ 为向量场 $\boldsymbol{F}$ 流过 Σ 的发散量.

当 $\Phi>0$ 时,流出大于流入,说明 Σ 包围的区域内有**源泉**;

当 $\Phi<0$ 时,流出小于流入,说明 Σ 包围的区域内有**漏洞**;

当 $\Phi=0$ 时,流过 Σ 的流量出入平衡.

但是 Σ 所围区域内哪一点处是“源”? 哪一点处是“洞”? 由 Φ 的正负是看不出来的.

设 Σ 包围的区域 Ω' 的体积为 V,则

$$\frac{1}{V}\oiint_{\Sigma}\boldsymbol{F}\cdot\mathrm{d}\boldsymbol{S}$$

是单位体积内的平均发散量,称为平均通量密度.令 Σ 收缩为 Ω' 内的点 $M(x,y,z)$, 记为 $\Sigma\to M$,由高斯公式及积分中值定理得

$$\lim_{\Sigma\to M}\frac{1}{V}\oiint_{\Sigma}\boldsymbol{F}\cdot\mathrm{d}\boldsymbol{S}=\lim_{\Sigma\to M}\frac{1}{V}\iiint_{\Omega}\left(\frac{\partial P}{\partial x}+\frac{\partial Q}{\partial y}+\frac{\partial R}{\partial z}\right)\mathrm{d}V$$
$$=\lim_{\Sigma\to M}\left(\frac{\partial P}{\partial x}+\frac{\partial Q}{\partial y}+\frac{\partial R}{\partial z}\right)\Bigg|_{(\xi,\eta,\zeta)\in\Omega'}=\operatorname{div}\boldsymbol{F}(M),$$

由此可见,**散度** $\operatorname{div}\boldsymbol{F}(M)=\dfrac{\partial P}{\partial x}+\dfrac{\partial Q}{\partial y}+\dfrac{\partial R}{\partial z}$ **刻画了向量场 $\boldsymbol{F}$ 在点 M 处的聚散强度**,散度 $\operatorname{div}\boldsymbol{F}(M)$ 也称为向量场 $\boldsymbol{F}$ 在点 M 处的**通量密度**.

利用梯度算子 $\boldsymbol{\nabla}=\dfrac{\partial}{\partial x}\boldsymbol{i}+\dfrac{\partial}{\partial y}\boldsymbol{j}+\dfrac{\partial}{\partial z}\boldsymbol{k}$, 设 $\boldsymbol{F}=P\boldsymbol{i}+Q\boldsymbol{j}+R\boldsymbol{k}$, 规定形式数量积

$$\left(\frac{\partial}{\partial x},\frac{\partial}{\partial y},\frac{\partial}{\partial z}\right)\cdot(P,Q,R)=\frac{\partial P}{\partial x}+\frac{\partial Q}{\partial y}+\frac{\partial R}{\partial z},$$

可记

$$\operatorname{div}\boldsymbol{F}=\boldsymbol{\nabla}\cdot\boldsymbol{F}.$$

散度有下述性质:

(i) $\operatorname{div}(c\boldsymbol{F})=c\operatorname{div}\boldsymbol{F}$ (c 是常数);

(ii) $\operatorname{div}(\boldsymbol{F}_1+\boldsymbol{F}_2)=\operatorname{div}\boldsymbol{F}_1+\operatorname{div}\boldsymbol{F}_2$;

(iii) $\operatorname{div}(\varphi\boldsymbol{F})=\varphi\operatorname{div}\boldsymbol{F}+\mathbf{grad}\varphi\cdot\boldsymbol{F}$ ($\varphi(x,y,z)$ 是数量值函数).

例 2 求向量场 $\boldsymbol{F}=(xy,x+y,x^2z)$ 在 $M(1,0,1)$ 处的散度,M 是 $\boldsymbol{F}$ 的源泉点还是漏洞点?

解
$$\operatorname{div}\boldsymbol{F}=\frac{\partial}{\partial x}(xy)+\frac{\partial}{\partial y}(x+y)+\frac{\partial}{\partial z}(x^2z)=y+1+x^2.$$
$$\operatorname{div}\boldsymbol{F}\big|_{(1,0,1)}=2>0,$$

因此(1,0,1)是 $\boldsymbol{F}$ 的源泉点.

例 3 求静电场 $\boldsymbol{E}=\dfrac{q}{4\pi\varepsilon_0r^3}(x\boldsymbol{i}+y\boldsymbol{j}+z\boldsymbol{k})$ 的散度(其中 $r=\sqrt{x^2+y^2+z^2}$).

解
$$\operatorname{div}\boldsymbol{E}=\frac{q}{4\pi\varepsilon_0}\left(\frac{r^2-3x^2}{r^5}+\frac{r^2-3y^2}{r^5}+\frac{r^2-3z^2}{r^5}\right)=\frac{q}{4\pi\varepsilon_0}\cdot\frac{3r^2-3r^2}{r^5}.$$

因此,在原点(0,0,0)以外的点处,$\operatorname{div}\boldsymbol{E}=0$.假设 Σ 是场中内部区域不含原点的闭曲面外侧,则由高斯公式 $\oiint_{\Sigma}\boldsymbol{E}\cdot\mathrm{d}\boldsymbol{S}=0$, 即进入 Σ 的电力线与穿出 Σ 的电力线条数一样多.如果 Σ 所包围的有界闭区域内有原点,取一个以(0,0,0)为中心,半径 δ 充分小的球面 Σ_δ 外侧,使 Σ_δ 在 Σ 包围的区域内部,则 $\Sigma+\Sigma_\delta^-$ 围成的壳形区域上 $\operatorname{div}\boldsymbol{E}=0$,从而 $\oiint_{\Sigma+\Sigma_\delta^-}\boldsymbol{E}\cdot\mathrm{d}\boldsymbol{S}=0$, 即

$$\oiint_{\Sigma}\boldsymbol{E}\cdot\mathrm{d}\boldsymbol{S}=\oiint_{\Sigma_\delta}\boldsymbol{E}\cdot\mathrm{d}\boldsymbol{S}=\oiint_{\Sigma_\delta}\frac{q}{4\pi\varepsilon_0r^3}(x\mathrm{d}y\mathrm{d}z+y\mathrm{d}z\mathrm{d}x+z\mathrm{d}x\mathrm{d}y)$$
$$=\frac{q}{4\pi\varepsilon_0}\cdot\frac{1}{\delta^3}\oiint_{\Sigma_\delta}(x\mathrm{d}y\mathrm{d}z+y\mathrm{d}z\mathrm{d}x+z\mathrm{d}x\mathrm{d}y)$$
$$=\frac{q}{4\pi\varepsilon_0}\cdot\frac{1}{\delta^3}\iiint_{x^2+y^2+z^2\leqslant\delta^2}3\mathrm{d}V=\frac{q}{\varepsilon_0}.$$

这个结果即为电磁基本定律之一的高斯定律.

10.6.3　旋度场

设 $\boldsymbol{F}=P(x,y,z)\boldsymbol{i}+Q(x,y,z)\boldsymbol{j}+R(x,y,z)\boldsymbol{k}$ 是区域 Ω 上的向量场,函数 $P(x,y,z)$,$Q(x,y,z)$,$R(x,y,z)$ 有连续的一阶偏导数,对 Ω 内的有向闭曲线 Γ, 曲线积分

$$\oint_{\Gamma}\boldsymbol{F}\cdot\mathrm{d}\boldsymbol{s}=\int_{\Gamma}P(x,y,z)\,\mathrm{d}x+Q(x,y,z)\,\mathrm{d}y+R(x,y,z)\,\mathrm{d}z$$

称为向量场 $\boldsymbol{F}$ 沿 Γ 方向的环量.

如果 $\boldsymbol{F}$ 是力场,环量就是场力所做的功;如果 $\boldsymbol{F}$ 是流速场,环量是单位时间内沿 Γ 的正向流动的环流量.

取 $\boldsymbol{\Sigma}$ 为 Ω 内以 M 为中心的一个小圆盘,正侧单位法向量为 $\boldsymbol{e}_n$,$\boldsymbol{e}_0$ 是 $\partial\Sigma$ 正向(与 $\boldsymbol{e}_n$ 符合右手规则)的单位切向量,则积分

$$\oint_{\partial\Sigma}\boldsymbol{F}\cdot\mathrm{d}\boldsymbol{s}=\oint_{\partial\Sigma}\boldsymbol{F}\cdot\boldsymbol{e}_0\mathrm{d}s=\int_{\Gamma}P(x,y,z)\,\mathrm{d}x+Q(x,y,z)\,\mathrm{d}y+R(x,y,z)\,\mathrm{d}z$$

反映了流体绕圆周的旋转强度.设 Σ 的面积为 A,

$$\frac{1}{A}\oint_{\partial\Sigma}\boldsymbol{F}\cdot\mathrm{d}\boldsymbol{s}$$

是环流量关于面积 A 的平均值,称为向量场 $\boldsymbol{F}$ 在 A 上的平均环流量.令 $\boldsymbol{\Sigma}$ 收缩到点 $M(x,y,z)$,由斯托克斯公式及第一类曲面积分的积分中值定理得

$$\lim_{\Sigma\to M}\frac{1}{A}\oint_{\partial\Sigma}\boldsymbol{F}\cdot\mathrm{d}\boldsymbol{s}=\lim_{\Sigma\to M}\frac{1}{A}\iint_{\Sigma}\mathbf{rot}\,\boldsymbol{F}\cdot\boldsymbol{e}_n\mathrm{d}S=\mathbf{rot}\,\boldsymbol{F}\cdot\boldsymbol{e}_n\Big|_M.$$

称 $\mathbf{rot}\,\boldsymbol{F}\cdot\boldsymbol{e}_n\big|_M$ 为向量场 $\boldsymbol{F}$ 在 M 处沿方向 $\boldsymbol{n}$ 的环量密度.当 $\mathbf{rot}\,\boldsymbol{F}$ 的方向与 $\boldsymbol{e}_n$ 的方向一致时, $\mathbf{rot}\,\boldsymbol{F}\cdot\boldsymbol{e}_n=|\mathbf{rot}\,\boldsymbol{F}|$ 最大.从而向量场 $\boldsymbol{F}$ 的旋度方向是使得向量场绕其旋转时环量最大的方向.**旋度刻画了向量场涡旋的方向及强度**(图 10-33).

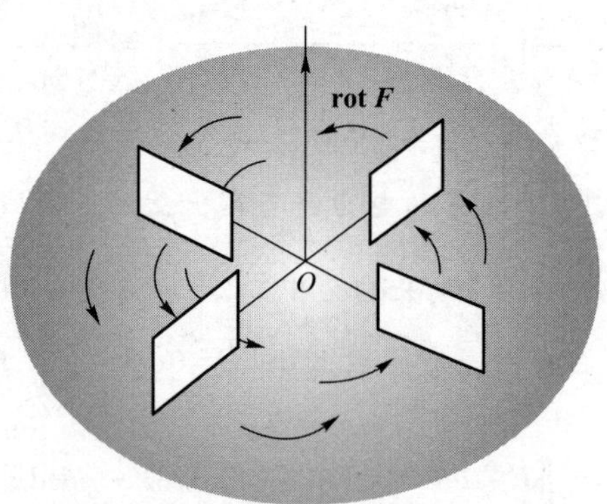

图 10-33

利用梯度算子 $\boldsymbol{\nabla}$,设 $\boldsymbol{F}=P(x,y,z)\boldsymbol{i}+Q(x,y,z)\boldsymbol{j}+R(x,y,z)\boldsymbol{k}$, 规定 $\boldsymbol{\nabla}$与 $\boldsymbol{F}$ 的形式向量积为

$$\nabla\times\boldsymbol{F}=\begin{vmatrix}\boldsymbol{i} & \boldsymbol{j} & \boldsymbol{k}\\ \dfrac{\partial}{\partial x} & \dfrac{\partial}{\partial y} & \dfrac{\partial}{\partial z}\\ P & Q & R\end{vmatrix}.$$

则有 $\mathbf{rot}\,\boldsymbol{F}=\nabla\times\boldsymbol{F}$.

旋度具有性质：

(ⅰ) $\mathbf{rot}(c\boldsymbol{F})=c\,\mathbf{rot}\,\boldsymbol{F}$（其中 c 为常数）；

(ⅱ) $\mathbf{rot}(\boldsymbol{F}_1+\boldsymbol{F}_2)=\mathbf{rot}\,\boldsymbol{F}_1+\mathbf{rot}\,\boldsymbol{F}_2$；

(ⅲ) $\mathbf{rot}(\varphi\boldsymbol{F})=\varphi\,\mathbf{rot}\,\boldsymbol{F}+\mathbf{grad}\varphi\times\boldsymbol{F}$ （$\varphi(x,y,z)$是数量值函数）.

记 $\nabla\cdot\nabla=\Delta$，即 $\Delta=\dfrac{\partial^2}{\partial x^2}+\dfrac{\partial^2}{\partial y^2}+\dfrac{\partial^2}{\partial z^2}$，$\Delta$ 称为拉普拉斯算子.

例 4 设 $\boldsymbol{F}=y\boldsymbol{i}+z\boldsymbol{j}+x\boldsymbol{k}$，求 $\mathbf{rot}\,\boldsymbol{F}$.

解

$$\mathbf{rot}\,\boldsymbol{F}=\begin{vmatrix}\boldsymbol{i} & \boldsymbol{j} & \boldsymbol{k}\\ \dfrac{\partial}{\partial x} & \dfrac{\partial}{\partial y} & \dfrac{\partial}{\partial z}\\ y & z & x\end{vmatrix}=\left(\frac{\partial x}{\partial y}-\frac{\partial z}{\partial z}\right)\boldsymbol{i}+\left(\frac{\partial y}{\partial z}-\frac{\partial x}{\partial x}\right)\boldsymbol{j}+\left(\frac{\partial z}{\partial x}-\frac{\partial y}{\partial y}\right)\boldsymbol{k}$$

$$=-(\boldsymbol{i}+\boldsymbol{j}+\boldsymbol{k}).$$

例 5 求静电场 $\boldsymbol{E}=\dfrac{q}{4\pi\varepsilon_0}\cdot\dfrac{\boldsymbol{r}}{r^3}$ （$\boldsymbol{r}=x\boldsymbol{i}+y\boldsymbol{j}+z\boldsymbol{k}$，$r=\sqrt{x^2+y^2+z^2}$）的旋度.

解 直接计算得

$$\mathbf{rot}\,\boldsymbol{E}=\frac{q}{4\pi\varepsilon_0}\begin{vmatrix}\boldsymbol{i} & \boldsymbol{j} & \boldsymbol{k}\\ \dfrac{\partial}{\partial x} & \dfrac{\partial}{\partial y} & \dfrac{\partial}{\partial z}\\ \dfrac{x}{r^3} & \dfrac{y}{r^3} & \dfrac{z}{r^3}\end{vmatrix}=\mathbf{0}.$$

10.6.4 几种重要的向量场

由一阶偏导数存在的数量场 $u(x,y,z)$，可产生一个向量场 $\mathbf{grad}\,u$. 反过来，设 $\boldsymbol{F}$ 是一个已知向量场，如果存在函数 u，使

$$\boldsymbol{F}=\mathbf{grad}\,u,$$

就称 $\boldsymbol{F}$ 为**有势场**，$v=-u$ 称为 $\boldsymbol{F}$ 的势函数.

根据 * 10.5 节的定理 3 得

定理 设 Ω 是一维单连通区域，$\boldsymbol{F}$ 的一阶偏导数在 Ω 上连续，则 $\boldsymbol{F}$ 是有势场的充要条件是 $\boldsymbol{F}$ 是无旋场，即 $\mathbf{rot}\,\boldsymbol{F}=\mathbf{0}$ 在 Ω 上处处成立.

因此，有势场、保守场、无旋场是彼此等价的，是从不同角度对场的刻画. 例如，静电场是无旋场，重力场也是无旋场.

如果向量场 $\boldsymbol{F}$ 的散度 $\operatorname{div}\boldsymbol{F}$ 在 Ω 上处处为 0，即

$$\operatorname{div}\boldsymbol{F}(x,y,z)=0,\ \forall(x,y,z)\in\Omega,$$

就称 $\boldsymbol{F}$ 为**无源场**.

例如静电场 $\boldsymbol{E}$ 是无源场.

为了直观地说明向量场,我们引入向量场中向量线的概念.

设

$$\boldsymbol{F}=P(x,y,z)\boldsymbol{i}+Q(x,y,z)\boldsymbol{j}+R(x,y,z)\boldsymbol{k},(x,y,z)\in\Omega$$

是一个空间向量场, Γ 是 Ω 内一条光滑曲线.如果对 Γ 上每一点 M,向量$\boldsymbol{F}(M)$都与 Γ 相切,就称 Γ 是向量场中的一条向量线(图 10-34).例如:静电场中的电力线,磁场中的磁力线,流速场中的流线等,都是向量线.

设 C 是向量场中的一条简单闭曲线(非向量线),则 C 上每一点处有且仅有一条向量线通过,这些向量线的全体,构成一张管状曲面,称为向量管(图 10-35).

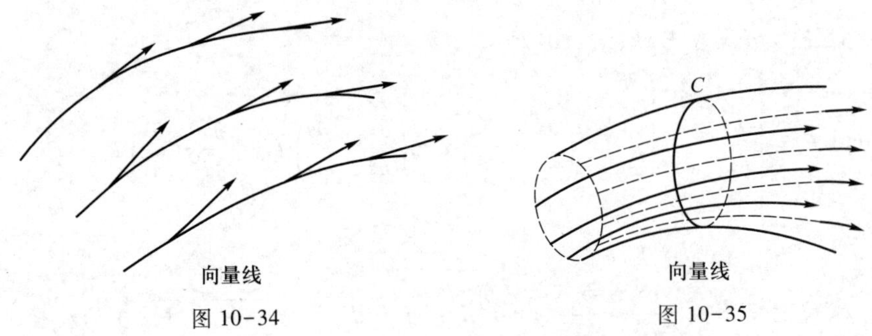

图 10-34　　图 10-35

无源场有一个重要性质:在一个向量管的任何横截面上,通量都相等,就像流体真正地在管子内流动一样,因此无源场又称为**管形场**.

事实上,设 Σ_1, Σ_2 是向量管的两个横截面, Σ_3 是向量管在 Σ_1, Σ_2 之间的一段,则 $\Sigma_1^- + \Sigma_2 + \Sigma_3$ 形成一封闭曲面,取外侧(图 10-36),其中 Σ_1 取内侧, Σ_2, Σ_3 取外侧,由高斯公式 $\displaystyle\oiint_{\Sigma_1^-+\Sigma_2+\Sigma_3}\boldsymbol{F}\cdot\mathrm{d}\boldsymbol{S}=\iiint_{\Omega}(\operatorname{div}\boldsymbol{F})\,\mathrm{d}V=0$. 由于 $\boldsymbol{F}$ 与 Σ_3 上任一流线相切,在 Σ_3 上没有流体通过,因此,

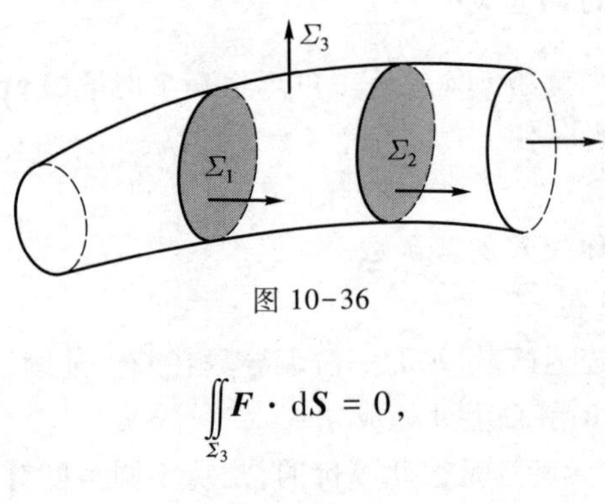

图 10-36

$$\iint_{\Sigma_3}\boldsymbol{F}\cdot\mathrm{d}\boldsymbol{S}=0,$$

从而

$$\iint_{\Sigma_1}\boldsymbol{F}\cdot\mathrm{d}\boldsymbol{S}=\iint_{\Sigma_2}\boldsymbol{F}\cdot\mathrm{d}\boldsymbol{S}.$$

对向量场 $\boldsymbol{F}$,如果满足

$$\operatorname{div}\boldsymbol{F}=0,且\ \mathbf{rot}\,\boldsymbol{F}=\mathbf{0}.$$

就称 $\boldsymbol{F}$ 为**调和场**.

设 $\boldsymbol{F}$ 是一个调和场,由 $\mathbf{rot}\,\boldsymbol{F}=\mathbf{0}$,存在 u,使 $\boldsymbol{F}=\nabla u$;又由 $\nabla\cdot\boldsymbol{F}=0$,采用符号 $\Delta=\frac{\partial^2}{\partial x^2}+\frac{\partial^2}{\partial y^2}+\frac{\partial^2}{\partial z^2}$,可得

$$\nabla\cdot\nabla u=\Delta u=0.$$

方程

$$\frac{\partial^2 u}{\partial x^2}+\frac{\partial^2 u}{\partial y^2}+\frac{\partial^2 u}{\partial z^2}=0$$

称为拉普拉斯方程,是重要的偏微分方程之一,其解称为调和函数.

* 习题 10.6

A

1. 设 $u(x,y,z)=xy+yz+zx$,求 $\mathbf{grad}\,u$ 及 $\mathbf{grad}\,u\big|_{(1,1,1)}$.
2. 求向量场 $\boldsymbol{F}=(x-y+z,y-z+x,z-x+y)$,从闭曲面 $\Sigma:x^2+y^2+z^2=R^2$ 内部穿出 Σ 的通量.
3. 求向量场 $\boldsymbol{F}=4x\boldsymbol{i}-2xy\boldsymbol{j}+z^2\boldsymbol{k}$ 在$(1,1,3)$处的散度.
4. 求向量场 $\boldsymbol{F}=-y\boldsymbol{i}+x\boldsymbol{j}+C\boldsymbol{k}$($C$ 为常量)沿圆周 $\Gamma:x^2+y^2=1,z=0$ 逆时针方向的环流量.
5. 求向量场 $\boldsymbol{F}=yz^2\boldsymbol{i}+zx^2\boldsymbol{j}+xy^2\boldsymbol{k}$ 的旋度.

B

1. 设 $u(x,y)=\mathrm{e}^{x^2y}+x$,,求 ∇u.
2. 设 $\boldsymbol{F}=(x^3,y^3,z^3)$,求 $\nabla\cdot\boldsymbol{F}$ 和 $\nabla\times\boldsymbol{F}$.
3. 设 $u(x,y,z)=x^3+y^3+z^3$,求 $\mathbf{rot}(\mathbf{grad}\,u)$.
4. 设 $\boldsymbol{v}=(xy,x+y,xz)$,求 $\operatorname{div}(\mathbf{rot}\,\boldsymbol{v})$.
5. 判断向量场 $\boldsymbol{F}=(2x+y)\boldsymbol{i}+(4y+x+2z)\boldsymbol{j}+(2y-6z)\boldsymbol{k}$ 是否为调和场?
6. 判断下列哪个向量场是有势场?对有势场求其势函数.

(1) $\boldsymbol{F}=\left(\frac{1}{3}y^3,xy^2\right)$;　　(2) $\boldsymbol{F}=(2xyz^2,x^2z^2+\cos y,2x^2yz)$.

复习题十

1. 如何用一个一元向量值函数表示平面或空间曲线?
2. 向量值函数的极限、连续、导数是如何定义的?一元向量值函数的不定积分与定积分是如何定义的?
3. 对光滑或分段光滑的平面或空间曲线如何定向?对光滑或分片光滑的空间曲面如何定向?
4. 是否每条光滑曲线都可定向?光滑曲面是否都是双侧曲面?
5. 如何把一个第二类曲线积分转化为定积分?如何把一个第二类曲面积分转化为二重积分?

6. 举例说出平面上两个单连通区域及两个复连通区域.

7. 叙述格林公式、高斯公式、斯托克斯公式及证明思路.

8. 利用格林公式计算第二类曲线积分及利用高斯公式计算第二类曲面积分的基本思路是什么？有无类似之处？

9. 两类曲线积分之间有何关系？两类曲面积分之间有何关系？

10. 平面上第二类曲线积分与路径无关的等价条件有哪些？如何证明它们之间的等价性？

11. 如何求表达式 $P(x,y)\mathrm{d}x+Q(x,y)\mathrm{d}y$ 的原函数？

*12. 叙述梯度场、散度场、旋度场的定义和用算子∇表示的方法及计算公式，它们刻画了场的哪些特性？

*13. 什么样的向量场是无源场、无旋场、调和场？

14. 下列积分的物理背景是什么？

(1) $\int_L f(x,y,z)\mathrm{d}s$；

(2) $\int_L P\mathrm{d}x+Q\mathrm{d}y$；

(3) $\iint\limits_{\Sigma} f(x,y,z)\mathrm{d}S$；

(4) $\iint\limits_{\Sigma} P\mathrm{d}y\mathrm{d}z+Q\mathrm{d}z\mathrm{d}x+R\mathrm{d}x\mathrm{d}y$；

(5) $\iint\limits_{D} f(x,y)\mathrm{d}\sigma$；

(6) $\iiint\limits_{\Omega} f(x,y,z)\mathrm{d}V$.

15. 填空：

(1) 设 $L:x^2+\dfrac{y^2}{4}=1$，且该椭圆的长为 a，则 $\oint_L(4x^2+y^2)\mathrm{d}s=$ ______；$\oint_L x\mathrm{d}s=$ ______；

(2) 设 $L:x^2+y^2=1$，顺时针方向，则 $\oint_L x^3y\mathrm{d}x+x\mathrm{d}y=$ ______；$\oint_L x\mathrm{d}y=$ ______；

(3) $\Sigma:x^2+y^2+z^2=1$，则 $\oiint\limits_{\Sigma}(x^2+y^2+z^2)\mathrm{d}S=$ ______；$\oiint\limits_{\Sigma}x\mathrm{d}S=$ ______；

(4) Σ：柱体 $x^2+y^2\leqslant 1$ $(0\leqslant z\leqslant 1)$ 表面外侧，则 $\oiint\limits_{\Sigma}x\mathrm{d}y\mathrm{d}z+y\mathrm{d}z\mathrm{d}x+z\mathrm{d}x\mathrm{d}y=$ ______；$\oiint\limits_{\Sigma}y\mathrm{d}z\mathrm{d}x=$ ______.

16. 设 f 是数量场，$\boldsymbol{F}$ 是向量场，判断下列各式是否有意义.

(1) $\mathbf{rot}\,f$；

(2) $\mathrm{div}\,\boldsymbol{F}$；

(3) $\mathbf{rot}(\mathbf{grad}\,f)$；

(4) $\mathrm{div}\,(\mathbf{grad}\,f)$；

(5) $\mathbf{rot}(\mathbf{rot}\,\boldsymbol{F})$；

(6) $\mathrm{div}\,(\mathbf{rot}(\mathbf{grad}\,f))$.

总习题十

1. 解下列各题：

(1) 设质点的位置向量值函数为 $\boldsymbol{r}=(\ln(t^2+1))\boldsymbol{i}+(\arctan t)\boldsymbol{j}+\sqrt{t^2+1}\,\boldsymbol{k}$，求其在 $t=0$ 处的速度与加速度的夹角；

(2) 设质点的加速度为 $\dfrac{\mathrm{d}^2\boldsymbol{r}}{\mathrm{d}t^2}=-(\boldsymbol{i}+\boldsymbol{j}+\boldsymbol{k})$，初始位置与初始速度为 $\boldsymbol{r}(0)=10\boldsymbol{i}+10\boldsymbol{j}+10\boldsymbol{k}$，$\left.\dfrac{\mathrm{d}\boldsymbol{r}}{\mathrm{d}t}\right|_{t=0}=0$，求位置函数 $\boldsymbol{r}(t)$；

(3) 图 10-37 所示的是两个弹子的运动实验.弹子 A 以初速度 $\boldsymbol{v}_0$ 从 A 朝着弹子 B 弹出，$\boldsymbol{v}_0$ 与水平线夹角为 $\alpha\left(0<\alpha<\dfrac{\pi}{2}\right)$，在弹子 A 弹出的同时，弹子 B 在离 A 的发射点水平距离 R，高 $R\tan\alpha$ 的地方自由下落.证

明:对任何 $\boldsymbol{v}_0$,在某个时刻 t,弹子 A 与 B 相遇.

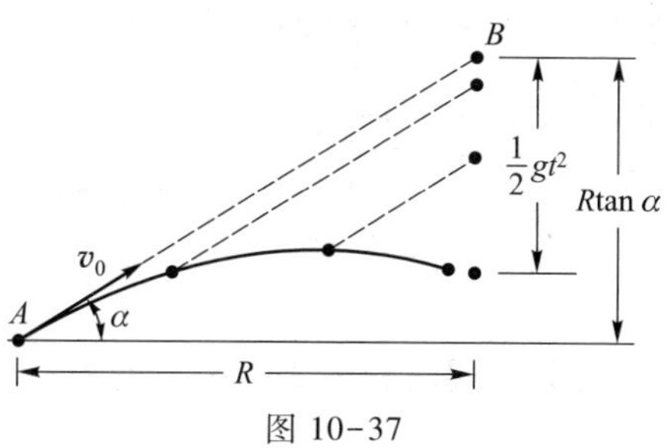

图 10-37

2. 计算下列曲线积分:

(1) $\int_L \frac{\mathrm{d}x+\mathrm{d}y}{|x|+|y|}$, L 为 $y=1-|x|$ 从点 $A(1,0)$经点 $B(0,1)$到点 $C(-1,0)$的折线段;

(2) $\oint_L \frac{\ln(x^2+y^2)\mathrm{d}x+\mathrm{e}^{y^2}\mathrm{d}y}{x^2+y^2+2x}$, L 是逆时针方向的圆周 $x^2+y^2+2x=1$;

(3) $\int_L y\tan^2 x\mathrm{d}x+\tan x\mathrm{d}y$, L 是从点 $A(1,0)$沿曲线 $y=\sqrt{1-x^2}$ 到点 $B(-1,0)$的弧段;

(4) $\oint_\Gamma xyz\mathrm{d}z$, Γ 是平面 $z=y$ 与球面 $x^2+y^2+z^2=1$ 的交线,从 z 轴的正向看,沿逆时针方向.

3. 证明下列曲线积分在 xOy 平面内与路径无关,并求出被积表达式的原函数,计算积分值

$$I=\int_{(1,2)}^{(3,4)}(6xy^2-y^3)\mathrm{d}x+(6x^2y-3xy^2)\mathrm{d}y.$$

4. 设 $f(x,y)$在区域 $D:2x^2+y^2\leqslant 1$ 上具有连续的二阶偏导数,L 是椭圆 $2x^2+y^2=1$ 的顺时针方向,求

$$\oint_L (3y+f_x(x,y))\mathrm{d}x+f_y(x,y)\mathrm{d}y.$$

5. 计算下列曲面积分:

(1) $\iint_\Sigma (x^2+y^2+z^2)\sqrt{x^2+y^2}\mathrm{d}x\mathrm{d}y$, Σ 是半球面 $z=-\sqrt{1-x^2-y^2}$ 下侧;

(2) $\iint_\Sigma (y^2-z)\mathrm{d}y\mathrm{d}z+(z^2-x)\mathrm{d}z\mathrm{d}x+(x^2-y)\mathrm{d}x\mathrm{d}y$, Σ 是锥面 $z=\sqrt{x^2+y^2}\ (0\leqslant z\leqslant h)$ 外侧;

(3) $\iint_\Sigma \frac{x}{r^3}\mathrm{d}y\mathrm{d}z+\frac{y}{r^3}\mathrm{d}z\mathrm{d}x+\frac{z}{r^3}\mathrm{d}x\mathrm{d}y$, 其中 $r=\sqrt{x^2+y^2+z^2}$, Σ 为球面 $x^2+y^2+z^2=a^2$ 内侧;

(4) $\iint_\Sigma z\mathrm{d}x\mathrm{d}y$, Σ 为柱体$(x-2)^2+y^2\leqslant 9(1\leqslant z\leqslant 2)$表面外侧去掉下底 $z=1((x-2)^2+y^2\leqslant 9)$的部分曲面.

6. 求力 $\boldsymbol{F}=y\boldsymbol{i}+z\boldsymbol{j}+x\boldsymbol{k}$ 沿有向闭曲线 Γ 做的功,其中 Γ 是平面 $x+y+z=1$ 在第一卦限部分三角形的边界,从 z 轴正向看去是顺时针方向.

7. 求向量场 $\boldsymbol{F}=(2x-z)\boldsymbol{i}+x^2y\boldsymbol{j}-xz^2\boldsymbol{k}$ 穿过曲面 $\Sigma:0\leqslant x\leqslant a,0\leqslant y\leqslant a,0\leqslant z\leqslant a$ 的表面流向外侧的流量.

8. 解下列各题:

(1) $u=xyz^2$,求 $\operatorname{div}(\mathbf{grad}\,u)$,$\mathbf{rot}(\mathbf{grad}\,u)$;

(2) $\boldsymbol{F}=(x-y+z,y-z+x,z-x+y)$,求 $\mathbf{rot}\,\boldsymbol{F}$.

9. 已知平面区域 $D=\{(x,y)\mid 0\leqslant x\leqslant\pi,0\leqslant y\leqslant\pi\}$,$L$ 为 D 的正向边界,试证:

(1) $\oint_L x\mathrm{e}^{\sin y}\mathrm{d}y-y\mathrm{e}^{-\sin x}\mathrm{d}x=\oint_L x\mathrm{e}^{-\sin y}\mathrm{d}y-y\mathrm{e}^{\sin x}\mathrm{d}x$;

(2) $\oint_L x\mathrm{e}^{\sin y}\mathrm{d}y-y\mathrm{e}^{-\sin x}\mathrm{d}x\geqslant 2\pi^2$.

10. 设对半空间 $x>0$ 内任意的光滑有向封闭曲面 Σ,都有

$$\oiint_{\Sigma} xf(x)\,\mathrm{d}y\mathrm{d}z - xyf(x)\,\mathrm{d}z\mathrm{d}x - \mathrm{e}^{2x}z\,\mathrm{d}x\mathrm{d}y = 0,$$

其中函数 $f(x)$ 在 $(0,+\infty)$ 内具有连续一阶导数,且 $\lim\limits_{x\to0^+}f(x)=1$,求 $f(x)$.

选　读

外微分形式与积分基本公式的统一

微分形式及其积分的理论使我们可以把格林公式、高斯公式、斯托克斯公式统一在一个公式中,并且还可以推广到更一般的 n 维空间中.在这一过程中,数学的理论和思想方法得以完善,数学的应用范围得以扩大.

第 11 章 无穷级数

引述 与微分、积分一样，无穷级数是一个重要的数学工具，在数学和其他学科中有着广泛的应用.利用无穷级数可以将一些复杂的函数用简单函数的无穷和表示，然后对其进行逐项微分或积分，进而这些函数处理起来更加得心应手.随着数学分析的严格化，无穷级数理论逐渐形成，从而推动了数学的进一步发展.关于无穷级数的研究很早就开始了，然而在极限理论建立之前，虽然已经有许多重要结果，但是没有形成系统的理论.有了严格的极限理论，无穷级数才有了坚实的基础.本章首先研究数项级数，然后以其为基础，讨论两种重要的函数项级数，即幂级数与三角级数.这一部分与以前学过的极限理论有着密切的联系，在学习时，应注意它们的关系.

11.1 常数项级数的基本概念与性质

11.1 预习检测

11.1.1 常数项级数的基本概念

引例 1 用圆内接正多边形面积逼近圆面积.

依次作圆内接正 $3\times2^n(n=0,1,2,\cdots)$ 边形，设 a_0 表示内接正三角形面积(图 11-1)，a_n 表示边数从 $3\times2^{n-1}$ 增加到 3×2^n 时增加的面积，则圆内接正 3×2^n 边形面积为

$$a_0+a_1+a_2+\cdots+a_n.$$

当 $n\to\infty$ 时，这个和逼近于圆的面积 A，即

$$A=a_0+a_1+a_2+\cdots+a_n+\cdots.$$

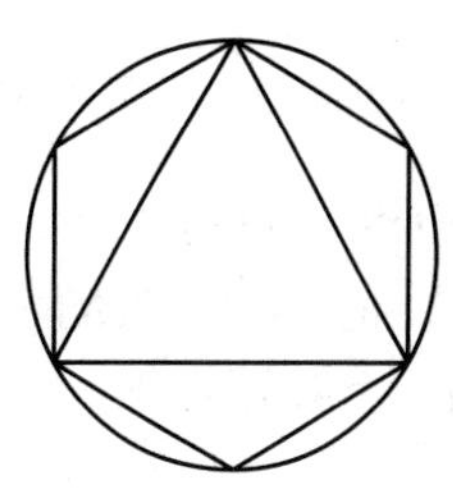

图 11-1

引例 2 小球从 1 m 高处自由落下，每次跳起的高度减少一半，问小球是否会在某时刻停止运动？说明道理.

由自由落体运动方程 $s=\dfrac{1}{2}gt^2$ 知 $t=\sqrt{\dfrac{2s}{g}}$，设 t_k 表示第 k 次小球落地间隔的时间，则小球运动的时间为

$$T=t_1+t_2+t_3+\cdots=\sqrt{\frac{2}{g}}\left[1+2\left(\frac{1}{\sqrt{2}}+\frac{1}{(\sqrt{2})^2}+\cdots\right)\right].$$

上述两个问题中出现了无数多个数依次相加的数学式子，我们将其称为无穷级数.

微课
常数项级数定义

一般地，设已给数列 $\{u_n\}$：$u_1,u_2,u_3,\cdots,u_n,\cdots$，表达式

$$u_1+u_2+u_3+\cdots+u_n+\cdots,$$

或简记为 $\sum\limits_{n=1}^{\infty}u_n$，即

$$\sum_{n=1}^{\infty} u_n = u_1 + u_2 + u_3 + \cdots + u_n + \cdots$$

称为常数项**无穷级数**,简称**级数**,其中 u_n 叫做级数的**通项**或**一般项**.

例如,无穷级数

$$\frac{1}{2}+\frac{1}{4}+\cdots+\frac{1}{2n}+\cdots$$

可记作 $\sum\limits_{n=1}^{\infty}\frac{1}{2n}$.

有限项的和总是一个确定的数,无限多项相加是否为一个确定的数呢？考虑无穷级数(图 11-2)

$$\frac{1}{2}+\frac{1}{4}+\cdots+\frac{1}{2^n}+\cdots,$$

它的第一项之值为$\frac{1}{2}$,前两项之和记作 $s_2=\frac{1}{2}+\frac{1}{4}=\frac{3}{4}$,而前 n 项之和记作

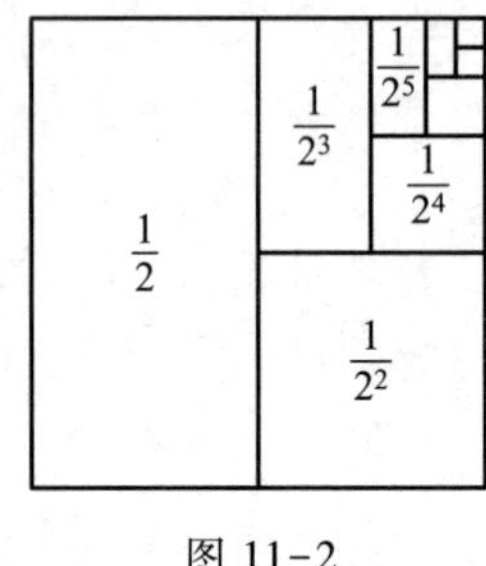

图 11-2

$$s_n=\frac{1}{2}+\frac{1}{4}+\cdots+\frac{1}{2^n}=\frac{1}{2}\ \frac{1-\frac{1}{2^n}}{1-\frac{1}{2}}=1-\frac{1}{2^n}.$$

我们不可能直接相加计算出无穷项之和.但是,显然当 n 无限增大时,前 n 项之和 $s_n=1-\frac{1}{2^n}$不断增大,无限地接近 1,且以 1 为极限.于是最合理的是将前 n 项之和 s_n 的极限 1 作为这个无穷级数的和.

记常数项级数的前 n 项之和 $s_n=u_1+u_2+u_3+\cdots+u_n$,$s_n$ 称为级数的前 n 项**部分和**.从而得到一个新的数列:

$$s_1=u_1,s_2=u_1+u_2,s_3=u_1+u_2+u_3,\cdots,s_n=u_1+u_2+u_3+\cdots+u_n,\cdots.$$

我们把这个数列$\{s_n\}$称为级数 $\sum\limits_{n=1}^{\infty}u_n$ 的**部分和数列**,于是有

定义　若级数 $\sum\limits_{n=1}^{\infty}u_n$ 的部分和数列$\{s_n\}$有极限,即$\lim\limits_{n\to\infty}s_n=s$,则称级数 $\sum\limits_{n=1}^{\infty}u_n$ 收敛于 s,s 称为此级数的和,记作

$$\sum_{n=1}^{\infty}u_n=s.$$

若$\{s_n\}$的极限不存在,则称级数 $\sum\limits_{n=1}^{\infty}u_n$ 发散.

当级数收敛时,称

$$r_n=s-s_n=u_{n+1}+u_{n+2}+\cdots$$

为级数第 n 项以后的余项.

由定义可知,研究无穷级数收敛问题实质上就是研究部分和数列$\{s_n\}$的收敛问题.反

之，任取一数列 $x_1,x_2,\cdots,x_n,\cdots$，则 $\{x_n\}$ 的收敛问题就转化为级数

$$x_1+(x_2-x_1)+(x_3-x_2)+\cdots+(x_n-x_{n-1})+\cdots$$

的收敛问题.

例 1　无穷级数

$$\sum_{n=0}^{\infty} aq^n = a + aq + aq^2 + \cdots + aq^{n-1} + \cdots$$

叫做等比级数(又称几何级数)，其中 $a\neq 0$，q 叫做级数的公比，试讨论几何级数的敛散性.

解　如果 $q\neq 1$，则部分和

$$s_n=a+aq+aq^2+\cdots+aq^{n-1}=\frac{a-aq^n}{1-q}=\frac{a}{1-q}-\frac{aq^n}{1-q}.$$

当 $|q|<1$ 时，由于 $\lim\limits_{n\to\infty}q^n=0$，从而 $\lim\limits_{n\to\infty}s_n=\dfrac{a}{1-q}$，因此这时级数收敛，其和为 $\dfrac{a}{1-q}$；当 $|q|>1$ 时，由于 $\lim\limits_{n\to\infty}q^n=\infty$，从而 $\lim\limits_{n\to\infty}s_n=\infty$，这时级数发散.如果 $|q|=1$，则当 $q=1$ 时，$s_n=na\to\infty$，因此级数发散；当 $q=-1$ 时，级数为

$$a-a+a-a+\cdots,$$

显然 s_n 随着 n 为奇数或为偶数而等于 a 或零，从而 s_n 的极限不存在，这时级数发散.

综上所述，我们得到：等比级数的公比绝对值 $|q|<1$，则级数收敛；$|q|\geqslant 1$，则级数发散.

例 2　讨论级数 $\sum\limits_{n=1}^{\infty}\dfrac{1}{n(n+1)}$ 的敛散性.

解　因为

$$\begin{aligned}s_n&=\frac{1}{1\times 2}+\frac{1}{2\times 3}+\cdots+\frac{1}{n(n+1)}\\&=\left(1-\frac{1}{2}\right)+\left(\frac{1}{2}-\frac{1}{3}\right)+\cdots+\left(\frac{1}{n}-\frac{1}{n+1}\right)=1-\frac{1}{n+1},\end{aligned}$$

故 $\lim\limits_{n\to\infty}s_n=1$，级数 $\sum\limits_{n=1}^{\infty}\dfrac{1}{n(n+1)}$ 收敛，且其和为 1.

例 3　试把循环小数 $2.3\dot{1}\dot{7}=2.317\ 171\ 7\cdots$ 表示成分数的形式.

解

$$\begin{aligned}2.3\dot{1}\dot{7}&=2.3+\frac{17}{10^3}+\frac{17}{10^5}+\frac{17}{10^7}+\cdots\\&=2.3+\frac{17}{10^3}\sum_{n=0}^{\infty}\left(\frac{1}{100}\right)^n\\&=2.3+\frac{17}{10^3}\frac{1}{1-\dfrac{1}{100}}=\frac{1\ 147}{495}.\end{aligned}$$

例 4　讨论级数 $1+2+3+\cdots+n+\cdots=\sum\limits_{n=1}^{\infty}n$ 的敛散性.

解　因为

$$s_n=1+2+3+\cdots+n=\frac{n(n+1)}{2},$$

所以$\lim\limits_{n\to\infty}s_n=\infty$，级数发散.

从上面的例子可以看到，根据定义判断一个级数敛散性的基本方法是看部分和数列的极限是否存在，在收敛情形同时也求出了级数的和.但使用定义中这种方法的前提是要将s_n化成易于求极限的形式，而这对于极少数的级数才能做到，对于大多数的级数来说，求和是一件极困难的工作，因而上面这种方法在多数情形中是行不通的，需要寻找一些易于实行的判别方法.只要能够判断出级数是收敛的，就可以用前n项的和作为精确和的近似值，因此，寻找简便可行的级数敛散性的判别法有着重要的意义.

11.1.2 级数的基本性质 级数收敛的必要条件

性质 1 收敛级数可以逐项相加减.即，若级数$u_1+u_2+\cdots+u_n+\cdots=s$，级数$v_1+v_2+\cdots+v_n+\cdots=\sigma$，则

$$(u_1\pm v_1)+(u_2\pm v_2)+\cdots+(u_n\pm v_n)+\cdots=s\pm\sigma.$$

证 设$\sum\limits_{n=1}^{\infty}u_n$与$\sum\limits_{n=1}^{\infty}v_n$的部分和分别是$s_n$与$\sigma_n$，则级数$\sum\limits_{n=1}^{\infty}(u_n\pm v_n)$的部分和为

$$\begin{aligned}&(u_1\pm v_1)+(u_2\pm v_2)+\cdots+(u_n\pm v_n)\\=&(u_1+u_2+\cdots+u_n)\pm(v_1+v_2+\cdots+v_n)=s_n\pm\sigma_n.\end{aligned}$$

已知$\lim\limits_{n\to\infty}s_n=s$，$\lim\limits_{n\to\infty}\sigma_n=\sigma$，所以$\sum\limits_{n=1}^{\infty}(u_n\pm v_n)$的和为$s\pm\sigma$，这就是所要证明的.

性质 2 若k为一非零常数，则级数$\sum\limits_{n=1}^{\infty}ku_n$与$\sum\limits_{n=1}^{\infty}u_n$具有相同的敛散性.

证 设$\sum\limits_{n=1}^{\infty}u_n$和$\sum\limits_{n=1}^{\infty}ku_n$的部分和分别为$s_n$和$\delta_n$，则

$$\delta_n=ku_1+ku_2+\cdots+ku_n=k(u_1+u_2+\cdots+u_n)=ks_n.$$

若$\lim\limits_{n\to\infty}s_n=s$，则$\lim\limits_{n\to\infty}\delta_n=ks$，若$\lim\limits_{n\to\infty}\delta_n=\delta$，则$\lim\limits_{n\to\infty}s_n=\dfrac{1}{k}\delta$，所以级数$\sum\limits_{n=1}^{\infty}u_n$和$\sum\limits_{n=1}^{\infty}ku_n$同时收敛.

又由关系式$\delta_n=ks_n$知道，如果s_n没有极限，那么δ_n也不可能有极限，因此级数$\sum\limits_{n=1}^{\infty}u_n$和$\sum\limits_{n=1}^{\infty}ku_n$同时发散.

我们注意到，级数是否收敛取决于充分大的项以后的变化情况，而与前面有限项无关，即有

性质 3 一个级数加上、去掉或改变有限项不改变其敛散性.级数$\sum\limits_{n=1}^{\infty}u_n$和级数$\sum\limits_{n=k+1}^{\infty}u_n$同时收敛或同时发散（$k$是正整数）.

证 $\sum\limits_{n=1}^{\infty}u_n$的部分和为

$$s_n=u_1+u_2+\cdots+u_n,$$

$\sum\limits_{n=k+1}^{\infty}u_n$的前$n-k$项部分和为

$$\delta_{n-k}=u_{k+1}+u_{k+2}+\cdots+u_n,$$

则

$$s_n=u_1+u_2+\cdots+u_k+\delta_{n-k}.$$

由于 k 是确定的,$u_1+u_2+\cdots+u_k$ 是常数,所以当 $n\to+\infty$ 时,若 δ_{n-k} 的极限存在,则 s_n 的极限存在;若 δ_{n-k} 的极限不存在,则 s_n 的极限也不存在.即 $\sum\limits_{n=1}^{\infty}u_n$ 与 $\sum\limits_{n=k+1}^{\infty}u_n$ 同时收敛或同时发散.

当然,在同时收敛的情况下,上述两级数的和可能不相同.

性质 4 收敛级数加括号后所成的级数仍然收敛且和不变.

证 设对收敛级数 $\sum\limits_{n=1}^{\infty}u_n$ 任意加括号后所得的级数是

$$(u_1+u_2+\cdots+u_{n_1})+(u_{n_1+1}+\cdots+u_{n_2})+\cdots+(u_{n_{k-1}+1}+u_{n_{k-1}+2}+\cdots+u_{n_k})+\cdots.$$

我们令

$$\widetilde{u_1}=u_1+u_2+\cdots+u_{n_1},$$

$$\widetilde{u_2}=u_{n_1+1}+u_{n_1+2}+\cdots+u_{n_2},$$

$$\cdots$$

$$\widetilde{u_k}=u_{n_{k-1}+1}+u_{n_{k-1}+2}+\cdots+u_{n_k},$$

$$\widetilde{s_k}=\widetilde{u_1}+\widetilde{u_2}+\cdots+\widetilde{u_k},$$

则必存在正整数 $m=n_k$,使 $\widetilde{s_k}=s_m$,因此,$\{\widetilde{s_k}\}$ 是数列 $\{s_n\}$ 的子列,根据数列与子列的关系有

$$\lim_{k\to\infty}\widetilde{s_k}=\lim_{m\to\infty}s_m=s.$$

注 由性质 4 可知,若级数

$$(u_1+u_2+\cdots+u_{n_1})+(u_{n_1+1}+u_{n_1+2}+\cdots+u_{n_2})+\cdots+(u_{n_{k-1}+1}+u_{n_{k-1}+2}+\cdots+u_{n_k})+\cdots$$

发散,则级数 $\sum\limits_{n=1}^{\infty}u_n$ 必发散.但如果级数

$$(u_1+u_2+\cdots+u_{n_1})+(u_{n_1+1}+u_{n_1+2}+\cdots+u_{n_2})+\cdots+(u_{n_{k-1}+1}+u_{n_{k-1}+2}+\cdots+u_{n_k})+\cdots$$

收敛,去括号后不一定收敛,例如级数 $(1-1)+(1-1)+\cdots+(1-1)+\cdots$ 收敛于零,但去括号后得一发散级数

$$1-1+1-1+\cdots+(-1)^{n-1}+\cdots.$$

性质 5(级数收敛的必要条件) 若级数 $\sum\limits_{n=1}^{\infty}u_n$ 收敛,则一般项 u_n 趋于零,即 $\lim\limits_{n\to\infty}u_n=0$.

证 因 $\sum\limits_{n=1}^{\infty}u_n$ 收敛,所以它的部分和数列 $\{s_n\}$ 有极限,即 $\lim\limits_{n\to\infty}s_n=s$.注意到 $u_n=s_n-s_{n-1}$,所以有

$$\lim_{n\to\infty}u_n=\lim_{n\to\infty}(s_n-s_{n-1})=\lim_{n\to\infty}s_n-\lim_{n\to\infty}s_{n-1}=s-s=0.$$

这个性质指出,在项数无限增大时,收敛级数一般项一定要趋于零.因此,如果一个级数的一般项不趋于零,那么它是不会收敛的,即一定发散.

根据这个推理，立刻可以看出几何级数

$$a+aq+aq^2+\cdots+aq^{n-1}+\cdots.$$

当 $|q|\geqslant 1$ 时是发散的，因为这时它的一般项 aq^{n-1} 不趋于零.

但必须注意的是，一般项 u_n 趋于零只是级数收敛的必要条件而不是充分条件.也就是说，一般项趋于零的级数不一定收敛.例如调和级数

$$\sum_{n=1}^{\infty}\frac{1}{n}=1+\frac{1}{2}+\frac{1}{3}+\cdots+\frac{1}{n}+\cdots$$

的一般项是 $\frac{1}{n}$，显然 $\lim\limits_{n\to\infty}\frac{1}{n}=0$，但调和级数是发散的.

例 5 证明调和级数 $1+\frac{1}{2}+\frac{1}{3}+\cdots+\frac{1}{n}+\cdots$ 是发散的.

证法一 将调和级数的 2 项，4 项，8 项……括在一起得新级数

$$\left(1+\frac{1}{2}\right)+\left(\frac{1}{3}+\frac{1}{4}\right)+\left(\frac{1}{5}+\frac{1}{6}+\frac{1}{7}+\frac{1}{8}\right)+\cdots+\left(\frac{1}{2^{n-1}+1}+\cdots+\frac{1}{2^n}\right)+\cdots.$$

此级数的前 n 项和是

$$\begin{aligned}s_n&=\left(1+\frac{1}{2}\right)+\left(\frac{1}{3}+\frac{1}{4}\right)+\left(\frac{1}{5}+\frac{1}{6}+\frac{1}{7}+\frac{1}{8}\right)+\cdots+\left(\frac{1}{2^{n-1}+1}+\cdots+\frac{1}{2^n}\right)\\&>\frac{1}{2}+\left(\frac{1}{4}+\frac{1}{4}\right)+\left(\frac{1}{8}+\frac{1}{8}+\frac{1}{8}+\frac{1}{8}\right)+\cdots+\left(\frac{1}{2^n}+\cdots+\frac{1}{2^n}\right)\\&=\frac{1}{2}+\frac{1}{2}+\frac{1}{2}+\cdots+\frac{1}{2}=\frac{n}{2}.\end{aligned}$$

于是有 $\lim\limits_{n\to\infty}s_n=+\infty$，即加括号以后的级数发散.根据性质 4，调和级数发散.

证法二 由微分学可证得，当 $x>0$ 时，$x>\ln(1+x)$（见图 11-3）.由

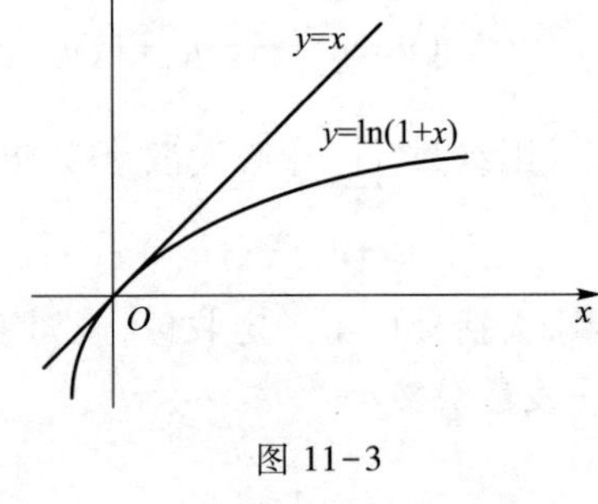

图 11-3

$$\begin{aligned}s_n&=1+\frac{1}{2}+\frac{1}{3}+\cdots+\frac{1}{n}\\&>\ln(1+1)+\ln\left(1+\frac{1}{2}\right)+\ln\left(1+\frac{1}{3}\right)+\cdots+\ln\left(1+\frac{1}{n}\right)\\&=\ln 2+\ln\frac{3}{2}+\ln\frac{4}{3}+\cdots+\ln\frac{n+1}{n}\\&=\ln\left(2\times\frac{3}{2}\times\frac{4}{3}\times\cdots\times\frac{n+1}{n}\right)=\ln(n+1)\to+\infty\quad(n\to\infty).\end{aligned}$$

即 $\sum\limits_{n=1}^{\infty}\frac{1}{n}=+\infty$，所以调和级数发散.

例 6 判断级数 $\sum\limits_{n=0}^{\infty}\left(\frac{1}{2^n}-\frac{100}{3^n}\right)$ 是否收敛.

解 根据例 1 的结果知，$\sum\limits_{n=0}^{\infty}\frac{1}{2^n}$ 与 $\sum\limits_{n=0}^{\infty}\frac{1}{3^n}$ 都收敛.由性质 2 得出 $\sum\limits_{n=0}^{\infty}\frac{100}{3^n}$ 也收敛.再根据

性质 1,即得 $\sum_{n=0}^{\infty}\left(\frac{1}{2^n}-\frac{100}{3^n}\right)$ 收敛.

例 7 证明级数 $\sum_{n=1}^{\infty}\frac{1}{\sqrt{n}}$ 发散.

证 该级数的部分和

$$s_n=1+\frac{1}{\sqrt{2}}+\frac{1}{\sqrt{3}}+\cdots+\frac{1}{\sqrt{n}}>\frac{1}{\sqrt{n}}+\frac{1}{\sqrt{n}}+\frac{1}{\sqrt{n}}+\cdots+\frac{1}{\sqrt{n}}=\sqrt{n},$$

所以 $\lim\limits_{n\to\infty}s_n=+\infty$,级数 $\sum_{n=1}^{\infty}\frac{1}{\sqrt{n}}$ 发散.

例 8 判断级数 $\sum_{n=1}^{\infty}\frac{n}{2n+1}$ 的敛散性.

解 由于 $\lim\limits_{n\to\infty}\frac{n}{2n+1}=\frac{1}{2}$,由性质 5 知级数发散.

例 9 判断级数 $\sum_{n=1}^{\infty}\left(\frac{1}{\sqrt{n}}-\frac{1}{2^n}\right)$ 的敛散性.

解 已知 $\sum_{n=1}^{\infty}\frac{1}{\sqrt{n}}$ 发散,而 $\sum_{n=1}^{\infty}\frac{1}{2^n}$ 收敛,下面用反证法证明 $\sum_{n=1}^{\infty}\left(\frac{1}{\sqrt{n}}-\frac{1}{2^n}\right)$ 发散.

若该级数收敛,由性质 1 知 $\sum_{n=1}^{\infty}\left[\left(\frac{1}{\sqrt{n}}-\frac{1}{2^n}\right)+\frac{1}{2^n}\right]=\sum_{n=1}^{\infty}\frac{1}{\sqrt{n}}$ 收敛.而级数 $\sum_{n=1}^{\infty}\frac{1}{\sqrt{n}}$ 发散,与假设矛盾,所以 $\sum_{n=1}^{\infty}\left(\frac{1}{\sqrt{n}}-\frac{1}{2^n}\right)$ 发散.

例 10 已知 $\sum_{n=1}^{\infty}\frac{1}{n^2}=\frac{\pi^2}{6}$,求级数 $\sum_{n=1}^{\infty}\frac{1}{n^2(n+1)^2(n+2)^2}$ 的和.

微课
11.1 节例 10

解 $\frac{1}{n^2(n+1)^2(n+2)^2}=\frac{A}{n}+\frac{B}{n^2}+\frac{C}{n+1}+\frac{D}{(n+1)^2}+\frac{E}{n+2}+\frac{F}{(n+2)^2}$.

比较系数可定出

$$A=-\frac{3}{4},B=\frac{1}{4},C=0,D=1,E=\frac{3}{4},F=\frac{1}{4}.$$

于是

$$\begin{aligned}
&\sum_{n=1}^{\infty}\frac{1}{n^2(n+1)^2(n+2)^2}\\
=&\frac{1}{4}\sum_{n=1}^{\infty}\frac{1}{n^2}+\sum_{n=1}^{\infty}\frac{1}{(n+1)^2}+\frac{1}{4}\sum_{n=1}^{\infty}\frac{1}{(n+2)^2}-\frac{3}{4}\sum_{n=1}^{\infty}\left(\frac{1}{n}-\frac{1}{n+2}\right)\\
=&\frac{1}{4}\frac{\pi^2}{6}+\left(\frac{\pi^2}{6}-1\right)+\frac{1}{4}\left(\frac{\pi^2}{6}-1-\frac{1}{4}\right)-\frac{3}{4}\left(1+\frac{1}{2}\right)\\
=&\frac{\pi^2}{4}-\frac{39}{16}.
\end{aligned}$$

习题 11.1

A

1. 写出下列级数的一般项：

(1) $\frac{1}{1\times4}+\frac{1}{2\times5}+\frac{1}{3\times6}+\frac{1}{4\times7}+\cdots$； (2) $\frac{1}{2}-\frac{2}{2^2}+\frac{3}{2^3}-\frac{4}{2^4}+\cdots$；

(3) $\frac{a^2}{3}-\frac{a^3}{5}+\frac{a^4}{7}-\frac{a^5}{9}+\cdots$； (4) $\frac{2}{1}-\frac{3}{2}+\frac{4}{3}-\frac{5}{4}+\frac{6}{5}-\cdots$.

2. 已知级数 $\sum\limits_{n=1}^{\infty}\left(\frac{9}{10}\right)^n$：

(1) 写出此级数的前四项 u_1,u_2,u_3,u_4；

(2) 计算部分和 s_1,s_2,s_3；

(3) 计算第 n 个部分和 s_n；

(4) 证明此级数是收敛的，并求和.

3. 根据级数收敛与发散的定义判断下列级数的敛散性：

(1) $\frac{1}{1\times6}+\frac{1}{6\times11}+\frac{1}{11\times16}+\cdots+\frac{1}{(5n-4)(5n+1)}+\cdots$；

(2) $\sum\limits_{n=1}^{\infty}(\sqrt{n+1}-\sqrt{n})$； (3) $\sin\frac{\pi}{6}+\sin\frac{2\pi}{6}+\cdots+\sin\frac{n\pi}{6}+\cdots$.

4. 判断下列级数的敛散性：

(1) $-\frac{8}{9}+\frac{8^2}{9^2}-\frac{8^3}{9^3}+\cdots+(-1)^n\frac{8^n}{9^n}+\cdots$； (2) $\frac{1}{3}+\frac{1}{6}+\frac{1}{9}+\cdots+\frac{1}{3n}+\cdots$；

(3) $\frac{1}{3}+\frac{1}{\sqrt{3}}+\frac{1}{\sqrt[3]{3}}+\cdots+\frac{1}{\sqrt[n]{3}}+\cdots$； (4) $\frac{3}{2}+\frac{3^2}{2^2}+\frac{3^3}{2^3}+\cdots+\frac{3^n}{2^n}+\cdots$；

(5) $\left(\frac{1}{2}+\frac{1}{3}\right)+\left(\frac{1}{2^2}+\frac{1}{3^2}\right)+\left(\frac{1}{2^3}+\frac{1}{3^3}\right)+\cdots+\left(\frac{1}{2^n}+\frac{1}{3^n}\right)+\cdots$.

5. 分别就 $\sum\limits_{n=1}^{\infty}u_n$ 收敛和发散的两种情况讨论下列级数的敛散性：

(1) $\sum\limits_{n=1}^{\infty}(u_n+0.01)$； (2) $\sum\limits_{n=1}^{\infty}u_{n+100}$； (3) $\sum\limits_{n=1}^{\infty}\frac{1}{u_n}$.

B

1. 已知级数 $\sum\limits_{n=1}^{\infty}u_n$ 的前 n 项部分和为 $s_n=\frac{2n}{n+1}(n=1,2,\cdots)$.

(1) 求此级数的一般项，并写出 u_1,u_2,u_3；

(2) 判断此级数的敛散性.

2. 求级数 $\sum\limits_{n=1}^{\infty}\frac{1}{(2n+1)(2n-1)}$ 的和.

3. 判断下列级数的敛散性：

(1) $\frac{\ln 3}{3}+\frac{(\ln 3)^2}{3^2}+\frac{(\ln 3)^3}{3^3}+\cdots$； (2) $\sum\limits_{n=1}^{\infty}\sin\frac{n\pi}{2}$；

(3) $\sum_{n=1}^{\infty}(\sqrt{n+2}-2\sqrt{n+1}+\sqrt{n})$； (4) $\sum_{n=1}^{\infty}\left(\frac{1}{n}-\frac{1}{2^n}\right)$；

(5) $\sum_{n=1}^{\infty}\frac{3^n+2^n}{6^n}$； (6) $\sum_{n=1}^{\infty}\left(\frac{n}{1+n}\right)^n$.

4. 证明：如果 $\sum_{n=1}^{\infty}u_n$ 收敛，$\sum_{n=1}^{\infty}v_n$ 发散，则 $\sum_{n=1}^{\infty}(u_n\pm v_n)$ 一定发散.

11.2 常数项级数的审敛法

11.2 预习检测

11.2.1 正项级数的审敛法

正项级数是级数中简单且重要的一类级数，是研究一般形式级数敛散性的基础，因此我们先来讨论正项级数的敛散性判别方法.

定义 1 若 $u_n\geqslant 0, n=1,2,\cdots$，则称级数 $\sum_{n=1}^{\infty}u_n$ 为正项级数.

正项级数有一个很明显的特点：由于 $u_n\geqslant 0$，其部分和

$$s_n=s_{n-1}+u_n\geqslant s_{n-1},$$

即部分和数列是单调增加的.因此，根据数列极限的单调有界原理，对正项级数来说，只要部分和数列有界，级数就收敛，而收敛数列必有界，因此得到

定理 1 正项级数收敛的充分必要条件是其部分和数列有界.

例 1 若正项级数 $\sum_{n=1}^{\infty}a_n$ 的项单调减小，证明：级数 $\sum_{n=1}^{\infty}a_n$ 与级数 $\sum_{n=0}^{\infty}2^n a_{2^n}$ 同时收敛或同时发散.

证 设 S_n 及 T_k 分别表示级数 $\sum_{n=1}^{\infty}a_n$ 与级数 $\sum_{n=0}^{\infty}2^n a_{2^n}$ 的部分和.

当 $n\leqslant 2^k$ 时，

$$\begin{aligned}S_n&<a_1+(a_2+a_3)+\cdots+(a_{2^k}+a_{2^k+1}+\cdots+a_{2^{k+1}-1})\\&\leqslant a_1+2a_2+4a_4+\cdots+2^k a_{2^k}=T_k.\end{aligned}$$

当 $n\geqslant 2^k$ 时，

$$\begin{aligned}S_n&\geqslant a_1+a_2+(a_3+a_4)+\cdots+(a_{2^{k-1}+1}+\cdots+a_{2^k})\\&>\frac{1}{2}(a_1+2a_2+4a_4+\cdots+2^k a_{2^k})=\frac{1}{2}T_k,\end{aligned}$$

故 $2S_n>T_k$.于是 S_n 与 T_k 同时有界或同时无界，因而级数 $\sum_{n=1}^{\infty}a_n$ 与级数 $\sum_{n=0}^{\infty}2^n a_{2^n}$ 同时敛散.

用定理 1 来判断正项级数的敛散性并不方便，不过以其为基础，可以建立一些方便使用的判别法.

定理 2（比较判别法） 设正项级数 $\sum_{n=1}^{\infty}u_n$ 与 $\sum_{n=1}^{\infty}v_n$ 的一般项有 $u_n\leqslant v_n$，那么

（i）若 $\sum_{n=1}^{\infty}v_n$ 收敛，则 $\sum_{n=1}^{\infty}u_n$ 也收敛；

（ⅱ）若 $\sum_{n=1}^{\infty} u_n$ 发散，则 $\sum_{n=1}^{\infty} v_n$ 也发散.

证 先证（ⅰ）.设 $\sum_{n=1}^{\infty} v_n$ 的前 n 项和为

$$\sigma_n = v_1 + v_2 + \cdots + v_n,$$

$\sum_{n=1}^{\infty} u_n$ 的前 n 项和为

$$s_n = u_1 + u_2 + \cdots + u_n.$$

由于 $\sum_{n=1}^{\infty} v_n$ 收敛，所以其部分和数列 $\{\sigma_n\}$ 必有界，即存在 $M>0$，使 $\sigma_n \leqslant M$，由假设 $u_n \leqslant v_n$，可得 $\sum_{n=1}^{\infty} u_n$ 的部分和数列 $\{s_n\}$ 满足

$$s_n \leqslant \sigma_n \leqslant M,$$

即正项级数 $\sum_{n=1}^{\infty} u_n$ 的部分和数列 s_n 有界，所以级数 $\sum_{n=1}^{\infty} u_n$ 收敛.

用反证法容易证明（ⅱ）.若 $\sum_{n=1}^{\infty} v_n$ 收敛，则由（ⅰ）知 $\sum_{n=1}^{\infty} u_n$ 收敛，这与 $\sum_{n=1}^{\infty} u_n$ 发散矛盾，所以 $\sum_{n=1}^{\infty} v_n$ 发散.

例 2 讨论 p-级数 $1+\frac{1}{2^p}+\frac{1}{3^p}+\cdots+\frac{1}{n^p}+\cdots$（常数 $p>0$）的敛散性.

解 当 $p=1$ 时，p-级数成为调和级数

$$1+\frac{1}{2}+\frac{1}{3}+\cdots+\frac{1}{n}+\cdots,$$

它是发散的.

当 $0<p<1$ 时，有不等式 $\frac{1}{n^p}>\frac{1}{n}$，而调和级数发散，所以由比较判别法知 p-级数 $\sum_{n=1}^{\infty} \frac{1}{n^p}$ 发散.

当 $p>1$ 时，将 p-级数适当加括号得到级数

$$\begin{aligned}
&1+\left(\frac{1}{2^p}+\frac{1}{3^p}\right)+\left(\frac{1}{4^p}+\frac{1}{5^p}+\frac{1}{6^p}+\frac{1}{7^p}\right)+\left(\frac{1}{8^p}+\cdots+\frac{1}{15^p}\right)+\cdots \\
&<1+\left(\frac{1}{2^p}+\frac{1}{2^p}\right)+\left(\frac{1}{4^p}+\frac{1}{4^p}+\frac{1}{4^p}+\frac{1}{4^p}\right)+\left(\frac{1}{8^p}+\cdots+\frac{1}{8^p}\right)+\cdots \\
&=1+\frac{1}{2^{p-1}}+\frac{1}{4^{p-1}}+\frac{1}{8^{p-1}}+\cdots \\
&=1+\frac{1}{2^{p-1}}+\left(\frac{1}{2^{p-1}}\right)^2+\left(\frac{1}{2^{p-1}}\right)^3+\cdots.
\end{aligned}$$

这是一个几何级数，公比为 $\frac{1}{2^{p-1}}$ 且 $\left|\frac{1}{2^{p-1}}\right|<1\ (p>1)$，所以此级数收敛，即上面加括号后的级数

收敛.因为对于正项级数,加括号后的级数收敛,则原级数收敛(一个单调增加的数列如果有一个子列收敛,数列本身就收敛且收敛于同一个极限),所以 p-级数收敛.

当 $p>1$ 时,也可以用下列方法证明 p-级数收敛.

当 $n-1\leqslant x\leqslant n$ 时,有$\frac{1}{n^p}\leqslant\frac{1}{x^p}$,所以

$$\frac{1}{n^p}=\int_{n-1}^{n}\frac{1}{n^p}\mathrm{d}x\leqslant\int_{n-1}^{n}\frac{1}{x^p}\mathrm{d}x=\frac{1}{p-1}\left[\frac{1}{(n-1)^{p-1}}-\frac{1}{n^{p-1}}\right]\quad(n=2,3,\cdots).$$

考虑级数

$$\sum_{n=2}^{\infty}\left[\frac{1}{(n-1)^{p-1}}-\frac{1}{n^{p-1}}\right],\tag{$*$}$$

其部分和

$$\begin{aligned}s_n&=\left[1-\frac{1}{2^{p-1}}\right]+\left[\frac{1}{2^{p-1}}-\frac{1}{3^{p-1}}\right]+\cdots+\left[\frac{1}{n^{p-1}}-\frac{1}{(n+1)^{p-1}}\right]\\&=1-\frac{1}{(n+1)^{p-1}}\to 1\quad(n\to\infty).\end{aligned}$$

故级数($*$)收敛,由定理 2 知,当 $p>1$ 时,级数 $\sum\limits_{n=1}^{\infty}\frac{1}{n^p}$ 收敛.

总之,p-级数 $\sum\limits_{n=1}^{\infty}\frac{1}{n^p}$,当 $p>1$ 时收敛,当 $0<p\leqslant1$ 时发散.比如级数 $\sum\limits_{n=1}^{\infty}\frac{1}{n^{1.001}}$ 收敛,级数 $\sum\limits_{n=1}^{\infty}\frac{1}{n^{0.999}}$ 发散.

例 3 证明:若有 $\alpha>0$,使当 $n\geqslant n_0(n_0\in\mathbf{N})$ 时,$\dfrac{\ln\frac{1}{a_n}}{\ln n}\geqslant1+\alpha(a_n>0)$,则级数 $\sum\limits_{n=1}^{\infty}a_n$ 收敛;若$n\geqslant n_0$时,$\dfrac{\ln\frac{1}{a_n}}{\ln n}\leqslant1$,则这个级数发散.

微课
11.2 节例 3

证 当 $n\geqslant n_0$ 时,$\dfrac{\ln\frac{1}{a_n}}{\ln n}\geqslant1+\alpha$,于是

$$\ln\frac{1}{a_n}\geqslant(1+\alpha)\ln n,$$

从而

$$\frac{1}{a_n}\geqslant n^{1+\alpha},$$

故而 $a_n\leqslant\frac{1}{n^{1+\alpha}}$.由于 $\sum\limits_{n=1}^{\infty}\frac{1}{n^{1+\alpha}}$ 收敛,故 $\sum\limits_{n=1}^{\infty}a_n$ 也收敛.

发散的证法与上述类似,请读者自行证明.

在使用比较判别法时需要找一个作为比较标准的级数，技巧性比较强.下面给出一定条件下应用时更为方便的比较判别法的极限形式.

定理3(比较判别法的极限形式) 设 $\sum_{n=1}^{\infty} u_n$ 和 $\sum_{n=1}^{\infty} v_n$ 为两个正项级数，并且 $\lim_{n\to\infty}\frac{u_n}{v_n}=l$，则

(i) 当 $l=0$ 时，若 $\sum_{n=1}^{\infty} v_n$ 收敛，则 $\sum_{n=1}^{\infty} u_n$ 收敛；

(ii) 当 $l=+\infty$ 时，若 $\sum_{n=1}^{\infty} v_n$ 发散，则 $\sum_{n=1}^{\infty} u_n$ 发散；

(iii) 当 $0<l<+\infty$ 时，则级数 $\sum_{n=1}^{\infty} u_n$ 和 $\sum_{n=1}^{\infty} v_n$ 同时收敛或同时发散.

证 只证(iii).由极限存在的定义，对 $\varepsilon=\frac{l}{2}$，存在自然数 N，当 $n>N$ 时，有不等式

$$l-\frac{l}{2}<\frac{u_n}{v_n}<l+\frac{l}{2},$$

$$\frac{l}{2}v_n<u_n<\frac{3l}{2}v_n.$$

由比较判别法，$\sum_{n=1}^{\infty} u_n$ 和 $\sum_{n=1}^{\infty} v_n$ 同时收敛或同时发散.

例4 判断级数 $\sum_{n=1}^{\infty}\sin\frac{1}{n}$ 的敛散性.

解 因为 $\lim_{n\to\infty}\frac{\sin\frac{1}{n}}{\frac{1}{n}}=1$，而级数 $\sum_{n=1}^{\infty}\frac{1}{n}$ 发散，由比较判别法的极限形式，$\sum_{n=1}^{\infty}\sin\frac{1}{n}$ 发散.

#例5 判断级数 $\sum_{n=0}^{\infty}2^n\sin\frac{x}{3^n}(0\leqslant x<3\pi)$ 的敛散性.

解 当 $x=0$ 时，级数收敛.当 $0<x<3\pi$ 时，$\sin\frac{x}{3^n}>0$，且

$$\lim_{n\to\infty}\frac{2^n\sin\frac{x}{3^n}}{\left(\frac{2}{3}\right)^n}=x>0,$$

而 $\sum_{n=0}^{\infty}\left(\frac{2}{3}\right)^n$ 收敛.由比较判别法的极限形式，$\sum_{n=0}^{\infty}2^n\sin\frac{x}{3^n}(0\leqslant x<3\pi)$ 收敛.

推论 设 $\sum_{n=1}^{\infty} u_n$ 为正项级数，

(i) 如果 $\lim_{n\to\infty}nu_n=l>0$ (或 $\lim_{n\to\infty}nu_n=\infty$)，则级数 $\sum_{n=1}^{\infty} u_n$ 发散；

(ii) 如果有 $p>1$，使得 $\lim_{n\to\infty}n^p u_n$ 存在，则级数 $\sum_{n=1}^{\infty} u_n$ 收敛.

证　（ⅰ）在极限形式的比较判别法中，取 $v_n=\frac{1}{n}$，由于调和级数 $\sum\limits_{n=1}^{\infty}\frac{1}{n}$ 发散，因此结论成立；

（ⅱ）在极限形式的比较判别法中，取 $v_n=\frac{1}{n^p}$，当 $p>1$ 时，p-级数 $\sum\limits_{n=1}^{\infty}\frac{1}{n^p}$ 收敛，故结论成立.

例 6　判断级数 $\sum\limits_{n=1}^{\infty}\sqrt{n+1}\left(1-\cos\frac{\pi}{n}\right)$ 的敛散性.

解　因为

$$\begin{aligned}\lim_{n\to\infty}n^{\frac{3}{2}}u_n&=\lim_{n\to\infty}n^{\frac{3}{2}}\sqrt{n+1}\left(1-\cos\frac{\pi}{n}\right)\\&=\lim_{n\to\infty}n^2\sqrt{\frac{n+1}{n}}\cdot\frac{1}{2}\left(\frac{\pi}{n}\right)^2=\frac{1}{2}\pi^2,\end{aligned}$$

所以根据极限判别法，所给级数收敛.

例 7　讨论级数 $\sum\limits_{n=1}^{\infty}\frac{(n+a)^n}{n^{n+a}}$ 的敛散性.

解　记 $u_n=\frac{(n+a)^n}{n^{n+a}}=\frac{\left(1+\frac{a}{n}\right)^n}{n^a}$，由于

$$\lim_{n\to\infty}\frac{u_n}{\frac{1}{n^a}}=\lim_{n\to\infty}\frac{\frac{(n+a)^n}{n^{n+a}}}{\frac{1}{n^a}}=\lim_{n\to\infty}\left(1+\frac{a}{n}\right)^n=\mathrm{e}^a.$$

因此原级数与 $\sum\limits_{n=1}^{\infty}\frac{1}{n^a}$ 有相同的敛散性，故当 $a>1$ 时，原级数收敛，当 $a\leqslant 1$ 时，原级数发散.

下面我们将介绍由级数与等比级数比较而得到更为方便的两个判别法，分别称为比值法（亦称达朗贝尔判别法）和根值法（亦称为柯西判别法）.

定理 4（比值判别法）　设正项级数 $\sum\limits_{n=1}^{\infty}u_n$，有 $\lim\limits_{n\to\infty}\frac{u_{n+1}}{u_n}=\rho$，则

（ⅰ）$\rho<1$ 时，级数收敛；

（ⅱ）$\rho>1$（包括 $\rho=+\infty$）时，级数发散；

（ⅲ）$\rho=1$ 时，级数可能收敛也可能发散.

证　当 $\rho<1$ 时，取一个适当小的正数 $\varepsilon<1$，使得 $\rho+\varepsilon=r<1$，由极限定义，存在自然数 m，当 $n\geqslant m$ 时，有不等式

$$\frac{u_{n+1}}{u_n}<\rho+\varepsilon=r.$$

因此

$$u_{m+1}<ru_m,u_{m+2}<ru_{m+1}<r^2u_m,\cdots.$$

这样级数

$$u_{m+1}+u_{m+2}+u_{m+3}+\cdots$$

的各项就小于收敛的等比级数(公比 $r<1$)

$$ru_m+r^2u_m+r^3u_m+\cdots$$

的对应项,因此,由比较判别法, $\sum\limits_{n=m+1}^{\infty}u_n$ 收敛,由上一节性质 3 知 $\sum\limits_{n=1}^{\infty}u_n$ 收敛.

当 $\rho>1$ 时,取一个适当小的正数 $\varepsilon<1$,使得 $\rho-\varepsilon>1$,由极限定义,存在自然数 m,当 $n\geqslant m$ 时,有不等式

$$\frac{u_{n+1}}{u_n}>\rho-\varepsilon>1,$$

也就是 $u_{n+1}>u_n$,所以当 $n\geqslant m$ 时,级数的一般项是逐渐增大的, $\lim\limits_{n\to\infty}u_n=0$ 不可能成立,从而 $\sum\limits_{n=1}^{\infty}u_n$ 发散.

当 $\rho=1$ 时,级数可能收敛也可能发散.例如对 p-级数,不论 p 为何值,都有 $\lim\limits_{n\to\infty}\frac{u_{n+1}}{u_n}=\lim\limits_{n\to\infty}\frac{\frac{1}{(n+1)^p}}{\frac{1}{n^p}}=1$,但当 $0<p\leqslant1$ 时, p-级数发散,当 $p>1$ 时, p-级数收敛,因此当 $\rho=1$ 时不能判断级数的敛散性.

例 8　判断 $\sum\limits_{n=1}^{\infty}\frac{10^n}{n!}$ 的敛散性.

解

$$\lim_{n\to\infty}\frac{u_{n+1}}{u_n}=\lim_{n\to\infty}\frac{\frac{10^{n+1}}{(n+1)!}}{\frac{10^n}{n!}}=\lim_{n\to\infty}\frac{10}{n+1}=0<1,$$

由比值判别法,级数收敛.

例 9　判断级数 $\sum\limits_{n=1}^{\infty}\frac{n^n}{n!}$ 的敛散性.

解

$$\lim_{n\to\infty}\frac{u_{n+1}}{u_n}=\lim_{n\to\infty}\frac{\frac{(n+1)^{n+1}}{(n+1)!}}{\frac{n^n}{n!}}=\lim_{n\to\infty}\frac{(n+1)^n}{n^n}=\mathrm{e}>1,$$

由比值判别法知级数发散.

例 10　判别级数 $\sum\limits_{n=1}^{\infty}\frac{2^n n!}{n^n}$ 的敛散性.

解　因为

$$\frac{u_{n+1}}{u_n}=\frac{2^{n+1}(n+1)!}{(n+1)^{n+1}}\cdot\frac{n^n}{2^n n!}=2\left(\frac{n}{n+1}\right)^n=\frac{2}{\left(1+\frac{1}{n}\right)^n},$$

微课
11.2 节例 10

所以

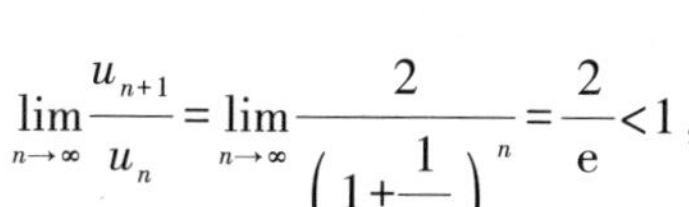

$$\lim_{n\to\infty}\frac{u_{n+1}}{u_n}=\lim_{n\to\infty}\frac{2}{\left(1+\frac{1}{n}\right)^n}=\frac{2}{\mathrm{e}}<1,$$

故级数收敛.

定理 5(根值判别法)　设正项级数 $\sum_{n=1}^{\infty}u_n$,有 $\lim_{n\to\infty}\sqrt[n]{u_n}=\rho$,则

(ⅰ) $\rho<1$ 时,级数收敛;

(ⅱ) $\rho>1$(包括 $\rho=+\infty$)时,级数发散;

(ⅲ) $\rho=1$ 时,级数可能收敛也可能发散.

这个判别法的证明与比值判别法的证明完全类似,读者可自行给出.

例 11　判断下列级数的敛散性:

(1) $\sum_{n=1}^{\infty}\left(1-\frac{1}{n}\right)^{n^2}$;　　(2) $\sum_{n=1}^{\infty}\left(\frac{n}{2n+1}\right)^n$.

解　(1) $\lim_{n\to\infty}\sqrt[n]{u_n}=\lim_{n\to\infty}\left(1-\frac{1}{n}\right)^n=\frac{1}{\mathrm{e}}<1$,因此,所给级数收敛.

(2) $\lim_{n\to\infty}\sqrt[n]{u_n}=\lim_{n\to\infty}\frac{n}{2n+1}=\frac{1}{2}<1$,因此,所给级数收敛.

11.2.2　交错级数及其判别法

定义 2　设 $u_n>0, n=1,2,\cdots$,称级数

$$u_1-u_2+u_3-\cdots+(-1)^{n-1}u_n+\cdots$$

或

$$-u_1+u_2-u_3+\cdots+(-1)^n u_n+\cdots$$

为交错级数.

关于交错级数有下面的判别法.

定理 6(莱布尼茨判别法)　若交错级数 $\sum_{n=1}^{\infty}(-1)^{n-1}u_n$ 满足条件

(ⅰ) $u_n\geqslant u_{n+1}\quad(n=1,2,\cdots)$;

(ⅱ) $\lim_{n\to\infty}u_n=0$,

则级数 $\sum_{n=1}^{\infty}(-1)^{n-1}u_n$ 收敛,且其和 $s\leqslant u_1$.

证　先证明前 $2n$ 项和的极限 $\lim_{n\to\infty}s_{2n}$ 存在.为此,把 s_{2n} 写成两种形式:

$$s_{2n}=(u_1-u_2)+(u_3-u_4)+\cdots+(u_{2n-1}-u_{2n})$$

及

$$s_{2n}=u_1-(u_2-u_3)-(u_4-u_5)-\cdots-(u_{2n-2}-u_{2n-1})-u_{2n}.$$

根据条件(ⅰ)知括号中的所有差都是非负的,由第一种形式可见数列$\{s_{2n}\}$单调递增,由第二种形式可见$s_{2n}\leqslant u_1$,即数列$\{s_{2n}\}$是有界的.于是根据单调有界数列必有极限的准则,极限$\lim\limits_{n\to\infty}s_{2n}$存在.不妨设为$s$,则$s\leqslant u_1$,即

$$\lim_{n\to\infty}s_{2n}=s\leqslant u_1.$$

由于

$$s_{2n+1}=s_{2n}+u_{2n+1},$$

由条件(ⅱ)知$\lim\limits_{n\to\infty}u_{2n+1}=0$,因此

$$\lim_{n\to\infty}s_{2n+1}=\lim_{n\to\infty}(s_{2n}+u_{2n+1})=s,$$

于是交错级数$\sum\limits_{n=1}^{\infty}(-1)^{n-1}u_n$的部分和数列当$n\to\infty$时具有极限$s$.这就证明了交错级数收敛于$s$,且$s\leqslant u_1$.

例 12 判断级数$\sum\limits_{n=1}^{\infty}(-1)^{n-1}\dfrac{1}{n}$是否收敛.

解 级数是交错级数,$u_n=\dfrac{1}{n}>\dfrac{1}{n+1}=u_{n+1}$,且$\lim\limits_{n\to\infty}u_n=\lim\limits_{n\to\infty}\dfrac{1}{n}=0$,由莱布尼茨判别法知$\sum\limits_{n=1}^{\infty}(-1)^{n-1}\dfrac{1}{n}$收敛,且和$s\leqslant 1$.

例 13 判断交错级数$\sum\limits_{n=1}^{\infty}(-1)^{n-1}\dfrac{1}{(2n-1)!}$是否收敛.

解 $u_n=\dfrac{1}{(2n-1)!}$满足

(1) $u_n=\dfrac{1}{(2n-1)!}>\dfrac{1}{(2n+1)!}=u_{n+1},n=1,2,\cdots$;

(2) $\lim\limits_{n\to\infty}u_n=\lim\limits_{n\to\infty}\dfrac{1}{(2n-1)!}=0.$

由莱布尼茨判别法知该级数收敛.

11.2.3 绝对收敛与条件收敛

对于一个任意项级数

$$u_1+u_2+\cdots+u_n+\cdots,$$

取它各项的绝对值得到一个相应的正项级数

$$|u_1|+|u_2|+\cdots+|u_n|+\cdots,$$

下面给出这两个级数的敛散性之间的关系.

定理 7 若级数$\sum\limits_{n=1}^{\infty}|u_n|$收敛,则级数$\sum\limits_{n=1}^{\infty}u_n$收敛.

证 令

$$v_n=\frac{1}{2}(|u_n|+u_n)=\begin{cases}u_n, & u_n\geqslant 0,\\ 0, & u_n<0,\end{cases}$$

$$w_n=\frac{1}{2}(|u_n|-u_n)=\begin{cases}-u_n, & u_n<0,\\ 0, & u_n\geqslant 0.\end{cases}$$

显然，$0\leqslant v_n\leqslant|u_n|$，$0\leqslant w_n\leqslant|u_n|$，因 $\sum\limits_{n=1}^{\infty}|u_n|$ 收敛，所以由正项级数的比较判别法知，$\sum\limits_{n=1}^{\infty}v_n$ 和 $\sum\limits_{n=1}^{\infty}w_n$ 都收敛.注意到

$$u_n=v_n-w_n,$$

由级数的性质 1 知 $\sum\limits_{n=1}^{\infty}u_n$ 收敛.

但此定理的逆命题不成立.也就是说，当级数 $\sum\limits_{n=1}^{\infty}u_n$ 收敛时，$\sum\limits_{n=1}^{\infty}|u_n|$ 不一定收敛.例如交错级数 $\sum\limits_{n=1}^{\infty}(-1)^{n-1}\frac{1}{n}$ 收敛，但是它的各项取绝对值所成的级数 $\sum\limits_{n=1}^{\infty}\frac{1}{n}$ 是调和级数，是发散的.

下面我们把级数 $\sum\limits_{n=1}^{\infty}|u_n|$ 收敛看作级数 $\sum\limits_{n=1}^{\infty}u_n$ 的一个性质，称之为绝对收敛.即若级数 $\sum\limits_{n=1}^{\infty}|u_n|$ 收敛，就称级数 $\sum\limits_{n=1}^{\infty}u_n$ **绝对收敛**.

引进绝对收敛的概念后，上面讨论的结果可以重新叙述为：级数 $\sum\limits_{n=1}^{\infty}u_n$ 绝对收敛，则它一定收敛.但是级数收敛不一定绝对收敛.由此结论知，绝对收敛是一个比收敛更强的性质.

不具有绝对收敛性的收敛级数，称之为**条件收敛**.即若 $\sum\limits_{n=1}^{\infty}u_n$ 收敛，但 $\sum\limits_{n=1}^{\infty}|u_n|$ 发散，则称 $\sum\limits_{n=1}^{\infty}u_n$ 为条件收敛.例如交错级数 $\sum\limits_{n=1}^{\infty}(-1)^{n-1}\frac{1}{n}$ 是条件收敛级数.

讨论级数 $\sum\limits_{n=1}^{\infty}u_n$ 的绝对收敛性时，只要研究级数 $\sum\limits_{n=1}^{\infty}|u_n|$ 的收敛性就可以了，于是正项级数的各种收敛判别法都可以应用.例如将正项级数的比值判别法运用到这里就可用于判断级数的绝对收敛性.

值得注意的是，当用比值判别法或者根值判别法得到 $\lim\limits_{n\to\infty}\left|\frac{u_{n+1}}{u_n}\right|=\rho$ 或 $\lim\limits_{n\to\infty}\sqrt[n]{|u_n|}=\rho$ 且 $\rho>1$ 时，级数 $\sum\limits_{n=1}^{\infty}|u_n|$ 必然发散，由正项级数的比值判别法和根值判别法的证明过程可知，此时通项不趋于零.由 $|u_n|$ 不趋于零，有 u_n 不趋于零，因此由级数收敛的必要条件知级数发散.

例 14 对任意实数 x，判断 $\sum\limits_{n=1}^{\infty}\frac{x^n}{n!}$ 的敛散性.

解
$$\lim_{n\to\infty}\frac{|u_{n+1}|}{|u_n|}=\lim_{n\to\infty}\left|\frac{\dfrac{x^{n+1}}{(n+1)!}}{\dfrac{x^n}{n!}}\right|=\lim_{n\to\infty}\frac{|x|}{n+1}=0,$$

所以级数对任意的 x 都绝对收敛.

例 15　判断级数 $\sum_{n=1}^{\infty}\frac{x^n}{n}$ 的敛散性.

解
$$\lim_{n\to\infty}\frac{|u_{n+1}|}{|u_n|}=\lim_{n\to\infty}\left|\frac{\dfrac{x^{n+1}}{n+1}}{\dfrac{x^n}{n}}\right|=\lim_{n\to\infty}\frac{|x|n}{n+1}=|x|.$$

故 $|x|<1$ 时,级数绝对收敛;$|x|>1$ 时,级数发散;$x=1$ 时为调和级数 $\sum_{n=1}^{\infty}\frac{1}{n}$,该级数发散;$x=-1$ 时为 $\sum_{n=1}^{\infty}(-1)^n\frac{1}{n}$,它是一个收敛的交错级数.

例 16　判断级数$\frac{1}{2}-\frac{1}{2}\times\frac{1}{2^2}+\frac{1}{3}\times\frac{1}{2^3}+\cdots+(-1)^{n+1}\frac{1}{n}\times\frac{1}{2^n}+\cdots$是绝对收敛、条件收敛还是发散?

解
$$\lim_{n\to\infty}\frac{|u_{n+1}|}{|u_n|}=\lim_{n\to\infty}\frac{\dfrac{1}{n+1}\times\dfrac{1}{2^{n+1}}}{\dfrac{1}{n}\times\dfrac{1}{2^n}}=\lim_{n\to\infty}\left(\frac{n}{n+1}\times\frac{1}{2}\right)=\frac{1}{2}<1,$$

所以原级数是绝对收敛的.

微课
11.2 节例 17

例 17　若正项级数 $\sum_{n=1}^{\infty}a_n$ 收敛($a_n>0$),证明:$\lim_{n\to\infty}(1+a_1)(1+a_2)\cdots(1+a_n)$存在.

证　记 $S_n=(1+a_1)(1+a_2)\cdots(1+a_n)$,于是,
$$\lim_{n\to\infty}\ln S_n=\sum_{n=1}^{\infty}\ln(1+a_n).$$

由于 $\sum_{n=1}^{\infty}a_n$ 收敛,有$\lim_{n\to\infty}a_n=0(a_n>0)$,从而有
$$\lim_{n\to\infty}\frac{\ln(1+a_n)}{a_n}=1,$$

因此,级数 $\sum_{n=1}^{\infty}\ln(1+a_n)$收敛,则$\lim_{n\to\infty}\ln S_n$ 存在,即$\lim_{n\to\infty}(1+a_1)(1+a_2)\cdots(1+a_n)$存在.

* **定理 8**　绝对收敛级数不因改变项的位置而改变其和.

* **定理 9(绝对收敛级数的乘法)**　设级数 $\sum_{n=1}^{\infty}u_n$ 与 $\sum_{n=1}^{\infty}v_n$ 都绝对收敛,其和分别为 s,σ,则

对所有乘积 u_iv_j 按任意顺序排列得到的级数 $\sum_{n=1}^{\infty} w_n$ 也绝对收敛,其和为 $s\sigma$.

但需注意条件收敛级数不具有以上两条性质.

* **定理 10(黎曼重排定理)** 设 $\sum_{n=1}^{\infty} u_n$ 条件收敛,则对任何常数 A 或 $A=\pm\infty$,可对求和顺序适当重排,使重排后级数 $\sum_{k=1}^{\infty} u_{n_k}=A$.

习题 11.2

A

1. 用比较判别法或比较判别法的极限形式判断下列级数的敛散性:

(1) $\sum_{n=1}^{\infty} \sin\frac{\pi}{2^n}$;　　(2) $\sum_{n=1}^{\infty} \frac{1}{na+b}$ $(a>0,b>0)$;

(3) $\sum_{n=1}^{\infty} \ln\left(1+\frac{a}{n}\right)$ $(a>0)$;　　(4) $\sum_{n=2}^{\infty} \frac{1}{\ln n}$;

(5) $\sum_{n=1}^{\infty} \frac{1+n}{1+n^2}$;　　(6) $\sum_{n=1}^{\infty} \frac{2+(-1)^n}{2^n}$;

(7) $\sum_{n=1}^{\infty} \frac{1}{n\sqrt{n+1}}$;　　(8) $\sum_{n=1}^{\infty} \frac{1}{(n+1)(n+4)}$.

2. 用比值判别法判断下列级数的敛散性:

(1) $\sum_{n=1}^{\infty} \frac{n!}{10^{3n}}$;　　(2) $\sum_{n=1}^{\infty} \frac{3^n}{n\cdot 2^n}$;

(3) $\sum_{n=1}^{\infty} \frac{3^n}{(2n+1)!}$;　　(4) $\sum_{n=1}^{\infty} n\tan\frac{\pi}{2^{n+1}}$;

(5) $\sum_{n=1}^{\infty} \frac{3^n\cdot n!}{n^n}$.

3. 用根值判别法判断下列级数的敛散性:

(1) $\sum_{n=1}^{\infty} \frac{n}{2^n}$;　　(2) $\sum_{n=1}^{\infty} \frac{\left(\frac{1+n}{n}\right)^{n^2}}{2^n}$;

(3) $\sum_{n=1}^{\infty} \left(\frac{n}{2n+1}\right)^n$;　　(4) $\sum_{n=1}^{\infty} \frac{1}{[\ln(1+n)]^n}$.

4. 利用级数收敛的必要条件证明下列极限:

(1) $\lim\limits_{n\to\infty}\frac{3^n}{n!\cdot 2^n}=0$;　　(2) $\lim\limits_{n\to\infty}\frac{n^n}{(n!)^2}=0$.

B

1. 证明:如果正项级数 $\sum_{n=1}^{\infty} u_n$ 收敛,则级数 $\sum_{n=1}^{\infty} u_n^2$ 也收敛.

2. 用适当方法判断下列级数的敛散性:

(1) $\sum_{n=1}^{\infty} n\left(\frac{2}{5}\right)^{n}$;　　(2) $\sum_{n=1}^{\infty} \frac{\sin\frac{\pi}{n}}{(n+1)}$;

(3) $\sum_{n=1}^{\infty} \frac{(n!)^{2}}{(2n)!}$;　　(4) $\sum_{n=1}^{\infty} \frac{2^{n}\cdot n!}{n^{n}}$;

(5) $\sum_{n=1}^{\infty} \frac{\ln n}{n^{\frac{4}{3}}}$;　　(6) $\sum_{n=1}^{\infty} \frac{1}{1+a^{n}}\quad(a>0)$.

3. 判断下列级数是否收敛？如果收敛，指出是绝对收敛，还是条件收敛：

(1) $\sum_{n=1}^{\infty} \frac{(-1)^{n}}{\sqrt{n}}$;　　(2) $\sum_{n=1}^{\infty} \frac{\sin na}{n^{2}}$;

(3) $\sum_{n=1}^{\infty} (-1)^{n+1}\left(\frac{n}{2n+1}\right)$;　　(4) $\sum_{n=1}^{\infty} (-1)^{n-1}\frac{n^{2}}{3^{n}}$;

(5) $\sum_{n=1}^{\infty} (-1)^{n}(\sqrt{n+1}-\sqrt{n})$;　　(6) $\sum_{n=1}^{\infty} (-1)^{n+1}\frac{2^{n^{2}}}{n!}$.

4. 证明：若级数 $\sum_{n=1}^{\infty} a_n^2$ 和 $\sum_{n=1}^{\infty} b_n^2$ 都收敛，则级数 $\sum_{n=1}^{\infty} |a_n b_n|$，$\sum_{n=1}^{\infty} (a_n+b_n)^2$，$\sum_{n=1}^{\infty} \frac{|a_n|}{n}$ 也都收敛.

5. 若存在非零实数 λ，使得 $\lim\limits_{n\to\infty} na_n=\lambda$，试问正项级数 $\sum_{n=1}^{\infty} a_n$ 的敛散性如何？为什么？

6. 设 $p_n=\frac{a_n+|a_n|}{2}$，$q_n=\frac{a_n-|a_n|}{2}$，$n=1,2,\cdots$，

(1) 如果 $\sum_{n=1}^{\infty} a_n$ 条件收敛，判断级数 $\sum_{n=1}^{\infty} p_n$ 与 $\sum_{n=1}^{\infty} q_n$ 的敛散性；

(2) 如果 $\sum_{n=1}^{\infty} a_n$ 绝对收敛，判断级数 $\sum_{n=1}^{\infty} p_n$ 与 $\sum_{n=1}^{\infty} q_n$ 的敛散性.

7. 设 $u_n\neq 0(n=1,2,\cdots)$，且 $\sum_{n=1}^{\infty} \frac{n}{u_n}=1$，级数 $\sum_{n=1}^{\infty} (-1)^{n+1}\left(\frac{1}{u_n}+\frac{1}{u_{n+1}}\right)$ 是否收敛？若收敛，是条件收敛还是绝对收敛？

8. 设 $\sum_{n=1}^{\infty} a_n$ 为正项级数，下列结论中正确的是(　　).

(A) 若 $\lim\limits_{n\to\infty} na_n=0$，则级数 $\sum_{n=1}^{\infty} a_n$ 收敛

(B) 若存在非零常数 λ，使得 $\lim\limits_{n\to\infty} na_n=\lambda$，则级数 $\sum_{n=1}^{\infty} a_n$ 发散

(C) 若级数 $\sum_{n=1}^{\infty} a_n$ 收敛，则 $\lim\limits_{n\to\infty} n^2 a_n=0$

(D) 若级数 $\sum_{n=1}^{\infty} a_n$ 发散，则存在非零常数 λ，使得 $\lim\limits_{n\to\infty} na_n=\lambda$

9. 若级数 $\sum_{n=1}^{\infty} a_n$ 收敛，则级数(　　).

(A) $\sum_{n=1}^{\infty} |a_n|$ 收敛　　(B) $\sum_{n=1}^{\infty} (-1)^n a_n$ 收敛

(C) $\sum_{n=1}^{\infty} a_n a_{n+1}$ 收敛　　(D) $\sum_{n=1}^{\infty} \frac{a_n+a_{n+1}}{2}$ 收敛

11.3 幂 级 数

11.3 预习检测

11.3.1 函数项级数的基本概念

定义 1 给定区间 I 上的函数列 $\{u_n(x)\}$，称

$$u_1(x)+u_2(x)+\cdots+u_n(x)+\cdots$$

为**函数项无穷级数**，有时也简称为级数，并简记为 $\sum\limits_{n=1}^{\infty}u_n(x)$，即

$$\sum_{n=1}^{\infty}u_n(x)=u_1(x)+u_2(x)+\cdots+u_n(x)+\cdots.$$

对 $x_0\in I$，若级数 $\sum\limits_{n=1}^{\infty}u_n(x_0)$ 收敛，则称 x_0 为级数 $\sum\limits_{n=1}^{\infty}u_n(x)$ 的一个**收敛点**，收敛点的全体称为**收敛域**.若级数 $\sum\limits_{n=1}^{\infty}u_n(x_0)$ 发散，则称 x_0 为级数 $\sum\limits_{n=1}^{\infty}u_n(x)$ 的一个**发散点**，发散点的全体称为**发散域**.称

$$s_n(x)=u_1(x)+u_2(x)+\cdots+u_n(x)$$

为级数 $\sum\limits_{n=1}^{\infty}u_n(x)$ 的前 n 项和.

在收敛域内，设 $\lim\limits_{n\to\infty}s_n(x)=s(x)$，称 $s(x)$ 为级数 $\sum\limits_{n=1}^{\infty}u_n(x)$ 的和函数.$r_n(x)=s(x)-s_n(x)$ 为级数的余项，显然在收敛域上，

$$\lim_{n\to\infty}r_n(x)=s(x)-\lim_{n\to\infty}s_n(x)=s(x)-s(x)=0.$$

例 1 求级数 $\sum\limits_{n=0}^{\infty}\left(x^n+\dfrac{1}{2^nx^n}\right)$ 的收敛域.

解 级数 $\sum\limits_{n=0}^{\infty}x^n$ 与级数 $\sum\limits_{n=0}^{\infty}\dfrac{1}{2^nx^n}$ 都是等比级数，当 $|x|<1$ 时，$\sum\limits_{n=0}^{\infty}x^n$ 收敛；当 $\left|\dfrac{1}{2x}\right|<1$ 时，$\sum\limits_{n=0}^{\infty}\dfrac{1}{2^nx^n}$ 收敛.因此当 $\dfrac{1}{2}<|x|<1$ 时，$\sum\limits_{n=0}^{\infty}x^n$ 与 $\sum\limits_{n=0}^{\infty}\dfrac{1}{2^nx^n}$ 同时收敛，从而 $\sum\limits_{n=0}^{\infty}\left(x^n+\dfrac{1}{2^nx^n}\right)$ 收敛.因此该级数的收敛域是 $\dfrac{1}{2}<|x|<1$.

例 2 求级数 $\sum\limits_{n=1}^{\infty}\dfrac{1}{n^x}$ 的收敛域.

解 由 p-级数知，当 $x>1$ 时，$\sum\limits_{n=1}^{\infty}\dfrac{1}{n^x}$ 收敛；当 $x\leqslant1$ 时，$\sum\limits_{n=1}^{\infty}\dfrac{1}{n^x}$ 发散，所以 $\sum\limits_{n=1}^{\infty}\dfrac{1}{n^x}$ 的收敛域为 $(1,+\infty)$.

*11.3.2 函数项级数的一致收敛性

1. 函数项级数的一致收敛性

我们知道,有限个连续函数的和仍是连续函数,有限个函数的和的导数及积分也分别等于它们的导数及积分的和.对于无限个函数的和是否具有这些性质呢？为此,先看下例.

例 3 考察函数项级数

$$x+(x^2-x)+(x^3-x^2)+\cdots+(x^n-x^{n-1})+\cdots.$$

解 显然,该级数每一项都在$[0,1]$连续,且$s_n(x)=x^n$,从而

$$s(x)=\lim_{n\to\infty}s_n(x)=\begin{cases}0, & 0\leqslant x<1,\\ 1, & x=1.\end{cases}$$

因此和函数$s(x)$在$x=1$处间断.由此看到,尽管函数项级数的每一项在$[a,b]$上连续,并且级数在$[a,b]$上收敛,但其和函数不一定在$[a,b]$上连续.同样函数项级数的每一项的导数及积分所成的级数的和也不一定等于它们和函数的导数及积分.问题是对什么样的函数项级数,当各项都连续、可导或者可积时,无穷求和后还能够保持和函数的连续性、可导性或者可积性呢？为此,需要引进函数项级数的一致收敛性的概念.

定义 2 设有函数项级数$\sum\limits_{n=1}^{\infty}u_n(x)$.如果对于任意给定的正数$\varepsilon$,都存在着一个只依赖于$\varepsilon$的自然数$N$,使得当$n>N$时,对区间$I$上的一切$x$,都有不等式

$$|r_n(x)|=|s(x)-s_n(x)|<\varepsilon$$

成立,则称函数项级数$\sum\limits_{n=1}^{\infty}u_n(x)$在区间$I$上**一致收敛于**和$s(x)$,也称函数序列$\{s_n(x)\}$在区间$I$上一致收敛于$s(x)$.

从几何上看(图 11-4),只要n充分大($n>N$),在区间I上所有曲线$y=s_n(x)$将位于曲线$y=s(x)+\varepsilon$与$y=s(x)-\varepsilon$之间.

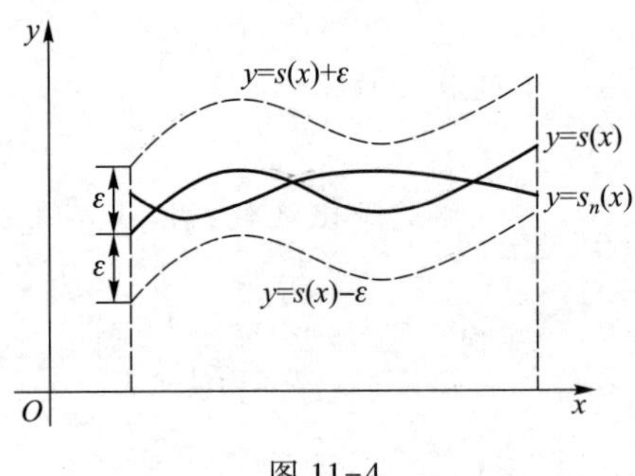

图 11-4

#例 4 研究级数$\dfrac{1}{x+1}+\left(\dfrac{1}{x+2}-\dfrac{1}{x+1}\right)+\cdots+\left(\dfrac{1}{x+n}-\dfrac{1}{x+n-1}\right)+\cdots$在区间$[0,+\infty)$上的一致收敛性.

解 易知$s_n(x)=\dfrac{1}{x+n}$,$s(x)=\lim\limits_{n\to\infty}s_n(x)=\lim\limits_{n\to\infty}\dfrac{1}{x+n}=0\quad(0\leqslant x<+\infty)$.

余项的绝对值

$$|r_n|=|s(x)-s_n(x)|=\frac{1}{x+n}\leqslant\frac{1}{n}\quad(0\leqslant x<+\infty).$$

对于任给 $\varepsilon>0$,取自然数 $N\geqslant\frac{1}{\varepsilon}$,则当 $n>N$ 时,对于区间$[0,+\infty)$上的一切 x,$|r_n|=\frac{1}{x+n}\leqslant\frac{1}{n}<\varepsilon$.根据定义,所给级数在区间$[0,+\infty)$上一致收敛于 $s(x)\equiv0$.

而对级数 $x+(x^2-x)+(x^3-x^2)+\cdots+(x^n-x^{n-1})+\cdots$ 来讲,该级数在区间$(0,1)$内处处收敛于和 $s(x)\equiv0$,但并不一致收敛.因为对于任意一个自然数 n,取 $x_n=\frac{1}{\sqrt[n]{2}}$,于是 $s_n(x_n)=x_n^n=\frac{1}{2}$,但 $s(x_n)=0$,从而

$$|r_n(x_n)|=|s(x_n)-s_n(x_n)|=\frac{1}{2}.$$

所以,只要取 $\varepsilon<\frac{1}{2}$,不论 n 多么大,在$(0,1)$总存在点 x_n,使 $|r_n(x_n)|=|s(x_n)-s_n(x_n)|>\varepsilon$,因此级数在$(0,1)$内不一致收敛.

2. 一致收敛性的简便判别法

定理 1(魏尔斯特拉斯(Weierstrass)判别法) 若函数项级数 $\sum\limits_{n=1}^{\infty}u_n(x)$ 在区间 I 上满足条件

(ⅰ) $|u_n(x)|\leqslant a_n\quad(n=1,2,3\cdots)$;

(ⅱ) 正项级数 $\sum\limits_{n=1}^{\infty}a_n$ 收敛,

则函数项级数 $\sum\limits_{n=1}^{\infty}u_n(x)$ 在区间 I 上一致收敛.

证 由条件(ⅱ),对任意给定的 $\varepsilon>0$,存在自然数 N,使得当 $n>N$ 时,有

$$s-s_n=a_{n+1}+a_{n+2}+\cdots+a_{n+p}+\cdots<\varepsilon,$$

由条件(ⅰ),对任何 $x\in I$,都有

$$\begin{aligned}|r_n(x)|&=|u_{n+1}(x)+u_{n+2}(x)+\cdots+u_{n+p}(x)+\cdots|\\&\leqslant|u_{n+1}(x)|+|u_{n+2}(x)|+\cdots+|u_{n+p}(x)|+\cdots\\&\leqslant a_{n+1}+a_{n+2}+\cdots+a_{n+p}+\cdots<\varepsilon.\end{aligned}$$

因此函数项级数 $\sum\limits_{n=1}^{\infty}u_n(x)$ 在区间 I 上一致收敛.

例 5 证明级数$\frac{\sin x}{1^2}+\frac{\sin 2^2x}{2^2}+\cdots+\frac{\sin n^2x}{n^2}+\cdots$在$(-\infty,+\infty)$内一致收敛.

证 因为在$(-\infty,+\infty)$内

$$\left|\frac{\sin n^2x}{n^2}\right|\leqslant\frac{1}{n^2}\quad(n=1,2,3,\cdots),$$

且级数 $\sum\limits_{n=1}^{\infty}\frac{1}{n^2}$ 收敛,由魏尔斯特拉斯判别法知,所给级数在$(-\infty,+\infty)$内一致收敛.

3. 一致收敛级数的基本性质

在函数项级数一致收敛性的基础上，接下来我们分析，函数项级数的和函数的连续性、可导性、可积性.

定理 2 如果级数 $\sum_{n=1}^{\infty} u_n(x)$ 的各项 $u_n(x)$ 在区间 $[a,b]$ 上都连续，且 $\sum_{n=1}^{\infty} u_n(x)$ 在区间 $[a,b]$ 上一致收敛于 $s(x)$，则 $s(x)$ 在 $[a,b]$ 也连续.

证 只需证明 $\forall x_0\in[a,b]$，$\lim\limits_{x\to x_0} s(x)=s(x_0)$. 由于

$$\begin{aligned}|s(x)-s(x_0)| &= |[s_n(x)+r_n(x)]-[s_n(x_0)+r_n(x_0)]|\\ &\leqslant |s_n(x)-s_n(x_0)|+|r_n(x)|+|r_n(x_0)|.\end{aligned}$$

因为级数 $\sum_{n=1}^{\infty} u_n(x)$ 一致收敛于 $s(x)$，故 $\forall \varepsilon>0$，$\exists N=N(\varepsilon)$，使当 $n>N$ 时，有

$$|r_n(x)|<\frac{\varepsilon}{3},\quad |r_n(x_0)|<\frac{\varepsilon}{3}.$$

对这样选定的 n，$s_n(x)$ 在 x_0 连续，从而必存在 $\delta>0$，当 $|x-x_0|<\delta$ 时，有

$$|s_n(x)-s_n(x_0)|<\frac{\varepsilon}{3}.$$

从而得 $|s(x)-s(x_0)|<\varepsilon$，故 $s(x)$ 在 x_0 连续，即 $\lim\limits_{x\to x_0} s(x)=s(x_0)$.

说明 （1）定理 2 表明，对一致收敛的级数，极限运算与无限求和运算可交换，即有

$$\lim_{x\to x_0}\sum_{n=1}^{\infty} u_n(x)=\sum_{n=1}^{\infty}\lim_{x\to x_0} u_n(x).$$

（2）当函数项级数不一致收敛时，定理结论不一定成立.

例如，级数

$$x+x(x-1)+x^2(x-1)+\cdots+x^{n-1}(x-1)+\cdots$$

在区间 $[0,1]$ 上处处收敛，但不是一致收敛的，而其和函数

$$s(x)=\begin{cases}0, & 0\leqslant x<1,\\ 1, & x=1\end{cases}$$

在 $x=1$ 处不连续.

定理 3 如果级数 $\sum_{n=1}^{\infty} u_n(x)$ 的各项 $u_n(x)$ 在区间 $[a,b]$ 上都连续，且 $\sum_{n=1}^{\infty} u_n(x)$ 在区间 $[a,b]$ 上一致收敛于 $s(x)$，则和函数 $s(x)$ 在 $[a,b]$ 上可以逐项积分，即

$$\int_{x_0}^{x} s(x)\,\mathrm{d}x=\int_{x_0}^{x} u_1(x)\,\mathrm{d}x+\int_{x_0}^{x} u_2(x)\,\mathrm{d}x+\cdots+\int_{x_0}^{x} u_n(x)\,\mathrm{d}x+\cdots,$$

其中 $a\leqslant x_0<x\leqslant b$，并且上式右端的级数在 $[a,b]$ 上也一致收敛.

证 因为

$$\sum_{k=1}^{n}\int_{x_0}^{x} u_k(x)\,\mathrm{d}x=\int_{x_0}^{x}\sum_{k=1}^{n} u_k(x)\,\mathrm{d}x=\int_{x_0}^{x} s_n(x)\,\mathrm{d}x,$$

所以只需证明对任意 $x_0,x\in[a,b]$ $(x_0<x)$，有

$$\lim_{n\to\infty}\int_{x_0}^{x} s_n(x)\,\mathrm{d}x=\int_{x_0}^{x} s(x)\,\mathrm{d}x.$$

根据级数的一致收敛性，$\forall \varepsilon>0$，$\exists N=N(\varepsilon)$，使当 $n>N$ 时，有

$$|s(x)-s_n(x)|<\frac{\varepsilon}{b-a}.$$

于是，当 $n>N$ 时，对一切 $x_0, x\in[a,b]$ $(x_0<x)$，有

$$\begin{aligned}\left|\int_{x_0}^{x} s_n(x)\,\mathrm{d}x-\int_{x_0}^{x} s(x)\,\mathrm{d}x\right| &\leqslant \int_{x_0}^{x}|s_n(x)-s(x)|\,\mathrm{d}x\\ &\leqslant \frac{\varepsilon}{b-a}\int_{x_0}^{x}\mathrm{d}x<\varepsilon.\end{aligned}$$

因此定理结论正确.

注 如果级数不一致收敛，定理的结论不一定成立.

例如级数 $\sum\limits_{n=1}^{\infty}\left[2n^2xe^{-n^2x^2}-2(n-1)^2xe^{-(n-1)^2x^2}\right]$，它的部分和 $s_n(x)=2n^2xe^{-n^2x^2}$，因此级数在[0,1]上收敛于 $s(x)=0$，所以 $\int_0^x s(x)\,\mathrm{d}x=0$. 但是

$$\begin{aligned}\sum_{n=1}^{\infty}\int_0^1\left[2n^2xe^{-n^2x^2}-2(n-1)^2xe^{-(n-1)^2x^2}\right]\mathrm{d}x &= \sum_{n=1}^{\infty}\left[e^{-(n-1)^2}-e^{n^2}\right]\\ &=1\neq\int_0^1 s(x)\,\mathrm{d}x.\end{aligned}$$

定理 4 如果级数 $\sum\limits_{n=1}^{\infty}u_n(x)$ 在区间$[a,b]$上收敛于和 $s(x)$，它的各项$u_n(x)$都具有连续导数 $u_n'(x)$，并且级数 $\sum\limits_{n=1}^{\infty}u_n'(x)$ 在$[a,b]$上一致收敛，则级数 $\sum\limits_{n=1}^{\infty}u_n(x)$ 在$[a,b]$上也一致收敛，且可逐项求导，即

$$s'(x)=\frac{\mathrm{d}}{\mathrm{d}x}\sum_{n=1}^{\infty}u_n(x)=\sum_{n=1}^{\infty}\frac{\mathrm{d}}{\mathrm{d}x}u_n(x)=u'_1(x)+u'_2(x)+\cdots+u'_n(x)+\cdots.$$

证 先证可逐项求导.设 $\sum\limits_{n=1}^{\infty}u_n'(x)=\varphi(x)$，根据定理 3，对 $x\in[a,b]$，有

$$\begin{aligned}\int_a^x\varphi(x)\,\mathrm{d}x &= \sum_{n=1}^{\infty}\int_a^x u_n'(x)\,\mathrm{d}x=\sum_{n=1}^{\infty}[u_n(x)-u_n(a)]\\ &=\sum_{n=1}^{\infty}u_n(x)-\sum_{n=1}^{\infty}u_n(a)=s(x)-s(a).\end{aligned}$$

上式两边对 x 求导，得 $s'(x)=\varphi(x)$.

再证 $\sum\limits_{n=1}^{\infty}u_n(x)$ 在$[a,b]$上一致收敛.根据定理 3，$\sum\limits_{n=1}^{\infty}\int_a^x u_n'(x)\,\mathrm{d}x$ 在$[a,b]$上一致收敛，而

$$\sum_{n=1}^{\infty}\int_a^x u_n'(x)\,\mathrm{d}x=\sum_{n=1}^{\infty}u_n(x)-\sum_{n=1}^{\infty}u_n(a),$$

所以

$$\sum_{n=1}^{\infty}u_n(x)=\sum_{n=1}^{\infty}\int_a^x u_n'(x)\,\mathrm{d}x+\sum_{n=1}^{\infty}u_n(a).$$

注 级数一致收敛并不保证可以逐项求导.

例如,级数

$$\frac{\sin x}{1^2}+\frac{\sin 2^2x}{2^2}+\cdots+\frac{\sin n^2x}{n^2}+\cdots$$

在任意区间上都一致收敛,但求导后的级数

$$\cos x+\cos 2^2x+\cdots+\cos n^2x+\cdots,$$

其一般项不趋于0,所以对任意 x 都发散.

11.3.3 幂级数及其收敛性

函数项级数中常见的一类级数就是幂级数,它在理论及应用上都具有重要的价值.在函数项级数中取 $u_n(x)=a_nx^n$(或 $a_n(x-x_0)^n$),其形式为

$$a_0+a_1x+a_2x^2+\cdots+a_nx^n+\cdots$$

或

$$a_0+a_1(x-x_0)+a_2(x-x_0)^2+\cdots+a_n(x-x_0)^n+\cdots$$

的级数叫做**幂级数**,其中常数 $a_0,a_1,a_2,\cdots$ 叫做幂级数的系数.

在 $\sum\limits_{n=0}^{\infty}a_n(x-x_0)^n$ 中作代换 $x-x_0=t$,则得到 $\sum\limits_{n=0}^{\infty}a_nt^n$,所以下面主要讨论级数 $\sum\limits_{n=0}^{\infty}a_nx^n$ 的性质,这不影响一般性.

现在来讨论幂级数的收敛性.很明显,当 $x=0$ 时,幂级数 $\sum\limits_{n=0}^{\infty}a_nx^n$ 一定收敛,即幂级数至少有一个收敛点.其次,幂级数的收敛域总是以原点为中心的对称区间,这一点从下面的定理中即可得出.

定理5(阿贝尔(Abel)定理) 如果当 $x=x_0(x_0\neq 0)$ 时级数 $\sum\limits_{n=0}^{\infty}a_nx^n$ 收敛,则对适合不等式 $|x|<|x_0|$ 的一切 x,幂级数 $\sum\limits_{n=0}^{\infty}a_nx^n$ 都绝对收敛;反之如果 $x=x_0$ 时,级数 $\sum\limits_{n=0}^{\infty}a_nx^n$ 发散,则对适合不等式 $|x|>|x_0|$ 的一切 x,幂级数 $\sum\limits_{n=0}^{\infty}a_nx^n$ 都发散.

证 设 $x_0\neq 0$ 是 $\sum\limits_{n=0}^{\infty}a_nx^n$ 的一个收敛点,即 $\sum\limits_{n=0}^{\infty}a_nx_0^n$ 收敛,由级数收敛的必要条件知 $\lim\limits_{n\to\infty}a_nx_0^n=0$,即 $\{a_nx_0^n\}$ 有极限,从而有界.于是存在一个常数 $M>0$,使得

$$|a_nx_0^n|\leqslant M\quad(n=0,1,2,\cdots).$$

因此

$$|a_nx^n|=\left|a_nx_0^n\cdot\frac{x^n}{x_0^n}\right|=|a_nx_0^n|\left|\frac{x}{x_0}\right|^n\leqslant M\left|\frac{x}{x_0}\right|^n,$$

因为当 $|x|<|x_0|$ 时,等比级数 $\sum\limits_{n=0}^{\infty}\left|\frac{x}{x_0}\right|^n$ 收敛,所以由正项级数的比较判别法知 $\sum\limits_{n=0}^{\infty}|a_nx^n|$ 收敛,即 $\sum\limits_{n=0}^{\infty}a_nx^n$ 绝对收敛.

定理的第二部分可用反证法证明.如果 $x=x_0$ 时幂级数发散,而有一点

$x_1(|x_1|>|x_0|)$,使 $\sum_{n=0}^{\infty} a_n x_1^n$ 收敛,由定理的第一部分可知,对满足不等式 $|x|<|x_1|$ 的一切 x 都有 $\sum_{n=0}^{\infty} a_n x^n$ 收敛,而 x_0 满足 $|x_0|<|x_1|$,所以 $\sum_{n=0}^{\infty} a_n x_0^n$ 收敛,这与题设矛盾,定理得证.

根据阿贝尔定理,幂级数的收敛域会出现以下三种情形:

(1) 对任意的 $x\in(-\infty,+\infty)$, $\sum_{n=0}^{\infty} a_n x^n$ 都收敛;

(2) 在$(-\infty,+\infty)$内除 $x=0$ 外, $\sum_{n=0}^{\infty} a_n x^n$ 都发散;

(3) 存在一个实数 R,当 $|x|<R$ 时, $\sum_{n=0}^{\infty} a_n x^n$ 绝对收敛,当 $|x|>R$ 时, $\sum_{n=0}^{\infty} a_n x^n$ 发散.我们称 R 为幂级数 $\sum_{n=0}^{\infty} a_n x^n$ 的**收敛半径**,把开区间$(-R,R)$称为其**收敛区间**.在情形(1)下,规定 $R=+\infty$;在情形(2)下,规定 $R=0$.

下面给出幂级数的收敛半径的求法.

定理 6 设幂级数的系数全不为零,若极限 $\lim\limits_{n\to\infty}\left|\dfrac{a_{n+1}}{a_n}\right|=\rho$,或者 $\lim\limits_{n\to\infty}\sqrt[n]{|a_n|}=\rho$,其中 a_n,a_{n+1}是幂级数 $\sum_{n=0}^{\infty} a_n x^n$ 的相邻两项的系数,那么

(i) 如果 $\rho\neq 0$,则 $R=\dfrac{1}{\rho}$;

(ii) 如果 $\rho=0$,则 $R=+\infty$;

(iii) 如果 $\rho=+\infty$,则 $R=0$.

证 以 $\lim\limits_{n\to\infty}\left|\dfrac{a_{n+1}}{a_n}\right|=\rho$ 是有限正实数的情形为例来给出证明.考察正项级数 $\sum_{n=0}^{\infty}|a_n x^n|$,由正项级数的比值判别法得

$$\lim_{n\to\infty}\left|\frac{u_{n+1}(x)}{u_n(x)}\right|=\lim_{n\to\infty}\left|\frac{a_{n+1}x^{n+1}}{a_n x^n}\right|=\lim_{n\to\infty}\left|\frac{a_{n+1}}{a_n}\right|\cdot|x|=\rho|x|,$$

所以当$\rho|x|<1$,即 $|x|<\dfrac{1}{\rho}$时,级数 $\sum_{n=0}^{\infty}|a_n x^n|$ 收敛,即 $\sum_{n=0}^{\infty} a_n x^n$ 绝对收敛.当$\rho|x|>1$,即 $|x|>\dfrac{1}{\rho}$时,$\left|\dfrac{a_{n+1}x^{n+1}}{a_n x^n}\right|>1$($n$ 充分大时),从而 $|a_{n+1}x^{n+1}|>|a_n x^n|$,所以 $\lim\limits_{n\to\infty}|a_n x^n|\neq 0$,即级数 $\sum_{n=0}^{\infty} a_n x^n$ 发散,因此收敛半径 $R=\dfrac{1}{\rho}$.

当$\rho=0$时,在 $x\neq 0$ 的情况下,$\left|\dfrac{a_{n+1}x^{n+1}}{a_n x^n}\right|\to 0(n\to\infty)$,所以 $\sum_{n=0}^{\infty} a_n x^n$ 绝对收敛,于是 $R=+\infty$.

当$\rho=+\infty$ 时,对于除 $x=0$ 外的一切其他 x 值,$\left|\dfrac{a_{n+1}x^{n+1}}{a_n x^n}\right|\to+\infty\ (n\to\infty)$,因此级数

$\sum_{n=0}^{\infty} a_n x^n$ 发散，于是 $R=0$.

例 6 求幂级数 $\sum_{n=1}^{\infty}(-1)^n \frac{x^n}{n}$ 的收敛域.

解
$$\lim_{n\to\infty}\left|\frac{u_{n+1}(x)}{u_n(x)}\right|=\lim_{n\to\infty}\left|\frac{\frac{x^{n+1}}{n+1}}{\frac{x^n}{n}}\right|=\lim_{n\to\infty}\frac{n}{n+1}|x|=|x|.$$

所以当 $|x|<1$ 时，级数绝对收敛；当 $|x|>1$ 时，级数发散，于是收敛半径为 $R=1$.

当 $x=1$ 时，级数为 $\sum_{n=1}^{\infty}(-1)^n \frac{1}{n}$，此时级数收敛；当 $x=-1$ 时，级数为 $\sum_{n=1}^{\infty}\frac{1}{n}$，调和级数发散，所以该级数的收敛域为 $(-1,1]$.

注 求幂级数的收敛域，先求出收敛半径 R，则在 $(-R,R)$ 内幂级数绝对收敛，在 $(-\infty,-R)$ 和 $(R,+\infty)$ 内发散.此外，要确定收敛域还要判断两个端点处的敛散性.

例 7 求幂级数 $\sum_{n=0}^{\infty}\frac{x^n}{n!}$ 的收敛半径.

解 $\rho=\lim_{n\to\infty}\left|\frac{n!}{(n+1)!}\right|=\lim_{n\to\infty}\frac{1}{n+1}=0$，所以 $R=+\infty$，收敛区间为 $(-\infty,+\infty)$.

例 8 求幂级数 $\sum_{n=0}^{\infty} n!\,x^n$ 的收敛半径.

解 $\rho=\lim_{n\to\infty}\left|\frac{(n+1)!}{n!}\right|=\lim_{n\to\infty}(n+1)=+\infty$，所以 $R=0$.

例 9 求幂级数 $\sum_{n=0}^{\infty}\frac{n!}{a^{n^2}}x^n\ (a\neq 0)$ 的收敛区间.

解
$$\rho=\lim_{n\to\infty}\left|\frac{a_{n+1}}{a_n}\right|=\lim_{n\to\infty}\frac{\frac{(n+1)!}{|a|^{(n+1)^2}}}{\frac{n!}{|a|^{n^2}}}=\lim_{n\to\infty}\frac{n+1}{|a|a^{2n}}.$$

当 $|a|>1$ 时，$\rho=0$，级数的收敛区间为 $(-\infty,+\infty)$；当 $|a|\leqslant 1$ 时，$\rho=+\infty$，级数仅在 $x=0$ 处收敛.

例 10 求幂级数 $\sum_{n=1}^{\infty}\frac{x^{2n-1}}{2^n}$ 的收敛域.

解 因为级数 $\frac{x}{2}+\frac{x^3}{2^2}+\frac{x^5}{2^3}+\cdots$ 缺少偶次幂的项，$a_{2n}=0$，不能用定理 6 的方法求 R，直接应用比值判别法

$$\lim_{n\to\infty}\left|\frac{u_{n+1}(x)}{u_n(x)}\right|=\lim_{n\to\infty}\left|\frac{\frac{x^{2n+1}}{2^{n+1}}}{\frac{x^{2n-1}}{2^n}}\right|=\frac{1}{2}|x|^2.$$

当$\dfrac{1}{2}x^2<1$，即$|x|<\sqrt{2}$时，级数$\sum\limits_{n=1}^{\infty}\dfrac{x^{2n-1}}{2^n}$绝对收敛；当$\dfrac{1}{2}x^2>1$，即$|x|>\sqrt{2}$时，级数$\sum\limits_{n=1}^{\infty}\dfrac{x^{2n-1}}{2^n}$发散；

当$x=\pm\sqrt{2}$时，级数为$\sum\limits_{n=1}^{\infty}\dfrac{\pm 1}{\sqrt{2}}$，级数$\sum\limits_{n=1}^{\infty}\dfrac{x^{2n-1}}{2^n}$发散.

因此，原级数$\sum\limits_{n=1}^{\infty}\dfrac{x^{2n-1}}{2^n}$的收敛域为$(-\sqrt{2},\sqrt{2})$.

例 11 求幂级数$\sum\limits_{n=1}^{\infty}\dfrac{(x-2)^n}{n^2}$的收敛半径与收敛域.

解 $\rho=\lim\limits_{n\to\infty}\left|\dfrac{a_{n+1}}{a_n}\right|=\lim\limits_{n\to\infty}\dfrac{\dfrac{1}{(n+1)^2}}{\dfrac{1}{n^2}}=\lim\limits_{n\to\infty}\dfrac{n^2}{(n+1)^2}=1$，所以$R=1$.

当$|x-2|<1$时，该级数收敛；当$|x-2|>1$时，该级数发散；当$|x-2|=1$时，级数为$\sum\limits_{n=1}^{\infty}\dfrac{(-1)^n}{n^2}$，$\sum\limits_{n=1}^{\infty}\dfrac{1}{n^2}$均收敛，所以收敛域为$|x-2|\leqslant 1$，即$1\leqslant x\leqslant 3$.

11.3.4 幂级数的运算及性质

在以下幂级数的性质中都假设幂级数的收敛半径R不等于零.

性质 1 设幂级数

$$a_0+a_1x+\cdots+a_nx^n+\cdots=f(x)\text{，收敛区间}(-R_1,R_1)$$

及

$$b_0+b_1x+\cdots+b_nx^n+\cdots=g(x)\text{，收敛区间}(-R_2,R_2)\text{，}$$

其中$R_1>0,R_2>0$.令$R=\min\{R_1,R_2\}$，则在区间$(-R,R)$内可以进行加、减以及乘法运算，运算所得新的幂级数收敛且有

(1) 加法 $(a_0+b_0)+(a_1+b_1)x+\cdots+(a_n+b_n)x^n+\cdots=f(x)+g(x)$；

(2) 减法 $(a_0-b_0)+(a_1-b_1)x+\cdots+(a_n-b_n)x^n+\cdots=f(x)-g(x)$；

(3) 乘法

$$a_0b_0+(a_0b_1+a_1b_0)x+(a_0b_2+a_1b_1+a_2b_0)x^2+\cdots+(a_0b_n+a_1b_{n-1}+\cdots+a_nb_0)x^n+\cdots=f(x)g(x).$$

幂级数的除法：设$\sum\limits_{n=0}^{\infty}a_nx^n=\left(\sum\limits_{n=0}^{\infty}b_nx^n\right)\left(\sum\limits_{n=0}^{\infty}c_nx^n\right)$，则称$\sum\limits_{n=0}^{\infty}c_nx^n$是$\sum\limits_{n=0}^{\infty}a_nx^n$除以$\sum\limits_{n=0}^{\infty}b_nx^n$的商，其中的$c_n$可以通过比较系数而得到.不过商级数$\sum\limits_{n=0}^{\infty}c_nx^n$的收敛半径有可能比原来级数$\sum\limits_{n=0}^{\infty}a_nx^n$和$\sum\limits_{n=0}^{\infty}b_nx^n$的半径都要小.例如，考虑幂级数

$$\sum_{n=0}^{\infty}a_nx^n=1,\quad \sum_{n=0}^{\infty}b_nx^n=1-x.$$

显然,这两个幂级数的收敛半径都是 $R=+\infty$,但是其商

$$\frac{\sum_{n=0}^{\infty} a_n x^n}{\sum_{n=0}^{\infty} b_n x^n}=\frac{1}{1-x}=1+x+x^2+\cdots+x^n+\cdots,$$

收敛半径为 $R=1$.

性质 1 的证明略去.幂级数还有下面几个性质(证明需用幂级数的一致收敛性).

性质 2 设幂级数

$$a_0+a_1x+\cdots+a_nx^n+\cdots=f(x)$$

的收敛半径 $R>0$,则幂级数的和函数 $f(x)$ 在 $(-R,R)$ 内连续.若幂级数在端点 $x=\pm R$ 处收敛于 $f(x)$,则 $f(x)$ 在端点处单侧连续.

性质 3 设幂级数

$$a_0+a_1x+\cdots+a_nx^n+\cdots=f(x)$$

的收敛半径 $R>0$,则在 $(-R,R)$ 内这个级数可以逐项求导,即

$$\begin{aligned}f'(x)&=\left(\sum_{n=0}^{\infty} a_n x^n\right)'=\sum_{n=0}^{\infty}(a_n x^n)'\\&=(a_0)'+(a_1x)'+\cdots+(a_nx^n)'+\cdots\\&=a_1+2a_2x+3a_3x^2+\cdots+na_nx^{n-1}+\cdots=\sum_{n=1}^{\infty} na_nx^{n-1},\end{aligned}$$

且收敛半径仍为 R.

证 先证级数 $\sum\limits_{n=1}^{\infty} na_nx^{n-1}$ 在 $(-R,R)$ 内收敛.任取 $x\in(-R,R)$,再取定 x_1,使 $|x|<x_1<R$,记 $q=\dfrac{|x|}{x_1}<1$,则

$$|na_nx^{n-1}|=n\left|\frac{x}{x_1}\right|^{n-1}\frac{1}{x_1}|a_nx_1^n|=nq^{n-1}\frac{1}{x_1}|a_nx_1^n|.$$

由比值判别法知级数 $\sum\limits_{n=0}^{\infty} nq^{n-1}$ 收敛,故 $\lim\limits_{n\to\infty} nq^{n-1}=0$,因此 nq^{n-1} 有界,故存在 $M>0$,使得

$$0\leqslant nq^{n-1}\frac{1}{x_1}\leqslant M\quad(n=1,2,\cdots).$$

又 $0<x_1<R$,级数 $\sum\limits_{n=0}^{\infty}|a_nx_1^n|$ 收敛,由比较判别法可知 $\sum\limits_{n=1}^{\infty} na_nx^{n-1}$ 收敛.

因为幂级数 $\sum\limits_{n=1}^{\infty} na_nx^{n-1}$ 在 $(-R,R)$ 内任一闭区间 $[a,b]$ 上一致收敛,故原级数 $\sum\limits_{n=0}^{\infty} a_nx^n$ 在 $[a,b]$ 上满足定理 4 的条件,从而可逐项求导,再由 $[a,b]$ 的任意性,即知

$$\left(\sum_{n=0}^{\infty} a_nx^n\right)'=\sum_{n=1}^{\infty} na_nx^{n-1},\quad x\in(-R,R).$$

再证级数 $\sum\limits_{n=1}^{\infty} na_nx^{n-1}$ 的收敛半径 $R'=R$.

由前面的证明可知 $R'\geqslant R$.将幂级数 $\sum_{n=1}^{\infty}na_nx^{n-1}$ 在$[0,x]$($|x|<R$)上逐项积分,得 $\sum_{n=1}^{\infty}a_nx^n$,因逐项积分所得级数的收敛半径不会缩小,因此 $R'\leqslant R$.于是 $R'=R$.

推论 幂级数 $\sum_{n=0}^{\infty}a_nx^n$ 的和函数 $s(x)$ 在收敛区间$(-R,R)$内有任意阶导数,且有

$$s^{(k)}(x)=\sum_{n=k}^{\infty}n(n-1)\cdots(n-k+1)a_nx^{n-k}\quad(k=1,2,\cdots),$$

其收敛半径都为 R.

性质 4 设幂级数

$$a_0+a_1x+\cdots+a_nx^n+\cdots=f(x)$$

的收敛半径为 R,则在$(-R,R)$内的任何闭区间上这个级数可逐项积分,即当$-R<x<R$时,有

$$\int_0^x a_0\mathrm{d}x+\int_0^x a_1x\mathrm{d}x+\int_0^x a_2x^2\mathrm{d}x+\cdots+\int_0^x a_nx^n\mathrm{d}x+\cdots=\int_0^x f(x)\mathrm{d}x,$$

或

$$a_0x+\frac{a_1}{2}x^2+\frac{a_2}{3}x^3+\cdots+\frac{a_n}{n+1}x^{n+1}+\cdots=\int_0^x f(x)\mathrm{d}x,$$

且收敛半径仍为 R.

利用幂级数的运算性质可以求出一些幂级数的和函数.

例 12 求 $\sum_{n=1}^{\infty}nx^{n-1}$ 的和函数.

解 级数 $\sum_{n=1}^{\infty}nx^{n-1}$ 的收敛半径 $R=1$.当 $x=\pm1$ 时,级数分别为 $\sum_{n=1}^{\infty}n$ 和 $\sum_{n=1}^{\infty}(-1)^{n-1}n$,这两个级数都发散,故所给级数的收敛区间为$(-1,1)$.

设

$$f(x)=1+2x+3x^2+\cdots+nx^{n-1}+\cdots,$$

在$(-1,1)$内逐项积分,得

$$\int_0^x f(x)\mathrm{d}x=x+x^2+x^3+\cdots+x^n+\cdots$$

$$=(1+x+x^2+\cdots+x^n+\cdots)-1=\frac{1}{1-x}-1.$$

再求导,得 $f(x)=\frac{1}{(1-x)^2}$,所以

$$\sum_{n=1}^{\infty}nx^{n-1}=1+2x+3x^2+\cdots+nx^{n-1}+\cdots=\frac{1}{(1-x)^2}\quad(-1<x<1).$$

例 13 求级数 $x-\frac{x^3}{3}+\frac{x^5}{5}-\frac{x^7}{7}+\cdots$ 的和函数.

解 因为 $1-x^2+x^4-x^6+\cdots=\frac{1}{1+x^2}$,令

$$f(x)=x-\frac{x^3}{3}+\frac{x^5}{5}-\frac{x^7}{7}+\cdots,$$

逐项求导得

$$f'(x)=1-x^2+x^4-x^6+\cdots=\frac{1}{1+x^2},$$

再积分得

$$\int_0^x f'(x)\,\mathrm{d}x=\int_0^x \frac{1}{1+x^2}\mathrm{d}x,$$

即

$$f(x)-f(0)=\arctan x.$$

而 $f(0)=0$，所以 $f(x)=\arctan x$，因此

$$x-\frac{x^3}{3}+\frac{x^5}{5}-\frac{x^7}{7}+\cdots=\arctan x,\quad x\in[-1,1].$$

微课
11.3 节例 14

例 14　求幂级数 $\sum\limits_{n=0}^{\infty}\frac{x^n}{n+1}$ 的和函数.

解　先求收敛域.由 $\lim\limits_{n\to\infty}\left|\frac{a_{n+1}}{a_n}\right|=\lim\limits_{n\to\infty}\frac{n+1}{n+2}=1$，得收敛半径 $R=1$.

在端点 $x=-1$ 处，幂级数 $\sum\limits_{n=0}^{\infty}\frac{(-1)^n}{n+1}$ 是收敛的交错级数；在端点 $x=1$ 处，幂级数 $\sum\limits_{n=0}^{\infty}\frac{1}{n+1}$ 是发散的.因此收敛域为 $[-1,1)$.

设和函数为 $s(x)$，即 $s(x)=\sum\limits_{n=0}^{\infty}\frac{x^n}{n+1}$，$x\in[-1,1)$. 于是

$$xs(x)=\sum_{n=0}^{\infty}\frac{x^{n+1}}{n+1},$$

利用性质 3，逐项求导，并由

$$\frac{1}{1-x}=1+x+x^2+\cdots+x^n+\cdots\quad(-1<x<1),$$

得

$$[xs(x)]'=\sum_{n=0}^{\infty}\left(\frac{x^{n+1}}{n+1}\right)'=\sum_{n=0}^{\infty}x^n=\frac{1}{1-x}\quad(|x|<1).$$

对上式从 0 到 x 积分，得

$$xs(x)=\int_0^x\frac{1}{1-x}\mathrm{d}x=-\ln(1-x)\quad(-1\leqslant x<1).$$

于是，当 $x\neq0$ 时，有 $s(x)=-\frac{1}{x}\ln(1-x)$. 而 $s(0)=1$，故

$$s(x)=\begin{cases}-\dfrac{1}{x}\ln(1-x), & x\in[-1,0)\cup(0,1),\\ 1, & x=0.\end{cases}$$

求幂级数的和函数一般都是先通过逐项求导、逐项积分、四则运算等转化为容易求出和

函数的幂级数,然后再通过逐项积分、逐项求导等逆运算最终确定和函数.

习题 11.3

A

1. 求下列幂级数的收敛域:

(1) $\sum\limits_{n=1}^{\infty} nx^n$;　　(2) $\sum\limits_{n=1}^{\infty} (nx)^n$;

(3) $\sum\limits_{n=1}^{\infty} \dfrac{x^n}{2^n n!}$;　　(4) $\sum\limits_{n=1}^{\infty} \dfrac{x^n}{n(n+1)}$;

(5) $\sum\limits_{n=1}^{\infty} (-1)^n \dfrac{x^{2n+1}}{2n+1}$;　　(6) $\sum\limits_{n=1}^{\infty} \dfrac{(2x+1)^n}{n}$;

(7) $\sum\limits_{n=1}^{\infty} \dfrac{1}{3^n+(-2)^n} \dfrac{x^n}{n}$.

2. 利用逐项求导或逐项积分,求下列级数的和函数:

(1) $\sum\limits_{n=1}^{\infty} (-1)^{n-1} nx^{n-1}$;　　(2) $\sum\limits_{n=1}^{\infty} \dfrac{x^{4n+1}}{4n+1}$;

(3) $\sum\limits_{n=1}^{\infty} \dfrac{x^{2n-1}}{2n-1}$.

*3. 利用魏尔斯特拉斯判别法证明下列级数在所给的区间上的一致收敛性:

(1) $\sum\limits_{n=1}^{\infty} \dfrac{\sin nx}{\sqrt[3]{n^4+x^4}}$, $-\infty < x < +\infty$;　　(2) $\sum\limits_{n=1}^{\infty} \dfrac{x}{1+n^4x^2}$, $0 \leqslant x < +\infty$;

(3) $\sum\limits_{n=1}^{\infty} \dfrac{\mathrm{e}^{-nx}}{n!}$, $|x| < 10$;　　(4) $\sum\limits_{n=1}^{\infty} \dfrac{(-1)^n(1-\mathrm{e}^{-nx})}{n^2+x^2}$, $0 \leqslant x < +\infty$.

B

1. 求下列幂级数的收敛域:

(1) $\sum\limits_{n=1}^{\infty} \dfrac{2}{n^2+1} x^n$;　　(2) $\sum\limits_{n=1}^{\infty} \dfrac{(x-3)^n}{\sqrt{n}}$;　　(3) $\sum\limits_{n=1}^{\infty} \dfrac{2n-1}{2^n} x^{2n-2}$.

2. 利用逐项求导或逐项积分,求下列级数的和函数:

(1) $\sum\limits_{n=1}^{\infty} n(x-1)^{n-1}$;

(2) $\sum\limits_{n=1}^{\infty} \dfrac{x^{2n-1}}{2n-1}$, 并求级数 $\sum\limits_{n=1}^{\infty} \dfrac{1}{(2n-1)2^n}$ 的和.

3. 设幂级数 $\sum\limits_{n=1}^{\infty} a_n(x-1)^n$ 在 $x_1=3$ 处发散,在 $x_2=-1$ 处收敛,指出此幂级数的收敛半径,并证明.

4. 设幂级数 $\dfrac{x^4}{2\times4}+\dfrac{x^6}{2\times4\times6}+\dfrac{x^8}{2\times4\times6\times8}+\cdots(-\infty<x<+\infty)$ 的和函数 $s(x)$,求 $s(x)$ 所满足的一阶微分方程,并求出 $s(x)$ 的表达式.

11.4 函数展开成幂级数

上节中我们先给定幂级数,然后讨论幂级数的性质,求它的和函数.那么,如果已知函数

$f(x)$,是否可以找到一个幂级数在其收敛区间上以 $f(x)$ 为和函数?或简单地说,函数 $f(x)$ 是否可以展开成幂级数?

11.4 预习检测

11.4.1 泰勒级数

在第 3 章中已经给出,如果函数 $f(x)$ 在 x_0 的某一邻域 (x_0-R,x_0+R) 内具有直到 $n+1$ 阶的导数,则有泰勒公式

$$f(x)=f(x_0)+f'(x_0)(x-x_0)+\frac{f''(x_0)}{2!}(x-x_0)^2+\cdots+\frac{f^{(n)}(x_0)}{n!}(x-x_0)^n+R_n(x),$$

其中 $R_n(x)$ 为拉格朗日型余项,

$$R_n(x)=\frac{f^{(n+1)}(\xi)}{(n+1)!}(x-x_0)^{n+1}\quad(\xi\text{ 介于 }x\text{ 与 }x_0\text{ 之间}).$$

设 $f(x)$ 在所讨论的邻域内具有任意阶导数 $f'(x),f''(x),\cdots,f^{(n)}(x),\cdots$,且级数

$$f(x_0)+f'(x_0)(x-x_0)+\frac{f''(x_0)}{2!}(x-x_0)^2+\cdots+\frac{f^{(n)}(x_0)}{n!}(x-x_0)^n+\cdots$$

的前 $n+1$ 项和为 $s_{n+1}(x)$.如果在 x_0 的某一邻域 (x_0-R,x_0+R) 内 $\lim\limits_{n\to\infty}R_n(x)=0$,则由泰勒公式得

$$f(x)=s_{n+1}(x)+R_n(x),$$

所以

$$\lim_{n\to\infty}[f(x)-s_{n+1}(x)]=\lim_{n\to\infty}R_n(x)=0.$$

即

$$\lim_{n\to\infty}s_{n+1}(x)=f(x).$$

这表明级数

$$f(x_0)+f'(x_0)(x-x_0)+\frac{f''(x_0)}{2!}(x-x_0)^2+\cdots+\frac{f^{(n)}(x_0)}{n!}(x-x_0)^n+\cdots$$

收敛于 $f(x)$.

反之,若级数 $\sum\limits_{n=0}^{\infty}\frac{f^{(n)}(x_0)(x-x_0)^n}{n!}$ 在 x_0 的某一邻域 (x_0-R,x_0+R) 内收敛于 $f(x)$,即

$$\lim_{n\to\infty}s_{n+1}(x)=f(x),$$

则有

$$\lim_{n\to\infty}R_n(x)=\lim_{n\to\infty}[f(x)-s_{n+1}(x)]=f(x)-f(x)=0.$$

于是我们得到如下结论:

定理 函数 $f(x)$ 的泰勒级数

$$f(x_0)+f'(x_0)(x-x_0)+\frac{f''(x_0)}{2!}(x-x_0)^2+\cdots+\frac{f^{(n)}(x_0)}{n!}(x-x_0)^n+\cdots$$

在包含 x_0 的某区间 I 内收敛于 $f(x)$ 的充分必要条件是 $f(x)$ 的泰勒公式中的余项 $R_n(x)$ 满足

$$\lim_{n\to\infty}R_n(x)=0,\quad\forall x\in I.$$

由此可见,包含 x_0 的某区间 I 内,如果 $\lim\limits_{n\to\infty}R_n(x)=0$,则

$$f(x)=f(x_0)+f'(x_0)(x-x_0)+\frac{f''(x_0)}{2!}(x-x_0)^2+\cdots+\frac{f^{(n)}(x_0)}{n!}(x-x_0)^n+\cdots,\quad \forall x\in I.$$

这时我们说函数 $f(x)$ 在邻域 (x_0-R,x_0+R) 内可以展开成关于 $(x-x_0)$ 的泰勒级数.

当 $x_0=0$ 时,泰勒展开式成为下列重要的形式

$$f(x)=f(0)+f'(0)x+\frac{f''(0)}{2!}x^2+\cdots+\frac{f^{(n)}(0)}{n!}x^n+\cdots,$$

上面的级数叫做函数 $f(x)$ 关于 x 的**麦克劳林级数**.

将函数展开成泰勒级数就是用幂级数表示函数,现在我们证明这种展开式是唯一的,即有如下结论:

如果函数 $f(x)$ 能表达为 x 的幂级数,即

$$f(x)=a_0+a_1x+a_2x^2+\cdots+a_nx^n+\cdots,$$

那么这个幂级数与函数 $f(x)$ 的麦克劳林级数是一致的,即由 $f(x)$ 唯一确定,必然有

$$a_n=\frac{f^{(n)}(0)}{n!}\quad(n=0,1,2,\cdots).$$

事实上,因为幂级数在其收敛区间内可以逐项求导,所以

$$f'(x)=a_1+2a_2x+3a_3x^2+\cdots+na_nx^{n-1}+\cdots,$$

$$f''(x)=2!a_2+3\cdot 2a_3x+\cdots+n(n-1)a_nx^{n-2}+\cdots,$$

$$f'''(x)=3!a_3+\cdots+n(n-1)(n-2)a_nx^{n-3}+\cdots,$$

$$\cdots$$

$$f^{(n)}(x)=n!a_n+(n+1)n(n-1)\cdots 2a_{n+1}x+\cdots.$$

把 $x=0$ 代入以上各式,得

$$a_0=f(0),\quad a_1=\frac{f'(0)}{1!},\quad \cdots,\quad a_n=\frac{f^{(n)}(0)}{n!},\cdots.$$

这就是所要证明的.

11.4.2　函数展开成幂级数

要把函数 $f(x)$ 展开成 x 的幂级数,可以按照下列步骤进行:

第一步　求出 $f(x)$ 在 $x=x_0$ 处的各阶导数,如果在 $x=x_0$ 处某阶导数不存在,就停止进行,表明该函数不能展开成 $x-x_0$ 的幂级数;

第二步　写出幂级数 $\sum\limits_{n=0}^{\infty}\dfrac{f^{(n)}(x_0)(x-x_0)^n}{n!}$,并求出其收敛半径 R;

第三步　检验当 $x\in(x_0-R,x_0+R)$ 时,

$$\lim_{n\to\infty}R_n(x)=\lim_{n\to\infty}\frac{f^{(n+1)}(\xi)}{(n+1)!}(x-x_0)^{n+1}=0$$

是否成立,如果 $\lim\limits_{n\to\infty}R_n(x)=0$,则得到展开式

$$f(x)=f(x_0)+f'(x_0)(x-x_0)+\frac{f''(x_0)}{2!}(x-x_0)^2+\cdots+\frac{f^{(n)}(x_0)}{n!}(x-x_0)^n+\cdots,\quad x\in(x_0-R,x_0+R).$$

例 1 展开 $f(x)=\mathrm{e}^x$ 为 x 的幂级数.

解 先求 $f(x)=\mathrm{e}^x$ 的各阶导数,$f^{(n)}(x)=\mathrm{e}^x,n=1,2,\cdots$,于是

$$f(0)=1,f'(0)=1,\cdots,f^{(n)}(0)=1,\cdots,$$

所以 $f(x)=\mathrm{e}^x$ 的泰勒级数为

$$1+x+\frac{x^2}{2!}+\frac{x^3}{3!}+\cdots+\frac{x^n}{n!}+\cdots,$$

此级数的收敛半径为 $R=+\infty$.

对任意的 $x\in(-\infty,+\infty)$,考察余项 $R_n(x)$.

$$|R_n(x)|=\left|\frac{\mathrm{e}^{\xi}}{(n+1)!}x^{n+1}\right|\leqslant \mathrm{e}^{|x|}\frac{|x|^{n+1}}{(n+1)!}\quad(\xi\text{ 介于 }0\text{ 与 }x\text{ 之间}).$$

用比值判别法可知,对任意 x,级数 $\sum\limits_{n=0}^{\infty}\frac{|x|^n}{n!}$ 收敛,所以当 $n\to\infty$ 时,它的一般项 $\frac{|x|^n}{n!}\to 0$,从而当 $n\to\infty$ 时,有

$$|R_n(x)|\leqslant \mathrm{e}^{|x|}\frac{|x|^{n+1}}{(n+1)!}\to 0,\quad \forall x\in(-\infty,+\infty),$$

由此,有

$$\mathrm{e}^x=1+x+\frac{x^2}{2!}+\frac{x^3}{3!}+\cdots+\frac{x^n}{n!}+\cdots,\quad x\in(-\infty,+\infty).$$

例 2 展开 $f(x)=\sin x$ 为 x 的幂级数.

解 因为 $f^{(n)}(x)=\sin\left(x+\frac{n\pi}{2}\right)(n=1,2,\cdots)$,于是

$$f(0)=0,f^{(n)}(0)=\sin\frac{n\pi}{2}\quad(n=1,2,\cdots),$$

所以 $\sin x$ 的泰勒级数是

$$x-\frac{x^3}{3!}+\frac{x^5}{5!}-\frac{x^7}{7!}+\cdots.$$

这个幂级数的收敛半径为 $R=+\infty$,对任意实数 x,考察余项 $R_n(x)$.

因为

$$|R_n(x)|=\left|\sin\left[\xi+(n+1)\frac{\pi}{2}\right]\right|\frac{|x|^{n+1}}{(n+1)!}\leqslant\frac{|x|^{n+1}}{(n+1)!}\to 0\quad(\xi\text{ 在 }0\text{ 与 }x\text{ 之间}),$$

所以

$$\sin x=x-\frac{x^3}{3!}+\frac{x^5}{5!}+\cdots+\frac{(-1)^n x^{2n+1}}{(2n+1)!}+\cdots\quad(-\infty<x<+\infty).$$

例 3 展开函数 $f(x)=(1+x)^m$ 为 x 的幂级数，其中 m 为任意实数.

解

$$f'(x)=m(1+x)^{m-1},$$
$$f''(x)=m(m-1)(1+x)^{m-2},$$
$$f'''(x)=m(m-1)(m-2)(1+x)^{m-3},$$
$$\cdots$$
$$f^{(n)}(x)=m(m-1)\cdots(m-n+1)(1+x)^{m-n},$$
$$\cdots$$

于是

$$f(0)=1,f'(0)=m,f''(0)=m(m-1),\cdots,f^{(n)}(0)=m(m-1)\cdots(m-n+1),\cdots,$$

所以 $(1+x)^m$ 的泰勒级数是

$$1+mx+\frac{m(m-1)}{2!}x^2+\cdots+\frac{m(m-1)\cdots(m-n+1)}{n!}x^n+\cdots,$$

它的收敛半径是 1.这是因为

$$\lim_{n\to\infty}\left|\frac{a_{n+1}}{a_n}\right|=\lim_{n\to\infty}\left|\frac{\dfrac{m(m-1)\cdots(m-n)}{(n+1)!}}{\dfrac{m(m-1)\cdots(m-n+1)}{n!}}\right|=\lim_{n\to\infty}\left|\frac{m-n}{n+1}\right|=1.$$

可以证明在 $(-1,1)$ 上 $(1+x)^m$ 的泰勒级数收敛于 $(1+x)^m$（证明略去）.于是得到展式

$$(1+x)^m=1+mx+\frac{m(m-1)}{2!}x^2+\cdots+\frac{m(m-1)\cdots(m-n+1)}{n!}x^n+\cdots\quad(-1<x<1).$$

这个展开式叫做牛顿二项式.注意，当 m 是正整数 n 时，展开式只有有限项，其中一些是我们熟悉的：

$$(1+x)^2=1+2x+\frac{2\times1}{2!}x^2=1+2x+x^2,$$
$$(1+x)^3=1+3x+\frac{3\times2}{2!}x^2+\frac{3\times2\times1}{3!}x^3=1+3x+3x^2+x^3,$$
$$\cdots$$
$$(1+x)^n=1+nx+\frac{n(n-1)}{2!}x^2+\cdots+\frac{n(n-1)\cdots2\times1}{n!}x^n.$$

按上面步骤求函数幂级数展开式的方法称为直接展开法，一般计算量较大，而且研究余项即使对初等函数也不是一件容易的事.当已经有了一些基本的展开式以后，我们可以利用变量代换以及幂级数的运算，如四则运算、逐项求导、逐项积分等，将所给函数展开成幂级数，这样不但计算简单，而且常常可以避免直接研究余项，这种展开法称为间接展开法.根据函数展开成幂级数的唯一性可知，间接展开法与直接展开法所得的结果必然是一致的.

例 4 展开 $\cos x$ 为 x 的幂级数.

解 将例 2 中的 $\sin x$ 的展开式逐项微分，立刻得到

$$\cos x=1-\frac{x^2}{2!}+\frac{x^4}{4!}+\cdots+\frac{(-1)^n x^{2n}}{(2n)!}+\cdots\quad(-\infty<x<+\infty).$$

例5 展开 $\ln(1+x)$ 为 x 的幂级数.

解 因为

$$\frac{1}{1+x}=1-x+x^2-x^3+\cdots+(-1)^n x^n+\cdots \quad (-1<x<1),$$

所以逐项积分立刻得到

$$\ln(1+x)=x-\frac{x^2}{2}+\frac{x^3}{3}+\cdots+\frac{(-1)^n x^{n+1}}{n+1}+\cdots.$$

由于 $\ln(1+x)$ 在 $x=1$ 处连续,上式右端的级数在 $x=1$ 收处敛,因此有

$$\ln 2=1-\frac{1}{2}+\frac{1}{3}-\frac{1}{4}+\cdots+(-1)^{n+1}\frac{1}{n}+\cdots.$$

#**例6** 将函数 $f(x)=\dfrac{x}{2+x-x^2}$ 展成 x 的幂级数.

解 $f(x)=\dfrac{x}{2+x-x^2}=\dfrac{x}{(2-x)(1+x)}=\dfrac{A}{2-x}+\dfrac{B}{1+x}$,比较两边系数可得 $A=\dfrac{2}{3}$,$B=-\dfrac{1}{3}$,即

$$f(x)=\frac{1}{3}\left(\frac{2}{2-x}-\frac{1}{1+x}\right)=\frac{1}{3}\left(\frac{1}{1-\frac{x}{2}}-\frac{1}{1+x}\right).$$

而

$$\frac{1}{1+x}=\sum_{n=0}^{\infty}(-1)^n x^n, x\in(-1,1);\frac{1}{1-\frac{x}{2}}=\sum_{n=0}^{\infty}\left(\frac{x}{2}\right)^n,\quad x\in(-2,2),$$

故

$$f(x)=\frac{1}{3}\sum_{n=0}^{\infty}\left[(-1)^{n+1}+\frac{1}{2^n}\right]x^n,\quad x\in(-1,1).$$

应该记住下面的常用函数的幂级数展开公式.

(1) $\dfrac{1}{1-u}=1+u+u^2+\cdots+u^n+\cdots=\sum\limits_{n=0}^{\infty}u^n,\quad u\in(-1,1)$;

(2) $\dfrac{1}{1+u}=1-u+u^2-\cdots+(-1)^n u^n+\cdots=\sum\limits_{n=0}^{\infty}(-1)^n u^n,\quad u\in(-1,1)$;

(3) $\mathrm{e}^u=1+u+\dfrac{1}{2!}u^2+\cdots+\dfrac{1}{n!}u^n+\cdots=\sum\limits_{n=0}^{\infty}\dfrac{1}{n!}u^n,\quad u\in(-\infty,+\infty)$;

(4) $\sin u=u-\dfrac{u^3}{3!}+\cdots+(-1)^n\dfrac{u^{2n+1}}{(2n+1)!}+\cdots=\sum\limits_{n=0}^{\infty}\dfrac{(-1)^n u^{2n+1}}{(2n+1)!},\quad u\in(-\infty,+\infty)$;

(5) $\cos u=1-\dfrac{u^2}{2!}+\cdots+(-1)^n\dfrac{u^{2n}}{(2n)!}+\cdots=\sum\limits_{n=0}^{\infty}\dfrac{(-1)^n u^{2n}}{(2n)!},\quad u\in(-\infty,+\infty)$;

(6) $\ln(1+u)=u-\dfrac{u^2}{2}+\dfrac{u^3}{3}-\cdots+(-1)^n\dfrac{u^{n+1}}{n+1}+\cdots=\sum\limits_{n=0}^{\infty}\dfrac{(-1)^n u^{n+1}}{n+1},\quad u\in(-1,1]$;

(7) $(1+u)^{\alpha}=1+\alpha u+\dfrac{\alpha(\alpha-1)}{2!}u^{2}+\cdots+\dfrac{\alpha(\alpha-1)\cdots(\alpha-n+1)}{n!}u^{n}+\cdots,\quad u\in(-1,1).$

例 7 将函数 $f(x)=\dfrac{1}{x^{2}+3x+2}$ 展开成 $(x+4)$ 的幂级数.

解

$$f(x)=\frac{1}{x+1}-\frac{1}{x+2},$$

$$\frac{1}{1+x}=\frac{1}{-3+(x+4)}=-\frac{1}{3}\frac{1}{1-\frac{x+4}{3}}=-\frac{1}{3}\sum_{n=0}^{\infty}\left(\frac{x+4}{3}\right)^{n},$$

其中 $\left|\dfrac{x+4}{3}\right|<1$，即 $|x+4|<3$；

$$\frac{1}{2+x}=\frac{1}{-2+(x+4)}=-\frac{1}{2}\frac{1}{1-\frac{x+4}{2}}=-\frac{1}{2}\sum_{n=0}^{\infty}\left(\frac{x+4}{2}\right)^{n},$$

其中 $\left|\dfrac{x+4}{2}\right|<1$，即 $|x+4|<2$；

所以

$$\begin{aligned}f(x)=\frac{1}{x^{2}+3x+2}&=-\frac{1}{3}\sum_{n=0}^{\infty}\left(\frac{x+4}{3}\right)^{n}+\frac{1}{2}\sum_{n=0}^{\infty}\left(\frac{x+4}{2}\right)^{n}\\&=\sum_{n=0}^{\infty}\left(-\frac{1}{3^{n+1}}+\frac{1}{2^{n+1}}\right)(x+4)^{n}\quad(|x+4|<2).\end{aligned}$$

[#]**例 8** 将函数 $\sin x$ 展开成 $\left(x-\dfrac{\pi}{4}\right)$ 的幂级数.

解 因为

$$\begin{aligned}\sin x=\sin\left[\frac{\pi}{4}+\left(x-\frac{\pi}{4}\right)\right]&=\sin\frac{\pi}{4}\cos\left(x-\frac{\pi}{4}\right)+\cos\frac{\pi}{4}\sin\left(x-\frac{\pi}{4}\right)\\&=\frac{1}{\sqrt{2}}\left[\cos\left(x-\frac{\pi}{4}\right)+\sin\left(x-\frac{\pi}{4}\right)\right],\end{aligned}$$

而

$$\cos\left(x-\frac{\pi}{4}\right)=1-\frac{\left(x-\frac{\pi}{4}\right)^{2}}{2!}+\frac{\left(x-\frac{\pi}{4}\right)^{4}}{4!}-\cdots\quad(-\infty<x<+\infty),$$

$$\sin\left(x-\frac{\pi}{4}\right)=\left(x-\frac{\pi}{4}\right)-\frac{\left(x-\frac{\pi}{4}\right)^{3}}{3!}+\frac{\left(x-\frac{\pi}{4}\right)^{5}}{5!}-\cdots\quad(-\infty<x<+\infty),$$

所以

$$\sin x=\frac{1}{\sqrt{2}}\left[1+\left(x-\frac{\pi}{4}\right)-\frac{\left(x-\frac{\pi}{4}\right)^{2}}{2!}-\frac{\left(x-\frac{\pi}{4}\right)^{3}}{3!}+\cdots\right]\quad(-\infty<x<+\infty).$$

微课
11.4 节例 9

例 9　将函数 $f(x)=\arctan\frac{1-2x}{1+2x}$ 展开成 x 的幂级数，并求级数 $\sum_{n=0}^{\infty}\frac{(-1)^n}{2n+1}$ 的和.

解　我们用间接展开法，先求导，再利用函数 $\frac{1}{1-x}$ 的幂级数展开

$$\frac{1}{1-x}=1+x+x^2+\cdots+x^n+\cdots$$

即可，然后取 x 为某特殊值，得所求数项级数的和.

因为

$$f'(x)=-\frac{2}{1+4x^2}=-2\sum_{n=0}^{\infty}(-1)^n4^nx^{2n},\quad x\in\left(-\frac{1}{2},\frac{1}{2}\right),$$

又 $f(0)=\frac{\pi}{4}$，所以

$$\begin{aligned}f(x)&=f(0)+\int_0^x f'(t)\,\mathrm{d}t=\frac{\pi}{4}-2\int_0^x\left[\sum_{n=0}^{\infty}(-1)^n4^nt^{2n}\right]\mathrm{d}t\\&=\frac{\pi}{4}-2\sum_{n=0}^{\infty}\frac{(-1)^n4^n}{2n+1}x^{2n+1},\quad x\in\left(-\frac{1}{2},\frac{1}{2}\right).\end{aligned}$$

因为级数 $\sum_{n=0}^{\infty}\frac{(-1)^n}{2n+1}$ 收敛，函数 $f(x)$ 在 $x=\frac{1}{2}$ 处连续，所以

$$f(x)=\frac{\pi}{4}-2\sum_{n=0}^{\infty}\frac{(-1)^n4^n}{2n+1}x^{2n+1},\quad x\in\left(-\frac{1}{2},\frac{1}{2}\right].$$

令 $x=\frac{1}{2}$，得

$$f\left(\frac{1}{2}\right)=\frac{\pi}{4}-2\sum_{n=0}^{\infty}\left[\frac{(-1)^n4^n}{2n+1}\frac{1}{2^{2n+1}}\right]=\frac{\pi}{4}-\sum_{n=0}^{\infty}\frac{(-1)^n}{2n+1},$$

再由 $f\left(\frac{1}{2}\right)=0$，得

$$\sum_{n=0}^{\infty}\frac{(-1)^n}{2n+1}=\frac{\pi}{4}-f\left(\frac{1}{2}\right)=\frac{\pi}{4}.$$

11.4.3　函数幂级数展开式的应用

有了函数的幂级数展开式，就可以用它来进行近似计算，即在展开式有效的区间上，函数值可以近似地利用该级数按精度要求计算出来.

1. 近似计算

#例 10　利用麦克劳林级数计算 $\dfrac{1+\frac{\pi^4}{5!}+\frac{\pi^8}{9!}+\frac{\pi^{12}}{13!}+\cdots}{\frac{1}{3!}+\frac{\pi^4}{7!}+\frac{\pi^8}{11!}+\frac{\pi^{12}}{15!}+\cdots}$ 之值.

解　令原式$=\dfrac{p}{q}$，则 $\pi p-\pi^3 q=\sin\pi=0$，即 $p=\pi^2 q$，所以原式$=\dfrac{p}{q}=\pi^2$.

例 11　求 e 的近似值，要求误差不超过 0.000 1.

解　取 e^x的麦克劳林展开式

$$e^x=1+x+\frac{x^2}{2!}+\frac{x^3}{3!}+\cdots\quad(-\infty<x<+\infty),$$

得近似式

$$e^x\approx 1+x+\frac{x^2}{2!}+\frac{x^3}{3!}+\cdots+\frac{x^{n-1}}{(n-1)!}.$$

于是取 $x=1$ 时，

$$e\approx 1+1+\frac{1}{2!}+\frac{1}{3!}+\cdots+\frac{1}{(n-1)!},$$

误差为

$$\begin{aligned}|r_n|&=\frac{1}{n!}+\frac{1}{(n+1)!}+\frac{1}{(n+2)!}+\cdots\\&=\frac{1}{n!}\left[1+\frac{1}{n+1}+\frac{1}{(n+2)(n+1)}+\cdots\right]\\&<\frac{1}{n!}\left[1+\frac{1}{n+1}+\frac{1}{(n+1)^2}+\cdots\right]\quad(\text{放大为等比级数})\\&=\frac{1}{n!}\cdot\frac{1}{1-\frac{1}{n+1}}=\frac{n+1}{n\cdot n!}.\end{aligned}$$

由误差限要求 $|r_n|<0.000\,1$，凭观察和试算，当取 $n=8$ 时，有

$$\frac{9}{8\times 8!}<\frac{1}{8\times8\times7\times6\times4\times3}=\frac{1}{64\times24\times21}<\frac{1}{60\times20^2}<0.000\,1.$$

故取 $n=8$，计算近似值 $e\approx 1+1+\dfrac{1}{2!}+\dfrac{1}{3!}+\cdots+\dfrac{1}{7!}\approx 2.718\,25$.

微课
11.4 节例 12

例 12　计算积分 $\displaystyle\int_0^1\frac{\sin x}{x}dx$ 的近似值，精确到第四位小数.

解　当 $x=0$ 时，令$\dfrac{\sin x}{x}=1$，则$\dfrac{\sin x}{x}$的麦克劳林级数是

$$\frac{\sin x}{x}=1-\frac{x^2}{3!}+\frac{x^4}{5!}-\frac{x^6}{7!}+\cdots,$$

故

$$\int_0^1\frac{\sin x}{x}dx=1-\frac{1}{3\times3!}+\frac{1}{5\times5!}-\frac{1}{7\times7!}+\cdots,$$

这是一个交错级数，由于第四项$\dfrac{1}{7\times7!}<\dfrac{1}{10\,000}$，因此取前三项来计算积分的近似值，可精确到第四位小数，于是，

$$\int_0^1 \frac{\sin x}{x}\mathrm{d}x \approx 1-\frac{1}{3\times 3!}+\frac{1}{5\times 5!}\approx 0.946\ 1.$$

#例 13 计算 $\ln 2$ 的近似值，精确到 10^{-4}.

解 已知

$$\ln(1+x)=x-\frac{x^2}{2}+\frac{x^3}{3}-\frac{x^4}{4}+\cdots \quad (-1<x\leqslant 1),$$

$$\ln(1-x)=-x-\frac{x^2}{2}-\frac{x^3}{3}-\frac{x^4}{4}-\cdots \quad (-1\leqslant x<1),$$

故

$$\ln\frac{1+x}{1-x}=\ln(1+x)-\ln(1-x)=2\left(x+\frac{1}{3}x^3+\frac{1}{5}x^5+\cdots\right) \quad (-1<x<1).$$

令 $\frac{1+x}{1-x}=2$ 得 $x=\frac{1}{3}$，于是有

$$\ln 2=2\left(\frac{1}{3}+\frac{1}{3}\times\frac{1}{3^3}+\frac{1}{5}\times\frac{1}{3^5}+\frac{1}{7}\times\frac{1}{3^7}+\cdots\right).$$

在上述展开式中取前四项，

$$|r_4|=2\left(\frac{1}{9}\times\frac{1}{3^9}+\frac{1}{11}\times\frac{1}{3^{11}}+\frac{1}{13}\times\frac{1}{3^{13}}+\cdots\right)<\frac{2}{3^{11}}\left[1+\frac{1}{9}+\left(\frac{1}{9}\right)^2+\cdots\right]$$

$$=\frac{2}{3^{11}}\times\frac{1}{1-\frac{1}{9}}=\frac{1}{4\times 3^9}=\frac{1}{78\ 732}<0.2\times 10^{-4}.$$

得

$$\ln 2\approx 2\left(\frac{1}{3}+\frac{1}{3}\times\frac{1}{3^3}+\frac{1}{5}\times\frac{1}{3^5}+\frac{1}{7}\times\frac{1}{3^7}\right)\approx 0.693\ 1.$$

说明 在展开式 $\ln\frac{1+x}{1-x}=2\left(x+\frac{1}{3}x^3+\frac{1}{5}x^5+\cdots\right)$ 中，令 $x=\frac{1}{2n+1}$（n 为自然数），得

$$\ln\frac{n+1}{n}=2\left[\frac{1}{2n+1}+\frac{1}{3}\left(\frac{1}{2n+1}\right)^3+\frac{1}{5}\left(\frac{1}{2n+1}\right)^5+\cdots\right].$$

据此递推公式可求出任意正整数的对数．如

$$\ln 5=2\ln 2+2\left[\frac{1}{9}+\frac{1}{3}\left(\frac{1}{9}\right)^3+\frac{1}{5}\left(\frac{1}{9}\right)^5+\cdots\right]\approx 1.609\ 4.$$

2. 欧拉公式

称下列级数

$$(u_1+\mathrm{i}v_1)+(u_2+\mathrm{i}v_2)+\cdots+(u_n+\mathrm{i}v_n)+\cdots$$

为复数项级数，其中 $u_n, v_n (n=1,2,3,\cdots)$ 为实常数或实函数，i 为虚数单位.

我们不加证明地指出 $\mathrm{e}^x=1+x+\frac{x^2}{2!}+\frac{x^3}{3!}+\cdots(-\infty<x<+\infty)$ 可以推广到复数的情形，用 $z=x+\mathrm{i}y$ 去替换上式中的 x，便得复数项级数

$$e^z=1+z+\frac{1}{2!}z^2+\cdots+\frac{1}{n!}z^n+\cdots\quad(|z|<\infty).$$

当 $x=0$,z 为纯虚数 $\mathrm{i}y$ 时,有

$$\begin{aligned}e^{\mathrm{i}y}&=1+(\mathrm{i}y)+\frac{1}{2!}(\mathrm{i}y)^2+\cdots+\frac{1}{n!}(\mathrm{i}y)^n+\cdots\\&=1+\mathrm{i}y-\frac{1}{2!}y^2-\mathrm{i}\frac{1}{3!}y^3+\frac{1}{4!}y^4+\mathrm{i}\frac{1}{5!}y^5-\cdots\\&=\left(1-\frac{1}{2!}y^2+\frac{1}{4!}y^4-\cdots\right)+\mathrm{i}\left(y-\frac{1}{3!}y^3+\frac{1}{5!}y^5-\cdots\right)\\&=\cos y+\mathrm{i}\sin y,\end{aligned}$$

所以

$$e^{\mathrm{i}x}=\cos x+\mathrm{i}\sin x.$$

这就是欧拉公式,我们在二阶常系数线性微分方程解的讨论中用到过.

在上式中把 x 换成 $-x$,得

$$e^{-\mathrm{i}x}=\cos x-\mathrm{i}\sin x.$$

两式相加、相减得

$$\begin{cases}\cos x=\dfrac{e^{\mathrm{i}x}+e^{-\mathrm{i}x}}{2},\\[2mm]\sin x=\dfrac{e^{\mathrm{i}x}-e^{-\mathrm{i}x}}{2\mathrm{i}}.\end{cases}$$

这两个式子也称为欧拉公式,它用复指数函数表示了三角函数.

习题 11.4

A

1. 将下列函数展开成 x 的幂级数,并求展开式成立的区间:

(1) $f(x)=x^2e^{x^2}$;　　(2) $f(x)=\ln(a+x)\quad(a>0)$;

(3) $f(x)=\sin^2x$;　　(4) $f(x)=x\arcsin x+\sqrt{1-x^2}$.

2. 将函数 $f(x)=\ln\dfrac{x}{1+x}$展开成$(x-1)$的幂级数.

3. 求数项级数 $\displaystyle\sum_{n=0}^{\infty}(-1)^n\frac{n+1}{(2n+1)!}$ 的和.

4. 利用幂级数展开式计算下列各式的近似值(误差不超过 10^{-3}):

(1) $\sqrt{e}$;　　(2) $\displaystyle\int_0^{0.1}\frac{\ln(1+x)}{x}dx$.

B

1. 将下列函数展开成 x 的幂级数:

(1) $f(x)=a^x$;　　(2) $f(x)=\dfrac{2}{(1-x)^3}$;

(3) $f(x)=\ln(1+x-2x^2)$;　　(4) $f(x)=\arctan\dfrac{1+x}{1-x}$.

2. 将函数 $f(x)=\cos^2 x$ 展开成 $\left(x+\dfrac{\pi}{8}\right)$ 的幂级数.

3. 不具体写出幂级数的展开式,直接确定 $f(x)=\dfrac{1+2x}{3x+5}$ 展开成 x 的幂级数的收敛半径,并说明理由.

4. 求数项级数 $\sum\limits_{n=1}^{\infty}\dfrac{n^2}{n!}$ 的和.

5. 利用幂级数的展开式计算下列各式的近似值:

(1) $\sin 9°$(误差不超过 10^{-5});　　(2) $\int_0^1\dfrac{\sin x}{x}\mathrm{d}x$(误差不超过 10^{-4}).

6. 求幂级数 $\sum\limits_{n=1}^{\infty}(-1)^n\dfrac{x^{2n}}{2n}(|x|<1)$ 的和函数 $f(x)$ 及其极值.

7. 设 $f(x)=\begin{cases}\dfrac{1+x^2}{x}\arctan x, & x\neq 0,\\ 1, & x=0,\end{cases}$ 试将 $f(x)$ 展开成 x 的幂级数,并求级数 $\sum\limits_{n=1}^{\infty}\dfrac{(-1)^n}{1-4n^2}$ 的和.

8. 设 $I_n=\int_0^{\frac{\pi}{4}}\sin^n x\cos x\mathrm{d}x, n=0,1,2,\cdots$, 求 $\sum\limits_{n=0}^{\infty}I_n$.

11.5　傅里叶级数

11.5 预习检测

幂级数是函数项级数中最基本的一类,它的特点是各项形式最简单,在其收敛区间内绝对收敛,且在收敛区间内可逐项微分和积分.将函数展为幂级数无论在理论研究方面还是在应用方面都有着重大的意义.

一个函数的幂级数展开式只依赖函数在展开点 x_0 处的各阶导数,这是泰勒级数的优点.但从另一方面看,因为求任意阶导数并不容易,而且许多函数难以满足这样强的光滑性条件,这又是它的缺点.

在实践中,有大量的问题涉及的函数是周期函数,而且其光滑性往往较差,需要对其用较简单但是充分光滑的周期函数进行分解表达,解决这类问题的理论就是傅里叶级数分析法.

傅里叶级数最初应用在天文学中,这是由于太阳系的行星运动是周期性的,欧拉于 1729 年研究行星问题时就得出了这方面的一些结果,到 1829 年狄利克雷第一次给出了傅里叶级数收敛的充分条件.

11.5.1　三角级数及三角函数系的正交性

正弦函数是一种常见而简单的函数,例如描述简谐振动的函数 $y=A\sin(\omega t+\varphi)$ 就是一个以 $\dfrac{2\pi}{\omega}$ 为周期的正弦函数,其中 y 表示动点的位置,t 表示时间,A 为振幅,ω 为角频率,φ 为初相.

在实际问题中,除了正弦函数外,还会遇到非正弦函数,它们反映了较复杂的周期运动.

例如电气工程师常用矩形波作为开关电路中电子流动的模型,函数

$$f(t)=\begin{cases}0, & t\in((2k-1)\pi,2k\pi),\\ 1, & t\in[2k\pi,(2k+1)\pi],\end{cases}\quad k\in\mathbf{Z}$$

是周期函数(图 11-5),但是在很多点处不可导,甚至不连续.

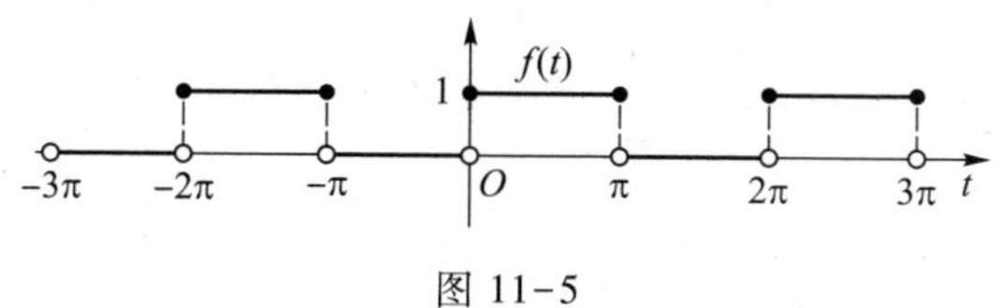

图 11-5

一般地,我们希望将周期为 $T\left(=\dfrac{2\pi}{\omega}\right)$ 的周期函数用一系列以 T 为周期的正弦函数 $A_n\sin(n\omega t+\varphi_n)$ 组成的级数来表示,记为

$$f(t)=A_0+\sum_{n=1}^{\infty}A_n\sin(n\omega t+\varphi_n),\tag{11-1}$$

其中 $A_0,A_n,\varphi_n(n=1,2,3,\cdots)$ 都是常数.

将周期函数按上述方式展开,它的物理意义是很明显的,就是把一个比较复杂的周期运动看成许多简单的周期运动的叠加,为了以后讨论方便起见,使得表达式更为对称,我们将正弦函数按三角公式变形得

$$A_n\sin(n\omega t+\varphi_n)=A_n\sin\varphi_n\cos n\omega t+A_n\cos\varphi_n\sin n\omega t,$$

并令 $\dfrac{a_0}{2}=A_0,a_n=A_n\sin\varphi_n,b_n=A_n\cos\varphi_n,\omega t=x$,则式(11-1)右端的级数就可以写成

$$\frac{a_0}{2}+\sum_{n=1}^{\infty}(a_n\cos nx+b_n\sin nx).\tag{11-2}$$

一般地,形如式(11-2)的级数叫**三角级数**,其中 $a_0,a_n,b_n(n=1,2,3,\cdots)$ 都是常数.如同讨论幂级数一样,我们必须讨论三角级数(11-2)的收敛问题,以及给定周期为 2π 的周期函数如何把它展开成三角级数(11-2),为此,我们首先介绍三角函数系的正交性.

所谓三角函数系

$$1,\cos x,\sin x,\cos 2x,\sin 2x,\cdots,\cos nx,\sin nx,\cdots\tag{11-3}$$

在区间 $[-\pi,\pi]$ 上正交,是指在三角函数系(11-3)中任何不同的两个函数的乘积在区间 $[-\pi,\pi]$ 上的积分等于零,即

$$\int_{-\pi}^{\pi}1\cdot\cos nx\mathrm{d}x=0\quad(n=1,2,3,\cdots).$$

$$\int_{-\pi}^{\pi}1\cdot\sin nx\mathrm{d}x=0\quad(n=1,2,3,\cdots).$$

$$\int_{-\pi}^{\pi}\sin kx\cos nx\mathrm{d}x=0\quad(k,n=1,2,3,\cdots).$$

$$\int_{-\pi}^{\pi}\cos kx\cos nx\mathrm{d}x=0\quad(k,n=1,2,3,\cdots,k\neq n).$$

$$\int_{-\pi}^{\pi}\sin kx\ \sin nx\mathrm{d}x=0\quad(k,n=1,2,3,\cdots,k\neq n).$$

以上等式都可以通过计算定积分来验证.例如,利用“积化和差”公式

$$\sin\alpha x\ \cos\beta x=\frac{1}{2}[\sin(\alpha+\beta)x+\sin(\alpha-\beta)x],$$

$$\sin\alpha x\ \sin\beta x=-\frac{1}{2}[\cos(\alpha+\beta)x-\cos(\alpha-\beta)x],$$

$$\cos\alpha x\ \cos\beta x=\frac{1}{2}[\cos(\alpha+\beta)x+\cos(\alpha-\beta)x],$$

计算可得

$$\int_{-\pi}^{\pi}\cos kx\ \cos nx\mathrm{d}x=\int_{-\pi}^{\pi}\frac{\cos(n-k)x+\cos(n+k)x}{2}\mathrm{d}x=0\quad(k\neq n),$$

$$\int_{-\pi}^{\pi}\sin kx\ \sin nx\mathrm{d}x=\int_{-\pi}^{\pi}\frac{\cos(n-k)x-\cos(n+k)x}{2}\mathrm{d}x=0\quad(k\neq n),$$

$$\int_{-\pi}^{\pi}\sin kx\ \cos nx\mathrm{d}x=\int_{-\pi}^{\pi}\frac{\sin(n+k)x+\sin(n-k)x}{2}\mathrm{d}x=0,\quad(n,k=1,2,\cdots),$$

此外,在三角函数系(11-3)中,两个相同函数的乘积在区间上的积分不等于零,即

$$\int_{-\pi}^{\pi}1\cdot1\mathrm{d}x=2\pi,\int_{-\pi}^{\pi}\sin^2nx\mathrm{d}x=\int_{-\pi}^{\pi}\frac{1-\cos 2nx}{2}\mathrm{d}x=\pi\quad(n=1,2,\cdots),$$

$$\int_{-\pi}^{\pi}\cos^2nx\mathrm{d}x=\int_{-\pi}^{\pi}\frac{1+\cos 2nx}{2}\mathrm{d}x=\pi\quad(n=1,2,\cdots).$$

如果把函数$f(x)$看成由区间$[-\pi,\pi]$上满足一定条件的函数构成的向量空间$F[-\pi,\pi]$中的向量,向量的线性运算定义为函数的加法和数乘函数,定义向量的内积$(f,g)=\int_{-\pi}^{\pi}f(x)g(x)\mathrm{d}x$,读者可以验证,这个内积具有第7章7.3节数量积的性质,函数正交即空间$F[-\pi,\pi]$中的向量正交.

11.5.2 周期为 2π 的函数的傅里叶级数

设以2π为周期的函数$f(x)$可展为三角函数,即

$$f(x)=\frac{a_0}{2}+\sum_{k=1}^{\infty}(a_k\cos kx+b_k\sin kx),\tag{11-4}$$

我们假设上式可以逐项积分,计算展开式中的系数a_n和b_n.

先求a_0,对上式从$-\pi$到π逐项积分得

$$\int_{-\pi}^{\pi}f(x)\mathrm{d}x=\int_{-\pi}^{\pi}\frac{a_0}{2}\mathrm{d}x+\sum_{k=1}^{\infty}\left[a_k\int_{-\pi}^{\pi}\cos kx\mathrm{d}x+b_k\int_{-\pi}^{\pi}\sin kx\mathrm{d}x\right].$$

根据三角函数系(11-3)的正交性,等式右端除第一项外,其余都为零,所以

$$\int_{-\pi}^{\pi}f(x)\mathrm{d}x=\frac{a_0}{2}\cdot2\pi.$$

于是得
$$a_0=\frac{1}{\pi}\int_{-\pi}^{\pi}f(x)\,\mathrm{d}x.$$

其次求 a_n，用 $\cos nx$ 乘式(11-4)两端，再从 $-\pi$ 到 π 逐项积分，我们得到

$$\int_{-\pi}^{\pi}f(x)\cos nx\mathrm{d}x$$

$$=\frac{a_0}{2}\int_{-\pi}^{\pi}\cos nx\mathrm{d}x+\sum_{k=1}^{\infty}\left[a_k\int_{-\pi}^{\pi}\cos kx\cos nx\mathrm{d}x+b_k\int_{-\pi}^{\pi}\sin kx\cos nx\mathrm{d}x\right].$$

根据三角函数系(11-3)的正交性，等式右端除 $k=n$ 的一项处，其余各项均为零，所以

$$\int_{-\pi}^{\pi}f(x)\cos nx\mathrm{d}x=a_n\int_{-\pi}^{\pi}\cos^2 nx\mathrm{d}x=a_n\pi.$$

于是得
$$a_n=\frac{1}{\pi}\int_{-\pi}^{\pi}f(x)\cos nx\mathrm{d}x\quad(n=1,2,3,\cdots).$$

同理得
$$b_n=\frac{1}{\pi}\int_{-\pi}^{\pi}f(x)\sin nx\mathrm{d}x\quad(n=1,2,3,\cdots).$$

从而(11-2)中的系数计算公式为

$$\begin{cases}a_0=\dfrac{1}{\pi}\displaystyle\int_{-\pi}^{\pi}f(x)\,\mathrm{d}x,\\ a_n=\dfrac{1}{\pi}\displaystyle\int_{-\pi}^{\pi}f(x)\cos nx\mathrm{d}x\quad(n=1,2,\cdots),\\ b_n=\dfrac{1}{\pi}\displaystyle\int_{-\pi}^{\pi}f(x)\sin nx\mathrm{d}x\quad(n=1,2,\cdots).\end{cases}$$

如果上面各式的积分都存在，我们把这些 a_n,b_n 叫做函数 $f(x)$ 的**傅里叶系数**，将这些系数代入式(11-4)右端，所得的三角级数 $\dfrac{a_0}{2}+\sum\limits_{n=1}^{\infty}(a_n\cos nx+b_n\sin nx)$ 叫做 $f(x)$ 的**傅里叶级数**.

现在的问题是傅里叶级数 $\dfrac{a_0}{2}+\sum\limits_{n=1}^{\infty}(a_n\cos nx+b_n\sin nx)$ 是否收敛，若收敛，是否收敛于 $f(x)$.因此先将函数 $f(x)$ 与其傅里叶级数的关系记为

$$f(x)\sim\frac{a_0}{2}+\sum_{n=1}^{\infty}(a_n\cos nx+b_n\sin nx).$$

如果 $f(x)$ 的傅里叶级数收敛于 $f(x)$，就称函数 $f(x)$ 可展开成傅里叶级数.在收敛于 $f(x)$ 的点 x 的集合 E 上可写出等式

$$f(x)=\frac{a_0}{2}+\sum_{n=1}^{\infty}(a_n\cos nx+b_n\sin nx)\quad(x\in E).$$

此时我们称把函数 $f(x)$ 在集合 E 上展成了傅里叶级数.

在什么条件下，函数 $f(x)$ 可展成傅里叶级数，我们有下面的重要结论：

定理(狄利克雷(Dirichlet)收敛定理)　设$f(x)$是以2π为周期的周期函数.如果它满足条件

(ⅰ)在一个周期内连续或只有有限个第一类间断点;

(ⅱ)在一个周期内至多只有有限个极值点,

则$f(x)$的傅里叶级数收敛,并且

(ⅰ)当x是$f(x)$的连续点时,级数收敛于$f(x)$;

(ⅱ)当x是$f(x)$的间断点时,收敛于$\frac{1}{2}[f(x-0)+f(x+0)]$;

(ⅲ)当$x=\pm\pi$时,收敛于$\frac{1}{2}[f(-\pi+0)+f(\pi-0)]$.

注　定理是一个充分条件定理,实际能展成傅里叶级数的函数类比定理中描述的函数类大.比较函数的幂级数展开条件与傅里叶展开条件可见,后者对函数的要求弱得多.

例1　以2π为周期的矩形脉冲(图11-6)的波形为

$$u(t)=\begin{cases}E_m, & 0\leqslant t<\pi,\\ -E_m, & -\pi\leqslant t<0,\end{cases}$$

将其展开为傅里叶级数.

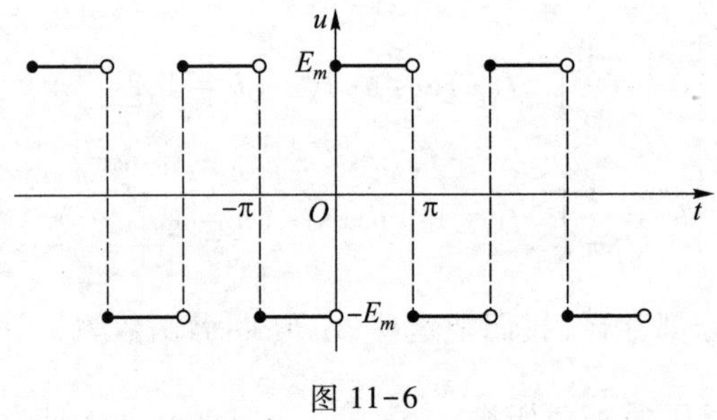

图11-6

解　所给函数满足狄利克雷充分条件,$u(t)$在点$t=k\pi(k=0,\pm1,\pm2,\cdots)$处不连续,傅里叶级数收敛于$\frac{-E_m+E_m}{2}=0$.

当$t\neq k\pi$时,收敛于$u(t)$.和函数图像见图11-7.

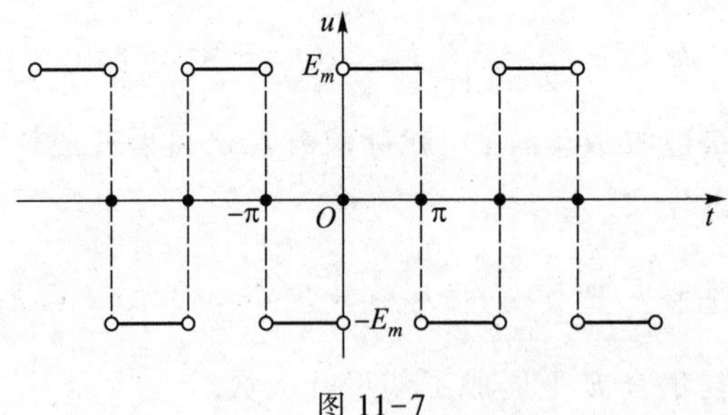

图11-7

$$a_n=\frac{1}{\pi}\int_{-\pi}^{\pi}u(t)\cos nt\mathrm{d}t$$

$$=\frac{1}{\pi}\int_{-\pi}^{0}(-E_m)\cos nt\mathrm{d}t+\frac{1}{\pi}\int_{0}^{\pi}E_m\cos nt\mathrm{d}t=0\quad(n=0,1,2,\cdots).$$

$$b_n=\frac{1}{\pi}\int_{-\pi}^{\pi}u(t)\sin nt\mathrm{d}t=\frac{1}{\pi}\int_{-\pi}^{0}(-E_m)\sin nt\mathrm{d}t+\frac{1}{\pi}\int_{0}^{\pi}E_m\sin nt\mathrm{d}t$$

$$=\frac{E_m}{\pi}\left[\frac{\cos nt}{n}\bigg|_{-\pi}^{0}-\frac{\cos nt}{n}\bigg|_{0}^{\pi}\right]=\frac{2E_m}{n\pi}(1-\cos n\pi)=\frac{2E_m}{n\pi}[1-(-1)^n]$$

$$=\begin{cases}\dfrac{4E_m}{n\pi}, & n=1,3,5,\cdots,2k-1,\cdots\quad(k=1,2,\cdots),\\ 0, & n=2,4,6,\cdots,2k,\cdots\quad(k=1,2,\cdots).\end{cases}$$

所求函数的傅里叶级数展开式为

$$u(t)=\sum_{n=1}^{\infty}\frac{4E_m}{(2n-1)\pi}\sin(2n-1)t$$

$$=\frac{4E_m}{\pi}\left[\sin t+\frac{\sin 3t}{3}+\frac{\sin 5t}{5}+\cdots+\frac{1}{2n-1}\sin(2n-1)t+\cdots\right]$$

$$(-\infty<t<+\infty;t\neq 0,\ \pm\pi,\ \pm 2\pi,\cdots).$$

傅里叶级数的和函数

$$s(t)=\begin{cases}u(t), & t\neq 0,\pm\pi,\pm 2\pi,\cdots,\\ 0, & t=0,\pm\pi,\pm 2\pi,\cdots.\end{cases}$$

例 2 设 $f(x)$ 的周期为 2π，已知 $f(x)=x^2(0\leqslant x<2\pi)$，求 $f(x)$ 的傅里叶级数，并证明

$$\sum_{n=1}^{\infty}\frac{1}{n^2}=\frac{\pi^2}{6},\ \sum_{n=1}^{\infty}\frac{(-1)^{n-1}}{n^2}=\frac{\pi^2}{12}.$$

解 先求 $f(x)$ 的傅里叶级数.注意对周期为 T 的周期函数 $f(x)$，

$$\int_{-\frac{T}{2}}^{\frac{T}{2}}f(x)\mathrm{d}x=\int_{a}^{a+T}f(x)\mathrm{d}x\quad(a\in\mathbf{R}).$$

因此

$$a_0=\frac{1}{\pi}\int_{0}^{2\pi}x^2\mathrm{d}x=\frac{8}{3}\pi^2,$$

$$a_n=\frac{1}{\pi}\int_{0}^{2\pi}x^2\cos nx\mathrm{d}x=\frac{4}{n^2}\quad(n=1,2,\cdots),$$

$$b_n=\frac{1}{\pi}\int_{0}^{2\pi}x^2\sin nx\mathrm{d}x=-\frac{4}{n}\pi\quad(n=1,2,\cdots),$$

从而有

$$\frac{4}{3}\pi^2+4\sum_{n=1}^{\infty}\frac{1}{n^2}\cos nx-4\pi\sum_{n=1}^{\infty}\frac{1}{n}\sin nx=\begin{cases}(x-2k\pi)^2, & 2k\pi<x<(2k+2)\pi,\\ 2\pi^2, & x=2k\pi,k=0,\ \pm 1,\ \pm 2,\cdots.\end{cases}$$

令 $x=0$，有

$$\frac{4}{3}\pi^2+4\sum_{n=1}^{\infty}\frac{1}{n^2}=2\pi^2,$$

$$\sum_{n=1}^{\infty}\frac{1}{n^2}=\frac{\pi^2}{6}.$$

令 $x=\pi$，有

$$\frac{4}{3}\pi^2+4\sum_{n=1}^{\infty}\frac{(-1)^n}{n^2}=\pi^2,$$

$$\sum_{n=1}^{\infty}\frac{(-1)^{n-1}}{n^2}=\frac{\pi^2}{12}.$$

设 $f(x)$ 定义在区间 $[-\pi,\pi]$ 上，且满足狄利克雷收敛定理的条件，也可将 $f(x)$ 展成傅里叶级数.

首先把 $f(x)$ 延拓成全数轴上的以 2π 为周期的函数 $F(x)$，如图 11-8 所示，即 $F(x)$ 是以 2π 为周期的周期函数，且在 $(-\pi,\pi]$ 或者 $[-\pi,\pi)$ 上 $F(x)=f(x)$，把 $F(x)$ 展成傅里叶级数.再把 x 限制在区间 $[-\pi,\pi]$ 上，则在 $f(x)$ 连续的点处，级数收敛于 $f(x)$.

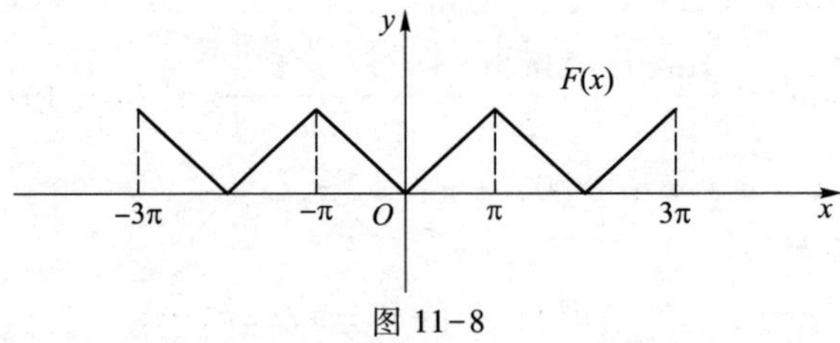

图 11-8

注　由于求傅里叶系数时只涉及函数在区间 $[-\pi,\pi]$ 上的值，而在该区间上（可能在端点处例外）$F(x)=f(x)$，在实际求展开式时，并不需要写出 $F(x)$ 的具体表达式.

例 3　把函数 $f(x)=|x|(-\pi\leqslant x\leqslant\pi)$ 展开成傅里叶级数.

解　把函数 $f(x)$ 以 2π 为周期进行延拓，如图 11-9 所示，

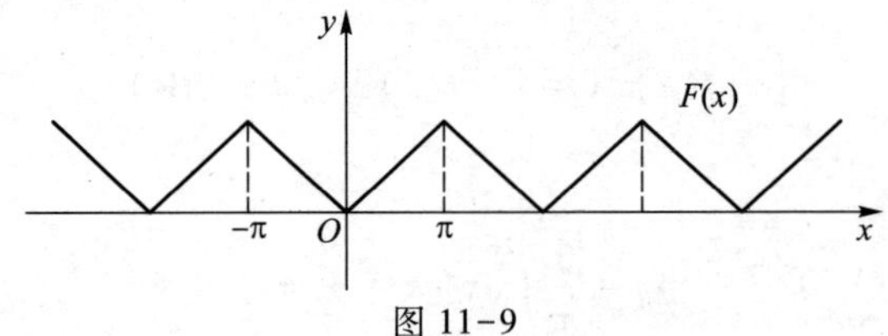

图 11-9

$$a_0=\frac{1}{\pi}\int_{-\pi}^{\pi}f(x)\,\mathrm{d}x=\frac{1}{\pi}\int_{-\pi}^{\pi}|x|\,\mathrm{d}x=\frac{2}{\pi}\int_0^{\pi}x\mathrm{d}x=\pi,$$

$$\begin{aligned}a_n&=\frac{1}{\pi}\int_{-\pi}^{\pi}f(x)\cos nx\mathrm{d}x=\frac{1}{\pi}\int_{-\pi}^{\pi}|x|\cos nx\mathrm{d}x=\frac{2}{\pi}\int_0^{\pi}x\cos nx\mathrm{d}x\\&=\frac{2}{\pi}\left[\frac{\sin nx}{n}x\Big|_0^{\pi}-\frac{1}{n}\int_0^{\pi}\sin nx\mathrm{d}x\right]=-\frac{2}{n\pi}\frac{-\cos nx}{n}\Big|_0^{\pi}\end{aligned}$$

$$=\frac{2}{n^2\pi}[(-1)^n-1]=\begin{cases}\dfrac{-4}{n^2\pi}, & n=1,3,5,\cdots,\\ 0, & n=2,4,6,\cdots,\end{cases}$$

$$b_n=\frac{1}{\pi}\int_{-\pi}^{\pi}f(x)\sin nx\mathrm{d}x=\frac{1}{\pi}\int_{-\pi}^{\pi}|x|\sin nx\mathrm{d}x=0,$$

因此,

$$\begin{aligned}|x|&=\frac{\pi}{2}+\sum_{n=1}^{\infty}\frac{2[(-1)^n-1]}{n^2\pi}\cos nx\\&=\frac{\pi}{2}-\frac{4}{\pi}\left(\cos x+\frac{1}{3^2}\cos 3x+\frac{1}{5^2}\cos 5x+\cdots\right)\\&=\frac{\pi}{2}-\frac{4}{\pi}\sum_{n=1}^{\infty}\frac{1}{(2n-1)^2}\cos(2n-1)x\quad(-\pi\leqslant x\leqslant\pi).\end{aligned}$$

和函数 $s(x)$ 如图 11-10 所示.

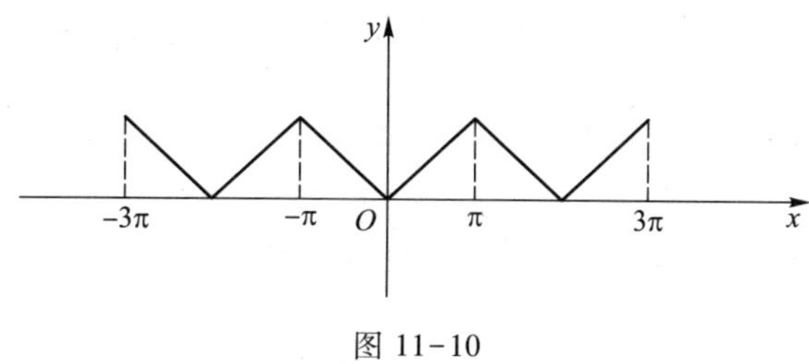

图 11-10

函数展为傅里叶级数的问题本来是由分解周期函数为谐波引出的,对定义在$[-\pi,\pi]$上的非周期函数$f(x)$,当它在$[-\pi,\pi]$上满足狄利克雷条件时,我们在理论上先把$f(x)$延拓成周期函数,延拓后的周期函数的傅里叶级数为

$$\frac{a_0}{2}+\sum_{n=1}^{\infty}(a_n\cos nx+b_n\sin nx),$$

其实在$(-\infty,+\infty)$上都收敛,其和函数 $s(x)$ 是$(-\infty,+\infty)$上的以 2π 为周期的函数.不过我们只关心$f(x)$在$[-\pi,\pi]$上的收敛情况,在$(-\pi,\pi)$内的连续点处,$s(x)=f(x)$.在端点$\pm\pi$处,如果延拓后的函数连续,则在端点处也有 $s(x)=f(x)$.于是

$$f(x)=\frac{a_0}{2}+\sum_{n=1}^{\infty}(a_n\cos nx+b_n\sin nx),\quad x\in E,$$

其中集合 $E=\{x\in[-\pi,\pi]\mid$ 延拓后的函数$f(x)$在 x 处连续$\}$.

11.5.3 周期为 $2l$ 的函数的傅里叶级数

对一般周期为 $2l$ 的周期函数$f(x)$,如果它满足狄利克雷收敛定理的条件,也可以写出它的傅里叶级数展开式.为此,我们作代换 $z=\dfrac{\pi x}{l}$,由$-l\leqslant x\leqslant l$,得$-\pi\leqslant z\leqslant\pi$,有 $f(x)=f\left(\dfrac{lz}{\pi}\right)=F(z)$,$F(z)$以 2π 为周期.设

$$F(z)\sim\frac{a_0}{2}+\sum_{n=1}^{\infty}(a_n\cos nz+b_n\sin nz),$$

其中 $a_n=\frac{1}{\pi}\int_{-\pi}^{\pi}F(z)\cos nz\mathrm{d}z,\quad b_n=\frac{1}{\pi}\int_{-\pi}^{\pi}F(z)\sin nz\mathrm{d}z.$

定积分作变量代换，$z=\frac{\pi x}{l},\quad F(z)=f(x)$，得

$$f(x)\sim\frac{a_0}{2}+\sum_{n=1}^{\infty}\left(a_n\cos\frac{n\pi}{l}x+b_n\sin\frac{n\pi}{l}x\right),$$

其中 $a_n=\frac{1}{l}\int_{-l}^{l}f(x)\cos\frac{n\pi}{l}x\mathrm{d}x,\quad b_n=\frac{1}{l}\int_{-l}^{l}f(x)\sin\frac{n\pi}{l}x\mathrm{d}x$，并且有

$$\frac{a_0}{2}+\sum_{n=1}^{\infty}\left(a_n\cos\frac{n\pi}{l}x+b_n\sin\frac{n\pi}{l}x\right)=\begin{cases}f(x), & x\text{ 是 }f(x)\text{ 的连续点},\\ \dfrac{f(x^-)+f(x^+)}{2}, & x\text{ 是 }f(x)\text{ 的间断点},\\ \dfrac{f(-l^+)+f(l^-)}{2}, & x=\pm l.\end{cases}$$

微课
11.5 节例 4

例 4 设 $f(x)$ 是周期为 4 的周期函数，它在 $[-2,2]$ 上的表达式为

$$f(x)=\begin{cases}0, & -2\leqslant x<0,\\ k, & 0\leqslant x<2,\end{cases}$$

将其展成傅里叶级数.

解 $l=2$，函数满足狄利克雷充分条件，计算傅里叶系数

$$a_0=\frac{1}{2}\int_{-2}^{0}0\mathrm{d}x+\frac{1}{2}\int_{0}^{2}k\mathrm{d}x=k,$$

$$\begin{aligned}a_n&=\frac{1}{2}\int_0^2k\cos\frac{n\pi}{2}x\mathrm{d}x=\frac{k}{2}\frac{2}{n\pi}\int_0^2\cos\frac{n\pi}{2}x\mathrm{d}\left(\frac{n\pi}{2}x\right)\\&=\frac{k}{2}\frac{2}{n\pi}\left(\sin\frac{n\pi}{2}x\right)\Big|_0^2=0\quad(n=1,2,\cdots),\end{aligned}$$

$$\begin{aligned}b_n&=\frac{1}{2}\int_0^2k\sin\frac{n\pi}{2}x\mathrm{d}x=\frac{k}{2}\frac{2}{n\pi}\left(-\cos\frac{n\pi}{2}x\right)\Big|_0^2=\frac{k}{n\pi}(1-\cos n\pi)\\&=\frac{k}{n\pi}[1-(-1)^n]=\begin{cases}\dfrac{2k}{n\pi}, & n=1,3,5,\cdots,\\ 0, & n=2,4,6,\cdots,\end{cases}\end{aligned}$$

所以

$$f(x)=\frac{k}{2}+\frac{2k}{\pi}\left(\sin\frac{\pi x}{2}+\frac{1}{3}\sin\frac{3\pi x}{2}+\frac{1}{5}\sin\frac{5\pi x}{2}+\cdots\right)$$

$$(-\infty<x<+\infty;x\neq0,\ \pm2,\ \pm4,\cdots).$$

其和函数 $s(x)$ 如图 11-11 所示.

特别地，当 $f(x)$ 为奇函数时，$f(x)=\sum_{n=1}^{\infty}b_n\sin\frac{n\pi x}{l}$，其中

$$b_n=\frac{2}{l}\int_0^l f(x)\sin\frac{n\pi x}{l}\mathrm{d}x\quad(n=1,2,\cdots);$$

当$f(x)$为偶函数时，$f(x)=\dfrac{a_0}{2}+\sum\limits_{n=1}^{\infty}a_n\cos\dfrac{n\pi x}{l}$，其中

$$a_n=\frac{2}{l}\int_0^l f(x)\cos\frac{n\pi x}{l}\mathrm{d}x\quad(n=1,2,\cdots).$$

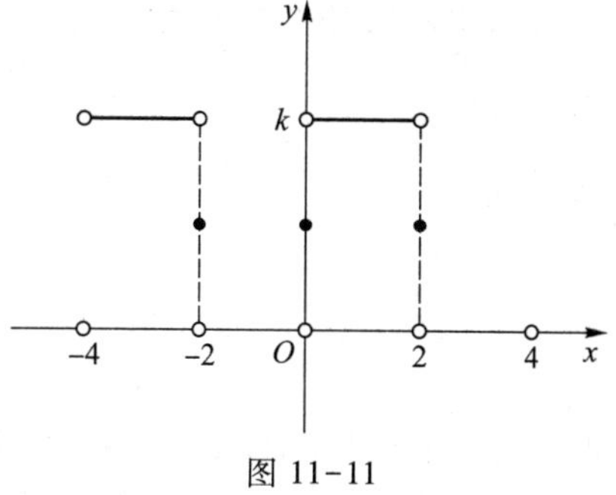

图 11-11

傅里叶级数理论，其实是在满足狄利克雷收敛性条件的函数构成的向量空间中，把一个向量用空间中的一组完备正交基底表示.正如三维向量中的任一向量可以用基底 $\boldsymbol{i},\boldsymbol{j},\boldsymbol{k}$ 表示一样.

由上述幂级数理论和函数项级数理论，虽然基本初等函数只有十几个，但是通过函数初等运算和无穷级数展开，我们可以用基本初等函数表达足够多的函数.

习题 11.5

A

1. 将下列周期函数$f(x)$展开成傅里叶级数，并写出傅里叶级数的和函数$s(x)$.设$f(x)$在一个周期上的表达式为

(1) $f(x)=3x^2+1(-\pi\leqslant x<\pi)$；　　(2) $f(x)=\begin{cases}0, & -l\leqslant x\leqslant 0,\\ x, & 0<x<l.\end{cases}$

2. 将函数$f(x)=\begin{cases}\pi H, & |x|\leqslant\dfrac{\pi}{2},\\ 0, & \dfrac{\pi}{2}<|x|\leqslant\pi\end{cases}$展开成以$2\pi$为周期的傅里叶级数.

3. 将函数$f(x)=\begin{cases}0, & -2\leqslant x\leqslant 0,\\ 1, & 0<x\leqslant 2\end{cases}$展开成傅里叶级数.

B

1. 设$f(x)$是周期为2π的周期函数，它在$[-\pi,\pi)$上的表达式为

$$f(x)=\begin{cases}bx, & -\pi\leqslant x<0,\\ ax, & 0\leqslant x<\pi,\end{cases}$$

a,b为常数且$a>b>0$.将$f(x)$展开成傅里叶级数，并写出傅里叶级数的和函数$s(x)$.

2. 将函数

$$f(x)=\begin{cases}-\dfrac{\pi}{2}, & -\pi\leqslant x<-\dfrac{\pi}{2},\\ x, & -\dfrac{\pi}{2}\leqslant x<\dfrac{\pi}{2},\\ \dfrac{\pi}{2}, & \dfrac{\pi}{2}\leqslant x\leqslant\pi\end{cases}$$

展开成以2π为周期的傅里叶级数.

3. 设以 1 为周期的周期函数 $f(x)$ 在 $\left[-\frac{1}{2},\frac{1}{2}\right)$ 上的表达式为 $f(x)=1-x^2\left(-\frac{1}{2}\leqslant x<\frac{1}{2}\right)$，将 $f(x)$ 展开成傅里叶级数.

4. 设

$$f(x)=\begin{cases}-x, & |x|\leqslant\frac{\pi}{2},\\ x, & \frac{\pi}{2}<|x|\leqslant\pi,\end{cases}$$

写出 $f(x)$ 以 2π 为周期的傅里叶级数的和函数 $s(x)$ 在 $[-\pi,\pi]$ 上的表达式.

5. 设周期为 2 的函数 $f(x)=\begin{cases}2, & -1<x\leqslant 0,\\ x^3, & 0<x\leqslant 1,\end{cases}$ 求 $f(x)$ 的傅里叶级数的和函数 $s(x)$ 在 $x=1$ 处的值.

6. 将函数 $f(x)=2+|x|\quad(-1\leqslant x\leqslant 1)$ 展开成以 2 为周期的傅里叶级数，并用之求级数 $\sum\limits_{n=1}^{\infty}\frac{1}{n^2}$ 的和.

11.6 预习检测

11.6　正弦级数和余弦级数

一般说来，一个函数的傅里叶级数既含有正弦项，又含有余弦项. 但是，也有一些函数的傅里叶级数只含有正弦项或者只含有常数项和余弦项.

当 $f(x)$ 是周期为 $2l$ 的奇函数时，$f(x)\cos\frac{n\pi}{l}x$ 是奇函数，$f(x)\sin\frac{n\pi}{l}x$ 是偶函数，故

$$f(x)\sim\sum_{n=1}^{\infty}b_n\sin\frac{n\pi x}{l},$$

其中

$$b_n=\frac{1}{l}\int_{-l}^{l}f(x)\sin\frac{n\pi x}{l}\mathrm{d}x=\frac{2}{l}\int_{0}^{l}f(x)\sin\frac{n\pi x}{l}\mathrm{d}x\quad(n=1,2,\cdots).$$

此时的傅里叶级数是只含有正弦项的正弦级数.

当 $f(x)$ 是周期为 $2l$ 的偶函数时，$f(x)\cos\frac{n\pi}{l}x$ 是偶函数，$f(x)\sin\frac{n\pi}{l}x$ 是奇函数，故

$$f(x)\sim\frac{a_0}{2}+\sum_{n=1}^{\infty}a_n\cos\frac{n\pi x}{l},$$

其中

$$a_n=\frac{2}{l}\int_{0}^{l}f(x)\cos\frac{n\pi x}{l}\mathrm{d}x\quad(n=0,1,2,\cdots).$$

此时的傅里叶级数是只含有常数项和余弦项的余弦级数.

例 1　设 $x^2=\sum\limits_{n=0}^{\infty}a_n\cos nx(-\pi\leqslant x\leqslant\pi)$，求 a_2.

解　将 $f(x)=x^2(-\pi\leqslant x\leqslant\pi)$ 展开为余弦级数

$$x^2=\sum_{n=0}^{\infty}a_n\cos nx(-\pi\leqslant x\leqslant\pi),$$

其系数计算公式为 $a_n=\dfrac{2}{\pi}\int_0^{\pi}f(x)\cos nx\mathrm{d}x$. 根据余弦级数的定义,有

$$\begin{aligned}a_2&=\frac{2}{\pi}\int_0^{\pi}x^2\cos 2x\mathrm{d}x=\frac{1}{\pi}\int_0^{\pi}x^2\mathrm{d}\sin 2x\\&=\frac{1}{\pi}\left[x^2\sin 2x\Big|_0^{\pi}-\int_0^{\pi}\sin 2x\cdot 2x\mathrm{d}x\right]\\&=\frac{1}{\pi}\int_0^{\pi}x\mathrm{d}\cos 2x=\frac{1}{\pi}\left[x\cos 2x\Big|_0^{\pi}-\int_0^{\pi}\cos 2x\mathrm{d}x\right]=1.\end{aligned}$$

#**例 2** 将函数 $f(x)=x+1(0\leqslant x\leqslant\pi)$ 分别展开成正弦级数和余弦级数.

解 先求正弦级数.对函数 $f(x)$ 进行奇延拓.按公式有

$$\begin{aligned}b_n&=\frac{2}{\pi}\int_0^{\pi}f(x)\sin nx\mathrm{d}x=\frac{2}{\pi}\int_0^{\pi}(x+1)\sin nx\mathrm{d}x\\&=\frac{2}{\pi}\left[-\frac{(x+1)\cos nx}{n}+\frac{\sin nx}{n^2}\right]\Bigg|_0^{\pi}\\&=\frac{2}{n\pi}[1-(\pi+1)\cos n\pi]\\&=\begin{cases}\dfrac{2}{\pi}\cdot\dfrac{\pi+2}{n}, & n=1,3,5,\cdots,\\ -\dfrac{2}{n}, & n=2,4,6,\cdots.\end{cases}\end{aligned}$$

将求得的 b_n 代入正弦级数得

$$x+1=\frac{2}{\pi}\left[(\pi+2)\sin x-\frac{\pi}{2}\sin 2x+\frac{1}{3}(\pi+2)\sin 3x-\frac{\pi}{4}\sin 4x+\cdots\right]\quad(0<x<\pi).$$

在端点 $x=0$ 及 $x=\pi$ 处级数的和显然为零,级数不收敛于原来函数的值.

再求余弦级数.为此对 $f(x)$ 进行偶延拓,按公式有

$$\begin{aligned}a_n&=\frac{2}{\pi}\int_0^{\pi}(x+1)\cos nx\mathrm{d}x=\frac{2}{\pi}\left[\frac{(x+1)\sin nx}{n}+\frac{\cos nx}{n^2}\right]\Bigg|_0^{\pi}\\&=\frac{2}{n^2\pi}(\cos n\pi-1)=\begin{cases}0, & n=2,4,6,\cdots,\\ -\dfrac{4}{n^2\pi}, & n=1,3,5,\cdots,\end{cases}\\a_0&=\frac{2}{\pi}\int_0^{\pi}(x+1)\mathrm{d}x=\frac{2}{\pi}\left(\frac{x^2}{2}+x\right)\Bigg|_0^{\pi}=\pi+2.\end{aligned}$$

将所求得的 a_n 代入余弦级数得

$$x+1=\frac{\pi}{2}+1-\frac{4}{\pi}\left(\cos x+\frac{1}{3^2}\cos 3x+\frac{1}{5^2}\cos 5x+\cdots\right)\quad(0\leqslant x\leqslant\pi).$$

一般地,设 $f(x)$ 定义在 $[0,\pi]$ 上,延拓成以 2π 为周期的函数 $F(x)$.

如果将 $f(x)$ 奇延拓,则

$$F(x)=\begin{cases}f(x), & 0<x\leqslant\pi,\\ 0, & x=0,\\ -f(-x), & -\pi<x<0\end{cases}\quad (\text{见图 }11-12).$$

$f(x)$ 的傅里叶正弦级数为

$$f(x)\sim\sum_{n=1}^{\infty}b_n\sin nx.$$

如果将 $f(x)$ 偶延拓,则

$$F(x)=\begin{cases}f(x), & 0\leqslant x\leqslant\pi,\\ f(-x), & -\pi<x<0\end{cases}\quad (\text{见图 }11-13).$$

$f(x)$ 的傅里叶余弦级数为

$$f(x)\sim\frac{a_0}{2}+\sum_{n=1}^{\infty}a_n\cos nx.$$

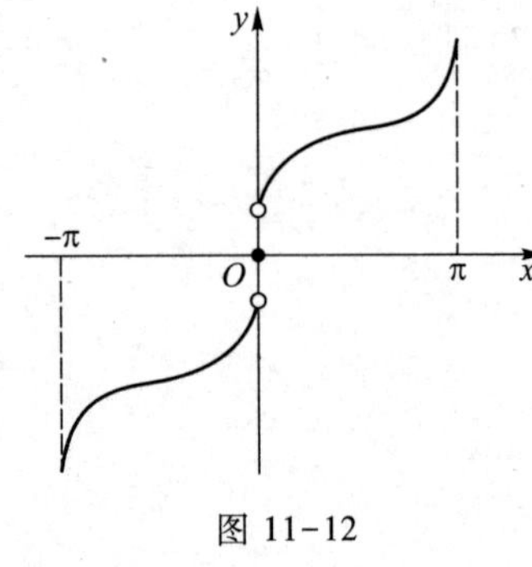

图 11-12

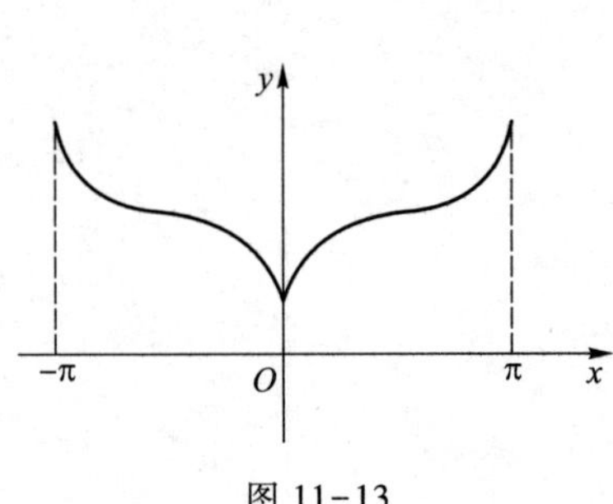

图 11-13

习题 11.6

A

1. 将 $f(x)=|\sin x|$ 展开成以 2π 为周期的傅里叶级数.
2. 将函数 $f(x)=e^x(0\leqslant x\leqslant\pi)$ 展开成正弦级数.
3. 将函数 $f(x)=\begin{cases}1, & 0\leqslant x<\dfrac{a}{2},\\ -1, & \dfrac{a}{2}\leqslant x\leqslant a\end{cases}$ 展开成余弦级数.

B

1. 将函数 $f(x)=2x^2(0\leqslant x\leqslant\pi)$ 分别展开成正弦级数和余弦级数.

2. 将函数 $f(x)=\begin{cases} x, & 0\leqslant x<\dfrac{l}{2}, \\ l-x, & \dfrac{l}{2}\leqslant x\leqslant l \end{cases}$ 展开成正弦级数.

3. 将函数 $f(x)=x-1(0\leqslant x\leqslant 2)$ 展开成周期为 4 的余弦级数.

4. 设 $f(x)=\pi x+x^2\quad(-\pi<x<\pi)$，$f(x)$ 的傅里叶级数展开式为 $\dfrac{a_0}{2}+\sum\limits_{n=1}^{\infty}(a_n\cos nx+b_n\sin nx)$，求系数 b_3.

复习题十一

1. 何谓数项级数以及级数的收敛与发散？何谓级数的绝对收敛与条件收敛？级数的绝对收敛与收敛之间有何关系？绝对收敛与条件收敛之间有何关系？

2. 级数的基本性质及级数收敛的必要条件是什么？

3. 叙述比较判别法、比较判别法的极限形式、比值判别法、根值判别法，并注意：以上判别法仅对什么样的级数才成立？

4. 何谓几何级数、调和级数、p-级数？它们何时收敛、发散？

5. 什么是莱布尼茨判别法？它是对什么级数而言的？

6. 总结判别任意项级数敛散性的一般步骤.

7. 何谓幂级数、幂级数的收敛半径、收敛区间、收敛域？怎样求收敛半径？

8. 叙述阿贝尔定理.

9. 幂级数的四则运算、分析运算性质各是什么？

10. 何谓 $f(x)$ 的幂级数（泰勒级数）？$f(x)$ 满足什么条件时，可以展开成幂级数？

11. 何谓函数幂级数展开式的直接展开法与间接展开法？一般采用哪种展开法，为什么？

12. 函数 $\sin x,\cos x,\mathrm{e}^x,\ln(1+x),(1+x)^{\alpha}$ 的幂级数展开式及展开式成立的区间是什么？

13. 函数的幂级数展开式有哪些方面的应用？

14. 何谓 $f(x)$ 的傅里叶级数？$f(x)$ 满足什么条件时，可以展开成傅里叶级数？

15. 叙述傅里叶级数的收敛定理（狄利克雷充分条件）.

16. $f(x)$ 只在 $[0,l]$ 上有定义时，如何将 $f(x)$ 展开成正弦级数与余弦级数？

17. 以下结论是否成立？并说明理由：

（1）若 $\lim\limits_{n\to\infty}u_n=0$，则 $\sum\limits_{n=1}^{\infty}u_n$ 必收敛；

（2）若 $\sum\limits_{n=1}^{\infty}u_n$ 发散，则必有 $\lim\limits_{n\to\infty}u_n\neq 0$；

（3）若 $\lim\limits_{n\to\infty}u_n\neq 0$，则必有 $\sum\limits_{n=1}^{\infty}u_n$ 发散；

（4）如果正项级数 $\sum\limits_{n=1}^{\infty}u_n$ 收敛，那么 $\lim\limits_{n\to\infty}\dfrac{u_{n+1}}{u_n}<1$；

（5）当条件 $u_n\geqslant u_{n+1}$ 不满足时，交错级数 $\sum\limits_{n=1}^{\infty}(-1)^n u_n$ 一定发散.

18. 如果 $\sum\limits_{n=0}^{\infty}a_n x_0^n$ 条件收敛，那么 $\sum\limits_{n=0}^{\infty}a_n x^n$ 的收敛半径是多少？

19. 如果函数 $f(x)$ 在点 x_0 的某邻域内具有任意阶导数，则 $f(x)$ 一定可以展开成 $(x-x_0)$ 的幂级数吗？

20. 求幂级数的和函数的一般步骤是什么？

21. 怎样利用幂级数去求常数项级数的和？

22. 在$[-\pi,\pi]$上满足收敛定理条件的函数$f(x)$，在$[-\pi,\pi]$处可展开成$f(x)$的傅里叶级数吗？

总习题十一

1. 判别下列级数的敛散性：

(1) $\sum\limits_{n=2}^{\infty}\frac{1}{\ln^2 n}$； (2) $\sum\limits_{n=1}^{\infty}\frac{n^2+2^n}{n^2 2^n}$；

(3) $\sum\limits_{n=1}^{\infty}\frac{1}{\sqrt[3]{n+1}}\ln\left(\frac{n+2}{n}\right)$； (4) $\sum\limits_{n=1}^{\infty}\frac{2^n}{7^{\ln n}}$；

(5) $\sum\limits_{n=1}^{\infty}\frac{n\cos^2\frac{n\pi}{3}}{2^n}$；

(6) $\sum\limits_{n=1}^{\infty}\frac{a^{\frac{n(n+1)}{2}}}{(1+a^0)(1+a^1)(1+a^2)\cdots(1+a^{n-1})}$ $(a>0)$.

2. 判别下列级数是否收敛？如果收敛，是绝对收敛还是条件收敛？

(1) $\sum\limits_{n=1}^{\infty}(-1)^{n+1}\frac{(n+1)^n}{2n^{n+1}}$； (2) $\sum\limits_{n=1}^{\infty}(-1)^{n+1}\frac{\sin\sqrt{n}}{n^{\frac{3}{2}}}$；

(3) $\sum\limits_{n=1}^{\infty}\frac{(-1)^{n-1}n^3}{2^n-1}$； (4) $\sum\limits_{n=1}^{\infty}\frac{(-1)^{n-1}}{(n+a)^k}$ $(k>0,a>0)$.

3. 求下列极限：

(1) $\lim\limits_{n\to\infty}\frac{1}{n}\sum\limits_{k=1}^{n}\frac{1}{3^k}\left(1+\frac{1}{k}\right)^{k^2}$； (2) $\lim\limits_{n\to\infty}\left[2^{\frac{1}{3}}\cdot 4^{\frac{1}{9}}\cdot 8^{\frac{1}{27}}\cdot\cdots\cdot(2^n)^{\frac{1}{3^n}}\right]$.

4. 设幂级数$\sum\limits_{n=0}^{\infty}a_n x^n$的收敛半径为 2，试确定点$x=-2,\frac{1}{\mathrm{e}},1,2,\mathrm{e}$是幂级数$\sum\limits_{n=0}^{\infty}a_n(x-3)^n$的收敛点、发散点、还是不能确定敛散性的点.

5. 求下列幂级数的收敛域：

(1) $\sum\limits_{n=1}^{\infty}n(x+1)^n$； (2) $\sum\limits_{n=0}^{\infty}(\sqrt{n+1}-\sqrt{n})2^n x^{2n}$；

(3) $\sum\limits_{n=0}^{\infty}\frac{3+2(-1)^n}{3^n}x^n$.

6. 求下列幂级数的和函数：

(1) $\sum\limits_{n=0}^{\infty}n^2x^n$； (2) $\sum\limits_{n=1}^{\infty}\frac{x^n}{n(n+1)}$；

(3) $\sum\limits_{n=0}^{\infty}(n+1)(n+2)(x-1)^n$.

7. 求下列数项级数的和：

(1) $\sum\limits_{n=1}^{\infty}\frac{(-1)^{n-1}}{(2n-1)3^{n-1}}$； (2) $\sum\limits_{n=0}^{\infty}\frac{2n+1}{n!}$.

8. 将下列函数展成幂级数：

(1) $\ln(x+\sqrt{x^2+1})$;　　　　(2) $\int_0^x t\cos t\mathrm{d}t$.

9. 将函数 $f(x)=\begin{cases}\pi-2x, & 0\leqslant x\leqslant\dfrac{\pi}{2},\\ 0, & \dfrac{\pi}{2}<x\leqslant\pi\end{cases}$ 展开成以 2π 为周期的正弦级数.

10. 将函数 $f(x)=\dfrac{\pi-x}{2}(0\leqslant x\leqslant 2\pi)$ 展开成以 2π 为周期的傅里叶级数,并求级数 $\sum\limits_{n=1}^{\infty}(-1)^{n+1}\dfrac{1}{2n-1}$ 的和.

选　读

数学常数 π 与 e 探幽

我们称 π 为圆周率,称 e 为欧拉常数,或自然常数.它们是数学中在不同时期,用不同方法产生的两个数学常数,在许多量的计算及问题的表述中起着关键的作用.在不断研究它们的漫长过程之中,数学得以更完善地发展.

第 12 章　微分方程(续)

引述　第 6 章讨论了一些简单类型的微分方程的解法,主要是初等积分法.微分方程作为数学的一大分支有着非常丰富的内容和广泛的应用.本章中我们用多元函数微积分及无穷级数作为工具,对微分方程求解作进一步的研究.主要内容为全微分方程、微分方程的幂级数解法、欧拉方程和微分方程组的解法.

12.1　全微分方程与积分因子

12.1.1　全微分方程

设有曲线族

$$u(x,y)=C, \tag{12-1}$$

则这个曲线族满足微分方程 $\mathrm{d}u=0$,即

$$\frac{\partial u}{\partial x}\mathrm{d}x+\frac{\partial u}{\partial y}\mathrm{d}y=0.$$

例如,曲线族 $x^3y^2=C$ 满足微分方程

$$3x^2y^2\mathrm{d}x+2x^3y\mathrm{d}y=0.$$

反过来,设有一个微分方程

$$P(x,y)\mathrm{d}x+Q(x,y)\mathrm{d}y=0, \tag{12-2}$$

如果存在函数 $u(x,y)$,使 $\mathrm{d}u(x,y)=P(x,y)\mathrm{d}x+Q(x,y)\mathrm{d}y$,则 $\frac{\partial u}{\partial x}=P(x,y)$,$\frac{\partial u}{\partial y}=Q(x,y)$,此时方程(12-2)称为一个**全微分方程**,或**恰当微分方程**.

全微分方程 $P(x,y)\mathrm{d}x+Q(x,y)\mathrm{d}y=0$ 的通解是 $u(x,y)=C$(C 为任意常数).

对简单的方程,有时可根据微分法则观察出其是不是一个全微分方程,例如

$$y\mathrm{d}x+x\mathrm{d}y=0,\text{有 }\mathrm{d}(xy)=y\mathrm{d}x+x\mathrm{d}y,\text{则通解为 }xy=C;$$

$$x\mathrm{d}x+y\mathrm{d}y=0,\text{有 }\mathrm{d}\left(\frac{x^2+y^2}{2}\right)=x\mathrm{d}x+y\mathrm{d}y,\text{则通解为 }x^2+y^2=C;$$

$$\frac{\mathrm{d}x}{y}-\frac{x}{y^2}\mathrm{d}y=0,\text{有 }\mathrm{d}\left(\frac{x}{y}\right)=\frac{\mathrm{d}x}{y}-\frac{x}{y^2}\mathrm{d}y,\text{则通解为}\frac{x}{y}=C.$$

对方程 $(3x^2+6xy^2)\mathrm{d}x+(6x^2y+4y^3)\mathrm{d}y=0$ 可重新分项组合为

$$(3x^2\mathrm{d}x+4y^3\mathrm{d}y)+(6xy^2\mathrm{d}x+6x^2y\mathrm{d}y)=0,$$

即有

$$\mathrm{d}(x^3+y^4)+\mathrm{d}(3x^2y^2)=\mathrm{d}(x^3+y^4+3x^2y^2),$$

因此,隐式通解为

$$x^3+y^4+3x^2y^2=C.$$

但是,一般而言,能这样通过观察写出通解的方程毕竟是很有限的.首先在理论上要问,假设 $P(x,y)$,$Q(x,y)$ 是平面上某个区域 D 上的连续函数,方程(12-2)是否都是 D 上的全微分方程? 其次,如果方程(12-2)是全微分方程,一般如何求出 $u(x,y)$? 这两个问题都可以根据第 10 章平面上第二类曲线积分 $\int_L P\mathrm{d}x+Q\mathrm{d}y$ 与路径无关性的等价条件及全微分求积方法解决.

设 $P(x,y)$,$Q(x,y)$ 在单连通区域 D 上有连续的偏导数,则方程(12-2)是全微分方程的充要条件是

$$\frac{\partial P}{\partial y}=\frac{\partial Q}{\partial x},\quad \forall (x,y)\in D.$$

求方程(12-2)的通解中的函数 $u(x,y)$,可根据第 10.3 节公式(10-24)

$$u(x,y)=\int_{(x_0,y_0)}^{(x,y)} P(x,y)\mathrm{d}x+Q(x,y)\mathrm{d}y.$$

例 1 判断方程 $\mathrm{e}^y\mathrm{d}x+(x\mathrm{e}^y+2y)\mathrm{d}y=0$ 是不是全微分方程.如果是,求其通解.

解 $P=\mathrm{e}^y$,$Q=x\mathrm{e}^y+2y$,显然,$\frac{\partial P}{\partial y}=\mathrm{e}^y=\frac{\partial Q}{\partial x}$在整个 xOy 平面上处处成立,且$\frac{\partial P}{\partial y}$,$\frac{\partial Q}{\partial x}$处处连续,因此方程是全微分方程.

下面用第二类曲线积分方法求 $u(x,y)$.

$$u(x,y)=\int_{(0,0)}^{(x,y)} \mathrm{e}^y\mathrm{d}x+(x\mathrm{e}^y+2y)\mathrm{d}y=\int_0^x\mathrm{d}x+\int_0^y(x\mathrm{e}^y+2y)\mathrm{d}y=x\mathrm{e}^y+y^2.$$

因此,方程的隐函数形式通解为 $x\mathrm{e}^y+y^2=C$.

例 2 解微分方程$(2xy-y^2-1)\mathrm{d}x+(x^2-2xy+1)\mathrm{d}y=0$.

解 $P(x,y)=2xy-y^2-1$,$Q(x,y)=x^2-2xy+1$,显然

$$\frac{\partial P}{\partial y}=2x-2y=\frac{\partial Q}{\partial x},\quad \forall (x,y)\in \mathbf{R}^2,$$

故原方程是全微分方程.

取$(x_0,y_0)=(0,0)$,则

$$u(x,y)=\int_0^x(-1)\mathrm{d}x+\int_0^y(x^2-2xy+1)\mathrm{d}y=-x+x^2y-xy^2+y,$$

原方程通解为

$$x^2y-xy^2-x+y=C.$$

例 3 求方程$-\frac{1}{y}\sin\frac{x}{y}\mathrm{d}x+\frac{x}{y^2}\sin\frac{x}{y}\mathrm{d}y=0$ 的通解.

解
$$\frac{\partial P}{\partial y}=\frac{1}{y^2}\sin\frac{x}{y}+\frac{x}{y^3}\cos\frac{x}{y}=\frac{\partial Q}{\partial x}\quad (y\neq 0).$$

因此在上半平面($y>0$)或下半平面($y<0$)内方程是全微分方程.设 $u(x,y)=C$ 是方程的隐式通解,下面用偏积分法求 $u(x,y)$.

由$\frac{\partial u}{\partial x}=P(x,y)=-\frac{1}{y}\sin\frac{x}{y}$,从而

$$u(x,y)=\int\frac{\partial u}{\partial x}\mathrm{d}x=\int-\frac{1}{y}\sin\frac{x}{y}\mathrm{d}x=\cos\frac{x}{y}+\varphi(y),$$

其中 $\varphi(y)$ 是任一可微函数,是积分 $\int\frac{\partial u}{\partial x}\mathrm{d}x$ 的"任意常数".上式两边对 y 求偏导数,并注意到 $\frac{\partial u}{\partial y}=Q(x,y)=\frac{x}{y^2}\sin\frac{x}{y}$,从而

$$\frac{x}{y^2}\sin\frac{x}{y}=\frac{\partial}{\partial y}\left[\cos\frac{x}{y}+\varphi(y)\right]=\frac{x}{y^2}\sin\frac{x}{y}+\varphi'(y).$$

因此,$\varphi'(y)=0,\varphi(y)=C_1$,即原方程通解为

$$\cos\frac{x}{y}=C.$$

12.1.2 积分因子

从前面的讨论可知,对全微分方程可通过积分法求得其隐函数形式的通解,但是,一个微分方程是全微分方程,它的结构是不是特殊的巧合?这样的微分方程是否值得讨论?一般形式的微分方程能不能把它转化为一个全微分方程来求解呢?

考察方程

$$x\mathrm{d}y-y\mathrm{d}x=0. \tag{12-3}$$

由于$\frac{\partial P}{\partial y}=-1,\frac{\partial Q}{\partial x}=1$,因此方程不是全微分方程.如果在方程两边同乘以$\frac{1}{x^2}$,得方程

$$\frac{x\mathrm{d}y-y\mathrm{d}x}{x^2}=0. \tag{12-4}$$

由于 $\mathrm{d}\left(\frac{y}{x}\right)=\frac{x\mathrm{d}y-y\mathrm{d}x}{x^2}$,方程(12-4)有通解 $y=Cx$.此解显然也是(12-3)的通解.

一般地,如果方程(12-2)不是全微分方程,但是,存在非零函数 $\mu(x,y)\neq0$,使方程

$$\mu(x,y)P(x,y)\mathrm{d}x+\mu(x,y)Q(x,y)\mathrm{d}y=0 \tag{12-5}$$

是全微分方程,就称 $\mu(x,y)$ 为方程(12-2)的一个**积分因子**.

如果方程(12-5)的隐式通解为 $u(x,y)=C$ 且确定 $y=y(x)$ 是隐函数,则有

$$\frac{\mathrm{d}y}{\mathrm{d}x}=-\frac{\frac{\partial u}{\partial x}}{\frac{\partial u}{\partial y}}=-\frac{\mu P}{\mu Q}=-\frac{P(x,y)}{Q(x,y)},$$

从而 $y(x)$ 也满足方程(12-2).因此可通过方程(12-5)求方程(12-2)的通解.下面进一步说明,如果方程(12-2)有通解,则必有积分因子.

事实上,设方程(12-2)有通解 $u(x,y)=C$,则

$$\frac{\partial u}{\partial x}\mathrm{d}x+\frac{\partial u}{\partial y}\mathrm{d}y=0. \tag{12-6}$$

由式(12-2)及式(12-6)得

$$-\frac{P}{Q}=\frac{\mathrm{d}y}{\mathrm{d}x}=-\frac{\frac{\partial u}{\partial x}}{\frac{\partial u}{\partial y}},$$

从而$\frac{\frac{\partial u}{\partial x}}{P}=\frac{\frac{\partial u}{\partial y}}{Q}\overset{\text{def}}{=\!=}\mu(x,y)$,那么

$$\frac{\partial u}{\partial x}=\mu P,\frac{\partial u}{\partial y}=\mu Q.$$

于是方程

$$\mu P\mathrm{d}x+\mu Q\mathrm{d}y=0$$

是全微分方程,$\mu(x,y)$是方程(12-2)的一个积分因子.

虽然方程(12-2)只要有通解,就必有积分因子,但一般说来,要具体求出积分因子,往往是相当困难的.而且一般而言,如果 μ 是积分因子,$u(x,y)$是全微分 $\mu P\mathrm{d}x+\mu Q\mathrm{d}y$ 的原函数,则对 u 的任一连续函数 $F(u)$,由于

$$\mu F(u)(P\mathrm{d}x+Q\mathrm{d}y)=F(u)\mathrm{d}u=\mathrm{d}\left(\int F(u)\mathrm{d}u\right),$$

从而 $\mu F(u)$ 也是积分因子,可见积分因子不唯一,有无穷多.例如,对方程(12-3),$\frac{1}{x^2+y^2}$也是一个积分因子:

$$\mathrm{d}\left(\arctan\frac{y}{x}\right)=\frac{x\mathrm{d}y-y\mathrm{d}x}{x^2+y^2}.$$

根据全微分方程的条件,如果 $\mu(x,y)$是方程(12-2)的积分因子,那么应有

$$\frac{\partial(\mu P)}{\partial y}=\frac{\partial(\mu Q)}{\partial x},$$

可整理为

$$\frac{1}{\mu}\left(P\frac{\partial\mu}{\partial y}-Q\frac{\partial\mu}{\partial x}\right)=\frac{\partial Q}{\partial x}-\frac{\partial P}{\partial y}. \tag{12-7}$$

方程(12-7)是关于 μ 的一阶线性偏微分方程,是一个比原来问题更为困难的问题.不过在一

些特殊情况下,可以通过求解方程(12-7)寻找积分因子.

如果方程(12-2)有仅与 x 有关的积分因子,即 $\mu=\mu(x)$,则在式(12-7)中,$\frac{\partial\mu}{\partial y}=0$,从而有

$$\frac{1}{\mu}\frac{\mathrm{d}\mu}{\mathrm{d}x}=\frac{1}{Q}\left(\frac{\partial P}{\partial y}-\frac{\partial Q}{\partial x}\right). \tag{12-8}$$

式(12-8)左边仅与 x 有关,右边也必然仅与 x 有关,记 $\frac{1}{Q}\left(\frac{\partial P}{\partial y}-\frac{\partial Q}{\partial x}\right)=g(x)$,则

$$\frac{\mathrm{d}(\ln\mu)}{\mathrm{d}x}=g(x),$$

$$\mu=\mathrm{e}^{\int g(x)\mathrm{d}x}. \tag{12-9}$$

在式(12-9)中的积分可不加任意常数,只要有一个具体的 $\mu(x)$ 即可.

同理当 $\frac{1}{P}\left(\frac{\partial Q}{\partial x}-\frac{\partial P}{\partial y}\right)=h(y)$,即仅与 y 有关时,方程(12-2)有积分因子 $\mu=\mathrm{e}^{\int h(y)\mathrm{d}y}$.

例 4 求方程 $(x-y^2)\mathrm{d}x+2xy\mathrm{d}y=0$ 的通解.

解 $P=x-y^2$,$Q=2xy$,$\frac{\partial Q}{\partial x}=2y\neq-2y=\frac{\partial P}{\partial y}$,又

$$\frac{1}{Q}\left(\frac{\partial P}{\partial y}-\frac{\partial Q}{\partial x}\right)=\frac{1}{2xy}(-2y-2y)=-\frac{2}{x},$$

仅与 x 有关,原方程有积分因子

$$\mu(x)=\mathrm{e}^{\int\left(-\frac{2}{x}\right)\mathrm{d}x}=\mathrm{e}^{-\ln x^2}=\frac{1}{x^2},$$

原方程可变形为全微分方程

$$\left(\frac{1}{x}-\frac{y^2}{x^2}\right)\mathrm{d}x+\frac{2y}{x}\mathrm{d}y=0,$$

可组合为

$$\frac{1}{x}\mathrm{d}x+\left(y^2\mathrm{d}\,\frac{1}{x}+\frac{1}{x}\mathrm{d}y^2\right)=0,$$

即

$$\mathrm{d}\left(\ln|x|+\frac{y^2}{x}\right)=0,$$

得通解为

$$\ln|x|+\frac{y^2}{x}=C.$$

例 5　求解微分方程$(x-y)dx+(x+y)dy=0$.

解　方程可重新组合成

$$(xdx+ydy)+(xdy-ydx)=0,$$

两边乘以积分因子$\frac{1}{x^2+y^2}$,得

$$\frac{xdx+ydy}{x^2+y^2}+\frac{xdy-ydx}{x^2+y^2}=0,$$

即

$$d\left[\frac{1}{2}\ln(x^2+y^2)\right]+d\left(\arctan\frac{y}{x}\right)=0,$$

故方程通解为

$$\frac{1}{2}\ln(x^2+y^2)+\arctan\frac{y}{x}=C.$$

习题 12.1

A

1. 解下列方程:

(1) $2x(ye^{x^2}-1)dx+e^{x^2}dy=0$;　(2) $(y-3x^2)dx-(4y-x)dy=0$;

(3) $(3x^2y+2xy)dx+(x^3+x^2+2y)dy=0$.

2. 解下列方程:

(1) $ydx-(x+xy^3)dy=0$;　(2) $(y-x^2)dx-xdy=0$.

3. 求一阶线性方程$\frac{dy}{dx}+P(x)y=Q(x)$的积分因子.

B

1. 解下列方程:

(1) $(1+e^{2\theta})d\rho+2\rho e^{2\theta}d\theta=0$;　(2) $(x\cos y+\cos x)y'-y\sin x+\sin y=0$;

(3) $xdx+ydy=(x^2+y^2)dx$.

2. 求伯努利方程$\frac{dy}{dx}+P(x)y=Q(x)y^n(n\neq 0,1)$的积分因子.

12.2　高阶线性微分方程及其幂级数解法

12.2.1　高阶线性微分方程解的性质与通解结构

在第 6 章我们讨论了二阶线性微分方程

$$y''+P(x)y'+Q(x)y=f(x)$$

解的性质和通解结构.线性微分方程最基本的特征是其解具有叠加性,这些性质对一般的 n

阶线性微分方程

$$\frac{d^n x}{dt^n}+a_1(t)\frac{d^{n-1}x}{dt^{n-1}}+\cdots+a_{n-1}(t)\frac{dx}{dt}+a_n(t)x=f(t), \tag{12-10}$$

$$\frac{d^n x}{dt^n}+a_1(t)\frac{d^{n-1}x}{dt^{n-1}}+\cdots+a_{n-1}(t)\frac{dx}{dt}+a_n(t)x=0 \tag{12-11}$$

也成立,方程(12-11)称为对应于方程(12-10)的齐次方程.

关于方程(12-10)和(12-11)解的存在唯一性,我们有下面的定理.

定理 1　设 $a_i(t)(i=1,2,\cdots,n)$ 及 $f(t)$ 在区间 I 上连续,则 $\forall t_0\in I$,及任意 n 个常数 x_0, $x_0',\cdots,x_0^{(n-1)}$,初值问题

$$\begin{cases}\dfrac{d^n x}{dt^n}+a_1(t)\dfrac{d^{n-1}x}{dt^{n-1}}+\cdots+a_n(t)x=f(t),\\ x(t_0)=x_0,x'(t_0)=x_0',\cdots,x^{(n-1)}(t_0)=x_0^{(n-1)}\end{cases} \tag{12-12}$$

在 I 上存在唯一的解 $x=\varphi(t)$.

定理 1 的证明可参见有关常微分方程教程,此处从略.根据定理 1,对齐次方程(12-11),满足初值条件 $x(t_0)=0,x'(t_0)=0,\cdots,x^{(n-1)}(t_0)=0$ 的解只有零解 $x=0$(想想为什么?).

对定义在区间 I 上的 n 个函数

$$x_1(t),x_2(t),\cdots,x_n(t), \tag{12-13}$$

如果存在 n 个不完全为零的常数 $k_1,k_2,\cdots,k_n$,使

$$k_1x_1(t)+k_2x_2(t)+\cdots+k_nx_n(t)=0,\ \forall x\in I, \tag{12-14}$$

就称这 n 个函数组成的函数组在 I 上线性相关,否则称为线性无关.

如果函数 $x_1(t),x_2(t),\cdots,x_n(t)$ 在 I 上 $n-1$ 次可微,则可构造如下的 n 阶函数行列式

$$W(t)=W[x_1(t),x_2(t),\cdots,x_n(t)]=\begin{vmatrix}x_1(t) & x_2(t) & \cdots & x_n(t)\\ x_1'(t) & x_2'(t) & \cdots & x_n'(t)\\ \vdots & \vdots & & \vdots\\ x_1^{(n-1)}(t) & x_2^{(n-1)}(t) & \cdots & x_n^{(n-1)}(t)\end{vmatrix}, \tag{12-15}$$

这个行列式称为函数组(12-13)的朗斯基(Wronski)行列式.

关于函数组(12-13)的线性相关性及其朗斯基行列式间的关系,我们有

定理 2　(ⅰ) 设函数组(12-13)在区间 I 上线性相关,则在 I 上,其朗斯基行列式 $W(t)\equiv 0$.反过来的结论不成立.

(ⅱ) 设函数 $x_1(t),x_2(t),\cdots,x_n(t)$ 是方程(12-11)的 n 个解,则这个函数组在 I 上线性相关的充要条件是在 I 上 $W(t)\equiv 0$.

证　(ⅰ) 设函数组(12-13)在区间 I 上线性相关,则在 I 上式(12-14)成立,其中 k_1, $k_2,\cdots,k_n$ 不全为零,对式(12-14)两边分别求直到 $n-1$ 阶导数,得到方程组

$$\begin{cases}k_1x_1+k_2x_2+\cdots+k_nx_n=0,\\k_1x_1'+k_2x_2'+\cdots+k_nx_n'=0,\\\cdots\cdots\cdots\cdots\\k_1x_1^{(n-1)}+k_2x_2^{(n-1)}+\cdots+k_nx_n^{(n-1)}=0.\end{cases}\tag{12-16}$$

以 $k_1,k_2,\cdots,k_n$ 为未知量的齐次线性方程组(12-16)在区间 I 上处处有非零解,从而

$$W[x_1(t),x_2(t),\cdots,x_n(t)]\equiv 0.$$

反过来,$W(t)\equiv 0\nRightarrow$函数组线性相关.考虑函数

$$x_1(t)=\begin{cases}t^2, & -1\leqslant t\leqslant 0,\\0, & 0<t\leqslant 1,\end{cases}\qquad x_2(t)=\begin{cases}0, & -1\leqslant t\leqslant 0,\\t^2, & 0<t\leqslant 1,\end{cases}$$

则在$[-1,1]$上,$W[x_1(t),x_2(t)]\equiv 0$.但是 $x_1(t),x_2(t)$ 在$[-1,1]$上线性无关.事实上,设 $k_1x_1(t)+k_2x_2(t)\equiv 0,-1\leqslant t\leqslant 1$,则在$[-1,0]$上,有 $k_1t^2=0$,从而 $k_1=0$;在$[0,1]$上,$k_2t^2=0$,从而 $k_2=0$,即 $k_1=k_2=0$.

(ⅱ)必要性由(ⅰ)的证明知成立,下证充分性.设 $W[x_1(t),x_2(t),\cdots,x_n(t)]\equiv 0$,而函数组作为方程(12-11)的解在 I 上线性无关.任取定一个 $t_0\in I$ 代入方程(12-16),则所得的以 $k_1,k_2,\cdots,k_n$ 为未知量的线性方程组的系数行列式 $W(t_0)=0$,从而必有非零解 $k_1^*,k_2^*,\cdots,k_n^*$.对此非零解,考虑线性组合

$$x(t)=k_1^*x_1(t)+k_2^*x_2(t)+\cdots+k_n^*x_n(t),$$

则有 $x(t_0)=0,x'(t_0)=0,\cdots,x^{(n-1)}(t_0)=0$.因此 $x(t)$ 是齐次方程(12-11)满足零初值条件的一个解,另一方面取 $x^*(t)\equiv 0$,则 $x^*(t)$ 显然也是(12-11)的满足上述零初值条件的一个解,由解的唯一性定理,$x(t)\equiv x^*(t)\equiv 0$,从而 $x_1(t),x_2(t),\cdots,x_n(t)$ 在 I 上线性相关.矛盾.

由定理 2,方程(12-11)的 n 个解构成的函数组比一般的任意 n 个函数构成的函数组有更为特殊的性质,如果初值条件(12-12)分别取如下的 n 组初值:

$$(x_1(t_0),x_1'(t_0),\cdots,x_1^{(n-1)}(t_0))=(1,0,\cdots,0),$$
$$(x_2(t_0),x_2'(t_0),\cdots,x_2^{(n-1)}(t_0))=(0,1,\cdots,0),$$
$$\cdots$$
$$(x_n(t_0),x_n'(t_0),\cdots,x_n^{(n-1)}(t_0))=(0,0,\cdots,1).$$

由定理 1,对应有 n 个解 $x_1(t),x_2(t),\cdots,x_n(t)$,其朗斯基行列式 $W(t_0)\equiv 1\neq 0$.因此这 n 个解线性无关,于是得

定理 3　(ⅰ)设 $a_i(t)(i=1,2,\cdots,n)$ 在区间 I 连续,则方程(12-11)在 I 上必然存在 n 个线性无关解 $x_1(t),x_2(t),\cdots,x_n(t)$,且方程(12-11)的通解为

$$x(t)=C_1x_1(t)+C_2x_2(t)+\cdots+C_nx_n(t).$$

(ⅱ)设 $a_i(t),f(t)$ 在区间 I 上连续,$x^*(t)$ 是方程(12-10)的一个特解,对应齐次方程(12-11)有 n 个线性无关解 $x_1(t),x_2(t),\cdots,x_n(t)$,则方程(12-10)的通解为

$$x(t)=C_1x_1(t)+C_2x_2(t)+\cdots+C_nx_n(t)+x^*(t),$$

其中 $C_1,C_2,\cdots,C_n$ 是 n 个任意常数.

定理 3 的结论(ii)请读者自己给出证明.

关于方程(12-10)的特解可用常数变易法求之如下.

设 $x(t)=C_1x_1(t)+C_2x_2(t)+\cdots+C_nx_n(t)$ 是方程(12-11)的通解,把 $C_i(i=1,2,\cdots,n)$ 变易为待定函数 $C_i(t)$.设方程(12-10)有形如

$$x^*=C_1(t)x_1(t)+C_2(t)x_2(t)+\cdots+C_n(t)x_n(t)$$

的特解,代入方程(12-10),得到 $C_i(t)$ 的一个约束条件,与 6.4 节相同的思路,可建立如下的以 $C_i'(t)(i=1,2,\cdots,n)$ 为未知量的方程组

$$\begin{cases}C_1'x_1+C_2'x_2+\cdots+C_n'x_n=0,\\ C_1'x_1'+C_2'x_2'+\cdots+C_n'x_n'=0,\\ \cdots\cdots\cdots\cdots\\ C_1'x_1^{(n-2)}+C_2'x_2^{(n-2)}+\cdots+C_n'x_n^{(n-2)}=0,\\ C_1'x_1^{(n-1)}+C_2'x_2^{(n-1)}+\cdots+C_n'x_n^{(n-1)}=f(t).\end{cases}\tag{12-17}$$

方程组的系数行列式是朗斯基行列式 $W(t)\neq 0$,从而可唯一求解得

$$C_i'(t)=\varphi_i(t)\quad(i=1,2,\cdots,n),$$

于是

$$C_i(t)=\int\varphi_i\mathrm{d}t+\gamma_i\quad(i=1,2,\cdots,n).$$

令 $\gamma_i=0$,得一组特殊的 $C_i(t)$,从而可得特解 $x^*(t)$.

12.2.2 二阶线性微分方程的幂级数解法

我们知道,当一阶线性方程

$$y'+P(x)y=Q(x)$$

中系数 $P(x),Q(x)$ 连续时,可通过初等积分法求出其通解.但是,对形式简单的一阶非线性里卡蒂(Riccati)方程

$$y'=p(x)y^2+q(x)y+r(x),$$

一般来说不能通过初等积分法求出其通解.

作变换

$$y=-\frac{1}{p(x)}\frac{u'}{u},$$

里卡蒂方程可化为以 $u(x)$ 为未知函数的二阶线性方程

$$pu''-(pq+p')u'+p^2ru=0.$$

因此,一般二阶线性变系数方程不能保证求出其初等函数的有限形式的通解.另一方面,在物理和工程技术等领域中经常出现一些变系数的线性高阶方程,人们希望对其解的性质有

更深入的了解,因此需要寻找其他的有效解法.

在本段中介绍二阶线性方程的幂级数解法.

设给定方程

$$y''+P(x)y'+Q(x)y=f(x). \tag{12-18}$$

定理 4 如果方程(12-18)中的 $P(x)$,$Q(x)$,$f(x)$在 $|x|<R$ 内可展开成 x 的幂级数,则对任何初值 $y(0)=y_0$,$y'(0)=y'_0$,方程(12-18)存在唯一解 $y(x)$,满足初值条件且可展开成 x 的幂级数 $y=\sum\limits_{n=0}^{\infty}a_nx^n$.

定理证明从略.

例 1 求方程$\dfrac{\mathrm{d}y}{\mathrm{d}x}=y-x$ 满足条件 $y(0)=0$ 的解.

解 设方程有解

$$y=a_0+a_1x+a_2x^2+\cdots+a_nx^n+\cdots, \tag{12-19}$$

其中 a_i 是待定常数,代入方程得

$$a_1+2a_2x+\cdots+na_nx^{n-1}+\cdots=a_0+(a_1-1)x+a_2x^2+\cdots+a_nx^n+\cdots,$$

由幂级数展开式的唯一性,比较系数得

$$a_1=a_0,2a_2=a_1-1,ka_k=a_{k-1},k\geqslant 3,$$

由 $y(0)=a_0=0$ 得 $a_1=0,a_2=-\dfrac{1}{2},a_3=\dfrac{-1}{3!},\cdots,a_n=-\dfrac{1}{n!}$,从而得幂级数解

$$\begin{aligned}y&=-\left(\frac{x^2}{2}+\frac{x^3}{3!}+\cdots+\frac{x^n}{n!}+\cdots\right)\\&=-\left(1+x+\frac{x^2}{2!}+\cdots+\frac{x^n}{n!}+\cdots\right)+1+x=1+x-\mathrm{e}^x.\end{aligned}$$

所给方程是一个一阶线性方程,也可直接根据公式求得此解.

例 2 求方程 $y''-2xy'-4y=0$ 分别满足条件 $y(0)=0,y'(0)=1$ 和 $y(0)=1,y'(0)=0$ 的解,并写出通解.

解 设方程有形如(12-19)的幂级数解.

(1) 满足初值 $y(0)=0,y'(0)=1$ 的解,

$$\begin{aligned}y&=x+a_2x^2+a_3x^3+\cdots+a_nx^n+\cdots,\\y'&=1+2a_2x+3a_3x^2+\cdots+na_nx^{n-1}+\cdots,\\y''&=2a_2+3\cdot 2a_3x+\cdots+n(n-1)a_nx^{n-2}+\cdots,\end{aligned}$$

把 y,y',y''代入原方程整理得

$$2a_2+(3\cdot 2a_3-6)x+(4\cdot 3a_4-8a_2)x^2+\cdots+[n(n-1)a_n-2na_{n-2}]x^{n-2}+\cdots=0,$$

比较系数得

$$a_2=0,a_3=1,a_4=0,\cdots,a_n=\frac{2}{n-1}a_{n-2},\cdots,$$

得到

$$a_0=0,a_1=1,a_2=0,a_3=1,a_4=0,a_5=\frac{1}{2!},a_6=0,a_7=\frac{1}{3!},\cdots.$$

一般地,

$$a_{2k+1}=\frac{1}{k!},a_{2k}=0\quad(k=0,1,2,\cdots).$$

因此,原方程满足初值条件 $y(0)=0,y'(0)=1$ 的幂级数形式的解为

$$\begin{aligned}y_1&=x+x^3+\frac{x^5}{2!}+\cdots+\frac{x^{2n+1}}{n!}+\cdots\\&=x\left(1+x^2+\frac{x^4}{2!}+\cdots+\frac{x^{2n}}{n!}+\cdots\right)=xe^{x^2}.\end{aligned}$$

(2) 满足初值条件 $y(0)=1,y'(0)=0$ 的解.

由初值条件可得 $a_0=1,a_1=0$,因此有

$$y=1+a_2x^2+a_3x^3+\cdots+a_nx^n+\cdots,$$

$$y'=2a_2x+3a_3x^2+\cdots+na_nx^{n-1}+\cdots,$$

$$y''=2a_2+3\cdot2a_3x+4\cdot3a_4x^2+\cdots+n(n-1)a_nx^{n-2}+\cdots,$$

把 y,y',y''代入原方程得

$$(2a_2-4)+3\cdot2a_3x+(4\cdot3a_4-8a_2)x^2+(5\cdot4a_5-10a_3)x^3+$$
$$(6\cdot5a_6-12a_4)x^4+\cdots+[n(n-1)a_n-2na_{n-2}]x^{n-2}+\cdots=0.$$

比较系数得

$$a_0=1,a_1=0,a_2=\frac{2}{1},a_3=0,a_4=\frac{2^2}{3\times1},a_5=0,$$

$$a_6=\frac{2^3}{5\times3\times1},\cdots,a_{2k-1}=0,a_{2k}=\frac{2^k}{(2k-1)!!}\quad(k=0,1,2,\cdots).$$

因此原方程满足条件 $y(0)=1,y'(0)=0$ 的幂级数解为

$$\begin{aligned}y_2&=1+2x^2+\frac{2^2}{3\times1}x^4+\frac{2^3}{5\times3\times1}x^6+\cdots+\frac{2^k}{(2k-1)!!}x^{2k}+\cdots\\&=\sum_{k=0}^{\infty}\frac{2^k}{(2k-1)!!}x^{2k}\quad(\text{此处约定}(-1)!!=1).\end{aligned}$$

根据 $y_1(x),y_2(x)$ 所满足的初值条件,$y_1(x)$ 和 $y_2(x)$ 是两个线性无关解,从而原方程的通解为

$$y=C_1y_1(x)+C_2y_2(x).$$

例 3 (1) 验证函数 $y(x)=1+\frac{x^3}{3!}+\frac{x^6}{6!}+\cdots+\frac{x^{3n}}{(3n)!}+\cdots(-\infty<x<\infty)$ 满足微分方程 $y''+y'+y=e^x$;

（2）利用(1)的结果求级数 $\sum_{n=0}^{\infty}\frac{x^{3n}}{(3n)!}$ 的和函数.

解 （1）根据幂级数的性质,在$(-\infty,+\infty)$内 $y(x)$ 可逐项求导,并且收敛区间不变.

$$y'=\frac{x^2}{2!}+\frac{x^5}{5!}+\cdots+\frac{x^{3n-1}}{(3n-1)!}+\cdots,$$

$$y''=x+\frac{x^4}{4!}+\cdots+\frac{x^{3n-2}}{(3n-2)!}+\cdots,$$

从而

$$y''+y'+y=\sum_{n=0}^{\infty}\frac{x^n}{n!}=\mathrm{e}^x.$$

（2）方程 $y''+y'+y=\mathrm{e}^x$ 是二阶常系数线性方程,对应齐次方程 $y''+y'+y=0$,其特征方程 $\lambda^2+\lambda+1=0$,特征根

$$\lambda_{1,2}=-\frac{1}{2}\pm\frac{\sqrt{3}}{2}\mathrm{i},$$

齐次方程通解为

$$Y=\mathrm{e}^{-\frac{x}{2}}\left(C_1\cos\frac{\sqrt{3}}{2}x+C_2\sin\frac{\sqrt{3}}{2}x\right).$$

$f(x)=\mathrm{e}^x$ 中 $\lambda=1$ 不是特征根,非齐次方程有形如 $y^*=A\mathrm{e}^x$ 的特解,代入可求得 $A=\frac{1}{3}$(这个解也容易直接观察出来).从而原方程通解为

$$y=Y+y^*=\mathrm{e}^{-\frac{x}{2}}\left(C_1\cos\frac{\sqrt{3}}{2}x+C_2\sin\frac{\sqrt{3}}{2}x\right)+\frac{\mathrm{e}^x}{3}.$$

$y(x)$ 的幂级数表达式可看成方程满足初值条件 $y(0)=1,y'(0)=0$ 的解,由解的唯一性定理,当 $x=0$ 时,

$$\begin{cases}1=y(0)=C_1+\dfrac{1}{3},\\[2ex]0=y'(0)=-\dfrac{1}{2}C_1+\dfrac{\sqrt{3}}{2}C_2+\dfrac{1}{3},\end{cases}$$

解得 $C_1=\frac{2}{3},C_2=0$,因此,

$$y(x)=\frac{2}{3}\mathrm{e}^{-\frac{x}{2}}\cos\frac{\sqrt{3}}{2}x+\frac{1}{3}\mathrm{e}^x,$$

于是

$$\sum_{n=0}^{\infty}\frac{x^{3n}}{(3n)!}=\frac{2}{3}\mathrm{e}^{-\frac{x}{2}}\cos\frac{\sqrt{3}}{2}x+\frac{1}{3}\mathrm{e}^x.$$

例 4 求勒让德(Legendre)方程

$$(1-x^2)y''-2xy'+k(k+1)y=0$$

在 $x=0$ 附近的幂级数解,其中 k 是常数.

解 方程可改为

$$y''-\frac{2x}{1-x^2}y'+\frac{k(k+1)}{1-x^2}y=0,$$

$P(x)=\frac{-2x}{1-x^2}$, $Q(x)=\frac{k(k+1)}{1-x^2}$ 在 $|x|<1$ 内可展成 x 的幂级数.设方程解为

$$y=a_0+a_1x+a_2x^2+\cdots+a_nx^n+\cdots \quad (|x|<1),$$

代入原方程得

$$(1-x^2)\sum_{n=2}^{\infty}n(n-1)a_nx^{n-2}-2x\sum_{n=1}^{\infty}na_nx^{n-1}+k(k+1)\sum_{n=0}^{\infty}a_nx^n=0,$$

即

$$\sum_{n=0}^{\infty}[(n+2)(n+1)a_{n+2}-(n-k)(n+k+1)a_n]x_n=0.$$

比较系数得

$$(n+2)(n+1)a_{n+2}-(n-k)(n+k+1)a_n=0 \quad (n=0,1,2,\cdots).$$

把 a_0,a_1 看成任意常数,可得

$$a_2=\frac{-k(k+1)}{2}a_0,$$

$$a_4=\frac{(-k+2)(k+3)}{4\times 3}a_2=\frac{-k(-k+2)(k+1)(k+3)}{4!}a_0,$$

$$a_3=\frac{(-k+1)(k+2)}{3\times 2}a_1,$$

$$a_5=\frac{(-k+3)(k+4)}{5\times 4}a_3=\frac{(-k+1)(k+2)(-k+3)(k+4)}{5!}a_1,\cdots.$$

代入幂级数表达式得

$$\begin{aligned}y=&a_0\left[1+\frac{(-k)(k+1)}{2!}x^2+\cdots+\right.\\&\left.\frac{(-k)(-k+2)\cdots(-k+2n-2)(k+1)(k+3)\cdots(k+2n-1)}{(2n)!}x^{2n}+\cdots\right]+\\&a_1\left[x+\frac{(-k+1)(k+2)}{3!}x^3+\cdots+\right.\\&\left.\frac{(-k+1)(-k+3)\cdots(-k+2n-1)(k+2)(k+4)\cdots(k+2n)}{(2n+1)!}x^{2n+1}+\cdots\right]\\=&a_0y_1(x)+a_1y_2(x),\end{aligned}$$

$y_1(x)$, $y_2(x)$ 显然线性无关,从而上式给出了勒让德方程的通解.

数学物理问题中有许多有重要背景的变系数二阶线性方程，其解是幂级数形式的，而且是非初等函数形式的解.

习题 12.2

A

1. 试证函数 $y=1-\frac{x^2}{2!}+\frac{x^4}{4!}-\frac{x^6}{6!}+\cdots+\frac{(-1)^n x^{2n}}{(2n)!}+\cdots(-\infty<x<\infty)$ 是方程 $y''=-y$ 的一个解.

2. 验证函数 $y=1-\frac{x^2}{2^2}+\frac{x^4}{2^2\times4^2}-\frac{x^6}{2^2\times4^2\times6^2}+\cdots+\frac{(-1)^n x^{2n}}{[(2n)!!]^2}+\cdots$ 在 $(-\infty,+\infty)$ 内有定义，且满足方程 $xy''+y'+xy=0$.

3. 求下列方程的幂级数解：

(1) $y'-xy-x=1$；　(2) $y''+xy'+y=0$；

(3) $x''(t)+x(t)\cos t=0, x(0)=a, x'(0)=0$.

B

1. 用 x 的幂级数求 $(1+x^2)y''+2xy'-2y=0$ 的通解，并用初等函数表示这个解 $\left(已知\ \arctan x=\sum_{n=1}^{\infty}\frac{(-1)^{n-1}}{2n-1}x^{2n-1}\right)$.

2. 艾里(Airy)方程 $y''+xy=0$ 的解称为艾里函数，在光的衍射理论中有应用.求幂级数形式的艾里函数，并证明该级数对一切 $x\in\mathbf{R}$ 收敛.

3. 方程 $(1-x^2)y''-xy'+p^2y=0$(p 是常数)称为切比雪夫方程，求方程在 $|x|<1$ 内的幂级数形式的两个线性无关的解，并证明当 $p=n$ 是非负整数时，方程有 n 次多项式形式的解.

12.3　高阶常系数线性微分方程与欧拉方程

在上册第 6 章 6.4 节讨论了二阶常系数线性微分方程的解法，对齐次方程，可归结为代数方程求特征根的问题，对非齐次方程则可用待定系数法求其一个特解.这些方法对一般的高阶常系数线性微分方程也是适用的.

12.3.1　n 阶常系数线性微分方程的解法

n 阶常系数线性微分方程的一般形式是

$$y^{(n)}+p_1y^{(n-1)}+\cdots+p_{n-1}y'+p_ny=f(x),\tag{12-20}$$

$$y^{(n)}+p_1y^{(n-1)}+\cdots+p_{n-1}y'+p_ny=0.\tag{12-21}$$

方程(12-20)，(12-21)是 12.2 节方程(12-10)，(12-11)的特例，因此有关解的性质及通解的结构定理对方程(12-20)，(12-21)成立.

对方程(12-21)，试探形如 $y=e^{\lambda x}$ 的解，把它代入方程(12-21)得 λ 满足

$$\lambda^n+p_1\lambda^{n-1}+\cdots+p_{n-1}\lambda+p_n=0.\tag{12-22}$$

式(12-22)称为方程(12-21)的特征方程,其根为特征根.根据代数基本定理,每个实系数多项式在复数范围内都有 n 个复根,且如果有虚数根,则必定共轭成对出现,即如果 $\alpha+\mathrm{i}\beta$ 是式(12-22)的根,则 $\alpha-\mathrm{i}\beta$ 也是它的根,且重数相同.关于代数方程(12-22)的根与微分方程(12-21)的解之间有如下的关系定理.

定理 1 方程(12-22)的 s 重特征根 λ^* 对应地有 s 个线性无关解.如果 λ^* 是 s 重实特征根,则对应的 s 个线性无关解为

$$\mathrm{e}^{\lambda^* x}, x\mathrm{e}^{\lambda^* x}, \cdots, x^{s-1}\mathrm{e}^{\lambda^* x}, \tag{12-23}$$

如果 λ^* 为 s 重虚数特征根 $\alpha+\mathrm{i}\beta(\beta\neq 0)$,则 $\overline{\lambda^*}=\alpha-\mathrm{i}\beta$ 也为 s 重特征根,这时 λ^* 及 $\overline{\lambda^*}$ 对应地有 $2s$ 个实线性无关解.

$$\begin{aligned}&\mathrm{e}^{\alpha x}\cos\beta x, x\mathrm{e}^{\alpha x}\cos\beta x, \cdots, x^{s-1}\mathrm{e}^{\alpha x}\cos\beta x;\\&\mathrm{e}^{\alpha x}\sin\beta x, x\mathrm{e}^{\alpha x}\sin\beta x, \cdots, x^{s-1}\mathrm{e}^{\alpha x}\sin\beta x.\end{aligned} \tag{12-24}$$

不同的特征根对应的解线性无关,从而总共可得方程(12-21)的 n 个线性无关解.

定理的证明思路与二阶线性微分方程情形类似,从略.

例 1 解下列方程:

(1) $y'''-y''-y'+y=0$; (2) $y^{(4)}+8y''+16y=0$.

解 (1) 特征方程是 $\lambda^3-\lambda^2-\lambda+1=0$,即 $(\lambda-1)^2(\lambda+1)=0$. $\lambda_1=1$ 是 2 重实根, $\lambda_2=-1$ 是单实根,对应三个线性无关解为 $\mathrm{e}^x, x\mathrm{e}^x, \mathrm{e}^{-x}$.从而所求方程的通解为

$$y=\mathrm{e}^x(C_1+C_2x)+C_3\mathrm{e}^{-x}.$$

(2) 特征方程是 $\lambda^4+8\lambda^2+16=0$,即 $(\lambda^2+4)^2=0$.特征根 $\lambda_{1,2}=\pm 2\mathrm{i}$ 都是二重根,对应四个线性无关解 $\cos 2x, \sin 2x, x\sin 2x, x\cos 2x$.从而所求方程的通解为

$$y=(C_1+C_2x)\cos 2x+(C_3+C_4x)\sin 2x.$$

关于非齐次方程(12-20),关键是求一个特解 y^*.

定理 2 (i) 设方程(12-20)中非齐次项 $f(x)=\mathrm{e}^{\lambda x}P_m(x)$,其中 $P_m(x)$ 是一个 m 次多项式.如果 λ 是对应齐次方程的 s 重根,则方程(12-20)有形如

$$y^*=x^s\mathrm{e}^{\lambda x}Q_m(x)$$

的特解,其中 $Q_m(x)=a_0+a_1x+\cdots+a_mx^m$ 是 m 次待定多项式.

(ii) 设方程(12-20)中非齐次项 $f(x)=P_m(x)\mathrm{e}^{\alpha x}\cos\beta x$ 或 $P_m(x)\mathrm{e}^{\alpha x}\sin\beta x$.如果 $\lambda=\alpha+\mathrm{i}\beta$ 是 s 重根,则方程(12-20)有形如

$$y^*=x^s\mathrm{e}^{\alpha x}[R_1(x)\cos\beta x+R_2(x)\sin\beta x]$$

的特解,其中 $R_1(x), R_2(x)$ 都是 m 次待定多项式.

把定理 2 中的待定解代入方程(12-20),可确定多项式的系数,定理的证明从略.

例 2 求 $y'''+y''-y'-y=\mathrm{e}^{-t}(t-5)$ 的一个特解.

解 特征方程 $\lambda^3+\lambda^2-\lambda-1=0$,即

$$(\lambda+1)^2(\lambda-1)=0.$$

$\lambda_1=-1$ 是二重根.微分方程有如下形式的特解：

$$y^*=t^2(a+bt)\mathrm{e}^{-t},$$

把 y^* 代入原方程整理得

$$\mathrm{e}^{-t}(-4a+6b-12bt)=\mathrm{e}^{-t}(t-5).$$

比较系数可得 $a=\frac{9}{8}, b=-\frac{1}{12}$，因此得一个特解

$$y^*=\left(\frac{9}{8}t^2-\frac{1}{12}t^3\right)\mathrm{e}^{-t}.$$

12.3.2 常系数线性微分方程的算子方法

对方程

$$\frac{\mathrm{d}^n y}{\mathrm{d}x^n}+p_1\frac{\mathrm{d}^{n-1}y}{\mathrm{d}x^{n-1}}+\cdots+p_{n-1}\frac{\mathrm{d}y}{\mathrm{d}x}+p_n y=f(x)$$

引入记号 $D=\frac{\mathrm{d}}{\mathrm{d}x}, D^n=\frac{\mathrm{d}^n}{\mathrm{d}x^n}$，则对 x 求导数可表示为 $D^n y=\frac{\mathrm{d}^n y}{\mathrm{d}x^n}$，称如下的表达式

$$L(D)\xlongequal{\text{def}}D^n+p_1D^{n-1}+\cdots+p_{n-1}D+p_n \tag{12-25}$$

为一个**微分算子**多项式，根据导数的线性运算性质，方程(12-20)可简写为

$$L(D)y=f(x). \tag{12-26}$$

易证算子 $L(D)$ 具有如下的性质：

(1) $L(D)(C_1y_1+C_2y_2)=C_1L(D)y_1+C_2L(D)y_2$；

(2) 设 $L(t)=L_1(t)L_2(t)$ 是普通多项式的乘积，则

$$L(D)=L_1(D)L_2(D)=L_2(D)L_1(D),$$

$$L(D)y=L_1(D)[L_2(D)y]=L_2(D)[L_1(D)y];$$

(3) 设 $L(t)=L_1(t)+L_2(t)$ 是两个多项式的和，则 $L(D)=L_1(D)+L_2(D)$，即

$$L(D)y=[L_1(D)+L_2(D)]y=L_2(D)y+L_1(D)y.$$

上述性质可直接根据导数性质计算验证，过程从略.从这些性质可看出，微分算子多项式可像普通多项式那样进行加、减和乘法运算，但除法没有意义.

例如，设 $L(t)=t^2-t-2=(t-2)(t+1)$，则相应地有 $L(D)=D^2-D-2=(D-2)(D+1)$.事实上，对任何二阶可导函数 $x(t)$，

$$L(D)x=(D^2-D-2)x=\frac{\mathrm{d}^2x}{\mathrm{d}t^2}-\frac{\mathrm{d}x}{\mathrm{d}t}-2x,$$

$$(D-2)(D+1)x=(D-2)\left(\frac{\mathrm{d}x}{\mathrm{d}t}+x\right)=\frac{\mathrm{d}^2x}{\mathrm{d}t^2}-\frac{\mathrm{d}x}{\mathrm{d}t}-2x.$$

可见

$$L(D)x=(D-2)(D+1)x.$$

下面讨论方程(12-20)的求解.

关于一阶线性方程

$$y'+P(x)y=f(x),$$

我们知道有求解公式

$$y=\mathrm{e}^{-\int P(x)\mathrm{d}x}\left[\int f(x)\mathrm{e}^{\int P(x)\mathrm{d}x}\mathrm{d}x+C\right]. \tag{12-27}$$

利用公式(12-27)可以得到一种求方程(12-20)的通解的简便方法.

设方程(12-26)对应的齐次方程的 n 个特征根为 $\lambda_1,\lambda_2,\cdots,\lambda_n$(不论其是重根还是复根),则方程(12-26)可以写为

$$(D-\lambda_1)(D-\lambda_2)\cdots(D-\lambda_n)y=f(x). \tag{12-28}$$

令 $Z_1=(D-\lambda_2)(D-\lambda_3)\cdots(D-\lambda_n)y$,则以 Z_1 为未知函数的一阶方程为

$$(D-\lambda_1)Z_1=f(x), \tag{12-29}$$

则

$$\frac{\mathrm{d}Z_1}{\mathrm{d}x}-\lambda_1 Z_1=f(x).$$

由公式(12-27)可得

$$Z_1=\mathrm{e}^{\lambda_1 x}\left[\int f(x)\mathrm{e}^{-\lambda_1 x}\mathrm{d}x+C_1\right],$$

从而

$$(D-\lambda_2)(D-\lambda_3)\cdots(D-\lambda_n)y=\mathrm{e}^{\lambda_1 x}\left[\int f(x)\mathrm{e}^{-\lambda_1 x}\mathrm{d}x+C_1\right]. \tag{12-30}$$

方程(12-30)与方程(12-28)是同样形式的方程,但比方程(12-28)降低一阶.令 $Z_2=(D-\lambda_3)\cdots(D-\lambda_n)y$,方程(12-30)又可写为

$$(D-\lambda_2)Z_2=\mathrm{e}^{\lambda_1 x}\left[\int f(x)\mathrm{e}^{-\lambda_1 x}\mathrm{d}x+C_1\right].$$

再由公式(12-27)得

$$Z_2=\mathrm{e}^{\lambda_2 x}\left\{\int \mathrm{e}^{\lambda_1 x}\left[\int f(x)\mathrm{e}^{-\lambda_1 x}\mathrm{d}x+C_1\right]\mathrm{e}^{-\lambda_2 x}\mathrm{d}x+C_2\right\}.$$

反复运用上述方法即可把解 n 阶方程(12-26)转化为求解 n 个一阶线性方程的过程,最后可得原方程的通解.如果 $\lambda_i(i=1,2,\cdots,n)$ 都是实根,即直接得实值通解;如果 λ_i 中有复数根,则最后所得的是一个复值解,取其实部即可.

例 3 求 $y''-5y'+6y=\mathrm{e}^{3x}$ 的通解.

解 原方程对应齐次方程有特征根 $\lambda_1=2,\lambda_2=3$.从而原方程可写为

$$(D^2-5D+6)y=\mathrm{e}^{3x},\text{即}(D-2)(D-3)y=\mathrm{e}^{3x}.$$

$$(D-3)y=\mathrm{e}^{2x}\left(\int \mathrm{e}^{3x}\mathrm{e}^{-2x}\mathrm{d}x+C_1^*\right)=\mathrm{e}^{2x}(\mathrm{e}^{x}+C_1^*)=\mathrm{e}^{3x}+C_1^*\mathrm{e}^{2x}.$$

进一步得

$$y = e^{3x}\left[\int (e^{3x} + C_1^* e^{2x}) e^{-3x} dx + C_2\right] = e^{3x}\left[\int (1 + C_1^* e^{-x}) dx + C_2\right]$$

$$= e^{3x}[(x - C_1^* e^{-x}) + C_2] = xe^{3x} + C_1 e^{2x} + C_2 e^{3x} \quad (C_1 = - C_1^*).$$

例 4 解方程 $y''-2y'+y=e^x$.

解 原方程可写为 $(D^2-2D+1)y=e^x$，即

$$(D-1)(D-1)y=e^x,$$

因此

$$(D - 1)y = e^x\left(\int e^x \cdot e^{-x} dx + C_1\right) = C_1 e^x + xe^x,$$

故

$$y = e^x\left[\int (C_1 e^x + xe^x) e^{-x} dx + C_2\right] = e^x\left[\int (C_1 + x) dx + C_2\right]$$

$$= C_1 xe^x + C_2 e^x + \frac{1}{2}x^2 e^x.$$

例 5 解下列方程：

(1) $y''+y=e^x\cos x$；　　(2) $y''+y=e^x\sin x$.

解 (1) 中方程可写为

$$(D+i)(D-i)y=e^x\cos x,$$

如果直接按例 3 的方法求解，则有些积分的计算会复杂些，为此先求解方程（称为原方程的复化方程）

$$(D+i)(D-i)y=e^{(1+i)x}=e^x\cos x+ie^x\sin x,$$

然后分别取所得解的实部与虚部，即分别得(1)和(2)中方程的解，

$$(D - i)y = e^{-ix}\left[\int e^{(1+i)x} e^{ix} dx + C_1^*\right] = e^{-ix}\left[\frac{1}{1 + 2i} e^{(1+2i)x} + C_1^*\right]$$

$$= \frac{1}{1 + 2i} e^{(1+i)x} + C_1^* e^{-ix},$$

从而

$$y = e^{ix}\left[\int \left(\frac{1}{1 + 2i} e^{(1+i)x} + C_1^* e^{-ix}\right) e^{-ix} dx + C_2^*\right]$$

$$= e^{ix}\left[\frac{1}{1 + 2i} e^x - \frac{C_1^*}{2i} e^{-2ix} + C_2^*\right]$$

$$= \frac{e^{(1+i)x}}{1 + 2i} - \frac{C_1^*}{2i} e^{-ix} + C_2^* e^{ix}$$

$$= \left[\frac{e^x}{5}(\cos x + 2\sin x) + C_1 \sin x + C_2 \cos x\right] + i\left[\frac{e^x}{5}(\sin x - 2\cos x) + C_1 \cos x + C_2 \sin x\right],$$

所以 $y_1^* = C_1\cos x+C_2\sin x+\frac{e^x}{5}(\cos x+2\sin x)$ 和 $y_2^* = C_1\cos x+C_2\sin x+\frac{e^x}{5}(\sin x-2\cos x)$ 分别是方程(1)和(2)的通解.

从上面的例子可看出,方程(12-26)的这种算子解法的特点是:把解 n 阶方程转化为解一阶方程且最后直接可得通解表达式,对方程(12-26)的非齐次项 $f(x)$ 的函数类型没有特殊要求,原则上对任意的连续函数 $f(x)$ 该方法都是适用的.如果与 12.3.1 小节中例 2 的解法比较可看出,对特殊的函数类型,12.3 节中介绍的方法是待定函数与微分法的结合应用,而本段中的方法涉及多次不定积分计算,一般而言,微分法比积分法更容易进行.

12.3.3 欧拉方程

虽然变系数的线性微分方程在系数函数连续的情况下必有解,但一般而言求解是十分困难的.另一方面,常系数的线性微分方程易于求解,因此研究可化为常系数方程的变系数方程就有现实意义.本段将要介绍的欧拉方程就是这种类型的方程.

形如

$$x^n y^{(n)}+p_1 x^{n-1} y^{(n-1)}+\cdots+p_{n-1} x y'+p_n y=f(x) \tag{12-31}$$

的方程称为欧拉方程.

作变换

$$x=\mathrm{e}^t \quad \text{或者} \quad t=\ln x^{①},$$

将自变量从 x 变成 t,有

$$\frac{\mathrm{d}y}{\mathrm{d}x}=\frac{\mathrm{d}y}{\mathrm{d}t}\frac{\mathrm{d}t}{\mathrm{d}x}=\frac{1}{x}\frac{\mathrm{d}y}{\mathrm{d}t}, \quad \frac{\mathrm{d}^2y}{\mathrm{d}x^2}=\frac{1}{x^2}\left(\frac{\mathrm{d}^2y}{\mathrm{d}t^2}-\frac{\mathrm{d}y}{\mathrm{d}t}\right),$$

$$\frac{\mathrm{d}^3y}{\mathrm{d}x^3}=\frac{1}{x^3}\left(\frac{\mathrm{d}^3y}{\mathrm{d}t^3}-3\frac{\mathrm{d}^2y}{\mathrm{d}t^2}+2\frac{\mathrm{d}y}{\mathrm{d}t}\right),$$

$$\cdots$$

用算子 $D=\frac{\mathrm{d}}{\mathrm{d}t}$ 的记法,上述计算结果可写为

$$\begin{aligned}&xy'=Dy,\\&x^2y''=(D^2-D)y=D(D-1)y,\\&x^3y'''=(D^3-3D^2+2D)y=D(D-1)(D-2)y,\end{aligned}$$

可证,一般地有

$$x^k y^{(k)}=D(D-1)\cdots(D-k+1)y,$$

代入式(12-31)得到以 t 为自变量的常系数线性微分方程.

例 6 求解方程 $x^3y'''+x^2y''-4xy'=3x^2$.

解 所给方程是欧拉方程.令 $x=\mathrm{e}^t$ 或 $t=\ln x$,原方程可转化为

$$D(D-1)(D-2)y+D(D-1)y-4Dy=3\mathrm{e}^{2t},$$

整理得

---

① 此处设 $x>0$,当 $x<0$ 时,可设 $x=-\mathrm{e}^t$ 或 $t=\ln(-x)$,做类似讨论.为简单起见,此处取变换 $x=\mathrm{e}^t$.

$$(D^3-2D^2-3D)y=3e^{2t},$$

即

$$\frac{d^3y}{dt^3}-2\frac{d^2y}{dt^2}-3\frac{dy}{dt}=3e^{2t}.$$

这是三阶常系数线性非齐次方程,下面用微分算子的方法求解.

对应齐次方程的特征方程为 $\lambda^3-2\lambda^2-3\lambda=\lambda(\lambda+1)(\lambda-3)$,即得

$$D(D+1)(D-3)y=3e^{2t}.$$

$$(D+1)(D-3)y=\int 3e^{2t}dt+C_1^*=\frac{3}{2}e^{2t}+C_1^*,$$

$$\begin{aligned}(D-3)y&=e^{-t}\left[\int\left(\frac{3}{2}e^{2t}+C_1^*\right)e^{t}dt+C_2^*\right]\\&=e^{-t}\left[\int\left(\frac{3}{2}e^{3t}+C_1^*e^{t}\right)dt+C_2^*\right]=\frac{1}{2}e^{2t}+C_1^*+C_2^*e^{-t}.\end{aligned}$$

最后得

$$\begin{aligned}y(t)&=e^{3t}\left[\int\left(\frac{1}{2}e^{2t}+C_1^*+C_2^*e^{-t}\right)e^{-3t}dt+C_3\right]\\&=e^{3t}\left[\int\left(\frac{1}{2}e^{-t}+C_1^*e^{-3t}+C_2^*e^{-4t}\right)dt+C_3\right]\\&=-\frac{1}{2}e^{2t}-\frac{1}{3}C_1^*-\frac{1}{4}C_2^*e^{-t}+C_3e^{3t}=-\frac{1}{2}e^{2t}+C_1+C_2e^{-t}+C_3e^{3t}.\end{aligned}$$

代回到原来的变量 x 得

$$y(x)=C_1+\frac{C_2}{x}+C_3x^3-\frac{1}{2}x^2.$$

欧拉方程经过变量代换后,化为对应的高阶常系数线性微分方程,也可以按照 12.3 节所给出的方法求解.

例 7 求解方程 $x^2y''-2xy'+2y+x-2x^3=0$.

解 原方程可化为欧拉方程的标准形式

$$x^2y''-2xy'+2y=2x^3-x, \tag{12-32}$$

令 $x=e^t$ 或 $t=\ln x$,则方程变为

$$D(D-1)y-2Dy+2y=2e^{3t}-e^{t},$$

整理得

$$(D^2-3D+2)y=2e^{3t}-e^{t},$$

对应的二阶常系数线性非齐次方程为

$$\frac{d^2y}{dt^2}-3\frac{dy}{dt}+2y=2e^{3t}-e^{t}, \tag{12-33}$$

对应的线性齐次方程的特征方程为

$$r^2-3r+2=0,$$

解得特征根 $r_1=1, r_2=2$.相应通解为

$$Y=C_1\mathrm{e}^t+C_2\mathrm{e}^{2t}.$$

因为非齐次项 $f(t)=2\mathrm{e}^{3t}-\mathrm{e}^t$,可考虑解两个对应的线性非齐次方程.对于

$$\frac{\mathrm{d}^2y}{\mathrm{d}t^2}-3\frac{\mathrm{d}y}{\mathrm{d}t}+2y=2\mathrm{e}^{3t},$$

$\lambda_1=3$ 不是特征根,可设特解 $y_1^*=A\mathrm{e}^{3t}$,代入方程解出 $A=1$,即特解 $y_1^*=\mathrm{e}^{3t}$.

对于

$$\frac{\mathrm{d}^2y}{\mathrm{d}t^2}-3\frac{\mathrm{d}y}{\mathrm{d}t}+2y=-\mathrm{e}^t,$$

因 $\lambda_2=1$ 是特征方程的单根,可设特解 $y_2^*=tB\mathrm{e}^t$,代入方程解出 $B=1$,即 $y_2^*=t\mathrm{e}^t$. y_1^* 和 y_2^* 相加得线性非齐次方程(12-33)的特解

$$y^*=y_1^*+y_2^*=\mathrm{e}^{3t}+t\mathrm{e}^t.$$

故方程(12-33)的通解为

$$y=C_1\mathrm{e}^t+C_2\mathrm{e}^{2t}+\mathrm{e}^{3t}+t\mathrm{e}^t.$$

把变量 t 变换为 $\ln x$,可得原方程通解

$$y=C_1x+C_2x^2+x^3+x\ln x.$$

习题 12.3

A

1. 解下列方程:

(1) $\frac{\mathrm{d}^3x}{\mathrm{d}t^3}-3\frac{\mathrm{d}^2x}{\mathrm{d}t^2}+3\frac{\mathrm{d}x}{\mathrm{d}t}-x=t-3$;

(2) $y^{(4)}-16y=x^2-\mathrm{e}^x$;

(3) $\frac{\mathrm{d}^6x}{\mathrm{d}t^6}-\frac{\mathrm{d}^4x}{\mathrm{d}t^4}=1$;

(4) $x'''-x=\cos t$.

2. 解下列方程:

(1) $(D^2-D-2)y=\mathrm{e}^x+\mathrm{e}^{2x}$;

(2) $(D^2+6D+13)y=\mathrm{e}^{-3x}\cos 2x$;

(3) $y'''-y''+y'-y=\mathrm{e}^x\cos x$.

3. 解下列方程:

(1) $x^2y''+xy'-y=0$;

(2) $y''-\frac{y'}{x}+\frac{y}{x^2}=\frac{2}{x}$;

(3) $x^2y''-xy'+4y=x\sin(\ln x)$.

B

1. 解下列方程:

(1) $y''+y=\mathrm{ch}\, x$;

(2) $x^2y''+xy'-4y=x^3$;

(3) $x''-\frac{2}{t}x'+\frac{2}{t^2}x=t-1\,(t>0)$.

2. 解方程$(t-1)x''+(t+1)x'+x=2t$(提示:作变换 $y=(t-1)x$).

3. 举例说明:如果 $L_1(D)$ 与 $L_2(D)$ 是变系数的算子多项式,则 $L_1(D)L_2(D)$ 与 $L_2(D)L_1(D)$ 不一定相等.

12.4 微分方程组

12.4.1 微分方程组的例子

引例 1 两种群相互作用的数学模型.

设在一个封闭的环境中(如海岛上),存在着两个相关联的生物种群.用$x(t)$和 $y(t)$分别表示时刻 t 时两个种群的数量或密度.两种群模型的建立一般是从考察各自的相对增长率 $\frac{1}{x}\frac{\mathrm{d}x}{\mathrm{d}t}$和$\frac{1}{y}\frac{\mathrm{d}y}{\mathrm{d}t}$入手的.考虑到种群内自身的发展规律和种群间的相互作用两个方面的因素,从而常用的形式是

$$\begin{cases}\dfrac{1}{x}\dfrac{\mathrm{d}x}{\mathrm{d}t}=f_1(x)+g_1(y),\\[2ex]\dfrac{1}{y}\dfrac{\mathrm{d}y}{\mathrm{d}t}=f_2(x)+g_2(y),\end{cases}\tag{12-34}$$

其中右边函数 $f_1(x)$,$g_2(y)$分别为两种群各自发展规律导出的自身的相对增长率(内禀增长率);$g_1(y)$,$f_2(x)$分别表示种群之间的相互作用对相对增长率的影响.

当 $f_1(x)$,$f_2(x)$,$g_1(y)$,$g_2(y)$都是 x,y 的线性函数时,模型(12-34)为

$$\begin{cases}\dfrac{\mathrm{d}x}{\mathrm{d}t}=x(a_1+b_1x+c_1y),\\[2ex]\dfrac{\mathrm{d}y}{\mathrm{d}t}=y(a_2+b_2x+c_2y),\end{cases}\tag{12-35}$$

称为沃尔泰拉(Volterra)模型.这是由两个一阶方程组成的非线性微分方程组.

方程组中 a_1,a_2 分别为种群 x,y 的内禀增长率.正负由各自食物来源确定.例如,当 x 的食物是 y 种群以外的自然资源时,$a_1\geqslant 0$;当 x 种群仅以 y 种群的生物为食物时,$a_1\leqslant 0$.b_1x^2,c_2y^2 反映各种群内部的密度制约因素,即种内竞争,当时间较长时,应有 $b_1\leqslant 0$,$c_2\leqslant 0$.c_1xy,b_2xy 反映两种群间的相互作用效应,c_1,b_2 的正负与两种群之间的相互作用形式有关,一般有下面三种情况:

(1) 互惠共存型:每一种群的存在都对对方有利,促进其数量的增长,从而有 $c_1\geqslant 0$,$b_2\geqslant 0$(如需要通过蜜蜂等昆虫为媒介传粉的油菜和蜜蜂间的关系).

(2) 捕食与被捕食型:种群 y(捕食者)以种群 x(食饵)为食物来源,这时种群 x 对种群 y 有利,而种群 y 的存在对种群 x 不利,从而 $c_1\leqslant 0$,$b_2\geqslant 0$(如狐狸与兔子之间的关系).

(3) 相互竞争型:两种群互相残杀或竞争同一食物资源,各自的存在都对对方不利,因

而 $c_1\leqslant 0, b_2\leqslant 0$(如老虎、狮子和斑马三种动物形成的一个封闭环境中,老虎与狮子都以斑马为食源).

引例 2 n 体问题.

设有 n 个质量为 m_i 的质点分别位于点(x_i,y_i,z_i)处,并假定按牛顿万有引力定律质点间相互吸引.设

$$r_{ij}=[(x_i-x_j)^2+(y_i-y_j)^2+(z_i-z_j)^2]^{\frac{1}{2}}$$

是 m_i 与 m_j 之间的距离.θ 是从 m_i 到 m_j 的向量与 x 轴正向的夹角(图 12-1),则 m_j 作用于 m_i 上的力在 x 轴的方向上的分量为

$$\frac{Gm_im_j}{r_{ij}^2}\cos\theta=\frac{Gm_im_j(x_j-x_i)}{r_{ij}^3},$$

由牛顿第二定律得

$$\frac{\mathrm{d}^2x_i}{\mathrm{d}t^2}=G\sum_{j\neq i}\frac{m_j(x_j-x_i)}{r_{ij}^3},$$

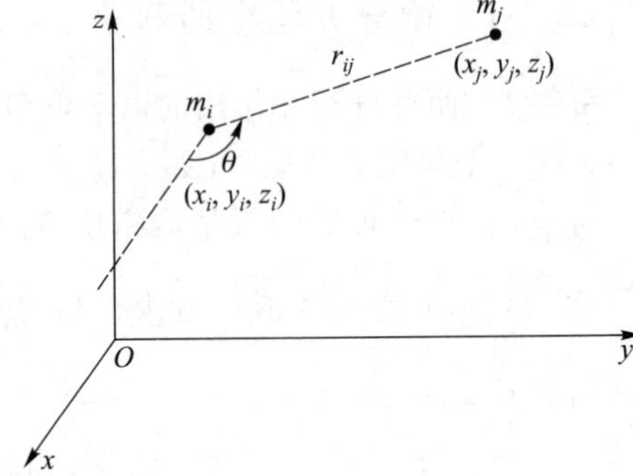

图 12-1

同理可得

$$\frac{\mathrm{d}^2y_i}{\mathrm{d}t^2}=G\sum_{j\neq i}\frac{m_j(y_j-y_i)}{r_{ij}^3}. \tag{12-36}$$

$$\frac{\mathrm{d}^2z_i}{\mathrm{d}t^2}=G\sum_{j\neq i}\frac{m_j(z_j-z_i)}{r_{ij}^3}\quad (i=1,2,\cdots,n).$$

这是由 $3n$ 个二阶非线性方程组成的方程组.

如果各质点的初始位置和初始速度(即$(x_i(t_0),y_i(t_0),z_i(t_0))$和$(x_i'(t_0),y_i'(t_0),z_i'(t_0))$已知,且各质点不互相碰撞(即 $r_{ij}\neq 0$),那么根据微分方程组的解的存在唯一性定理,各质点以后的位置和速度是唯一确定的.这一结论是哲学上机械决定论产生的背景.根据机械决定论,宇宙不过是个无比庞大但由有限个质点构成的机器,它的未来状态由它在任一时刻的状态完全确定.

从引例 1 和引例 2 可见,描述客观事物运动和变化规律的有些数学模型是关于几个未知函数的微分方程组.因此,微分方程组的研究有着重要的现实意义.此外,每个单独的 n 阶微分方程可化归为由 n 个一阶方程组成的一个微分方程组,因此,微分方程组的研究在理论上有一般性.

事实上,设最高阶导数已解出的 n 阶微分方程的一般形式是

$$\frac{\mathrm{d}^nx}{\mathrm{d}t^n}=f\left(t,x,\frac{\mathrm{d}x}{\mathrm{d}t},\cdots,\frac{\mathrm{d}^{n-1}x}{\mathrm{d}t^{n-1}}\right). \tag{12-37}$$

令 $x_1=x, x_2=\frac{\mathrm{d}x_1}{\mathrm{d}t}=\frac{\mathrm{d}x}{\mathrm{d}t}, x_3=\frac{\mathrm{d}x_2}{\mathrm{d}t}=\frac{\mathrm{d}^2x}{\mathrm{d}t^2},\cdots,x_n=\frac{\mathrm{d}x_{n-1}}{\mathrm{d}t}=\frac{\mathrm{d}^{n-1}x}{\mathrm{d}t^{n-1}}$,则$\frac{\mathrm{d}x_n}{\mathrm{d}t}=\frac{\mathrm{d}^nx}{\mathrm{d}t^n}$,方程(12-37)可化为方

程组

$$\begin{cases}\dfrac{\mathrm{d}x_1}{\mathrm{d}t}=x_2,\\ \dfrac{\mathrm{d}x_2}{\mathrm{d}t}=x_3,\\ \cdots\cdots\cdots\cdots\\ \dfrac{\mathrm{d}x_{n-1}}{\mathrm{d}t}=x_n,\\ \dfrac{\mathrm{d}x_n}{\mathrm{d}t}=f(t,x_1,x_2,\cdots,x_n).\end{cases} \tag{12-38}$$

如果 $x=\varphi(t)$ 是方程(12-37)的解,则 $x_1=\varphi(t),x_2=\varphi'(t),\cdots,x_n=\varphi^{(n-1)}(t)$ 满足方程组(12-38).反过来,若 $x_1=\varphi_1(t),x_2=\varphi_2(t),\cdots,x_n=\varphi_n(t)$ 是方程组(12-38)的解,则 $x=\varphi_1(t)$ 是方程(12-37)的解.在这个意义下,我们说方程(12-37)和方程组(12-38)是等价的.

一般地,n 个未知函数组成的一阶微分方程组的形式为

$$\begin{cases}\dfrac{\mathrm{d}x_1}{\mathrm{d}t}=f_1(t,x_1,x_2,\cdots,x_n),\\ \qquad\cdots\cdots\cdots\cdots\\ \dfrac{\mathrm{d}x_n}{\mathrm{d}t}=f_n(t,x_1,x_2,\cdots,x_n).\end{cases} \tag{12-39}$$

引入向量

$$\boldsymbol{x}=\begin{pmatrix}x_1(t)\\x_2(t)\\\vdots\\x_n(t)\end{pmatrix},\quad \frac{\mathrm{d}\boldsymbol{x}}{\mathrm{d}t}=\begin{pmatrix}x_1'(t)\\x_2'(t)\\\vdots\\x_n'(t)\end{pmatrix},\quad \boldsymbol{f}(t,\boldsymbol{x})=\begin{pmatrix}f_1(t,x_1,x_2,\cdots,x_n)\\f_2(t,x_1,x_2,\cdots,x_n)\\\vdots\\f_n(t,x_1,x_2,\cdots,x_n)\end{pmatrix}.$$

方程组(12-39)可写为向量形式

$$\frac{\mathrm{d}\boldsymbol{x}}{\mathrm{d}t}=f(t,\boldsymbol{x}),\boldsymbol{f}:(a,b)\times D\subset\mathbf{R}\times\mathbf{R}^n\to\mathbf{R}^n, \tag{12-40}$$

初值条件 $\boldsymbol{x}(t_0)=\boldsymbol{x}_0$.

定理 1(解的存在唯一性定理) 考虑初值问题

$$\begin{cases}\dfrac{\mathrm{d}\boldsymbol{x}}{\mathrm{d}t}=\boldsymbol{f}(t,\boldsymbol{x}),\\ \boldsymbol{x}(t_0)=\boldsymbol{x}_0.\end{cases} \tag{12-41}$$

如果向量值函数 $\boldsymbol{f}(t,\boldsymbol{x})$ 在闭区域

$$G=\{(t,\boldsymbol{x})\mid |t-t_0|\leqslant a,|\boldsymbol{x}-\boldsymbol{x}_0|\leqslant b\}\subset\mathbf{R}\times\mathbf{R}^n$$

上连续,且对 $\boldsymbol{x}$ 适合利普希茨(Lipschitz)条件

$$|\boldsymbol{f}(t,\boldsymbol{x}_1)-\boldsymbol{f}(t,\boldsymbol{x}_2)|\leqslant L|\boldsymbol{x}_1-\boldsymbol{x}_2|,(t,\boldsymbol{x}_i)\in G,i=1,2,$$

其中利普希茨常数 $L>0$.令

$$M=\max_{(t,\boldsymbol{x})\in G}|\boldsymbol{f}(t,\boldsymbol{x})|,h=\min\left\{a,\frac{b}{M}\right\},0<h^*<\min\left\{h,\frac{1}{L}\right\},$$

则初值问题(12-41)在区间 $|t-t_0|\leqslant h^*$ 上存在唯一解 $\boldsymbol{x}=\boldsymbol{x}(t)$.

12.4.2 微分方程组的解法

1. 线性微分方程组解的性质和结构

此处主要讨论由两个一阶方程组成的线性微分方程组,其一般形式是

$$\begin{cases}\dfrac{\mathrm{d}x}{\mathrm{d}t}=a_1(t)x+b_1(t)y+f_1(t),\\ \dfrac{\mathrm{d}y}{\mathrm{d}t}=a_2(t)x+b_2(t)y+f_2(t).\end{cases}\tag{12-42}$$

当 $f_1=0,f_2=0$ 时的方程组称为对应的齐次方程组,即

$$\begin{cases}\dfrac{\mathrm{d}x}{\mathrm{d}t}=a_1(t)x+b_1(t)y,\\ \dfrac{\mathrm{d}y}{\mathrm{d}t}=a_2(t)x+b_2(t)y.\end{cases}\tag{12-43}$$

设$\dfrac{\mathrm{d}\boldsymbol{z}}{\mathrm{d}t}=\begin{pmatrix}\dfrac{\mathrm{d}x}{\mathrm{d}t}\\ \dfrac{\mathrm{d}y}{\mathrm{d}t}\end{pmatrix},\boldsymbol{z}=\begin{pmatrix}x(t)\\ y(t)\end{pmatrix},\boldsymbol{f}=\begin{pmatrix}f_1(t)\\ f_2(t)\end{pmatrix},\boldsymbol{A}(t)=\begin{pmatrix}a_1(t)&b_1(t)\\ a_2(t)&b_2(t)\end{pmatrix},$

则方程组(12-42)和(12-43)可分别写为

$$\frac{\mathrm{d}\boldsymbol{z}}{\mathrm{d}t}=\boldsymbol{A}(t)\boldsymbol{z}+\boldsymbol{f}(t),\tag{12-42'}$$

$$\frac{\mathrm{d}\boldsymbol{z}}{\mathrm{d}t}=\boldsymbol{A}(t)\boldsymbol{z}.\tag{12-43'}$$

方程(12-42)或(12-43)的解,可看成一个解向量 $\boldsymbol{z}=\begin{pmatrix}x(t)\\ y(t)\end{pmatrix}$.

例如,方程组$\begin{cases}\dfrac{\mathrm{d}x}{\mathrm{d}t}=4x-y,\\ \dfrac{\mathrm{d}y}{\mathrm{d}t}=2x+y\end{cases}$有两个解 $\boldsymbol{z}_1=(\mathrm{e}^{3t},\mathrm{e}^{3t})^{\mathrm{T}},\boldsymbol{z}_2=(\mathrm{e}^{2t},2\mathrm{e}^{2t})^{\mathrm{T}}$,T 表示转置.

类似于上册第 6 章 6.4 节关于一个二阶线性微分方程的讨论,方程组(12-42′)和(12-43′)的解也有类似的解的叠加原理和通解结构原理.

设 $z_1(t)=\begin{pmatrix}x_1(t)\\y_1(t)\end{pmatrix}$，$z_2(t)=\begin{pmatrix}x_2(t)\\y_2(t)\end{pmatrix}$ 是方程组(12-43′)的两个解，行列式

$$W[z_1(t),z_2(t)]=\begin{vmatrix}x_1(t)&x_2(t)\\y_1(t)&y_2(t)\end{vmatrix}$$

称为解 z_1,z_2 的朗斯基行列式. 可以证明，作为解向量的 $W[z_1(t),z_2(t)]$，或者处处为零，或者处处不为零，并且向量组 z_1,z_2 在区间 I 上线性无关当且仅当 $W[z_1(t),z_2(t)]$ 在 I 上处处不为零.

定理 2 （i）如果 $z_1(t)=\begin{pmatrix}x_1(t)\\y_1(t)\end{pmatrix}$ 和 $z_2(t)=\begin{pmatrix}x_2(t)\\y_2(t)\end{pmatrix}$ 是方程组(12-43′)的两个线性无关解，则

$$z(t)=C_1z_2(t)+C_2z_2(t)=\begin{pmatrix}C_1x_1(t)+C_2x_2(t)\\C_1y_1(t)+C_2y_2(t)\end{pmatrix}$$

是方程组(12-43′)的通解；

（ii）如果 $z_p(t)=\begin{pmatrix}x_p(t)\\y_p(t)\end{pmatrix}$ 是方程组(12-42′)的一个特解，$z_1(t)$，$z_2(t)$ 是方程组(12-43′)的两个线性无关解，则

$$z(t)=C_1z_1(t)+C_2z_2(t)+z_p(t)$$

是方程组(12-42′)的通解.

定理证明从略.

2. 常系数线性微分方程组的消元解法

设有方程组

$$\begin{cases}\dfrac{\mathrm{d}x}{\mathrm{d}t}=a_1x+b_1y+f_1(t),\\[2mm]\dfrac{\mathrm{d}y}{\mathrm{d}t}=a_2x+b_2y+f_2(t),\end{cases}\tag{12-44}$$

假设 $b_1\neq0$，则在方程组(12-44)的第一个方程中可解出

$$y=\frac{1}{b_1}\left(\frac{\mathrm{d}x}{\mathrm{d}t}-a_1x-f_1(t)\right),\tag{12-45}$$

代入方程组(12-44)中的第二个方程得

$$\frac{1}{b_1}\left(\frac{\mathrm{d}^2x}{\mathrm{d}t^2}-a_1\frac{\mathrm{d}x}{\mathrm{d}t}-f_1'(t)\right)=a_2x+\frac{b_2}{b_1}\left(\frac{\mathrm{d}x}{\mathrm{d}t}-a_1x-f_1(t)\right)+f_2(t),$$

整理得到关于 $x(t)$ 的二阶线性常系数微分方程

$$\frac{\mathrm{d}^2x}{\mathrm{d}t^2}+k_1\frac{\mathrm{d}x}{\mathrm{d}t}+k_2x=g(t).$$

求得通解后，再代入式(12-45)即可得 $y(t)$ 的表达式.

如果 $b_1=0$，则方程组(12-44)中第一个方程仅含 x，求得解后代入第二个方程得到关于 y 的一阶线性方程.

例1 解方程组 $\begin{cases}\dfrac{dx}{dt}=3x-2y,\\ \dfrac{dy}{dt}=2x-y.\end{cases}$

解 由第二个方程可得 $x=\dfrac{1}{2}\left(\dfrac{dy}{dt}+y\right)$，代入第一个方程整理得

$$\frac{d^2y}{dt^2}-2\frac{dy}{dt}+y=0,$$

其通解为

$$y=(C_1+C_2t)e^t.$$

从而

$$x=\frac{1}{2}\left(\frac{dy}{dt}+y\right)=\frac{1}{2}(2C_1+C_2+2C_2t)e^t,$$

原方程组通解为

$$\begin{cases}x=\dfrac{1}{2}(2C_1+C_2+2C_2t)e^t,\\ y=(C_1+C_2t)e^t.\end{cases}$$

注 x,y 的表达式中任意常数有相互关系；C_1,C_2 是任意常数，但是 x 中 $2C_1+C_2$ 不能写为 C_1，$2C_2$ 不能写为 C_2.

如果要求满足初值条件 $x(0)=1,y(0)=0$ 的解.把此条件代入通解表达式，可得

$$\begin{cases}1=\dfrac{1}{2}(2C_1+C_2),\\ 0=C_1.\end{cases}$$

从而 $C_1=0,C_2=2$，初值问题的解为

$$\begin{cases}x=(1+2t)e^t,\\ y=2te^t.\end{cases}$$

例2 解方程组 $\begin{cases}\dfrac{dx}{dt}+\dfrac{dy}{dt}=-x+y+3,\\ \dfrac{dx}{dt}-\dfrac{dy}{dt}=x+y-1.\end{cases}$

解 方程组中两个方程对应左、右相加得

$$2\frac{dx}{dt}=2y+2,$$

整理得

$$y=\frac{dx}{dt}-1,$$

代入方程组中第一个方程得

$$\frac{d^2x}{dt^2}+x=2.$$

此方程显然有特解 $x^*(t)=2$,对应齐次方程通解为

$$x(t)=C_1\cos t+C_2\sin t,$$

因此得方程组的通解为

$$\begin{cases}x(t)=C_1\cos t+C_2\sin t+2,\\ y(t)=-C_1\sin t+C_2\cos t-1.\end{cases}$$

例 3 解方程组 $\begin{cases}\dfrac{d^2x}{dt^2}+\dfrac{dy}{dt}-x=e^t,\\ \dfrac{d^2y}{dt^2}+\dfrac{dx}{dt}+y=0.\end{cases}$

解 这是由两个二阶方程组成的方程组.如果令 $x_1=x,x_2=\frac{dx_1}{dt}=\frac{dx}{dt},y_1=y,y_2=\frac{dy_1}{dt}$,则方程可化为四个一阶方程组成的方程组.

$$\begin{cases}\dfrac{dx_1}{dt}=x_2,\\ \dfrac{dx_2}{dt}=-y_2+x_1+e^t,\\ \dfrac{dy_1}{dt}=y_2,\\ \dfrac{dy_2}{dt}=-x_2-y_1.\end{cases}$$

可用消元法求解.

下面用算子方法给出一种解法.

原方程组可以写为

$$\begin{cases}(D^2-1)x+Dy=e^t, & ①\\ Dx+(D^2+1)y=0. & ②\end{cases}$$

①-②×D 得

$$-x-D^3y=e^t. \quad ③$$

②+③×D 得

$$(-D^4+D^2+1)y=e^t. \quad ④$$

④是一个四阶常系数线性非齐次方程,特征方程为

$$-\lambda^4+\lambda^2+1=0.$$

特征根

$$\lambda_{1,2}=\pm\sqrt{\frac{1+\sqrt{5}}{2}}\xlongequal{\text{def}}\pm\alpha,\lambda_{3,4}=\pm i\sqrt{\frac{\sqrt{5}-1}{2}}\xlongequal{\text{def}}\pm i\beta.$$

观察可得④的一个特解 $y^*=e^t$,因此,

$$y=C_1e^{-\alpha t}+C_2e^{\alpha t}+C_3\cos\beta t+C_4\sin\beta t+e^t.$$

把 y 的表达式代入式③,可得

$$x=\alpha^3C_1e^{-\alpha t}-\alpha^3C_2e^{\alpha t}-\beta^3C_3\sin\beta t+\beta^3C_4\cos\beta t-2e^t.$$

注　根据导数的性质,算子 D 进行加法、减法、乘法、数乘运算是可以的,但除法是无意义的.上述解法类似于求解线性代数方程组的思路.

习题 12.4

A

1. 解下列方程组:

(1) $\begin{cases}\dfrac{dx}{dt}=-3x+4y,\\ \dfrac{dy}{dt}=-2x+3y;\end{cases}$　　(2) $\begin{cases}\dfrac{dx}{dt}=4x-3y,\\ \dfrac{dy}{dt}=8x-6y;\end{cases}$

(3) $\begin{cases}\dfrac{dx}{dt}=-2x,\\ \dfrac{dy}{dt}=3y-x;\end{cases}$　　(4) $\begin{cases}\dfrac{dx}{dt}+5x+y=e^t,\\ \dfrac{dy}{dt}-x-3y=e^{2t}.\end{cases}$

2. 求下列方程组的解:

(1) $\begin{cases}\dfrac{dx}{dt}=y, & x(0)=0,\\ \dfrac{dy}{dt}=-x, & y(0)=1;\end{cases}$　　(2) $\begin{cases}\dfrac{d^2x}{dt^2}+2\dfrac{dy}{dt}-x=0, & x(0)=1,\\ \dfrac{dx}{dt}+y=0, & y(0)=0;\end{cases}$

(3) $\begin{cases}\dfrac{dx_1}{dt}=3x_1+5x_2, & x_1(0)=1,\\ \dfrac{dx_2}{dt}=-5x_1+3x_2, & x_2(0)=1.\end{cases}$

B

1. 化三阶方程 $x'''-2x''+x=e^{-t}$ 为一阶微分方程组成的方程组,并分别求三阶方程和所化成的方程组的解.

2. 设 $\begin{cases}x=x_1(t),\\ y=y_1(t)\end{cases}$ 和 $\begin{cases}x=x_2(t),\\ y=y_2(t)\end{cases}$ 分别是齐次方程组 $\begin{cases}\dfrac{dx}{dt}=a_1(t)x+b_1(t)y,\\ \dfrac{dy}{dt}=a_2(t)x+b_2(t)y\end{cases}$ 的两个解. $W(t)=\begin{vmatrix}x_1(t) & x_2(t)\\ y_1(t) & y_2(t)\end{vmatrix}$ 是解的朗斯基行列式,则 $W(t)$ 满足方程

$$\frac{\mathrm{d}W}{\mathrm{d}t}=[a_1(t)+b_2(t)]W.$$

并由此证明：$W(t)$在区间$[a,b]$上或者恒为零或者处处不为零.

3. 设二阶线性方程

$$\frac{\mathrm{d}^2x}{\mathrm{d}t^2}+P(t)\frac{\mathrm{d}x}{\mathrm{d}t}+Q(t)x=0 \qquad (*)$$

已化为方程组

$$\begin{cases}\dfrac{\mathrm{d}x}{\mathrm{d}t}=y,\\ \dfrac{\mathrm{d}y}{\mathrm{d}t}=-Q(t)y-P(t)y.\end{cases} \qquad (**)$$

设$x_1(t),x_2(t)$是方程$(*)$的解，$z_1(t)=\begin{pmatrix}x_1(t)\\ y_1(t)\end{pmatrix}$和$z_2(t)=\begin{pmatrix}x_2(t)\\ y_2(t)\end{pmatrix}$是方程组$(**)$的解.证明：作为二阶方程解的朗斯基行列式$W[x_1(t),x_2(t)]$和作为方程组解的朗斯基行列式$W[z_1(t),z_2(t)]$是相等的.

*12.5　微分方程数值解

由里卡蒂方程的可解性我们知道，即使像$y'=x^2+y^2$这样简单的方程也不能用初等积分法求得解析解.因此求数值解，即求出在某个区间上一些点处未知函数的近似值是有实际意义的.本节介绍求解初值问题

$$\begin{cases}\dfrac{\mathrm{d}y}{\mathrm{d}x}=f(x,y),\\ y(x_0)=y_0\end{cases} \qquad (12-46)$$

数值解的欧拉方法，改进欧拉方法及龙格—库塔(Runge-Kutta)方法.

欧拉方法　考虑定解问题(12-46)，设$y=y(x)$是方程(12-46)的解曲线，则它通过点$P(x_0,y_0)$，且在$P(x_0,y_0)$处切线有斜率$f(x_0,y_0)$.对充分小的h(称为步长)，用过$P(x_0,y_0)$的切线在$[x_0-h,x_0+h]$上逼近曲线$y(x)$.在切线上取点$P_1(x_1,\overline{y}_1)=P_1(x_0+h,y_0+hf(x_0,y_0))$，即以$\overline{y}_1$近似$y_1$，再以$P_1(x_1,\overline{y}_1)$为新的起点，从$P_1$移到点$P_2(x_2,\overline{y}_2)=P_2(x_1+h,\overline{y}_1+hf(x_1,\overline{y}_1))$，也可用$-h$代替$h$沿另一方向求近似解.把这个过程重复进行若干步后即得未知函数在某个区间上的近似解.形式为

$$\begin{cases}x_{n+1}=x_n+h,\\ \overline{y}_{n+1}=\overline{y}_n+hf(x_n,\overline{y}_n)\end{cases} \qquad (n=0,1,2,\cdots).$$

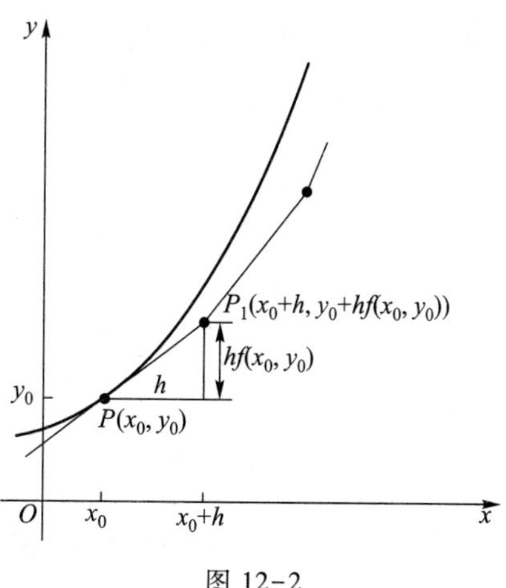

图 12-2

上述步骤如图 12-2 所示.

例　取$h=0.1$，求初值问题

$$y'=1+y, y(0)=1 \tag{12-47}$$

在区间[0,1]上的数值解.

解 设$\begin{cases} x_{n+1}=x_n+h, \\ \overline{y}_{n+1}=\overline{y}_n+h(1+\overline{y}_n) \end{cases}$ $(n=0,1,\cdots,10)$.

方程(12-47)的精确解为 $y=2\mathrm{e}^x-1$.表 12-1 是式(12-47)的欧拉数值解和精确解及误差数据.

表 12-1

x	$\overline{y}$(近似)	y(精确)	误差 $\varepsilon=y-\overline{y}$
0	1	1	0
0.1	1.2	1.210 3	0.010 3
0.2	1.42	1.442 8	0.022 8
0.3	1.662	1.699 7	0.037 7
0.4	1.928 2	1.983 6	0.055 4
0.5	2.221 0	2.297 4	0.076 4
0.6	2.543 1	2.644 2	0.101 1
0.7	2.897 4	3.027 5	0.130 1
0.8	3.287 2	3.451 1	0.163 9
0.9	3.715 9	3.919 2	0.203 3
1.0	4.187 5	4.436 6	0.249 1

在 $x=1$ 处的相对误差为 5.6%.

改进欧拉方法 对欧拉方法作如下处理:先用欧拉方法得到 y_{n+1} 的估计值 z_{n+1},再取 $f(x_n,\overline{y}_n)$ 与 $f(x_{n+1},z_{n+1})$ 的平均代替 $f(x_n,y_n)$,于是形式为

$$\begin{cases} x_{n+1}=x_n+h, \\ z_{n+1}=\overline{y}_n+hf(x_n,\overline{y}_n), \\ \overline{y}_{n+1}=\overline{y}_n+\dfrac{h}{2}[f(x_n,\overline{y}_n)+f(x_{n+1},z_{n+1})]. \end{cases} \tag{12-48}$$

用改进欧拉方法计算上述例题,在 $x=1$ 处,

$$y(\text{近似})=4.428\ 161\ 693,\quad y(\text{精确})=4.436\ 563\ 657.$$

误差 $\varepsilon=y(\text{精确})-y(\text{近似})=0.008\ 401\ 964$,小于 1% 的 $\dfrac{1}{5}$.

龙格—库塔方法 龙格—库塔方法要用到四个中介值.设

$$k_1=hf(x_n,\overline{y}_n), k_2=hf\left(x_n+\frac{h}{2},\overline{y}_n+\frac{k_1}{2}\right),$$

$$k_3=hf\left(x_n+\frac{h}{2},\overline{y}_n+\frac{k_2}{2}\right),k_4=hf(x_n+h,\overline{y}_n+k_3).$$

形式如下

$$\begin{cases}x_{n+1}=x_n+h,\\ \overline{y}_{n+1}=\overline{y}_n+\dfrac{1}{6}(k_1+2k_2+2k_3+k_4).\end{cases}\tag{12-49}$$

用龙格—库塔方法计算上述例题,得到 $x=1$ 处值

$$\overline{y}(\text{近似})=4.436\ 559\ 490,$$

误差 $\varepsilon=y(\text{精确})-\overline{y}(\text{近似})=0.000\ 004\ 167$,小于 1% 的 $\dfrac{1}{10\ 000}$.

前两种方法下取 $h=0.2$,近似解(用折线连接)与精确解如图 12-3 所示.

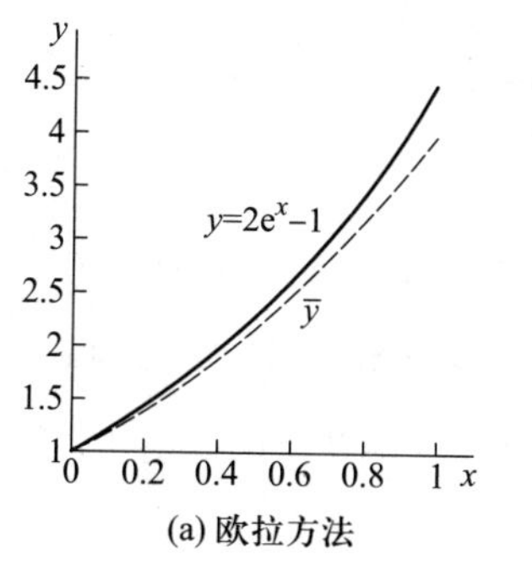

(a) 欧拉方法

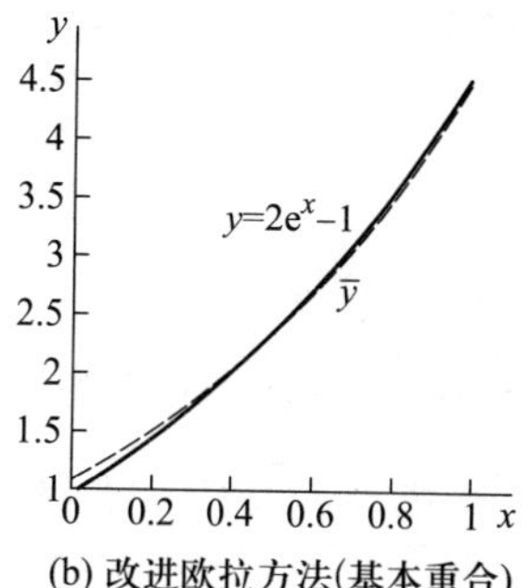

(b) 改进欧拉方法(基本重合)

图 12-3

*习题 12.5

1. 对初值问题 $y'=y,y(0)=1$,取 $h=0.2$.

(1) 计算精确值 $y(1)$;　　(2) 用欧拉方法估算 $\overline{y}(1)$.

2. 对上题中的初值问题,取 $h=0.2$,用改进欧拉方法估算 $\overline{y}(1)$.

3. 对初值问题 $\begin{cases}y'=x-y,\\ y(0)=1.\end{cases}$

(1) 求出其精确解;

(2) 取 $h=0.5$,用龙格—库塔方法计算在区间 $[0,2]$ 上的 $\overline{y}(0.5),\overline{y}(1),\overline{y}(1.5),\overline{y}(2)$.

4. 对初值问题 $\begin{cases}y'=x^2+y^2,\\ y(0)=0.\end{cases}$ 取 $h=0.5$,用龙格—库塔方法计算 $\overline{y}(0.5),\overline{y}(1),\overline{y}(1.5),\overline{y}(2)$.

复习题十二

1. 如何判断方程 $P(x,y)\mathrm{d}x+Q(x,y)\mathrm{d}y=0$ 是全微分方程?求全微分方程通解的曲线积分法与偏积分方法的依据是什么?

2. 函数 $\mu(x,y)$ 满足什么条件时是方程 $P(x,y)\mathrm{d}x+Q(x,y)\mathrm{d}y=0$ 的积分因子?积分因子在什么情况下必然存在?在什么条件下存在仅与 x 或仅与 y 有关的积分因子?

3. 区间 I 上任意 n 个函数的朗斯基行列式和区间 I 上作为 n 阶线性齐次方程的解的 n 个函数的朗斯基行列式有何不同？如何利用朗基斯行列式判断 n 个解的线性相关和线性无关性？

4. 如何用常数变易法由对应齐次线性方程的通解求非齐次方程的一个特解？

5. 微分方程如何求其幂级数形式的解？

6. 常系数线性齐次方程的特征根法的思想方法是什么？如何根据特征根的情况写出微分方程的线性无关解和通解？

7. 常系数线性非齐次方程的算子方法与待定系数法比较有什么特点？

8. 欧拉方程具有什么样的结构？如何求解？

9. 种群生态的沃尔泰拉模型是什么样的方程组？n 体问题是什么样的方程组？

10. 一个 n 阶方程与由 n 个一阶方程组成的方程组有何关系？

11. 微方程组解的存在唯一性定理中的利普希茨条件是一个什么样的条件？

12. 常系数线性微分方程组的解的消元法是什么样的方法？

总习题十二

1. 解下列方程：

(1) $(a^2-2xy-y^2)\mathrm{d}x-(x+y)^2\mathrm{d}y=0$；　　(2) $y^2(x-3y)\mathrm{d}x+(1-3y^2x)\mathrm{d}y=0$.

2. 求里卡蒂方程 $\dfrac{\mathrm{d}y}{\mathrm{d}x}=x^2+y^2$，满足初值条件 $y(0)=1$ 的幂级数解(写出级数的前 5 项即可).

3. 已知变系数齐次方程 $(x-1)y''-xy'+y=0$ 的通解为 $Y(x)=C_1x+C_2\mathrm{e}^x$，利用常数变易法求非齐次方程 $(x-1)y''-xy+y'=(x-1)^2$ 的通解.

4. 如果 $y_1(x)$ 是非齐次方程 $y''+P(x)y'+Q(x)y=f(x)$ 对应齐次方程 $y''+P(x)y+Q(x)y=0$ 的一个非零特解.证明：可通过变换 $y=u(x)y_1$ 化非齐次方程为 $y_1u''+(2y_1'+Py_1)u'=f(x)$，从而令 $u'=z$，就可化为一阶方程 $y_1z'+(2y_1'+Py_1)z=f(x)$，得到非齐次方程的通解.

5. 已知 $y_1=\mathrm{e}^x$ 是方程 $y''-2y'+y=0$ 的一个特解，按上题的方法求方程 $y''-2y'+y=\dfrac{\mathrm{e}^x}{x}$ 的通解.

6. 求方程 $\dfrac{\mathrm{d}^4u}{\mathrm{d}t^4}+\omega^4u=0$ 的通解，其中 $\omega>0$.

7. 解方程 $(D^2-3D+2)y=\mathrm{e}^x+\mathrm{e}^{2x}$.

8. 解下列方程：

(1) $x^3y'''+3x^2y''-2xy'+2y=0$；　　(2) $x^2y''-2xy'+2y=\ln^2x-2\ln x$.

9. 解下列方程组：

(1) $\begin{cases}\dfrac{\mathrm{d}^2x}{\mathrm{d}t^2}=y,\\[2mm]\dfrac{\mathrm{d}^2y}{\mathrm{d}t^2}=x;\end{cases}$　　(2) $\begin{cases}\dfrac{\mathrm{d}x}{\mathrm{d}t}+2x+\dfrac{\mathrm{d}y}{\mathrm{d}t}+y=t,\\[2mm]5x+\dfrac{\mathrm{d}y}{\mathrm{d}t}+3y=t^2.\end{cases}$

10. 解方程组

$$\begin{cases}\dfrac{\mathrm{d}x}{\mathrm{d}t}=-x+y+z,\\[2mm]\dfrac{\mathrm{d}y}{\mathrm{d}t}=x-y+z,\\[2mm]\dfrac{\mathrm{d}z}{\mathrm{d}t}=x+y-z.\end{cases}$$

选　读

用数学来描述战争的胜负

在第一次世界大战期间,兰彻斯特(F.W.Lanchester)提出了几个尚不成熟的关于空战战术的数学模型.以后人们不断推广这些模型用于描述传统战争模式的各种竞争.这类数学模型称为兰彻斯特战斗模型.

附录 I　高等数学常用数学名词英文注释

第 7 章

平面解析几何 analytic geometry in plane

x 轴(坐标) x-axis(coordinate)

xy 坐标平面 xy-coordinate plane

第一卦限 first octant

原点 origin

两点间的距离 the distance between two points

向量 vector

自由向量 free vector

单位向量 unit vector

平行四边形(三角形)法则 parallelogram(triangle)rule

零向量 zero vector

$\boldsymbol{v}=a\boldsymbol{i}+b\boldsymbol{j}$, $a\boldsymbol{i}(b\boldsymbol{j})$: $\boldsymbol{v}$ 在 $\boldsymbol{i}(\boldsymbol{j})$ 方向的向量分量 the vector components of $\boldsymbol{v}$ in the directions of $\boldsymbol{i}(\boldsymbol{j})$

$a(b)$: $\boldsymbol{v}$ 在 $\boldsymbol{i}(\boldsymbol{j})$ 方向的数量分量 the scalar components of $\boldsymbol{v}$ in the directions of $\boldsymbol{i}(\boldsymbol{j})$

加(减,数乘)addition(subtraction, scalar multiplication)

向量的长度(方向,模)length(direction, module)of vector

正交(垂直)orthogonal(perpendicular)

交换(分配,结合)律 commutative(distributive, associative)law

投影 project

投影柱面 projecting cylinder

方向余弦 direction cosine

数量(点积) scalar(dot)product

向量(叉)积 vector(cross)product

混合(盒)积 triple scalar(box)product

曲面 surface

球面 sphere

直角坐标 rectangular coordinate

二次曲面 quadric surface

椭球面 ellipsoid

椭圆抛物面 ellipsoid paraboloid

母线 generating line

准线 directrix

旋转(圆)抛物面 paraboloid of revolution, circular paraboloid

椭圆(圆)锥 elliptic(circular)cone

柱面 cylinder

单(双)叶双曲面 hyperboloid of one (two) sheet

双曲抛物面 hyperbolic paraboloid

螺旋线 spiral

法向量 normal vector

夹角 angle

平面束 pencil of planes

第 8 章

多元函数 function of several variables

n 元函数 function of n-variables

区域 region(domain)

内点 inner point

边界点 boundary point

开集 open set

连通的 connected

开区域 open region(domain)

闭区域 closed region(domain)

有界闭区域 bounded closed region

n-维空间 n-dimensional space
二重极限 double limit
偏导数 partial derivative
混合偏导数 mixed partial derivative
偏改变量 partial increment
偏微分 partial differential
全微分 total differential
隐函数 implicit function
雅可比(行列)式 Jacobian
拉格朗日乘数 Lagrange multiplier
切向量 tangent vector
切平面 tangent plane
法平面 normal plane
方向导数 directional derivative
梯度 gradient

第 9 章

n 重积分 n-tuple integral
二重积分 double integral
三重积分 triple integral
面密度 surface density
面积元素 area element
体积元素 volume element
柱面坐标 cylindrical coordinate
球面坐标 spherical coordinate

第 10 章

向量场 vector field
向量函数 vector function
单侧曲面 unilateral surface
双侧曲面 two-sided(bilateral)surface
曲线积分 curvilinear integral
曲面积分 surface intergral
单连通区域 simply connected region
复连通区域 complex connected region
格林公式 Green's formula
高斯公式 Gauss formula
通量 flux
散度 divergence
旋度 rotation
斯托克斯公式 Stokes formula

第 11 章

无穷级数 infinite series
调和级数 harmonic series
一般项 general term
部分和 partial sum
级数的余项 remainder of a series
等比级数 geometric series
正项级数 series of positive terms
交错级数 alternating series
绝对收敛 absolutely convergent
条件收敛 conditionally convergent
函数项级数 series of functions
幂级数 power series
收敛域 convergence domain
发散域 divergence domain
收敛半径 convergence radius
泰勒级数 Taylor series
麦克劳林级数 Maclaurin series
逐项积分 termwise integration
一致收敛 converge uniformly
傅里叶级数 Fourier series
正弦级数 sine series
余弦级数 cosine series

附录Ⅱ　二阶和三阶行列式简介

设有二元线性方程组

$$\begin{cases}a_{11}x_1+a_{12}x_2=b_1,\\a_{21}x_1+a_{22}x_2=b_2,\end{cases}\tag{1}$$

其中 x_1,x_2 是未知量,a_{ij}是未知量的系数,b_i 是常数项,求这个方程组的解.

在中学我们学习过解方程组(1)的加减消元法.在第一个方程两边同乘 a_{22},第二个方程两边同乘 a_{12},然后相减可得

$$(a_{11}a_{22}-a_{12}a_{21})x_1=b_1a_{22}-a_{12}b_2,\tag{2}$$

同理可得

$$(a_{11}a_{22}-a_{12}a_{21})x_2=a_{11}b_2-b_1a_{21}.\tag{3}$$

由此即可得到方程组(1)的解.

为了看清楚式(2),(3)中未知量的系数和常项数的计算规律,数学家们引入了行列式的概念.

把方程组(1)中未知量 x_1,x_2 的系数按原位置列成一个表(称为方程组(1)的系数矩阵)

$$\begin{bmatrix}a_{11}&a_{12}\\a_{21}&a_{22}\end{bmatrix},\tag{4}$$

则方程(2)中 x_1 的系数 $a_{11}a_{22}-a_{12}a_{21}$恰好是该表中两条对角线上的元素乘积之差.在此表中把第一列元素 a_{11},a_{21}(x_1 的系数)分别换成方程组(1)的常数项 b_1,b_2,得表

$$\begin{bmatrix}b_1&a_{12}\\b_2&a_{22}\end{bmatrix}.$$

用同样算法可得方程(2)中的常数项 $b_1a_{22}-a_{12}b_2$.通过分析显示出用方程组的系数及常数项表示方程组解的某种规律性的运算.

把算式 $a_{11}a_{22}-a_{12}a_{21}$称为表(4)的二阶行列式,记为$\begin{vmatrix}a_{11}&a_{12}\\a_{21}&a_{22}\end{vmatrix}$,即

$$\begin{vmatrix}a_{11}&a_{12}\\a_{21}&a_{22}\end{vmatrix}=a_{11}a_{22}-a_{12}a_{21}.\tag{5}$$

有了二阶行列式,记

$$D=\begin{vmatrix}a_{11}&a_{12}\\a_{21}&a_{22}\end{vmatrix},D_1=\begin{vmatrix}b_1&a_{12}\\b_2&a_{22}\end{vmatrix},D_2=\begin{vmatrix}a_{11}&b_1\\a_{21}&b_2\end{vmatrix},$$

称 D 为方程组(1)的系数行列式.方程组(1)的解可简洁地表示为

$$x_1=\frac{D_1}{D},x_2=\frac{D_2}{D}\qquad(D\neq0).$$

通过对三元一次方程

$$\begin{cases}a_{11}x_1+a_{12}x_2+a_{13}x_3=b_1,\\ a_{21}x_1+a_{22}x_2+a_{23}x_3=b_2,\\ a_{31}x_1+a_{32}x_2+a_{33}x_3=b_3\end{cases} \tag{6}$$

使用加减消元法求解过程的分析,可引入三阶行列式的概念.

对于数表(称为方程组(6)的系数矩阵)

$$\begin{bmatrix}a_{11} & a_{12} & a_{13}\\ a_{21} & a_{22} & a_{23}\\ a_{31} & a_{32} & a_{33}\end{bmatrix},$$

算式

$$a_{11}a_{22}a_{33}+a_{12}a_{23}a_{31}+a_{13}a_{21}a_{32}-a_{13}a_{22}a_{31}-a_{12}a_{21}a_{33}-a_{11}a_{23}a_{32}$$

称为对应于数表的三阶行列式,记为

$$\begin{vmatrix}a_{11} & a_{12} & a_{13}\\ a_{21} & a_{22} & a_{23}\\ a_{31} & a_{32} & a_{33}\end{vmatrix}. \tag{7}$$

即 $$\begin{vmatrix}a_{11} & a_{12} & a_{13}\\ a_{21} & a_{22} & a_{23}\\ a_{31} & a_{32} & a_{33}\end{vmatrix}=a_{11}a_{22}a_{33}+a_{12}a_{23}a_{31}+a_{13}a_{21}a_{32}-a_{13}a_{22}a_{31}-a_{12}a_{21}a_{33}-a_{11}a_{23}a_{32}.$$

式(7)中元素 $a_{ij}(j=1,2,3)$ 所在行称为行列式的第 i 行 $(i=1,2,3)$,$a_{ij}(i=1,2,3)$ 所在列称为行列式的第 j 列 $(j=1,2,3)$.

行列式(7)的计算规律可用下图表示:

$$\underset{+}{\begin{vmatrix}\bigcirc & \triangle & \square\\ \square & \bigcirc & \triangle\\ \triangle & \square & \bigcirc\end{vmatrix}} \qquad \underset{-}{\begin{vmatrix}\square & \triangle & \bigcirc\\ \triangle & \bigcirc & \square\\ \bigcirc & \square & \triangle\end{vmatrix}}$$

行列式中从左上角到右下角的直线称为主对角线,从右上角到左下角的直线称为次对角线.主对角线上三个元素的乘积及平行于主对角线的平行线上三个元素的乘积,前面取+号;次对角线上三个元素的乘积及平行于次对角线的平行线上三个元素的乘积,前面取-号.

根据行列式的定义,可证行列式的下述性质成立.

性质 1　行列式中如果有两行或者两列相等或对应成比例,则行列式为零.

性质 2　行列中如果某一行或者某一列有一公因子,可提公因子到行列式的外边.

性质 3　交换两行或者两列的位置,行列式改变正负号.

性质 4　三阶行列式可按第一行展开,用二阶行列式表示,即

$$\begin{vmatrix}a_{11} & a_{12} & a_{13}\\ a_{21} & a_{22} & a_{23}\\ a_{31} & a_{32} & a_{33}\end{vmatrix}=a_{11}\begin{vmatrix}a_{22} & a_{23}\\ a_{32} & a_{33}\end{vmatrix}-a_{12}\begin{vmatrix}a_{21} & a_{23}\\ a_{31} & a_{33}\end{vmatrix}+a_{13}\begin{vmatrix}a_{21} & a_{22}\\ a_{31} & a_{32}\end{vmatrix}.$$

有了三阶行列式的概念,记

$$D=\begin{vmatrix} a_{11} & a_{12} & a_{13} \\ a_{21} & a_{22} & a_{23} \\ a_{31} & a_{32} & a_{33} \end{vmatrix}, D_1=\begin{vmatrix} b_1 & a_{12} & a_{13} \\ b_2 & a_{22} & a_{23} \\ b_3 & a_{32} & a_{33} \end{vmatrix},$$

$$D_2=\begin{vmatrix} a_{11} & b_1 & a_{13} \\ a_{21} & b_2 & a_{23} \\ a_{31} & b_3 & a_{33} \end{vmatrix}, D_3=\begin{vmatrix} a_{11} & a_{12} & b_1 \\ a_{21} & a_{22} & b_2 \\ a_{31} & a_{32} & b_3 \end{vmatrix},$$

那么,可以证明方程组(6)的解可表示为

$$x_1=\frac{D_1}{D}, x_2=\frac{D_2}{D}, x_3=\frac{D_3}{D} \qquad (D\neq 0).$$

关于行列式更进一步的理论与推广及解线性代数方程的方法可参阅有关的线性代数教科书.

例 1 解方程组$\begin{cases} x+2y=1, \\ 2x+y=2. \end{cases}$

解 $D=\begin{vmatrix} 1 & 2 \\ 2 & 1 \end{vmatrix}=-3, D_1=\begin{vmatrix} 1 & 2 \\ 2 & 1 \end{vmatrix}=-3, D_2=\begin{vmatrix} 1 & 1 \\ 2 & 2 \end{vmatrix}=0$,从而

$$x=\frac{D_1}{D}=1, y=\frac{D_2}{D}=0.$$

例 2 计算行列式$\begin{vmatrix} 1 & 2 & 3 \\ -1 & 2 & 3 \\ 0 & 1 & 2 \end{vmatrix}$.

解法一 $\begin{vmatrix} 1 & 2 & 3 \\ -1 & 2 & 3 \\ 0 & 1 & 2 \end{vmatrix}$

$$=1\times2\times2+2\times3\times0+3\times(-1)\times1-3\times2\times0-1\times3\times1-2\times(-1)\times2=2.$$

解法二 $\begin{vmatrix} 1 & 2 & 3 \\ -1 & 2 & 3 \\ 0 & 1 & 2 \end{vmatrix}=1\times\begin{vmatrix} 2 & 3 \\ 1 & 2 \end{vmatrix}-2\times\begin{vmatrix} -1 & 3 \\ 0 & 2 \end{vmatrix}+3\times\begin{vmatrix} -1 & 2 \\ 0 & 1 \end{vmatrix}$

$$=1\times1-2\times(-2)+3\times(-1)=2.$$

部分习题参考答案

习题 7.1

A

1. A(Ⅳ)；B(Ⅴ)；C(Ⅷ)；D(Ⅲ)；E(Ⅱ).

2. A(x 轴上)；B(y 轴上)；C(z 轴上)；D(xOy 面上)；E(zOx 面上)；F(yOz 面上).

3. 关于 xOy,yOz,zOx 面：$(a,b,-c)$，$(-a,b,c)$，$(a,-b,c)$；关于 x 轴，y 轴，z 轴：$(a,-b,-c)$，$(-a,b,-c)$，$(-a,-b,c)$；关于原点：$(-a,-b,-c)$.

4. $(-3,5,0)$；$(0,5,2)$；$(-3,0,2)$.　　5. $\sqrt{21}+\sqrt{6}+\sqrt{27}$.

B

1. (1) 等腰；　(2) 非直角，非等腰；　(3) 直角.

2. (1) 不共线；　(2) 共线.

3. 到 x 轴：$\sqrt{b^2+c^2}$；　到 y 轴：$\sqrt{a^2+c^2}$；　到 z 轴：$\sqrt{a^2+b^2}$.

4. $\left(0,0,\frac{14}{9}\right)$.　　5. $(0,1,-2)$.

习题 7.2

A

1. (1) $(0,-2)$，2；(2) $(-3,3)$，$3\sqrt{2}$；(3) $(2,0,-2)$，$2\sqrt{2}$；(4) $(0,0,3)$，3.

2. $(1,-2,-2)$，$(-2,4,4)$.　　3. $(5,-1,-3)$.

4. $(9,1,4)$，$(0,5,-7)$，$(-4,-11,13)$.

5. $\left(\frac{6}{11},\frac{7}{11},-\frac{6}{11}\right)$.

B

1. $\overrightarrow{MA}=-\frac{1}{2}(\boldsymbol{a}+\boldsymbol{b})$，$\overrightarrow{MB}=\frac{1}{2}(\boldsymbol{a}-\boldsymbol{b})$，$\overrightarrow{MC}=\frac{1}{2}(\boldsymbol{a}+\boldsymbol{b})$，$\overrightarrow{MD}=\frac{1}{2}(\boldsymbol{b}-\boldsymbol{a})$.

4. (1) $\frac{1}{\sqrt{29}}(-2,4,3)$；　(2) $\frac{1}{9}(1,-4,8)$；　(3) $\frac{1}{\sqrt{2}}(1,1,0)$；　(4) $\frac{1}{\sqrt{69}}(2,-4,7)$.

习题 7.3

A

1. (1) -1；　(2) -15；　(3) 3；　(4) -1；　(5) 11；　(6) -31；　(7) 50；　(8) 9.

3. (1) $\arccos\frac{11}{15}\approx 43°$；　　(2) $\arccos\left(\frac{-4}{\sqrt{78}}\right)\approx 117°$.

4. 模 2，方向余弦 $-\frac{1}{2},-\frac{\sqrt{2}}{2},\frac{1}{2}$，方向角 $\frac{2\pi}{3},\frac{3\pi}{4},\frac{\pi}{3}$.

5. (1) $\frac{3\sqrt{5}}{5}$；　(2) $\frac{\sqrt{2}}{2}$.　　6. $\left(\frac{6}{11},\frac{7}{11},-\frac{6}{11}\right)$ 或 $\left(-\frac{6}{11},-\frac{7}{11},\frac{6}{11}\right)$.

B

1. $-\frac{3}{2}$.　2. $\pm\frac{1}{\sqrt{3}}(1,-1,-1)$.　3. $\frac{\pi}{3}$ 或 $\frac{2\pi}{3}$.

4. $|\boldsymbol{b}|=|\boldsymbol{a}|$ 或 $\boldsymbol{a}\cdot\boldsymbol{b}=0$.　5. $\sqrt{3}$.　6. 38(J).　7. $-\boldsymbol{k}$ 或 $\frac{1}{\sqrt{2}}\boldsymbol{i}+\frac{1}{\sqrt{2}}\boldsymbol{j}$.

习题 7.4

A

1. (1) (3,−7,−5)； (2) (18,−42,−30)； (3) (3,−7,−5)； (4) (9,−21,−15).
2. (1) (8,−16,0)； (2) 2； (3) (0,8,24)； (4) (2,1,21).
3. $\pm\frac{1}{3}(1,-2,2)$.　　4. $\frac{1}{2}\sqrt{19}$.

B

1. $\frac{9}{2}$.　2. $30\sqrt{2}$.　3. $(26,4,-7)$，$\frac{\sqrt{741}}{2}$.　4. $\frac{2}{3}$.

6. (1) 否； (2)否； (3)是.

习题 7.5

A

1. (1) $(x-3)^2+(y+2)^2+(z-5)^2=16$； (2) $(x+1)^2+(y+3)^2+(z-2)^2=9$；
   (3) $(x-3)^2+(y+1)^2+(z-1)^2=21$； (4) $x^2+y^2+z^2-\frac{7}{2}x-2y-\frac{3}{2}z=0$；
   (5) $x^2+y^2+z^2-2x-6y+4z=0$.
2. (1) $(0,0,3)$，$R=4$； (2) $(6,-2,3)$，$R=7$； (3) $(1,-2,2)$，$R=4$.
3. (1) 双曲线，双曲柱面； (2) 椭圆，椭圆柱面； (3) 圆，圆柱面；
   (4) 相交直线，相交平面； (5) 直线，平面； (6) 直线，平面.
4. (1) $z=3x^2+3y^2$；　(2) $z^2=4x^2+4y^2$，$x^2+z^2=4y^2$；
   (3) $x^2+2y^2+2z^2=1$，$x^2+z^2+2y^2=1$； (4) $4x^2+4y^2-z^2=1$.

B

1. $\left(x+\frac{2}{3}\right)^2+(y+1)^2+\left(z+\frac{4}{3}\right)^2=\frac{116}{9}$，球面.
2. (1) xOy 平面内的椭圆 $\frac{x^2}{4}+\frac{y^2}{9}=1$ 绕 x 轴旋转一周，或 xOz 平面内的椭圆 $\frac{x^2}{4}+\frac{z^2}{9}=1$ 绕 x 轴旋转一周；
   (2) xOy 平面内的双曲线 $x^2-\frac{y^2}{4}=1$ 绕 y 轴旋转一周，或 yOz 平面内的双曲线 $z^2-\frac{y^2}{4}=1$ 绕 y 轴旋转一周；
   (3) xOy 平面内的双曲线 $x^2-y^2=1$ 绕 x 轴旋转一周，或 xOz 平面内的双曲线 $x^2-z^2=1$ 绕 x 轴旋转一周；
   (4) yOz 平面内的直线 $z=y+a$ 绕 z 轴旋转一周，或 xOz 平面内的直线 $z=x+a$ 绕 z 轴旋转一周.
3. $(x-5)^2+(y-5)^2+(z-5)^2=25$，$(x-3)^2+(y-3)^2+(z-3)^2=9$.

4. $\begin{cases}5x+2y-5z+9=0,\\3x-7y-z+8=0.\end{cases}$

习题 7.6

A

2.（1）点，直线；（2）点，空间曲线． 3. $3y^2-z^2=16, 3x^2+2z^2=16.$

4.（1）$\begin{cases}x=\dfrac{3}{\sqrt{2}}\cos t,\\y=\dfrac{3}{\sqrt{2}}\cos t,\\z=3\sin t\end{cases}$ $(0\leqslant t\leqslant 2\pi)$；（2）$\begin{cases}x=1+\sqrt{3}\cos\theta,\\y=\sqrt{3}\sin\theta,\\z=0\end{cases}$ $(0\leqslant\theta\leqslant 2\pi)$；

（3）$\begin{cases}x=2\cos\theta,\\y=2\sin\theta,\\z=1-2\sin\theta\end{cases}$ $(0\leqslant\theta\leqslant 2\pi)$.

B

1. $\begin{cases}x^2+y^2+(1-x)^2=9,\\z=0.\end{cases}$

2. $\begin{cases}x^2+y^2=a^2,\\z=0;\end{cases}$ $\begin{cases}y=a\sin\dfrac{z}{b},\\x=0;\end{cases}$ $\begin{cases}x=a\cos\dfrac{z}{b},\\y=0.\end{cases}$

3. $\begin{cases}x+\sqrt{3}y=0,\\z=0;\end{cases}$ $\begin{cases}x-\sqrt{3}y=0,\\z=0;\end{cases}$ $\begin{cases}z=2y,\\x=0.\end{cases}$

4. $\begin{cases}x^2+y^2\leqslant ax,\\z=0;\end{cases}$ $\begin{cases}x^2+z^2\leqslant a^2, x\geqslant 0, z\geqslant 0,\\y=0.\end{cases}$

5. $\begin{cases}x^2+y^2\leqslant 4,\\z=0;\end{cases}$ $\begin{cases}x^2\leqslant z\leqslant 4,\\y=0;\end{cases}$ $\begin{cases}y^2\leqslant z\leqslant 4,\\x=0.\end{cases}$

习题 7.7

A

1. $3x-7y+5z-4=0.$

2.（1）$3x-4y-6z-33=0$；（2）$2x+3y-z+13=0.$

3.（1）$17x-6y-5z-32=0$；（2）$7x-21y-9z-20=0.$

4.（1）yOz 面；（2）平行于 xOz 面；（3）平行于 z 轴；（4）过 z 轴；（5）过原点；（6）平行于 x 轴.

5.（1）$\dfrac{\pi}{3}$；（2）平行；（3）垂直；（4）$\arccos\dfrac{4}{21}$.

6.（1）$\dfrac{7}{3\sqrt{6}}$；（2）$\dfrac{1}{3\sqrt{14}}$.

B

1.（1）$y+5=0$；（2）$x+3y=0$；（3）$9y-z-2=0.$

2.（1）$k=2$；（2）$k=1$；（3）$k=\pm\sqrt{\dfrac{35}{2}}$.

3. $2x-y-3z=0$.　4. $8x+y+2z=\pm 2\sqrt[3]{12}$.

5. $6x+3y+2z\pm 7=0$.

习题 7.8

A

1. (1) $\frac{x-4}{2}=\frac{y+1}{1}=\frac{z-3}{5}$;　(2) $\frac{x-3}{-4}=\frac{y+2}{2}=\frac{z-1}{1}$;

(3) $\frac{x-1}{3}=\frac{y}{-4}=\frac{z+3}{1}$;　(4) $\frac{x-1}{2}=\frac{y}{-1}=\frac{z+2}{2}$;

(5) $\frac{x-3}{4}=\frac{y-2}{3}=\frac{z+1}{1}$;　(6) $\frac{x}{1}=\frac{y+1}{0}=\frac{z-1}{-1}$.

2. (1) 平行; (2) 垂直; (3) 直线在平面上.

3. $\cos\varphi=0$.

4. $\frac{x-1}{-2}=\frac{y-1}{1}=\frac{z-1}{3}$; $\begin{cases}x=1-2t,\\ y=1+t,\\ z=1+3t.\end{cases}$　5. 0.　6. $\left(-\frac{5}{3},\frac{2}{3},\frac{2}{3}\right)$.

B

1. $\frac{\pi}{3}$.　2. $16x-14y-11z-65=0$.

3. $8x-9y-22z-59=0$.　4. $\frac{3}{7}\sqrt{42}$.

5. $\begin{cases}17x+31y-37z-117=0,\\ 4x-y+z-1=0.\end{cases}$　6. $\lambda=1$, $\begin{cases}x-z=0,\\ x-y+z-2=0.\end{cases}$

7. $\frac{x-1}{2}=\frac{y+1}{-3}=\frac{z-3}{6}$.　8. $5\sqrt{2}$.　10. $\frac{3\sqrt{2}}{2}$.

习题 7.9

A

1. (1) 旋转椭球面; (2) 锥面; (3) 单叶双曲面; (4) 椭圆抛物面;
(5) 椭圆抛物面; (6) 开口向下的锥面; (7) 双叶双曲面; (8) 双曲柱面.

2. (1) $x=3$ 平面内圆; (2) $y=1$ 平面内椭圆; (3) $x=-3$ 平面内双曲线;
(4) $y=4$ 平面内抛物线; (5) $x=2$ 平面内双曲线; (6) $x=4$ 平面内相交直线.

B

1. $\begin{cases}y^2=2x-9,\\ z=0;\end{cases}$原曲线是平面 $z=3$ 内的抛物线.

复习题七

12. (1) √; (2) ×; (3) √; (4) √; (5) √; (6) √; (7) √; (8) ×; (9) ×; (10) √.

总习题七

1. (1) -4； (2) $-\frac{2}{3}\sqrt{2}$； (3) $(-7,-9,-4)$.

2. (1) 旋转抛物面，yOz 平面内曲线$\begin{cases}y^2=2az,\\x=0,\end{cases}$绕 z 轴； (2) 马鞍面；

(3) 单叶双曲面，yOz 平面内曲线$\begin{cases}\frac{y^2}{4}-z^2=1,\\x=0,\end{cases}$绕 z 轴.

3. $\begin{cases}y^2+z^2=9,\\x^2+z^2=4.\end{cases}$ 4. $\begin{cases}x^2+y^2\leqslant 2,\\z=0.\end{cases}$ 5. $\frac{\sqrt{3}}{3}$.

6. L 与 Π_1 相交，与 Π_3 平行，L 在 Π_2 上.

7. $5x-3z+11=0$.

8. $\frac{x}{-2}=\frac{y-2}{3}=\frac{z-4}{1}$.

9. $\begin{cases}x-y+3z+8=0,\\x-2y-z+7=0.\end{cases}$

10. $\lambda=-\frac{1}{2}$.

11. $\frac{x+2}{-13}=\frac{y-2}{-9}=\frac{z-4}{3}$.

习题 8.1

A

1. (1) $\{(x,y)\mid x\geqslant 0,x+y>0\}$；

(2) $\{(x,y)\mid y^2\leqslant 4x,x^2+y^2\neq\frac{7}{2},0<x^2+y^2<4\}$；

(3) $\{(x,y)\mid 0<xy\leqslant \mathrm{e}\}$； (4) $\{(x,y)\mid y\neq\pm x\}$； (5) $\{(x,y)\mid 1\leqslant x^2+y^2<4\}$；

(6) $\left\{(x,y,z)\,\middle|\,\frac{x^2}{4}+\frac{y^2}{4}+\frac{z^2}{16}<1\right\}$.

2. (1) 0； (2) 1； (3) $\ln x$； (4) $\ln(xy+hy+y-1)$.

3. (1) 86； (2) 1； (3) 3； (4) 2； (5) 0； (6) 1； (7) 0； (8) $-\frac{1}{4}$.

B

2. (1) 0； (2) 0； (3) 0； (4) 0.

3. $\{(x,y)\mid y^2=2x\}$.

4. $\{(x,y)\mid x+y=0\}$.

习题 8.2

A

1. $\frac{2}{5}$

2. $\frac{1}{2}$.

3. (1) $\frac{\partial z}{\partial x}=3x^2y-y^3,\frac{\partial z}{\partial y}=x^3-3xy^2$；

(2) $\frac{\partial z}{\partial x}=\frac{1}{2x\sqrt{\ln(xy)}},\frac{\partial z}{\partial y}=\frac{1}{2y\sqrt{\ln(xy)}}$；

(3) $\frac{\partial z}{\partial x}=\frac{y^2}{1+x^2y^4},\frac{\partial z}{\partial y}=\frac{2xy}{1+x^2y^4}$；

(4) $\frac{\partial z}{\partial x}=\frac{x}{x^2+y^2},\frac{\partial z}{\partial y}=\frac{y}{x^2+y^2}$；

(5) $\dfrac{\partial u}{\partial x}=\dfrac{y}{z}x^{\frac{y}{z}-1},\dfrac{\partial u}{\partial y}=\dfrac{1}{z}x^{\frac{y}{z}}\ln x,\dfrac{\partial u}{\partial z}=-\dfrac{y}{z^2}x^{\frac{y}{z}}\ln x$;

(6) $\dfrac{\partial u}{\partial x}=\dfrac{z(x-y)^{z-1}}{1+(x-y)^{2z}},\dfrac{\partial u}{\partial y}=-\dfrac{z(x-y)^{z-1}}{1+(x-y)^{2z}},\dfrac{\partial u}{\partial z}=\dfrac{(x-y)^z\ln(x-y)}{1+(x-y)^{2z}}$.

4. $\dfrac{\pi}{4}$.

5. $\dfrac{\pi}{6}$.

6. (1) $\dfrac{\partial^2 z}{\partial x^2}=12x,\dfrac{\partial^2 z}{\partial y^2}=36y^2-8x,\dfrac{\partial^2 z}{\partial x\partial y}=-8y$;

(2) $\dfrac{\partial^2 z}{\partial x^2}=\dfrac{2xy}{(x^2+y^2)^2},\dfrac{\partial^2 z}{\partial y^2}=\dfrac{-2xy}{(x^2+y^2)^2},\dfrac{\partial^2 z}{\partial x\partial y}=\dfrac{y^2-x^2}{(x^2+y^2)^2}$;

(3) $\dfrac{\partial^2 z}{\partial x^2}=y^x\ln^2 y,\dfrac{\partial^2 z}{\partial y^2}=x(x-1)y^{x-2},\dfrac{\partial^2 z}{\partial x\partial y}=y^{x-1}(1+x\ln y)$.

7. $2z$.

8. $2z$.

B

1. $f_{xx}(0,0,1)=2,f_{xz}(1,0,2)=2,f_{yz}(0,-1,0)=0,f_{zzx}(2,0,1)=0$.

2. $\dfrac{\partial^3 z}{\partial x^2\partial y}=0,\dfrac{\partial^3 z}{\partial x\partial y^2}=-\dfrac{1}{y^2}$.

4. $f_x(1,2)=-8,f_y(1,2)=-4$.

习题 8.3

A

1. $\Delta z=0.922\ 5,\mathrm{d}z=0.9$.

2. $\Delta z=-0.718\ 9,\mathrm{d}z=-0.73$.

3. (1) $\mathrm{d}z=-\dfrac{1}{x}e^{\frac{y}{x}}\left(\dfrac{y}{x}\mathrm{d}x-\mathrm{d}y\right)$;

(2) $\mathrm{d}z=-\dfrac{x}{\sqrt{(x^2+y^2)^3}}(y\mathrm{d}x-x\mathrm{d}y)$;

(3) $\mathrm{d}u=e^x(\cos xy-y\sin xy)\mathrm{d}x-(xe^x\sin xy)\mathrm{d}y$;

(4) $\mathrm{d}w=(\sin yz)\mathrm{d}x+(xz\cos yz)\mathrm{d}y+(xy\cos yz)\mathrm{d}z$;

(5) $\mathrm{d}w=\dfrac{x\mathrm{d}x+y\mathrm{d}y+z\mathrm{d}z}{x^2+y^2+z^2}$;

(6) $\mathrm{d}u=\dfrac{(y+z)\mathrm{d}x+(z-x)\mathrm{d}y-(x+y)\mathrm{d}z}{(y+z)^2}$.

4. 2.847.

B

3. $f_x(0,0)=1$;$f_y(0,0)=2$;不可微.

4. $f_x(0,0)$不存在;$f_y(0,0)=0$;不可微.

5. 55.29 cm^3.

6. 0.124 cm.

习题 8.4

A

1. (1) $\dfrac{\partial z}{\partial x}=x^2\sin y\cos y(\cos y-\sin y)$,

$\dfrac{\partial z}{\partial y}=-2x^3\sin y\cos y(\sin y+\cos y)+x^3(\sin^3 y+\cos^3 y)$;

(2) $\dfrac{\partial z}{\partial x}=\dfrac{2x}{y^2}\ln(3x-2y)+\dfrac{3x^2}{(3x-2y)y^2},\dfrac{\partial z}{\partial y}=-\dfrac{2x^2}{y^3}\ln(3x-2y)-\dfrac{2x^2}{(3x-2y)y^2}$;

(3) $\frac{dz}{dt}=e^{\sin t-2t^3}(\cos t-6t^2)$;

(4) $\frac{dz}{dt}=\left(3-\frac{4}{t^3}-\frac{1}{2\sqrt{t}}\right)\sec^2\left(3t+\frac{2}{t^2}-\sqrt{t}\right)$;

(5) $\frac{du}{dx}=e^{ax}\sin x$.

2. (1) $\frac{\partial z}{\partial x}=2xf_1+ye^{xy}f_2, \frac{\partial z}{\partial y}=-2yf_1+xe^{xy}f_2$;

(2) $\frac{\partial z}{\partial x}=f_1\cos x+f_3e^{x+y}, \frac{\partial z}{\partial y}=-f_2\sin y+f_3e^{x+y}$;

(3) $\frac{\partial u}{\partial x}=-\frac{y}{x^2}f_1, \frac{\partial u}{\partial y}=\frac{1}{x}f_1+\frac{1}{z}f_2, \frac{\partial u}{\partial z}=-\frac{y}{z^2}f_2$;

(4) $\frac{\partial u}{\partial x}=f_1+yf_2+yzf_3; \frac{\partial u}{\partial y}=xf_2+xzf_3, \frac{\partial u}{\partial z}=xyf_3$.

3. $\frac{\pi^2}{e^2}$. 4. x^2+y^2.

B

1. $\frac{\partial^2 z}{\partial x^2}=2f'+4x^2f'', \frac{\partial^2 z}{\partial x\partial y}=4xyf'', \frac{\partial^2 z}{\partial y^2}=2f'+4y^2f''$.

2. $yf''(xy)+\varphi'(x+y)+y\varphi''(x+y)$. 3. $2z$.

4. (1) $\frac{\partial^2 z}{\partial x^2}=y^2f_{11}, \frac{\partial^2 z}{\partial x\partial y}=f_1+y(xf_{11}+f_{12})$;

(2) $\frac{\partial^2 z}{\partial x^2}=f_{11}+\frac{2}{y}f_{12}+\frac{1}{y^2}f_{22}, \frac{\partial^2 z}{\partial x\partial y}=-\frac{x}{y^2}\left(f_{12}+\frac{1}{y}f_{22}\right)-\frac{1}{y^2}f_2$;

(3) $\frac{\partial^2 z}{\partial x^2}=2yf_2+y^4f_{11}+4xy^3f_{12}+4x^2y^2f_{22}$,

$\frac{\partial^2 z}{\partial x\partial y}=2yf_1+2xf_2+2xy^3f_{11}+2x^3yf_{22}+5x^2y^2f_{12}$.

(4) $\frac{\partial^2 z}{\partial x^2}=e^{x+y}f_3-\sin xf_1+\cos^2 xf_{11}+2e^{x+y}\cos xf_{13}+e^{2(x+y)}f_{33}$,

$\frac{\partial^2 z}{\partial x\partial y}=e^{x+y}f_3-\cos x\sin yf_{12}+e^{x+y}\cos xf_{13}-e^{x+y}\sin yf_{32}+e^{2(x+y)}f_{33}$.

5. 0. 6. $-2e^{-x^2y^2}$. 7. $f(u)=C_1e^u+C_2e^{-u}$.

习题 8.5

A

1. (1) $\frac{y-2x}{3y^2-x}$; (2) $\frac{y\sin x-\cos y}{\cos x-x\sin y}$; (3) $\frac{y^2e^{2x}-xe^{2y}}{x^2e^{2y}-ye^{2x}}$; (4) $\frac{x+y}{x-y}$.

2. (1) $\frac{z-y}{y-x},\frac{x+z}{x-y}$; (2) $-\frac{yz+\sin(x+y+z)}{xy+\sin(x+y+z)},-\frac{xz+\sin(x+y+z)}{xy+\sin(x+y+z)}$;

(3) $-\frac{e^y+ze^x}{y+e^x},-\frac{xe^y+z}{y+e^x}$; (4) $\frac{z}{x+z},\frac{z^2}{y(x+z)}$.

3. (1) $\dfrac{2y^2ze^z-2xy^3z-y^2z^2e^z}{(e^z-xy)^3}$;　(2) $\dfrac{z(z^4-2xyz^2-x^2y^2)}{(z^2-xy)^3}$;　(3) $\dfrac{(2-z)^2+x^2}{(2-z)^3}$.

4. 2.

B

3. (1) $-\dfrac{10x-4z-15}{10y+6z},-\dfrac{6x+4y-9}{10y+6z}$;　(2) $\dfrac{y-z}{x-y},\dfrac{z-x}{x-y}$;

(3) $-\dfrac{xu+yv}{x^2+y^2},\dfrac{xv-yu}{x^2+y^2},\dfrac{yu-xv}{x^2+y^2},-\dfrac{xu+yv}{x^2+y^2}$;　(4) $\dfrac{\sin v}{e^u(\sin v-\cos v)+1},\dfrac{-\cos v}{e^u(\sin v-\cos v)+1}$.

5. $\dfrac{du}{dx}=\dfrac{\partial f}{\partial x}-\dfrac{\partial f}{\partial y}\dfrac{y}{x}+\left[1-\dfrac{e^x(x-z)}{\sin(x-z)}\right]\dfrac{\partial f}{\partial z}$.

习题 8.6

A

1. $\dfrac{x-1}{1}=\dfrac{y-1}{2}=\dfrac{z-1}{3},x+2y+3z-6=0$.　2. $\dfrac{x-\left(\dfrac{\pi}{2}-1\right)}{1}=\dfrac{y-1}{1}=\dfrac{z-2\sqrt{2}}{\sqrt{2}},x+y+\sqrt{2}z=\dfrac{\pi}{2}+4$.

3. $\dfrac{x-1}{-1}=\dfrac{y+2}{0}=\dfrac{z-1}{1},x-z=0$.　4. $x-2y=0$.　5. $x+y-4z=0,\dfrac{x-2}{1}=\dfrac{y-2}{1}=\dfrac{z-1}{-4}$.

6. $4x+2y-z-6=0,\dfrac{x-2}{4}=\dfrac{y-1}{2}=\dfrac{z-4}{-1}$.

7. $2x+y-4=0$.　8. $2x+4y-z=5$.

B

1. $(-1,1,-1)$和$\left(-\dfrac{1}{3},\dfrac{1}{9},-\dfrac{1}{27}\right)$.　2. $x-y+2z=\pm\sqrt{\dfrac{11}{2}}$.

4. $\dfrac{3}{\sqrt{22}}$.　5. $(-3,-1,3)$.　6. $2y+z-1=0$ 或 $x-2y-z=0$.

习题 8.7

A

1. $1+2\sqrt{3}$.　2. $\left(-\dfrac{1}{2}-\sqrt{3}\right)\cos 5$.

3. $\dfrac{e}{\sqrt{10}},\left(\dfrac{e}{\sqrt{2}},\dfrac{e}{\sqrt{2}}\right)$.　4. $\dfrac{1}{6},\left(1,\dfrac{1}{2},1\right)$.

5. $\left(-\dfrac{\pi}{4},-\dfrac{1}{4},-\dfrac{1}{4}\right),-\dfrac{\sqrt{3}}{12}\pi$.　6. $\dfrac{1}{2}$.

7. $\dfrac{2}{9}\boldsymbol{i}+\dfrac{4}{9}\boldsymbol{j}-\dfrac{4}{9}\boldsymbol{k}$.

B

1. (1) $\dfrac{2}{\sqrt{5}},(2,4)$;　(2) $\dfrac{\sqrt{17}}{2},(1,0,-4)$.

2. $\dfrac{\sqrt{2}}{3}$.　3. $\dfrac{1}{ab}\sqrt{2(a^2+b^2)}$.

4. $\frac{6}{7}\sqrt{14}$.

5. $(2,-4,1)$, $\sqrt{21}$.

6. $x_0+y_0+z_0$.

7. $\frac{11}{7}$.

习题 8.8

A

1. $(0,0)$. 2. -5. 3. 极大值 $f(3,-2)=30$. 4. $\frac{1}{4}$.

5. 最大值 $f(2,4)=3$，最小值 $f(-2,4)=-9$.

6. 长、宽、高都是 $\sqrt[3]{2}$ m.

B

1. 三段都为 $\frac{a}{3}$.

2. $\frac{7}{8}\sqrt{2}$.

3. 长、宽都是 $\sqrt[3]{2V}$，高 $\frac{1}{2}\sqrt[3]{2V}$.

4. $\frac{P}{3},\frac{2P}{3}$，绕短边.

5. $\left(\frac{8}{5},\frac{16}{5}\right)$.

6. $\sqrt{6},\frac{\sqrt{3}}{2}$.

7. $\left(\frac{4}{5},\frac{3}{5},\frac{35}{12}\right)$.

8. 点 $(0,0)$ 不是极值点.

9. 极小值点 $(9,3)$，$z(9,3)=3$；极大值点 $(-9,-3)$，$z(-9,-3)=-3$.

习题 8.9

1. $\theta=2.234\,p+95.33$.

2. $$\begin{cases} a\sum\limits_{i=1}^{n}x_i^4+b\sum\limits_{i=1}^{n}x_i^3+c\sum\limits_{i=1}^{n}x_i^2=\sum\limits_{i=1}^{n}x_i^2y_i, \\ a\sum\limits_{i=1}^{n}x_i^3+b\sum\limits_{i=1}^{n}x_i^2+c\sum\limits_{i=1}^{n}x_i=\sum\limits_{i=1}^{n}x_iy_i, \\ a\sum\limits_{i=1}^{n}x_i^2+b\sum\limits_{i=1}^{n}x_i+nc=\sum\limits_{i=1}^{n}y_i. \end{cases}$$

复习题八

14. (1) 对；(2) 对；(3) 错；(4) 错；(5) 对；(6) 对；(7) 错；(8) 对；(9) 错；(10) 错.

总习题八

1. $\{(x,y)\mid 0<x^2+y^2<1, y^2\leqslant 4x\}$，$\frac{\sqrt{2}}{\ln 3-\ln 4}$.

3. $\frac{\partial z}{\partial x}=\frac{2y^3}{x}(\ln x)^{2y^3-1}$，$\frac{\partial z}{\partial y}=6y^2(\ln x)^{2y^3}\ln(\ln x)$.

4. $\mathrm{d}z=\dfrac{y}{2\sqrt{x}\sqrt{1-xy^2}}\mathrm{d}x+\dfrac{\sqrt{x}}{\sqrt{1-y^2x}}\mathrm{d}y$.

5. $2xyf_1-f_2, 2xy^3f_{11}+(2xy-y^2)f_{12}-f_{22}+2yf_1$.

6. 极小值$f(0,-2)=-\dfrac{2}{\mathrm{e}}$.

7. 连续,不可微,偏导数不存在.

8. z.

9. $x+y-2\ln 2z=0, \dfrac{x-\ln 2}{1}=\dfrac{y-\ln 2}{1}=\dfrac{z-1}{-2\ln 2}$.

10. $\dfrac{x-3}{4}=\dfrac{y-4}{-3}=\dfrac{z-5}{0}$.

11. $\dfrac{10}{3}, 2\sqrt{6}$.

12. 长、宽 6 m,高 3 m.

13. $\dfrac{v}{2u^2+2uv}f'+\dfrac{u}{2v^2+2uv}(f'+\varphi')$.

14. $2, \dfrac{1}{2}$.

15. $\left(\dfrac{a}{\sqrt{3}}, \dfrac{b}{\sqrt{3}}, \dfrac{c}{\sqrt{3}}\right)$, $\dfrac{\sqrt{3}}{2}abc$.

16. $12\left(\dfrac{P_1\beta}{P_2\alpha}\right)^{\alpha}, 12\left(\dfrac{P_2\alpha}{P_1\beta}\right)^{\beta}$.

习题 9.1

A

1. (1) $Q=\iint\limits_D \mu(x,y)\mathrm{d}\sigma$; (2) $V=\iint\limits_D(1-x^2-y^2)\mathrm{d}\sigma$; (3) $S=\iint\limits_D \mathrm{d}\sigma$.

2. (1) $2\leqslant I\leqslant 8$; (2) $1.96\leqslant I\leqslant 2$.

3. (1) $\dfrac{2}{3}\pi$; (2) 0; (3) 0.

4. (1) $\iint\limits_D(x+y)^3\mathrm{d}\sigma\geqslant\iint\limits_D(x+y)^2\mathrm{d}\sigma$;

(2) $\iint\limits_D\ln(x+y)\mathrm{d}\sigma\geqslant\iint\limits_D[\ln(x+y)]^2\mathrm{d}\sigma$.

B

1. (1) $0\leqslant I\leqslant 2$; (2) $0\leqslant I\leqslant \pi^2$; (3) $8\pi(5-\sqrt{2})\leqslant I\leqslant 8\pi(5+\sqrt{2})$.

2. 存在 m, M,使 $\forall (x,y)\in D$,有 $m\leqslant f(x,y)\leqslant M$,从而

$$mg(x,y)\leqslant f(x,y)g(x,y)\leqslant Mg(x,y),$$

对此式两边积分.并注意到$\iint\limits_D g(x,y)\mathrm{d}\sigma\geqslant 0$.利用介值定理即得结论.

3. $\iint\limits_D\ln(x+y)\mathrm{d}\sigma\leqslant\iint\limits_D[\ln(x+y)]^2\mathrm{d}\sigma$.

习题 9.2

A

1. (1) $\int_0^a\mathrm{d}y\int_y^a f(x,y)\mathrm{d}x$; (2) $\int_0^1\mathrm{d}x\int_0^{1-x^2}f(x,y)\mathrm{d}y$;

(3) $\int_0^1\mathrm{d}y\int_0^{2y}f(x,y)\mathrm{d}x+\int_1^3\mathrm{d}y\int_0^{3-y}f(x,y)\mathrm{d}x$;

(4) $\int_0^1 dy\int_{2-y}^{1+\sqrt{1-y^2}} f(x,y)dx$; (5) $\int_0^4 dx\int_{\frac{x}{2}}^{\sqrt{x}} f(x,y)dy$.

2. (1) $\int_1^2 dx\int_{\frac{1}{x}}^{x} f(x,y)dy$ 或 $\int_{\frac{1}{2}}^{1} dy\int_{\frac{1}{y}}^{2} f(x,y)dx + \int_1^2 dy\int_y^2 f(x,y)dx$;

(2) $\int_{-1}^1 dx\int_{\sqrt{1-x^2}}^{\sqrt{4-x^2}} f(x,y)dy + \int_{-1}^1 dx\int_{-\sqrt{4-x^2}}^{-\sqrt{1-x^2}} f(x,y)dy + \int_{-2}^{-1} dx\int_{-\sqrt{4-x^2}}^{\sqrt{4-x^2}} f(x,y)dy + \int_1^2 dx\int_{-\sqrt{4-x^2}}^{\sqrt{4-x^2}} f(x,y)dy$

或 $\int_1^2 dy\int_{-\sqrt{4-y^2}}^{\sqrt{4-y^2}} f(x,y)dy + \int_{-2}^{-1} dy\int_{-\sqrt{4-y^2}}^{\sqrt{4-y^2}} f(x,y)dy + \int_{-1}^1 dy\int_{-\sqrt{4-y^2}}^{-\sqrt{1-y^2}} f(x,y)dx + \int_{-1}^1 dy\int_{\sqrt{1-y^2}}^{\sqrt{4-y^2}} f(x,y)dx$;

(3) $\int_0^4 dx\int_x^{2\sqrt{x}} f(x,y)dy$ 或 $\int_0^4 dy\int_{\frac{y^2}{4}}^{y} f(x,y)dx$;

(4) $\int_{-r}^r dx\int_0^{\sqrt{r^2-x^2}} f(x,y)dy$ 或 $\int_0^r dy\int_{-\sqrt{r^2-y^2}}^{\sqrt{r^2-y^2}} f(x,y)dx$.

3. (1) 0; (2) $\frac{1}{3}$.

4. (1) $\frac{2}{3}$; (2) $\frac{1}{6}$; (3) $-\frac{2}{5}$; (4) $4\ln 2-\frac{3}{2}$; (5) $\frac{9}{2}$; (6) 0;

(7) $\frac{1}{2}(1-e^{-1})$; (8) $\frac{20}{3}$; (9) $-\frac{3}{2}\pi$; (10) $\frac{6}{55}$; (11) $e-e^{-1}$;

(12) $\frac{1}{2}$; (13) $1-\sin 1$; (14) $\frac{2}{15}(4\sqrt{2}-1)$; (15) $\frac{5}{144}$.

B

1. (1) $\int_{-1}^1 dx\int_{x^2-1}^{1-x^2} f(x,y)dy$ 或 $\int_0^1 dy\int_{-\sqrt{1-y}}^{\sqrt{1-y}} f(x,y)dx + \int_{-1}^0 dy\int_{-\sqrt{1+y}}^{\sqrt{1+y}} f(x,y)dx$;

(2) $\int_0^\pi dx\int_0^{\sin x} f(x,y)dy$ 或 $\int_0^1 dy\int_{\arcsin y}^{\pi-\arcsin y} f(x,y)dx$;

(3) $\int_0^{2a} dx\int_{\sqrt{2ax-x^2}}^{\sqrt{2ax}} f(x,y)dy$ 或 $\int_0^a dy\int_{\frac{y^2}{2a}}^{a-\sqrt{a^2-y^2}} f(x,y)dx + \int_0^a dy\int_{a+\sqrt{a-y^2}}^{2a} f(x,y)dx + \int_0^{2a} dy\int_{\frac{y^2}{2a}}^{2a} f(x,y)dx$.

2. (1) $\int_0^1 dy\int_{\sqrt{y}}^{2-y} f(x,y)dx$;

(2) $\int_0^1 dy\int_0^{y^2} f(x,y)dx + \int_1^2 dy\int_0^{\sqrt{2y-y^2}} f(x,y)dx$;

(3) $\int_{-1}^0 dx\int_{-x}^1 f(x,y)dy + \int_1^2 dx\int_{\sqrt{x-1}}^1 f(x,y)dy$;

(4) $\int_1^2 dy\int_{\sqrt{2y-y^2}}^{\sqrt{4-y^2}} f(x,y)dx$.

3. (1) 4π; (2) $\frac{5}{3}+\frac{\pi}{2}$; (3) $\frac{\pi}{8}(1-e^{-R^2})$; (4) $\frac{64}{15}$; (5) $\frac{13}{6}$;

(6) $\frac{1}{3}(\sqrt{2}-1)$; (7) π; (8) $2\ln 2-1$; (9) $\frac{3}{8}e-\frac{1}{2}\sqrt{e}$;

(10) $e-1$; (11) $\frac{49}{20}$; (12) $\frac{8}{3}$.

4. (1) $\int_0^1 dx\int_x^1 f(x,y)dy$; (2) $\int_0^4 dx\int_{\frac{x}{2}}^{\sqrt{x}} f(x,y)dy$; (3) $\int_{-1}^1 dx\int_0^{\sqrt{1-x^2}} f(x,y)dy$;

(4) $\int_0^1 dy\int_{2-y}^{1+\sqrt{1-y^2}} f(x,y)dx$; (5) $\int_0^1 dy\int_{e^y}^{e} f(x,y)dx$;

(6) $\int_{-1}^{0}\mathrm{d}y\int_{-2\arcsin y}^{\pi}f(x,y)\mathrm{d}x+\int_{0}^{1}\mathrm{d}y\int_{\arcsin y}^{\pi-\arcsin y}f(x,y)\mathrm{d}x.$

5. 等式的左端为二重积分，右端为一定积分，故应考虑将二重积分化为二次积分，并设法求出内层积分.

$$\iint_D f(x-y)\mathrm{d}x\mathrm{d}y=\int_{-\frac{A}{2}}^{\frac{A}{2}}\mathrm{d}x\int_{-\frac{A}{2}}^{\frac{A}{2}}f(x-y)\mathrm{d}y=\int_{-\frac{A}{2}}^{\frac{A}{2}}\mathrm{d}x\int_{x-\frac{A}{2}}^{x+\frac{A}{2}}f(t)\mathrm{d}t(\text{令 } t=x-y).$$

这个二次积分的被积函数只与字母 t 有关，故交换积分次序后内层积分可求出.

$$\begin{aligned}\iint_D f(x-y)\mathrm{d}x\mathrm{d}y&=\int_{-A}^{0}f(t)\mathrm{d}t\int_{-\frac{A}{2}}^{t+\frac{A}{2}}\mathrm{d}x+\int_{0}^{A}f(t)\mathrm{d}t\int_{t-\frac{A}{2}}^{\frac{A}{2}}\mathrm{d}x\\&=\int_{-A}^{0}f(t)(A+t)\mathrm{d}t+\int_{0}^{A}f(t)(A-t)\mathrm{d}t\\&=\int_{-A}^{A}f(t)(A-|t|)\mathrm{d}t.\end{aligned}$$

6. $$\begin{aligned}I&=\int_0^1\mathrm{d}x\int_x^1 f(x)f(y)\mathrm{d}y=\int_0^1\mathrm{d}y\int_0^y f(x)f(y)\mathrm{d}x\\&=\int_0^1 f(y)\mathrm{d}y\int_0^y f(x)\mathrm{d}x=\int_0^1 f(x)\mathrm{d}x\int_0^x f(y)\mathrm{d}y,\\2I&=\int_0^1\mathrm{d}x\int_x^1 f(x)f(y)\mathrm{d}y+\int_0^1 f(x)\mathrm{d}x\int_0^x f(y)\mathrm{d}y\\&=\int_0^1 f(x)\left[\int_x^1 f(y)\mathrm{d}y+\int_0^x f(y)\mathrm{d}y\right]\mathrm{d}x=\int_0^1 f(x)\int_0^1 f(y)\mathrm{d}y\mathrm{d}x\\&=\int_0^1 f(y)\mathrm{d}y\int_0^1 f(x)\mathrm{d}x=A^2,\\I&=\frac{A^2}{2}.\end{aligned}$$

习题 9.3

A

1. (1) $\int_{\frac{\pi}{4}}^{\frac{\pi}{3}}\mathrm{d}\theta\int_0^{2\sec\theta}f(r)r\mathrm{d}r$；　(2) $\int_0^{\frac{\pi}{2}}\mathrm{d}\theta\int_{(\cos\theta+\sin\theta)^{-1}}^{1}f(r\cos\theta,r\sin\theta)r\mathrm{d}r.$

2. (1) $\frac{3}{4}\pi a^4$；　(2) $\frac{1}{6}a^3[\sqrt{2}+\ln(1+\sqrt{2})]$；　(3) $\sqrt{2}-1$；　(4) $\frac{1}{8}\pi a^4.$

3. (1) $\pi(\mathrm{e}^4-1)$；　(2) $\frac{\pi}{4}(2\ln 2-1)$；　(3) $\frac{2}{3}\pi(b^3-a^3)$；

(4) $\frac{1}{3}R^3\left(\pi-\frac{4}{3}\right)$；　(5) $\frac{\sqrt{3}}{4}+\frac{2}{3}\pi$；　(6) $2-\frac{\pi}{2}$；　(7) $\frac{\pi}{2}$；

(8) $\frac{5}{32}\pi$；　(9) $\frac{\pi}{4}-\frac{2}{3}$；　(10) $\frac{5}{4}\pi.$

4. $\frac{3}{32}\pi a^4.$　　5. $\frac{\pi}{8}(\pi-2).$

B

1. (1) $\int_0^{\frac{\pi}{4}}\mathrm{d}\theta\int_0^{\sec\theta}f(r\cos\theta,r\sin\theta)r\mathrm{d}r+\int_{\frac{\pi}{4}}^{\frac{\pi}{2}}\mathrm{d}\theta\int_0^{\csc\theta}f(r\cos\theta,r\sin\theta)r\mathrm{d}r$;

(2) $\int_0^{\frac{\pi}{4}}\mathrm{d}\theta\int_{\tan\theta\sec\theta}^{\sec\theta}f(r\cos\theta,r\sin\theta)r\mathrm{d}r$;　(3) $\int_0^{\pi}\mathrm{d}\theta\int_0^1 \mathrm{e}^{-r^2}r\mathrm{d}r$;

(4) $\int_0^{\frac{\pi}{2}}\mathrm{d}\theta\int_0^{\cos\theta}f(r\cos\theta,r\sin\theta)r\mathrm{d}r$.

2. (1) $\int_0^{2\pi}\mathrm{d}\theta\int_1^2 f(r\cos\theta,r\sin\theta)r\mathrm{d}r$;　(2) $\int_0^{\frac{\pi}{2}}\mathrm{d}\theta\int_0^{2\sin\theta}f(r\cos\theta,r\sin\theta)r\mathrm{d}r$;

(3) $\int_{-\frac{\pi}{2}}^{\frac{\pi}{2}}\mathrm{d}\theta\int_{2\cos\theta}^{4\cos\theta}f(r\cos\theta,r\sin\theta)r\mathrm{d}r$;

(4) $\int_0^{\frac{\pi}{6}}\mathrm{d}\theta\int_0^{2a\sin\theta}f(r\cos\theta,r\sin\theta)r\mathrm{d}r+\int_{\frac{\pi}{6}}^{\frac{\pi}{2}}\mathrm{d}\theta\int_0^{a}f(r\cos\theta,r\sin\theta)r\mathrm{d}r$.

3. $a^2\left(\frac{\pi^2}{16}-\frac{1}{2}\right)$.

4. 因 $\iint\limits_{x^2+y^2\leqslant t^2}f(\sqrt{x^2+y^2})\mathrm{d}x\mathrm{d}y=\int_0^{2\pi}\mathrm{d}\theta\int_0^t f(r)r\mathrm{d}r=2\pi\int_0^t f(r)r\mathrm{d}r$,所以

$$\lim_{t\to0^+}\frac{1}{\pi t^3}\iint\limits_{x^2+y^2\leqslant t^2}f(\sqrt{x^2+y^2})\mathrm{d}x\mathrm{d}y=\lim_{t\to0^+}\frac{2\pi\int_0^t f(r)r\mathrm{d}r}{\pi t^3}=\lim_{t\to0^+}\frac{2tf(t)}{3t^2}$$
$$=\frac{2}{3}\lim_{t\to0^+}\frac{f(t)}{t}=\frac{2}{3}f'(0).$$

5. (1) $\frac{\pi^4}{3}$;　(2) $\frac{7}{3}\ln 2$;　(3) $\frac{\mathrm{e}-1}{2}$;

(4) $\frac{1}{2}\pi ab$,作变换 $x=a\rho\cos\theta,y=b\rho\sin\theta$.

习题 9.4

A

1. (1) $\int_0^1\mathrm{d}x\int_0^1\mathrm{d}y\int_0^1 f(x,y,z)\mathrm{d}z$;

(2) $\int_{-1}^1\mathrm{d}x\int_{-\sqrt{1-x^2}}^{\sqrt{1-x^2}}\mathrm{d}y\int_1^2 f(x,y,z)\mathrm{d}z$;$\int_0^{2\pi}\mathrm{d}\theta\int_0^1 r\mathrm{d}r\int_1^2 f(r\cos\theta,r\sin\theta,z)\mathrm{d}z$;

(3) $\int_0^{2\pi}\mathrm{d}\theta\int_0^1 r\mathrm{d}r\int_1^{\sqrt{1-r^2}}f(r\cos\theta,r\sin\theta,z)\mathrm{d}z$;

$\int_0^{2\pi}\mathrm{d}\theta\int_0^{\frac{\pi}{2}}\mathrm{d}\varphi\int_0^1 f(r\sin\varphi\cos\theta,r\sin\varphi\sin\theta,r\cos\varphi)r^2\sin\varphi\mathrm{d}r$.

2. (1) $\frac{3}{4}-\ln 2$;　(2) $\frac{1}{364}$;　(3) $\frac{32}{3}\pi$;　(4) $\frac{1}{8}$;　(5) $\frac{\pi}{10}$;　(6) 8π.

3. (1) $4\pi(\mathrm{e}^2-1)$;　(2) $\frac{32}{15}\pi a^5$.

4. $V=\iiint\limits_{\Omega}\mathrm{d}V=\int_0^{2\pi}\mathrm{d}\theta\int_0^{\pi}\mathrm{d}\varphi\int_R^{2R}\rho^2\sin\varphi\mathrm{d}\rho=\frac{28}{3}\pi R^3$.

B

1. (1) $\int_{-\frac{R}{\sqrt{2}}}^{\frac{R}{\sqrt{2}}}dx\int_{-\sqrt{\frac{R^2}{2}-x^2}}^{\sqrt{\frac{R^2}{2}-x^2}}dy\int_{\sqrt{x^2+y^2}}^{\sqrt{R^2-x^2-y^2}}f(x,y,z)\,dz$;

$\int_0^{2\pi}d\theta\int_0^{\frac{R}{\sqrt{2}}}rdr\int_r^{\sqrt{R^2-r^2}}f(r\cos\theta,r\sin\theta,z)\,dz$;

$\int_0^{2\pi}d\theta\int_0^{\frac{\pi}{4}}d\varphi\int_0^R f(r\sin\varphi\cos\theta,r\sin\varphi\sin\theta,r\cos\varphi)r^2\sin\varphi dr$;

(2) $\int_0^{\frac{\sqrt{2}}{2}}dy\int_y^{\sqrt{1-y^2}}dx\int_{x^2+y^2}^1 f(x,y,z)\,dz$; $\int_0^{\frac{\pi}{4}}d\theta\int_0^1 rdr\int_{r^2}^1 f(r\cos\theta,r\sin\theta,z)\,dz$.

2. (1) 0;　(2) $\frac{7}{12}\pi$;　(3) $\frac{1}{15}(2\sqrt{2}-1)\pi$.

3. $3\pi R^2H$.

习题 9.5

A

1. 0.　　2. (1) $1+\sqrt{2}$;　(2) $4\pi a\sqrt{a}$.

3. $a^{\frac{7}{3}}$.

B

1. (1) $\frac{\sqrt{2}}{2}+\frac{1}{12}(5\sqrt{5}-1)$;　(2) 4;　(3) $-\frac{16}{5}a^2$.

2. (1) $2e^a+\frac{\pi}{2}ae^a-2$;　(2) $2(e^a-1)+\frac{\pi}{4}ae^a$;　(3) $2e^a+\frac{\pi}{4}ae^a-2$.

习题 9.6

A

1. $\iint\limits_D(x^2+y^2)\,dxdy$.

2. (1) 3;　(2) $\frac{1}{20}$;　(3) 2;　(4) 0.

B

1. (1) $4\pi a^4$;　(2) $\frac{4\pi}{15}(25\sqrt{5}+1)$;　(3) 36π.

2. $r=\frac{4}{3}a$.　　3. $\frac{3\pi}{2}$.

习题 9.7

A

1. $\frac{9}{2}$.　2. $6a$.　3. $\frac{17}{6}$.　4. $\frac{3}{2}$.

5. $\{0,0,-2\pi G\rho[\sqrt{(h-a)^2+R^2}-\sqrt{R^2+a^2}+h]\}$.　6. $2a^2(\pi-2)$.

7. (1) $I_z=\dfrac{2}{3}\pi a^2\sqrt{a^2+k^2}(3a^2+4\pi^2k^2)$;

(2) $\overline{x}=\dfrac{6ak^2}{3a^2+4\pi^2k^2}, \overline{y}=\dfrac{-6\pi ak^2}{3a^2+4\pi^2k^2}, \overline{z}=\dfrac{3k(\pi a^2+2\pi^3k^2)}{3a^2+4\pi^2k^2}$.

8. $m=8\pi\rho$,质心坐标为$(0,0,1)$.　9. $\dfrac{\pi}{2}$.　10. $\dfrac{4\pi R^3}{3a}$.

B

1. $\dfrac{8}{3}\pi a^4$.　2. $\dfrac{a^2}{9}(20-3\pi)$.　3. $\dfrac{250}{3}\pi$.　4. $8\sqrt{2}\pi$.

5. (1) $\dfrac{8}{3}a^4$; (2) $\left(0,0,\dfrac{7}{15}a^2\right)$; (3) $\dfrac{112}{45}a^6\rho$.

6. 向量

$$\left(2G\rho\left[\ln\frac{R_2+\sqrt{R_2^2+a^2}}{R_2+\sqrt{R_1^2+a^2}}-\frac{R_2}{\sqrt{R_2^2+a^2}}+\frac{R_1}{\sqrt{R_1^2+a^2}}\right],0,\pi Ga\rho\left(\frac{1}{\sqrt{R_2^2+a^2}}+\frac{1}{\sqrt{R_1^2+a^2}}\right)\right).$$

7. $\sqrt{\dfrac{2}{3}}R$(R为圆的半径).　8. $\left(0,0,\dfrac{a}{2}\right)$.　9. $\dfrac{8}{15}\pi abc(a^2+b^2+c^2)$.

10. $C=\dfrac{1}{1\ 500}, P(X\leqslant 7, Y\geqslant 2)\approx 0.58$.

总习题九

1. (1) $\dfrac{4}{\pi^3}(2+\pi)$; (2) $\dfrac{\pi}{4}R^4+9\pi R^2$; (3) $\pi^2-\dfrac{40}{9}$; (4) $\dfrac{1}{3}R^3\left(\pi-\dfrac{4}{3}\right)$.

2. (1) $\int_{-1}^{2}\mathrm{d}y\int_{y^2}^{y+2}f(x,y)\mathrm{d}x$;

(2) $\int_0^a\mathrm{d}y\int_{\frac{y^2}{2a}}^{a-\sqrt{a^2-y^2}}f(x,y)\mathrm{d}x+\int_0^a\mathrm{d}y\int_{a+\sqrt{a^2+y^2}}^{2a}f(x,y)\mathrm{d}x+\int_a^{2a}\mathrm{d}y\int_{\frac{y^2}{2a}}^{2a}f(x,y)\mathrm{d}x$;

(3) $\int_{-2}^{0}\mathrm{d}x\int_{2x+4}^{4-x^2}f(x,y)\mathrm{d}y$;　(4) $\int_0^2\mathrm{d}x\int_{\frac{1}{2}x}^{3-x}f(x,y)\mathrm{d}y$.

4. (1) 柱:$\int_0^{2\pi}\mathrm{d}\theta\int_0^1 r\mathrm{d}r\int_1^4 f(r\cos\theta,r\sin\theta,z)\mathrm{d}z+\int_0^{2\pi}\mathrm{d}\theta\int_0^4 r\mathrm{d}r\int_1^4 f(r\cos\theta,r\sin\theta,z)\mathrm{d}z$,

球:$\int_0^{2\pi}\mathrm{d}\theta\int_0^{\frac{\pi}{4}}\mathrm{d}\varphi\int_{\sec\varphi}^{4\sec\varphi}f(r\sin\varphi\cos\theta,r\sin\varphi\sin\theta,r\cos\varphi)r^2\sin\varphi\mathrm{d}r$;

(2) 直:$\int_0^{\frac{1}{2}}\mathrm{d}x\int_x^{\sqrt{3}x}\mathrm{d}y\int_{x^2+y^2}^{\sqrt{2-x^2-y^2}}f(x,y,z)\mathrm{d}z+\int_{\frac{1}{2}}^{\frac{1}{\sqrt{2}}}\mathrm{d}x\int_x^{\sqrt{1-x^2}}\mathrm{d}y\int_{x^2+y^2}^{\sqrt{2-x^2-y^2}}f(x,y,z)\mathrm{d}z$,

柱:$\int_{\frac{\pi}{4}}^{\frac{\pi}{3}}\mathrm{d}\theta\int_0^1 r\mathrm{d}r\int_{r^2}^{\sqrt{2-r^2}}f(r\cos\theta,r\sin\theta,z)\mathrm{d}z$.

5. (1) $\dfrac{59}{480}\pi R^5$; (2) $\dfrac{\pi}{60}(96\sqrt{2}-89)$; (3) $\dfrac{\pi}{6}(7-4\sqrt{2})$; (4) 0.

6. $\boldsymbol{F}=(F_x,F_y,F_z)$,其中$F_x=0, F_z=-\dfrac{2GmM}{R^2}\left(1-\dfrac{a}{\sqrt{R^2+a^2}}\right)$,

$$F_y=\frac{4GmM}{\pi R^2}\left(\ln\frac{R+\sqrt{R^2+a^2}}{a}-\frac{R}{\sqrt{R^2+a^2}}\right).$$

7. $\frac{368}{105}\mu$.

8. $\frac{37}{27}$.

9. 设整个物体、圆柱体与半球体所占空间区域分别为 Ω,Ω_1,Ω_2，整个物体的体积为 V，以球心为原点建立空间直角坐标系.再设质心坐标为$(\bar{x},\bar{y},\bar{z})$，由对称性，有 $\bar{x}=\bar{y}=0$.对 Ω_1，利用柱面坐标计算；对于 Ω_2，利用球面坐标计算；于是

$$\bar{z}=\frac{1}{V}\iiint_{\Omega}z\mathrm{d}V=\frac{1}{V}\left[\iiint_{\Omega_1}z\mathrm{d}V+\iiint_{\Omega_2}z\mathrm{d}V\right]$$

$$=\frac{1}{V}\left[\int_0^{2\pi}\mathrm{d}\theta\int_0^R r\mathrm{d}r\int_{-H}^0 z\mathrm{d}z+\int_0^{2\pi}\mathrm{d}\theta\int_0^{\frac{\pi}{2}}\sin\varphi\cos\varphi\mathrm{d}\varphi\int_0^R r^3\mathrm{d}r\right]=\frac{\pi}{4V}R^2(R^2-2H^2).$$

又由题意，有 $\bar{z}=0$，得 $R=\sqrt{2}H$.

习题 10.1

A

1. (1) $\boldsymbol{v}(t_0)=3\boldsymbol{i}+4\boldsymbol{j},\boldsymbol{a}(t_0)=3\boldsymbol{i}+8\boldsymbol{j}$；

   (2) $\theta=\frac{\pi}{2}$；　　(3) $t=0,\pi,2\pi$.

2. (1) $\frac{1}{4}\boldsymbol{i}+7\boldsymbol{j}+\frac{3}{2}\boldsymbol{k}$；　　(2) $\left(\frac{\pi+2\sqrt{2}}{2}\right)\boldsymbol{j}+2\boldsymbol{k}$.

3. (1) $\boldsymbol{r}=((t+1)^{\frac{3}{2}}-1)\boldsymbol{i}+(1-\mathrm{e}^{-t})\boldsymbol{j}+(1+\ln(t+1))\boldsymbol{k}$；

   (2) $\boldsymbol{r}=8t\boldsymbol{i}+8t\boldsymbol{j}+(100-16t^2)\boldsymbol{k}$.

4. (1) $(1,1)$；　(2) 连续；　(3) $\frac{\partial f}{\partial x}=(yz\cos xy,1,-1)$.

B

略.

习题 10.2

A

1. (1) $\frac{\pi R^2}{2}$；　(2) $-\frac{4}{3}ab^2$；　(3) $\frac{1}{2}$；　(4) π.

2. (1) 0；　(2) 0；　(3) $-2\pi a(a+b)$.

3. (1) $\int_L\frac{1}{\sqrt{1+4x^2}}(P+2xQ)\mathrm{d}s$；　　(2) $\int_\Gamma\frac{P+2xQ+3yR}{\sqrt{1+4x^2+9y^2}}\mathrm{d}s$.

B

1. (1) 0；　(2) $\frac{4}{3}$；　(3) 4π.

2. (1) 0；　(2) 0；　(3) 0.

3. $\frac{8}{15}$.

5. $y=\sin x$.

习题 10.3

A

1. (1) $3\pi a^2$;　(2) $\frac{3}{8}\pi a^2$;　(3) 2.

2. (1) 0;　(2) 236;　(3) $\frac{\sin 2}{4}-\frac{7}{6}$.　3. -2π.

4. (1) x^2y;　(2) $x^3y+4x^2y^2-12e^y+12ye^y$.　5. (2) $\frac{c}{d}-\frac{a}{b}$.

B

1. (1) $\frac{8\pi^3a^3}{3}$;　(2) $R<1$ 时,$I=0$;$R>1$ 时,$I=\pi$.　2. $\frac{1}{2}$.　3. $\frac{\pi a^2}{2}$.

习题 10.4

A

1. (1) $\frac{1}{2}$;　(2) $-\frac{\pi}{32}$;　(3) $2\pi(e^2-e)$;　(4) 2;　(5) $\pi(e-1)$.

2. $\iint\limits_{\Sigma}\left(\frac{3}{5}P+\frac{2\sqrt{3}}{5}Q+\frac{2}{5}R\right)dS$.

B

1. (1) 0;　(2) π.　2. $\frac{1}{2}$.　3. $\frac{1}{8}$.

习题 10.5

A

1. (1) $4\pi R^3$;　(2) $\frac{12}{5}\pi R^5$;　(3) $-\frac{3}{2}$;　(4) $\frac{1}{5}$.

2. (1) $-2\pi a(a+b)$;　(2) 9π.　3. $\operatorname{div}\boldsymbol{F}=0$, $\operatorname{\mathbf{rot}}\boldsymbol{F}=(2,4,6)$.

B

1. (1) $\frac{2}{5}\pi a^5$;　(2) $\frac{4\pi}{3}$;　(3) $-\frac{\pi}{2}$;　(4) $\frac{\pi}{2}$;　(5) $-\pi$.

3. $-\frac{\pi a^3}{2}$.　4. $-\sqrt{3}\pi a^2$.　5. -24.

习题 10.6

A

1. $y\boldsymbol{i}+z\boldsymbol{j}+x\boldsymbol{k}$;　$\boldsymbol{i}+\boldsymbol{j}+\boldsymbol{k}$.　2. $4\pi R^3$.

3. 8.　4. 2π.

5. $(2xy-x^2)\boldsymbol{i}+(2yz-y^2)\boldsymbol{j}+(2zx-z^2)\boldsymbol{k}$.

B

1. $(2yxe^{x^2y}+1, x^2e^{x^2y})$.　2. $3(x^2+y^2+z^2)$;$(0,0,0)$.

3. $(0,0,0)$.　4. 0.

5. 是调和场.

6. (1) 是有势场;势函数 $v = -\dfrac{xy^3}{3} + c$; (2) 是有势场,势函数 $v = -\sin y - x^2yz^2 + c$.

总习题十

1. (1) $\dfrac{\pi}{2}$; (2) $\boldsymbol{r} = \left(10 - \dfrac{t^2}{2}\right)(\boldsymbol{i} + \boldsymbol{j} + \boldsymbol{k})$.

2. (1) -2; (2) 0; (3) $\dfrac{\pi}{2}$; (4) $\dfrac{\pi}{8\sqrt{2}}$.

3. $u(x,y) = 3x^2y^2 - xy^3 + c$; $I = -\dfrac{3}{2}$. 4. $\dfrac{3}{\sqrt{2}}\pi$.

5. (1) $-\dfrac{2\pi}{3}$; (2) $-\dfrac{\pi}{4}h^4$; (3) -4π; (4) 18π. 6. $\dfrac{3}{2}$. 7. $a^3\left(2 - \dfrac{a^2}{6}\right)$.

8. (1) $\mathrm{div}(\mathbf{grad}\, u) = 2xy$, $\mathbf{rot}(\mathbf{grad}\, u) = \mathbf{0}$; (2) $2(\boldsymbol{i} + \boldsymbol{j} + \boldsymbol{k})$. 10. $\dfrac{e^x}{x}(e^x - 1)$.

习题 11.1

A

1. (1) $\dfrac{1}{n(n+3)}$; (2) $(-1)^{n-1}\dfrac{n}{2^n}$; (3) $(-1)^{n-1}\dfrac{a^{n+1}}{2n+1}$; (4) $(-1)^{n-1}\dfrac{n+1}{n}$.

2. (1) $u_1 = \dfrac{9}{10}, u_2 = \dfrac{9^2}{10^2}, u_3 = \dfrac{9^3}{10^3}, u_4 = \dfrac{9^4}{10^4}$;

   (2) $s_1 = \dfrac{9}{10}, s_2 = \dfrac{171}{100}, s_3 = \dfrac{2\ 439}{1\ 000}$;

   (3) $s_n = 9\left[1 - \left(\dfrac{9}{10}\right)^n\right]$; (4) 9.

3. (1) 收敛; (2) 发散; (3) 发散.

4. (1) 收敛; (2) 发散; (3) 发散; (4) 发散; (5) 收敛.

5. 当 $\sum\limits_{n=1}^{\infty} u_n$ 收敛时,(1) 发散;(2) 收敛;(3) 发散.

   当 $\sum\limits_{n=1}^{\infty} u_n$ 发散时,(1) 不一定;(2) 发散;(3) 不一定.

B

1. (1) $\dfrac{2}{n(n+1)}$; $u_1 = \dfrac{2}{1\times 2}, u_2 = \dfrac{2}{2\times 3}, u_3 = \dfrac{2}{3\times 4}$; (2) 收敛. 2. $\dfrac{1}{2}$.

3. (1) 收敛;(2) 发散; (3) 收敛;(4) 发散;(5) 收敛;(6) 发散.

习题 11.2

A

1. (1) 收敛; (2) 发散; (3) 发散; (4) 发散; (5) 发散; (6) 收敛; (7) 收敛; (8) 收敛.

2. (1) 发散; (2) 发散; (3) 收敛; (4) 收敛; (5) 发散.

3. (1) 收敛; (2) 发散; (3) 收敛; (4) 收敛.

B

2. (1) 收敛; (2) 收敛; (3) 收敛; (4) 收敛; (5) 收敛; (6) $a>1$ 时收敛, $a\leqslant 1$ 时发散.
3. (1) 条件收敛; (2) 绝对收敛; (3) 发散; (4) 绝对收敛; (5) 条件收敛; (6) 发散.
5. 发散. 6. (1) 都发散; (2) 都收敛. 7. 条件收敛. 8. B 9. D

习题 11.3

A

1. (1) $(-1,1)$; (2) 仅当 $x=0$ 时收敛; (3) $(-\infty,+\infty)$; (4) $[-1,1]$; (5) $[-1,1]$; (6) $[-1,0)$; (7) $[-3,3)$.
2. (1) $\dfrac{1}{(1+x)^2}\quad(-1<x<1)$; (2) $\dfrac{1}{4}\ln\dfrac{1+x}{1-x}+\dfrac{1}{2}\arctan x-x\quad(-1<x<1)$; (3) $\dfrac{1}{2}\ln\dfrac{1+x}{1-x}$.

B

1. (1) $[-1,1]$; (2) $[2,4)$; (3) $(-\sqrt{2},\sqrt{2})$.
2. (1) $\dfrac{1}{(2-x)^2}\quad(0<x<2)$;

   (2) $\dfrac{1}{2}\ln\dfrac{1+x}{1-x}\quad(-1<x<1)$, $\sum\limits_{n=1}^{\infty}\dfrac{1}{(2n-1)2^n}=\dfrac{\sqrt{2}}{2}\ln(1+\sqrt{2})$.
3. $R=2$. 4. $s'=xy+\dfrac{x^3}{2}$, $s=-\dfrac{x^2}{2}+e^{\frac{x^2}{2}}-1$.

习题 11.4

A

1. (1) $\sum\limits_{n=1}^{\infty}\dfrac{x^{2n+2}}{n!}\quad(-\infty<x<+\infty)$;

   (2) $\ln a+\sum\limits_{n=1}^{\infty}(-1)^{n-1}\dfrac{1}{n}\left(\dfrac{x}{a}\right)^n\quad(-a<x\leqslant a)$;

   (3) $\sum\limits_{n=0}^{\infty}(-1)^{n-1}\dfrac{(2x)^{2n}}{2(2n)!}\quad(-\infty<x<+\infty)$;

   (4) $1+\dfrac{1}{2}x^2+\sum\limits_{n=1}^{\infty}\dfrac{(2n-1)!!}{(2n+2)!!}\dfrac{x^{2n+2}}{(2n+1)}\quad(-1<x<1)$.
2. $\sum\limits_{n=1}^{\infty}\dfrac{(-1)^{n-1}}{n}\left(1-\dfrac{1}{2^n}\right)(x-1)^n-\ln 2\quad(0<x\leqslant 2)$.
3. $\dfrac{1}{2}(\cos 1+\sin 1)$. 4. (1) 1.649; (2) 0.098.

B

1. (1) $\sum\limits_{n=0}^{\infty}\dfrac{\ln^n a}{n!}x^n\quad(-\infty<x<+\infty)$; (2) $\sum\limits_{n=2}^{\infty}n(n-1)x^{n-2}\quad(-1<x<1)$;

(3) $\sum_{n=1}^{\infty}\frac{(-1)^{n-1}2^n-1}{n}x^n \quad \left(-\frac{1}{2}<x\leqslant\frac{1}{2}\right)$;

(4) $\frac{\pi}{4}+\sum_{n=0}^{\infty}\frac{(-1)^n}{2n+1}x^{2n+1} \quad (-1\leqslant x<1)$.

2. $\frac{1}{2}+\frac{\sqrt{2}}{4}\sum_{n=0}^{\infty}(-1)^n\left[\frac{2^{2n}}{(2n)!}\left(x+\frac{\pi}{8}\right)^{2n}+\frac{2^{2n+1}}{(2n+1)!}\left(x+\frac{\pi}{8}\right)^{2n+1}\right] \quad (-\infty<x<+\infty)$.

3. $R=\frac{5}{3}$. 4. $2e$. 5. (1) 0.156 43; (2) 0.946 1.

6. $f(x)=1-\frac{1}{2}\ln(1+x^2)$, $|x|<1$;极大值 $f(0)=1$.

7. $1+2\sum_{n=1}^{\infty}\frac{(-1)^n}{1-4n^2}x^{2n}, x\in[-1,1]$;$\frac{\pi}{4}-\frac{1}{2}$. 8. $\ln(2+\sqrt{2})$.

习题 11.5

A

1. (1) $f(x)=\pi^2+1+12\sum_{n=1}^{\infty}\frac{(-1)^n}{n^2}\cos nx \quad (-\infty<x<+\infty)$,

$s(x)=f(x) \quad (-\infty<x<+\infty)$;

(2) $f(x)=\frac{l}{4}-\frac{2l}{\pi^2}\sum_{n=1}^{\infty}\frac{1}{(2n-1)^2}\cos\frac{(2n-1)\pi}{l}x+\frac{1}{\pi}\sum_{n=1}^{\infty}\frac{(-1)^{n+1}}{n}\sin\frac{n\pi}{l}x$

$(-\infty<x<+\infty$ 且 $x\neq\pm l, \pm 3l, \pm 5l,\cdots)$,

$$s(x)=\begin{cases}f(x), & -\infty<x<+\infty, x\neq\pm l, \pm 3l, \pm 5l,\cdots,\\ \frac{l}{2}, & x=\pm l, \pm 3l, \pm 5l,\cdots.\end{cases}$$

2. $f(x)=\frac{\pi H}{2}+2H\sum_{n=1}^{\infty}\frac{\sin\frac{n\pi}{2}}{n}\cos nx \quad \left(-\pi\leqslant x\leqslant\pi, x\neq\pm\frac{\pi}{2}\right)$ 或

$f(x)=\frac{\pi H}{2}+2H\sum_{n=1}^{\infty}\frac{(-1)^{n+1}}{2n-1}\cos(2n-1)x \quad \left(-\pi\leqslant x\leqslant\pi, x\neq\pm\frac{\pi}{2}\right)$.

3. $f(x)=\frac{1}{2}+\frac{2}{\pi}\left(\sin\frac{\pi x}{2}+\frac{1}{3}\sin\frac{3\pi x}{2}+\frac{1}{5}\sin\frac{5\pi x}{2}+\cdots\right) \quad (-2<x<0, 0<x<2)$.

B

1. $f(x)=\frac{a-b}{4}\pi+\sum_{n=1}^{\infty}\left\{\frac{[1-(-1)^n](b-a)}{n^2\pi}\cos nx+\frac{(-1)^{n-1}(a+b)}{n}\sin nx\right\}$

$(x\neq(2n+1)\pi, n=0, \pm 1, \pm 2,\cdots)$,

$$s(x)=\begin{cases}f(x), & x\neq(2n+1)\pi, n=0, \pm 1, \pm 2,\cdots,\\ \frac{(a-b)\pi}{2}, & x=(2n+1)\pi, n=0, \pm 1, \pm 2,\cdots.\end{cases}$$

2. $f(x)=\frac{2}{\pi}\sum_{n=1}^{\infty}\frac{1}{n}\left[\frac{1}{n}\sin\frac{n\pi}{2}+(-1)^{n+1}\frac{\pi}{2}\right]\sin nx \quad (-\pi<x<\pi)$.

3. $f(x)=\frac{11}{12}+\frac{1}{\pi^2}\sum_{n=1}^{\infty}\frac{(-1)^{n+1}}{n^2}\cos 2n\pi x \quad (-\infty<x<+\infty)$.

4. $s(x)=\begin{cases}-x, & |x|<\dfrac{\pi}{2},\\ x, & \dfrac{\pi}{2}<|x|<\pi,\\ 0, & x=\pm\dfrac{\pi}{2}\pi,\ \pm\pi.\end{cases}$ 5. $\dfrac{3}{8}$.

6. $f(x)=\dfrac{5}{2}-\dfrac{4}{\pi^2}\sum\limits_{n=0}^{\infty}\dfrac{2(\cos n\pi-1)}{(2n+1)^2}\cos n\pi x,\ \sum\limits_{n=1}^{\infty}\dfrac{1}{n^2}=\dfrac{\pi^2}{6}$.

习题 11.6

A

1. $f(x)=\dfrac{2}{\pi}-\dfrac{4}{\pi}\sum\limits_{n=1}^{\infty}\dfrac{\cos 2nx}{4n^2-1}\quad(-\infty<x<+\infty)$.

2. $f(x)=\dfrac{2}{\pi}\sum\limits_{n=1}^{\infty}\dfrac{n}{n^2+1}[1+(-1)^{n+1}e^{\pi}]\sin nx\quad(0<x<\pi)$.

3. $f(x)=\dfrac{4}{\pi}\left(\cos\dfrac{\pi x}{a}-\dfrac{1}{3}\cos\dfrac{3\pi x}{a}+\dfrac{1}{5}\cos\dfrac{5\pi x}{a}-\cdots\right)\left(0<x<\dfrac{a}{2},\dfrac{a}{2}<x<a\right)$.

B

1. $f(x)=\dfrac{4}{\pi}\sum\limits_{n=1}^{\infty}\left[-\dfrac{2}{n^2}+(-1)^n\left(\dfrac{2}{n^3}-\dfrac{\pi^2}{n}\right)\right]\sin nx\quad(0\leqslant x<\pi)$;

$f(x)=\dfrac{2}{3}\pi^2+8\sum\limits_{n=1}^{\infty}\dfrac{(-1)^n}{n^2}\cos nx\quad(0\leqslant x\leqslant\pi)$.

2. $f(x)=\dfrac{4l}{\pi^2}\sum\limits_{n=1}^{\infty}\dfrac{1}{n^2}\sin\dfrac{n\pi}{2}\sin\dfrac{n\pi x}{l}\quad(0\leqslant x\leqslant l)$.

3. $f(x)=\dfrac{4}{\pi^2}\sum\limits_{n=1}^{\infty}\dfrac{(-1)^n-1}{n^2}\cos\dfrac{n\pi}{2}x\quad(0\leqslant x\leqslant 2)$. 4. $\dfrac{2}{3}\pi$.

总习题十一

1. (1) 发散; (2) 收敛; (3) 收敛; (4) 发散; (5) 收敛;
(6) 当 $0<a\leqslant 1$ 时,收敛;当 $a>1$ 时,发散.

2. (1) 条件收敛; (2) 绝对收敛; (3) 绝对收敛;
(4) 当 $k>1$ 时,绝对收敛;当 $0<k\leqslant 1$ 时,条件收敛.

3. (1) 0; (2) $\sqrt[4]{8}$.

4. 收敛点:2,e;发散点:$-2,\dfrac{1}{e}$;不能确定的点:1.

5. (1) $(-2,0)$; (2) $\left(-\dfrac{1}{\sqrt{2}},\dfrac{1}{\sqrt{2}}\right)$; (3) $(-3,3)$.

6. (1) $s(x)=\dfrac{x(1+x)}{(1-x)^3}\quad(-1<x<1)$;

$$(2)\ s(x)=\begin{cases}1+\left(\dfrac{1}{x}-1\right)\ln(1-x), & x\in[-1,0)\cup(0,1),\\ 0, & x=0,\\ 1, & x=1;\end{cases}$$

$$(3)\ s(x)=\frac{2}{(2-x)^3}\quad(0<x<2).$$

7. (1) $\frac{\sqrt{3}}{6}\pi$; (2) 3e.

8. (1) $\ln(x+\sqrt{x^2+1})=x+\sum\limits_{n=1}^{\infty}(-1)^n\frac{(2n-1)!!}{(2n)!!}\frac{x^{2n+1}}{2n+1}\quad(-1\leqslant x\leqslant 1)$;

(2) $\int_0^x t\cos t\mathrm{d}t=\sum\limits_{n=0}^{\infty}\frac{(-1)^n}{(2n+2)(2n)!}x^{2n+2}\quad(-\infty<x<+\infty)$.

9. $f(x)=2\sum\limits_{n=1}^{\infty}\frac{1}{n}\left(1-\frac{2}{n\pi}\sin\frac{n\pi}{2}\right)\sin nx\quad(0<x\leqslant\pi)$.

10. $f(x)=\sum\limits_{n=1}^{\infty}\frac{1}{n}\sin nx\quad(0<x<2\pi)$; $\sum\limits_{n=1}^{\infty}(-1)^{n+1}\frac{1}{2n-1}=\frac{\pi}{4}$.

习题 12.1

A

1. (1) $ye^{x^2}-x^2=C$; (2) $xy-x^3-2y^2=C$; (3) $x^3y+x^2y+y^2=C$.

2. (1) $\ln\frac{x}{y}-\frac{1}{3}y^3=C$; (2) $\frac{y}{x}+x=C$.

3. $\mu=\mathrm{e}^{\int P(x)\mathrm{d}x}$.

B

1. (1) $\rho(1+\mathrm{e}^{2\theta})=C$; (2) $x\sin y+y\cos x=C$; (3) $x^2+y^2=C\mathrm{e}^{2x}$.

2. $\mu=y^{-n}\mathrm{e}^{(1-n)\int P(x)\mathrm{d}x}$.

习题 12.2

A

3. (1) $y=C\mathrm{e}^{\frac{x^2}{2}}+\left[-1+x+\frac{1}{3\times 1}x^3+\cdots+\frac{x^{2n-1}}{(2n-1)!!}+\cdots\right]$;

(2) $y=a_0\mathrm{e}^{-\frac{x^2}{2}}+a_1\left[x-\frac{x^3}{3\times 1}+\frac{1}{5\times 3\times 1}x^5+\cdots+(-1)^{n-1}\frac{x^{2n-1}}{(2n-1)!!}+\cdots\right]$;

(3) $x=a\left(1-\frac{1}{2!}t^2+\frac{2}{4!}t^4-\frac{9}{6!}t^6+\frac{55}{8!}t^8-\cdots\right)$.

B

1. $y=a_0\left(1+x^2-\frac{1}{3}x^4+\frac{1}{5}x^6-\frac{1}{7}x^8+\cdots\right)+a_1x=a_0(1+x\arctan x)+a_1x$.

2. $y=a_0\left[1+\sum\limits_{n=1}^{\infty}\frac{(-1)^nx^{3n}}{2\cdot 5\cdot 8\cdot\cdots\cdot(3n-1)3^nn!}\right]+a_1\left[x+\sum\limits_{n=1}^{\infty}\frac{(-1)^nx^{3n-1}}{4\cdot 7\cdot 10\cdot\cdots\cdot(3n+1)3^nn!}\right]$.

3. $y_1=1-\frac{p\cdot p}{2!}x^2+\frac{p(p-2)p(p+2)}{4!}x^4-\cdots$,

$$y_2 = x - \frac{(p-1)(p+1)}{3!}x^3 + \frac{(p-1)(p-3)(p+1)(p+3)}{5!}x^5 - \cdots.$$

习题 12.3

A

1. (1) $x = e^t(C_1 + C_2 t + C_3 t^2) - t$;

(2) $y = C_1 e^{2x} + C_2 e^{-2x} + C_3 \cos 2x + C_4 \sin 2x - \dfrac{x^2}{16} + \dfrac{e^x}{15}$;

(3) $x = C_1 e^t + C_2 e^{-t} + C_3 + C_4 t + C_5 t^2 + C_6 t^3 - \dfrac{x^4}{24}$;

(4) $x = C_1 e^t + e^{-\frac{1}{2}t}\left(C_2 \cos \dfrac{\sqrt{3}}{2}t + C_3 \sin \dfrac{\sqrt{3}}{2}t\right) - \dfrac{1}{2}(\cos t + \sin t)$.

2. (1) $y = C_1 e^{-x} + C_2 e^{2x} - \dfrac{1}{2}e^x + \dfrac{1}{3}xe^{2x}$;

(2) $y = e^{-3x}(C_1 \sin 2x + C_2 \cos 2x) + \dfrac{1}{4}xe^{-3x}\sin 2x$;

(3) $y = C_1 \cos x + C_2 \sin x + C_3 e^x + \left(\dfrac{1}{5}\sin x - \dfrac{2}{5}\cos x\right)e^x$.

3. (1) $y = C_1 x + \dfrac{C_2}{x}$; (2) $y = x(C_1 + C_2 \ln|x|) + x\ln^2|x|$;

(3) $y = x[C_1 \cos(\sqrt{3}\ln x) + C_2 \sin(\sqrt{3}\ln x)] + \dfrac{1}{2}x\sin(\ln x)$.

B

1. (1) $y = C_1 \sin x + C_2 \cos x + \dfrac{1}{2}\operatorname{ch} x$;

(2) $y = C_1 x^2 + C_2 x^{-2} + \dfrac{1}{5}x^3$; (3) $x = C_1 t + C_2 t^2 + 1 + \dfrac{1}{2t} + t^3 - t^2 \ln t$.

2. $x = (C_1 + C_2 t)\dfrac{e^{-t}}{t-1} + \dfrac{t^2 - \frac{1}{2}t}{t-1}$.

习题 12.4

A

1. (1) $\begin{cases} x = 2C_1 e^{-t} + C_2 e^t, \\ y = C_1 e^{-t} + C_2 e^t; \end{cases}$ (2) $\begin{cases} x = 3C_1 + C_2 e^{-2t}, \\ y = 4C_1 + 2C_2 e^{-2t}; \end{cases}$ (3) $\begin{cases} x = C_1 e^{2t}, \\ y = C_1 e^{2t} + C_2 e^{3t}; \end{cases}$

(4) $\begin{cases} x = C_1 e^{(-1+\sqrt{15})t} + C_2 e^{(-1-\sqrt{15})t} + \dfrac{2}{11}e^t + \dfrac{1}{6}e^{2t}, \\ y = (-4-\sqrt{15})C_1 e^{(-1+\sqrt{15})t} - (4-\sqrt{15})C_1 e^{(-1-\sqrt{15})t} - \dfrac{e^t}{11} - \dfrac{7}{6}e^{2t}. \end{cases}$

2. (1) $\begin{cases} x = \sin t, \\ y = \cos t; \end{cases}$ (2) $\begin{cases} x = \cos t, \\ y = \sin t; \end{cases}$ (3) $\begin{cases} x_1 = e^{3t}\cos 5t, \\ x_2 = e^{3t}\sin 5t. \end{cases}$

B

1. $\begin{cases}\dfrac{dx_1}{dt} = x_2,\\ \dfrac{dx_2}{dt} = x_3,\\ \dfrac{dx_3}{dt} = 2x_3 - x_1 + e^{-t};\end{cases}$

三阶方程的解为 $x = C_1e^t + C_2e^{\frac{1-\sqrt{5}}{2}t} + C_2e^{\frac{1+\sqrt{5}}{2}t} - \frac{1}{2}e^{-t}$,方程组的解可从此解导出.

* 习题 12.5

1. (1) $y(1) = e$; (2) $\overline{y}(1) = 2.488\ 2$. 2. $\overline{y}(1) = 2.702\ 708$.

3. (1) $y = x - 1 + 2e^{-x}$;

(2) $\overline{y}(0.5) = 0.713\ 06, \overline{y}(1) = 0.735\ 75, \overline{y}(1.5) = 1.946\ 26, \overline{y}(2) = 1.270\ 67$.

4. $\overline{y}(0.5) = 0.417\ 79, \overline{y}(1) = 0.350\ 23, \overline{y}(1.5) = 1.517\ 43, \overline{y}(2) = 71.578\ 99$.

总习题十二

1. (1) $a^2x - x^2y - xy^2 - \frac{1}{3}y^3 = C$; (2) $\frac{x^3}{2} - 3xy - \frac{1}{y} = C$.

2. $y = 1 + x + x^2 + \frac{4}{3}x^3 + \frac{7}{6}x^4 + \cdots$.

3. $y = C_1x + C_2e^x - (x^2 + x + 1)$.

5. $y = C_1e^x + C_2xe^x + xe^x\ln|x|$.

6. $u = e^{\frac{\omega}{\sqrt{2}}t}\left(C_1\cos\frac{\omega}{\sqrt{2}}t + C_2\sin\frac{\omega}{\sqrt{2}}t\right) + e^{-\frac{\omega}{\sqrt{2}}t}\left(C_3\cos\frac{\omega}{\sqrt{2}}t + C_4\sin\frac{\omega}{\sqrt{2}}t\right)$.

7. $y = e^{2x}(x - 1) - xe^x + C_1e^{2x} + C_2e^x$.

8. (1) $y = C_1x + C_2x\ln|x| + C_3x^{-2}$; (2) $y = C_1x + C_2x^2 + \frac{1}{2}(\ln^2x + \ln x) + \frac{1}{4}$.

9. (1) $\begin{cases}x = C_1e^t + C_2e^{-t} + C_3\cos t + C_4\sin t,\\ y = C_1e^t + C_2e^{-t} - C_3\cos t - C_4\sin t;\end{cases}$

(2) $\begin{cases}x = \left(\dfrac{C_1}{5} - \dfrac{3C_2}{5}\right)\sin t - \left(\dfrac{C_2}{5} + \dfrac{3C_1}{5}\right)\cos t - t^2 + t + 3,\\ y = C_1\cos t + C_2\sin t + 2t^2 - 3t - 4.\end{cases}$

10. $\begin{cases}x = C_1e^t + C_2e^{-2t},\\ y = C_1e^t + C_3e^{-2t},\\ z = C_1e^t - (C_2 + C_3)e^{-2t}.\end{cases}$

参考文献

[1] 同济大学数学系.高等数学(上、下册).7 版.北京:高等教育出版社,2014.

[2] 上海市教育委员会.高等数学.北京:科学出版社,1998.

[3] 罗汉,曹定华.多元微积分与代数.北京:科学出版社,1999.

[4] 华中科技大学数学与统计学院.微积分学(上).4 版.北京:高等教育出版社,2019.

[5] 李心灿.高等数学应用 205 例.北京:高等教育出版社,1997.

[6] 李心灿.微积分的创立者及其先驱.3 版.北京:高等教育出版社,2007.

[7] 骆祖英.数学史教学导论.杭州:浙江教育出版社,1996.

[8] D·休斯·哈雷特,A·M·克莱逊等.微积分.胡乃冏,邵勇,徐可,等,译.北京:高等教育出版社,1997.

[9] THOMAS J, FINNEY R L. Calculus and Analytic Geometry, 8th ed. Boston: Aiddison-Wesley Publishing Company, 1992.

[10] 英汉数学词汇.北京:科学出版社,1980.

[11] 高汝熹.高等数学(一).武汉:武汉大学出版社,1987.

[12] FINNEY, WEIR, GIORDANO.托马斯微积分.10 版.叶其孝,王耀东,唐兢,等,译.北京:高等教育出版社,2003.

[13] G.F.塞蒙斯.微分方程.张理京,译.北京:人民教育出版社,1981.

[14] 马知恩,王绵森.工科数学分析基础(上、下).3 版.北京:高等教育出版社,2017.

[15] James Stewart. 微积分(影印版).5 版.北京:高等教育出版社,2004.